中国水利学会标准编制实务

中国水利学会　主编

中国水利水电出版社
www.waterpub.com.cn
·北京·

内 容 提 要

本书介绍了中国水利学会团体标准的试点研制和发展过程，明确了中国水利学会团体标准的组织管理及编制要求，选取了部分中国水利学会团体标准的典型案例，并提供了有关制度文件和参考术语等。

本书共分为五章。第一章阐述了有关团体标准的概念、发展历程、定位、作用以及中国水利学会团体标准概况。第二章系统总结了中国水利学会团体标准的管理要求。第三章详细介绍了中国水利学会团体标准的制修订程序及注意事项。第四章列举了编制中国水利学会团体标准的结构与编写要求。第五章分享了中国水利学会团体标准编制实施案例。附录部分汇编了有关团体标准的制度文件以及水利行业常用术语。

本书适合从事水利团体标准工作的广大中国会员和有关水利科技工作者。

图书在版编目（CIP）数据

中国水利学会标准编制实务 / 中国水利学会主编
. -- 北京 : 中国水利水电出版社, 2020.11
ISBN 978-7-5170-9200-1

Ⅰ. ①中… Ⅱ. ①中… Ⅲ. ①水利水电工程—行业标准—中国 Ⅳ. ①TV5-65

中国版本图书馆CIP数据核字(2020)第227390号

书　　名	**中国水利学会标准编制实务** ZHONGGUO SHUILI XUEHUI BIAOZHUN BIANZHI SHIWU
作　　者	中国水利学会　主编
出版发行	中国水利水电出版社 （北京市海淀区玉渊潭南路1号D座　100038） 网址：www.waterpub.com.cn E-mail：sales@waterpub.com.cn 电话：（010）68367658（营销中心）
经　　售	北京科水图书销售中心（零售） 电话：（010）88383994、63202643、68545874 全国各地新华书店和相关出版物销售网点
排　　版	中国水利水电出版社微机排版中心
印　　刷	清淞永业（天津）印刷有限公司
规　　格	184mm×260mm　16开本　36.75印张　871千字
版　　次	2020年11月第1版　2020年11月第1次印刷
印　　数	0001—2000册
定　　价	**148.00元**

前言

2015年3月26日，国务院印发《深化标准化工作改革方案》，首次提出培育和发展团体标准，建立政府主导制定的标准与市场自主制定的标准共同构成的新型标准体系，鼓励具备相应能力的社会团体在市场化程度高、技术创新活跃、产品类标准较多的领域，开展团体标准试点，增加标准的有效供给。2018年1月1日，新修订的《中华人民共和国标准化法》正式实施，首次明确了团体标准的法律地位，为各行业自主开展团体标准化工作提供了法律依据。

2015年以来，中国水利学会作为国家标准委和中国科协首批团体标准试点单位，在团体标准制度制定、选题、研制、实施等方面开展了大量工作，并积累了丰富的组织管理经验。为进一步凝练中国水利学会团体标准制度建设、研制经验和实施效果，推动团体标准示范学会建设，为其他社会团体提供可复制和推广的经验，特开展本书的编制工作。

本书结合中国水利学会团体标准工作实际，以多年来团体标准化工作实践为基础，系统总结和梳理了团体标准有关概念、定位、作用等，明确了中国水利学会团体标准的组织管理及编制要求等，旨在推动广大会员和水利工作者了解、关心和支持团体标准工作，以持续规范和提升团体标准工作质量和管理水平，为水利改革发展提供有效支撑。

本书共分为五章。第一章阐述了有关团体标准的概念、发展历程、定位、作用以及中国水利学会团体标准概况等。第二章系统总结了中国水利学会团体标准的管理要求。第三章详细介绍了中国水利学会团体标准的制修订流程及注意事项。第四章列举了编制中国水利学会团体标准的结构与编写要求。第五章介绍了中国水利学会团体标准的编制实施案例。附录部分汇编了有关团体标准的制度文件以及水利行业常用术语。

本书由中国水利学会团体标准管理团队组织编写。第一章至第三章由李建国、武秀侠等编写，第四章由武秀侠、周静雯、王兴国、李建国、王启等编写，第五章由武秀侠、李建国等编写，附录部分由李建国、武秀侠、赵晖、董长娟、王兴国、周静雯、悦琳琳、李志平、罗静等整理。全书由李建国策划，李建国、武秀侠统稿。

本书得到了中国科协2019年“团体标准示范学会”专项课题以及相关技术支撑单位、各方面人员的大力支持。于爱华教授级高级工程师、郑寓高级工程师、李鹏高级工程师和施克鑫工程师为本书提出了许多宝贵的修改意见，邬晓梅、刘杰、陈红、李军华、于涛、程萌、刘胜玉、汤轩林、黄锦林提供了标准实施的案例，在此一并表示感谢。

编者

2020年11月

目录

第一章　团体标准概述

第一节　有　关　概　念

一、基本概念

（一）标准化

GB/T 20000.1—2014《标准化工作指南 第 1 部分：标准化和相关活动的通用术语》对标准化的定义为："为了在既定范围内获得最佳秩序，促进共同效益，对现实问题或潜在问题确立共同使用和重复使用的条款以及编制、发布和应用文件的活动。

注 1：标准化活动确立的条款，可形成标准化文件，包括标准和其他标准化文件。

注 2：标准化的主要效益在于为了产品、过程或服务的预期目的改进它们的适用性，促进贸易、交流以及技术合作"。

（二）标准

GB/T 20000.1—2014《标准化工作指南 第 1 部分：标准化和相关活动的通用术语》对标准的定义为："通过标准化活动，按照规定的程序经协商一致制定，为各种活动或其结果提供规则、指南或特性，供共同使用和重复使用的文件。

注 1：标准宜以科学、技术和经验的综合成果为基础。

注 2：规定的程序指制定标准的机构颁布的标准制定程序"。

《中华人民共和国标准化法》（2017 年修订版，以下简称《标准化法》）规定："标准是指农业、工业、服务业以及社会事业等领域需要统一的技术要求。标准包括国家标准、行业标准、地方标准和团体标准、企业标准。国家标准分为强制性标准、推荐性标准，行业标准、地方标准是推荐性标准。强制性标准必须执行。国家鼓励采用推荐性标准。"

水利部《水利标准化工作管理办法》（水国科〔2019〕112 号）规定："标准是指水利行业需要统一的技术要求，主要包括水资源管理、节约用水、水生态保护与修复、河湖管理、水旱灾害防御、农村水利水电、水土保持、工程建设与运行管理、水文、信息化、技术应用等领域。"

二、标准分类

（一）国家标准

GB/T 20000.1—2014《标准化工作指南 第 1 部分：标准化和相关活动的通用术语》对国家标准的定义为："由国家标准机构通过并公开发布的标准。"

《标准化法》规定："对保障人身健康和生命财产安全、国家安全、生态环境安全以及满足经济社会管理基本需要的技术要求，应当制定强制性国家标准。”强制性标准具有法律效力。例如由水利部主编，住房和城乡建设部和国家质量监督检验检疫总局联合发布的GB 50201—2014《防洪标准》、GB 50987—2014《水利工程设计防火规范》、GB 51247—2018《水工建筑物抗震设计标准》属于保障人身健康和生命财产安全的范畴。“对满足基础通用、与强制性国家标准配套、对各有关行业起引领作用等需要的技术要求，可以制定推荐性国家标准。推荐性国家标准由国务院标准化行政主管部门制定。”推荐性国家标准的主要作用是解决跨行业需要协调统一的技术问题和配套强制性标准实施的技术要求。例如GB/T 35580—2017《建设项目水资源论证导则》统一了各行各业对于新建、改建、扩建的建设项目水资源论证报告书编写框架以及论证工作的深度要求，成为全国各个流域机构和各级水行政主管部门及审查专家开展建设项目水资源论证工作的技术依据。

（二）行业标准

GB/T 20000.1—2014《标准化工作指南 第1部分：标准化和相关活动的通用术语》对行业标准的定义为：“由行业机构通过并公开发布的标准。”

《标准化法》规定：“对没有推荐性国家标准、需要在全国某个行业范围内统一的技术要求，可以制定行业标准。行业标准由国务院有关行政主管部门制定，报国务院标准化行政主管部门备案。”推荐性行业标准重点制定本行业领域的重要产品、工程技术、服务和行业管理标准。例如SL 1—2014《水利技术标准编写规定》规定了水利水电工程规划、勘测、设计、施工安装、质量验收、运行维护、安全评价、监测预测等工程建设类水利行业标准的结构和编写格式，统一了标准体例格式。

（三）地方标准

GB/T 20000.1—2014《标准化工作指南 第1部分：标准化和相关活动的通用术语》对地方标准的定义为：“在国家的某个地区通过并公开发布的标准。”

《标准化法》规定：“为满足地方自然条件、风俗习惯等特殊技术要求，可以制定地方标准。地方标准由省、自治区、直辖市人民政府标准化行政主管部门制定；设区的市级人民政府标准化行政主管部门根据本行政区域的特殊需要，经所在地省、自治区、直辖市人民政府标准化行政主管部门批准，可以制定本行政区域的地方标准。”例如北京市市场监督管理局发布的DB11/T 1695—2019《工业取水定额 啤酒》，规定了啤酒取水定额的相关术语、定义、计算方法及取水量定额等，适用于北京市现有啤酒制造厂取水量的管理。

（四）团体标准

GB/T 20004.1—2016《团体标准化 第1部分：良好行为指南》对团体标准的定义为：“团体按照自行规定的标准制定程序制定并发布，供团体成员或社会自愿采用的标准。”

《标准化法》规定：“国家鼓励学会、协会、商会、联合会、产业技术联盟等社会团体协调相关市场主体共同制定满足市场和创新需要的团体标准，由本团体成员约定采用或者按照本团体的规定供社会自愿采用。制定团体标准，应当遵循开放、透明、公平的原则，保证各参与主体获取相关信息，反映各参与主体的共同需求，并应当组织对标准相关事项进行调查分析、实验、论证。”

《团体标准管理规定》（国标委联〔2019〕1号，以下简称《管理规定》）规定：“团体标准是依法成立的社会团体为满足市场和创新需要，协调相关市场主体共同制定的标准。”例如中国水利学会发布的T/CHES 32—2019《节水型高校评价标准》，规定了节水型高校节水管理、节水技术和特色创新的评价指标及评价方法，适用于节水型普通高等学校的评价工作。

团体标准宜以协商一致为原则，按照规定程序，考虑有关各方的观点，妥善解决对于实质性问题的反对意见，协调所有争议，获得团体成员的普遍同意，才能形成正式标准。团体标准是应市场、贸易的需求而制定的，应以不分裂市场、不妨碍公平竞争为原则，是对现有标准体系的有益补充。

（五）企业标准

GB/T 20000.1—2014《标准化工作指南 第1部分：标准化和相关活动的通用术语》对企业标准的定义为：“由企业通过供该企业使用的标准。”

《标准化法》规定：“企业可以根据需要自行制定企业标准，或者与其他企业联合制定企业标准。”例如黄河水利委员会黄河水利科学研究院发布的Q/410105HKY 001—2019《水轮机底环和顶盖抗磨板》，规定了水轮机底环和顶盖抗磨板的技术要求、试验方法、检验规则、包装、储存和运输，适用于以高弹性、高耐磨聚氨酯弹性材料为主要材料，中间嵌入网格形板状结构，经浇注、加温、成型、包装而成的钢塑复合聚氨酯底环和顶盖抗磨板。

第二节　团体标准的培育和发展

一、有关背景

近年来，我国现行国家标准、行业标准和地方标准总数达到10万余项，覆盖一二三产业和社会事业各领域的标准体系基本形成。我国相继成为国际标准化组织（ISO）、国际电工委员会（IEC）常任理事国及国际电信联盟（ITU）理事国。同时我国专家也跻身国际标准化舞台，担任ISO主席、IEC副主席、ITU秘书长等一系列重要职务，我国主导制定国际标准的数量在逐年增加。标准化在保障产品质量安全、促进产业转型升级和经济提质增效、服务外交外贸等方面起着越来越重要的作用。

随着经济社会和科学技术的发展，我国现行标准体系和标准化管理体制已经不能满足市场、科技快速变化及多样性的需求。一方面，现行标准体系中的国家标准、行业标准、地方标准均由政府部门批准发布，不能快速反应技术创新和市场需求，以至于市场急需的标准供给不足；另一方面，虽然企业标准是市场主体制定的，但仅为企业内部使用而制定，而新兴技术的发展使得单个企业无法凭借其自身资源和能力独立完成新兴技术从技术研发、标准制定到产业化推广应用的全过程。因而，在我国一些新兴技术领域，如半导体照明、信息通信技术等，产生了由市场主体组成的学（协）会等社会团体自主制定并发布标准的强烈需求。而在国际上，很多国家采用团体标准形式对有关技术要求进行约定使用。其中，欧美等发达国家，有关标准体系都是由国家标准和团体标准构成的。社会团体制定和发布相关团体标准，经过国家标准化管理组织认定后转变成为国家标准，团体标准成为国家标准体系的一个重要组成部分。在欧盟，民间标准化组织有200多家，制定了10000多项团体标准，其中，在产业创新和市场竞争方面的团体标准为实现最佳效益和最优秩序的生产和贸易提供了原生发展动力。因此，在与国际接轨的同时，结合我国发展实际需求，团体标准在我国的发展与壮大是未来一段时间的必然趋势。

2015年3月11日，国务院印发《深化标准化工作改革方案》（国发〔2015〕13号，以下简称《改革方案》），提出了培育发展团体标准的重大改革举措。鼓励具备相应能力的学会、协会、商会、联合会等社会组织和产业技术联盟协调相关市场主体共同制定满足市场和创新需要的标准，供市场自愿选用，增加标准的有效供给。在标准管理上，对团体标准不设行政许可，由社会组织和产业技术联盟自主制定发布，通过市场竞争优胜劣汰。国务院标准化主管部门会同国务院有关部门制定团体标准发展指导意见和标准化良好行为规范，对团体标准进行必要的规范、引导和监督。在工作推进上，选择市场化程度高、技术创新活跃、产品类标准较多的领域，先行开展团体标准试点工作。支持专利融入团体标准，推动技术进步。这是国家首次提出培育和发展团体标准，建立政府主导制定的标准与市场自主制定的标准共同构成的新型标准体系。

为贯彻落实《改革方案》，原国家质检总局、国家标准委于2016年2月发布了《关于培育和发展团体标准的指导意见》（国质检标联〔2016〕109号，以下简称《指导意见》）。《指导意见》从放、管、服三个方面对培育发展团体标准提供了指导，有效促进了团体标准化工作的健康有序发展。“放”是指放开标准执行权给社会团体，对社会团体制定标准不设任何的行政许可。鼓励社会团体将创新成果纳入团体标准，鼓励自由竞争，鼓励社会团体制定高于国家标准、行业标准的团体标准。“管”是指社会团体自律，建立规范完善的标准化制度，政府和社会监督团体标准的合法性。“服”是指建立团体标准信息化平台，促进形成一批优秀社会团体，带动更多的社会团体达到标准化的良好行为模式，为社会团体提供业务咨询、培训和其他技术支撑服务，大力宣传团体标准，为团体标准发展创建良好公平的政策和制度环境。2017年12月，由中国标准化协会、中国铸造协会、中国汽车工程学会等多家团体发起成立，包括170家团体的团体标准化发展联盟正式成立。联盟的成立是我国团体标准发展里程中的一件大事，有助于凝聚力量共同推动团体标准的培育和发展。联盟将围绕团体标准的研究、制定、实施、应用，汇集联盟内的优势资源，促进联盟成员之间的资源共享、交流、合作，解决团体标准化工作中遇到的共性问题，营造有利于团体标准发展的政策环境。联盟秘书处设在中国标准化协会。联盟还设有标准化专家库、各专门委员会和工作组。

二、相关法律与管理规定

（一）法律层面

2017年11月4日，国家主席习近平签署第七十八号主席令，明确《标准化法》已由中华人民共和国第十二届全国人民代表大会常务委员会第三十次会议修订通过，修订后的《标准化法》自 2018 年 1 月 1 日起施行。它赋予了团体标准法律地位。同时鼓励社会团体制定高于推荐性标准相关技术要求的团体标准，明确国务院标准化行政主管部门会同国务院有关行政主管部门对团体标准的制定进行规范、引导和监督。

（二） 制度层面

依据《标准化法》，国家标准委、民政部在 2017 年印发的《团体标准管理规定（试行)》基础上，制定了《团体标准管理规定的国质检联〔2017〕536（国标委联〔2019〕1 号，以下简称《管理规定》)，并经国务院标准化协调推进部际联席会议第五次全体会议审议通过，于 2019 年 1 月 9 日正式发布。《管理规定》对团体标准的制定和监督管理提出了进一步的要求：一是进一步完善了团体标准科学性和规范性的有关要求；二是进一步细化了团体标准制定程序中重要环节的要求；三是进一步提出了社会团体应主动处理团体标准相关问题的要求；四是进一步明确了团体标准监督管理的具体要求。

为贯彻落实《标准化法》，规范、引导和监督水利团体标准化工作，根据《管理规定》的有关要求，2020 年 2 月 11 日水利部印发了《关于加强水利团体标准管理工作的意见》(水国科〔2020〕16 号)，提出水利团体标准发展总体目标：一是“坚持科技创新。鼓励水利社会团体开展科技创新，将创新成果及时融入团体标准，促进科技成果标准化、产业化，提升核心竞争力”。二是“适应市场需求。以市场需求为导向，自主制定，自由选择，自愿采用，充分激发市场活力”。三是“促进协调合作。鼓励社会团体之间开展沟通合作，联合开展团体标准的理论和技术研究，共同研制发布标准”。四是“加强指导监管。加强标准化主管部门和行业主管部门对团体标准化活动的指导与监督，完善团体标准编制、管理和实施的监督机制，引导团体标准依法有序发展”。“逐步健全和完善团体标准管理制度和工作机制，培育一批具有影响力的团体标准制定主体，制定一批与政府主导制定标准实施协调配套的团体标准。团体标准获得社会广泛认可，在水利科研、设计、产品和服务等领域，形成一批具有国际先进水平的团体标准，推进优势特色领域标准国际化，推动水利科技进步，支撑水利改革发展”。

（三） 标准层面

2019 年 2 月国家市场监管总局、国家标准委联合发布实施了 GB/T 20004.1—2018《团体标准化 第 2 部分：良好行为评价指南》，该指南提出了社会开展标准化工作的良好行为规范，为社会团体提供了开展标准化活动的一般性、原则性、方向性的指导，供社会团体自愿选择和采用，为评价机构提供对社会团体开展标准化良好行为评价的统一尺度。

三、定位和作用

根据《标准化法》，我国新型标准体系由国家标准、行业标准、地方标准等政府主导制定的标准和团体标准、企业标准等市场自主制定的标准共同组成，互为补充、衔接配套。国家标准、行业标准和地方标准分别由国务院标准化行政主管部门，国务院有关行政主管部门，省、自治区、直辖市人民政府标准化行政主管部门以及有特殊需要且经批准的设区的市级人民政府标准化行政主管部门制定，服务于国家、行业和地方政府，侧重于保基本。团体标准则由学会、协会、商会、联合会、产业技术联盟等社会团体协调相关市场主体共同制定，服务于市场和创新需要，侧重于提高竞争力。

四、试点与培优

为落实国务院深化标准化工作改革的部署，2015 年 6 月国家标准委启动了市场化程度高、技术创新活跃、产品类标准较多的 39 家社会团体开展首批团体标准试点工作，试点工作实施周期为两年。此次团体标准试点有两大特点：一是成果转化。联合中国科学技术协会共同组织全国性学会围绕工业机器人、新能源汽车、3D 打印等科技前沿领域开展团体标准的研制，促进产学研融合，充分发挥标准推动科技成果产业化应用的基础作用。二是提升产业竞争力。新兴交叉领域和市场需求空白领域是团体标准开拓的重点，试点围绕智能交通、物联网等领域开展团体标准的研制，促进优化上下游产业资源形成产业链，助力产业核心竞争力的提升。试点期间，各试点单位基本建立起了支撑工作的组织机构和工作机制，制定了管理办法、制定程序、知识产权政策、实施推广办法等工作文件，制定发布团体标准 510 项，已进入制定程序的标准项目 896 项。

在首批试点工作的基础上，2018 年 4 月国家标准委启动第二批团体试点工作，共有 144 家社会团体纳入试点，试点工作实施周期为两年。此次试点重点解决第一批试点中发现的一些问题，如团体标准的监管机制尚未有效运行、水平良莠不齐、复合型标准化专业人才不足、与国际标准工作的渠道不畅、与政府标准的关系未充分理顺、实施应用方面还存在制度上的模糊地带等。国家标准委对第二批试点工作提出具体要求：一是各试点单位要加强自身建设。社会团体是团体标准的第一责任人，以往政府标准工作的组织机构、制定程序和工作机制等，能够和市场化标准相适应的，可以借鉴采用；不相适应的要大胆改革创新，积极探索团体标准特有的、行之有效的工作模式，建立起适应新形势的团体标准化组织机构和相关制度。二是要充分发挥优势。利用好市场反应快、效率高的机制优势，紧密围绕各领域发展对标准的需求，精准定位、高速孵化，制定一批快速响应创新和市场需求的高质量团体标准，保证快速及时的标准供给效率。三是要高度重视实效。从立项开始就注重市场的推广应用工作，扩大标准使用量，探索在产业政策制定、行政管理、政府采购、社会管理、检验检测、认证认可、招投标等工作中采用先进团体标准的模式，让团体标准成为市场的热销品，彰显市场自主制定标准的有效性。四是要放眼国际市场。推动团体标准国际化进程，要结合“一带一路”倡议实施、国际产能和装备制造合作，加强团体标准的海外推广应用。

在开展团体标准试点工作的同时，针对在团体标准培育和发展过程中社会团体水平参差不齐、团体标准的认知度和影响力不强、团体标准作用发挥不够充分、还没有形成一批在国际上有知名度和影响力的团体标准等问题，2019 年 7 月由中国标准化协会牵头的团体标准培优计划正式启动，共有 28 家社会团体纳入培优计划。根据国家标准委有关要求，本次培优计划将推动一批有基础、有潜力的社会团体成为在国内外有一定知名度和影响力的团体标准制定机构，制定发布一批高水平、高质量、高效益的团体标准，发挥标杆示范作用，带动我国团体标准工作水平的整体提升，更好满足经济社会高质量发展的要求。国家鼓励参与培优计划的团体标准比对、参照、瞄准国际同类、同行业、高水准的社会组织，制定自身的培优工作目标。

第三节　中国水利学会团体标准研制情况

中国水利学会作为首批团体标准研制试点单位，于 2015 年 8 月启动团体标准化有关工作。经过多年的团体标准化工作实践，在团体标准制度建设、编制与实施、交流合作等方面取得积极进展。2019 年 7 月成功入选团体标准培优计划。

一、制度建设

2016 年出台了《中国水利学会标准管理办法（试行）》，进一步强化了中国水利学会团体标准编制与管理要求，为提高团体标准质量、推动团体标准实施奠定了基础。同时，也为今后一个时期内，推进中国水利学会团体标准化工作的健康有序发展提供制度保障和行动指南。为贯彻落实《标准化法》《管理规定》《水利标准化工作管理办法》，进一步规范和加强中国水利学会团体标准化工作，不断提升团体标准化管理水平，提高标准编制质量，中国水利学会于 2020 年 7 月 1 日修订印发了《中国水利学会团体标准管理办法》（水学〔2020〕85 号）以下简称《管理办法》节水型高校建设、新材料应用。

二、编制与实施

截至 2020 年 11 月，中国水利学会已开展 80 余项团体标准选题、50 余项标准研制等工作，在脱贫攻坚等方面共发布 28 项团体标准，其中有 3 项标准为联合其他社会团体共同制定的标准。已发布标准均取得良好实施效果。

在支撑农村饮水安全脱贫攻坚方面，为科学指导各地开展农村饮水安全评价工作，2018 年 3 月，中国水利学会发布团体标准 T/CHES 18—2018《农村饮水安全评价准则》，同年 8 月，该标准被水利部、国务院扶贫办和国家卫生健康委联合发文采信，确定将该标准作为脱贫攻坚农村饮水安全精准识别、制定解决方案和达标验收的依据。《农村饮水安全评价准则》发布以来，在全国范围内被各地积极采用，为打赢农村饮水安全脱贫攻坚战，确保“十三五”期间全面解决贫困人口饮水问题提供了强有力的技术支撑。2019 年 9 月，在国家标准委赴国际标准化组织（ISO）第 109 次理事会会议的中方宣传材料《走近团体标准》中，将该标准作为我国社会治理领域团体标准的唯一典型。2020 年 10 月，该标准获国家创新贡献奖三等奖。

在支撑节水型高校建设方面，T/CHES 32—2019、T/JYHQ 0004—2019《节水型高校评价标准》和 T/CHES 33—2019、T/JYHQ 0005—2019《高校合同节水项目实施导则》的实施，进一步推动高校建立完备的节水制度，采取有效的节水措施，提高用水效率，形成浓厚的节水氛围，并引导高校利用社会资本和市场机制开展节水工作，指导建成一批高质量高标准的节水型高校。

在推动新材料应用方面，T/CHES 23—2019《胶结泥沙人工防汛石材》的推广应用、科学规范了替代天然防汛石材的产品，弥补和缓解防汛石料供应的不足，提高抢险效率，保护生态环境，减少河道泥沙淤积等，助力并推动实现“以河治河”目标。

三、交流合作

中国水利学会作为发起单位之一，有关推动成立团体标准化发展联盟，并作为联盟理事单位积极参加研讨活动，交流团体标准有关工作经验，为其他社会团体拓展团体标准工作空间提供了可借鉴的范例。为提升团体标准实施效果，中国水利学会已与中国工程建设标准化协会、中国教育后勤协会等单位签订战略合作协议，以平等互利、优势互补、长期合作、共同发展的原则共同制定团体标准、开展技术交流。

第二章　中国水利学会团体标准的管理要求

第一节　总　体　要　求

中国水利学会具有多年的政府标准化管理工作经验，为团体标准制度建设、研制、实施等工作的全方面推动奠定了坚实基础，确保了团体标准健康有序发展。

一、制度保障

从2016年发布的《管理办法（试行）》到2020年修订后发布的《管理办法》，都为规范和加强中国水利学会团体标准工作、保障中国水利学会团体标准健康有序发展提供了坚实的制度保障。

二、严格把关

在标准选题和立项论证阶段，严把标准“入口”关。一是应满足市场和创新需求、能更好地支撑水利改革发展需要；二是聚焦新技术、新产业、新业态和新模式，填补标准空白；三是严控数量，凡是与深化标准化工作改革方向不符、与团体标准定位相左的选题，一律从严把控；四是坚持科学公正，尊重评审专家的主体地位，强化对专家的培训和管理，实行专家回避，确保评审结果科学公正客观。

三、加强管理

在标准过程管理方面，为确保标准编制质量和进度，标准编制阶段主要抓好以下几个方面工作：一是严格贯彻落实《管理办法》规定，遵循分工到位、层层把关、各负其责的原则开展团体标准的编制工作；二是为确保执行程序不重不漏，标准化工作办公室严格审核各阶段编制材料，同时做好档案管理；三是组织技术委员会委员或有关专家进行技术审查和格式体例审查，确保标准总体质量和水平；四是标准编制周期实行总体时间控制，原则上标准编制周期不超过1年。

第二节　组织机构及职责

中国水利学会团体标准化工作的组织机构由中国水利学会常务理事会、中国水利学会秘书处（标准化工作办公室）、中国水利学会团体标准技术委员会（以下简称“技术委员会”）组成。团体标准主编、参编单位是标准的起草单位。

一、常务理事会

中国水利学会常务理事会是团体标准化工作领导机构，以召开理事长办公会（以下简称“理事长办公会”）的形式决策团体标准化工作的重大事项。理事长办公会主要职责包括：一是组织制定团体标准战略发展规划，包括团体标准的发展战略、规划、计划等；二是审定团体标准有关规章制度；三是审定团体标准报批材料；四是审定团体标准化工作中的其他重要事项。

二、秘书处

团体标准化工作的日常管理工作由中国水利学会秘书处（标准化工作办公室）负责，其主要职责包括：一是组织起草团体标准化工作规章制度，构建和维护团体标准体系；二是受理团体标准申请，负责团体标准立项、编制、推广实施、复审等阶段的具体管理工作；三是确定团体标准的主编单位和参编单位；四是组织开展团体标准相关技术研究；五是组织开展团体标准国际化工作；六是组织推荐团体标准申报奖项工作；七是组织团体标准与政府主导制定的标准相互转化工作；八是负责团体标准的解释工作；九是负责管理技术委员会，组织实施技术委员会管理相关的政策和制度。

三、技术委员会

技术委员会是团体标准化工作的技术咨询组织。技术委员会在本专业领域内主要职责包括：一是提出团体标准化工作的政策和措施建议；二是提出团体标准编制建议；三是指导团体标准编制工作；四是负责团体标准的技术内容及外文译本的审查；五是承担标准化工作办公室交办的其他工作。

未成立技术委员会的专业领域，可由标准化工作办公室组建专家组，代替技术委员会行使上述有关职责。

技术委员会由委员组成，委员应当具有广泛性和代表性，可以来自生产者、经营者、使用者、消费者、公共利益方等相关方。教育科研机构、有关行政主管部门、检测及认证机构、社会团体等可以作为公共利益方代表，应当具备以下条件：

（1）本专业领域的技术专家，熟悉本专业领域业务工作，具有较高政策和理论水平、扎实的专业知识和丰富的实践经验，熟悉国内外先进技术及发展动态。

（2）具有高级以上（含高级）专业技术职称，或者具有与高级以上专业技术职称相对应的职务。

（3）熟悉中国水利学会团体标准管理要求和工作流程。

（4）能够高效、公正履行职责，并能兼顾各方利益。

四、主编、参编单位

团体标准的主要起草单位是主编单位，参与团体标准起草工作的单位是参编单位。主编单位和参编单位均应为中国水利学会单位会员。

主编单位主要职责：一是负责组建编写组，落实参编单位分工与保障措施；二是组织开展团体标准编制工作；三是全面负责团体标准编制的质量、进度；四是按照标准化工作办公室要求，承担团体标准解释工作；五是跟踪团体标准实施情况。

参编单位主要职责：一是负责所承担编制内容的质量；二是协办标准编制过程中的研讨、咨询等具体工作；三是落实主编单位安排的其他事项。

主编、参编人员是标准编制工作的主体，其能力和水平决定了标准的编制质量，应具备以下条件：

（1）扎实的专业基础、丰富的水利工程建设或产品研发和使用的实践经验，熟悉国内外先进技术及发展动态。

（2）具有严谨的科学态度，良好的职业道德，较好的文字表达能力。

（3）熟悉标准制修订程序和相关知识。

（4）具有完成标准制修订工作的足够精力和时间。

以上是所有编写组人员应具备的条件，作为团体标准第一起草人，应具有高级以上（含高级）专业技术职称，或者具有与高级以上专业技术职称相对应的职务，并有较好的组织协调能力。

第三节　团体标准的立项

标准立项是标准化工作的关键环节。为加强团体标准立项管理，提高标准的科学性、系统性和协调性，从源头上确保标准质量，标准立项工作在申请时间、主体、材料及受理人、立项程序和评审专家等方面需满足相关规定。

一、基本要求

团体标准立项采取随时申报、随时评审的方式。具体评审时间由标准化工作办公室确定。评审结果作为标准批准立项的主要依据。

根据中国水利学会多年来团体标准编制工作实践，团体标准编制工作通常由主编单位会同参编单位共同完成，尚无以个人名义申请编制标准特例。同时编制标准是一项系统工程，涉及面广，个人编制标准难度较大，因此只受理单位提交的立项申请。此外，《管理规定》明确“团体标准由本团体成员约定采用”，因此，团体标准立项申请的单位必须为中国水利学会单位会员。

标准化工作办公室负责受理团体标准提案，提案包括《中国水利学会团体标准立项申请书》（附件 2－1）和标准初稿等。团体标准立项申请书应包含项目必要性、可行性、管用实用情况、市场应用前景、与相关标准协调性分析等，同时明确提案单位人、财、物等支撑保障条件以及标准编制进度安排等。为保障团体标准编制的时效性，要求提案单位将标准编制工作前置，立项阶段提交标准初稿，作为标准评审时的重要参考材料。通过立项审查，可对标准框架等提出合理的意见和建议，避免标准编制工作走“弯路”，降低编制风险。

二、具体流程

团体标准在立项阶段的主要工作包括提出标准提案、初审、立项论证等，流程如图 2-3-1 所示。

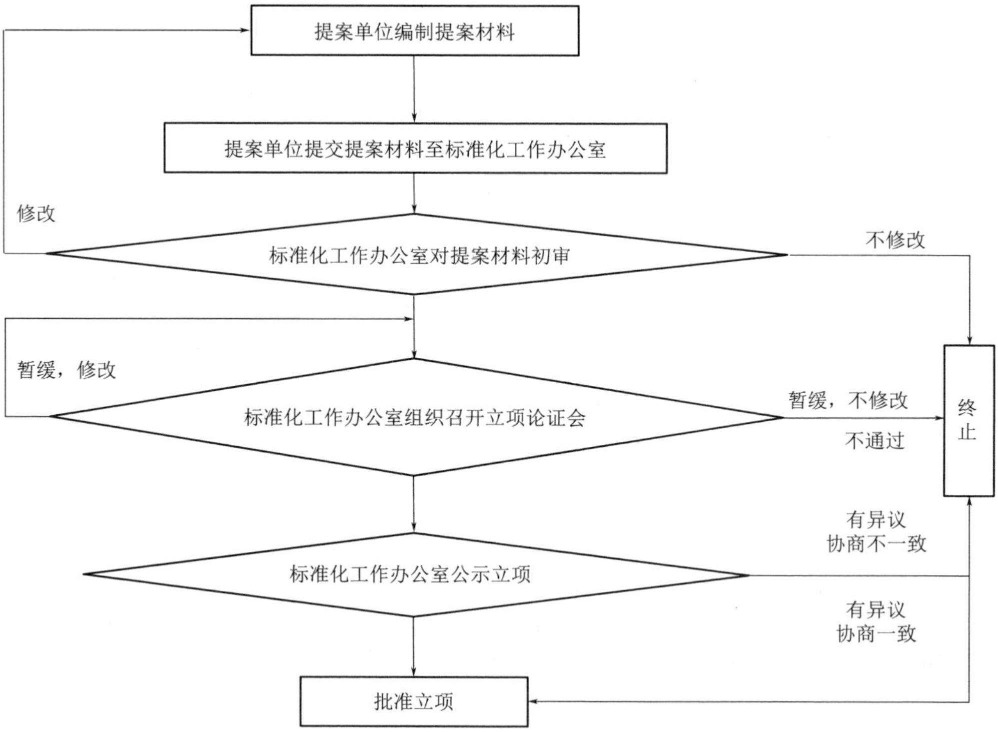

图 2-3-1　中国水利学会团体标准立项流程图

（一）提案

提案单位应根据中国水利学会团体标准有关规定编制标准提案材料，并将电子材料提交标准化工作办公室。纸质材料（加盖公章）待标准化部审查通过后提交，一式两份。

（二）初审

标准化工作办公室对提案材料进行初审，符合要求的由标准化工作办公室组织进入下一环节；不符合要求的退回至提案单位。提案单位同意修改完善的，修改直至合格，进入下一环节；不同意修改完善的，终止提案项目。

（三） 立项论证

评审材料符合要求的项目，由标准化工作办公室组织专家召开立项论证会议，进行立项论证。与会专家对立项材料进行质询讨论，形成明确的评审结论，结论分 3 种情况：同意立项、不同意立项和暂缓立项。对于同意立项的，由提案单位根据专家意见修改完善有关材料；对于不同意立项的，退回提案单位并终止提案项目；对于暂缓立项的，提案单位同意修改完善的，修改完善至合格，再次组织会议进行审议，不同意修改完善的，终止提案项目。

（四） 公示及批准

对于同意立项的标准项目，标准化工作办公室负责将有关信息在中国水利学会官网公示 15 天。公示期满且无异议的，由中国水利学会批准立项。公示期间收到异议的，由标准化工作办公室组织协调，对于达成一致意见的，批准立项；不能达成一致意见的，终止立项。

三、论证专家要求

立项论证会专家组由技术委员会委员或相应专家组成，专家组成员应具有代表性，一般不少于 5 人。评审专家由标准化工作办公室确定。

第四节　团体标准的编制要求

团体标准制修订工作是团体标准化过程中的基础与核心环节，应满足以下几个要求。

一、扎实开展编制工作

标准立项后应尽早成立编制组，起草人应熟悉本专业领域业务工作，掌握标准化基础知识，熟悉标准化工作流程，起草组应当充分吸收标准利益相关方。团体标准编制工作应在科学技术研究成果和社会实践经验的基础上，深入调查论证，广泛征求意见，稳妥处理标准涉及的专利，保证标准的科学性、规范性、先进性、时效性，提高标准质量和水平。

二、充分反映各方需求

团体标准制修订工作遵循开放、透明、公平的原则，广泛吸纳生产者、经营者、使用者、消费者、教育科研机构、检测及认证机构、有关政府部门等相关方代表参与，充分反映各方的共同需求。鼓励消费者和中小企业代表参与团体标准编制。

三、鼓励先进避免垄断

鼓励制定高于推荐性标准和具有国际领先水平的团体标准。禁止利用团体标准实施妨碍商品、服务自由流通等排除、限制市场竞争的行为。

四、遵循协商一致原则

团体标准编制过程中充分发扬技术民主，与有关方协商一致，共同确认。对标准中有关政策性的问题，应当认真研究、充分讨论、统一认识；对有争议的技术性问题，也应当在调查研究、试验验证或专题论证的基础上，进行协商，并恰如其分地作出结论。这一原则是确立标准权威性的关键。标准不是某个人的标准，只有在标准制定过程中得到了最广泛的认可，标准实施后才能被广泛重视。

五、符合标准编写规定

根据《管理办法》规定，“对于实施效果良好，且符合国家标准、行业标准制定要求的团体标准，可按照有关规定申请转化为国家标准、行业标准。”因此，为方便转化工作，中国水利学会团体标准的编写应参照 GB/T 1.1《标准化工作导则 第1部分：标准的结构和编写》的规定执行。对于工程建设、分析方法等团体标准的编写应参照国家相关规定执行。

第五节　团体标准的专利处置要求

中国水利学会发布的团体标准原则上不涉及专利。因确有必要而涉及专利的，所涉及专利必须是必要专利，即实施该项团体标准必不可少的专利。

一、专利披露

为避免标准使用者在不知情的情况下侵犯专利权人或专利申请人的专利权，中国水利学会要求参与团体标准编制的组织或者个人在标准编制的任何阶段，尽早将其拥有和知悉的必要专利向中国水利学会披露，同时提供有关专利信息和相关证明材料，并对所提供证明材料的真实性负责。同时，中国水利学会欢迎没有参与团体标准编制的组织或者个人在标准编制的任何阶段，尽早将其拥有和知悉的必要专利向中国水利学会披露，并提供有关专利信息和相关证明材料，保证所提供证明材料的真实性。中国水利学会在涉及专利或可能涉及专利的团体标准批准发布前，对标准报批稿和已知的专利信息进行公示，公式期为30天。

二、专利实施许可声明

对于涉及专利的中国水利学会团体标准，要求标准主编单位及时与专利权人或专利申请人进行协商，并获得专利权人或专利申请人作出的专利实施许可声明。该声明应当由专利权人或专利申请人从下列三项内容中选择一项：

（1）专利权人或专利申请人同意在公平、合理、无歧视的基础上，免费许可任何人或者个人在实施该团体标准时实施其专利。

（2）专利权人或专利申请人同意在公平、合理、无歧视的基础上，收费许可任何人或者个人在实施该团体标准时实施其专利。

（3）专利权人或专利申请人不同意按照以上两种方式进行专利实施许可。

未获得专利权人或专利申请人根据（1）或者（2）作出专利实施许可声明的团体标准报批稿，中国水利学会不予批准发布。当团体标准发布后存在标准涉及专利但没有专利实施许可声明的情况，中国水利学会要求标准主编单位在规定的时间内与专利权人或专利申请人进行协商，并获得专利权人或专利申请人作出的专利实施许可声明，同时将声明提交中国水利学会。对于未获得专利权人或专利申请人根据（1）或者（2）作出专利实施许可声明的团体标准，中国水利学会可以根据实际情况暂停标准的实施，并要求标准主编单位修订该标准。

当专利实施许可声明为收费许可时，关于许可使用费问题，由标准使用者与专利权人或专利申请人依据专利权人或专利申请人作出的专利实施许可声明协商处理。

对于具体的专利信息披露和专利实施许可声明的程序可依据 GB/T 20003.1《标准制定的特殊程序 第 1 部分：涉及专利的标准》的有关规定执行。

第六节　团体标准的出版要求

《管理办法》规定“团体标准著作权归中国水利学会所有”，这是对中国水利学会独立发布的团体标准著作权的规定。对于由中国水利学会与其他社会组织联合发布的团体标准，其著作权按照中国水利学会与其他社会组织签订的协议确定。著作权归中国水利学会所有的团体标准的出版活动，需经过中国水利学会授权同意后方可进行。

团体标准的出版活动包括团体标准出版物（包括纸质文本、电子文本）的出版、印刷（印刷和复制）和发行。中国水利学会团体标准的出版发行实行合同管理模式，合同由中国水利学会与出版机构签订。

中国水利学会团体标准应由国务院出版行政主管部门批准的出版单位出版。中国水利学会独立发布的团体标准出版发行机构由中国水利学会充分征求主编单位意见的基础上确定，与其他社团联合发布的团体标准出版事宜由双方协商确定。

第七节　团体标准的档案管理要求

归档又称存档，是指将处理完毕且具有保存价值的事情或文件经系统整理后交档案室（馆）保存备案（备查）的过程。《管理办法》明确规定：“主编单位应妥善保存团体标准编制过程中的有关文件和资料，并建立相应档案”。为确保团体标准档案的真实性、完整性、有效性，提高标准资料利用效率，应规范团体标准编制过程中的有关文件和资料管理。团体标准发布后，其形成的档案应及时归档，档案内容和质量等应符合相关规定。

一、归档方式及时间

团体标准编制过程形成的纸质版和电子版材料同时归档。一方面，纸质版和电子版材料同步归档，确保文件的准确性、一致性和有效性；另一方面，纸质版材料便于阅读，电子版材料便于信息化建设，为日后的修订、查询比对以及高效利用提供方便。

二、归档范围

归档材料应是团体标准从立项到发布所有环节中有归档保存价值的资料。应至少包括团体标准制修订项目立项申请书，各编制阶段标准文本、标准审查或咨询会议的通知、审查意见、专家签名表以及意见汇总处理表，标准编制说明以及必要的专题报告等。

三、归档材料质量要求

（一）原件或原件复印件归档

为确保资料的真实有效，对有原件的资料以原件归档，无原件的可以用复印件归档。

（二）归档材料齐全、完整

一方面，材料归档是对成果的系统总结，材料残缺影响完整性和系统性，起不到归档作用；另一方面，归档的材料是今后查询工作追本溯源的依据，必须齐全、完整。

（三）序时归档

团体标准的编制遵循固定的编制程序，由于团体标准发布后，查询档案时，标准文本等最终成果查询较过程材料查询概率高，所以团体标准档案材料排序建议按照材料形成时间从后向前排序。也就是，后面形成的材料排在前面，前面形成的材料排在后面，倒序时存档。一是方便快捷查找，提高文件的查询效率；二是体现工作程序和相应工作阶段内容。存档有关材料可参考附件 2－2。

第八节　团体标准的经费管理要求

团体标准经费来源主要包括：主编单位、参编单位自愿筹集，政府、社会团体、企事业单位、个人等资助或赞助，标准化工作办公室开展专业领域标准化咨询、服务、培训等工作的收入，标准文本和相关资料销售收入等。原则上，中国水利学会团体标准编制工作经费由标准主编单位、参编单位和相关单位筹集，全部用于支付标准编制的工作成本（标准立项论证、编制、审查、复核验证、出版等）和管理费用。

附件2－1

团体标准立项申请书

标准名称：＿＿＿＿＿＿＿＿＿＿＿＿＿＿＿＿＿＿

提案单位：＿＿＿＿＿＿＿＿＿＿＿＿（签章）

年　月　日

团体标准立项申请书基本信息表

<table>
<tr><td>标准名称</td><td colspan="6"></td></tr>
<tr><td>编制类型</td><td colspan="3">（ ）1. 制定 2. 修订 3. 翻译</td><td colspan="2">标准编号（修订、翻译填写）</td><td></td></tr>
<tr><td>是否同步翻译</td><td colspan="6">（ ）1. 是　　2. 否</td></tr>
<tr><td rowspan="3">提案单位</td><td>名　称</td><td colspan="5"></td></tr>
<tr><td>地　址</td><td colspan="5"></td></tr>
<tr><td>联系人</td><td></td><td>电话</td><td></td><td>邮箱</td><td></td></tr>
<tr><td>编制周期</td><td></td><td colspan="2">计划投入经费</td><td colspan="3">万元</td></tr>
<tr><td>内容摘要（500 字以内，包括项目背景情况、立项必要性可行性分析、是否管用实用、与相关标准协调性分析等。）</td><td colspan="6"></td></tr>
</table>

团体标准立项申请书

一、标准编制必要性及需求分析

（1）标准编制的必要性（本标准为哪些工作任务提供技术支撑，没有该标准时如何开展工作以及本标准内容不能纳入相关政府标准的理由）。

（2）标准编制的迫切程度。

（3）标准能够产生的经济、社会效益和环境效益。

二、标准适用范围及主要技术内容

三、相关情况说明

（1）介绍本标准与相关法律法规，相关国家、行业和地方标准的协调关系（翻译选填）。

（2）介绍国内外相关技术发展动态、拟纳入本标准的技术先进性、成熟程度以及是否涉及专利等；涉及专利时，按照国家相关标准或文件格式填写相关专利的信息披露表和必要专利实施许可声明表。

（3）根据需要，拟开展哪些必要的专题研究、试验、测试等（翻译选填）。

四、经费预算与进度安排

（1）经费预算。

（2）编制时间安排及保障措施。

五、提案单位基本情况

提案单位的基本信息，编制本标准所具备的技术、人员等支撑条件。

六、其他需要说明的问题

除说明与标准技术相关的问题外，还应承诺本标准提案提交中国水利学会之后，在未征得中国水利学会同意前，不会向其他社会团体提交本标准提案。

附件 2－2

团体标准存档材料清单

序号	材 料 名 称
1	标准文本
2	标准发布公告
3	报批稿终稿
4	报批稿公示通知及异议处理过程材料
5	报批稿
6	编制说明（含必要时，专题报告）
7	送审稿审查会专家组有关专家意见及意见汇总处理表
8	体例格式及英文意见及意见汇总处理表
9	送审稿审查会意见及意见汇总处理表
10	送审稿审查会审查意见（包含专家签名表）
11	送审稿审查会通知
12	送审稿
13	征求意见阶段意见及意见汇总处理表
14	征求意见通知
15	征求意见稿
16	立项公示及批准立项通知
17	立项论证会审查意见（包含专家签名表）
18	立项论证会会议通知
19	标准初稿
20	立项申请书

第三章　中国水利学会团体标准的制修订程序要求

完善的标准制修订流程，不仅可以规范标准编制过程、保障标准质量，而且可以提升标准编制效率。为此，中国水利学会在多年的团体标准编制工作实践中，制定出一套完整的标准制修订流程及各编制阶段要求。

标准编制工作分为制定和修订两类。制定类标准是从无到有；修订类标准是对原有标准的修订完善。根据标准修订程度，可将修订工作分为全面修订、局部修订、少量修改或补充。团体标准出版后，发现个别技术有问题，可作少量修改或补充。

凡属下列情况之一的团体标准应当进行局部修订：

（1）团体标准的部分规定已制约了科学技术新成果的推广应用。

（2）团体标准的部分规定经修订后可取得明显的经济效益、社会效益、环境效益；

（3）团体标准的部分规定有明显缺陷或与相关的国家标准相抵触，需要对现行的团体标准作局部补充规定。

鉴于局部修订和少量修改或补充为团体标准制修订程序中的部分环节，本章只介绍团体标准制修订工作全流程要求，局部修订和少量修改或补充遵循相应环节要求。

第一节　团体标准制修订程序

制定类标准和全面修订类标准修订工作一般包括起草、征求意见、审查、报批、编号、发布等阶段。局部修订可采用审查和报批两个阶段。少量修改或补充直接报批即可。基本流程如图 3－1－1 所示。

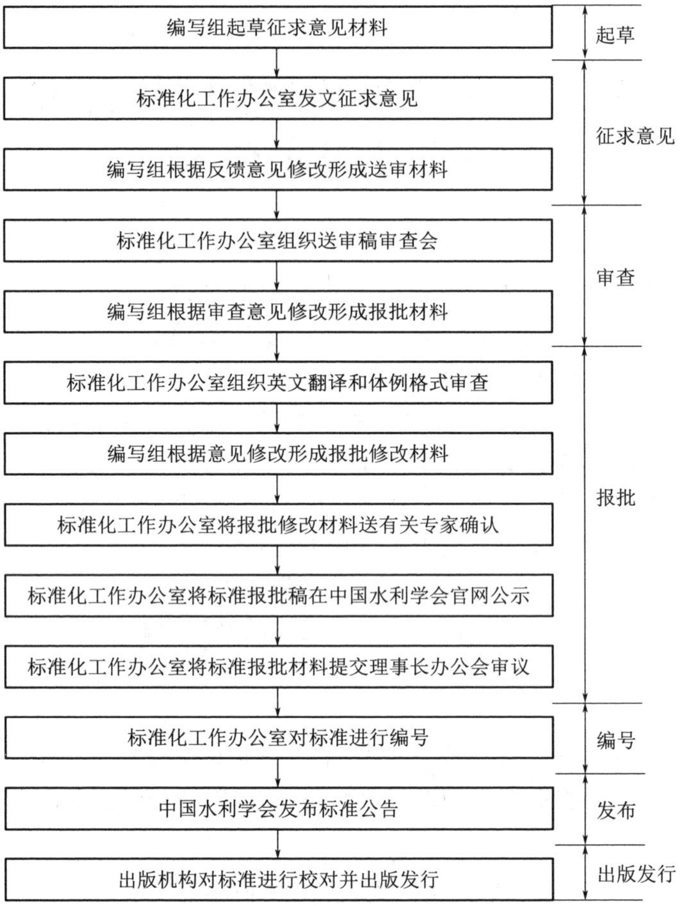

图 3-1-1　团体标准制修订程序

第二节　团体标准制修订各阶段程序要求

一、起草

根据立项论证会意见建议，主编单位组织成立编写组并根据标准中规定的内容和适用范围，在充分调研、分析、实验、验证等的基础上开展标准征求意见稿和编制说明（附件 3-1）等征求意见材料的起草工作。

二、征求意见

编写组将标准征求意见材料以电子版形式发送给标准化工作办公室，标准化工作办公室对材料进行形式审查。审查结果分为符合要求和不符合要求两种。符合要求的材料由标准化工作办公室起草征求意见文件，定向征求有关专家和单位意见，同时在标准信息服务平台和中国水利学会官网公开，面向社会征求意见。征求意见周期不少于30天，必要时应附专题和验证报告。不符合要求的退回至编写组，直至修改完善后进入下一环节。

标准化工作办公室负责反馈意见的汇总，编写组负责对反馈意见进行汇总处理，形成送审稿及编制说明、意见汇总处理表（附件3－2）等送审材料。流程如图3－2－1所示。

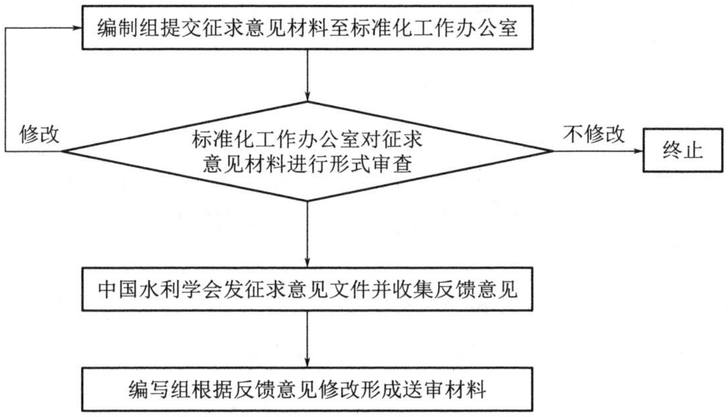

图3－2－1　征求意见阶段流程图

三、审查

团体标准送审阶段主要包括召开送审稿审查会，编制组根据送审稿审查意见对送审稿修改完善后形成报批稿。审查阶段流程如图3－2－2所示。

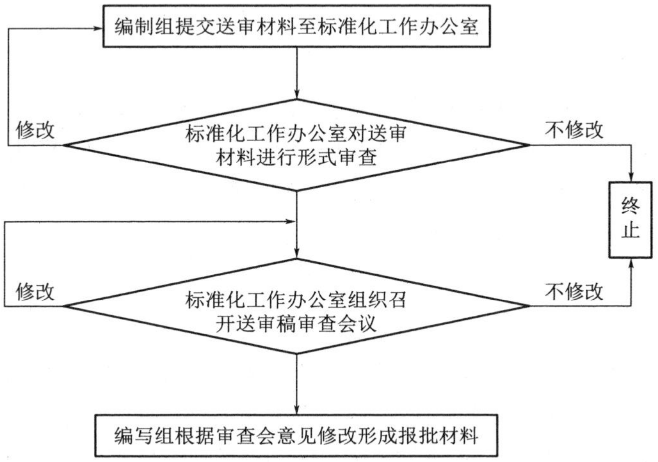

图3－2－2　审查阶段流程图

编写组应提前将送审材料以电子版形式发给标准化工作办公室进行形式审查。符合要求的，标准化工作办公室将与编写组协商确定送审稿审查会时间。不符合要求的退回至编写组，直至修改完善后进入下一环节。

标准化工作办公室起草、办理、发放标准送审稿审查会通知，并组织召开会议，编写组准备标准汇报材料。审查专家重点审查以下几个方面：

（1）国家有关法律法规、方针政策以及相关技术标准的协调一致性；

（2）适用范围合理性和准确性；

（3）技术内容与适用范围是否匹配；

（4）技术内容的科学性、先进性和可操作性；

（5）关键技术指标的来源和依据的准确性、合理性；

（6）体例格式的规范性。

审查结论有 3 种类型：

（1）通过，需要有 3/4 的专家同意。编写组根据审查意见修改完善送审材料，形成报批稿初稿、送审稿审查会意见汇总处理表以及报批稿编制说明等报批材料。

（2）不通过，需要有 3/4 的专家不同意。终止标准编制工作，标准化工作办公室不再组织该标准的编制。

（3）暂不通过，专家组认为送审稿暂不具备审查条件，但可通过修改完善后再次上会审查，编写组应根据专家意见再次完善后提交审查。

四、报批

编写组及时提交报批材料至标准化工作办公室。标准化工作办公室对报批材料进行形式审查。符合要求的，由标准化工作办公室组织专家进行体例格式复读和英文翻译审查，并将审查意见反馈主编单位。不符合要求的应进一步修改完善后再次提交。

编写组根据上述意见分别形成体例格式复读和英文翻译意见汇总处理表，并对照意见修改完善报批稿，提交标准化工作办公室。标准化工作办公室对材料进行形式审查。符合要求的，由标准化工作办公室提交给审查会专家组相关专家确认。不符合要求的应进一步修改完善后再次提交。

专家审查通过的报批稿，由中国水利学会发文在官网公示 7 天。对于公示期满且无异议的，标准化工作办公室报请理事长召开理事长办公会审定。对于仍有争议的标准，中国水利学会组织协调，协调一致的，报请召开理事长办公会审议；协商不一致的，终止其编制工作。报批阶段流程如图 3－2－3 所示。

五、编号

团体标准编号由团体标准代号、中国水利学会代号、团体标准顺序号和年代号组成，如图 3－2－4 所示。对于由中国水利学会独立发布的标准，标准化工作办公室按照上述规则对标准进行编号；对于联合发布的标准，需同时满足中国水利学会团体标准的编号规则和其他社会团体的编号规则，编号顺序由联合发布双方共同确定。

六、发布

团体标准发布方式分为独立发布和联合发布两种。中国水利学会独立发布的标准以中国水利学会文件形式予以发布；联合发布的标准，除满足中国水利学会的要求外，尚应符合其他社会团体有关发布要求。

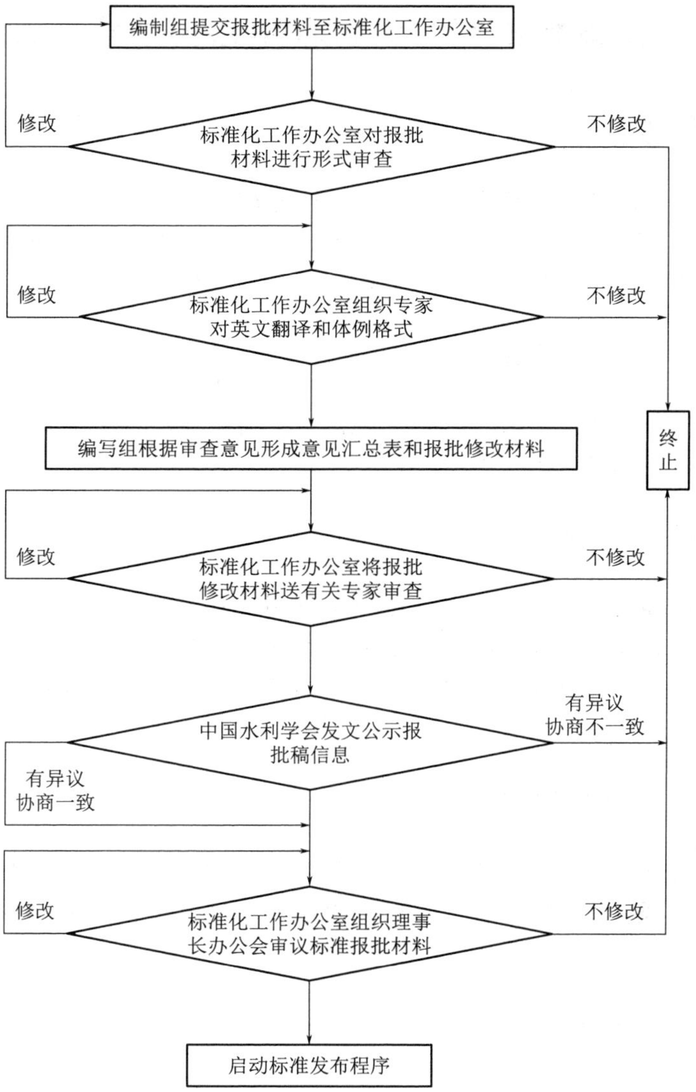

图 3-2-3　报批阶段流程图

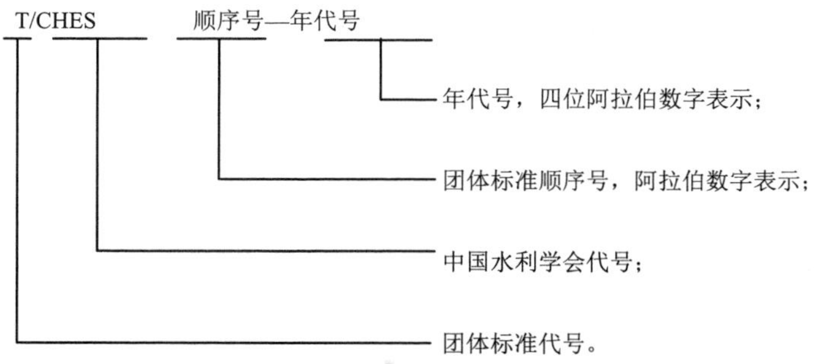

图 3-2-4　团体标准编号规则

第三节　团体标准制修订过程中需要注意的几个事项

一、制修订流程

除局部修订和少量修改或补充情况外，上述标准制修订流程是完成中国水利学会团体标准制修订工作必不可少的。对于技术难度较大或争议较多的标准，编制组可以自行组织内部咨询会议，或开展专题研究和讨论，以确保标准质量。

二、团体标准征求意见

团体标准的征求意见稿征求意见至少一次。主编单位可根据实施意见反馈情况提出多次征求意见，直至达到预期的效果。

三、送审稿审查会

送审稿审查会应成立专家组，实行专家负责制。专家组由技术委员会委员或相应专家组成。专家选取应遵循回避原则，并具有代表性，一般不少于7人。审查材料至少提前一周提交审查专家。审查时间应充分，做到逐节或逐条审查，保证审查质量。审查专家应全程参加会议。

四、修订类标准材料要求

修订类标准是对原有标准的修订完善，具有扎实的工作基础。为提高修订类标准的审查工作效率，编写组需提供标准修订前后对照表，同时提供足够的与修订内容有关的支撑材料。

五、团体标准翻译

翻译是团体标准向国际化迈出的第一步，《管理规定》要求："鼓励社会团体参与国际标准化活动，推进团体标准国际化。"中国水利学会鼓励编写组同步开展团体标准编制与翻译工作，重点翻译国际市场有需求的团体标准，可翻译为英文或其他语种的译本。团体标准翻译工作分为翻译、审查、发布等，有关阶段要求可参照团体标准编制程序。

附件 3－1

《标　准　名　称》

（□征求意见稿　□送审稿　□报批稿）

编　制　说　明

主编单位：________________________________

年　月　日

编 制 说 明

一、工作简况

包括任务来源、编制单位主要工作过程、各阶段意见处理情况、主要起草人及其所做的工作等。

二、主要内容说明及来源依据

1. 技术指标、参数、公式、性能要求、试验方法、检验规则等的论据（包括试验、统计数据）。修订类标准，还应增列新旧标准技术内容对比。

2. 主要试验（或验证）的分析、综述报告，技术经济论证。

三、专利情况说明

四、与相关标准的关系分析

1. 与国内、国外同类标准水平的对比情况，或与测试的国外样品、样机的有关数据对比情况。

2. 与国内相关标准协调性分析。

五、重大分歧或重难点的处理经过和依据

六、预期效益

包括预期的经济效益、社会效益和生态环境效益。

七、其他说明事项

附件 3－2

《标准名称》
意见汇总处理表

请勾选唯一项：

□征求意见

□送审

□报批：{□英文翻译审核 □体例格式复读 □其他（请注明：　　）}

主编单位：________________________________

年　月　日

附表 3－2－1　　反馈意见汇总处理概况

<table>
<tr><td>标准名称</td><td colspan="6"></td></tr>
<tr><td rowspan="2">征求意见的份数</td><td colspan="2">收到反馈意见数量</td><td rowspan="2">采纳条数</td><td rowspan="2">部分采纳条数</td><td rowspan="2">未采纳条数</td></tr>
<tr><td>份数</td><td>条数</td></tr>
<tr><td></td><td></td><td></td><td></td><td></td><td></td></tr>
</table>

其中非采纳意见（部分采纳和未采纳）与意见提出单位或专家沟通情况（征求意见阶段可不填写）

部分采纳		未采纳	
达成一致的条数	未达成一致的条数	达成一致的条数	未达成一致的条数

附表 3－2－2　　单位和专家意见统计表

一、单位意见

单位名称	联系人	总条数	采纳条数	部分采纳条数	未采纳条数	联系电话	电子信箱
⋮							

二、专家意见

专家姓名	工作单位	总条数	采纳条数	部分采纳条数	未采纳条数	联系电话	电子信箱
⋮							

注　单位和专家意见分别按未采纳条数由多到少依次排序；未采纳条数相同时，按部分采纳条数由多到少依次排序；部分采纳条数相同时，按条数由多到少依次排序。

附表 3-2-3

意见汇总处理表

一、总体意见

序号	总体意见	提出意见的单位或专家	处理结果	非采纳处理意见的理由	非采纳意见与相关单位或专家沟通情况	对于已沟通的意见是否一致
1			□采纳 □部分采纳 □未采纳	□待论证后确定 □提请下一环节确定 □其他，请详细说明	□已沟通 □未沟通，请说明理由	□一致 □不一致，请说明理由
2			□采纳 □部分采纳 □未采纳	□待论证后确定 □提请下一环节确定 □其他，请详细说明	□已沟通 □未沟通，请说明理由	□一致 □不一致，请说明理由
3			□采纳 □部分采纳 □未采纳	□待论证后确定 □提请下一环节确定 □其他，请详细说明	□已沟通 □未沟通，请说明理由	□一致 □不一致，请说明理由
⋮						

二、具体意见

序号	原条文号或附录号	原条文内容	提出意见的单位或专家	修改意见及理由	处理结果	非采纳意见的处理情况			现条文号或附录号	修改后条文内容
						理由	与相关单位或专家沟通情况	对于已沟通的意见是否一致		
1					□采纳 □部分采纳 □未采纳	□待论证后确定 □提请下一环节确定 □其他，请详细说明	□已沟通 □未沟通，请说明理由	□一致 □不一致，请说明理由		
2					□采纳 □部分采纳 □未采纳	□待论证后确定 □提请下一环节确定 □其他，请详细说明	□已沟通 □未沟通，请说明理由	□一致 □不一致，请说明理由		
⋮										

注　具体意见按现条文顺序依次排列，针对同一条目的不同意见应分别列出，不应按提出意见的来源排列。

第四章　中国水利学会团体标准的结构与编写要求

为统一中国水利学会团体标准编写要求，确保标准编写质量，有利于正确理解和使用标准，特编写本章。

根据行业特点，中国水利学会发布的团体标准根据其内容主要可分为工程建设类和非工程建设类。内容以水利工程建设和管理为主体，主要为工程建设领域服务，标准化对象直接涉及土建工程，尤其是涉及“动土”（土石方工程）的标准，一般为工程建设类标准，其他为非工程建设类标准。工程建设类团体标准按照本章第二节要求编写，非工程建设类按照本章第三节要求编写。两节内容分别参考了住房和城乡建设部《工程建设标准编写规定》（建标〔2008〕182号）和GB/T 1.1—2020《标准化工作导则 第1部分：标准化文件的机构和起草规则》。

此外，对专门的术语标准、符号标准、分类标准、试验方法标准、规范标准、规程标准、指南标准和产品标准的编写，还要同时分别符合GB/T 20001.1《标准编写规则 第1部分：术语》、GB/T 20001.2《标准编写规则 第2部分：符号标准》、GB/T 20001.3《标准编写规则 第3部分：分类标准》、GB/T 20001.4《标准编写规则 第4部分：试验方法标准》、GB/T 20001.5《标准编写规则 第5部分：规范标准》、GB/T 20001.6《标准编写规则 第6部分：规程标准》、GB/T 20001.7《标准编写规则 第7部分：指南标准》、GB/T 20001.10《标准编写规则 第10部分：产品标准》的有关要求。

第一节　总　体　要　求

一、编制原则

团体标准是国家标准体系的重要组成部分，遵循标准编制的目的性、统一性、协调性、适用性和规范性的要求。

（一）目的性

制定标准的目的是规定明确且无歧义的条款，以便促进贸易和交流。为此，标准应满足以下3个条件：一是在其范围所规定的界限内按需要力求完整；二是充分考虑最新技术水平；三是为未来发展提供空间；四是能被未参加标准编制的专业人员所理解。

（二）统一性

每项标准或系列标准（或一项标准的不同部分）内，标准文体和术语应保持一致。

系列标准的每项标准（或一项标准的不同部分）的结构及其章、条的编号应尽可能相同。类似的条款等应使用类似的措辞来表达；相同的条款应用相同的措辞来表述。

（三） 协调性

标准与相关标准之间、标准内部各章节之间应该协调一致。为了达到所有标准整体协调的目的，标准的编写应遵守现行基础标准的有关条款，尤其涉及标准化原理和方法、标准化术语、术语的原则和方法、量和单位及其符号、代号和缩略语等。

（四） 适用性

标准的内容应便于实施，并且易于被其他的标准或文件所引用。

（五） 规范性

在标准起草之前应确定标准的预计结构和内在关系，尤其应考虑内容的划分。如果标准分为多个部分，则应预先确定各个部分的名称。为了保证一项标准或一系列标准的及时发布，从起草工作开始到随后的所有阶段均应遵守有关规定。

二、编制要求

（一） 总体要求

标准之间不得相互抵触，相关的标准应协调一致。不得将其他标准的正文作为本标准的正文和附录。

（二） 结构要求

标准的构成应合理，层次划分应清楚，编排格式应符合统一要求。

（三） 条文要求

标准条文中应规定需要遵循的准则、达到的技术要求及采取的技术措施，不得叙述其目的或理由；定性和定量应准确，并应有充分的依据；表示严格程度的用词应准确。

（四） 技术内容要求

纳入标准的技术内容，应成熟且行之有效。凡能用文字阐述的，一般不用图作规定。同时，技术内容应准确无误，文字表达应简练明确、通俗易懂、逻辑严谨，忌用弹性词语（如“尽可能”“左右”“大概”“大约”“可能”“是否”“考虑”“相当于”等）。

（五） 其他要求

1. 术语

同一术语、符号或代号应表达同一概念，同一概念应始终采用统一术语、符号或代号。

2. 公式

公式应只给出最后的表达式，不应列推导过程。在公式符号的解释中，可包括简单的参数取值规定，但不得提出其他技术性要求。

三、幅面要求

为了方便使用、便于管理，团体标准采用固定的封面格式（见附件 4-1）。团体标准的封面尺寸按照非工程建设类和工程建设类分类，分别采用 A4 和 A5 幅面。在特殊情况下（例如图、表不能缩小时），幅面可根据实际需要加宽和/或延长，倍数不限。

四、版本要求

为推动团体标准在国际上应用，中国水利学会鼓励主编单位开展团体标准翻译工作，可以翻译一种或多种语言版本的外文译本，以中文版为准。

第二节　工程建设类标准结构和编写要求

一、框架结构及各部分要求

（一）框架结构

中国水利学会工程建设类团体标准的结构由前引部分、正文部分和补充部分组成。

标准的前引部分是供标准使用者概要了解标准名称和编号，标准批准、发布、实施等方面的信息，标准的编制背景说明、制修订情况、与相关标准的关系，标准解释和管理方面有关情况的简要说明。包括如下几个方面：

——封面；

——扉页；

——公告；

——前言；

——目次。

标准的正文部分是标准的核心部分，在标准中具有重要的作用，直接关系到标准的编制质量和实用价值，包括如下几个方面：

——总则；

——术语和符号；

——技术内容。

标准的补充部分是对标准正文部分内容所做的进一步补充的规定，是对标准实施和理解提供的补充信息，包括如下几个方面：

——附录；

——标准用词说明；

——引用标准名录；

——条文说明。

（二）各部分要求

1. 封面

每项团体标准都应有封面（合订本除外），其作用是美化书刊和保护书芯，目的在于向标准使用者提示必要的书目信息，以便检索，同时也便于标准管理者编目存档。

封面的主要内容从上到下包括标准分类号、标准分类、标准编号（包括修订后被替代的标准编号）、标准名称（包括英文名称）、标准的发布日期和实施日期以及标准的发布机构。

(1) 标准分类号。标准分类号分为标准文献国际分类号（ICS 号）和中国标准文献分类号（CCS 号），ICS 号和 CCS 号分上下两行编排，左端对齐。分类号由中国水利学会统一查询确定。

(2) 标准分类。中国水利学会印发的标准为团体标准，居中排印。

(3) 标准编号。团体标准编号由中国水利学会按照 3.2.5 节要求确定。修订类标准，在标准编号下面标注被替代标准的编号（如果被替代的标准有两项或两项以上，分行一一列出，一般情况下，修订标准的标准顺序号不变），标准编号与被替代标准的编号左端对齐。

(4) 标准名称。标准名称通常由标准对象、用途和标准特征名三部分组成，标准对象即指需要标准化的主体。标准用途一般包括规划、勘测、设计、施工安装、质量验收、运行维护、安全评价和监测预测，有多个用途时可概括为“技术”两字。标准特征名应根据其特点和性质，采用“标准”“规范”或“规程”等。标准名称居中排列，如字数较多，可分行书写。

示例 4-2-1：

粗粒土	试验	规程
对象	用途	特征名

示例 4-2-2：

水质采样	技术	规程
对象	用途	特征名

标准英文名称应翻译准确，书写在标准中文名称的下面，左右居中排印（如果英文名称较长可分行书写）。英文名称的第一个单词的首字母应大写，其他字母一律小写，但专有名词的首字母仍需大写。

(5) 标准的发布日期和实施日期。标准的发布日期和实施日期位于同一行，分居两端。发布日期和实施日期以标准发布公告上所列的日期为准。日期的年月日之间使用半字线“-”，当月和日是个位数时，在十位上加“0”。标准的发布日期和实施日期应有先后时间差，便于宣贯实施。

(6) 发布机构。中国水利学会团体标准应书写“中国水利学会　发布”（中间空格为两个空符），居中排列字样，居中排列。联合发布的标准分行书写发布单位，后接“联合发布”。

此外，标准征求意见稿和送审稿的封面显著位置应给出“在提交反馈意见时，请将您知道的相关专利连同支持性文件一并附上。”信息。

示例 4－2－3：

ICS 13.060.20
P 41

团　体　标　准

T/CHES 18—2018

农村饮水安全评价准则

Evaluation criteria for rural drinking water safety

2018-03-29 发布　　2018-06-01 实施

中国水利学会　发布

2．扉页

扉页起装饰作用，增加书籍的美观。扉页从上到下印有发布机构、标准中英文名称、标准编号、主编单位、批准单位、施行日期、出版机构和出版年份等。

示例 4－2－4：

中　国　水　利　学　会　标　准
中国工程建设标准化协会标准

预制混凝土板桩式挡土墙
技　术　规　程

Technical specification for precast
concrete sheet pile retaining wall

T/CHES 28-2019
T/CECS 582-2019

主编单位：建华建材（中国）有限公司
上海勘测设计研究院有限公司
批准单位：中　国　水　利　学　会
中国工程建设标准化协会
施行日期：2　0　1　9　年　7　月　1　日

中国计划出版社

2019　北　京

3. 发布文件

中国水利学会团体标准的发布实施采用文件形式进行公告，并在标准出版时印刷在标准内芯的首页，故标准审查稿和报批稿等均不需要此页，也不需要留白页。

示例 4-2-5：

中国水利学会文件

水学〔2020〕73 号

关于批准发布《光学含沙量测量仪率定规范》等 5 项团体标准的公告

经理事长专题办公会批准，决定发布《光学含沙量测量仪率定规范》等 5 项团体标准，现予以公告。

标准自 2020 年 8 月 1 日起实施。

序号	标准名称	标准编号	批准日期	实施日期
1	光学含沙量测量仪率定规范	T/CHES 34-2020	2020.7.1	2020.8.1
2	降水自记纸记录数字化规范	T/CHES 35-2020	2020.7.1	2020.8.1
3	生态护坡 植生毯和植生袋应用技术规程	T/CHES 36-2020	2020.7.1	2020.8.1
4	渡槽技术管理规程	T/CHES 37-2020	2020.7.1	2020.8.1
5	液压闸门系统制造安装及验收规范	T/CHES 38-2020	2020.7.1	2020.8.1

中国水利学会

2020 年 7 月 1 日

4. 前言

标准的前言是对标准的编制工作概况、技术内容的概括，以及执行标准过程中的管理事项进行的描述，主要包括：制修订标准的任务来源、标准编制的主要工作内容和主要技术内容概述、专利信息提示、标准的管理信息、标准的主编单位、参编单位、主要起草人及主要审查人名单。前言不应包含要求、指示、推荐或允许型条款，也不应使用图、表或数学公式等表述形式。前言不应给出章编号且不分条。

(1) 任务来源。前言的第一句应简要介绍标准制修订的任务来源，即主编单位是从哪里接收到的标准编制任务（典型句：根据《关于批准〈标准名称〉标准立项的通知》（水学〔20××〕××号）的要求）。不可将制订标准的过程以及标准的相关历史背景写入前言，制修订过程应写入标准编制说明，历史背景介绍可以在条文说明中详细阐述。

(2) 标准编制的主要工作内容。包括调研、总结、参考相关标准、征求意见等。典型句："标准（规程、规范）编制组经广泛调查研究，认真总结实践经验，参考有关国际标准和国外先进标准，并在广泛征求意见的基础上"。

(3) 主要技术内容。在前言中，应对标准的主要技术内容进行概括性的阐述，不建议简单地列写章题。在内容介绍之前，应统计标准章和附录的数量。对于修订的标准，还应简述修订的变化情况。对重要的条文增删和框架变动应逐项简要阐述。

(4) 专利信息提示。为避免专利纠纷，要求注明专利提示信息。典型句："本标准（规程、规范）的某些内容可能涉及专利（专利号：××××××），涉及专利的具体技术问题，使用者可与专利持有人（专利持有人：××××××）协商处理。本规程的发布机构不承担识别这些专利的责任"。

(5) 管理信息。为了解决团体标准在执行过程中出现的理解偏差问题，收集团体标准在实施过程中出现的问题，进一步加强团体标准在实施过程中的管理和服务，前言中还应明确团体标准的管理单位和具体技术内容解释单位以及联系方式。中国水利学会团体标准的管理单位为中国水利学会，具体解释单位为主编单位。

(6) 主编单位。一般情况下，主编单位一般是标准制修订组组长所在单位，一经确定，不能轻易更改，如有特殊情况，需向中国水利学会提出更改申请。

(7) 参编单位。参编单位应在标准的送审稿完成之前确定，并报中国水利学会同意。除非需要对团体标准做出重大技术改动，完成标准的送审稿后，不应再增加参编单位。如果某项标准没有参编单位，则前言中不需列出此项。参编单位只有自始至终完成所承担的编制工作才可给予署名。

(8) 主要起草人。主要起草人的署名应实事求是。标准起草人员只有自始至终完成所承担的工作才可给予署名。标准主要起草人的名单应按对标准编制工作的贡献大小顺序排列。

(9) 主要审查人。标准主要审查人为参加标准技术审查会议并签名的所有专家。

示例 4－2－6：

前　　言

根据《关于批准〈标准名称〉标准立项的通知》（水学〔20××〕××号）的要求，标准（规范、规程）编制组经广泛调查研究，认真总结实践经验，参考有关国际标准和国外先进标准，并在广泛征求意见的基础上，制定（修订）本标准（规范、规程）。

本标准（规范、规程）共分×章和×个附录的主要技术内容：……………。

本标准（规范、规程）修订的主要技术内容：………………………………………………。

本标准（规范、规程）的某些内容可能涉及专利（专利号：××××××），涉及专利的具体技术问题，使用者可与专利持有人（专利持有人：××××××）协商处理。本规程的发布机构不承担识别这些专利的责任。

本标准（规范、规程）由中国水利学会负责管理，由××××（具体解释单位）负责具体技术内容的解释。执行过程中如有意见或建议，请寄送中国水利学会（地址：北京市西城区白广路二条16号，邮编：100053），以便今后修订时参考。

本标准（规范、规程）主编单位：××××××××
××××××××

本标准（规范、规程）参编单位：××××××××
××××××××

本标准（规范、规程）主要起草人：××××××××
××××××××

本标准（规范、规程）主要审查人：××××××××
××××××××

5. 目次

每项团体标准都应有目次，目的是便于标准使用者快速了解标准的全貌，同时便于按目次查阅、检索标准的技术内容。

标准正文目次包括中文目次和英文目次。英文目次与中文目次相对应，并在中文目次之后另页编排，英文目次页码应与中文目次页码连续。

标准的目次从第1章按顺序列出，包括：章名、节名、附录名、标准用词说明、引用标准名录、条文说明及其起始页码。

标准的公告及前言不编入目次。“标准用词说明”“引用标准名录”和“条文说明”是标准目次的内容之一，不应漏列。标准的页码应起始于第1章，终止于标准的条文说明。标准第1章之前的公告、前言及目次另编页码。

在目次中，各章只列出章、节的编号和标题。附录如无特别必要，则在目次中只列出附录的编号和标题，不需要列出节的编号和标题。各级标题与页码之间均用符号“……”连接，页码用阿拉伯数字表示。

示例 4-2-7：

目 次

· 1 ·

Contents

· 3 ·

6. 总则

总则是工程建设标准所特有的，排在标准的第1章。总则应包括四个方面的内容，即制修订标准的目的、标准的适用范围、标准的共性要求、执行相关标准的要求，其顺序不得随意变更。

（1）制修订标准的目的。“总则”中的第1条，主要说明为什么要编制标准，其原则是什么，遵循什么样的方针政策，达到什么样的目的，只能在这里出现一次，在标准的其他章节中均不得出现有关制修订标准的目的的内容。制修订标准的目的应以高度概括的语言进行描述。

（2）标准的适用范围。应包括两方面的内容，即标准的“对象名称”和“用途”。标准的对象名称是指明标准的对象，即明确对什么事物或概念制定标准。标准的用途是指明标准所涉及的各个方面，即明确整个标准或其特定部分的适用界限，也就是标准的适用性或适用领域。

在规定标准的适用范围时要注意下列问题：

1）标准的适用范围应与标准名称及其规定的技术内容相一致，注意前后照应。“前”是指标准名称，一方面，标准名称中有的内容，在标准的适用范围中一定要有；另一方面，标准名称比较简练，在标准名称中写不完全的内容，在标准的适用范围中一定要补全。“后”是指标准中的具体技术内容，通常应当按照章节的顺序，将有关技术内容恰当地、有机地在标准的适用范围这一条中阐明。不能将标准的适用范围任意扩大，也不能将标准的适用范围随意缩小，从而导致标准名称与技术内容不匹配。

2）规定标准的用途时，是指标准文件本身的用途，即标准“干什么用”，而不是指标准对象的用途，即不是指标准对象“干什么用”。

3）规定标准的用途时，如有不适用范围，应予明确规定，即明确标准“不能干什么用”。

4）标准的适用范围不应规定参照执行的范围。

5）在标准的适用范围中不得包含有关技术要求。技术要求应在后面的技术内容章节中作规定。

6）标准的适用范围的描述应简单扼要，起到“内容提要”的作用。表述形式宜采用“本标准（规范、规程）适用于……”的典型用语，不适用范围宜采用“本标准（规范、规程）不适用于……”的典型用语。

7）在表述标准的适用范围时，如果对较长的标准对象名称使用其简称，则这个简称应同时在“术语”中列出。

8）有的标准，其适用范围包括了若干部分，在这种情况下，可以在具体的章节中进一步明确该章节的适用范围。

综上所述，规定标准的适用范围应做到完整、一致、简洁、规范。其中，“完整”包括标准的“对象名称”和“用途”两方面的内容，缺一不可。必要时，还应规定标准不适用范围；“一致”是指与标准的名称和技术内容前后一致；“简洁”是指使用的语言文字力求简洁；规范是指使用规范化的典型用语。

（3）标准的共性要求。标准的各个部分是一个有机整体，相互之间应符合共同的要求，即标准的共性要求。共同的要求对于整个标准或是与大部分章、节都具有约束作用，通常将它们列入“总则”中。

当标准的共性要求较多时，可单独设立一章，以使标准结构相对均衡（避免总则过于庞大），章题可命名为“基本规定”。

（4）执行相关标准的要求。标准之间的相互协调一致是标准化工作的一项主要内容。因此，在总则中，应有一条通用的关于相关标准的表述，即“……除应符合本标准（规程、规范）外，尚应符合国家现行有关标准的规定”。这一句是高度概括的语句，其包含了本标准所涉及的所有国家标准和行业标准（不仅仅指引用标准清单）。因此，没必要在本句中增加某项编写者怕有所遗漏而又非常重要的标准。如果一定要强调，在条文说明相应条款中进行强调即可。

示例 4-2-8：

错误示例：

1.0.8　水工建筑物采用滑模施工时，除应遵守本标准外，还应符合 SDJ 207《水工混凝土施工规范》和 GB 50113《滑动模板工程技术规范》的规定。

1.0.8　防渗墙施工，除应遵守本标准外，凡本标准未涉及的内容还应遵守国家及现行有关行业标准。

1.0.8　编制和修订防洪规划除应遵守本标准外，还应符合国家和有关部门现行相关规程、规范、标准的规定。

正确示例：

1.0.8　水工建筑物采用滑模施工时，除应符合本标准规定外，尚应符合国家现行有关标准的规定。

1.0.8　防渗墙施工除应符合本标准规定外，尚应符合国家现行有关标准的规定。

1.0.8　水文设施工程施工除应符合本标准规定外，尚应符合国家现行有关标准的规定。

7. 术语和符号（代号、缩略语）

标准中的术语和符号（代号、缩略语），在现行标准中尚无统一规定时，术语应给以定义，符号（代号、缩略语）应给予说明，并可独立成章。当同时存在术语和符号时，分节编写。当内容少时，可不设此章。在同一标准中，同一术语、符号（代号、缩略语）应表示同一概念，同一概念应采用同一术语、符号（代号、缩略语）表述。

（1）术语。一项标准可能会涉及许多术语，没有必要将所有术语一一列举并进行定义。只有当不对所用术语进行定义，其含义就会引起误解或对技术内容的理解产生困惑、歧义时，才有必要对这些术语进行定义。同时，术语列入标准通常应遵循以下原则：

1）标准中至少使用两次。

2）在同级或上级的基础标准中未列的。

3）不是一看就懂的。

4）在不同语境中有不同解释的。

5）在其他标准或字（词）典、大百科全书中虽有定义，但在本标准化领域或者本标准中有特定含义的。

6）现有术语的定义存在不恰当之处，需要更新的。

7）本标准中需要简称的。

如果标准中使用了限定领域之外的术语，可在条文的注中说明其含义，不宜界定其他领域的术语和定义。同时，尽可能界定表示一般概念的术语，而不界定表示具体概念的组合术语。例如，当具体概念“自驾游基础设施”等同于“自驾游”和“基础设施”两个一般概念之和时，分别定义术语“自驾游”和“基础设施”即可，不必定义“自驾游基础设施”。

术语条目一般由编号、术语名称、英文对应词和定义组成，也可根据需要增加符号、概念的其他表述方式（如数学公式、图等）、示例和注等。其中，符号如果来自国际权威组织，宜在该符号后同一行的方括号中标出该组织名称或缩略语；图和数学公式是定义的辅助形式；注给出补充术语条目内容的附加信息。术语条目的任何内容均不准许插入脚注。

术语名称应遵循（词汇的）稳定性、（语言的）正确性、（表达的）准确性、（意义的）单一性、（同类别的）系统性、（文字的）快速记忆性以及（与其他术语的）协调性原则确定。

每一个术语必须有英文对应词。采用英文对应词的依据及优先顺序为：直接采用ISO或IEC等国际标准中术语的英文名称；采用国际上的权威典籍，如ISO或IEC等文献及有影响的其他国家的标准、辞典、手册中的英文名称。

根据术语学原理，术语和定义是可以互相替换的，术语应当简短，定义可以是冗长的。编写术语的定义时，应遵循下列原则：

1）结构上，采用上位概念（基础术语）＋用于区分所定义的概念（本术语的特定意义）＋与其他并列概念的区别特征（与其他术语的区别之处）。

2）明确概念的内涵和外延：列举被定义的概念特征，陈述同一抽象层面的全部的种类（包含在本概念内的全部类别）。

3）反映本质特征。

4）不得包括技术要求，连技术要求的形式也不得采用。

5）贴切。

6）系统。

7）简明。

8）适度。

附加信息以示例或注的表述形式给出。定义中如果包含了其所在文件的术语条目中已定义的术语，可在该术语之后的括号中给出对应的条目编号，以便提示参看相应的术语条目。

示例4-2-9：

允许 permission 表达同意或许可（或有条件）去做某事的条款（3.3.1）。

此外，在特殊情况下，如果确有必要抄录其他文件中的少量术语条目，应在抄录的术语条目之下准确地标明来源。当需要改写所抄录的术语条目中的定义时，应在标明来源处予以指明。具体方法为在方括号中写明来源：文件编号，条目编号，有修改。

示例 4－2－10：

> 标准化文件 standardizing　document
> 通过标准化活动制定的文件。
> [来源：GB/T 20000.1—2014，5.2]

示例 4－2－11：

> 指示 instruction
> 表达需要履行的行动的条款。
> [来源：GB/T 20000.1—2014，9.3，有修改]

术语条目的编排遵循一定的顺序。一般情况下，按照概念层级分类和编排术语条目。如果无法或无须分类可按术语的汉语拼音字母顺序编排。同时提醒读者注意术语的条目编号不是条编号，只有对术语进行了分类，并细分为条，才有条编号。

术语编号与术语名称和英文对应词在同一行书写，术语定义另起一行书写。中文名称和英文名称在编号后空一字书写，中文名称后空两字书写英文对应词，术语定义在英文名称换行后空两字书写。每个术语条目对应一个编号，只有一个术语条目也应编号。术语应是本标准所特有的，选列的术语应避免重复和矛盾并应避免选列术语的同义词。英文对应词除专有名词外，均应小写。定义应直接陈述术语的含义，不应重复术语或以“它”“该”等代词、“指”“是指”等词语开头。如果术语有符号或图形，则另起一行置于术语之后。当需要公式补充说明定义时，可在定义下附公式。如果术语条目中有“注”，应置于示例之后，另起一行。

（2）符号（代号、缩略语）。符号概念很广，如数字符号、文字符号（包括汉字、各种字母，以及简称和缩略语）、图形符号。当文字符号采用拉丁字母时，如果具有物理含义、用来代替“概念”时，称为“符号”；如果不具有物理含义、用来代替“事物”时，称为“字母符号”或者“代号”。

标准中的符号应符合国家现行有关标准的规定。当现行标准中没有规定时，应采用国际通用的符号。当无国际通用的符号时，应采用字母符号表示。

符号（代号、缩略语）的说明或定义适用陈述性条款，不应包含要求和推荐型条款。不可对符号进行编号，符号内容包括符号及其含义，符号与含义之间用破折号连接。对性质相同的多个符号可归为一条。符号含义的文字中如果不包括符号的数值，则符号的计量单位不需要列出。符号的排列顺序，一般按照拉丁字母、希腊字母、数字、其他符号的顺序编排，大写字母列于小写字母之前。

示例 4-2-12：

——大写拉丁字母置于小写拉丁字母之前（如 A、a、B、b）；
——无角标的字母置于有角标的字母之前（如 b、b_n）；
——有字母角标的字母置于有数字角标的字母之前（如 C_m、C_2）；
——希腊字母置于拉丁字母之后（如 A、a、B、b、…、Z、z、A、α、B、β、…、Λ、λ）；
——其他特殊符号。

8. 技术内容

标准中技术内容的编写，应符合下列原则：

（1）标准中的技术内容条款应为技术准则、技术要求或技术措施。凡教材、手册、工程设计报告、科技图书等中常识性、科普性的技术内容，不应纳入标准。

（2）除总则第 1 条外的其他条文，不应叙述制定（修订）条文的目的或理由。

（3）编写技术条款时，技术条款应满足本章第一节第一部分编制原则和第二部分编制要求。技术内容应经过实践检验，并确保其技术的先进性和实用性，即将被替代的方法和指标要求不应写入标准，难以普遍推广和仅适用于特定地区的技术同样不得写入标准。在制定标准的技术指标时，不得与其他已颁标准冲突，确保标准的协调一致。一般情况下，后颁标准的技术指标应高于先颁标准。如确实存在行业分歧，在制定具体指标时也要注意行业间的相互协调，不可一意孤行。同时，要考虑标准的时效性和适用性，故成熟可靠的新技术、新工艺、新设备、新材料经过一段时间后必然已经被推广普及，因此编制标准时还需具有前瞻性。

（4）标准的语言应准确、简明、易懂，不应采用“一般”“大约”“尽量”“尽可能”“力求”“左右”“基本达到”等模糊词语。模糊词语使得标准的可执行性减弱，使用者难以准确执行。同时，标准的条文中应采用严格程度的标准用词。标准用词应恰当、准确，并应符合标准用词使用要求。

9. 附录

附录是标准的一个重要组成部分，具有与正文同等的效力，应在正文中被引出，引导语一般为“符合本标准附录×的规定”。

标准中某条文涉及的内容较多且相对独立时，如置于正文中，将影响正文的连续性，则宜作为附录单列。同时，每个附录的内容应完整。附录的编排格式与正文一致。

10. 标准用词说明

标准中表示严格程度的用词应采用规定的典型用词。标准用词说明应单独列出，编排在正文之后，有附录时应排在附录之后，见表 4-2-1，典型用词及其说明应符合下列规定：

（1）表示很严格，非这样做不可的用词：正面词采用“必须”，反面词采用“严禁”；

（2）表示严格，在正常情况均应这样做的用词：正面词采用“应”，反面词采用“不应”或“不得”；

（3）表示允许稍有选择，在条件许可时首先应这样做的用词：正面词采用“宜”，反面词采用“不宜”；

（4）表示有选择，在一定条件下可以这样做的用词，采用“可”。

表 4-2-1　　标准用词说明

标准用词	严格程度
必须	很严格，非这样做不可
严禁	
应	严格，在正常情况下均应这样做
不应、不得	
宜	允许稍有选择，在条件许可时首先应这样做
不宜	
可	有选择，在一定条件下可以这样做

11. 引用标准名录

引用标准名录是标准中引用标准（标准中的某一内容已在其他标准中有所规定的相关标准）的集合。为了避免重复，在标准中采用引用标准的方式，以指出已在其他标准中规定的内容，而不再在本标准中重复抄录。引用标准应是标准正文所引用过的国家标准、水利行业标准、其他行业标准、地方标准、团体标准，格式为“标准编号＋标准名称”，排列顺序为国家标准、水利行业标准、其他行业标准、地方标准、团体标准。同类标准按标准顺序号大小依次排列，其他行业标准、地方标准、团体标准按标准代号的拉丁字母顺序依次排列。当每个层次有多个标准时，按先工程建设标准、后产品标准的顺序，依标准编号顺序排列。此外，当工程建设标准采用国际标准或国外标准的有关内容时，将采纳的相关内容结合标准编写实际，作为标准的正式条文，不列为引用标准。

在编写引用标准时要注意下列问题：

（1）并不是本标准中出现的所有标准都被列入引用标准，只有当本标准使用时不可缺少的技术标准才能列为引用标准。

（2）引用标准应是在标准的条文中或附录中明确提到的标准，而非在标准编制过程中参考过的所有标准。如有需要，参考过的标准可在条文说明中予以说明。

（3）标准引用后，被引用标准的相关条文即构成本标准的组成部分，与本标准中的条文具有同等的效力。因此，必须保证引用现行有效的标准，而非未发布（标准送审稿、报批稿）或废止的标准。

（4）可引用现行的国家标准、行业标准、地方标准和团体标准，不得引用企业标准以及指导性技术文件、技术报告等资料。

（5）不论引用标准有多少，均单独成章。

（6）有些标准的附录中的一些表格是实际中使用的表格，其表内或表注内有时会写着要遵照某项标准等，这是表格本身的内容，并不是标准的规定内容，故这样的标准不应列为引用标准，同时为了使用需要（因为每张表格都会单独使用），建议无论其出现多少次，均要写清标准编号和标准名称。

（7）引用标准是否需要注明发布年号，需要具体分析：

1）当引用标准的最新版本适用于本标准时，不应写明标准发布年号。即不写明发布年号时，所引用的标准均为现时最新版本，即使被引用标准的最新版本的发布时间位于本标准发布时间之后。

2）当引用某个标准的具体条文（如某章、节、条、图、表）时，应写明标准发布年号。否则，被引用标准修订后，如果章、节、条、图、表号发生变化时，会让标准的使用者无法查对。

（8）引用标准需加书名号。

此外，与引用标准相关的参考文献也是编写者在编写标准中不可缺少的重要参考，根据工程建设类标准编写格式要求，直接于相应条文说明中明确点出即可。

示例 4－2－13：

错误示例：

引用标准名录

SL 278《水利水电工程水文计算规范》

GB/T 25173《水域纳污能力计算规程》

SL 429《水资源供需预测分析技术规范》

SL 709《河湖生态保护与修复规划导则》

GB 50159《河流悬移质泥沙测验规范》

SL 613《水资源保护规划编制规程》

正确示例：

引用标准名录

GB 50159《河流悬移质泥沙测验规范》

GB/T 25173《水域纳污能力计算规程》

SL 278《水利水电工程水文计算规范》

SL 429《水资源供需预测分析技术规范》

SL 613《水资源保护规划编制规程》

SL 709《河湖生态保护与修复规划导则》

示例 4－2－14：

错误示例：

引用标准名录

GB/T700《碳素结构钢》

GB/T701《低碳钢热轧圆盘条》

GB/T5223.3《预应力混凝土用钢棒》

GB/T5224《预应力混凝土用钢绞线》

GB1499.2《钢筋混凝土用钢 第 2 部分：热轧带肋钢筋》

GB/T20934《钢拉杆》

GB50010《混凝土结构设计规范》

GB50204《混凝土结构工程施工质量验收规范》
GB50286《堤防工程设计规范》
GB50487《水利水电工程地质勘察规范》
GB/T50662《水工建筑物抗冰冻设计规范》
JC/T540《混凝土制品用冷拔低碳钢丝》
JC/T947《先张法预应力混凝土管桩用端板》
JC/T2239《预应力离心混凝土空心方桩用端板》
SL191《水工混凝土结构设计规范》
SL379《水工挡土墙设计规范》
SL631《水利水电工程单元工程施工质量验收评定标准 土石方工程》
SL632《水利水电工程单元工程施工质量验收评定标准 混凝土工程》
SL633《水利水电工程单元工程施工质量验收评定标准 地基处理与基础工程》
SL654《水利水电工程合理使用年限及耐久性设计规范》
SL725《水利水电工程安全监测设计规范》
SL744《水工建筑物荷载设计规范》

正确示例：

引用标准名录
GB50010《混凝土结构设计规范》
GB50204《混凝土结构工程施工质量验收规范》
GB50286《堤防工程设计规范》
GB50487《水利水电工程地质勘察规范》
GB/T50662《水工建筑物抗冰冻设计规范》
GB/T700《碳素结构钢》
GB/T701《低碳钢热轧圆盘条》
GB/T5223.3《预应力混凝土用钢棒》
GB/T5224《预应力混凝土用钢绞线》
GB1499.2《钢筋混凝土用钢 第2部分：热轧带肋钢筋》
GB/T20934《钢拉杆》
SL191《水工混凝土结构设计规范》
SL379《水工挡土墙设计规范》
SL631《水利水电工程单元工程施工质量验收评定标准 土石方工程》
SL632《水利水电工程单元工程施工质量验收评定标准 混凝土工程》
SL633《水利水电工程单元工程施工质量验收评定标准 地基处理与基础工程》
SL654《水利水电工程合理使用年限及耐久性设计规范》
SL725《水利水电工程安全监测设计规范》
SL744《水工建筑物荷载设计规范》
JC/T540《混凝土制品用冷拔低碳钢丝》

JC/T947《先张法预应力混凝土管桩用端板》
JC/T2239《预应力离心混凝土空心方桩用端板》

二、层次结构及要求

标准的层次结构是指标准内容的表达次序，它反映着标准内容间的逻辑关系。标准层次结构的划分取决于标准的内容，按先主体、先共性的原则排序，一个层次表达一层内容。

在任何层次中，都应先作主体的、共性的规定，然后再作非主体的、个性的规定。如下示例中，第 6.0.1 条为对验收的共性规定，其后各条才是对不同部分进行验收的具体规定。

示例 4－2－15：

正确示例

6.0.1 雨水集蓄利用工程的验收应根据有关规范、规程、当地典型工程设计及地方性规定进行。验收应包括工程布置、集流工程、蓄水工程、供水设施和节水灌溉设施。

6.0.2 工程布置验收应检查各组成部分是否齐全××××××××××××，××××××××××××，××××××××××××。

6.0.3 集流工程验收××××××××××××，××××××××××××，×××××××××××××。

……

6.0.6 节水灌溉设施验收××××××××××××，××××××××××××，×××××××××××××。

（一） 层次划分及编写

团体标准结构分为章、节、条、款和项五个层次。

示例 4－2－16：

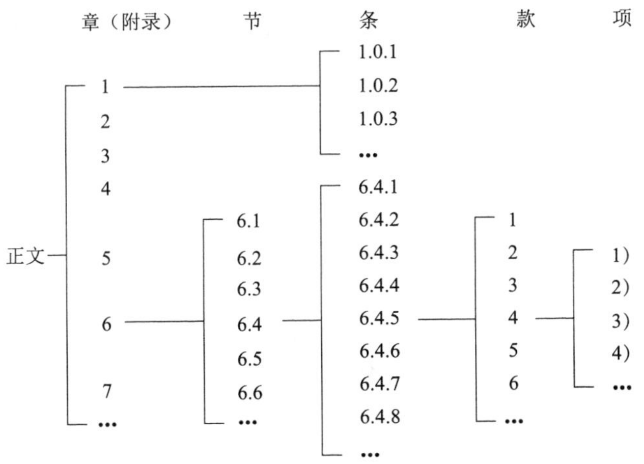

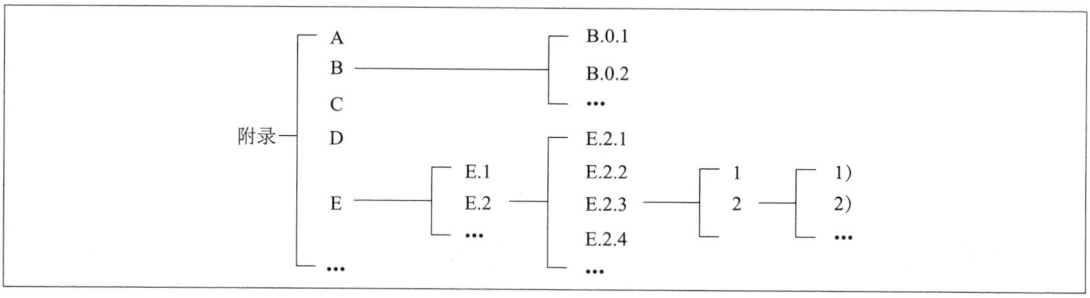

1. 章

章是标准的分类单元，是标准的第一层次，构成了标准结构的基本框架。

标准中每章都另页编排，章的编号应采用阿拉伯数字从1开始按顺序编写，直到正文部分结束。章的编号在标准内应连续。通常情况下，标准的第1章为“总则”。

标准的每一章都应有标题。标题应位于章的编号之后，并与编号之间空两个字符（即一个汉字）。章的编号与标题合在一起居中书写，采用四号黑体。

2. 节

节是标准的分组单元，是标准的第二层次。但当标准的一章内容较少时，也可不划分节，由章直接到条。

节的编号由章的编号和节的顺序号一起构成，两者之间加圆点“·”隔开。在所属章内，节的顺序号应采用阿拉伯数字从1开始按顺序编写。节的编号在所属章内应连续。

标准的每一节也应有标题。标题应位于节的编号之后，并与编号之间空两个字符（即一个汉字）。节的编号与标题合在一起居中书写，采用小四号宋体。

3. 条

条是标准的基本单元，是标准的第三层次。标准的技术内容是通过条实现的，一条应只表达一个具体内容。条不应有标题。

条的编号由章的编号、节的顺序号和条的顺序号一起构成，三者中间加圆点“·”隔开。在所属的节内，条的顺序号应采用阿拉伯数字从1开始按顺序编写。条的编号在所属节内应连续。如果章内不设节，而是从章直接到条，则编号中节的顺序号为“0”。

示例4-2-17：

第9章第6节第5条的编号为“9.6.5”。

示例4-2-18：

同样是第9章，如没有划分节，其中第5条的编号为“9.0.5”。

条的编号从左起顶格书写；其内容在编号后空两个字符（即一个汉字）书写，换行后应顶格书写。若条中分段叙述时，每段的第一行均应左起空四个字符（即两个汉字）书写。条的内容采用五号宋体。

4. 款

款是条的构成部分，是标准的第四层次。当条的内容较多需进一步细分，以便简练、准确地表达条的内容时，可将条细分为款，但不应有标题。在条、款之间应有“××××符合下列规定（或要求）:”的连接用语。

在每一条内，款的编号应采用阿拉伯数字从1开始按顺序编写，如“1”“2”“3”…，在所属条内应连续。

款的编号从左起空四个字符（即两个汉字）书写，其内容应在编号后空两个字符（即一个汉字）书写，换行后应顶格书写。

5. 项

项是款的构成部分，是标准的第五层次。当款的内容较多需进一步细分，以便简练、准确地表达款的内容时，可将款细分为项，也不应有标题。在款与项之间可以不采用连接用语。

在每一款内，项的编号应采用阿拉伯数字从1开始，按顺序编写“1)”“2)”“3)”…，在所属款内应连续。

项的编号从左起空六个字符（即三个汉字）书写；其内容应在编号后接写，换行时应与上行首字对齐书写。

若条文分段叙述时，每段第一行均左起空四个字符（即两个汉字）书写。

示例 4-2-19:

附录 D　标准条文编排示例

×　章的标题

×.×　节的标题

×.×.×　××××××××××××××××××××××××××××××××××××××应符合下列规定：

1　×××××××××××××××××××××××××××××××××××应符合×.×.×条的规定。

2　××××××××××××××宜符合下列规定：

1) ××××××××××××××××××××××××××××。

2) ×××××××××××××××××××××××××××××××××××××。

×.×.×　×××可包括下列内容：

——×××××××××××；

——×××××××××××。

×.×.×　×××××××××××××应按公式（×.×.×）计算：

2）将本节内容与下节进行合并。

示例 4－2－23：

错误示例：

14.1　贯入阻力试验

14.1.1　贯入阻力试验应是在筛出混凝土拌和物中粗骨料后的砂浆中进行，测杆应在10s±2s的时间内垂直插入砂浆中25mm±2mm……。

14.2　试验仪器与工具

14.2.1　贯入阻力仪……

14.2.2　砂浆试模……

正确示例：

14.1　贯入阻力试验

14.1.1　贯入阻力试验应在筛出混凝土拌和物中粗骨料后的砂浆中进行，测杆应在10s±2s的时间内垂直插入砂浆中25mm±2mm……

14.1.2　贯入阻力仪……

14.1.3　砂浆试模……

3）增加新的技术内容。

（2）条内可分多个自然段，这仅仅是为了阅读方便而对同一具体内容分段表述。但自然段并不是标准的层次，每个自然段不得叙述不同内容，这种情况下应分条表示。

示例 4－2－24：

错误示例：

5.1.4　雨量站布设

简易雨量站应按行政村布设，山洪威胁较大、居住分散的自然村宜增加布设。

自动雨量站宜按照20～100km^2/站的密度布设；在降雨频发、人口密度较大的山洪灾害易发区应适当加密站点。

自动雨量站应布设在人口密集的居民点、小流域上游、暴雨中心等有代表性的地点，并充分考虑地形因素的作用。

自动雨量站布设宜选择有人看管的地点。

正确示例：

5.1.4　简易雨量站应按行政村布设，山洪威胁较大、居住分散的自然村宜增加布设。

5.1.5　自动雨量站应按下列原则布设：

　　1　自动雨量站宜按照20～100km^2/站的密度布设；在降雨频发、人口密度较大的山洪灾害易发区应适当加密站点。

　　2　自动雨量站应布设在人口密集的居民点、小流域上游、暴雨中心等有代表性的地点，并充分考虑地形因素的作用。

　　3　自动雨量站布设宜选择有人看管的地点。

（3）条内，自然段与款不可共存。款、项内也不得分段表述。如果款或项下的内容较多时，应重新考虑层次的划分或另立条编写。

示例4-2-25：

错误示例：

2.2.4　GPS工程网应按GB/T 18314的规定给予精度衡量。

GPS工程网的构成和布设应满足下列要求：

1　GPS工程网应由一个或若干个独立观测基线边构成闭合图形或附和线路。

2　布设GPS工程网时，应与原有地面控制网点重合。

3　当布设网点数众多时，应对由基线向量连接的局域工程网进行整体平差。

正确示例：

2.2.4　GPS工程网应按GB/T 18314的规定给予精度衡量。

2.2.5　GPS工程网的构成和布设应满足下列要求：

1　GPS工程网应由一个或若干个独立观测基线边构成闭合图形或附和线路。

2　布设GPS工程网时，应与原有地面控制网点重合。

3　当布设网点数众多时，应对由基线向量连接的局域工程网进行整体平差。

示例4-2-26：

错误示例：

6.2.5　地下水位监测布置应符合下列要求：

1　近坝区地下水位应根据坝址地质、地形条件和地下水分布状态进行监测。

2　对大坝安全有较大影响的滑坡体或高边坡，应利用地质勘探钻孔作为地下水位观测孔。

已查明滑动面的近坝岸坡，宜沿滑动面滑移方向或地下水渗流方向布置1～2个监测断面，水位观测孔钻孔应伸入滑动面以下1m。

无明显滑动面的近坝岸坡，应分析可能的滑动面，根据可能的滑移方向或地下水渗流方向布置监测断面。

地下水逸出时，应布置浅孔监测。

3　坝址外近坝区有对大坝坝基、坝肩的稳定性有重大影响的地质构造带，应进行地下水位监测。

4　近坝区地下水位监测宜采用测压管。

正确示例：

6.2.5　地下水位监测布置应符合下列要求：

1　近坝区地下水位应根据坝址地质、地形条件和地下水分布状态进行监测。

2　对大坝安全有较大影响的滑坡体或高边坡，应利用地质勘探钻孔作为地下水位观测孔。

1）已查明滑动面的近坝岸坡，宜沿滑动面滑移方向或地下水渗流方向布置1～2个监测断面，水位观测孔钻孔应伸入滑动面以下 1m。

2）无明显滑动面的近坝岸坡，应分析可能的滑动面，根据可能的滑移方向或地下水渗流方向布置监测断面。

3）地下水逸出时，应布置浅孔监测。

3 坝址外近坝区有对大坝坝基、坝肩的稳定性有重大影响的地质构造带，应进行地下水位监测。

4 近坝区地下水位监测宜采用测压管。

示例 4-2-27：

错误示例：

2.3.7 土工试验应根据需要在下列项目中选定：

1 天然密度。

2 天然含水率。

……

13 休止角。

对于淤泥类土，应做有机质含量试验。

正确示例：

2.3.7 土工试验应根据需要在下列项目中选定。对于淤泥类土，应做有机质含量试验。

1 天然密度。

2 天然含水率。

……

13 休止角。

（4）不得出现悬置段。悬置段是在标准的章、节之间和节、条之间出现没有编号的文字。

示例 4-2-28：

4 ××××

××××××××××××××××××××××××××××××××××××××。（悬置段）

4.1 ××××

××××××××××××××××××××××。（悬置段）

4.1.1 ××××××××××××××××××。

4.1.2 ×××。

标准是有严格结构层次的规范性文件，其一个重要特点就是“被引用性”，即经常会出现在相关的标准或技术文件中。因此，标准的所有条文都要求具有编号，以便于被引用。出现悬置段，不仅会造成标准的层次结构混乱，而且悬置段不易被引用标示。

示例 4－2－29：

不　正　确	正　　确
5 标记 ××××××××××××××　} ×××××××××××××××　}　悬置段 ××××××××××　} 5.1 ××××××××× ×××××××××××××××××××× 5.2 ×××××××× ×××××××××××××××××××× ×××××××××××××××××××××× ×××××××××××××××××××××××× ××××××××××××××××××× 6 试验报告	5 标记 5.1 总则 ×××××××××××××× ××××××××××××××× ×××××××××× 5.2 ××××××××× ×××××××××××××××××××× 5.3 ×××××××× ×××××××××××××××××××× ×××××××××××××××××××××× ×××××××××××××××××××××××× ××××××××××××××××××××× 6 试验报告

三、编写细则

（一）一般规定

1. 编号

团体标准编号严格遵守《管理办法》规定。团体标准一经编号，其顺序号不再改变。经修订重新发布时，只将发布年号修改为重新发布年号即可。

2. 正面与反面规定

标准作为一种技术规定，内容作正面的要求更便于遵守和执行，因此，标准条文的内容宜作正面规定。但是也不排除在某些情况下作反面规定，这种反面规定通常出现在对某种事物或行为标准予以禁止的情况下。如下面第一个示例“4－2－30”中，用正面词“应”就非常简洁、准确地将附录的作用及附录的要求表述清楚了；如用反面词“不应”，不仅要罗列许多情况，而且还很难将编写附录的要求表述清楚，这就给标准的执行带来了困难。又如下面第二个示例“4－2－31”，用反面词“不应”表述的内容，改用正面词“应”也很难将要求表述清楚。

示例 4－2－30：

4.0.2　附录具有与正文同等的效力，并应在正文中被引出。

示例 4－2－31：

3.4.6　除总则第 1 条外的其他条文，不应叙述制定（修订）条文的目的或理由。

2. 表

（1）表的名称和编号。在标准中，所有的表应有名称和编号。表名是一个表的主题概括，能直接给出表的相关信息，且与条文中所表述的内容一致。如“水文测站自备电源配置”“回填土料适宜含水量范围”。表的编号方法以方便阅读为原则。

1）标准条文中的表按条文号前加“表”字进行编号。若同一条文中有多个表时，可在条文号后加表的顺序号。

示例 4-2-36：

标准第 5.0.4 条中表的编号为“表 5.0.4”。

示例 4-2-37：

标准第 5.0.6 条中有多个表时，其编号分别为“表 5.0.6-1，表 5.0.6-2，表 5.0.6-3”。

2）表的名称应书写在表的编号之后，中间空两个字符（即一个汉字）。表的编号与表名合在一起居中放置于表的上方。

（2）表的排列：

1）标准中的表应与条文内容相呼应。也就是，标准中所有的表在标准的条文中都应被提及。在条文中可以通过“符合表×.×.×规定”或“按表×.×.×的规定确定”等典型用语把表引出。

2）表宜排在所属条文附近。如限于版面尺寸，表的位置可以向后适当移动，但不应距离条文太远。

3）当表的横栏或竖栏栏目较多时，可以将表作折栏处理。如果横栏的栏目较多，而竖栏较少，可采用分段上下叠排的方法，即在横栏的适当位置断开，分成两段或三段，各段之间用两条细实线隔开上下接排在一页内。如果竖栏的栏目较多，而横栏较少，可采用转栏的方法，即在竖栏的适当位置断开，分成两个或三个部分，各个部分之间用两条细实线左右接排在一页内。

示例 4-2-38：

表 5.1.5　横折栏表

模式	项目		模式	项目	
	第一组	第二组		第一组	第二组
A			E		
B			F		
C			G		
D			H		

表 5.1.6　　　　**竖　折　栏　表**

模式	项　目				
	第一组	第二组	第三组	第四组	第五组
A					
B					
模式	项　目				
	第六组	第七组	第八组	第九组	第十组
A					
B					

4）当表的横栏和竖栏栏目都比较多，同一页内放不下时，需要转页续排。转页时应居中重复表号，表号后加“（续）”字，并应重复表头。本页表与续表共同构成了表，因此续表与本页表的栏目设置应该一致，不同的是部分栏目的变化取决于栏目的横向或竖向的延续。如果是横向的续表，那么续表中竖向栏目的设置应与本页表保持一致；如果是竖向的续表，那么横向栏目的设置应与本页表保持一致。

示例 4－2－39：

表×.×.×（续）

类型	长度	宽度	高度
CC	××	××	××
DD	××	××	××

（3）表的内容表述：

1）表头可根据栏目内容的重要程度或逻辑顺序进行排列，重要的栏目应列在首行或首列，结论性的栏目应排在后面。表头的设计要简洁、清晰、明了、规整，各栏目的关系应表达明确，不应采用斜线表头。当表的栏目内容复杂时，表的名称一般不作为表头的栏目。

示例 4－2－40：

错误示例：

地面坡度/(°) 林草盖度/%	5～8	…	…	…	>35

正确示例：

林草盖度/%	地面坡度/(°)				
	5～8	…	…	…	>35

2）表头中的栏目名称应优先采用文字表述。若表中各栏计量单位相同时，应将计量单位写在表名的右方。若计量单位不同，就将计量单位分别写在各表头项目的右方或正下方，并用斜线方式（除号）表示。

3）表中同一列的数值，小数点应上下对齐，并应保持相同的有效位数（即修约应一致）。当数值为零时，应填写“0”。

4）表中相邻栏的参数或文字内容相同时，不应采用“同上”（或类似用语，如“下同”“同左”“同右”等），应以通栏表示。如不能通栏，则应将相同的内容重复书写。

5）在表内，当某一栏内无内容时，应填写一字线“—”。表内某单元格没有内容或此单元格没有意义时（但由于表格的设计原因而出现了这个单元格），此单元格空缺不填。

3. 公式

公式是指在自然科学中用数学符号表示几个量之间关系的式子。在技术标准中，公式是常常出现、用以说明事物的较好形式，特别是有关工程设计、施工等关键性问题，公式能对活动或其结果起到关键的规范作用。

（1）公式的编号。在标准中，所有的公式都应有编号。公示编号应右起顶格排列。条文中的公式编号应与条号一致，并加圆括号。若同一个条文中有多个公式时，可在条文号后加公式的顺序号。

示例 4-2-41：

标准第 5.0.4 条中公式的编号为“（5.0.4）”。

示例 4-2-42：

第 5.0.6 条中有多个公式时，其编号分别为“(5.0.6-1)”“(5.0.6-2)”“(5.0.6-3)”等。

（2）公式的排列。标准中的公式应与条文内容相呼应。也就是，标准中所有的公式在标准的条文中都应被提及。在条文中可以通过“按下式计算”或“按下列公式计算”等典型用语把公式引出。

与图表相比稍有不同，公式的编排位置应紧跟所属条文。这是考虑到公式与行文的关系比较紧密及公式一般所占幅面较小。公式应居中书写，如一行书写不完，换行后还应居中书写，公式右侧为公式的编号，公式的下方为式中符号的注释。

（3）注释：

1）公式中符号的意义和计量单位，“应在第一次出现时，在公式下方‘式中’两字后注释”。同一符号再次出现时，如意义和计量单位没有变化，不应再进行注释。

示例 4-2-43：

$$\psi=\psi_e\left(\frac{\theta_1}{\theta_s}\right)^{-b} \tag{3.2.2-1}$$

式中　ψ_e——空气进入势，m；

θ_1——液态水（未冻水）体积含水率，m^3/m^3；

θ_s——土壤的饱和含水率，m^3/m^3；

b——孔隙大小分布指数。

$$K=K_s\left(\frac{\theta_1}{\theta_s}\right)^{2b+3} \tag{3.2.2-2}$$

式中　K_s——饱和导水率，m/s。

2）注释宜包括简单的参数取值规定，不应出现公式或作其他技术规定。若公式中的符号确需用公式给以说明，可将此公式列为条文的公式，而不能将其列入注释中。若“式中”某项符号注释的内容较多时，可另立条或款编写。

3）符号与注释之间应加破折号，破折号占四个字符（即两个汉字）的位置，每条注释均应另起一行书写。如果注释内容较多需要换行时，文字应在破折号后对齐，各破折号也应对齐。

4）在出现公式较多的标准中，有些符号是通用的，可纳入标准的“术语和符号”一章一并注释。若这些符号无特别意义，公式中出现时不需再作注释，需要注意的是其同一释义应贯穿标准始终。

5）当公式出现较集中时，建议采用一式一释或几个相互有迭代关系的公式合并在一起注释，但不宜将几个无迭代关系的公式释义一并列出，以免发生混淆。

示例 4-2-44：

$$N=PL \tag{2.2.3-1}$$

$$P=2H^2TC_g/C_0 \tag{2.2.3-2}$$

式中　P——流能密度，单位时间内通过单位波峰宽度的能量，kW/m；

L——沿海岸线的计算长度，m；

H——波高，m；

T——周期，s；

C_g/C_0——波浪群速与波速之比，从专用表中查取。

（4）注意事项：

1）“公式应只给出最后表达式，不应列出推导过程”。也就是，在标准的条文中，只应出现公式推导的最后结果，而不应出现推导过程。这一方面是标准内容的整体性要求，另一方面也是标准特性的要求。当然，如果认为推导过程确需列出，可将其写入条文说明，将公式的由来、假定、推导及技术背景等一并交代清楚。

2）标准中的公式均应有编号，但当公式中某个量的运算式也一起出现时，量的运算公式往往就被忘记编号。此时常出现的问题是，将量的运算公式列入注释中，而不单列。这就违反了注释不应出现公式的规定。

3）公式中的符号又需用公式表达时，先将有关公式全部列出，再对所有公式中的符号按顺序列出符号说明。

4）为了不给标准出版印刷带来排版上的麻烦，在数学公式中，对有关符号应避免使用多于一个层次的上标或下标；一般情况下，不使用罗马数字和汉字作为角标（如 $v_{Ⅵ}$、$v_{受限}$）。应避免使用多于两行的符号和公式。

示例 4-2-45：

$D_{1,min}$ 优于 $D_{1_{min}}$，$V_{A,max}$ 优于 $v_{A_{max}}$

（四）数和数值

1. 数字

标准中数值应采用阿拉伯数字。标准中表示非物理量的数，数字一至九宜用汉字“一”“二”…“九”表示，大于九的数采用阿拉伯数字。

示例 4-2-46：

在一个 9m 长的水槽中进行试验。 选三组各 10 根钢管进行试验。 九位科技人员进行了 15 次试验。

当数值后面带有计量单位或符号时，应采用阿拉伯数字书写，不能采用中文数字。

示例 4-2-47：

宽度 B 小于 12 倍的计算波长时，可采用 $5B$。

数值一般可以“万”“亿”（不是词头）作单位。但只能使用其中一个。

示例 4-2-48：

错误示例：	正确示例：
345 000 000	3.45 亿
3 亿 4 千 5 百万	

2. 小数与分数

小于 1 的数值，应写出前定位的“0”。在任何场合，“0.1”都不能写成“.1”，“0.01”都不能写成“.01”，“0.001”都不能写成“.001”。

为了确切反映数值的有效位数，标准中的数值避免采用分数而采用小数表示。如果标准中出现分数形式表达的数值时，分数线一般采用“/”表示。

示例 4－2－49：

5.1.4　当浇筑到大坝高度的 1/2 时……。

3. 数的表达形式

分数、百分数和比例应采用数学记号。

示例 4－2－50：

错误示例：	正确示例：
四分之三	3/4
百分之三十四点三	34.3%
一比三点六	1∶3.6

带有长度单位的数值相乘，每个数值后面都应写上单位。

示例 4－2－51：

错误示例：	正确示例：
50×30×20m	50m×30m×20m
$50\times30\times20m^3$	50m×30m×20m

4. 有效位数

表示量的数值，应反映出所需要的精确度。精确度通过数值的有效位数来表达，数值的有效位数应全部写出。一个数值的有效位数是从左边非零的数字算起，如示例 4－2－52 中四个数值的有效位数均为 3 位。有效位数的尾数为“0”不得省略，如示例 4－2－53 中两个数值量值上是一样的，但在工程上两者的精确度是不一样的，后者比前者多一位有效位数。

示例 4－2－52：

175，1.75，0.175 和 0.0175。

示例 4－2－53：

1.75 的有效位数为 3 位，1.750 的有效位数为 4 位。

当多位数的数值需采用乘以 10^n（n 为整数）的写法表示时，有效位数中的“0”应全部写出。

示例 4－2－54：

100000，若有效位数取三位，应写成“100×10^3”；若有效位数取两位，应写成“10×10^4”；若有效位数取一位，应写成“1×10^5”。

多位数数值不应断开换行、换页。

5. 乘号

“×”应用于表述以小数形式写作的数和数值的乘积、向量积和笛卡尔积。

示例 4-2-55：

1.8×10 不应写成“1.8·10”

示例 4-2-56：

$I_G = I_1 \times I_2$

“·”应用于表示向量的无向积和类似的情况，还可用于表示标量的乘积以及组合单位。

示例 4-2-57：

$U = R \cdot I$

示例 4-2-58：

$m^3/(s \cdot m)$

字母或符号相乘，“×”或“·”可省略。

示例 4-2-59：

错误示例：	正确示例：
$a \times b$	ab
$a \cdot b$	ab

6. 偏差范围

带有表示偏差范围的数值应以无歧义的方式表示。

示例 4-2-60：

错误示例：	正确示例：
0.65±.05	0.65±0.05
80±20mm	80mm±20mm
62±2%	(62±2)%
$20℃^{+2}_{-1}$	20^{+2}_{-1}℃
20+2−0mm	20^{+2}_{0}mm

在叙述性文字段中，表示绝对值相等的偏差范围时，应采用“允许偏差为”用词，不应采用“允许偏差不大于（或不小于）”“允许偏差不超过”等用词。

示例 4-2-61：

错误示例：	正确示例：
尺寸的允许偏差不大于±2mm	尺寸的允许偏差为±2mm
尺寸的允许偏差不超过±2mm	尺寸的允许偏差为±2mm

7. 参数范围

表示参数范围的数值应采用正确的书写方法，使用浪纹式连接号“～”。

示例 4-2-62：

错误示例：	正确示例：
10～15%	10%～15%
4～8 万	4 万～8 万
$1.1 \sim 1.3 \times 10^5$	$1.1 \times 10^5 \sim 1.3 \times 10^5$
19～19°15′	19°～19°15′

在数值范围之后不应写“左右”或“以上、以下”等字样，也不宜写“之间”字样。

示例 4-2-63：

错误示例：	正确示例：
200～300℃左右	200～300℃
200～300℃以上	200～300℃
200～300℃之间	200～300℃

在叙述性文字中，“长度小于 3m”和“长度大于 3m”不应写为“长度<3m”“长度>3m”；“重量不少于 10kg”“重量不超过 10kg”不应写为“重量≮10kg”“重量≯10kg”；“$n \leqslant 10$（或 $n \geqslant 10$）”应写为“n 不大于（或不小于）10”或“n 小于等于（或大于等于）10”。

诸如$\frac{v}{\mathrm{km/h}}$、$\frac{\mathrm{l}}{\mathrm{m}}$和$\frac{\mathrm{t}}{\mathrm{s}}$或 $v/(\mathrm{km/h})$、l/m 和 t/s 之类的数值表示法适用于图的坐标轴和表的表头栏中。

（五）计量单位与符号

标准中表示量的符号应采用斜体，表示单位的符号应采用正体。符号的上、下标和代号均应采用正体字母。如下面的示例，GBJ 为标准代号、cm 为单位符号，均采用正体字母；D 为量的符号，应采用斜体。

示例 4-2-64：

5.3.9 孔位偏差按 GBJ 202—83 第 3.10.10 条的规定执行。成孔中心偏差应不大于 0.2D。当桩孔直径为 70～110cm，其偏差为 14～22cm。

在标准中表示量值时，应标明其单位。

示例 4-2-65：

流量的单位应标明 m^3/s、L/s 等；压强的单位应标明 kPa、MPa 等。

当标准条文中列有同一计量单位的系列数值时，可仅在最末一个数值后写出计量单位的符号。

示例 4-2-66：

10、12、14、16MPa。

标准中的计量单位，应执行《中华人民共和国计量法》《中华人民共和国法定计量单位》和《中华人民共和国法定计量单位使用方法》的规定，使用法定计量单位，即“国际单位制（SI）单位”和“可与国际单位制单位并行使用的我国法定计量单位”，并应按《量和单位》（GB 3100～3102—93）的规定使用计量单位。

1. 国际单位制（SI）单位及其倍数单位的应用

（1）根据使用方便的原则选取（SI）单位及其倍数单位，可使物理量的数值处于实用的范围内。

（2）倍数单位的选取，应作物理量的数值处于 0.1～1000。

示例 4-2-67：

“1.2×10^4N”可以写成“12kN”，“1405Pa”可写成“1.405kPa”。

（3）组合单位的倍数单位只用一个词头，并尽量用于组合单位中的第一个单位。

1）通过相乘构成的组合单位的词头通常加在第一个单位前。

示例 4-2-68：

力矩的单位“kN·m”，不得写成“N·km”。

2）通过相除构成的组合单位或通过相乘和相除构成的组合单位，其词头都加在分子的第一个单位之前，分母中不出现词头（但质量和长度、面积、体积单位在分母时除外）。

示例 4-2-69：

错误示例：	正确示例：
摩尔内能的单位为“J/mmol”	摩尔内能的单位为“kJ/mol”
质量能量的单位可以是　“kJ/kg”	
体积质量的单位可以是　“g/cm^3”	

3）一些国际单位制以外的单位，也可按照国际习惯用 SI 词头构成倍数单位。

示例 4－2－70：

mL 不属于国际单位制（SI）单位。

（4）摄氏温度单位℃（摄氏度），角度单位（°）、（′）、（″），时间单位 a（年）、d（日）、h（时）、min（分）、s（秒）等，不能使用 SI 词头构成倍数单位。

（5）计量单位不得使用重叠词头。数词“亿”“万”不是词头，但这两个数词可以与词头或单位联合使用。

（6）由两个单位相乘构成的组合单位，在该两个单位之间加“·”或不加“·”均可。但同一书稿中必须统一。

示例 4－2－71：

电能单位推荐写成 kW 单位；蓄电池容量推荐写成 Ah。

（7）由两个单位相除构成的组合单位，可有以下三种写法：m/s、$m \cdot s^{-1}$、ms^{-1}。但同一书稿中必须统一。推荐采用除号“/”形式。

（8）当组合单位的分母中包含两个或两个以上单位符号时，为避免关系混淆，整个分母应加圆括号。

示例 4－2－72：

错误示例：	正确示例：
$m^3/s \cdot m$	$m^3/(s \cdot m)$

（9）在一个组合单位中，斜线不得多于一条。

示例 4－2－73：

错误示例：	正确示例：
$m^3/s/m$	$m^3/(s \cdot m)$

（10）在组合单位中，角度单位度、分、秒的单位符号写为（°）、（′）、（″）的形式。

示例 4－2－74：

错误示例：	正确示例：
10°/s	10（°）/s

（11）非物理量单位（如件、台、元、人等）可以使用中文，并可以与单位符号组成组合单位。

2. 计量单位的名称和符号

在标准中不能使用单位的中文符号。在西文中，计量单位的名称采用全拼形式，而符号是缩略形式，引入我国后，将计量单位的名称翻译成中文，用汉语表示；而计量单位的符号仍然保持原样，用缩略形式的字母表示；然后根据国情，增加了一种中文符号，用汉语名称的简称表示。虽然在报刊、文件上会经常见到这些中文符号，但在标准中不能使用单位的中文符号。如速度的单位名称为“千米每小时”，其单位符号为“km/h”，它的中文符号为“千米/小时”。在标准中，速度的单位名称“千米每小时”可单独用于标准的文字叙述，而速度的单位符号“km/h”应与阿拉伯数字表示的数值结合使用，至于速度的中文符号“千米/小时”在标准中则不能使用。

（1）单位名称：

1）组合单位的名称和符号，它们表示的顺序应一致。符号中的乘号在名称中不反映，符号中的除号在名称中称为“每”字，无论分母中有几个单位，“每”字只能出现一次。

示例 4－2－75：

错误示例：
质量热容的单位符号为J/(kg·K)，其单位名称为每千克开尔文焦耳”。
质量热容的单位符号为J/(kg·K)，其单位名称为“焦耳每千克每开尔文”。
正确示例：
质量热容的单位符号为J/(kg·K)，其单位名称为“焦耳每千克开尔文”。

2）乘方形式的单位名称和符号，它们表示的顺序不一致。符号中的指数在后，而名称中的指数在前，指数名称由相应的数字加“次方”二字构成。

示例 4－2－76：

截面二次矩的单位符号为 m^4，单位名称为“四次方米”。

3）只有当长度的二次幂和三次幂分别表示面积和体积时，则相应的指数名称分别为“平方”和“立方”，其他情况均应分别为“二次方”和“三次方”。

（2）单位符号：

1）单位的名称单独用于叙述性文字中，而单位的符号应与阿拉伯数字表示的数值结合使用，不能单独使用。

2）在标准中，经常出现单位名称与符号混合使用的错误和单位符号书写错误。

示例 4－2－77：

错误示例：	正确示例：
千米/小时（每小时千米）	km/h
五 m（5 米）	5m
mg/s/m [mg/s·m、mg/sm、mg/(sm)]	mg/(s·m)
tg30	tan30

3）在叙述性文字段中，应采用正确书写方法。

示例 4-2-78：

错误示例：	正确示例：
钢筋每 m 重量	钢筋每米重量
钢筋长度为 3 米	钢筋长度为 3m
测量结果以%表示	测量结果以百分数表示
测量结果为百分之三	测量结果为 3%

由于百分和千分是纯数字，质量百分或体积百分的说法在原则上是无意义的。同时，在单位符号上也不得加其他信息。

示例 4-2-79：

错误示例：

“（m/m）”或“75%（V/V）”

正确示例：

质量分数为 0.67 或质量分数为 67%

体积分数为 0.75 或体积分数为 75%

质量分数和体积分数也可以采用“单位/单位”的形式表示。

示例 4-2-80：

5μg/g 和 4.2mL/m^3

（六）注

标准中的注有以下几种形式，即条文的注、术语条目中的注、图注和图的脚注、表注和表的脚注。注应只给出理解或使用标准的附加信息，其内容不应包含技术规定和要求，采用 1、2、3…顺序编号，字体比正文字体小一号。

“注”的排列格式应另起一行列于所属条文（图/表）下方，左起空两字书写，在“注”字后加冒号，接写注释内容。每条注释换行书写时，应与上行注释的首字对齐。当一条（图/表）中只有一个注时，应在注的第一行文字前标明“注：”“注：”前应空四个字符（即两个汉字）。同一条中有多个注时，应标明“注 1：”“注 2：”“注 3：”等，且“注 1：”“注 2：”“注 3：”等都应对齐。

1. 条文的注

工程建设类标准条文中有注释时，其内容应纳入条文说明。当确有必要时，可在条文的下方列出。条文的注宜列在条文的下方，另起一行书写。当注的内容一行书写不完需换行时，首字需与注的首字对齐。

示例 4-2-81：

×.×.×　××××××××××××××××××××××××××。

注 1：×××。

注 2：×××××××××××××××××××××××××××××××。

2. 图注和图的脚注

（1）图注。图注应区别于条文的注。图注给出的应是理解和使用整个图的附加信息。图注宜列在图号和图名的下方。

（2）图的脚注。图的脚注应区别于条文的脚注。图的脚注给出的应是理解或使用图中某一个词或数值的附加信息，应位于图号和图名的下方。图的脚注标识符号应采用从“a”开始的小写拉丁字母上标，如“a”“b”“c”等，并标注在图中需注释的词或数值的右上角。

在同一图中，当图注与图的脚注同时存在时，图注在先，图的脚注在后。

示例 4－2－82：

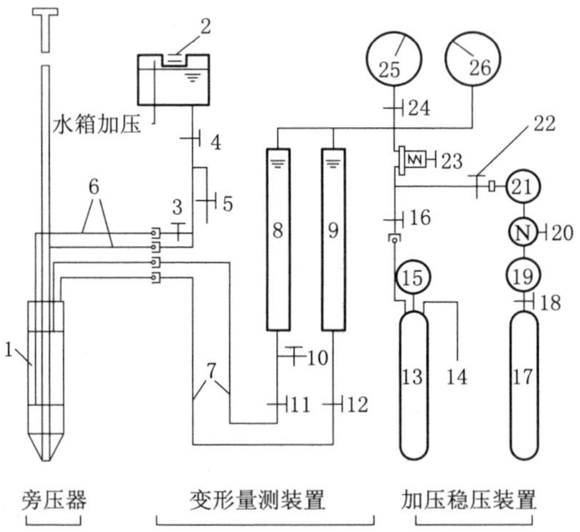

图　旁压仪结构示意图

1—旁压器；2—水箱；3—中腔注水阀；4—注水阀；5—排水阀；6—注水管；7—导压管；8—测管；9—辅管；10—调零阀；11—测管阀；12—辅管阀；13—储气罐；14—手动加压；15—中压表；16—手动加压阀；17—高压氮气源；18—氮气加压阀；19—高压表；20—减压阀；21—中压表；22—氮气加压阀；23—调压阀；24—低压表阀；25—低压表；26—中压表

注：-⊕-快速接头

3. 表注和表的脚注

（1）表注。表注应区别于条文的注。表注可对表的内容做补充说明和补充规定。表注宜列在表的下方。

（2）表的脚注。表的脚注应区别于条文的脚注。表的脚注给出的应是理解或使用表中某一个词或数值的附加信息，应位于表的下方。表的脚注应采用从“a”开始的小写拉丁字母上标作为标识符号，如“a”“b”“c”等，并标注在表中需注释的词或数值的右上角。

在同一表中，当表注与表的脚注同时存在时，表注在先，表的脚注在后。

示例 4-2-83：

表×.×.×　　　　　　　　表　　名

类型	长度	宽度	高度
AA	L_1[a]	B_1	H_1
BB	L_2	B_2[b]	H_2

注 1：表注内容。
注 2：表注内容。
a：表脚注内容。
b：表脚注内容。

（七）标点符号

标点符号分为点号和标号两大类。点号的作用在于点断，主要表示停顿和语气；标号的作用在于标明，主要标明词语的性质和作用。点号包括分号、逗号、顿号、冒号四种句中点号和句号、问号、叹号三种句末点号，标号包括引号、括号、破折号、省略号、着重号、连接号、间隔号、书名号、专名号等。

1. 有关规定

在标准中，标准的名称、图名、表名、公式和表栏标题，均不宜用标点符号。表中文字可使用标点符号，最末一句不用句号。在条文中不宜采用括号方式表达条文的补充内容；当需要使用括号时，括号内的文字应与括号前的内容表达同一含义。

标点符号应采用中文标点书写格式。句号应采用“。”，而不采用“.”；括号应采用“（）”，左右括号各占两个字符（即一个汉字）位置；范围号应采用“～”，不采用“—”；连接号应采用“—”，占两个字符（即一个汉字）位置；破折号应采用“——”，省略号应采用“……”，各占四个字符（即两个汉字）的位置。

每个标点符号应占一格。各行开始的第一格除引号、括号、省略号和书名号外，不得书写其他标点符号，标点符号可书写在上行行末，但不占一格。

“注”中或公式的“式中”除最末一个注释结束后加句号外，其余的注释结束后加分号。

此外，标点符号应使用全角（即每个标点符号占两个字符位置），而不应使用半角（即每个标点符号占一个字符位置）。

2. 注意事项

（1）句号、分号、逗号、顿号之间的关系。句号表示陈述句末尾的停顿，分号表示复句内部并列分句之间的停顿，逗号表示句子内部的一般性停顿，顿号表示句子内部并列的词或词组之间的停顿。从四个点号在句中所管辖的范围看：句号＞分号＞逗号＞顿号。

（2）顿号的使用。顿号表示句子内部并列的词或词组之间的停顿。这种停顿比逗号小。并列词语之间如果有不同的层次关系，应当分别使用“和”“及”类连词和顿号、逗号区分结构层次。顿号不能滥用，用得太多，句子显得七零八落。

并列词语间不一定都要用顿号，没有停顿的可不用顿号，停顿较小的也不需要用顿号。例如：有些词语常连在一起，联系紧密，叙述时没有停顿，如“科学技术”“经济社会”；有些是简称，如“工农业”“中小学”；有些是概数，如“三四次”“五六十”等。

（3）分号的使用。分号表示复句内部并列分句之间的停顿，停顿比逗号大，用于隔开并列的分句。在公式的各个符号和每个注的注释末尾用分号，最后一个符号注释用句号。

（4）句号的使用。句号表示句子末尾的停顿，故在条文中，需断句时就用句号“。”，不需断句时不能乱用。

（5）冒号与“比号”的区分。冒号与“比号”混用，是目前标准编写中常见的问题。冒号与“比号”都是由两点构成的，两者的不同之处在于，冒号是标点符号，居左下排列；“比号”是数学符号，不是标点符号，居中排列。在计算机键盘上，冒号极易找到，而比号需在特殊符号中查找，故极易使标准编写人员将两者混同起来。

需要注意的是，冒号用于表示提及性话语之后的停顿，用来提起下文，在标准中常用在条款连接用语之后；而“比号”一般与数字、量值等同时出现。因此，冒号与“比号”绝对不能混用。

（6）特殊用法。并列的阿拉伯数字、符号、外文字词为一个序列时，用逗号隔开。但当并列的阿拉伯数字、字符、外文字词是中文句子的组成部分，应使用顿号。

示例 4-2-84：

E＝1，2，3，…，n；（a，b，c，…）；七段式电子管 VT1，VT2，VT3，VT4，VT5，VT6，VT7。

示例 4-2-85：

电阻 R1、R3、R5 并联，电阻 R2、R4、R6 串联。

（八） 附录

附录的层次划分和编号与正文保持一致，格式为“附录＋编号”。编号采用大写正体英文字母，从“A”起连续编号。同时，附录号不得采用“I”“O”“X”三个字母。

附录按其在正文中出现的先后顺序依次编排。每个附录另页编排，并设置标题，排列格式为附录编号后空一字加标题居中。

附录中表、公式、图的编号方法与正文中的表、公式、图的编号方法一致。

当附录中仅有一个图（表）或多个图（表）而没有任何其他内容时，图（表）号只需采用附录的编号。如附录 A 只有一个图，其图号为“图 A，如附录 A 中有两个表，其表号分别为“表 A-1”和“表 A-2”。当一个附录的节中仅有图表而没有任何其他内容时，图表号只需采用节的编号。

（九） 条文说明

条文说明是独立的部分，包括隔页、目次和需要说明的具体内容。在编制标准正文的同时，应一并编写条文说明。为便于标准的保存和使用，条文说明应与标准合订成册，同时送审，同时出版。

1. 条文说明的作用

编写条文说明主要目的是便于准确理解和执行标准条文。我国的非工程建设类标准不要求编写条文说明，ISO、IEC 标准也不要求编写条文说明，编写条文说明是我国工程建设类标准的独特做法。

条文说明的主要作用是解释标准条文。标准编写的语言要求准确、简明、易懂，但不同的人对同一表述可能有不同的理解，特别是在标准执行中，不同的人对严格程度用词可能有不同的把握尺度，因此有必要对标准条文作出解释，以利于正确理解标准条文。标准条文的解释不同于一般教科书，也不同于其他文献资料或个人著作，在标准执行中应是最权威的解释。

条文说明的解释范围和重点主要应在于标准中的一些上下限的取值依据、相关标准的信息及所选用标准用词的含义等。另外，当条文中具有选择性的内容时，条文说明可为使用者在掌握标准内容的灵活性上提供指导和建议。

条文说明不具备与正文同等的效力。执行标准时，首先依据标准条文；对标准条文不理解或不易理解时，再参见条文说明的解释；如果条文说明仍无法对标准条文作充分解释时，应由标准的解释单位进行解释。

2. 条文说明的隔页、目次

（1）隔页。条文说明的隔页上应依次分行书写：“中国水利学会团体标准”、标准名称、标准编号和“条文说明”四项。

（2）目次。一般情况下，条文说明的目次仅列出章和附录即可，如有必要，才单独列出节。如果某一章或附录，没有做条文说明，则目次上不必列出。即条文说明的目次，仅与条文说明本身的标题对应一致，其与标准目次相比，其序号并不一定是连续、完整的。需要说明的是，条文说明各章（附录）、节的编号和标题应与标准正文中相应各章（附录）、节的编号和标题一致。

3. 条文说明的编写要求

（1）编写顺序。条文说明按标准正文的顺序分章编写，每一章的开始都需另起一页。条文说明的每一条都要对应标准正文的相应条文。一章内，条文说明可按标准节号分节，也可不分节。如一章或一节的内容可一并说明时，也可在章题或节题下以自然段的形式书写，段前不加编号，即条文说明不受悬置段的约束。当标准条文内容简单明了无须说明时，则可不做说明。

（2）编号。条文说明的条、款、项号应与标准相应条文的条、款、项号一致，并且格式相同。如只针对款、项进行说明，条号、款号后可不加文字。

示例 4-2-86：

8　条文说明
8.0.4
2　对合并编写的条文说明的编号进行了更详细地规定。

4　这里着重强调的是强制性条文必须说明强制性的理由，是否直接涉及人民生命财产安全、人身健康、水利工程安全、环境保护、能源和资源节约及其他公共利益；必要时，还需说明如不严格执行此条文将引发的严重后果。

5　原条文中，“技术交底”的概念含糊，标准编写者易据此款而将条文说明写成技术论文，故删去。

参照《工程建设标准编写规定》，增加重要数据、图表、公式的出处说明。

6　条文说明不具备与正文同等的效力，故作此规定。

当相邻条文内容相近时，可合并编写条文说明。两条合并编写时（不论是否连续），条号用“、”分隔，例如，5.1.2、5.1.3；连续多条合并编写时，起止条号用“～”连接，例如，5.1.2～5.1.5。

需要注意的是，如果条文说明需要进一步分层次叙述时，其层次划分的方式必须与正文的层次划分形式区分开，且编号也要与之不同。因此，条文说明的编号不能采用“1要或“1)”的形式，而只能采用其他形式，如“（1)、①”的形式，以免与正文中款、项的层次混淆。

（3）条文说明的内容。为便于读者更好地理解标准条文的意义，当需要解释制定条文的相关依据，以及强调执行条文的某些注意事项时，可编写条文说明。一般地，条文中的重要数据、图表、公式，都应说明其出处，以利于读者更好地理解并使用标准。

条文说明不是技术论文，故对关键技术的阐述，以结论为主，不需要进行探讨和详细推论。同时，也不应将条文说明写成专题报告或标准简介。

条文说明不应对条文内容进行重复。如需要解释标准正文的某一词或某一句，而不得不重复叙述标准正文时，应加引号，引号内的文字应与标准正文完全一致。

示例 4-2-87：

错误示例：

3.0.7　开工之前应完成墙体材料施工配合比的试验和设计工作。当施工准备时间较短时，先施工的部分槽孔可用经验配合比施工，也可在留有一定安全裕度的情况下用7d或14d龄期的强度确定临时配合比，但28d龄期的试验应继续进行。

【条文说明】

3.0.7　开工前，应完成墙体材料施工配合比的试验和设计工作。但事实上，多数工程开工前设计仅提供了墙体材料性能指标要求，缺少施工配合比设计。在此情况下，先施工的部分槽孔可用经验配合比施工，也可在留有安全裕度的情况下，采用7d或14d龄期强度确定经验配合比，但28d龄期试验应尽早完成。

正确示例：

【条文说明】

3.0.7　事实上，多数工程开工前设计仅提供了墙体材料性能指标要求，缺少施工配合比设计，故作此规定。

示例 4－2－88：

错误示例：

3.1.3　灌浆设计前，应收集下列资料：

　　1　已建工程的地质、设计和施工资料。

　　2　安全监测资料。

　　3　工程施工和运行期间出现的问题。

　　4　隐患勘探资料。

　　5　灌浆试验资料。

【条文说明】

3.1.3　灌浆设计前，应收集施工和运行期间出现问题的资料，例如：塌坑、裂缝、洞穴、坝后坡渗透变形、湿润范围及滑坡等。

正确示例：

【条文说明】

3.1.3

　　3　收集施工和运行期间的塌坑、裂缝、洞穴、坝后坡渗透变形、湿润范围及滑坡等资料。

由于标准会历经多次审查而做多次改动，每次正文改动时，都要注意复核一下条文说明中的引用文字要同时改动。

（4）补充性规定的处理。条文说明仅仅是对标准正文的必要解释，并不具备与标准正文同等的效力，因此条文说明不应对条文内容作补充性规定或加以延伸，最典型的就是，不应在条文说明中使用标准用词。由于“应、可”同时是中文的常用字，故在不得不使用“应”时，可改为“要、需、需要、要求”等同义意；同理，建议某种情况时，可用“一般情况下、建议、推荐”等字，而不是使用“宜”字。“可”字不作限制。

当因某种原因编制条文说明时不小心对标准正文进行了补充性规定，事后又发现这种补充性规定十分必要，则可根据具体情况采用不同的修改方法：

1）将条文说明内容在标准正文中单独设条进行表述。

2）如果条文说明的内容实际上是对其他标准的具体引用，则在标准正文中加入引用标准即可（典型句“参照……的规定执行”）。

3）如果条文说明的表述内容确实与标准正文内容紧密相关，而且如在正文中表述时又影响条文的逻辑性与连贯性，那么可将此部分内容作为附录，以保证标准执行时的效力。

（5）引用国际标准。由于国内各行业对某一国际标准的翻译不一定统一，为防止翻译偏差或理解错误，要求在相应的条文说明中列出国际标准的原文，并要求译成中文。

（6）公平公正原则。在条文说明中，不能出现厂家介绍、产品推介等有损公平、公正原则的内容。标准的技术内容中采用了成熟可靠的新技术、新工艺、新设备、新材料，在进行条文说明时，有时不得不介绍新设备、新材料的型号，则需慎重。

标准中涉及专利时，参照本书第二章第五节，并按《标准化法》和国家标准化委员会的相关文件处理。

（7）标准修订。标准修订时，应在条文说明中对修改的标准正文进行前后两版的对比说明，包括标准名称变更、标准制修订变化等重大事项，条文修改的必要性及修改的依据。未修改的标准正文，如原条文说明中的内容仍具有参考价值，则建议保留。

（8）图、表和公式的编号。条文说明中的图、表和公式应按其在条文说明中出现的顺序分别采用阿拉伯数字进行编号。即分别编号“图1、图2…”“表1、表2…”“（1）、（2）…”。这样做的目的是避免与标准正文中相同编号的图、表、公式混淆。

（9）注。条文说明中不应出现注和脚注。标准中“注”和“脚注”的作用主要是给出理解或使用标准的附加信息，以帮助标准使用者正确理解有关条文规定，这一作用与条文说明的解释作用基本相同，因此，在条文说明中就不应再出现注和脚注了。

第三节 非工程建设类标准结构和编写要求

一、框架结构和各部分要求

（一）框架结构

非工程建设类团体标准框架由不同要素组成，见表4-3-1。从不同的维度，可以将要素分为不同的类别。按照要素所起的作用，可分为规范性要素（界定标准范围或设定条款的要求）和资料性要素（给出有助于标准的理解或使用的附加信息的要素）；按照要素存在的状态，可分为必备要素（在标准中必不可少的要素）和可选要素（在标准中存在与否取决于起草特定标准的具体需要的要素）。

表4-3-1　标准中各要素的类别、构成及表述形式

要　素	要素的类别		要素的构成	要素所允许的表述形式
	必备或可选	规范性或资料性		
封面	必备	资料性	附加信息	标明文件信息
目次	可选			列表（自动生成的内容）
前言	必备			条文、注、脚注、指明附录
引言	可选			条文、图、表、数学公式、注、脚注、指明附录
范围	必备	规范性	条款、附加信息	条文、表、注、脚注
规范性引用文件[a]	必备/可选	资料性	附加信息	清单、注、脚注
术语和定义[a]	必备/可选	规范性	条款、附加信息	条文、图、数学公式、示例、注、引用、提示

续表

要　　素	要素的类别		要素的构成	要素所允许的表述形式
	必备或可选	规范性或资料性		
符号和缩略语	可选	规范性	条款、附加信息	条文、图、表、数学公式、示例、注、脚注、引用、提示、指明附录
分类和编码/系统构成	可选			
总体原则和/或总体要求	可选			
核心技术要素	必备			
其他技术要素	可选			
参考文献	可选	资料性	附加信息	清单、脚注
索引	可选			列表（自动生成的内容）

[a] 章编号和标题的设置是必备的，要素内容的有无根据具体情况进行选择。

规范性要素中范围、术语和定义、核心技术要素是必备要素，其他是可选要素，其中术语和定义内容的有无可根据具体情况进行选择。规范性要素中的可选要素可根据所起草标准的具体情况在表4-3-1中选取，或者进行合并或拆分，要素的标题也可调整，还可设置其他技术要素。

资料性要素中的封面、前言、规范性引用文件是必备要素，其他是可选要素，其中规范性引用文件内容的有无可根据具体情况进行选择。资料性要素在文件中的位置、先后顺序以及标题均应与表4-3-1所呈现的相一致。

（二）各部分要求

1. 封面

封面是必备要素，封面上的必备信息与工程建设类标准相同，这里不再赘述。鉴于标准名称命名规则与工程建设类标准略有不同，这里作重点介绍。

标准名称由几个尽可能短的要素组成，通常不多于三种，依次为：

（1）引导要素：表示标准所属的领域（可选要素）。

（2）主体要素：表示在上述领域内所涉及的主要对象（必备要素）。

（3）补充要素：表示上述主要对象的特定方面，或给出区分该标准（或部分）与其他标准（或其他部分）的细节（可选要素）。

示例4-3-1：

水质	高锰酸盐指数的测定	气相分子吸收光谱法
引导要素	主体要素	补充要素

起草标准名称注意事项：

（1）准确反映标准的范围：避免限制或扩大标准的范围。

示例4-3-2：

将标准名称“手持式金属探测器 技术条件”中的补充要素“技术条件”省略，成为“手持式金属探测器”，就是扩大了标准的范围。

(2) 无须描述标准的类型：不应使用“……标准”“……国家标准”“……标准化指导性技术文件”等表述形式。

(3) 协同各要素的内容：名称各要素的用语在概念上不应重复，各要素的位置不应颠倒。

示例 4-3-3：

错误示例：水土保持综合治理　技术规范　坡耕地治理技术 正确示例：水土保持　坡耕地综合治理　技术规范

2. 目次

目次是可选要素，根据文件具体情况，应依次排列前言、引言、章编号和标题、条编号和标题（需要时列出）、附录编号“（规范性）”/“（资料性）”和标题、附录条编号和标题（需要时列出）、参考文献、索引、图编号和图题（含附录中的，需要时列出）、表编号和标题（含附录中的，需要时列出），同时还应给出以上各项所在的页码。

此外，在目次中不必列出“术语和定义”中的条目编号和术语。电子文本的目次宜自动生成。

3. 前言

前言是必备要素，按照工程建设类标准格式编写，这里不再赘述。

4. 引言

引言是可选要素，用来说明与本标准自身内容相关的信息，不应包括要求型条款。分为部分的标准的每个部分，或者标准的某些内容涉及专利，均应设置引言。引言不应给出章编号。当引言的内容需要分条时，应仅对条编号，编为 0.1、0.2 等。

在引言中通常描述编制该标准的原因、目的、分为部分的原因以及各部分之间的关系等事项的说明以及标准技术内容的特殊信息或说明。

如果编制过程中已经识别出标准的某些内容涉及专利，那么根据具体情况应说明以下相关内容：

“本标准的发布机构提请注意，声明符合本标准时，可能涉及……［条］……与……［内容］……相关的专利的使用。

本标准的发布机构对于该专利的真实性、有效性和范围无任何立场。

该专利持有人已向本标准的发布机构承诺，他愿意同任何申请人在合理且无歧视的条款和条件下，就专利授权许可进行谈判。该专利持有人的声明已在本标准的发布机构备案。相关信息可以通过以下联系方式获得：

专利持有人姓名：……

地址：……

请注意除上述专利外，本标准的某些内容仍可能涉及专利。本标准的发布机构不承担识别专利的责任。”

如果需要给出有关专利的内容较多时，可将相关内容移作附录。

5. 范围

范围是必备要素，该要素为标准的第 1 章，如果确有必要，可以进一步细分为条。上一节有关范围的界定适用于本节，范围的陈述略有不同，采用下列适当的表述形式：

（1）“本标准规定了……的要求/特性/尺寸/指示”；

（2）“本标准确立了……的程序/体系/系统/总体原则”；

（3）“本标准描述了……的方法/路径”；

（4）“本标准提供了……的指导/指南/建议”；

（5）“本标准给出了……的信息/说明”；

（6）“本标准界定了……的术语/符号/界限”。

6. 规范性引用文件

规范性引用文件为标准的第 2 章，用来列出标准中规范性引用的文件，由引导语和文件清单构成，不分条。

（1）引导语。采用固定模板，不应作任何修改。引导语为：“下列文件中的内容通过文中的规范性引用而构成本文件必不可少的条款。其中，注日期的引用文件，仅该日期对应的版本适用于本文件；不注日期的引用文件，其最新版本（包括所有的修改单）适用于本文件。”如果不存在规范性引用文件，应在章标题下给出“本文件是有规范性引用文件”。

（2）文件清单。引用文件中引用标准的格式为“标准编号＋标准名称”，不必在引用文件前编号，文件清单中应列出该文件中规范性引用的每个文件。

根据文件中引用文件的具体情况，文件清单中应选择列出相应的内容：注日期的引用文件，给出“文件代号、顺序号及发布年份号和/或月份号”以及“文件名称”；不注日期的引用文件，给出“文件代号、顺序号”以及“文件名称”；不注日期引用文件的所有部分，给出“文件代号、顺序号”和“所有部分”以及文件名称中的“引导元素”（如果有）和“主体元素”；引用国际文件、国外其他出版物，给出“文件编号”或“文件代号、顺序号”以及“原文名称的中文译名”，并在其后的括号中给出原文名称。列出标准化文件之外的其他引用文件和信息资源（印刷的、电子的或其他方式的），应遵守 GB/T 7714 确定的相关规则。

引用文件的排列顺序为国家标准化文件，水利行业标准化文件，其他行业标准化文件，地方标准化文件，团体标准化文件，ISO、ISO/IEC 或 IEC 标准化文件，其他机构或组织的标准化文件及其他文献。其中，国家标准、ISO 或 IEC 标准按文件顺序号排列；行业标准、地方标准、团体标准、其他国际标准化文件按文件代号的拉丁字母和/或阿拉伯数字的顺序排列，再按文件号排列。

如果不存在规范性引用文件，应在章标题下给出“本文件没有规范性引用文件。”的表述。

7. 术语和定义

术语和定义为标准的第 3 章，用来界定为理论标准中某些术语所必需的定义。由引导语和术语条目构成。可以根据概念的分类细分为条，并给出条标题。

（1）引导语。根据列出的术语和定义以及引用其他文件的具体情况，可以采用不同的引导语。如果仅该要素界定的术语和定义适用时，引导语为“下列术语和定义适用于本文件”；如果仅其他文件中界定的术语和定义适用时，引导语为“……界定的术语和定义适用于本文件”；如果其他文件以及该要素界定的术语和定义适用时，引导语为“……界定的以及下列术语和定义适用于本文件”。

（2）术语条目。术语条目编写除条目编号单独占一行外，其他要求均与非工程建设标准一致，这里不再赘述。

如果没有需要界定的术语和定义，在章标题下给出“本文件没有需要界定的术语和定义”的表述。

8. 符号和缩略语

符号和缩略语是可选要素，如果需要，宜作为标准的第4章，用来给出为理解文件所必需的、文件中使用的符号和缩略语的说明或定义，由引导语和带有说明的符号和/或缩略语清单构成。如果为了反映技术准则，符合需要以特定次序列出，那么该要素可以细分为条，每条应给出条标题，但无论该要素是否分条，清单中的符号和缩略语之前均不给出序号。根据编写的需要，该要素可并入“术语和定义”。

（1）引导语。根据列出的符号和缩略语的具体情况，可以采用不同的引导语。如果该要素列出的符号适用时，引导语为“下列符号适用于本文件”；如果该要素列出的缩略语适用时，引导语为“下列缩略语适用于本文件”；如果该要素列出的符号和缩略语适用时，引导语为“下列缩略语适用于本文件”。

（2）带有说明的符号和/或缩略语清单。清单编写顺序与工程建设类相同，这里不再赘述。

9. 分类和编码/系统构成

分类和编码/系统构成是可选要素，用来给出针对标准化对象的划分以及对分类结果的命名或编码，以方便在标准核心技术要素中针对标准化对象的细分类别作出规定。它通常涉及“分类和命名”“编码和代码”等内容。

对于系统标准，通常含有系统构成这一要素。该要素用来确立构成系统的分系统，或进一步的组成单元。系统标准的核心技术要素将包含针对分系统或组成单元作出规定的内容。

分类和编码/系统构成通常使用陈述型条款。根据编写的需要，该要素可与规范、规程或指南标准中的核心技术要素的有关内容合并，在一个复合标题下形成相关内容。

10. 总体原则和/或总体要求

该要素是可选要素，用来规定为达到编制目的需要依据的方向性的总体框架或准则。标准中随后各要素中的条款或者需要符合或者具体落实这些原则，从而实现文件编制目的。总体要求这一要素用来规定涉及整体标准或随后多个要素均需要规定的要求。

标准中如果涉及了总体原则/总则/原则，或总体要求的内容，宜设置总体原则/总则/原则，或总体要求。总体原则/总则/原则应使用陈述或推荐型条款，不应包含要求型条款。总体要求应使用要求型条款。

11. 核心技术要素

核心技术要素是必备要素，是各种功能类型标准的标志性的要素，它是表述标准特定功能的要素。标准功能类型不同，其核心技术要素就会不同，表述核心要素使用的条款类型也会不同。各种功能类型标准所具有的核心技术要素以及所使用的条款类型应符合表4-3-2的规定。各种功能类型标准的核心技术要求的具体编写应遵守GB/T 20001

（所有部分）的规定。

表 4-3-2 各种功能类型标准的核心技术要素以及所使用的条款类型

标准功能类型	核心技术要素	使用的条款类型
术语标准	术语条目	界定术语的定义使用陈述型条款
符号标准	符号/标志及其含义	界定符号或标志的含义使用陈述型条款
分类标准	分类和/或编码	陈述、要求型条款
试验标准	试验步骤 实验数据处理	指示、要求型条款 陈述、指示型条款
规范标准	要求 证实方法	要求型条款 指示、陈述型条款
规程标准	程序确立 程序指示 追溯/证实方法	陈述型条款 指示、要求型条款 指示、陈述型条款
指南标准	需考虑的因素	推荐、要求型条款

12. 其他技术要素

该要素是可选要素，根据具体情况，标准中还可设置其他技术要素，例如试验条件、仪器设备、取样、标签和包装、标准化项目标记、计算方法等。

如果标准文本中描述的标准化项目是唯一的，则标准编号除了标示标准文本外，还可以用作标准中唯一的标准化项目的标记。当标准中描述的标准化项目具有两种或两种以上，在规定标准化项目标记时，需要有特性段。

示例 4-3-4：

GB/T ×××× 《增塑醋酸纤维素中乙醚可溶物含量的测定方法》，其中包含了三种测定方法，并在标准中规定了标准化项目标记体系，且分别用 A、B、C 三个字母代表三种测定方法。当在交流中需要提及其中第 2 个方法时，可以利用标准中规定的标准化项目标记体系，采用如下的标记：

醋酸纤维素测定方法 GB/T××××-B

13. 参考文献

参考文献是可选要素，用来列出标准中资料性引用的文件清单，以及其他信息资源清单，例如起草文件时参考过的文件，以供参阅。

如果需要设置参考文献，应置于最后一个附录之后。标准中有资料性引用的文件，应设置该要素。该要素不应分条，列出的清单可以通过描述性的标题进行分组，标题不应编号。

清单中应列出该标准中资料性引用的每个文件。每个列出的参考文件或信息资源前应在方括号中给出序号。清单中所列内容及其排列顺序以及在线文献的列出方式均应符合规范性文件中给定的顺序，其中列出的国际文件、国外文件不必给出中文译名。

14. 索引

索引是可选要素，用来给出通过关键词检索文件内容的途径。如果为了方便标准使用者而需要设置索引，那么它应作为标准的最后一个要素。

该要素由索引项形成的索引列表构成。索引项以标准中的“关键词”作为索引标目，同时给出标准的规范性要素中对应的章、条、附录和/或图、表的编号。索引项通常以关键词的汉语拼音字母顺序编排。为了便于检索可在关键词的汉语拼音首字母相同的索引项之上标出相应的字母。

电子文本的索引宜自动生成。

二、层次结构及要求

（一）层次划分及编写

非工程建设类团体标准结构可包含部分、章、条、条、段和列项等层次。

示例 4-3-5：

层次	编号示例
部分	××××、构
章 条 条 段 列项	5 5.1 5.1.1 ［无编号］ 列项符号：“——”和“·”；列项编号：a)、b）和1)、2)

1. 部分

部分是一个文件划分出的第一层次，划分出的若干部分共用同一个文件顺序号。部分不应进一步细分为分部分。文件分为部分可以单独编制、修订和发布，并与整体文件遵守同样的起草原则和规则。

可使用两种方式将一个文件分为若干部分。

(1) 将标准化对象分为若干个特殊方面，每个部分分别涉及其中的一两个方面，并且能够单独使用。

示例 4-3-6：

第 1 部分：术语 第 2 部分：要求 第 3 部分：试验方法 第 4 部分：安装要求

（2）将标准化对象分为通用和特殊两个方面，通用方面作为文件的第1部分，特殊方面（可修改或补充通用方面，不能单独使用）作为文件的其他各部分。

示例4－3－7：

第1部分：通用要求
第2部分：热学要求
第3部分：空气纯净度要求
第4部分：声学要求

部分的划分通常是连续的，在需要按照各部分的内容分组时，可以通过部分编号区分各组。

示例4－3－8：

第1部分：通用要求
第11部分：电熨斗的特殊要求
第12部分：离心脱水机的特殊要求
第13部分：洗碗机的特殊要求

部分编号应置于文件编号中的顺序号之后，使用从1开始的阿拉伯数字，并用下脚点与顺序号相隔（例如×××××.1、×××××.1等）。

2．章

章是文件层次划分的基本单元。

非工程建设类标准的章不需要另页编排，章的编号应采用阿拉伯数字从1开始按顺序编写。章的编号在标准内应连续，一直连续到附录之前。通常情况下，标准的第1章为“范围”。

标准的每一章都应有标题。标题应位于章的编号之后，并与编号之间空两个字符（即一个汉字）。章的编号与标题合在一起顶格书写，采用五号黑体。

3．条

条是章内有编号的细分层次。条可以进一步细分，细分层次不宜过多，最多分到第五层次。一个层次中有一个以上的条时才可设条。

条编号应使用阿拉伯数字并用下脚点与章编号或上一层次的条编号相隔。

第一层次的条宜给出条标题，并应置于编号之后。第二层次的条可同样处理。某一章或条中，其下一层次上的各条，有无标题应一致。

在无标题条的首句中可使用黑体字突出关键术语或短语，以便强调各条的主题。某一章或条中的下一个层次上的无标题条，有无突出的关键术语或短语应一致。无标题条不应再分条。

4．段

段是章或条内没有编号的细分层次。为了不在引用时产生混淆，不宜在章标题与条之间或条标题与下一层次条之间设段（称为“悬置段”）。

为避免混淆可将悬置段改为条、移到别处或删除。

5. 列项

列项是段中的子层次，用于强调细分的并列各项中的内容。列项应由引语和被引出的并列的各项组成。列项的最后一项均由句号结束。可采用后跟句号的完整句子引出后跟句号的各项以及后跟冒号的文字引用后跟分号或逗号的各项。

列项可以进一步细分为分项，这种细分不宜超过两个层次。

在列项的各项之前应标明列项符号或列项编号。列项符号为破折号（——）或间隔号（·）；列项编号为字母编号［即后带半圆括号的小写拉丁字母，如 a)、b）等］或数字编号［即后带半圆括号的阿拉伯数字，如 1)、2）等］。

通常在第一层次列项的各项之前使用破折号，第二层次列项的各项之前使用间隔号。列项中的各项如果需要识别或表明先后顺序，在第一层次列项的各项之前使用字母编写。在使用字母编号的列项中，如果需要对某一项进一步细分，根据需要可在各分项之前使用间隔号或数字编号。

可使用黑体字突出列项中的关键术语或短语，以便强调各项的主题。

三、编写细则

第二节第三部分中除条文说明的编写以及图、表和公式的编号格式外，均适用于本节，此处不再赘述。本节仅介绍非工程建设类标准特有部分的编写细则。

（一） 引用和提示

为避免重复造成文件间或文件内部的不协调、文件篇幅过大以及抄录错误等，在起草文件时，将包含在现行有效的其他文件中且适用于本文件的内容，或者包含在文件自身的其他条款中，通过提及文件编号和/或文件内容编号的表述形式。

1. 引用其他文件

(1) 注日期或不注日期引用。注日期引用意味着被引用文件的指定版本适用。凡不能确定是否能够接受被引用文件将来的所有变化，或者提及了被引用文件中的具体章、条、图、表或附录的编号，均应注日期。

注日期引用的表述应指明年份。具体表述时应提及文件编号，包括“文件代号、顺序号及发布年份号”，当引用同一个日历年发布不止一个版本的文件时，应指明年份和月份；当引用了文件具体内容时应提及内容编号。

示例 4-3-9：

“……按 GB/T ×××××—2011 描述的……”（注日期引用其他文件）
“……履行 GB/T ×××××—2009 第 5 章确立的程序……”（注日期引用其他文件中具体的章）
“……按照 GB/T ×××××.1—2016 中 5.2 规定的……”（注日期引用其他文件中具体条款）
“……遵守 GB/T ×××××—2015 中 4.1 第二段规定的要求……”（注日期引用其他文件中具体的段）

"……符合 GB/T ×××××—2015 中 6.3 列项的第二项规定的……"（注日期引用其他文件中具体的列项） "……使用 GB/T ×××××.1—2012 表 1 中界定的符号……"（注日期引用其他文件中具体的表）

不注日期引用意味着被引用文件的最新版本（包括所有的修改单）适用。只有能够接受所引用内容将来的所有变化（尤其对于规范性引用），并且引用了完整的文件，或者未提及被引用文件具体内容的编号，才可不注日期。

不注日期引用的表述不应指明年份。具体表述时只应提及"文件代号和顺序号"，当引用一个文件的所有部分时，应在文件顺序号之后标明"（所有部分）"。

示例 4-3-10：

"……按 GB/T ×××××有确定的……。" "……符合 GB/T ×××××（所有部分）中的规定。"

如果不注日期引用属于需要引用被引用文件的具体内容，但未提及具体内容编号的情况，可在脚注中提及所涉及现行文件的章、条、图、表或附录的编号。

（2）规范性或资料性引用。规范性引用的文件内容构成了引用它的文件中必不可少的条款。在文件中，规范性引用表述形式有：任何文件中，由要求型或指示性条款提及文件；规范标准中，由"按"或"按照"提及试验方法类文件；指南标准中，由推荐性条款提及文件；任何文件中，在"术语和定义"中由引导语提及文件。

资料性引用的文件内容构成了有助于引用它的文件的理解或使用的附加信息。在文件中，除上述表述形式以外的均属于资料性引用。

示例 4-3-11：

"……的信息见 GB/T ×××××。" "GB/T ×××××给出了……。"

如果确有必要，可资料性提及法律法规，或者可通过包含"必须"的陈述，指出由法律要求形成的对文件使用者的约束或义务（外部约束）。表述外部约束时提及的法律法规并不是文件自身规定的条款，属于资料性引用的文件，通常宜与文件的条款分条表述。

示例 4-3-12：

"……强制认证标志的使用见《……管理办法》。" "依据……法律规定，在这些环境中必须穿戴不透明的护目用具。"（用"必须"指出外部约束）

文件中所有资料性引用的文件，均应在要素"参考文献"中列出。

2. 指示文件自身的具体内容

(1) 规范性提示。需要提示使用者遵守、履行或符合文件自身的具体条款时，应使用适当的能愿动词或句子语气类型提及文件内容的编号。这类提示属于规范性提示。

示例 4-3-13：

"……应符合 7.5.2 中的相关规定。" "……按照 5.1 规定的测试程序……。"

(2) 资料性提示。需要提示使用者参看、阅看文件自身的具体内容时，应使用"见"提及文件内容的编号，而不应使用诸如"见上文""见下文"等形式。这类提示属于资料性提示。

示例 4-3-14：

"(见 5.2.3)""……见 6.3.2b"。

(二) 附录

附录用来承接和安置不便在文件正文、前言、引言中表述的内容，它是对正文、前言或引言的补充或附加，它的设置可以使文件的结构更加平衡。附录的内容源自正文、前言或引言中的内容。当正文规范性要素中的某些内容过长或属于附加条款，可以将一些细节或附加条款移出，形成规范性附录。当文件中的示例、信息说明或数据等过多，可以将其移出，形成资料性附录。

规范性附录给出正文的补充或附加条款；资料性附录给出有助于理解或使用文件的附加信息。附录的规范性或资料性的作用应在目次中和附录编号之下标明，并且在将正文、前言或引言的内容移到附录之处还应通过使用适当的表述形式予以说明，同时提及该附录的编号。

文件中下列表述形式提及的附录属于规范性附录：

任何文件中，由要求型条款或指示型条款指明的附录。

规范标准中，由"按"或"按照"指明试验方法的附录。

指南标准中，由推荐型条款指明的附录。

示例 4-3-15：

应符合附录 A 的规定。

其他表述形式指明的附录都属于资料性附录。

示例 4-3-16：

相关示例见附录 D。

附录应位于正文之后，参考文献之前。附录的顺序取决于其被移作附录之前所处位置的前后顺序。

每个附录均应有附录编号。附录编号由“附录”和随后表明顺序的大写拉丁字母组成，字母从 A 开始，例如“附录 A”“附录 B”等。只有一个附录时，仍应给出附录编号“附录 A”。附录编号之下应标明附录的作用，即“(规范性)”或“(资料性)”，再下方为附录标题。

附录可以分为条，条还可以细分。每个附录中的条、图、表和数学公式的编号均应重新从 1 开始，应在阿拉伯数字编号之前加上表明附录顺序的大写拉丁字母，字母后跟下脚点。例如附录 A 中的条用“A.1”“A.1.1”“A.1.2”……“A.2”……表示；图用“图 A.1”“图 A.2”……表示；表用“表 A.1”“表 A.2”……表示；数学公式用“(A.1)”“(A.2)”……表示。

附录中不准许设置“范围”“规范性引用文件”“术语和定义”等内容。

（三）图、表、公式

非工程建设标准条文中的图、表和数学公式的编号均应分别从 1 开始连续编号，直到附录之前，与章、条和表的编号无关。例如“图 1”“图 2”等。只有一幅图时，仍应标为“图 1”。

（一）农村饮水安全精准扶贫作为脱贫攻坚的重要考核内容亟须评价依据

农村饮水安全是“两不愁三保障”中“不愁吃”的一项重要内容，直接关系到贫困人口脱贫，是中央对省级党委政府扶贫开发成效考核的重要内容。水利扶贫作为新时期脱贫攻坚十大行动之一，对于充分发挥水利在脱贫攻坚中的基础性、先导性和保障性作用，尽快补齐补强贫困地区水利基础设施短板，确保打赢脱贫攻坚战具有重要的意义。2016年11月，国务院《关于印发“十三五”脱贫攻坚规划的通知》（国发〔2016〕64号）中，将“贫困地区农村集中供水率”在2020年不低于83%的预期性指标作为“十三五”时期贫困地区发展和贫困人口脱贫主要指标。由于缺乏农村饮水安全脱贫攻坚评价依据，各地对农村饮水安全工作的阶段性、复杂性、长期性认识不足，盲目追求高标准，显然很多地区尤其是贫困地区难以达到这个要求，这与我国国情和经济社会发展阶段不相符，农村饮水精准扶贫作为水利脱贫攻坚的重要考核内容亟须评价依据。

（二）原评价指标体系已不能完全适应新形势下的新要求

2004年，水利部、卫生部联合印发了《农村饮用水安全卫生评价指标体系》（水农〔2004〕547号），其中包括水质、水量、方便程度和保证率四项评价指标，四项指标中只要有一项低于安全或基本安全最低值，就不能定为饮用水安全或基本安全。评价体系符合当年农村饮水评价的工作需求，自2004年以来，我国农村饮水安全一直采用这一评价指标体系，但随着农村供水工程的大规模建设，尤其是2006年卫生部修订了GB 5749—2006《生活饮用水卫生标准》，《农村实施〈生活饮用水卫生标准〉准则》随之废止，但评价指标体系却并没有随之修订。此外，随着用水户对供水入户要求的不断提升，“用水方便程度”的评价标准也不能满足新形势下的要求。客观而言，原评价指标体系已不适应现阶段农村饮水安全巩固提升需求及脱贫攻坚要求。

（三）团体标准能够满足“快速响应”和“填补空白”的需求

据各地统计，截至2015年底，全国各地尚有1000多万贫困人口存在饮水安全问题，需要通过巩固提升工程逐年解决，并通过饮水安全评价达标后进行销号。因此，鉴于到2020年全面解决贫困人口饮水安全问题的要求，各地对标准的需求是非常急迫的，考虑团体标准具有的特点，《农村饮水安全评价准则》的及时编制非常必要。

二、标准的主要内容

该标准基于农村饮水安全的内涵、特征和现状，参考《农村饮用水卫生评价指标体系》，确定了水质、水量、用水方便程度和供水保证率四项评价指标，并分别提出了不同规模农村供水工程和不同区域农村居民饮水安全的评价标准和方法。

三、标准的实施与应用情况

2018年8月1日，水利部、国务院扶贫办、国家卫生健康委联合发布了《关于坚决打赢农村饮水安全脱贫攻坚战的通知》（水农〔2018〕188号），以下（简称《通知》）。该《通知》明确规定，各地可直接使用中国水利学会发布的《农村饮水安全评价准则》，也可根据这一评价准则，结合本省份实际情况，因地制宜制定适合本省份实际的农村饮水安全评价准则或细则，作为各省份脱贫攻坚农村饮水安全精准识别、制定解决方案和达标验收的依据。水利部、中国科学技术协会、国家标准化管理委员会等官方网站也先后做出有关报道。在团体标准化联盟编制的《团体标准百问百答》一书中，将该准则作为团体标准在政府采信情况下必须执行的范例。

2019 年 6 月，国务院召开常务会议专题研究部署农村饮水安全工作，要求巩固提高农村饮水安全水平，支持脱贫攻坚，保障基本民生。在国务院政策例行吹风会上，水利部副部长田学斌强调，水利部坚决贯彻落实中央关于打赢脱贫攻坚战和全面建成小康社会的决策部署，将解决贫困人口饮水安全问题作为水利扶贫的头号工程全力予以推进。在解决贫困人口饮水安全问题采取措施中，一是明确了农村饮水安全脱贫攻坚评价标准。他指出，针对各地反映农村饮水安全评价标准尺度不好把握的问题，组织编制《农村饮水安全评价准则》，联合国务院扶贫办、国家卫生健康委发文部署，指导督促有关省份结合实际进行细化，作为农村饮水安全脱贫攻坚评价和验收的依据。6 月，国际标准化组织（ISO）第 109 次理事会会议上，中国代表团印制的宣传材料《走进团体标准》中将该标准列为社会治理方面团体标准的唯一典型。

《农村饮水安全评价准则》发布以来，实施效果良好，获得了水利部、国家标准委和中国科协等单位的高度肯定，也成为我国在培育发展团体标准工作方面宣传的典型。据不完全统计，该标准已为指导各地尤其是 25 个省份的贫困地区，832 个贫困县科学开展农村居民饮水安全评价工作，确保到 2020 年底前全面解决贫困人口饮水问题提供了技术依据，保障了上千万人的饮用水安全。

第二节 《节水型高校评价标准》与《高校合同节水项目实施导则》

为深入贯彻“节水优先”方针，适应节水型高校建设新形势新要求，2019 年，在全国节水办的直接指导下，中国水利学会按照有关要求组织水利部综合事业局、中国水务投资有限公司、河北工程大学等相关企业、高校编制了《节水型高校评价标准》与《高校合同节水项目实施导则》。两项团体标准于 2019 年 5 月批准立项，编制过程中，严格遵守《中国水利学会标准管理办法》（试行）规定的程序和要求。2019 年 8 月，两项团体标准经中国水利学会理事长办公会审议批准，与中国教育后勤协会正式联合发布，自 2019 年 9 月实施。两项标准的编号分别为 T/CHES 32—2019 和 T/CHES 33—2019。

一、标准编制的背景及必要性

高校是人员集聚区、建筑设施集中区，是城市的用水大户。我国高校数量多且人员集中，整体管理系统规范，边界清晰，用水量相对较多，同时我国许多高校建校历史久远，校园建筑老化、水网管道等供水设施陈旧、“跑冒滴漏”严重、用水管理粗放等成为共性问题。制定、颁布、实施《节水型高校评价标准》，能够科学、全面、有效地评价高校节水用水情况，进一步推动高校建立完备的节水制度，采取有效的节水措施，提高用水效率，形成浓厚的节水氛围，引导高校利用社会资本和市场机制开展节水工作，建成一批高质量高标准的节水型高校。

2019年全国节约用水工作会议后，各地水行政主管部门积极响应，推动高校合同节水项目落地，大量高校有较强烈的意愿采用合同节水管理模式实施节水改造项目。但是，高校合同节水项目实施缺乏具体、可操作性的标准。为了满足高校和节水服务企业实施合同节水项目的强烈需求，在合同节水项目试点实践基础上，借鉴国内公共机构合同节水管理和合同能源管理的经验，结合高校的实际情况，制定、颁布了《高校合同节水项目实施导则》。这两项标准将直接用于指导节水型高校建设和高校合同节水项目，为加快推进高校节水工作提供技术支撑。

（一）高校节水工作亟须强力推动

2019年全国水利工作会议，明确提出要打好节约用水攻坚战，要求“打造一个亮点，实施高校合同节水。会同教育部等部门，制定颁布节水型高校评价标准，通过合同节水引入社会资本加大投入，尽快建成节水型高校”，对标准的制定和实施提出了明确要求。全国节水办在全国节约用水工作会议上全面部署了节水型高校建设和实施高校合同节水管理工作。目标是充分发挥高校传播知识、培养理念、立德树人的重要作用，开展节水宣传教育，强化用水管理，建成一批“节水意识强、节水氛围浓厚、节水文化先进、用水效率高”的节水型高校，提升学生爱水、节水、惜水意识，培养引领带动全社会形成节约用水的生活习惯和良好风尚。

通过调研发现，目前各地开展节水型高校建设没有专门的标准能够采用，参照的相关标准年代久远，标准指标不高，不能体现当前节水工作的新要求，与节水型社会建设的标准不符，同时，开展高校合同节水项目没有相关的技术文件指导。为保障节水型高校建设工作顺利开展，满足高校和节水服务企业实施合同节水项目的强烈需要，在广泛调研和征求意见的基础上，结合高校节水工作实际，制定并颁布《节水型高校评价标准》与《高校合同节水项目实施导则》，可为指导推动各地各校创建评价节水型高校，积极引导高校和节水服务企业等参与各方实施高校合同节水项目，深入推进高校节水工作提供技术支撑。

（二）构建评价指标体系及运行管理机制以满足新形势下的新要求

通过编制团体标准《节水型高校评价标准》，构建科学实用的评价指标体系，从节水管理、节水技术和特色创新三个方面指导各地各校开展节水型高校的创建和评价工作。从节水宣传、教育和实践组织开展形式多样的活动，全面提升高校学生的节水意识；健全节水管理机构和岗位职责、建立健全节水巡检和计量制度，加强目标责任管理和考核；严格高校用水设施设备的日常管理，配备完善用水计量器具，定期开展用水总量和效率评估，建设节水监控平台，实施用水精细化管理；及时更换校区老旧供用水管网和非节水型器具，建设雨水、再生水等非常规水利用设施。

通过编制团体标准《高校合同节水项目实施导则》，对节水服务企业、合同项目边界、节水基准、实施模式等进行界定，对高校及节水服务企业在合同节水项目中的主要任务进行规定，为高校合同节水项目全过程的实施提供了规范性指导。鼓励采取合同节水管理模式开展节水型高校建设，积极推行合同节水管理，打造合同节水管理服务平台，建设一批各具特色的高校合同节水管理项目，建立长效运行管理机制。

两项标准是现有节水标准体系的重要组成部分和必要的补充，标准的制订为节水型高校建设提供了基本的技术依据，为推行高校合同节水管理提供了技术支撑，能够鼓励社会资本参与高校节水改造领域，促进节水服务产业发展壮大，推动教育领域节水事业的发展。

（三） 政府标准编制周期较长， 团体标准的及时编制非常必要

根据2016年国管局和教育部对部委直属108所高校（大部分为“985”和“211”）用水情况统计得知，其中55所高校人均用水量超过本地高校用水定额，超定额高校比例为51%。因此，我国高校节水潜力巨大，根据2019年节水攻坚战工作的要求及各地区迫切需要，考虑团体标准所具有的特点，两项标准的及时编制非常必要。

二、标准的主要内容

这两项团体标准基于我国高校用水的特征和现状，分别提出了不同类型高校节水建设的评价标准、方法以及高校合同节水项目实施的具体流程和要求。

三、标准的实施与应用情况

为强化标准实施，中国水利学会积极与标准编制单位水利部综合事业局等单位加强沟通，两次开展两项标准的宣贯工作。2019年11月，水利部综合事业局在北京举办的高校节水标准宣贯暨研讨会上，对《节水型高校评价标准》和《高校合同节水项目实施导则》两项团体标准进行了重点宣贯解读。2020年5月19日，中国教育后勤协会联合水利部综合事业局组织开展“校园节水安全供水”云课堂，对两项标准再次进行了解读。

两项标准发布以来，实施效果良好，全国各地已经参照标准组织推动高校节水工作，取得了初步成效。据不完全统计，该标准已指导各地30多所高校开展节水评价及建设工作，其中，湖北地区武汉大学、华中科技大学、中国地质大学（武汉）等七所部属高校基于两项标准进行了全面评价并编制了实施方案，为全国高校节水工作的进一步推广应用树立了典范。

第三节 《模型试验水沙测量仪器数据交互通用规约》

水沙测量仪器是开展模型试验、复演天然水沙运动的基础，包括水位、流速、流量、压力、温度、水深、地形、位移、含沙量、浊度、开度等参量测量仪器。为实现模型试验水沙测量仪器数据交互，促进我国水利信息化事业的快速发展和资源的高效利用，中国水利学会量测专委会提出《模型试验水沙测量仪器数据交互通用规约》编制申请，联合清华大学、水利部南京水利水文自动化研究所、南京水利科学研究院等国内从事模型试验水沙测控技术开发和应用的主要单位开展了该标准的编制工作。该标准于2016年11月立项，2018年3月经中国水利学会理事长办公会审议批准发布，并于同年6月1日实施，标准编号为T/CHES 19—2018。

一、标准编制的背景及必要性

没有先进的量测仪器、量测技术和试验设备，科学技术工作就不可能有新的发现和突破，水利科学更是如此。一直以来，水利量测技术都是水科学发展的重要推动力。工程技术和理论创新均依赖于量测技术的进步，特别是基础理论研究领域，为深入认识明渠紊流相干结构（如涡结构）的发展过程和涉水建筑物附近水流的三维运动特征，更依赖于水利量测仪器的进步。

实验室内水利仪器主要用于水流、泥沙、水环境、大坝安全等特征参量的测量及控制，涉及水位、流速、流量、压力、温度、水深、地形、位移、含沙量、浊度、开度等参量，仪器种类、规格众多，因缺乏统一技术标准，生产厂商自定义通信端口类型、交互模式、数据格式、交互流程等细节，出现了同类型仪器难以共用数据采集系统等问题，阻碍了水利行业科技进步。近年来，在国家经费支持下，从国外引进了大量ADCP、ADP、OBS、LDV等新型水利仪器，因数据交互规约各异，制约了对测量数据的深入分析和集成技术的发展。随着物联网技术的高速发展，为实现互联互通，促进我国水利信息化事业的快速发展和资源的高效利用，需要对水利仪器数据交互进行标准化，主要包括：①简化全国水利量测仪器数据交互过程，便于水利信息化平台建设；②简化系统集成及二次开发，促进物联网的应用发展；③便于仪器校核和检测；④规范进口仪器；⑤提高水利信息化平台的兼容性和生命力。

因此，随着水利信息化和物联网技术快速发展，有必要建立全国性模型试验水利仪器数据交互标准。

二、标准的主要内容

标准以实际需求为导向，主要对通信接口配置参数、标准命令帧格式、数据帧格式、自存储式仪器文件格式、仪器状态信息、简化通信协议等内容进行了规范。

三、标准实施与应用情况

标准编制完成后，已广泛应用于河海大学、北京尚水股份有限公司、南京水利科学研究院等相关单位模型试验水沙测控系统，实现了水位、流速、流量、地形等多种数据类型的采集，推进了科技进步，取得显著经济效益。

（1）河海大学针对平原河流测控参数多、仪器多、标准化与兼容性差和开边界模拟难题，运用本标准，集成研发了水位、流速、含沙量、地形等多参数测量与开边界多泵编码流量精准控制技术，研究成果获得江苏省科技进步一等奖。

（2）北京尚水股份有限公司运用本标准研发无线水位自动测量系统（内蒙古农大）、二维地形测量系统（中国地质科学院）、北师大湿地中宇宙实验室等产品，2019年销售业绩已达到1000余万元。

得益于标准统一的通信协议，按标准实施后，集成系统实现仪器测量数据的采集时，不再需要针对各厂家仪器设备的通信协议做接口开发，而是将精力集中于标准数据协议做统一的数据通信实现，大大减少了仪器集成过程投入的人力和时间，明显缩短了开发周期，集成难度也大幅减低；因为协议中规定了数据类型和数据报文的格式，基于标准协议实现的系统，可以快速地接入基于标准协议实现的硬件仪器，大大提升了系统接入仪器设备时的兼容性、可扩展性。随着产品通用性的提高，明显加快了产品订单的交付周期，创造了显著的经济效益。

标准制定时充分参考了各仪器厂家的通信协议，对需要交互的数据内容做了充分的分析，标准实施后，有效弥补了部分厂家协议考虑不周全的情况，促使企业进行技术创新，规范了数据通信的实现方式，提升了企业的竞争力。相信标准推广后一定会有利于企业的技术进步，进一步促进水利仪器行业的规范化发展。

第四节 《胶结泥沙人工防汛石材》

随着国家生态安全战略的实施，替代天然石材的产品应运而生。应用人工胶凝固结技术制作人工防汛石材，可弥补、缓解防汛石料供应的不足，同时提高抢险效率，保护生态环境。为保证人工防汛石材的生产质量，确保安全防汛，黄河水利科学研究院在长期持续研发和示范应用的基础上，完成了《胶结泥沙人工防汛石材》编制工作。该标准于2018年8月立项，2019年3月由中国水利学会批准发布，同年5月1日正式实施，标准编号为T/CHES 23—2019。

一、标准编制的背景及必要性

砂石资源是仅次于水的第二大开采和交易资源，国际砂石贸易正在快速增长，随着城市化和全球人口的增长极大地推动了砂石需求，全球每年约有320亿～500亿吨的砂石资源被用于生产混凝土、玻璃、电子产品以及防洪抢险，其消耗速度已经超过自然恢复速度，严重破坏了自然生态环境。随着人们对资源和生态环境价值观的改变，世界各国在发展经济的同时越来越重视环境对于经济发展、人类繁衍、生态平衡所起的重要作用，纷纷采取措施来进行环境保护，对资源开采利用和环境保护要求越来越严格，传统砂石产业经营基本被严厉限制。

同时，全球众多多沙河流泥沙淤积严重，据统计我国水库平均每年淤损约8亿m^3库容，水库平均年淤积率为2.3%，为美国水库淤积速度的2～3倍，特别是黄河流域因泥沙淤积致使多座大型水库淤废、上游宁蒙河段与下游河道成为“地上悬河”，已严重影响河流原有的调蓄洪水和防灾减灾能力。针对严峻形势，习近平总书记指出：“水稀缺，一个重要原因是涵养水源的生态空间大面积减少，盛水的‘盆’越来越小，降水存不下、留不住”，突显了减少河流泥沙淤积在解决我国水资源高效利用中的关键地位。

作为多沙河流代表，黄河难治的根本症结在于泥沙，历史上黄河三年两决口、百年一次大改道也归因于泥沙淤积。泥沙淤积一直是保障黄河河道防洪安全、水库有效库容长久维持、灌区灌溉工程安全运行的关键性技术难题。人民治黄以来，党和政府高度重视黄河的治理，众多科技工作者围绕黄河泥沙处理与利用问题一直孜孜不倦地进行着研究和实践，逐步提出和实施了“拦、排、调、放、挖”黄河泥沙综合治理战略措施，确保了黄河安澜70年。长期以来，在黄河治理的实践中，人们对泥沙处理的理念，其着眼点是泥沙的“灾害性”为前提的，对待泥沙的态度以被动的泥沙处理为主，社会公众参与度低，泥沙的资源性和经济价值难以体现。事实上，黄河泥沙作为一种资源，与黄河有着同样悠久的历史，从黄淮海平原的诞生到黄河大堤加高加固、二级悬河治理、滩区群众淤筑村台、供水引沙、放淤改土等，无一不体现着黄河泥沙资源利用的民生效益、生态效益和社会效益。

传统河道防汛石料为天然石材，多通过开山采石获得，造成开采区环境严重破坏。近年来，由于环保要求越来越严，开山采石受到严格限制，造成防汛石材短缺，我国很多河流河道两岸均修建了大量的堤防工程和整治工程，在确保河流防洪安全、稳定河势、保证沿岸群众生命财产安全起着至关重要的作用。防汛备防石是按照一定数量储备于河道堤防工程险工段和河道整治（控导）工程坝顶及其附近的石料，每年汛前需要储备几千万方的防汛石料，是河流防汛的重要基础料物，为历年抗洪抢险与工程维修养护提供了重要保障。进入21世纪，在国家生态文明战略指引下，生态环境保护措施力度进一步加强，随着开山采石的限制，使保障河流防洪安全的基本料物——防汛备防石已经到了无石可买的地步，应用人工胶凝固结技术制作人工防汛石材，替代天然石材的产品应运而生，弥补和缓解了防汛石料供应的不足，同时提高了抢险效率、保护了生态环境、减少了河道泥沙淤积，实现“以河治河”目标。而现有的标准、规范、导则等规定未涉及人工防汛石材，因此，有必要制定《胶结泥沙人工防汛石材》，指导以泥沙为主要原料制作的人工防汛石材。

二、标准的主要内容

本标准规定了利用泥沙制作人工防汛石材的规格、等级和标识，原材料和技术要求，检验测试方法和检验规则，以及产品储存条件和运输要求等，适用于以泥沙、粉煤灰、煤矸石及其他固体废弃物为主要原材料，通过成型用于防汛的水泥基人工防汛石材和非水泥基人工防汛石材。

（一）水泥基人工防汛石材

以泥沙为主要原料，水泥为主要胶结材料，粉煤灰、粒化高炉矿渣粉等为掺合料经振动压缩、挤压等方法成型固化制成的人工防汛石材，早期强度上升较快，侧重单一激发且对泥沙级配要求高，近年来由于原材料（水泥、粉煤灰等）价格的大幅度增长，导致生产成本相对较高，推广应用受到较大阻碍。

（二）非水泥基人工防汛石材

以泥沙为主要原料，粉煤灰、炉灰、粒化高炉矿渣粉等为掺合料，掺加激发剂经振动压缩、挤压等方法成型固化制成的人工防汛石材，以掺合料和激发剂多样化、就地取材为原则，首先对泥沙本身进行直接激发，然后对不同激发剂［$Ca(OH)_2$、NaOH、$CaSO_4 \cdot aS_2O$］不同掺合料（煤灰、炉渣、矿粉）的单向激发、复合激发，可使早期生成大量稳定胶凝结构体，大幅度提高了泥沙胶凝试块早期强度，使用的泥沙是全级配、免分选，其抗冻性和抗冲磨性完全满足实践要求，生产成本相对较低，推广应用前景广阔。

三、标准主要技术指标

（一） 形状

形状可分为六面体、四面体以及圆锥体等形状。其中，六面体人工防汛石材边长宜大于 30cm、四面体防汛石料边长宜大于 40cm、圆锥体直径或锥高宜大于 45cm，各边长的尺寸允许偏差应小于该边长的 10%。

（二） 质量

单块质量应不小于 25kg。

（三） 等级

60d 不同抗压强度可分为 MS5、MS10、MS15、MS20 等四级。

（四） 软化系数

60d 不同抗压强度等级 MS5、MS10、MS15、MS20 的软化系数均应不小于 0.70。

（五） 密度

产品干密度应不小于 $1650kg/m^3$。

（六） 冻融循环

60d 龄期抗冻等级宜不小于 10 次冻融循环。

四、标准的实施与应用情况

目前胶结泥沙人工防汛石材技术，已在黄河流域青铜峡水库、西霞院水库、长江流域花凉亭水库、紫坪铺水库等泥沙综合利用规划中推广应用，全国已建设人工防汛石材生产基地 3 处。

（一） 河南省孟州市“泥沙资源利用成套技术示范基地”

1. 区域特点

该示范基地遵照“泥沙利用、服务治黄、科技引领、示范推广”的宗旨，开展人工防汛石材规模化厂区生产。基地所在河段位于峡口出口处，紧邻逯村控导工程，河面宽阔，洪水期间大量泥沙在此淤积，该河段沙石资源丰富。在此建立示范基地，一方面取沙用沙方便，另一方面生产的人工防汛石材便于开展现场抛投应用。

2. 实施内容及规模

以黄河孟州河段泥沙为主原材料，粉煤灰、矿渣粉和炉灰为主掺合料，$Ca(OH)_2$ 和 NaOH 为主要激发材料，采用振动液压耦合成型机，开展人工防汛石材生产，产品生产规格为 700mm×700mm×600mm（长×宽×高），示范生产人工防汛石材 $1500m^3$。其中，以粉煤灰为主要掺合料生产人工防汛石材 900m³，以矿渣粉为主要掺合料生产人工防汛石材 300m³，以炉灰为主要掺合料生产人工防汛石材 300m³。经现场检测，示范生产的黄河泥沙人工防汛石材各项性能指标均满足防汛抢险技术要求。

（二） 山东省菏泽市“人工防汛石材移动式生产基地”

1. 区域特点

该示范基地位于黄河下游山东省菏泽市牡丹河务局刘庄河段，该河段淤积泥沙较多，周围没有开放的采石场，防汛石材购买困难。

2. 实施内容及规模

以黄河菏泽河段泥沙为主原材料，粉煤灰、矿渣粉为主掺合料，采用移动式生产方式，开展人工防汛石材生产，产品生产规格为 300mm×300mm×300mm（长×宽×高）和 450mm×450mm×300mm（长×宽×高）两种形状，示范生产人工防汛石材 200m³。经现场检测，示范生产的黄河泥沙人工防汛石材各项性能指标均满足防汛抢险技术要求。

（三） 新疆塔里木河中游乌斯满河段“人工防汛石材移动式生产基地”

1. 区域特点

该示范基地位于新疆塔里木河中游乌斯满河段，该河段淤积泥沙较多，周围没有开放的采石场，防汛石材购买困难。

2. 实施内容及规模

以塔里木河中游乌斯满河段泥沙、附近沙漠沙为主原材料，粉煤灰、矿渣粉为主掺合料，采用激发胶凝技术，移动式生产方式，开展人工防汛石材生产，产品生产规格为 450mm×450mm×300mm（长×宽×高），示范生产人工防汛石材 1000m³。经现场检测，示范生产的黄河泥沙人工防汛石材各项性能指标均满足防汛抢险技术要求。

第五节 《预制混凝土板桩式挡土墙技术规程》

为规范预制混凝土板桩式挡土墙结构选型及布置、原材料的品质要求、产品外观质量要求、施工技术要求、抗压强度及抗裂性能要求，为预制板桩式挡土墙的设计、生产、施工及检测提供依据，规范相关生产、施工、管理，推动预制板桩式挡土墙相关产品在水利行业中健康有序的应用，保证产品与工程质量，促进水利工程基础设施建设现代化，建华建材（中国）有限公司和上海勘测设计研究院有限公司共同主编完成《预制混凝土板桩式挡土墙技术规程》。本规程于 2017 年 10 月立项，2019 年 3 月由中国水利学会和中国工程建设标准化协会联合发布，编号为 T/CHES 28—2019，2019 年 7 月 1 日实施。

一、标准编制的背景及必要性

预制混凝土板桩式挡土墙，除可以有效节约资源和能源外，还具有对施工场地环境要求较低、建筑垃圾排放少、对周边环境影响小等优点，在交通工程、工业与民用建筑工程、水利工程中已有较为广泛的应用，并在基坑支护、边坡工程、水工挡墙等工程应用基础上，制定了相关行业标准。随着材料和施工技术的进步，新结构型式的产品和工法等不断涌现，现有标准不能全面涵盖预制板桩式挡土墙机构的原材料品质要求、界面形式、布置形式、荷载分类及组合、荷载计算、稳定性计算、结构计算、施工工艺及力学性能检测等。

就水利行业而言，目前国内板桩式挡土墙的设计规范有 SL 379—2007《水工挡土墙设计规范》，但其仅有对一些基本规定和计算方法做了规定，缺乏板桩墙结构形式、质量控制指标、检测等方面的规定。因此，预制板桩式挡土墙的设计要求难以明确、生产质量控制指标不易落实、现场性能检测方法与质量评价尚无统一标准，预制板桩式护岸结构的安全性无法得到可靠的评价与保证，极大地制约了新型预制混凝土板桩结构的推广应用。

因此，为推动预制混凝土板桩式挡土墙相关产品在水利行业中健康有序应用，保证产品与工程质量，制定本规范是十分必要的。

二、标准的主要内容

该规程共分为 7 章和 3 个附录，主要内容包括：总则、术语和符号、基本规定、材料与制品、设计、施工、质量检验等。

本规程对预制混凝土板桩式挡土墙的相关技术要求进行了较为全面的规定，主要内容包括设计计算、施工及质量检测等方面。标准主要条文如下。

（一） 基本规定

基本规定包括总体布置、设计计算、耐久性和监测等一般规定。

（二） 材料和制品

材料包括混凝土、钢材等技术指标，制品给出了现有的各类型预制板桩的分类表，涵盖截面类型、生产工艺、强度等级、适用土层、施工方法等。

（三） 设计

预制混凝土板桩式挡土墙的设计计算应根据结构受力条件和工程地质条件等进行，并应包括下列内容：

（1） 工程布置及结构选型。

（2） 荷载及其组合：基本荷载和特殊荷载，荷载组合一般参照 SL 379—2018《水工挡土墙设计规范》。

（3） 挡土墙的稳定计算：抗渗稳定、整体稳定、抗倾覆（踢脚）稳定、锚碇墙抗滑稳定、地基沉降等。

（4） 结构内力分析：采用竖向弹性地基梁法。

（5） 构造要求。

（四） 施工

板桩宜采用静压法、锤击法、植桩法或振动法等方法沉桩，沉桩方法应根据土层条件、板桩品种、板桩端板和沉桩深度等确定，并应选择适宜的桩锤及设备。本标准对各工法的详细技术要求均有明确条文。

施工现场板桩的吊运及堆放应符合下列规定：

(1) 板桩不宜在施工现场多次吊运，以免引起桩的破损。

(2) 叠层堆放时，应采用吊机取桩，严禁拖拉移桩。

(3) 板桩应按不同规格、长度及施工流水顺序分别堆放。

(五) 质量检验

预制混凝土板桩式挡土墙检验应包括进场检验和施工质量检验等程序：

(1) 板桩进场检验项目应包括质量证明文件、外观质量和尺寸偏差、预埋件、抗弯性能等主控项目，一般项目包括标识、外观质量、尺寸偏差等。

(2) 施工质量检验项目应包括施工安装、地基处理和回填土等。

(六) 附录

(1) 附录A提供了各类预制板桩的结构和配筋示意图、截面参数和主要力学性能，可供设计人员直接选用。

(2) 附录B为挡土墙稳定性计算方法。

(3) 附录C为挡土墙内力计算方法。

三、标准实施与应用情况

(一) 淄博市桓台县东猪龙河治理工程

设计单位：山东省水利勘察设计院。

施工单位：淄博市鲁桓路桥工程有限公司。

设计桩型：W-CP-400-Ⅰ型波浪桩，桩长5.5m，“S”形布置。

应用规模：总长28600m，投资900.8万元。

用户评价：波浪桩护岸造型优美，施工速度快，造价合理，对周边环境扰动小，具有良好生态效果，是一种绿色、环保、安全、经济的新型生态护岸。

(二) 黑龙江干流堤防工程

设计单位：黑龙江省水利水电勘测设计研究院。

施工单位：中铁十二局。

设计桩型：W-CP-300型波浪桩，桩长15.0m，“M”形布置。

应用规模：总长25000m，投资700万元。

用户评价：波浪桩克服了严寒地区现浇混凝土护岸无法施工的缺点，施工速度快，建成效果好，立面效果优美，对周边环境影响小，维护简单。

(三) 工业化装配式护岸结构关键技术应用研究

施工单位：江苏交通工程集团有限公司。

设计桩型：W-CP-400-Ⅰ型波浪桩，桩长7.0m，“S”形布置。

应用规模：波浪桩总长210m，投资20万元。

用户评价：装配式波浪桩护岸结构施工便捷，无须设置围堰及降水，对周边环境扰动小，土方开挖少，造型美观，适合水生动物生长、觅食和栖息，生态效果显著，施工造价低，具有良好的推广前景。

（四） 乍浦镇南城河截污工程

设计单位：浙江海北勘察股份有限公司。

施工单位：浙江诚辉建设有限公司。

设计桩型：HBZ-400（240）Ⅰ型护壁桩，桩长12.0m。

应用规模：总长600m，投资250万元。

用户评价：预制护壁桩施工速度快，机械设备使用量较少，注浆止水效果好，工程造价低，是一种经济、高效、环保的围护结构。

（五） 工业化装配式护岸结构关键技术应用研究

设计单位：中设设计集团股份有限公司。

施工单位：江苏交通工程集团有限公司。

设计桩型：HBZ-400（240）Ⅰ护壁桩，桩长7.0m。

应用规模：总长350m，投资20万元。

用户评价：装配式护壁桩护岸施工便捷，无须设置围堰及止水，对周边环境扰动小，桩侧注浆孔止水效果较好，施工造价低，具有良好的推广前景。

第六节 《组合式金属防洪挡板技术规范》

为了规范组合式金属防洪挡板的设计、生产、施工、维护等，加强组合式金属防洪挡板在推广应用过程中的规范管理，同时为居民的生命财产提供强有力的保障，进而提升我国防护系统的技术水平和服务质量，杭州中车车辆有限公司编制了《组合式金属防洪挡板技术规范》。该规范于2018年1月立项，2019年3月由中国水利学会批准发布，标准编号为T/CHES 25—2019，2019年5月实施。

一、标准编制的背景及必要性

近年来，受汛期短时大暴雨或沿海台风影响，我国多地城镇及乡村遭受到不同程度的洪灾损失，如2014年浙江余姚受“菲特”台风影响遭遇百年一遇的洪水，全城70%以上地区受淹，最多达7天才退水，造成直接经济损失为69.91亿元；2017年长沙经历了连日暴雨后，遭遇特大洪水围城等。为积极应对城镇洪涝引发的各种损失及保障居民的生命财产安全，2016年杭州中车车辆有限公司（以下简称“杭州中车”）引进了德国蒂森克虏伯城市基础建设公司研制的防汛挡板，并成功应用于浙江余姚市流域防洪工程，共安装了4.7km。

众所周知，目前主要的防洪方式有沙袋防洪、堤坝防洪及生态防洪三种方式。沙袋防洪是一种临时性防洪，而堤坝防洪及生态防洪属于永久性防洪工程。沙袋防洪一般在洪水来临之际组织大量的人员装配沙袋来抗击洪水，在过程中可能造成人员伤亡，且抗洪效果有限。堤坝防洪及生态防洪在设计时需要考虑可能遭遇到的洪水等级，但是遇到极端短时强降暴雨，就会超出工程设计的防洪等级，且一旦建成，将会造成永久性占地，加上城市土地价格高昂，因此堤坝防洪及生态防洪建设成本较高。随着人们对居住环境的景观要求越来越高，特别是在非汛期（我国主汛期时间一般在2～3个月），防洪堤坝在一定程度上影响了居民的生活品质与周围的生态景观。而防汛挡板可有效解决洪水防御、生态景观及占地成本高昂之间的矛盾。杭州中车引进的防汛挡板具有安全可靠、安拆便捷及景观友好等特点。

随着经济发展和社会的不断进步，人们的防洪理念逐渐从传统水利向现代水利过渡，城市防洪逐步向与生态环境及城市建设规划相配套的多功能防洪方向转变。一种安全可靠、安拆便捷及景观友好的防洪方式是未来城镇防洪的发展重点。杭州中车在引进德国防汛挡板的同时也积极推广该产品，但在市场拓展过程中，杭州中车发现现有的防汛挡板或防汛墙存在以下问题：一是产品种类单一，与城镇多样多种的洪涝发生区域的适用性存在一定的偏差；二是由于国内对防汛挡板的应用范围与相关研究资料较少，故产品的选型规范上存在一定的不足；三是作为一种新型的防汛产品，目前市场已有的产品成本较高，不利于大范围的进行工程应用。因此，杭州中车全力研制一套适用性高，结构简洁、经济合理、拆装便捷、仓储方便且景观友好的可拆卸式组合防汛系统，并进行广泛应用。2017年5月杭州中车自主研制的可拆卸式组合防汛系统在江苏省宜兴市成功安装了250m，2017年6月在浙江省开化常山港安装了816m，保护周围居民生命与财产安全。

随着诸如浙江省“五水共治”战略的实施，城市防洪逐渐成为社会大众的关注热点。得益于组合式金属防洪挡板的结构简单、经济合理、拆装便捷、仓储方便等特点，其在城镇防洪乃至个体商户、大型商场、城市街道等场合中的应用势必将越来越广泛。但由于该类产品在国内尚处于起步的阶段，还未形成统一的规范，市场中由于缺乏统一的标准约束，存在一定的乱象。本产品的应用关系到防洪安全和社会大众的人身财产安全，应对其材料选择、结构设计、安装维护等方面进行必要的规定。编制《组合式金属防洪挡板技术规范》对于规范移动防洪的材料选择、结构设计、安装、验收、维护及仓储等环节，做到技术先进、经济合理、安全适用、确保质量将起到积极作用。

二、标准的主要内容

本规范规定了组合式金属防洪挡板的设计制造、安装、拆卸、运输、存放及养护等技术要求。

本规范适用于混凝土堤防的加高及城市、工矿区、重要建筑物等区域的防洪墙工程建设，组合式金属防洪挡板高度不超过5m。

三、标准实施与应用情况

随着标准的发布实施，进一步推动了产品的推广应用，防洪挡板在杭州地铁四号线中医药地铁B口、城星路地铁B3口以及重庆轻轨二号线马王场站A1口完成安装，并获得业主的深度认可。采用特殊结构挡板与玻璃墙衔接，有效减少了玻璃面的受力，满足地铁口特殊结构防水需求，针对边墙为高台的特殊场景，高转低结构配合地铁出入口所需防洪高度。

第七节 《水质 高锰酸盐指数的测定 气相分子吸收光谱法》

为提高高锰酸盐指数测定的工作效率和准确度，支撑最严格水资源管理考核，珠江流域水环境检测中心、辽宁省水环境监测中心等单位联合开发出一种新的高锰酸盐指数的测定方法，并编制完成了《水质 高锰酸盐指数的测定 气相分子吸收光谱法》。本标准于2017年6月立项，2019年3月由中国水利学会批准发布，标准编号为T/CHES 26—2019，2019年5月发布实施。

一、标准编制的背景及必要性

高锰酸盐指数是一项重要的水质污染指标，在最严格水资源管理考核中，它是水功能区达标考核的重要一项。目前检测该指标的国家标准为GB 11892—1989《水质 高锰酸盐指数的测定》，其中确定的方法检测过程操作烦琐，自动化程度不高，影响因素多，人工操作误差大，对操作人员的技术水平和操作熟练程度有很高的要求。这些不足严重影响着检测数据的准确性和可靠性。

而纵观国内外对高锰酸盐指数分析方法的研究，电位滴定法滴定准确，抗干扰能力强，但滴定时间长，效率较国标方法低；快速法操作简单效率高，但采用比色法检测，易受干扰，取样量少，代表性不足；流动分析法自动化程度高，但比色法检测，易受干扰，与国标一致性差，不能检测氯离子含量高的样品。在目前检测业务量急剧增加、检测要求大大提高的形势下，急需提出一种自动化程度高、检测抗干扰能力强及与国标方法一致性好的新型检测方法，以解决使用30年的国标方法难以满足新形势要求的困境。

该标准创造性地建立了基于气相分子吸收光谱法的高锰酸盐指数检测新方法，充分发挥了气相分子吸收光谱法的特点和优势，避免了国标方法影响因素多、操作烦琐效率低、易受样品色度和浊度干扰等不足，对国内高锰酸盐指数的监测工作及相关行业国家标准的编制，具有重要的指导作用。

高锰酸盐指数的气相分子吸收光谱法不仅可适用于批量检测，适用范围广，而且前处理条件、步骤与国家标准方法完全一致，使数据更具可比性。检测结果不受外界因素和人为因素的影响。整个实验过程操作简单、结果准确、适用范围广、影响因素少、可实现无人值守、大幅解放劳动力、提升工作效率。通过在全国水利、环保、水务等相关行业推广应用，为今后该新检测标准能够逐步上升为行业或国家标准奠定了扎实的技术基础。

二、标准的主要内容

本标准规定了测定水中高锰酸盐指数的气相分子吸收光谱法。

本标准适用于地表水、地下水和生活饮用水高锰酸盐指数的测定。

本标准的检出限为 0.10 mg/L，测定范围为 0.40～5.00 mg/L（以 O_2计）。

三、标准实施与应用情况

目前本标准已在水利行业 24 家、环境监测行业 14 家以及石化行业 2 家检测机构中得到应用，大部分单位或机构将本标准纳入了资质认定能力范围，具备了向社会出具具有证明作用数据的法定条件，也为相关部门及社会提供了大量的技术服务。

第八节 《粗粒土试验规程》

为了促进新技术、新成果在水利水电工程粗粒土试验和检测中的应用，科学、准确地进行粗粒土的试验检测工作，统一试验检测方法，为工程设计、施工等提供技术指标，中国水利水电建设集团十五工程局有限公司联合国内相关科研机构、高等院校、设计单位等联合完成《粗粒土试验规程》编制工作。本规程于 2018 年 1 月立项，2019 年 8 月由中国水利学会批准发布，编号为 T/CHES 29—2019，2019 年 10 月发布实施。

一、标准编制的背景及必要性

粗粒土作为筑坝材料在水利水电工程中被广泛应用。目前粗粒土筑坝材料的最大粒径普遍已达到 200～600mm，甚至到 1000mm。但国家现行标准及其他行业标准对粗粒土筑坝材料的试验研究和工程检测均采用小于 60mm 的缩尺坝料进行试验。用缩尺试验存在三个方面的问题：一是改变了粗粒土的最大粒径和级配，与工程实际使用的粗粒土完全不同，而决定粗粒土工程性能的最关键因素就是最大粒径和级配；二是用小粒径粗粒土的试验结果采用本构模型推算实际使用的原级配坝料的特性指标，推算使用的数学模型与粗粒土性能变化的规律不一定一致，会导致计算偏差；三是压实标准确定时采用缩尺试验的室内试验方法，与工程施工采用振动碾压密实机理不一致。根据已建和在建的坝体资料分析，室内缩尺试验结果与大坝粗粒土堆石料的实际性能参数有明显的差异，导致坝体设计、质量、安全验算结果偏差。

随着我国水利水电领域高土石坝、超高土石坝建设规模快速发展，坝高从 100～150m 级提升到 200～300m 级，而且不少工程建设在深厚覆盖层上和强震区等条件复杂地区，对筑坝技术和工程安全性提出了更高的要求。粗粒土作为高土石坝的主要筑坝材料，通过试验科学准确地把握和确定其工程特性及参数，是高土石坝设计、建设、安全运行的关键和基础。为了补充以往土石坝筑坝粗粒土试验研究技术方面的不足，满足高坝建设的新需求，全面提高粗粒土检测技术水平，近年来国内各方面的一些单位，在试验技术、试验设备和测试手段等方面取得很多新的技术成果和突破，积累了丰富的经验并在工程实践中成功应用。为了克服尺寸效应对试验检测结果的影响及原位结构的影响，研发了大尺寸、高应力的试验设备和试验技术以及原位测试和现场试验的设备和技术，进行全级配或近似全级配的大型全真直接试验；建立室内试验与现场原位试验联合确定材料特性参数的方法和技术等，这些创新的技术理论和方法涵盖了粗粒土各项物理、力学、变形等性能试验和工程建设过程质量检测，试验结果能够更好反映工程实际且更为直接、准确、可靠，避免了粗粒土缩尺和级配模拟试验的推算造成的偏差和技术的不确定性。这些新的试验技术对土石坝的筑坝技术起到了强有力的技术支撑作用，已被业内广泛认可和应用，技术也已成熟，具备了纳入技术标准予以推广应用的条件。

但是水利水电行业目前在粗粒土试验检测技术方面，依然是基于缩尺条件下的检测方法，近年来发展成熟的粗粒土全级配或近似全级配方面的检测技术方法还没有相关标准，相近行业的一些规范由于年代较远，且比较分散，不够系统和全面，也没有能全面地反映出这些新技术和新成果。因此，开展本规程的编制是十分必要的。

二、标准的主要内容

本标准是以粗粒土全级配或近似全级配试验检测技术方法为基础，系统总结了近年来粗粒土科学研究、勘测设计、质量检测等过程中新的技术成果，整合完善了传统在用的检测技术方法，列入了粗粒土目前所有技术成熟的物理力学性能试验内容，一些检测技术项目规定了多种试验方法，可按照不同阶段试验、不同目的和环境条件进行选用，是一部大而全的粗粒土试验规程。

本标准由总则、术语与符号、基本规定、土样和试样制备、颗粒分析试验、含水率试验、比重试验、相对密度试验、渗透及渗透变形试验、反滤料试验、压缩试验、直接剪切试验、三轴压缩试验、三轴蠕变试验、三轴湿化变形试验、三轴劣化变形试验、CT三轴试验、真三轴试验、振动三轴试验、动力触探试验、旁压试验、载荷试验、波速试验、深厚覆盖层原位密度试验、原位密度试验、粗粒土碾压试验等室内、原位和现场试验方法共 26 个章节和 3 个附录组成。主要章节内容分析如下：

在“术语与符号”章节中对本标准的粗粒土明确定义为“粒径小于 0.075mm 土的质量不大于总质量 12%的粗粒组和巨粒组土的总称”，引入了“最大有效粒径、密度桶法、埋管法”等新的术语定义。

在“土样和试验制备”章节中规定了全级配或近全级配粗粒土的土样和试验制备。针对有些试验受设备等技术条件限制仍需进行缩尺，在常用剔除法、等量替代法、相似级配法和混合法等四种缩尺方法基础上，增加了基于最新研究成果提出的“基于分形分布理论的土样级配缩尺处理方法”等其他缩尺方法，可根据工程实际和科研需要选用。

在“颗粒分析、含水率、比重”等试验方法中规定全级配料的相应试验检测方法，使检测结果更加准确可靠。

在“相对密度试验”章节中列入了密度桶法、表面振动器法全级配法相对密度试验方法，为确定工程压实质量标准，提供了系统的、科学、可靠的技术方法，可有效解决以往缩尺后推导确定相对密度控制标准的弊端，也为粗粒土其他物理力学性能的试验提供了可靠的密实度指标基础。

在“渗透与渗透变形试验”章节中列入了室内渗透及渗透变形试验、现场原位渗透试验，其中现场渗透试验分别采用双环法、单环法和埋管法三种试验方法，可根据需要和坝体材料质量，测定填筑体层间或层内水平、垂直和综合方向的渗透系数。

在“压缩、直接剪切、载荷试验”章节中列入目前技术成熟且已应用广泛的原级配室内、现场试验方法。其中压缩试验列入了竖向荷载可达30000kN、最大粒径600mm的原级配大型压缩试验系统；直接剪切试验列入了现场试验方法，对剪力盒预埋方式进行规范，可实现层间、层中剪切试验，使试验结果更符合工程实体结构的实际情况；载荷试验中规范了堆载、反力框架、洞内载荷等三种不同载荷试验方法，可供不同试验环境条件选用。

在“三轴系列参数试验”中，三轴压缩试验在以往试样直径200～500mm基础上，列入了最新研究成果直径1000mm试样的三轴压缩试验方法和现行标准中未涉及但在高土石坝工程科研设计阶段需求较为广泛的三轴劣化变形、CT三轴、振动三轴、真三轴等试验方法标准。

“深厚覆盖层原位密度试验”是基于同源砂砾石覆盖层的受力状态、级配和密度相同时，其力学性相近的原理，采用室内模型旁压试验及现场旁压试验方法，提出了一种间接确定深厚覆盖层原位密度的新的试验方法。

在“碾压试验”中规范了与工程施工工艺一致的现场碾压试验方法，从碾压试验的设备要求、试验准备、试验要求、试验组合、试验操作、成果整理等方面，全面系统的制定了碾压试验现场控制标准和工艺试验方法标准。

三、标准实施与应用情况

本规程的制定有效整合了目前水利水电行业现有的粗粒土试验检测技术标准，列入了近年来多项技术成熟且应用广泛的先进成果，充分代表了我国在粗粒土试验研究领域的最新技术水平，可满足不同工程规模、不同工程阶段的需求，有着极大的推广空间和应用价值。该标准的主要应用情况如下。

（一）相对密度试验方法在测定粗粒土压实标准方面的应用

本规程列入的密度桶法和表面振动法试验方法，可实现现场和室内全级配和近似全级配的最大密度测定，试验结果更加准确，也更加切合实际，大大降低或消除了级配缩尺效应影响，有效解决了工程实际检测中常出现相对密度大于1的不合理现象，也为粗粒土相关力学、变形试验提供了可靠确定制样密度基准的科学试验条件。密度桶法试验方法已经过近20年的实践运用，先后在青海公伯峡大坝，新疆阿尔塔什、玉龙喀什、大石峡、卡拉贝利、大石门，西安黑河金盆水利枢纽大坝等几十个工程成功应用，该方法也在业内被广泛认同和推广使用。

目前多个科研机构和工程施工单位也正在将密度桶法相对密度试验方法成果应用于爆破堆石料的控制标准的研究中，以解决不同强度爆破堆石料使用空隙率指标控制压实密度的不确定性，使爆破堆石料从单一的“孔隙率”控制发展为“孔隙率和相对密度”

双指标进行控制，确保土石坝的工程质量和坝体安全运行，也为后续施工控制标准的修订提供依据。

（二） 粗粒土原级配大型压缩试验方法应用

该规程列入了目前国内自主创新研发的加载量30000kN、试样直径2000mm、高度1200mm的大型压缩试验设备和试验方法。通过原级配和缩尺后压缩试验成果的对比分析，同一粗粒土在相同荷载等级下采用原级配料所测定的压缩变形模量要小于缩尺法测定的压缩变形模量，缩尺后测定的压缩变形模量不能完全真实的反映土体压缩变形特征，测定的结果偏大，不利于准确推算坝体压缩变形参数。

（三） 粗粒土三轴系列试验方法的应用

本规程新列入的三轴劣化变形、CT三轴、振动三轴、真三轴等试验方法，进一步规范了粗粒土在本构性能试验研究方面的技术标准。考虑尺寸效应的影响及原位结构性的影响，国内多个科研机构、高等院校也先后提出并创新建成了国内最大试样直径1m的超大型三轴试验机、1500t超大型静动力三轴试验机等，这些大尺寸、高应力的试验设备和试验技术研发成果已被广泛应用到在建项目当中，取得了良好的社会效益。

（四） 渗透及渗透变形试验方法的应用

依据本规程试验方法，根据工程需求目前已研制出了最大粒径600mm、试样尺寸可达2000mm×1600mm的原级配粗粒土室内大型渗透试验系统，为更加准确可靠的测定粗粒土渗透及渗透变形参数、反滤特性参数提供了良好的基础。

第九节 《渡槽安全评价导则》

渡槽是指输送渠道水流跨越河渠、溪谷、洼地和道路的架空水槽，普遍用于灌溉输水，也可用于调水、排洪、排沙等，大型渡槽还可以通航。渡槽作为水利工程的重要组成部分，其健康状态评价对于水利工程安全管理以及发挥其最大作用造福于民方面具有十分重要的意义。为规范我国的渡槽安全评价技术工作，科学界定渡槽安全状况，提高渡槽安全管理水平，保证渡槽安全运用，广东省水利水电科学研究院联合中国水科院等单位共同编制完成了《渡槽安全评价导则》。该导则于2017年7月立项，2018年3月发布，标准编号为T/CHES 22—2019，2018年6月日实施。

一、标准编制的背景及必要性

我国从20世纪50年代大兴水利开始大量建造渡槽，目前国内已建的各类渡槽数以万计。渡槽建成投入运行后，随着时间的推移，在荷载及恶劣环境的持续作用下，不可避免地会产生老化和破损。

我国早期修建的渡槽，受当时技术与认识的局限、规范不完善、设计欠妥、施工质量不佳等原因，造成建筑物本身存在这样那样的问题，加之运行年限增加、运行条件变化以及部分渡槽运行管理疏忽等诸多不利因素的综合作用，已有为数不少的渡槽出现不同程度的病害问题。对全国195处大型灌区的10213座渡槽老化病害情况的调查统计结果表明，老化严重的达到2882座，失效的有973座，报废的为683座，需要进行大修、部分重建和改建的占渡槽总数约45%。同时，调查发现有些渡槽经过三四十年的运行仍旧工况良好，还能正常发挥效益，有些渡槽则经历仅仅不到20年的运行时间就已病害严重，产生混凝土剥落、钢筋锈蚀、裂缝、漏水等病害现象。随着使用时间的增长，渡槽老化病害问题日趋严重，其可靠性有所降低，导致工程的功能不断降低或丧失。而且目前在用的渡槽很多都是和道路、河流等相交叉，若出现剥落、坍塌等工程事故，后果不堪设想。

近年来，随着城市化的发展及水污染的加剧，国内也修建了众多的引调水工程，其中包含大量渡槽工程。在这样的发展背景下，渡槽老化病害，不仅制约农业发展，也成为相关产业发展的重要影响因素，加之渡槽为架空建筑物，安全要求高，出险危害大。

因此，在众多渡槽出现老化、劣化并可能导致严重后果到来之前，对其进行科学的质量检测和安全评价，充分了解其实际健康状况，并在此基础上对这些渡槽进行科学合理的分类、维护管理和技术改造，已成为水利行业的一项重要任务。而且，按照我国现行的建设体制，出现病害现象的渡槽在进行维修加固之前，也必须对其安全状况进行评价，以作为项目立项的依据。然而，我国关于渡槽安全评价的技术标准仍处于空白状态，实际操作中存在不少缺陷，导致各地在开展渡槽安全评价工作时缺乏统一的技术标准，具体操作时参考不同的规范，随意性大，这种情况也失去了渡槽安全评价工作本身所应体现的科学性和严肃性。因此，开展本标准的编制工作是十分必要的。

二、标准的主要内容

本标准共分7章和4个附录，主要内容包括：范围、规范性引用文件、基本规定、现状调查分析与管理评价、现场质量检测与评价、工程安全复核与评价、工程安全综合评价和有关附录。

本标准规定了已建渡槽安全评价的工作内容和技术要求，适用于已建1～3级混凝土（含钢筋混凝土、预应力钢筋混凝土）与砌体结构渡槽的安全评价，4级、5级同类渡槽的安全评价可参照使用。

三、标准的实施与应用情况

本标准是国内首个有关渡槽安全评价工作的全国范围技术标准，其颁布实施为国内渡槽安全评价工作提供了技术依据。标准实施后，根据本标准已开展了江西省赣抚平原灌区岗前渡槽、海南省大广坝灌区天惠渡槽及广东省罗定市长岗坡渡槽、广州市从化区流溪河灌区朱温冲渡槽、沙溪渡槽、鱼公洞渡槽、风云岭渡槽、中塘渡槽、岐田渡槽、象新渡槽、大石古渡槽等系列渡槽安全评价，为科学判定这些渡槽的安全状况、合理进行安全分类以及针对性地采取维修加固和运行管理措施提供了技术支撑和依据。随着水利工程运行管理体制的逐步完善及“水利行业强监管”制度的实施，今后将有更多的渡槽依据该标准开展安全评价工作。

附录A 团体标准有关文件汇编

附录A.1 中华人民共和国标准化法

第一章 总 则

第一条 为了加强标准化工作，提升产品和服务质量，促进科学技术进步，保障人身健康和生命财产安全，维护国家安全、生态环境安全，提高经济社会发展水平，制定本法。

第二条 本法所称标准（含标准样品），是指农业、工业、服务业以及社会事业等领域需要统一的技术要求。标准包括国家标准、行业标准、地方标准和团体标准、企业标准。国家标准分为强制性标准、推荐性标准，行业标准、地方标准是推荐性标准。强制性标准必须执行。国家鼓励采用推荐性标准。

第三条 标准化工作的任务是制定标准、组织实施标准以及对标准的制定、实施进行监督。县级以上人民政府应当将标准化工作纳入本级国民经济和社会发展规划，将标准化工作经费纳入本级预算。

第四条 制定标准应当在科学技术研究成果和社会实践经验的基础上，深入调查论证，广泛征求意见，保证标准的科学性、规范性、时效性，提高标准质量。

第五条 国务院标准化行政主管部门统一管理全国标准化工作。国务院有关行政主管部门分工管理本部门、本行业的标准化工作。县级以上地方人民政府标准化行政主管部门统一管理本行政区域内的标准化工作。县级以上地方人民政府有关行政主管部门分工管理本行政区域内本部门、本行业的标准化工作。

第六条 国务院建立标准化协调机制，统筹推进标准化重大改革，研究标准化重大政策，对跨部门跨领域、存在重大争议标准的制定和实施进行协调。设区的市级以上地方人民政府可以根据工作需要建立标准化协调机制，统筹协调本行政区域内标准化工作重大事项。

第七条 国家鼓励企业、社会团体和教育、科研机构等开展或者参与标准化工作。

第八条 国家积极推动参与国际标准化活动，开展标准化对外合作与交流，参与制定国际标准，结合国情采用国际标准，推进中国标准与国外标准之间的转化运用。国家鼓励企业、社会团体和教育、科研机构等参与国际标准化活动。

第九条 对在标准化工作中做出显著成绩的单位和个人，按照国家有关规定给予表彰和奖励。

第二章 标 准 的 制 定

第十条 对保障人身健康和生命财产安全、国家安全、生态环境安全以及满足经济社会管理基本需要的技术要求，应当制定强制性国家标准。国务院有关行政主管部门依据职责负责强制性国家标准的项目提出、组织起草、征求意见和技术审查。国务院标准化行政主管部门负责强制性国家标准的立项、编号和对外通报。国务院标准化行政主管部门应当对拟制定的强制性国家标准是否符合前款规定进行立项审查，对符合前款规定的予以立项。省、自治区、直辖市人民政府标准化行政主管部门可以向国务院标准化行政主管部门提出强制性国家标准的立项建议，由国务院标准化行政主管部门会同国务院有关行政主管部门决定。社会团体、企业事业组织以及公民可以向国务院标准化行政主管部门提出强制性国家标准的立项建议，国务院标准化行政主管部门认为需要立项的，会同国务院有关行政主管部门决定。强制性国家标准由国务院批准发布或者授权批准发布。

法律、行政法规和国务院决定对强制性标准的制定另有规定的，从其规定。

第十一条 对满足基础通用、与强制性国家标准配套、对各有关行业起引领作用等需要的技术要求，可以制定推荐性国家标准。推荐性国家标准由国务院标准化行政主管部门制定。

第十二条 对没有推荐性国家标准、需要在全国某个行业范围内统一的技术要求，可以制定行业标准。行业标准由国务院有关行政主管部门制定，报国务院标准化行政主管部门备案。

第十三条 为满足地方自然条件、风俗习惯等特殊技术要求，可以制定地方标准。地方标准由省、自治区、直辖市人民政府标准化行政主管部门制定；设区的市级人民政府标准化行政主管部门根据本行政区域的特殊需要，经所在地省、自治区、直辖市人民政府标准化行政主管部门批准，可以制定本行政区域的地方标准。地方标准由省、自治区、直辖市人民政府标准化行政主管部门报国务院标准化行政主管部门备案，由国务院标准化行政主管部门通报国务院有关行政主管部门。

第十四条 对保障人身健康和生命财产安全、国家安全、生态环境安全以及经济社会发展所急需的标准项目，制定标准的行政主管部门应当优先立项并及时完成。

第十五条 制定强制性标准、推荐性标准，应当在立项时对有关行政主管部门、企业、社会团体、消费者和教育、科研机构等方面的实际需求进行调查，对制定标准的必要性、可行性进行论证评估；在制定过程中，应当按照便捷有效的原则采取多种方式征求意见，组织对标准相关事项进行调查分析、实验、论证，并做到有关标准之间的协调配套。

第十六条 制定推荐性标准，应当组织由相关方组成的标准化技术委员会，承担标准的起草、技术审查工作。制定强制性标准，可以委托相关标准化技术委员会承担标准的起草、技术审查工作。未组成标准化技术委员会的，应当成立专家组承担相关标准的起草、技术审查工作。标准化技术委员会和专家组的组成应当具有广泛代表性。

第十七条 强制性标准文本应当免费向社会公开。国家推动免费向社会公开推荐性标准文本。

第十八条 国家鼓励学会、协会、商会、联合会、产业技术联盟等社会团体协调相关市场主体共同制定满足市场和创新需要的团体标准，由本团体成员约定采用或者按照本团体的规定供社会自愿采用。制定团体标准，应当遵循开放、透明、公平的原则，保证各参与主体获取相关信息，反映各参与主体的共同需求，并应当组织对标准相关事项进行调查分析、实验、论证。国务院标准化行政主管部门会同国务院有关行政主管部门对团体标准的制定进行规范、引导和监督。

第十九条 企业可以根据需要自行制定企业标准，或者与其他企业联合制定企业标准。

第二十条 国家支持在重要行业、战略性新兴产业、关键共性技术等领域利用自主创新技术制定团体标准、企业标准。

第二十一条 推荐性国家标准、行业标准、地方标准、团体标准、企业标准的技术要求不得低于强制性国家标准的相关技术要求。国家鼓励社会团体、企业制定高于推荐性标准相关技术要求的团体标准、企业标准。

第二十二条 制定标准应当有利于科学合理利用资源，推广科学技术成果，增强产品的安全性、通用性、可替换性，提高经济效益、社会效益、生态效益，做到技术上先进、经济上合理。禁止利用标准实施妨碍商品、服务自由流通等排除、限制市场竞争的行为。

第二十三条 国家推进标准化军民融合和资源共享，提升军民标准通用化水平，积极推动在国防和军队建设中采用先进适用的民用标准，并将先进适用的军用标准转化为民用标准。

第二十四条 标准应当按照编号规则进行编号。标准的编号规则由国务院标准化行政主管部门制定并公布。

第三章 标 准 的 实 施

第二十五条 不符合强制性标准的产品、服务，不得生产、销售、进口或者提供。

第二十六条 出口产品、服务的技术要求，按照合同的约定执行。

第二十七条 国家实行团体标准、企业标准自我声明公开和监督制度。企业应当公开其执行的强制性标准、推荐性标准、团体标准或者企业标准的编号和名称；企业执行自行制定的企业标准的，还应当公开产品、服务的功能指标和产品的性能指标。国家鼓励团体标准、企业标准通过标准信息公共服务平台向社会公开。企业应当按照标准组织生产经营活动，其生产的产品、提供的服务应当符合企业公开标准的技术要求。

第二十八条 企业研制新产品、改进产品，进行技术改造，应当符合本法规定的标准化要求。

第二十九条 国家建立强制性标准实施情况统计分析报告制度。国务院标准化行政主管部门和国务院有关行政主管部门、设区的市级以上地方人民政府标准化行政主管部门应当建立标准实施信息反馈和评估机制，根据反馈和评估情况对其制定的标准进行复审。标准的复审周期一般不超过五年。经过复审，对不适应经济社会发展需要和技术进步的应当及时修订或者废止。

第三十条 国务院标准化行政主管部门根据标准实施信息反馈、评估、复审情况，对有关标准之间重复交叉或者不衔接配套的，应当会同国务院有关行政主管部门作出处理或者通过国务院标准化协调机制处理。

第三十一条 县级以上人民政府应当支持开展标准化试点示范和宣传工作，传播标准化理念，推广标准化经验，推动全社会运用标准化方式组织生产、经营、管理和服务，发挥标准对促进转型升级、引领创新驱动的支撑作用。

第四章 监 督 管 理

第三十二条 县级以上人民政府标准化行政主管部门、有关行政主管部门依据法定职责，对标准的制定进行指导和监督，对标准的实施进行监督检查。

第三十三条 国务院有关行政主管部门在标准制定、实施过程中出现争议的，由国务院标准化行政主管部门组织协商；协商不成的，由国务院标准化协调机制解决。

第三十四条 国务院有关行政主管部门、设区的市级以上地方人民政府标准化行政主管部门未依照本法规定对标准进行编号、复审或者备案的，国务院标准化行政主管部门应当要求其说明情况，并限期改正。

第三十五条 任何单位或者个人有权向标准化行政主管部门、有关行政主管部门举报、投诉违反本法规定的行为。标准化行政主管部门、有关行政主管部门应当向社会公开受理举报、投诉的电话、信箱或者电子邮件地址，并安排人员受理举报、投诉。对实名举报人或者投诉人，受理举报、投诉的行政主管部门应当告知处理结果，为举报人保密，并按照国家有关规定对举报人给予奖励。

第五章 法 律 责 任

第三十六条 生产、销售、进口产品或者提供服务不符合强制性标准，或者企业生产的产品、提供的服务不符合其公开标准的技术要求的，依法承担民事责任。

第三十七条 生产、销售、进口产品或者提供服务不符合强制性标准的，依照《中华人民共和国产品质量法》《中华人民共和国进出口商品检验法》《中华人民共和国消费者权益保护法》等法律、行政法规的规定查处，记入信用记录，并依照有关法律、行政法规的规定予以公示；构成犯罪的，依法追究刑事责任。

第三十八条 企业未依照本法规定公开其执行的标准的，由标准化行政主管部门责令限期改正；逾期不改正的，在标准信息公共服务平台上公示。

第三十九条 国务院有关行政主管部门、设区的市级以上地方人民政府标准化行政主管部门制定的标准不符合本法第二十一条第一款、第二十二条第一款规定的，应当及时改正；拒不改正的，由国务院标准化行政主管部门公告废止相关标准；对负有责任的领导人员和直接责任人员依法给予处分。社会团体、企业制定的标准不符合本法第二十一条第一款、第二十二条第一款规定的，由标准化行政主管部门责令限期改正；逾期不改正的，由省级以上人民政府标准化行政主管部门废止相关标准，并在标准信息公共服务平台上公示。违反本法第二十二条第二款规定，利用标准实施排除、限制市场竞争行为的，依照《中华人民共和国反垄断法》等法律、行政法规的规定处理。

第四十条　国务院有关行政主管部门、设区的市级以上地方人民政府标准化行政主管部门未依照本法规定对标准进行编号或者备案，又未依照本法第三十四条的规定改正的，由国务院标准化行政主管部门撤销相关标准编号或者公告废止未备案标准；对负有责任的领导人员和直接责任人员依法给予处分。国务院有关行政主管部门、设区的市级以上地方人民政府标准化行政主管部门未依照本法规定对其制定的标准进行复审，又未依照本法第三十四条的规定改正的，对负有责任的领导人员和直接责任人员依法给予处分。

第四十一条　国务院标准化行政主管部门未依照本法第十条第二款规定对制定强制性国家标准的项目予以立项，制定的标准不符合本法第二十一条第一款、第二十二条第一款规定，或者未依照本法规定对标准进行编号、复审或者予以备案的，应当及时改正；对负有责任的领导人员和直接责任人员可以依法给予处分。

第四十二条　社会团体、企业未依照本法规定对团体标准或者企业标准进行编号的，由标准化行政主管部门责令限期改正；逾期不改正的，由省级以上人民政府标准化行政主管部门撤销相关标准编号，并在标准信息公共服务平台上公示。

第四十三条　标准化工作的监督、管理人员滥用职权、玩忽职守、徇私舞弊的，依法给予处分；构成犯罪的，依法追究刑事责任。

第六章　附　　则

第四十四条　军用标准的制定、实施和监督办法，由国务院、中央军事委员会另行制定。

第四十五条　本法自 2018 年 1 月 1 日起施行。

附录 A. 2　团体标准管理规定

第一章　总　　则

第一条　为规范、引导和监督团体标准化工作，根据《中华人民共和国标准化法》，制定本规定。

第二条　团体标准的制定、实施和监督适用本规定。

第三条　团体标准是依法成立的社会团体为满足市场和创新需要，协调相关市场主体共同制定的标准。

第四条　社会团体开展团体标准化工作应当遵守标准化工作的基本原理、方法和程序。

第五条　国务院标准化行政主管部门统一管理团体标准化工作。国务院有关行政主管部门分工管理本部门、本行业的团体标准化工作。

县级以上地方人民政府标准化行政主管部门统一管理本行政区域内的团体标准化工作。县级以上地方人民政府有关行政主管部门分工管理本行政区域内本部门、本行业的团体标准化工作。

第六条 国家实行团体标准自我声明公开和监督制度。

第七条 鼓励社会团体参与国际标准化活动，推进团体标准国际化。

第二章 团体标准的制定

第八条 社会团体应当依据其章程规定的业务范围进行活动，规范开展团体标准化工作，应当配备熟悉标准化相关法律法规、政策和专业知识的工作人员，建立具有标准化管理协调和标准研制等功能的内部工作部门，制定相关的管理办法和标准知识产权管理制度，明确团体标准制定、实施的程序和要求。

第九条 制定团体标准应当遵循开放、透明、公平的原则，吸纳生产者、经营者、使用者、消费者、教育科研机构、检测及认证机构、政府部门等相关方代表参与，充分反映各方的共同需求。支持消费者和中小企业代表参与团体标准制定。

第十条 制定团体标准应当有利于科学合理利用资源，推广科学技术成果，增强产品的安全性、通用性、可替换性，提高经济效益、社会效益、生态效益，做到技术上先进、经济上合理。

制定团体标准应当在科学技术研究成果和社会实践经验总结的基础上，深入调查分析，进行实验、论证，切实做到科学有效、技术指标先进。

禁止利用团体标准实施妨碍商品、服务自由流通等排除、限制市场竞争的行为。

第十一条 团体标准应当符合相关法律法规的要求，不得与国家有关产业政策相抵触。

对于术语、分类、量值、符号等基础通用方面的内容应当遵守国家标准、行业标准、地方标准，团体标准一般不予另行规定。

第十二条 团体标准的技术要求不得低于强制性标准的相关技术要求。

第十三条 制定团体标准应当以满足市场和创新需要为目标，聚焦新技术、新产业、新业态和新模式，填补标准空白。

国家鼓励社会团体制定高于推荐性标准相关技术要求的团体标准；鼓励制定具有国际领先水平的团体标准。

第十四条 制定团体标准的一般程序包括：提案、立项、起草、征求意见、技术审查、批准、编号、发布、复审。

征求意见应当明确期限，一般不少于30日。涉及消费者权益的，应当向社会公开征求意见，并对反馈意见进行处理协调。

技术审查原则上应当协商一致。如需表决，不少于出席会议代表人数的3/4同意方为通过。起草人及其所在单位的专家不能参加表决。

团体标准应当按照社会团体规定的程序批准，以社会团体文件形式予以发布。

第十五条 团体标准的编写参照GB/T 1.1《标准化工作导则　第1部分：标准的结构和编写》的规定执行。

团体标准的封面格式应当符合要求，具体格式见附件。

第十六条 社会团体应当合理处置团体标准中涉及的必要专利问题，应当及时披露相关专利信息，获得专利权人的许可声明。

第十七条 团体标准编号依次由团体标准代号、社会团体代号、团体标准顺序号和年代号组成。团体标准编号方法如下：

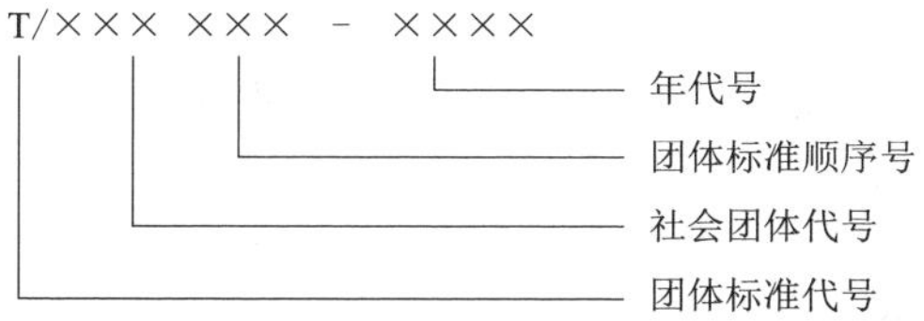

社会团体代号由社会团体自主拟定，可使用大写拉丁字母或大写拉丁字母与阿拉伯数字的组合。社会团体代号应当合法，不得与现有标准代号重复。

第十八条 社会团体应当公开其团体标准的名称、编号、发布文件等基本信息。团体标准涉及专利的，还应当公开标准涉及专利的信息。鼓励社会团体公开其团体标准的全文或主要技术内容。

第十九条 社会团体应当自我声明其公开的团体标准符合法律法规和强制性标准的要求，符合国家有关产业政策，并对公开信息的合法性、真实性负责。

第二十条 国家鼓励社会团体通过标准信息公共服务平台自我声明公开其团体标准信息。

社会团体到标准信息公共服务平台上自我声明公开信息的，需提供社会团体法人登记证书、开展团体标准化工作的内部工作部门及工作人员信息、团体标准制修订程序等相关文件，并自我承诺对以上材料的合法性、真实性负责。

第二十一条 标准信息公共服务平台应当提供便捷有效的服务，方便用户和消费者查询团体标准信息，为政府部门监督管理提供支撑。

第二十二条 社会团体应当合理处置团体标准涉及的著作权问题，及时处理团体标准的著作权归属，明确相关著作权的处置规则、程序和要求。

第二十三条 鼓励社会团体之间开展团体标准化合作，共同研制或发布标准。

第二十四条 鼓励标准化研究机构充分发挥技术优势，面向社会团体开展标准研制、标准化人员培训、标准化技术咨询等服务。

第三章 团体标准的实施

第二十五条 团体标准由本团体成员约定采用或者按照本团体的规定供社会自愿采用。

第二十六条 社会团体自行负责其团体标准的推广与应用。社会团体可以通过自律公约的方式推动团体标准的实施。

第二十七条 社会团体自愿向第三方机构申请开展团体标准化良好行为评价。

团体标准化良好行为评价应当按照团体标准化系列国家标准（GB/T 20004）开展，

并向社会公开评价结果。

第二十八条 团体标准实施效果良好，且符合国家标准、行业标准或地方标准制定要求的，团体标准发布机构可以申请转化为国家标准、行业标准或地方标准。

第二十九条 鼓励各部门、各地方在产业政策制定、行政管理、政府采购、社会管理、检验检测、认证认可、招投标等工作中应用团体标准。

第三十条 鼓励各部门、各地方将团体标准纳入各级奖项评选范围。

第四章 团体标准的监督

第三十一条 社会团体登记管理机关责令限期停止活动的社会团体，在停止活动期间不得开展团体标准化活动。

第三十二条 县级以上人民政府标准化行政主管部门、有关行政主管部门依据法定职责，对团体标准的制定进行指导和监督，对团体标准的实施进行监督检查。

第三十三条 对于已有相关社会团体制定了团体标准的行业，国务院有关行政主管部门结合本行业特点，制定相关管理措施，明确本行业团体标准发展方向、制定主体能力、推广应用、实施监督等要求，加强对团体标准制定和实施的指导和监督。

第三十四条 任何单位或者个人有权对不符合法律法规、强制性标准、国家有关产业政策要求的团体标准进行投诉和举报。

第三十五条 社会团体应主动回应影响较大的团体标准相关社会质疑，对于发现确实存在问题的，要及时进行改正。

第三十六条 标准化行政主管部门、有关行政主管部门应当向社会公开受理举报、投诉的电话、信箱或者电子邮件地址，并安排人员受理举报、投诉。

对举报、投诉，标准化行政主管部门和有关行政主管部门可采取约谈、调阅材料、实地调查、专家论证、听证等方式进行调查处理。相关社会团体应当配合有关部门的调查处理。

对于全国性社会团体，由国务院有关行政主管部门依据职责和相关政策要求进行调查处理，督促相关社会团体妥善解决有关问题；如需社会团体限期改正的，移交国务院标准化行政主管部门。对于地方性社会团体，由县级以上人民政府有关行政主管部门对本行政区域内的社会团体依据职责和相关政策开展调查处理，督促相关社会团体妥善解决有关问题；如需限期改正的，移交同级人民政府标准化行政主管部门。

第三十七条 社会团体制定的团体标准不符合强制性标准规定的，由标准化行政主管部门责令限期改正；逾期不改正的，由省级以上人民政府标准化行政主管部门废止相关团体标准，并在标准信息公共服务平台上公示，同时向社会团体登记管理机关通报，由社会团体登记管理机关将其违规行为纳入社会团体信用体系。

第三十八条 社会团体制定的团体标准不符合“有利于科学合理利用资源，推广科学技术成果，增强产品的安全性、通用性、可替换性，提高经济效益、社会效益、生态效益，做到技术上先进、经济上合理”的，由标准化行政主管部门责令限期改正；逾期不改正的，由省级以上人民政府标准化行政主管部门废止相关团体标准，并在标准信息公共服务平台上公示。

第三十九条 社会团体未依照本规定对团体标准进行编号的，由标准化行政主管部门责令限期改正；逾期不改正的，由省级以上人民政府标准化行政主管部门撤销相关标准编号，并在标准信息公共服务平台上公示。

第四十条 利用团体标准实施排除、限制市场竞争行为的，依照《中华人民共和国反垄断法》等法律、行政法规的规定处理。

第五章 附 则

第四十一条 本规定由国务院标准化行政主管部门负责解释。

第四十二条 本规定自发布之日起实施。

第四十三条 《团体标准管理规定（试行）》自本规定发布之日起废止。

附录 A.3 深化标准化工作改革方案

为落实《中共中央关于全面深化改革若干重大问题的决定》《国务院机构改革和职能转变方案》和《国务院关于促进市场公平竞争维护市场正常秩序的若干意见》（国发〔2014〕20 号）关于深化标准化工作改革、加强技术标准体系建设的有关要求，制定本改革方案。

一、改革的必要性和紧迫性

党中央、国务院高度重视标准化工作，2001 年成立国家标准化管理委员会，强化标准化工作的统一管理。在各部门、各地方共同努力下，我国标准化事业得到快速发展。截至目前，国家标准、行业标准和地方标准总数达到 10 万项，覆盖一二三产业和社会事业各领域的标准体系基本形成。我国相继成为国际标准化组织（ISO）、国际电工委员会（IEC）常任理事国及国际电信联盟（ITU）理事国，我国专家担任 ISO 主席、IEC 副主席、ITU 秘书长等一系列重要职务，主导制定国际标准的数量逐年增加。标准化在保障产品质量安全、促进产业转型升级和经济提质增效、服务外交外贸等方面起着越来越重要的作用。但是，从我国经济社会发展日益增长的需求来看，现行标准体系和标准化管理体制已不能适应社会主义市场经济发展的需要，甚至在一定程度上影响了经济社会发展。

一是标准缺失老化滞后，难以满足经济提质增效升级的需求。现代农业和服务业标准仍然很少，社会管理和公共服务标准刚刚起步，即使在标准相对完备的工业领域，标准缺失现象也不同程度存在。特别是当前节能降耗、新型城镇化、信息化和工业化融合、电子商务、商贸物流等领域对标准的需求十分旺盛，但标准供给仍有较大缺口。我国国家标准制定周期平均为 3 年，远远落后于产业快速发展的需要。标准更新速度缓慢，“标龄”高出德、美、英、日等发达国家 1 倍以上。标准整体水平不高，难以支撑经济转型升级。我国主导制定的国际标准仅占国际标准总数的 0.5%，“中国标准”在国际上认可度不高。

二是标准交叉重复矛盾，不利于统一市场体系的建立。标准是生产经营活动的依据，是重要的市场规则，必须增强统一性和权威性。目前，现行国家标准、行业标准、地方标准中仅名称相同的就有近2000项，有些标准技术指标不一致甚至冲突，既造成企业执行标准困难，也造成政府部门制定标准的资源浪费和执法尺度不一。特别是强制性标准涉及健康安全环保，但是制定主体多，28个部门和31个省（自治区、直辖市）制定发布强制性行业标准和地方标准；数量庞大，强制性国家、行业、地方三级标准万余项，缺乏强有力的组织协调，交叉重复矛盾难以避免。

三是标准体系不够合理，不适应社会主义市场经济发展的要求。国家标准、行业标准、地方标准均由政府主导制定，且70％为一般性产品和服务标准，这些标准中许多应由市场主体遵循市场规律制定。而国际上通行的团体标准在我国没有法律地位，市场自主制定、快速反映需求的标准不能有效供给。即使是企业自己制定、内部使用的企业标准，也要到政府部门履行备案甚至审查性备案，企业能动性受到抑制，缺乏创新和竞争力。

四是标准化协调推进机制不完善，制约了标准化管理效能提升。标准反映各方共同利益，各类标准之间需要衔接配套。很多标准技术面广、产业链长，特别是一些标准涉及部门多、相关方立场不一致，协调难度大，由于缺乏权威、高效的标准化协调推进机制，越重要的标准越“难产”。有的标准实施效果不明显，相关配套政策措施不到位，尚未形成多部门协同推动标准实施的工作格局。

造成这些问题的根本原因是现行标准体系和标准化管理体制是20世纪80年代确立的，政府与市场的角色错位，市场主体活力未能充分发挥，既阻碍了标准化工作的有效开展，又影响了标准化作用的发挥，必须切实转变政府标准化管理职能，深化标准化工作改革。

二、改革的总体要求

标准化工作改革，要紧紧围绕使市场在资源配置中起决定性作用和更好发挥政府作用，着力解决标准体系不完善、管理体制不顺畅、与社会主义市场经济发展不适应问题，改革标准体系和标准化管理体制，改进标准制定工作机制，强化标准的实施与监督，更好发挥标准化在推进国家治理体系和治理能力现代化中的基础性、战略性作用，促进经济持续健康发展和社会全面进步。

改革的基本原则：一是坚持简政放权、放管结合。把该放的放开放到位，培育发展团体标准，放开搞活企业标准，激发市场主体活力；把该管的管住管好，强化强制性标准管理，保证公益类推荐性标准的基本供给。二是坚持国际接轨、适合国情。借鉴发达国家标准化管理的先进经验和做法，结合我国发展实际，建立完善具有中国特色的标准体系和标准化管理体制。三是坚持统一管理、分工负责。既发挥好国务院标准化主管部门的综合协调职责，又充分发挥国务院各部门在相关领域内标准制定、实施及监督的作用。四是坚持依法行政、统筹推进。加快标准化法治建设，做好标准化重大改革与标准化法律法规修改完善的有机衔接；合理统筹改革优先领域、关键环节和实施步骤，通过市场自主制定标准的增量带动现行标准的存量改革。

改革的总体目标：建立政府主导制定的标准与市场自主制定的标准协同发展、协调配套的新型标准体系，健全统一协调、运行高效、政府与市场共治的标准化管理体制，形成政府引导、市场驱动、社会参与、协同推进的标准化工作格局，有效支撑统一市场体系建设，让标准成为对质量的“硬约束”，推动中国经济迈向中高端水平。

三、改革措施

通过改革，把政府单一供给的现行标准体系，转变为由政府主导制定的标准和市场自主制定的标准共同构成的新型标准体系。政府主导制定的标准由六类整合精简为四类，分别是强制性国家标准和推荐性国家标准、推荐性行业标准、推荐性地方标准；市场自主制定的标准分为团体标准和企业标准。政府主导制定的标准侧重于保基本，市场自主制定的标准侧重于提高竞争力。同时建立完善与新型标准体系配套的标准化管理体制。

（一）建立高效权威的标准化统筹协调机制。建立由国务院领导同志为召集人、各有关部门负责同志组成的国务院标准化协调推进机制，统筹标准化重大改革，研究标准化重大政策，对跨部门跨领域、存在重大争议标准的制定和实施进行协调。国务院标准化协调推进机制日常工作由国务院标准化主管部门承担。

（二）整合精简强制性标准。在标准体系上，逐步将现行强制性国家标准、行业标准和地方标准整合为强制性国家标准。在标准范围上，将强制性国家标准严格限定在保障人身健康和生命财产安全、国家安全、生态环境安全和满足社会经济管理基本要求的范围之内。在标准管理上，国务院各有关部门负责强制性国家标准项目提出、组织起草、征求意见、技术审查、组织实施和监督；国务院标准化主管部门负责强制性国家标准的统一立项和编号，并按照世界贸易组织规则开展对外通报；强制性国家标准由国务院批准发布或授权批准发布。强化依据强制性国家标准开展监督检查和行政执法。免费向社会公开强制性国家标准文本。建立强制性国家标准实施情况统计分析报告制度。

法律法规对标准制定另有规定的，按现行法律法规执行。环境保护、工程建设、医药卫生强制性国家标准、强制性行业标准和强制性地方标准，按现有模式管理。安全生产、公安、税务标准暂按现有模式管理。核、航天等涉及国家安全和秘密的军工领域行业标准，由国务院国防科技工业主管部门负责管理。

（三）优化完善推荐性标准。在标准体系上，进一步优化推荐性国家标准、行业标准、地方标准体系结构，推动向政府职责范围内的公益类标准过渡，逐步缩减现有推荐性标准的数量和规模。在标准范围上，合理界定各层级、各领域推荐性标准的制定范围，推荐性国家标准重点制定基础通用、与强制性国家标准配套的标准；推荐性行业标准重点制定本行业领域的重要产品、工程技术、服务和行业管理标准；推荐性地方标准可制定满足地方自然条件、民族风俗习惯的特殊技术要求。在标准管理上，国务院标准化主管部门、国务院各有关部门和地方政府标准化主管部门分别负责统筹管理推荐性国家标准、行业标准和地方标准制修订工作。充分运用信息化手段，建立制修订全过程信息公开和共享平台，强化制修订流程中的信息共享、社会监督和自查自纠，有效避免推荐性国家标准、行业标准、地方标准在立项、制定过程中的交叉重复矛盾。简化制修订程序，提高审批效率，缩短制修订周期。推动免费向社会公开公益类推荐性标准文本。建立标准实施信息反馈和评估机制，及时开展标准复审和维护更新，有效解决标准缺失滞后老化问题。加强标准化技术委员会管理，提高广泛性、代表性，保证标准制定的科学性、公正性。

（四）培育发展团体标准。在标准制定主体上，鼓励具备相应能力的学会、协会、商会、联合会等社会组织和产业技术联盟协调相关市场主体共同制定满足市场和创新需要的标准，供市场自愿选用，增加标准的有效供给。在标准管理上，对团体标准不设行政许可，由社会组织和产业技术联盟自主制定发布，通过市场竞争优胜劣汰。国务院标准化主管部门会同国务院有关部门制定团体标准发展指导意见和标准化良好行为规范，对团体标准进行必要的规范、引导和监督。在工作推进上，选择市场化程度高、技术创新活跃、产品类标准较多的领域，先行开展团体标准试点工作。支持专利融入团体标准，推动技术进步。

（五）放开搞活企业标准。企业根据需要自主制定、实施企业标准。鼓励企业制定高于国家标准、行业标准、地方标准，具有竞争力的企业标准。建立企业产品和服务标准自我声明公开和监督制度，逐步取消政府对企业产品标准的备案管理，落实企业标准化主体责任。鼓励标准化专业机构对企业公开的标准开展比对和评价，强化社会监督。

（六）提高标准国际化水平。鼓励社会组织和产业技术联盟、企业积极参与国际标准化活动，争取承担更多国际标准组织技术机构和领导职务，增强话语权。加大国际标准跟踪、评估和转化力度，加强中国标准外文版翻译出版工作，推动与主要贸易国之间的标准互认，推进优势、特色领域标准国际化，创建中国标准品牌。结合海外工程承包、重大装备设备出口和对外援建，推广中国标准，以中国标准“走出去”带动我国产品、技术、装备、服务“走出去”。进一步放宽外资企业参与中国标准的制定。

四、组织实施

坚持整体推进与分步实施相结合，按照逐步调整、不断完善的方法，协同有序推进各项改革任务。标准化工作改革分三个阶段实施。

（一）第一阶段（2015—2016 年），积极推进改革试点工作。

——加快推进《中华人民共和国标准化法》修订工作，提出法律修正案，确保改革于法有据。修订完善相关规章制度。（2016 年 6 月底前完成）

——国务院标准化主管部门会同国务院各有关部门及地方政府标准化主管部门，对现行国家标准、行业标准、地方标准进行全面清理，集中开展滞后老化标准的复审和修订，解决标准缺失、矛盾交叉等问题。（2016 年 12 月底前完成）

——优化标准立项和审批程序，缩短标准制定周期。改进推荐性行业和地方标准备案制度，加强标准制定和实施后评估。（2016 年 12 月底前完成）

——按照强制性标准制定原则和范围，对不再适用的强制性标准予以废止，对不宜强制的转化为推荐性标准。（2015 年 12 月底前完成）

——开展标准实施效果评价，建立强制性标准实施情况统计分析报告制度。强化监督检查和行政执法，严肃查处违法违规行为。（2016 年 12 月底前完成）

——选择具备标准化能力的社会组织和产业技术联盟，在市场化程度高、技术创新活跃、产品类标准较多的领域开展团体标准试点工作，制定团体标准发展指导意见和标准化良好行为规范。(2015 年 12 月底前完成)

——开展企业产品和服务标准自我声明公开和监督制度改革试点。企业自我声明公开标准的，视同完成备案。(2015 年 12 月底前完成)

——建立国务院标准化协调推进机制，制定相关制度文件。建立标准制修订全过程信息公开和共享平台。(2015 年 12 月底前完成)

——主导和参与制定国际标准数量达到年度国际标准制定总数的 50%。(2016 年完成)

(二) 第二阶段 (2017—2018 年)，稳妥推进向新型标准体系过渡。

——确有必要强制执行的现行强制性行业标准、地方标准，逐步整合上升为强制性国家标准。(2017 年完成)

——进一步明晰推荐性标准制定范围，厘清各类标准间的关系，逐步向政府职责范围内的公益类标准过渡。(2018 年完成)

——培育若干具有一定知名度和影响力的团体标准制定机构，制定一批满足市场和创新需要的团体标准。建立团体标准的评价和监督机制。(2017 年完成)

——企业产品和服务标准自我声明公开和监督制度基本完善并全面实施。(2017 年完成)

——国际国内标准水平一致性程度显著提高，主要消费品领域与国际标准一致性程度达到 95%以上。(2018 年完成)

(三) 第三阶段 (2019—2020 年)，基本建成结构合理、衔接配套、覆盖全面、适应经济社会发展需求的新型标准体系。

——理顺并建立协同、权威的强制性国家标准管理体制。(2020 年完成)

——政府主导制定的推荐性标准限定在公益类范围，形成协调配套、简化高效的推荐性标准管理体制。(2020 年完成)

——市场自主制定的团体标准、企业标准发展较为成熟，更好满足市场竞争、创新发展的需求。(2020 年完成)

——参与国际标准化治理能力进一步增强，承担国际标准组织技术机构和领导职务数量显著增多，与主要贸易伙伴国家标准互认数量大幅增加，我国标准国际影响力不断提升，迈入世界标准强国行列。(2020 年完成)

附录 A.4　水利标准化工作管理办法

第一章　总　　则

第一条　为深入贯彻落实“节水优先、空间均衡、系统治理、两手发力”新治水方针和“水利工程补短板、水利行业强监管”水利改革发展总基调，有效破解水旱灾害、水资源短缺、水生态损害和水环境污染等水问题，规范水利标准化工作，根据《中华人民共和国标准化法》，结合水利行业实际，制定本办法。

第二条 本办法所称标准是指水利行业需要统一的技术要求，主要包括水资源管理、节约用水、水生态保护与修复、河湖管理、水旱灾害防御、农村水利水电、水土保持、工程建设与运行管理、水文、信息化、技术应用等领域。水利技术标准包括国家标准、行业标准、地方标准、团体标准和企业标准。国家标准分为强制性标准和推荐性标准。法律、法规和国务院决定规定的工程建设、环境保护等领域，可以制定强制性行业标准和地方标准。水利行业标准分为强制性标准和推荐性标准。

第三条 本办法适用于国家标准和行业标准的编制、实施及监督管理。水利部对团体标准的制定进行规范、指导和监督。地方标准和企业标准的管理按国家有关规定执行。

第四条 水利标准化工作主要任务包括贯彻国家有关标准化法律法规，开展水利标准化研究，组织制定行业标准化有关政策制度、发展规划、标准体系和计划，组织编制、实施水利技术标准并进行监督。

第五条 编制水利技术标准应遵循“确有必要、管用实用”的原则，在科学技术研究成果和社会实践经验的基础上，深入调查论证，广泛征求意见，保证标准的科学性、规范性、时效性，提高标准质量。

第六条 鼓励科研机构、高等院校、社会团体和企业等参与水利标准化工作。

第七条 鼓励有关单位积极参加国际标准化组织及其活动，开展水利标准化对外合作与交流，推动水利技术标准在国际上的应用。

第二章 组织机构与职责

第八条 水利部国际合作与科技司是水利标准化工作的主管机构（以下简称“主管机构”）。水利部有关业务司局是有关水利技术标准的主持机构（以下简称“主持机构”）。水利技术标准编制的第一起草单位是主编单位。水利部标准化工作专家委员会是水利标准化工作的技术咨询组织。

第九条 主管机构主要职责是：

（一）组织制定水利标准化工作的政策制度和发展规划；

（二）组织制定水利技术标准体系；

（三）组织制定水利技术标准项目的年度计划；

（四）指导水利技术标准编制工作；

（五）对行业标准的出版发行活动进行监督管理；

（六）组织开展水利技术标准实施与监督管理；

（七）组织开展水利技术标准国际化活动。

第十条 主持机构主要职责是：

（一）向主管机构提出本专业领域标准项目年度计划建议；

（二）负责推荐主编单位；

（三）指导本专业领域标准编制工作，负责所主持标准的编制质量、进度和经费使用的监督管理；

（四）主持标准工作大纲和送审稿的审查；

（五）负责本专业领域标准的解释；

（六）负责本专业领域标准实施监督与成效；

（七）负责组建本专业领域专家组。

第十一条 主编单位主要职责是：

（一）负责组建编制组，把关参编单位和主要起草人技术水平，落实保障措施；

（二）组织开展标准编制工作；

（三）全面负责标准编制的质量、进度和经费使用，确保标准的准确性和适用性；

（四）承办标准解释；

（五）跟踪标准实施情况。

第十二条 水利标准化工作专家委员会主要负责标准体系、标准项目的技术审查与论证等工作。

第三章 标 准 类 别

第十三条 需要在全国范围内统一的水利技术要求，应当制定国家标准。对保障人身健康和生命财产安全、国家安全、生态环境安全、工程安全以及满足经济社会管理基本需要的技术要求，应当制定强制性国家标准。对满足基础通用、与强制性国家标准配套、对各有关行业起引领作用等需要的水利技术要求，可以制定推荐性国家标准。

第十四条 对没有国家标准，需要在水利行业内统一的技术要求，可以制定行业标准。

第十五条 为满足地方自然条件，适应当地经济社会发展水平，需要在特定行政区域内统一的水利技术要求，可以制定地方标准。

第十六条 鼓励学会、协会、商会、联合会、产业技术联盟等社会团体协调相关市场主体共同制定满足市场和创新需求的团体标准，由本团体成员约定采用或者按照本团体的规定供社会自愿采用。对实施效果良好，且符合国家标准、行业标准制定要求的团体标准，可申请转化为国家标准或行业标准。

第十七条 企业可以根据需要自行制定企业标准，或者与其他企业联合制定企业标准。

第十八条 推荐性国家标准、行业标准、地方标准、团体标准、企业标准的技术要求不得低于强制性国家标准的相关技术要求。鼓励社会团体制定高于推荐性标准相关技术要求的团体标准。

第四章 标 准 立 项

第十九条 主管机构依据现行标准体系和标准复审结论，提出年度立项要求。主持机构结合业务工作需要，组织提出水利技术标准编制项目建议书（见附件 1），报主管机构审核。主管机构组织标准化工作专家委员会专家对项目建议书进行评审，提出年度立项计划建议，报部批准后方可立项。

第二十条 对未纳入现行标准体系但属当前工作急需的标准，由主持机构在广泛调研的基础上，提出书面建议，经主管机构组织专家委员会论证和审核，报部批准后履行立项程序。

第二十一条 主编单位应是本专业领域内具有领先技术水平的法人单位，并具备标准编制所需的人员、设备及相关条件。参编单位应是本专业领域内具有较高技术水平的法人单位。修订类标准应优先选择原主编单位。

第二十二条 标准第一起草人，应具有高级技术职称，具有较高的专业技术水平和丰富的实践经验，熟练掌握标准编写的有关规定，有较强的组织协调能力，能够解决标准编制工作中的重大技术问题。其他主要起草人应具有一定的专业技术水平和实践经验。

第五章 标 准 编 制

第二十三条 水利技术标准编制可分为起草、征求意见、审查和报批四个阶段。等同采用或修改采用国际标准时，可采用征求意见、审查和报批三个阶段。标准的局部修订可采用审查和报批两个阶段。制定类标准编制周期原则上不超过2年；修订类标准编制周期原则上不超过1年。

第二十四条 标准起草阶段主要工作包括：

（一）主编单位编写标准编制工作大纲（见附件2）；

（二）主编单位组织召开大纲审查会，会议由主持机构主持；

（三）主编单位编写标准征求意见稿及其编制说明（见附件3）。

第二十五条 标准征求意见阶段主要工作包括：

（一）主持机构办理征求意见文件，并通过纸质、网络等多种方式公开征求意见，征求意见时间不少于1个月；

（二）主编单位对反馈意见进行汇总处理，形成送审稿及其编制说明、意见汇总处理表（见附件4）等送审材料，必要时应附专题报告。修订类标准应提供新旧条款对比说明。

第二十六条 标准审查阶段主要工作包括：

（一）主编单位组织召开送审稿审查会，会议由主持机构主持；

（二）审查内容主要包括：与国家有关法律法规、方针政策以及相关技术标准的协调一致性；标准技术内容的必要性、成熟性、经济性和可操作性；关键技术指标的来源和依据的准确性和合理性等；

（三）主编单位根据审查意见修改完善送审材料，形成报批材料。

第二十七条 标准报批阶段主要工作包括：

（一）主管机构组织体例格式复读、英文翻译审查；

（二）主管机构组织召开报批稿审定会；

（三）主编单位根据审定会意见修改完善报批材料；

（四）主管机构履行报批发布程序。

第二十八条 各阶段审查（定）会应成立专家组，实行专家负责制。相关要求如下：

（一）专家应具有高级技术职称及相应的业务能力，且有从事相关技术标准的编制或审查经验；

（二）专家选取应遵循回避原则；

（三）专家组人数 7～9 人，成员从专家库中遴选，专家组组长应由行业内技术带头人或知名专家担任；

（四）国家标准审查（定）会应邀请水利行业外相关专业领域专家参加，行业标准审查（定）会鼓励水利系统外专家参加。审查（定）会应遵照协商一致、共同确定的原则，客观、公正、恰当地给予评价。对有争议的问题，应充分讨论和协商，并提出结论性意见。如需表决时，须有不少于四分之三的专家同意方可视为通过。审查（定）会应设专人记录，并形成有明确结论的审查意见。

第二十九条 主管机构办理行业标准发布公告或将国家标准报批材料行文报送国家标准主管部门。

第三十条 国家标准的立项、审批、编号、发布按国家有关规定执行。行业标准由水利部审批、编号、发布，并报国务院标准化行政主管部门备案。

第三十一条 行业标准的发布时间为水利部批准时间，开始实施时间不应超过其后的 3 个月。

第三十二条 强制性行业标准编号为 SL AAA—BBBB，推荐性行业标准编号为 SL/T AAA—BBBB，其中 SL 为水利行业标准代号，AAA 为标准顺序号，BBBB 为标准发布年号。

第三十三条 行业标准的出版发行，由主管机构根据国务院标准化行政主管部门的有关规定确定的出版单位负责。任何部门、单位和个人未经主管机构的授权许可，不得从事行业标准的出版发行活动。

第三十四条 标准编制过程实行重大变更报告制度。标准名称、主要内容、编制单位、主要起草人、编制进度等发生变更时，主编单位应提交水利技术标准编制项目重大变更申请表（见附件 5），经主持机构审查同意后，报送主管机构审批。涉及经费执行变更的事项应按照财务有关规定执行。

第三十五条 主编单位、主持机构和主管机构应妥善保存标准编制过程中的有关文件和资料，并建立相应档案。各阶段电子材料应通过标准管理信息系统上传。

第六章 标 准 实 施

第三十六条 强制性标准必须执行，相关业务主管部门须履行强制性标准实施与监督管理职责。

第三十七条 强制性标准文本应当免费向社会公开。推动推荐性标准文本免费向社会公开。鼓励社会团体通过标准信息公共服务平台向社会公开团体标准。

第三十八条 鼓励各有关部门和单位开展水利技术标准的宣传培训、贯彻实施和业务交流等活动。

第三十九条 建立标准实施信息反馈和跟踪评估机制，根据反馈和跟踪评估情况对标准进行复审。复审周期一般不超过 5 年，复审结论应作为修订、废止相关标准的依据。

第四十条 跟踪国际标准，加强我国水利技术标准外文版翻译出版工作，推动我国水利技术标准在国际上应用。

第四十一条 鼓励科研机构、高等院校、社会团体和企业等加入国际标准化组织，承担更多国际标准组织技术机构工作和领导职务。

第四十二条 鼓励参与制定和科学借鉴国际标准，将我国具有技术优势的标准转化为国际标准，将适用于我国国情的国际标准转化为国家标准或行业标准，推进我国标准与国外标准间的转化运用。

第七章 监 督 管 理

第四十三条 主管机构负责组织对国家标准、行业标准的编制及实施进行监督检查，开展绩效评价。

第四十四条 主管机构应加强计量、检验检测、认证认可的标准化建设，负责组织建设标准化信息平台，增强标准化工作监督检查及服务能力。

第四十五条 任何单位和个人均有权向水利部反映水利技术标准实施情况和存在的问题，可以举报、投诉违反强制性标准的行为。对实名举报人或者投诉人，水利部应当告知处理结果，为举报人保密。

第四十六条 违反强制性标准有关规定，造成工程质量和安全事故的，应根据有关规定，对事故责任单位和责任人进行追责。

第八章 保 障 机 制

第四十七条 各级水行政主管部门应当重视标准化工作，履行标准化工作职责，将标准化工作纳入本部门工作计划。

第四十八条 鼓励并积极引导多渠道、多方式筹措水利标准化工作经费。各级水行政主管部门应将水利标准化工作经费纳入预算，统一管理，专款专用。

第四十九条 各级水行政主管部门应当加强水利标准化人才培养。

第五十条 鼓励重大水利科研项目与标准制定相结合，对水利新技术、新工艺、新材料、新产品及时制定标准，推进科技创新成果推广和应用。

第五十一条 对技术水平高、取得显著效益的国家标准、行业标准、团体标准，以及在标准化工作中做出显著成绩的单位和个人，推荐参加中国标准创新贡献奖等评选活动。

第五十二条 对标准编制质量存在严重问题和进度严重滞后，且整改不力的主编单位，主管机构可采取取消编制资格、暂停标准申报等措施。

第九章 附 则

第五十三条 本办法自发布之日起施行。2003 年 11 月水利部发布的《水利标准化工作管理办法》（水国科〔2003〕546 号）和 2010 年 9 月水利部发布的《水利技术标准制修订项目管理细则》（水国科〔2010〕351 号）同时废止。

附件 1

水利技术标准编制项目建议书

（格式）

标准名称：______________________________

主持机构：______________________（签章）

年　月　日

水利技术标准编制项目建议书基本信息表

<table>
<tr><td>标准名称</td><td colspan="5"></td></tr>
<tr><td>标准级别</td><td colspan="2">（ ）1. 国家标准；2. 行业标准</td><td>标准性质</td><td colspan="2">（ ）1. 强制性；2. 推荐性</td></tr>
<tr><td>编制类型</td><td colspan="2">（ ）1. 制定；2. 修订</td><td>原标准编号</td><td colspan="2"></td></tr>
<tr><td rowspan="2">采用国际或国外标准的情况</td><td colspan="5">（ ）1. 等同采用；2. 等效采用；3. 参照采用</td></tr>
<tr><td colspan="2">被采用的标准编号</td><td colspan="3"></td></tr>
<tr><td>经费预算</td><td colspan="2">万元</td><td>实施周期</td><td colspan="2">年</td></tr>
<tr><td>内容摘要（500字以内）项目背景情况，立项必要性可行性分析，是否管用实用，与相关标准协调性分析等。</td><td colspan="5"></td></tr>
<tr><td>主持机构</td><td>联系人</td><td></td><td>联系电话</td><td></td><td></td></tr>
<tr><td>建议主编单位</td><td colspan="5"></td></tr>
<tr><td>建议第一起草人姓名</td><td></td><td>出生年月</td><td></td><td>职务/职称</td><td></td></tr>
<tr><td>联系电话</td><td></td><td>电子邮箱</td><td colspan="3"></td></tr>
</table>

水利技术标准编制项目建议书

一、标准编制必要性及需求分析

1. 标准编制的必要性（本标准为哪些工作任务提供技术支撑，没有该标准时如何开展工作以及本标准内容不能纳入相关标准的理由）。

2. 标准编制的迫切程度。

3. 标准编制能够产生的经济、社会效益和环境效益。

二、标准适用范围及主要技术内容

三、相关领域国内外标准现状与发展趋势

国内外有哪些相关标准，以及与国内外同类标准的初步对比。

四、经费预算与进度安排

1. 经费预算。

2. 编制时间安排及保障措施。

五、建议主编单位基本情况

建议主编单位基本信息，编制本标准所具备的支撑条件等。

六、其他需要说明的问题

续表

支出明细	金额			备注
	合计	专项	自筹	
7.				
8.				
9.				
……				
合计				

四、各编制单位经费组成

序号	单位名称	金额		
		合计	专项	自筹
1.				
2.				
3.				
……				

附件：标准初稿

修订类标准应提供新旧条款对比说明。

附件 3

《标 准 名 称》

（□征求意见稿 □送审稿 □报批稿）

编 制 说 明

主编单位（签章）：______________________________

年 月 日

编　制　说　明

一、工作简况

包括任务来源、编制单位主要工作过程、主要起草人及其所做的工作等。

二、主要内容及来源依据

1. 如技术指标、参数、公式、性能要求、试验方法、检验规则等的论据（包括试验、统计数据）。修订类标准，还应增列新旧标准技术内容对比。

2. 主要试验（或验证）的分析、综述报告，技术经济论证，预期的经济效果。

三、国内外相关标准对比分析

1. 与国内、国外同类标准水平的对比情况，或与测试的国外样品、样机的有关数据对比情况。

2. 与国内相关标准协调性分析。

四、重大分歧意见的处理经过和依据

五、标准中尚存在主要问题和今后需要进行的主要工作

六、标准实施建议

七、其他说明事项

附件 4

《标准名称》
意见汇总处理表

请勾选唯一项：

□发征求意见文件

□送审稿审查会

□报批：
- □英文翻译审核
- □格式体例复读
- □报批稿审定会
- □其他（请注明：　　）

主编单位（签章）：________________________________

年　月　日

附表 4－1　　反馈意见汇总处理概况

标准名称					
征求意见的份数	收到反馈意见数量		采纳条数	部分采纳条数	未采纳条数
	份数	条数			

其中非采纳意见（部分采纳和未采纳）与意见提出单位或专家沟通情况（征求意见阶段可不填写）

部分采纳		未采纳	
达成一致的条数	未达成一致的条数	达成一致的条数	未达成一致的条数

附表 4－2　　单位和专家意见统计表

一、单位意见

单位名称	联系人	总条数	采纳条数	部分采纳条数	未采纳条数	联系电话	电子信箱
……							

二、专家意见

专家姓名	工作单位	总条数	采纳条数	部分采纳条数	未采纳条数	联系电话	电子信箱
……							

注　单位和专家意见分别按未采纳条数由多到少依次排序；未采纳条数相同时，按部分采纳条数由多到少依次排序；部分采纳条数相同时，按条数由多到少依次排序。

附表 4-3

意见汇总处理表

一、总体意见

序号	总体意见	提出意见的单位或专家	处理结果	非采纳处理意见的理由	非采纳意见与相关单位或专家沟通情况	对于已沟通的意见是否一致
1			□采纳 □部分采纳 □未采纳	□待论证后确定 □提请下节点确定 □其他，请详细说明	□已沟通 □未沟通，请说明理由	□一致 □不一致，请说明理由
2			□采纳 □部分采纳 □未采纳	□待论证后确定 □提请下节点确定 □其他，请详细说明	□已沟通 □未沟通，请说明理由	□一致 □不一致，请说明理由
3			□采纳 □部分采纳 □未采纳	□待论证后确定 □提请下节点确定 □其他，请详细说明	□已沟通 □未沟通，请说明理由	□一致 □不一致，请说明理由
⋮						

二、具体意见

序号	原条文号或附录号	原条文内容	提出意见的单位或专家	修改意见及理由	处理结果	非采纳意见的处理情况			现条文号或附录号	修改后条文内容
						理由	与相关单位或专家沟通情况	对于已沟通的意见是否一致		
1					□采纳 □部分采纳 □未采纳	□待论证后确定 □提请下节点确定 □其他，请详细说明	□已沟通 □未沟通，请说明理由	□一致 □不一致，请说明理由		
2					□采纳 □部分采纳 □未采纳	□待论证后确定 □提请下节点确定 □其他，请详细说明	□已沟通 □未沟通，请说明理由	□一致 □不一致，请说明理由		
⋮										

注 具体意见按现条文顺序依次排列，针对同一条目的不同意见应分别列出，不应按提出意见的来源排列。

附件 5

水利技术标准编制项目重大变更申请表

<table>
<tr><td>标准名称</td><td></td></tr>
<tr><td>主持机构</td><td></td></tr>
<tr><td>主编单位</td><td></td></tr>
<tr><td>变更事项</td><td></td></tr>
<tr><td>变更理由</td><td></td></tr>
<tr><td colspan="2">主编单位意见：

负责人（签字）：　　　　（公章）
年　　月　　日</td></tr>
<tr><td colspan="2">主持机构意见：

负责人（签字）：　　　　（公章）
年　　月　　日</td></tr>
<tr><td colspan="2">主管机构意见：

负责人（签字）：　　　　（公章）
年　　月　　日</td></tr>
</table>

注　变更事项包括：标准名称、主要内容、编制单位、主要起草人、编制进度等变更情况。

附录 A.5　关于加强水利团体标准管理工作的意见

为贯彻落实《中华人民共和国标准化法》，促进水利团体标准有序发展，规范水利团体标准管理工作，依据《国家标准化管理委员会 民政部关于印发〈团体标准管理规定〉的通知》（国标委联〔2019〕1号）和《水利部关于修订印发水利标准化工作管理办法的通知》（水国科〔2019〕112号），提出以下意见。

一、总体要求

（一）指导思想

以习近平新时代中国特色社会主义思想为指导，贯彻落实"节水优先、空间均衡、系统治理、两手发力"的治水思路，围绕"水利工程补短板、水利行业强监管"水利改革发展总基调，遵循开放、透明、公平原则，增加水利标准的有效供给，提高水利团体标准编制质量与管理水平，促进水利技术创新，满足水利市场发展和创新需求，为新时代水利改革发展提供技术支撑。

（二）基本原则

1. 坚持科技创新。鼓励水利社会团体开展科技创新，将创新成果及时融入团体标准，促进科技成果标准化、产业化，提升核心竞争力。

2. 适应市场需求。以市场需求为导向，自主制定，自由选择，自愿采用，充分激发市场活力。

3. 促进协调合作。鼓励社会团体之间开展沟通合作，联合开展团体标准的理论和技术研究，共同研制发布标准。

4. 加强指导监管。加强标准化主管部门和行业主管部门对团体标准化活动的指导与监督，完善团体标准编制、管理和实施的监督机制，引导团体标准依法有序发展。

（三）总体目标

逐步健全和完善团体标准管理制度和工作机制，培育一批具有影响力的团体标准制定主体，制定一批与政府主导制定标准实施协调配套的团体标准。团体标准获得社会广泛认可，在水利科研、设计、产品和服务等领域，形成一批具有国际先进水平的团体标准，推进优势特色领域标准国际化，推动水利科技进步，支撑水利改革发展。

二、明确团体标准制定主体与定位

（一）团体标准管理与制定主体

水利部国际合作与科技司负责团体标准的统一协调，水利部有关业务司局负责本专业或职责范围内的团体标准的技术指导。

鼓励具有法人资质、具备相应专业技术和标准化工作能力的学会、协会、联合会、研究会等水利社会团体组织开展团体标准工作。

团体标准制定应充分调动会员、相关企业的积极性。鼓励社会团体、会员单位和有关企业共同制定发布标准。

（二） 团体标准发展定位

团体标准是依法成立的社会团体为满足市场和创新需要，协调相关市场主体共同制定的标准。鼓励社会团体承接以市场为主体，不适宜由政府主导制定的标准。

团体标准应适应市场和创新需要，聚焦新技术、新产业、新业态和新模式，填补标准空白，推动产品质量和服务水平提升。

团体标准的技术要求不得低于强制性国家标准与行业标准的相关技术要求。鼓励制定高于推荐性国家标准与行业标准相关技术要求的团体标准。

（三） 团体标准制定范围

水利社会团体应在其章程规定的业务范围内开展团体标准编制，充分发挥本团体会员及相关方的专业优势。

三、提高团体标准发展质量与水平

（一） 团体标准管理制度建设

社会团体要遵循国家和水利行业关于标准管理的规章制度，加强顶层设计和规范化管理，制定团体标准管理办法，明确团体标准制定程序和推广应用、实施反馈的具体要求，建立完善的团体标准编制、管理和实施监督机制。

（二） 团体标准立项管理

水利社会团体应充分论证并审核团体标准立项的必要性、科学性、先进性和可行性，对于界定范围不严格、技术不成熟、干扰市场秩序、限制市场竞争的标准不予立项。各水利社会团体之间针对团体标准立项等问题应主动沟通协调，避免重复立项。

（三） 团体标准编制管理

水利社会团体要切实加强标准起草、征求意见、审查、批准等过程管理，适当控制参编单位和人员数量，注重标准质量，确保团体标准技术内容符合其适用地域范围内的法规规定和强制性标准要求。

团体标准的征求意见、发布等阶段，应广泛征求行业部门、科研院所、用户等有关方面的意见，征求意见公示时间不少于 30 天，以保证充分听取社会意见。

对标准的实施情况要跟踪评价，定期开展团体标准复审，及时开展标准的修订工作，对不符合行业发展和市场需要的团体标准应及时废止。

（四） 团体标准对创新技术应用

鼓励将具有应用前景和成熟先进的新技术、新材料、新设备、新工艺制定为团体标准。在不妨碍公平竞争的前提下，支持专利等知识产权融入团体标准。

对技术水平高、有竞争力的企业标准，在协商一致的前提下，鼓励将其转化为团体标准。

积极培育团体标准的知名品牌，在提升产品和服务质量、推动技术创新等方面发挥重要作用。

（五） 团体标准国际化

鼓励水利社会团体积极参与国际标准化活动，借鉴国际先进经验，编制高水平团体标准，同步开展翻译工作。推动将实施效果好，具有推广价值的团体标准转化为国际标准。鼓励参与国际标准制定，推进团体标准与国外标准间的互认。

四、推进团体标准推广应用

（一） 团体标准的宣传和信息服务

水利社会团体应加强团体标准的宣贯培训和试点示范，多渠道宣传团体标准，提升社会对团体标准的认知度。

鼓励自我声明公开团体标准信息和团体标准文本，加大信息服务力度。

水利社会团体每年应将团体标准工作进展报送主管部门。

（二） 团体标准的采用

鼓励有关单位和部门积极采用实施效果好的团体标准。

符合政府主导制定标准要求的，水利社会团体可以申请团体标准转化为国家标准、行业标准或地方标准。

（三） 团体标准人才培养

水利社会团体应加强团体标准工作队伍建设和人才培养，增强水利社会团体的标准化理论水平和能力，促进团体标准从业人员熟悉国内外相关行业标准技术进展，为有效开展团体标准工作提供人才和技术保障。

（四） 团体标准工作的多方支持

引导社会团体、企业等加大在团体标准方面的资金投入，研究推动对团体标准推广应用、团体标准国际化等工作给予经费补助。推动对技术水平高、取得显著效益的团体标准，以及在标准化工作中做出显著成绩的单位和个人纳入各类奖项评选范围。

五、强化团体标准监督管理

（一） 团体自律

水利社会团体应严格遵守相关法律法规、规章制度，加强自身建设，严格经费管理，严禁不当牟利。

水利社会团体加强诚信建设，营造诚实、守信、自律的团体标准信用氛围，促进水利社会团体以高标准、严要求开展标准化工作。

（二） 社会监督

畅通社会监督反馈渠道，引导全社会参与监督。鼓励公众和新闻媒体对团体标准项目进行监督。水利社会团体要认真实施团体标准监督制度，通过第三方评价机构对团体标准内容的合法性、先进性和适用性开展评估。通过信息平台等渠道主动接受公众对团体标准的投诉和举报，发现存在问题的，应及时进行改正。

（三）行业监管

各级水行政主管部门不定期对团体标准化工作开展“双随机、一公开”监督检查，并完善公众投诉受理机制，通过信息反馈平台，及时受理、处理公众投诉举报。对违反强制性标准、未按规定编号、存在不规范管理行为的社会团体，水行政主管部门应根据相关规定作出相应严肃处理。

附录 A.6　中国水利学会团体标准管理办法

第一章　总　　则

第一条　为进一步规范和加强中国水利学会团体标准（以下简称“团体标准”）工作，服务水利行业发展及标准化改革需要，根据《中华人民共和国标准化法》《国家标准化管理委员会 民政部关于印发团体标准管理规定的通知》（国标委联〔2019〕1号）和《水利部关于修订印发水利标准化工作管理办法的通知》（水国科〔2019〕112号）等法律及相关规定，制定本办法。

第二条　本办法所称团体标准，是指中国水利学会（以下简称“本会”）为满足涉水领域市场和创新需要，在其章程规定的业务范围协调相关市场主体共同制定的标准。

第三条　本办法适用于团体标准的立项、编制、推广实施、复审、翻译等管理工作。与其他社会团体联合发布的团体标准，其有关管理工作除遵守本办法外，还应遵守相应社会团体标准管理有关规定。

第四条　本会团体标准化工作接受国家标准化管理委员会和水利部的管理，并遵守国家关于团体标准自我声明公开和监督制度等要求。

第五条　团体标准的编制应遵循政府引导、市场主导、创新驱动、统筹协调，坚持开放、透明、公平、协商一致的原则，在科学技术研究成果和社会实践经验的基础上，深入调查论证，广泛征求意见，保证标准的科学性、规范性、先进性、时效性，提高标准质量和水平。

第六条　编制团体标准，应吸纳生产者、经营者、使用者、消费者、教育科研机构、检测及认证机构、有关政府部门等相关方代表参与，充分反映各方的共同需求。鼓励消费者和中小企业代表参与团体标准编制。

第七条　团体标准应与现行有效水利技术标准相协调，其技术要求不得低于强制性标准的相关技术要求。鼓励制定高于推荐性标准和具有国际领先水平的团体标准。

禁止利用团体标准实施妨碍商品、服务的自由流通等排除、限制市场竞争的行为。

第二章　机构与职责

第八条　本会常务理事会是团体标准化工作领导机构，以召开本会理事长办公会

（以下简称“理事长办公会”）的形式决策团体标准化工作重大事项。本会秘书处（标准化工作办公室）是团体标准化工作的日常管理机构。本会团体标准技术委员会（以下简称“技术委员会”）是团体标准化工作的技术咨询组织。团体标准的主要起草单位是主编单位，参与团体标准起草工作的单位是参编单位。主编单位和参编单位原则上均应为本会的单位会员。

第九条　理事长办公会的主要职责：

（一）组织制定团体标准战略发展规划；

（二）审定团体标准有关规章制度；

（三）审定团体标准报批材料；

（四）审定团体标准化工作中的其他重要事项。

第十条　标准化工作办公室的主要职责：

（一）组织起草团体标准化工作规章制度，构建和维护团体标准体系；

（二）受理团体标准申请，负责团体标准立项、编制、推广实施、复审等阶段的具体管理工作；

（三）确定团体标准的主编单位和编制单位；

（四）组织开展团体标准的相关技术研究；

（五）组织开展团体标准国际化工作；

（六）组织推荐、申报团体标准的相关奖项；

（七）组织开展团体标准与政府主导制定标准的相互转化工作；

（八）负责团体标准的解释工作；

（九）负责管理技术委员会，组织实施技术委员会管理相关的政策和制度。

必要时，由标准化工作办公室指定技术支撑机构协助开展相关工作。

第十一条　技术委员会在本专业领域内的主要职责：

（一）提出团体标准化工作的政策和措施建议；

（二）提出团体标准的编制建议；

（三）指导团体标准的编制工作；

（四）负责团体标准的技术内容及外文译本的审查；

（五）承担标准化工作办公室交办的其他工作。

未成立技术委员会的专业领域，可由标准化工作办公室组建专家组，由其代替技术委员会行使本条（二）、（三）、（四）款规定的有关职责。

第十二条　主编单位的主要职责：

（一）负责组建编写组，落实参编单位分工与保障措施；

（二）组织开展团体标准编制工作；

（三）全面负责团体标准编制的质量、进度；

（四）按照相关要求，协助开展团体标准解释；

（五）跟踪团体标准实施情况。

第十三条　参编单位的主要职责：

（一）负责所承担编制内容的质量；

（二）协办标准编制过程中的研讨、咨询等具体工作；

（三）落实主编单位安排的其他事项。

第三章　标　准　立　项

第十四条　团体标准立项阶段的主要工作包括：提出标准提案、初审、立项论证等。

第十五条　标准化工作办公室负责受理团体标准提案，提案包括团体标准立项申请书（附件1）和标准初稿等。

第十六条　标准化工作办公室负责对提案进行初审，通过审核的提案由标准化工作办公室组织立项论证会。

第十七条　立项论证会专家组由技术委员会委员或相应专家组成。专家组成员应具有代表性，一般不少于5人。

第十八条　立项论证会应形成明确的论证意见，包括是否同意团体标准立项、团体标准初稿框架及章节结构是否合理以及主编单位是否合适等。

第十九条　主编单位应是本专业领域内具有领先技术水平的法人单位，并具备团体标准编制所需的人员、设备、资金等相关条件。

第二十条　通过论证的团体标准提案，其有关信息应在本会官网公示15天。公示期满且无异议的，由本会批准立项。

第四章　标　准　编　制

第二十一条　团体标准在编制阶段的主要工作包括：起草、征求意见、审查、报批、编号、发布等。

第二十二条　主编单位应根据立项要求成立编写组并组织起草工作，形成征求意见稿和编制说明（附件2）等征求意见材料。

第二十三条　团体标准征求意见阶段的主要工作包括：

（一）标准化工作办公室发文定向征求意见，同时在本会官网公开，面向社会征求意见；

（二）主编单位对反馈意见进行汇总处理，形成送审稿、编制说明、意见汇总处理表（附件3）等送审材料。

征求意见的周期不少于30天，必要时应附专题或验证报告。

第二十四条　审查阶段的主要工作包括：

（一）标准化工作办公室组织召开送审稿审查会；

（二）主编单位根据审查意见修改完善送审材料，形成报批材料。

第二十五条　送审稿审查会应成立专家组，实行专家负责制。相关要求如下：

（一）专家组由技术委员会委员或相应专家组成；

（二）专家的遴应遵循回避原则；

（三）专家组成员应具有代表性，一般不少于7人。

对送审稿的审查，原则上应当协商一致。如需表决，应不少于专家人数的3/4同意方为通过。

第二十六条　送审稿审查会的审查内容主要包括：

（1）与国家有关法律法规、方针政策以及相关技术标准的协调一致性；

（2）适用范围合理性和准确性；

（3）技术内容与适用范围是否匹配；

（4）技术内容的科学性、先进性和可操作性；

（5）关键技术指标的来源和依据的准确性、合理性；

（6）体例格式的规范性等。

第二十七条　通过审查的团体标准送审稿，由编写组根据会议审查意见修改完善，形成报批材料，并报审查会专家组相关专家确认，直至合格；未通过审查的，退回编写组修改至合格；对限期内无法达到要求的，应终止编制。

第二十八条　报批阶段的主要工作包括：

（一）组织体例格式复读、英文翻译审查；

（二）在本会官网公示报批稿，公示期为 7 天；

（三）召开理事长办公会审定报批稿；

（四）对通过审议的团体标准履行发布程序。

第二十九条　团体标准以本会文件的形式发布。

第三十条　团体标准的编写参照 GB/T 1.1《标准化工作导则 第 1 部分：标准的结构和编写》的规定执行。对于工程建设、分析方法等团体标准的编写应参照国家相关规定执行。团体标准封面格式见附件 4。

第三十一条　团体标准编号由团体标准代号、中国水利学会代号、团体标准顺序号和年代号组成，其表示方式为：

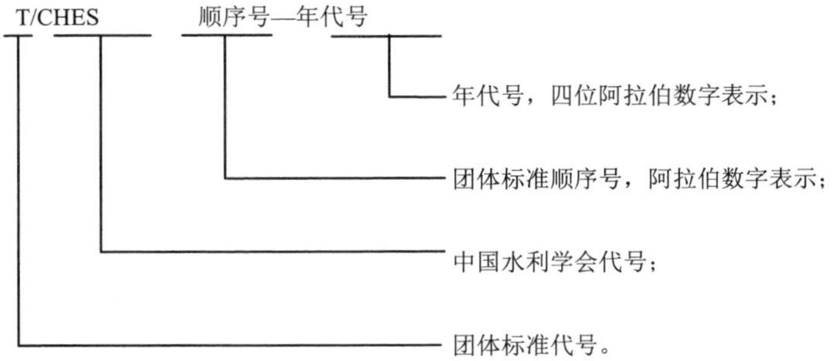

第三十二条　主编单位应妥善保存团体标准编制过程中形成的有关文件和资料，并建立相应档案。

第三十三条　团体标准的著作权归本会所有。

第五章　推　广　实　施

第三十四条　团体标准由本会会员约定采用，或者按照本会有关规定供社会自愿采用。

第三十五条 团体标准发布后，应及时在标准信息公共服务平台上公开团体标准的名称、编号、发布文件等信息。适时公开团体标准的全文或主要技术内容。

第三十六条 标准化工作办公室负责团体标准的推广与应用，可通过自律公约的方式推动团体标准的实施。适时开展团体标准化良好行为评价。

第三十七条 鼓励各有关单位、个人开展团体标准的宣传培训、贯彻实施、检测认证和业务交流等活动。相关活动的开展须经本会授权。

第三十八条 对于实施效果良好，且符合国家标准、行业标准制定要求的团体标准，可按照有关规定申请转化为国家标准、行业标准。

第三十九条 推动各部门、各地方在产业政策制定、行政管理、政府采购、社会管理、检验检测、认证认可、招投标等工作中应用团体标准。

第四十条 鼓励各有关单位积极参与国际标准化活动，推动将实施效果好、具有推广价值的团体标准转化为国际标准，推进团体标准与国外标准间的互认。

第四十一条 任何单位和个人均有权向本会反映团体标准的实施情况和存在的问题，举报、投诉违反强制性标准的行为。对实名举报人或者投诉人，本会应当告知处理结果，为举报人保密。

第六章 标准复审与修订

第四十二条 团体标准实施后，适时进行复审，复审周期一般不超过5年。

第四十三条 任何单位或个人均可向标准化工作办公室提出团体标准复审申请并填写团体标准复审申请表（附件5）。

第四十四条 标准化工作办公室对确有必要进行复审的团体标准，组织技术委员会或相关专家对复审申请材料进行审查并投票表决，提出标准继续有效、修订、废止、转化等意见。表决时需填写团体标准复审投票单（附件6），复审结论必须有复审专家的3/4以上意见一致方为通过。

第四十五条 复审结论须经本会理事长办公会审议决定，并向社会公布。

第四十六条 标准化工作办公室依据团体标准复审结论，定期公开有效团体标准清单。

第四十七条 对需要全面修订的团体标准，应按照本办法第四章规定的程序开展。

第四十八条 凡属下列情况之一的团体标准，应当进行局部修订：

（一）团体标准的部分规定已制约了科学技术新成果的推广应用；

（二）团体标准的部分规定经修订后可取得明显的经济效益、社会效益和生态环境效益；

（三）团体标准的部分规定有明显缺陷或与相关的国家标准相抵触；

（四）需要对现行的团体标准做局部补充规定。

局部修订程序可采用审查和报批两个阶段。

第四十九条 团体标准出版后，发现个别技术内容有问题，必须做少量修改或补充时，由主编单位提出团体标准修改申请单（附件7），经标准化工作办公室审核及有关专家审议通过后，以团体标准修改通知单（附件8）的形式配合原标准实施。

第七章　标　准　翻　译

第五十条　鼓励主编单位开展团体标准翻译工作，推动团体标准在国际上应用。

第五十一条　团体标准可翻译为英文或其他语种的译本，重点翻译国际市场有需求的团体标准。

第五十二条　团体标准翻译工作分为翻译、审查、发布等，有关阶段要求可参照团体标准编制程序。

第五十三条　鼓励团体标准的编制与翻译同步开展。

第八章　专 利 事 项 管 理

第五十四条　在团体标准编制的任何阶段，主编单位、参编单位和编写组应注意标准编制中可能产生的专利问题，避免出现侵犯知识产权的现象。

第五十五条　对于团体标准编制过程中涉及专利的，原则上应参考国家的相关标准或文件要求进行处理。

第五十六条　主编单位、参编单位应及时向标准化工作办公室披露其拥有和知悉的必要专利，提供相应专利信息及证明材料，并对所提供证明材料的真实性负责。未按要求如实披露其拥有和知悉的专利、违反诚实信用原则的，应当承担相应法律责任。

第九章　经　费　管　理

第五十七条　团体标准相关工作的经费来源主要包括：

（一）主编单位、参编单位自愿筹集；

（二）政府、社会团体、企事业单位、个人等资助或赞助；

（三）标准化工作办公室开展专业领域标准化咨询、服务、培训等工作的收入，标准文本和相关资料销售收入；

（四）其他合法经费来源。

第五十八条　团体标准经费的使用应符合国家有关规定和本会的财务管理有关要求。

第十章　附　　则

第五十九条　本办法自发布之日起施行。2016 年 9 月本会发布的《中国水利学会标准管理办法（试行）》（水学〔2016〕83 号）同时废止。

附录B 术 语 汇 编

附录B.1 国家和行业标准中的术语

序号	术语名称	英文对应词	定义
a部			
1	爱泼尔效应	Epper effect	在检定槽中检定流速仪时，由于流速仪及其悬杆向前运动产生的波峰引起湿润断面高度的增加和相对速度降低的现象
2	安泵段井径	diameter of pump installation section of well	安装抽水设备井段的直径
3	安全操作规程	operation regulations	为保证人身安全和设备正常生产而对各种技术操作所制定的必须遵守的统一规定
4	安全层	refuge floor	安全楼房屋中位于蓄滞洪设计水位以上、在蓄滞洪期间作为人员避洪和重要物品堆放场所的楼层或屋盖。可为单层或多层
5	安全超高	freeboard	挡水建筑物顶部高程超出最高静水位加波浪高度或爬高后的富裕高度
6	安全电压	safety voltage	加于人体上在一定时间内不致造成人身伤害的电压
7	安全阀	safety valve; relief valve	流体压力超过整定压力时能自动开启泄压的阀门
8	安全防护栏杆	safety protecting parapet	为防止人体从高处坠落，沿平台等场所的边沿固定安装的安全装置
9	安全防护装置	safeguard plan	配置在施工现场及生产设备上，起保障人员和设备安全作用的所有附属装置
10	安全分析	safety analysis	采用电力系统的实时数据对一组假想故障进行确定性的计算，以研究所采取对策的过程
11	安全隔离平台	safety isolating platform	施工现场必须实行交叉作业时，设置的将上下层分隔开、保护下层作业人员和设备安全的安全设施
12	安全管理员	security administrator	承担数据中心安全管理职责的专业技术人员
13	安全技术	safety technique	为控制或消除生产劳动过程中的危险因素，防止发生人身事故和财产损失而研究与应用的技术

续表

序号	术语名称	英文对应词	定　义
14	安全技术措施	safety technical measures	以保障职工安全、防止伤亡事故为目的，在技术上所采取的措施
15	安全监视	security monitoring	通过实时数据分析电力系统一连串偶然事件对电力系统运行安全的影响，判定系统所处状态（正常、紧急或恢复状态）的处理方式
16	安全建设	refuge construction for detention basin	为保障蓄滞洪区内防洪安全而采取的就地避洪、人口外迁、临时转移等避洪措施的总称，包括安全区、安全台、安全楼、转移设施的建设等
17	安全接地	safety earthing	为了人身安全要求的接地（如电机和电器的金属外壳的接地）
18	安全距离	safety pass clearance	起重机无论在停止或运动状态下，其任何部位、吊具、辅具、钢丝绳、缆风绳及重物与周围建筑物、固定设备或物体之间的最小允许距离
19	安全楼	refuge building	为分洪时临时避洪，在蓄滞洪区兴建楼层高于设计蓄洪水位的多层框架楼房，也称为避水楼
20	安全区	refuge area	在蓄滞洪区周围，利用蓄滞洪区围堤的一部分修建的小圩区，蓄滞洪水时不受淹，区内建设房屋和基础设施用来安置居民，并具有生产、生活条件，也称围村埝或保庄圩
21	安全审计员	security auditor	承担数据中心安全审计职责的专业技术人员
22	安全生产	safety in production	消除或控制生产过程中的危险源和危险因素，保证施工生产顺利进行
23	安全台	refuge platform	建筑在蓄滞洪区或圩区沿堤地带（或高地）高于设计洪水位的土台，供蓄滞洪区内居民定居或分蓄洪运用时临时避洪的场所。也称顺堤台、庄台或村台
24	安全通风	safety ventilation	为使涂装作业通风区域内任何部位在任何工作状态下易燃易爆气体浓度均达到国家防爆标准规定的安全浓度的通风措施
25	安全系数	safety factor	建筑物为保持稳定或结构强度安全所应具有的抵抗力与作用力的比值
26	安全修正值	safe adjustment value	根据工程的重要性和资料的代表性，为保证安全在校核洪水值上所加的修正值
27	安装	installation	泛指监测仪器的安置
28	安装测量	erection survey	工程建设中为安装预制构件（金属的或混凝土的）或机电设备而进行的测量工作
29	安装尺寸		在水平和铅垂面上，过滤器进出口中心线及端面之间的距离

续表

序号	术语名称	英文对应词	定义
30	安装高程	setting elevation	水轮机安装时作为基准的某一水平面的海拔高程。立轴反击式水轮机，指导叶中心高程；立轴冲击式水轮机，指喷嘴中心高程；卧轴水轮机，指主轴中心高程。量的符号：Z，单位为米（m）
31	安装高度	set up height	水泵基准面至进水池最低水位的高度
32	安装工程	equipment installation	将工程中的机械设备、电气设备、金属结构及辅助设施安置装配在设计部位的工作
33	安装记录	installation records	水工金属结构安装过程中进行的测量、检验、检测记录的统称
34	安装准确度	installation accuracy	仪器安装空间位置的允许偏差，或与设计值的允许偏差
35	鞍形支墩	saddle pier	形似马鞍、压力管道安设在其鞍形承座垫板上的支墩
36	岸边式厂房	river - side power house	位于河岸边，不直接承受坝上游水压力的水电站厂房
37	岸边污染带	near - shore pollution belt	当水体宽深比较大，废污水进入水体，在近岸水域形成一条明显的由废污水与天然水组成的带状污染区
38	岸冰	border ice	沿河岸冻结的冰带。 注：因形成的时间和条件不同，可分为初生岸冰、固定岸冰、冲击岸冰、再生岸冰和残余岸冰几种形式
39	岸坡式进水口	intake with inclined gate slots in the bank	闸门门槽（含拦污栅槽）贴靠倾斜岸坡布置的进水口
40	岸墙	side wall	修建在河岸或与水工建筑物相连接，用以挡土的建筑物
41	岸式进水口	intake built in the bank	一种独立布置进水口，包括岸塔式进水口、岸坡式进水口和竖井式进水口三种
42	岸塔式进水口	bank - tower intake	在从水库取水的水工隧洞首部依傍岸边山体修建的、形似塔而内设闸门以控制水流的取水建筑物
43	按频率减负载	load shedding according to frequency	当系统频率偏离额定值以下时，按预定要求断开次要用户，使频率回升的过程
44	按相起动	phase - after - phase start - up	为避开非故障相电流的影响，将同名相电流继电器和功率方向继电器串联单独组成跳闸回路的接线
45	暗管堵塞	drain pipe clogging	泥沙或其他杂质进入暗管造成排水不畅甚至失效的现象
46	暗管排水	pipe drainage	利用地下管道排除多余地下水及土壤水，降低地下水位的措施

续表

序号	术语名称	英文对应词	定　　义
47	暗管排水系统	subsurface pipe drain system	由田间排水暗管（吸水管）、地下集水管（沟）和附属设施等组成的排水系统
48	暗河	underground river	喀斯特地区，发育在地表以下的河流
49	暗屏运行	obscurity board operation	正常运行时各设备灯光位置信号灯熄灭，仅当故障设备发生故障时，其位置信号灯闪光的工作方式
50	暗渠	under drain	在地下开挖或砌筑的渠道
b 部			
51	巴克豪森噪声	Barkhausen noise	铁磁性材料在外加磁场作用下，磁畴壁（磁畴之间的交界面）将发生不可逆移动，这种移动会在探测线圈中产生一系列电脉冲信号。这个现象是由德国物理学家巴克豪森于 1919 年发现的，因而被称为巴克豪森噪声
52	巴歇尔槽	Parshall flume	一种由收缩段、窄颈段及扩散段所组成，剖面上具有反坡的短喉道测流槽
53	巴歇尔量水槽	Parshall flume	由巴歇尔发明，一种由收缩部、喉部和扩张段组成，使水流在喉部发生临界流以测定流量的工程设施
54	坝	dam	修建在河道或山谷中拦截水流、抬高水位、调蓄水量的挡水建筑物
55	坝袋	dam bag	采用专用硫化设备并经过一定的工艺流程，将帆布等骨架材料和各层橡胶一起进行硫化，并拼接成设计尺寸的胶布制品
56	坝袋强度设计安全系数	design safety factor of dam bag strength	坝袋抗拉强度与坝袋设计计算强度之比
57	坝袋设计高度	design height of dam	坝上游为设计水位，坝下游水深为零时的坝袋高
58	坝地	farmland formed in silt storage dam	在沟道拦蓄工程上游因泥沙淤积形成的地面较平整的可耕作土地
59	坝段	dam monolith	两条相邻横缝之间的坝体
60	坝高	dam height	坝的最低建基面（不包括局部深槽）至坝顶的高度
61	坝后背管	penstock on downstream face of dam	嵌敷在混凝土坝下游面上的压力管道
62	坝后式厂房	power house at dam-toe	靠近挡水坝下游坝趾、不直接承受坝上游水压力的水电站厂房，还包括厂顶溢流式厂房、厂前挑流式厂房等特殊布置的厂房
63	坝基抗滑稳定评价	assessment of stability against sliding of dam foundation	研究坝基岩土体的地质结构、力学强度及可能导致坝基滑移的各种地质因素，评价坝基在不同荷载组合条件下的抗滑稳定性

续表

序号	术语名称	英文对应词	定义
64	坝基渗透剖面图	seepage profile of dam foundation	按一定比例尺和图例，综合反映坝基垂直剖面上各种岩土体渗透性特征的图件
65	坝肩	dam abutment	坝体与两岸岩体的接触部位
66	坝内埋管	dam - embedded penstock	埋设在混凝土坝体内的压力管道
67	坝内式厂房	power house within dam	设在挡水坝体空腔内的水电站厂房
68	坝坡	dam slope	坝体上、下游面的坡度
69	坝身孔口泄流	flow discharge through dam orifice	通过设在坝体中的孔口或管道泄水的方式。根据孔口位置可分为表孔、中孔、深孔和底孔泄流
70	坝身排水管	drainage conduit in dam	在靠近上游坝面设置的为降低坝体内渗透压力的竖向孔管
71	坝式进水口	intake integrated with the dam	布置在挡水坝或挡水建筑物上的整体布置进水口（含水电站压力前池进水口）
72	坝式开发	dam type development	筑坝集中河段落差的水能开发方式
73	坝式水电站	dam - type hydropower station	用坝集中河段落差形成发电水头的水电站
74	坝系	dam system	在小流域中，由相互联系和发挥综合效益的淤地坝、治沟骨干工程和小水库等组成的坝库群工程设施
75	坝下埋管	pipe under embankment	埋设在土石坝下面，进口设控制闸门的洞形或管形过水结构物
76	坝长	length of dam	坝顶两端之间沿坝轴线的长度
77	坝址洪水	flood at dam site	建库前通过坝址断面处的洪水
78	坝趾	toe of dam	坝底下游端部位
79	坝踵	heel of dam	坝底上游端部位
80	坝轴线	dam axis	代表坝平面位置的一根基准线
81	白灾	snow tragedy in grassland	牧区当冬春降雪后积雪厚度大于草层高度，致使牲畜放养受到不同程度影响的一种自然灾害。当草甸草原积雪厚度大于25mm、典型草原大于20mm、荒漠草原大于15mm时，便形成白灾
82	白纸测图	blank paper mapping	在测图控制的基础上，根据地形图图式规定的符号，按一定比例尺将实地地表面各种地物和地貌测绘在空白图纸上的测图方法

续表

序号	术语名称	英文对应词	定义
83	摆动塔架	luffing mast	在摆塔式缆索起重机上用以支承承载索的一种结构件
84	摆塔索	luffing rope	使塔架沿上下游方向摆动的钢丝绳
85	摆柱支座	rocker - mounted ring girder support	在支承环的支柱底部与墩座铰接，可沿钢管纵轴向摆动，以适应其纵轴向伸缩位移的一种支承环式支墩
86	斑状结构	porphyritic texture	岩浆岩中由两种大小截然不同的矿物颗粒组成的结构
87	搬迁安置人口	population affected for household demolition and relocation	搬迁安置人口包括以下几种情况：①居住在建设征地范围内的人口；②居住在坍岸、滑坡、孤岛、浸没等建设征地影响区需要搬迁的人口；③库边地段因建设征地影响失去生产生活条件需要搬迁的人口；④居住在建设征地范围以外，但主要生产资料被全部征收且不能就近生产安置，需要搬迁到异地安置的人口
88	板的屈后强度	postbuckling strength of plate	板在屈曲后尚能承受继续增加的荷载的能力
89	板的屈曲	buckling of plate	薄板在压应力或剪应力的作用下不能继续保持原来平面状态的平衡而发生凹凸变形的现象
90	板块构造	plate tectonics	岩石圈被各种断裂或构造活动带分割成许多板块，各个板块生长、运移、消亡和彼此相互作用所形成的各种构造
91	板桩灌注防渗墙	sheet pile grouting wall	将带有灌浆管的钢板桩打入软基中，然后缓慢拔出，边拔桩边灌入水泥砂浆而建成的墙形防渗建筑物
92	板桩式挡土墙	shee - tpile retaining wall	利用板桩挡土、靠自身锚固力或设帽梁、拉杆及固定在可靠地基上的锚板维持稳定的挡土墙
93	板状构造	platy structure	变质岩中存在的一组密集互相平行的劈裂面，将岩石劈开成板状的一种构造
94	归零差（半测回归零差）	misciosure of round	水平角观测时，半测回中两次照准起始方向的方向值之差
95	半地下厂房	semi - underground power house	建在地面以下的坑槽中或竖井中，顶部露出到地表面以上的水电站厂房
96	半固定管道式喷灌系统	semi - fixed sprinkler system	动力机、水泵和干管固定不动而支管、喷头可移动的喷灌系统
97	半距等高线	half - interval contour	按 1/2 基本等高距描绘的等高线
98	半农半牧区	area with agriculture and stock raising	农业和牧业生产都占有较大比例的地区，也称农牧结合区或农牧交错带
99	半挖半填渠道	canal in cutting and filling	在渠道横断面上既有挖方又有填方的渠道

续表

序号	术语名称	英文对应词	定义
100	半致死浓度	median lethal concentration	引起暴露生物一半死亡的胁迫因子浓度
101	半重力式挡土墙	semi-gravity retaining wall	为减少圬工砌筑量而将墙背建造为折线型的重力式挡土建筑物
102	半自动焊	semi-automatic arc welding	一种借助人工才能前进施焊的埋弧自动焊接工艺方法
103	拌和	mixing	将配好的各项组成材料按一定技术要求顺序倒入拌和机里制成混凝土拌和物的工序
104	拌和楼	batching and miing plnt	一种具有连续储料、配料、拌和与出料等功能的生产混凝土的工厂
105	拌和时间	mixing time	全部材料加入完成至拌和料开始出料的时间
106	包裹	containment	将松散的土石料包裹聚合为大块体，防止其流失的功能。包括以有纺土工织物缝制成的个体土袋、大直径长管袋或大体积包，用于充填散土石、疏浚土或垃圾杂物等，利用其大体积和整体性特点，筑造堤坝，圈围人工岛，护岸防崩或形成建筑物的水下基础；或袋内充填混凝土或砂浆（土工模袋），凝固后的模袋常用于边坡防护。上述各工程构件包括格宾，国外统称为土工系统
107	包气带	aeration zone	地表面与潜水面之间，岩土体的空隙未被水充满呈不饱和状态的地带
108	薄壁缺口堰	thin-plate notch weir	在薄壁堰顶上切割一个缺口所构成的堰
109	薄壁堰	thin-plate weir	堰顶厚度小于堰上水头，具有锐缘堰口，溢流时水舌离开堰壁的薄板堰的总称
110	薄拱坝	thin arch dam	厚高比小于0.20的双曲拱坝
111	饱和度	degree of saturation	土中孔隙水的体积与孔隙体积的比值
112	饱和密度	saturated density	岩土完全饱和时单位体积的质量
113	饱和输沙	saturated sediment transport	挟沙水流的含沙量等于其平衡挟沙能力时的输沙状态
114	饱和土	saturated soil	土体孔隙被水充满的土
115	饱和吸水率	saturated percent sorption	岩石试件在强制状态下，最大吸水重量与岩石干重之比的百分率
116	饱水度	degree of saturation	土中水的体积与孔隙体积之比的百分率
117	保存剂	preservation agent	可固定水样中的待测组分或者抑制水样中待测组分的变化，且不干扰待测组分测定的各种化学试剂

续表

序号	术语名称	英文对应词	定　　义
118	保护测控装置	protection, measuring and controlling device	由测量单元、数据处理单元和控制保护单元等组成，集保护、测量、控制、状态监视和通信等功能于一体的数字式装置
119	保护层	protective layer	地基开挖中，为避免地基遭受破坏，在设计开挖界限以内预留一定安全厚度的待建筑物修建前再予挖除的岩层或土层
120	保护动作时间	operating time of protection	从继电保护装置测量元件开始始动至出口元件发出执行命令为止的全部时间
121	保护间隙	protection gap	带电部分与地之间用以限制可能产生危害的过电压的间隙
122	保护接地	protective earthing	为了人身安全要求的接地（如电机和电器的金属外壳的接地）
123	保护器分断时间	break - time of protector	保护器开始动作到切断电源所需要的时间
124	保护器分断延时时间	delay break - time of protector	从突然施加额定漏电动作电流到保护器开始动作的时间，又称“极限不驱动时间”
125	保护区	protected zone	按照水功能区划所划定的严格防止人为水污染，保护良好水质的区域。 注：包括生态环境及珍稀濒危物种的自然保护区、源头水保护区和大型调水及供水水源地
126	保护线	protection connection	低压系统电源中性点引出用来防止触电与设备金属外壳连接的金属导体
127	保留区	reserve zone	按照水功能区划所划定的目前开发利用程度不高，为今后开发、利用和保护水资源而预留的区域
128	保温模板	insulated formwork	在模板上敷设保温材料，以降低混凝土与外界环境热交换速率的模板
129	保修期	maintenance period	从工程移交证书中注明之日起，至有关规定或施工合同约定的保修时限止的时段
130	保证电能	firm energy	以水电站保证出力乘以相应的计算历时得出的电能量
131	保证供水线	dependable water supply level	调度图上水电站按保证出力运行与加大出力运行区的分界线
132	保证水位	highest safety stage	保证堤防及其附属建筑物在汛期安全运用的上限洪水位
133	报警联动	action with alarm	报警信号触发相关系统、设备进行动作（如报警图像复核、照明控制、信息服务等）的过程
134	报文	report text	系统中交换与传输的完整数据信息

续表

序号	术语名称	英文对应词	定义
135	报汛	flood – reporting	利用各种通信手段及时准确地向有关部门和地区报告雨情以及河流、湖泊、水库和其他水体的水情和水质的工作
136	暴露	exposure	胁迫因子对受体的接触或共存
137	暴露表征	characterization of exposure	科学评估受体对胁迫因子暴露途径与暴露剂量的过程
138	暴雨等雨量线图	isohyet map of rainstorm	某次暴雨或某时段暴雨降雨深度相等的各点连线图
139	暴雨洪水	storm flood	由暴雨所形成的洪水
140	暴雨洪水查算图表	applied rainstorm runoff charts	用于无资料或资料不足的中小流域设计暴雨及其洪水计算的图表
141	暴雨径流关系曲线	storm – runoff relation curve	表示暴雨与其所产生的径流在数量上的对应关系的曲线
142	暴雨调查	storm investigation	为查明有关地区暴雨的暴雨量、时程分配、空间分布、天气系统、灾情、重现期等所进行的调查工作
143	爆力	weightstrength; specific energy	炸药破坏一定体积介质的能力，常以一定重量炸药能炸开铅柱内空腔的容积来计算
144	爆破	blasting	利用炸药爆炸瞬时释放的能量，使介质压缩、松动、破碎或抛掷等，以达到开挖或拆毁目的的手段
145	爆破参数	blasting parameters	爆破介质与炸药特性、药包布置、炮孔的孔径、孔深、装药结构及起爆药量等影响爆破效果的因素的统称
146	爆破漏斗	explosion crater	集中药包在有限介质内爆炸时，所炸成的以药包中心为顶点、自由面为锥底的倒圆锥形爆破坑
147	爆破作用指数	crater shape characteristics	以爆破漏斗半径与最小抵抗线的比值表示爆破程度的参数
148	爆炸法消应	explosion elimination	通过在焊缝附近引爆小药量炸药产生的瞬时能量的作用，使焊缝处焊接残余应力重新分布以达到降低焊缝残余应力峰值的方法
149	爆炸排淤填石法	mud ejection and filled rock method by blasting	在抛石体外缘软土地基中埋放药包群，通过爆炸手段排开淤泥充填石料，一次达到设计堤基础断面要求的施工工法
150	爆炸置换法	explosive transpositional method	在滩涂上预抛块石（渣）料，采用爆炸的方法将堤基础软土置换成块石（渣）体的软土地基处理技术
151	北京坐标系	Beijing coordinate system 1954	中国天文大地网建立初期，经过与苏联天文大地网联测，于1954年确定的临时过渡性的坐标系统
152	备用电源	reserve source; stand – by source	工作电源因故障或其他原因退出运行后的补充电源

续表

序号	术语名称	英文对应词	定义
153	备用电源自动投入	automatic transfer to reserve supply	当供电设备（如厂用电源、线路、变压器）因故障被切除后，自动地将完好的备用供电设备投入使用，以保证正常供电的过程
154	备用电源自动投入信号	signal of automatic transfer to reserve supply	某一电源失电后，另一电源投入恢复供电的情况下，用音响或光字灯对此状态的显示
155	背景断面	background cross - section	为评价某一完整水系的污染程度，未受人类生活和生产活动影响，能够提供水环境背景值的断面
156	背景振动加速度噪声	background acceleration noise	台阵场地常时微小振动产生的加速度噪声
157	背拉杆	back pull rod	设置于人字闸门背面的斜拉杆件
158	背斜	anticline	岩层向上弯曲，侵蚀后核部岩层老，两翼岩层新且对称分布的褶曲构造
159	被动土压力	passive earth pressure	挡土结构物向填土方向转动或移动时，结构物后土体受到挤压而逐渐增加达到极限平衡状态时作用在结构物上的土压力
160	被动遥感	passive remote sensing	由传感器从远距离接收和记录目标物所反射的太阳辐射电磁波或物体自身发射的电磁波的遥感方法
161	被控端	controlled end	执行调度端指令的一方
162	被控制系统	controlled system	由调速系统所控制的被控对象的组合体，包括水轮机、引水和泄水系统、装有电压调节器的发电机及其所并入的电网
163	本初子午线	prime meridian	地球上计算经度的起始子午线或经线
164	本地网	local telephone network	水利通信本地电话网，指在同一公网长途区号范围内的所有交换、传输和用户终端等设备组成的电话通信网
165	本构关系	constitutive relationship	岩土介质的应力、应变、强度、时间以及温度之间的函数关系
166	崩岸	caving bank	岸滩土体在水流淘刷、自重、渗透压力等诸多因素综合作用下出现结构失稳，突然产生崩塌的现象
167	崩岗	slope collapse	山坡土体或岩石体风化壳在重力与水力作用下分解、崩塌和堆积的侵蚀现象
168	崩解性	disintegration; slaking	岩土体遇水湿化崩解成碎块的特性
169	崩落眼	stope hole	在掏槽孔的外围，起崩落岩体作用的主炮孔
170	崩塌	rockfall	岩土体急剧从陡峭山坡向下崩落的现象

续表

序号	术语名称	英文对应词	定义
171	泵保证流量	guaranteed pump discharge	在保证扬程和额定转速下，泵必须达到的流量
172	泵保证扬程	guaranteed pump head	额定转速和泵保证流量下的泵扬程
173	泵车	sliding pump carriage	水泵机组及其辅助设备装置在台车上，可随工作需要而移动位置的抽水设施
174	泵出口压力	pump outlet pressure	泵出口测点的表计压力与表计高程的校正值之和
175	泵船	pumping boat	抽水装置安设在泵船上，可以随水源水位的变化而浮动的泵站
176	泵额定转速	rated speed of pump	泵在设计流量和额定扬程下运行时，所规定的运行转速
177	泵房	main pump house	安装水泵机组并为其安全运行及安装检修提供便利条件的房屋，有堤身式泵房、堤后式泵房、开敞式泵房和淹没式泵房等
178	泵进口流量	pump inlet discharge	在泵的进口断面上测定的流量
179	泵进口压力	pump inlet pressure	泵进口测点的表计压力与表计高程的校正值之和
180	泵流量	pump discharge	通过水泵出口断面的流量
181	泵轮	pump wheel	叶片泵中实现旋转件机械能转换为水体机械能的转动部件
182	泵输出功率	pump output power	泵传递给液体的有效功率
183	泵送混凝土	concrete pumping	利用混凝土泵等设备通过管道来输送混凝土拌和物的施工方法
184	泵送混凝土压力	pumping concrete pressure	泵送混凝土时混凝土泵出口的混凝土压力，单位为兆帕（MPa）
185	泵送机构	concrete pump mechanism	混凝土泵的混凝土推送装置，由混凝土料斗、搅拌器、分配阀、混凝土缸、水洗箱和推送油缸等零部件组成
186	泵送水工混凝土	hydraulic pumpcrete for water resources and hydropower project	用于水利水电工程的挡水、发电、泄洪、输水、排沙等建筑物，密度为 2500kg/m^3 左右的可用混凝土泵泵送的水泥基混凝土
187	泵效率	pump efficiency	泵输出功率与轴功率之比
188	泵扬程	pump head	泵的进口、出口总水头之差
189	泵站	pumping station	以电动机或内燃机为动力机的抽水装置及其辅助设备和配套建筑物所组成的工程设施，也称为抽水站
190	泵站工程	pumping station project	运用泵机组及过流设施传递和转换能量、实现水体输送除害的水利工程

续表

序号	术语名称	英文对应词	定　义
191	泵站工程规划	planning of pumping station project	对提水灌排区合理划分，确定泵站规模和工程布置及其相应的技术、经济分析论证等工作
192	泵站机组安装测试	installation and testing of pumping unit	安装和调整抽水装置、辅助设备等工作，以及按规定时间进行空载和负载运转、全面检查安装质量、测定运行参数和考核运行状况
193	泵站计算机监控系统	computer monitoring system for pumping station	采用通信与计算机控制技术对泵站的设施设备和生产过程进行实时监测和控制，并对相关数据处理、储存与应用的系统
194	泵站监控层	supervisory control level of pumping station	建立在泵站现地控制层之上的泵站中央控制级
195	泵站监控自动化系统设备	automation system equipment for pump station monitoring and control	具有对泵站运行实施闭环调节控制、信号传输及自动监控等功能的系统设备
196	泵站建筑物	structures of pumping station	与主机组配套的泵房、取水、引水、进水和出水等工程设施
197	泵站空化系数	plant cavitation coefficient	在泵站运行条件下的空化系数
198	泵站控制与调节	control and regulation for pumping station	泵站计算机监控系统按照预定的决策参数或流程对泵站运行过程进行满足其要求的控制与调节
199	泵站设备	equipment of pumping station	泵站主机组、辅助设备及管道的统称
200	泵站现地控制层	local control level of pumping station	建立在泵站现地被控设备最低层的测量控制级
201	泵站现地控制单元	local control unit for pumping station	以可编程控制器或智能控制器为核心，配备有其他自动化仪器仪表等的成套装置，可对现场设备进行控制与调节，对主要运行参数进行测量、监视与报警的控制单元
202	泵站效率	pumping station efficiency	泵站有效功率与总输入功率的比值
203	泵站信息管理系统	information management system for pumping station	以泵站计算机监控系统、视频监视系统、网络通信系统等为基础，构建以满足泵站安全监视、自动控制与调节、经济运行、信息共享与泵站现代化管理等为目标的应用管理系统
204	泵站远程调度层	remote schedule level of pumping station	通过网络通信等手段建立的，实现泵站优化运行与调度的远程计算机调度系统

续表

序号	术语名称	英文对应词	定　义
205	泵站运行管理	operation and management of pumping station	泵站启动、停机、安全运行及技术管理、工程管理、经济运行和优化调度等工作的统称
206	泵轴功率	pump shaft power	泵轴接受的功率
207	泵最大流量	maximum pump discharge	在规定的运行范围及额定转速下，泵的最大流量
208	泵最小流量	minimum pump discharge	在规定的运行范围及额定转速下，泵的最小流量
209	比表面积	specific surface	单位体积或单位重量土颗粒的总表面积
210	比降面积法测流	measurement of discharge by islope area	通过实测比降和断面面积，选用合适糙率，用水力学公式计算河段瞬时流量的方法
211	比较蚀度	specific corrodibility	试样溶蚀量和标准溶蚀量之比
212	比例阀	proportional valve	输出量与输入信号成比例的液压阀，可按给定的输入信号连续地、按比例地控制液流的压力、流量的方向
213	比例-积分调速器	proportional - integral governor PI	能够实现比例积分调节规律的调速器
214	比例-积分-微分调速器	proportional integral - derivative governor PID	能够实现比例积分微分调节规律的调速器
215	比例极限	limit of proportionality	材料拉伸试验的应力与应变满足线性关系的最大（极限）应力值
216	比例式施肥泵	proportional water - driven chemical injector pump	在一定出口流量范围内，施肥装置向灌溉系统中注入的肥料（药）液体的流量与施肥泵出口流量之比保持相对稳定的水动式施肥泵。属于水动式施肥泵的一种特殊形式
217	比率制动差动保护	percentage restraint differential protection	保护的制动作用随外部短路电流大小成比例变化，保护的动作电流反应内部短路总电流，不带人为延时而跳闸的继电防御措施
218	比能	specific energy	任一断面每单位质量的水具有的能量（单位：J/kg 或 m^2/s）
219	比能不确定度	uncertainty of specific energy	比能值的相对不确定度
220	比能损失	losses of specific en-ergy	水电站引水建筑物中损耗的比能，等于电站比能与水轮机的水力比能之差（单位：J/kg）
221	比值图像	ratio image	用多波段遥感图像中每一像元在两个波段中反射率的比值所构成的新图像

续表

序号	术语名称	英文对应词	定　　义
222	比值影像	ratio image	用多波段遥感图像中每一像元在两个波段中反射率的比值所构成的新图像
223	比重计	densimeter	测定土的悬液中的干土质量或悬液比重的计量器具
224	比重瓶	pycnometer	具有固定容积，用称重法测量液体比重的专用瓶
225	毕托管	Pitot tube	通过量测垂直弯管上两个小孔之间的压差来推算流速的器件
226	毕托管法	Pitot – tube method	利用毕托管测量过流管道或渠道内的流速分布来求得流量的方法
227	闭合导线	closed traverse	起讫于同一控制点的导线
228	闭合流域	enclosed basin	地表水分水线与地下水分水线在垂直投影面上重合的流域
229	闭路循环破碎	clse – cycle crushing	石料经过一次破碎与筛分后，把较大粒径的部分返回再次破碎的一种加工流程
230	闭门力	closing force	关闭闸门所需的下压力、拖动力或转动力等
231	闭气	leakage stopping	合龙后用防渗材料封堵戗堤渗流通道的措施
232	闭锁式距离保护	blocking distance protection	当收到联系信号时，闭锁本侧跳闸以切除故障的继电防御措施
233	壁厚裕量	additional thickness	为考虑钢管锈蚀、磨损等而在计算厚度之外另行增加的管壁厚度
234	避雷器	lightning arrester; surge arrester	用于保护电气设备免受高瞬态过电压危害并限制续流时间也常限制续流幅值的一种电器
235	避雷器的残压	residual voltage of lightning arrester	放电电流通过避雷器时，其端子间的最大电压峰值
236	避雷线	overhead grounding wire	架设在架空输电线上方并直接接地或经小间隙接地的金属裸导线
237	臂柱	arm column	支臂中主要受力的工字形或箱形结构
238	边埂	side ridge	在水坠坝上、下游坝坡处填筑的挡泥围埂
239	变电所	substation	接受由供电线路输送来的电能，承担降压或直接用配电线或通过配电网络将电能进行分配的场所
240	边际成本	marginal cost	增加单位产量相应增加的成本
241	边角网	combined network of triangulation and trilateration	在测角网的基础上加测全部或部分边长的测量控制网
242	边梁	side beam	平面闸门两侧的纵梁

续表

序号	术语名称	英文对应词	定　义
243	边滩	alternative bar	位于河流主槽岸边的泥沙堆积体
244	边缘增强	edge enhancement	突出遥感图像中某些物体边界的一种图像处理方法
245	边柱	side column	设置在人字闸门两边的门轴柱及斜接柱
246	编稿法	compilation method	按规范的规定，用与印刷地图的颜色相近的几种颜色、综合地图内容各要素制成编绘原图的方法
247	编绘原图	compilated original map	按用图目的和要求，将编图资料按规范和图式的规定，经综合取舍而编制成的地图原图
248	编码	coding	将事物或概念（编码对象）赋予有一定规律性的、易于识别与处理的符号
249	编织袋谷坊	fibrage - bag check dam	为防止沟道冲刷及泥沙灾害，用编织袋装土在沟道内修筑的拦挡建筑物
250	扁平耐压力	compression resistance	软式透水管径向压缩某应变时所能产生的抵抗力
251	扁千斤顶法	flat jack technique	在岩体试验部位开凿狭缝，设置千斤顶，对狭缝两侧岩体施加压力，以研究岩体变形与压力的关系，求取岩体变形指标的原位试验方法
252	扁式铅鱼	flat type elliptic - type weight	适用于浅水河流，由对称型或非对称型曲线构成的剖面横向宽、高度低、流线型细长比较小的铅鱼
253	变幅机构	derricking mechanism	通过变换臂架或副臂的倾角改变幅度和起升高度的机构
254	变换检测图像	change - detection image	用同一地区不同时间获得的两幅（或更多）图像同一波段每个像元的亮度差所制作的新图像
255	变角调节	variable blade angle governing	调整叶轮叶片安装角度以改变水泵工作性能的调节方法
256	变晶结构	crystalloblastic texture	岩石由于重结晶所形成的结晶矿物具有明显同向排列的结晶质结构
257	变曲率拱坝	variable curvature arch dam	由抛物线、椭圆、双曲线、多心圆、对数螺线、统一二次曲线或其他变曲率的水平拱圈所组成的拱坝
258	变水头渗透仪	falling head permeameter	用于测定黏性土的渗透系数的仪器
259	变送器校准值	calibration value for transducer	根据用户具体需要，通过调整来改变变送器标称值而得到的某一量的值
260	变速调节	variable speed governing	调整叶轮转速以改变水泵工作性能的调节方法

续表

序号	术 语 名 称	英文对应词	定 义
261	变态河工模型	distorted river model	平面比尺与垂直比尺不相等的模型
262	变态河流模型	distorted river model	平面比尺与垂直比尺不相等的模型
263	变态混凝土	grout enriched vibrated roller compacted concrete	在已摊铺的碾压混凝土拌和料中，掺入一定比例的灰浆后振捣密实的混凝土
264	变态模型	distorted model	水平长度比尺与垂直长度比尺不相等的模型
265	变线仪	variomat	能在不影响摄影底片上图形大小的情况下，使线条或符号按比例改变粗细的一种光学投影工具
266	变形	deformation	因荷载作用而引起结构形状或尺寸的改变为变形，结构任一点的变形为位移
267	变形观测	deformation observation	测定建筑物在内外荷载和各种影响因素作用下产生的结构位移和总体形态的变化所进行的连续、定期测量工作
268	变形观测控制网	control network for deformation observation	为工程建筑物的变形观测而布设的平面和高程测量控制网
269	变压器的非标准变比	off - normal transformer tap ratio	变压器的实际运行的变压比与额定变压比之比值
270	变压器短路电压	short - circuit voltage of transformer	双绕组变压器当一侧绕组的端子短路，以额定频率的电压施加于多相变压器另一侧绕组的线路端子上或单相变压器另一侧绕组的端子上，并使其中流过额定电流时所施加的电压；多绕组变压器以任一对绕组组合为准，当该对中的一侧绕组短路，以额定频率的电压施加于多相变压器该对中另一侧绕组的线路端子上或单相变压器同一对中另一侧绕组的端子上，并使其中流过相当于该对中最小功率的额定电流时所施加的电压
271	变压器额定容量	rated power of transformer；transformer rating	变压器（并联电抗或消弧线圈）设计、制造厂保证和试验基础的视在功率
272	变压器分接头	transformer tapping	变压器为改变电压比而在绕组上引出的抽头
273	变压器负载损耗	load loss of transformer	变压器一侧绕组短路，当以额定频率对另一侧绕组施加额定电压，并使其中流过额定电流时，变压器所吸收的有功功率
274	变压器负载系数	Transformer load factor	变压器视在功率与额定容量之比
275	变压器过热保护	transformer overtemperature protection	反应变压器运行中温度超过允许值而动作的继电防御措施

续表

序号	术语名称	英文对应词	定义
276	变压器空载损耗	no-load loss of transformer	变压器一侧绕组开路，当以额定频率的额定电压施加于另一侧绕组时，变压器所吸收的有功功率
277	变压器零序保护	transformer zero-sequence protection	反应变压器高、中压侧和相邻元件发生接地短路而动作于跳闸，作为变压器和相邻元件的后备保护的继电防御措施
278	变压器输出功率	transformer power output	变压器输出接线测得的功率（单位：W）
279	变压器输入功率	transformer power input	变压器输入接线测得的功率（单位：W）
280	变压器损耗	losses of transformer	在变压器输入端功率与变压器输出端功率之差（单位：W）
281	变压器—线路组接线	transformer-line unit connection	变压器经过一台断路器和隔离开关直接（不经过母线）与线路连接的接线方式
282	变压器效率	transformer efficiency	电站输出功率除以发电机输出功率
283	变压器阻抗电压	impedance voltage of transformer	双绕组变压器当一侧绕组的端子短路，以额定频率的电压施加于多相变压器另一侧绕组的线路端子上或单相变压器另一侧绕组的端子上，并使其中流过额定电流时所施加的电压；多绕组变压器以任一对绕组组合为准，当该对中的一侧绕组短路，以额定频率的电压施加于多相变压器该对中另一侧绕组的线路端子上或单相变压器同一对中另一侧绕组的端子上，并使其中流过相当于该对中最小功率的额定电流时所施加的电压
284	变异系数	variation coefficient	用一组强度测定值的标准离差和其算术平均值之比来评定混凝土质量均匀性的一种指标
285	变余结构	palimpsest texture	岩石由于重结晶作用不完全，仍保留有原岩结构特征的一种变质岩结构
286	变制冷剂流量多联分体式空气调节系统	variable refrigerant volume split air conditioning system	一台或一组室外空气源制冷或热泵机组配置多台室内机，通过改变制冷剂流量适应各房间负荷变化的直接膨胀式空气调节系统
287	变质岩	metamorphic rock	岩石经过变质作用，其矿物成分、结构和构造发生变化后形成的岩石
288	变质作用	metamorphism	在高温高压下，使岩石的矿物成分、结构、构造发生变化，成为一种新岩石的地质作用
289	便携式触探仪	portable cone penetrometer	能够进行单参数或多参数测定，结构相对简单、便于携带及操作的触探仪
290	便携式水质监测仪	portable water quality monitor	可随身携带、能在现场快速测量分析水质参数的仪器

续表

序号	术语名称	英文对应词	定义
291	标称电源	nominal power supply	制造厂在设计中为仪器规定的供电电源（额定电压和频率）
292	标称顶值电压	nominal ceiling voltage	励磁绕组在最高规定运行温度时，励磁系统在短时内能提供的最大直流分量电压
293	标称放电电流	nomimal discharge current	用来划分避雷器等级的、具有 8/20 波形的雷电冲击电流峰值
294	标称系统电压	nominal system voltage	标识一个电力系统并确定其某些运行特性的线电压有效值。 标称系统电压应符合 GB/T 156 的规定。我国电力系统 0.38～500kV 的标称系统电压分别为 0.38kV、3kV、6kV、10kV、35kV、66kV、110kV、220kV、330kV、500kV
295	标定试验工况	standardized test condition	搅拌机满足下列规定的生产工况定义为标定试验工况： a）计量后的混凝土各组成材料能及时、完全、准确进入搅拌机内，搅拌连续、顺利、均匀，成品混凝土出料及时、畅通； b）生产出的混凝土各组成材料应符合 DL/T 5112—2009 和 DL/T 5144 的要求； c）对于周期式搅拌机，每搅拌一罐次的混凝土量（以捣实后体积计）应为公称容量的 100%～110%； d）搅拌时不加影响搅拌时间的掺合料或添加剂，不加片冰，不进行干搅拌；混凝土骨料级配按搅拌机允许骨料最大粒径要求； e）预拌混凝土坍落度：对于自落式搅拌机应为 30～70mm，对于强制式搅拌机应为 10～70mm； f）预拌混凝土捣实密度介于 2.4～2.65kg/L； g）供给搅拌机的电压、气压保持稳定：电压为设计额定值的 95%～105%，气压为 0.5～0.7MPa； h）搅拌机运行所需的液压油及润滑油（脂）供给充分； i）生产出的混凝土质量持续稳定，满足预定质量指标
296	标石	markstone	标定控制点位置的永久性标志
297	标识符	identifier	数据库中用于唯一标识数据要素的名称或数字，标识符分为表标识符和字段标识符
298	标识系统	identification system	为向风景区游客指导方向、指明位置、介绍情况、提示警告、表达信息以及传达景区发展理念而设置的系列化标识，是风景区重要的服务设施系统
299	标幺值	per - unit value	电气量（如阻抗、导纳、电流、电压与功率等）的相对值，即电气量的实际值与同单位基准值之比

续表

序号	术语名称	英文对应词	定义
300	标幺制	per - unit system; p. u. system	在电力系统计算中，电气量（如阻抗、导纳、电流、电压与功率等）用其相对值（无单位）来表示的体系，即电气量实际值与同单位基准值之比的计算体系
301	标志层	key bed	测区内分布稳定、具有特殊的地质标志，易于识别，用于统一划分地层、区别岩组的地层
302	标准不确定度	standard uncertainty	以标准偏差表示的不确定度
303	标准差	standard error	在相同的观测条件下，当观测次数趋于无穷大时，各个独立观测值真误差平方之算术平均数极限的平方根值
304	标准冻深	standard frost depth	邻近工程地点气温条件相近的气象站近期观测系列不短于 20 年的历年最大冻深平均值
305	标准断面测流	standard section flow measurement	选择顺直渠段上某一标准断面，用流速仪率定通过该断面流量与水位的关系，利用该关系，根据水位读数测出渠道流量的方法
306	标准贯入试验	standard penetration test	用质量为 63.5kg 的穿心锤，以 76cm 的自由落距，将标准规格的贯入器在钻孔孔底预打 15cm，测记再打入土中 30cm 所需锤击数，判定土的力学特性的原位试验
307	标准贯入仪	standard penetrometer	以规定的锤击动能将标准规格的贯入器击入钻孔底部土中至预定深度，并测量和记录相应的标准贯入击数的原位测试仪器
308	标准流速仪	standard current meter	性能稳定、被精确检定过的作为流速仪检定槽或其他流速仪比对基准的流速仪
309	标准水面蒸发器	standard evaporator of water surface	经过与各气候区大型蒸发池对比观测试验和高寒地区抗冻裂试验，且行业主管部门组织专家鉴定后定型，并被水面蒸发观测规范作为标准仪器在站网统一使用的水面蒸发器
310	标准水位值	standard stage value	为检测水位计误差而由水位检定试验台提供的准确水位值
311	标准小区	standard runoff plots	在全年裸露、常年休闲的平整坡面上设置的宽为 5m，水平坡长 20m，水平投影面积 $100m^2$，用于观测径流和土壤侵蚀的试验场地
312	标准组合	characteristic combination	正常使用极限状态验算时，永久荷载与可变荷载均采用标准值的荷载效应组合
313	表观流速	apparent velocity	流体流经土体的单位横截面积时的平均流速
314	表观密度	density	骨料颗粒单位体积（包括颗粒内封闭孔隙）的质量
315	表计高程	gauge height	测量表计在测点以上的高程
316	表计高度	gauge height	测量表计在测点以上的高度按该点浑水密度折算的水柱高度

续表

序号	术 语 名 称	英文对应词	定　　义
317	表计压力	gauge pressure	系统中任意测点大于或小于大气压力的表计读数
318	表计压力水头	pressure head	以水柱高度表示的表计压力与表计高程之和
319	表结构	table structure	定义一个表的字段、类型、主键、外键、索引等
320	表孔溢流	crest overflowing	通过溢流坝顶开敞式或带胸墙的孔口溢流泄水的方式
321	表面保护	surface insulation	对新浇筑的混凝土表面，为预防寒潮低温袭击或其他目的所采取的保护措施
322	表面爆破	concussion blasting	将药包放在介质表面上引爆的爆破技术
323	表面粗糙度	surface roughness	预处理后基体金属表面的粗糙程度。合适的粗糙度使涂层与基底很好咬合，从而具有理想的结合强度
324	表面裂缝	surface crack	外层混凝土的收缩受到内层的约束出现的温度拉应力超过混凝土的抗拉强度时所产生的浅层裂缝
325	表面清洁度	surface cleanliness	除去钢铁表面氧化铁、铁锈和其他附着物的程度。清洁度分四个等级，清洁度等级越高，涂层保护效果越好
326	表面热处理	surface heat treatment	仅对工件表层进行热处理以改变其组织和性能的工艺
327	表面涂抹	surface coating	为防止建筑物免受损坏而在表面涂上一层水泥砂浆的工程保护措施
328	表面预处理	surface preparation	为提高涂层与基体间结合力及防腐蚀效果，在涂装前用机械方法或化学方法处理基体表面，以达到符合涂装要求的措施
329	表面振捣器	surface vibrator; form vibrator	放置在混凝土拌和物表面或附在模板外面，用以振捣混凝土的机具
330	表土（A）层	surface horizon	位于单个土体的最上部。在该层的生物活动最强烈，进行着有机质的积聚、分解或物质的淋溶等过程。A层根据不同的土壤类型，可细分成残落物层（A00）、粗有机层（A0）、腐殖质层（A1）、耕作层（A）、犁底层（AP）、灰化层、灰漂层（Ab）和过渡层（AB）等
331	冰坝	ice dam	大量流冰至浅滩、弯道、卡口及在未解体的冰盖前缘受阻，形成横跨河面并显著壅高上游水位的冰块堆积体
332	冰坝洪水	ice - dam flood	大量流冰至浅滩、弯道、卡口及在未解体的冰盖前缘受阻，形成横跨河面的冰块堆积体并显著壅高上游水位，造成的洪水现象
333	冰变色	color change of ice cover	融冰过程中，封冻冰盖表面颜色发生变化的现象
334	冰层浮起	floating ice cover	封冻冰盖脱离两岸呈整片浮于水面的现象
335	冰层塌陷	ice sheet depression	封冻冰盖向河心方向的凹陷或断落的现象

续表

序号	术语名称	英文对应词	定义
336	冰底边	ice base boundary	冰层下表面与河岸接触的位置
337	冰堆	ice pack	平整封冻冰盖表面的突出局部冰体
338	冰缝	ice crack	封冻冰盖上的缝隙
339	冰盖	ice cover	横跨两岸覆盖水面的固定冰层
340	冰厚仪	ice thickness meter	能自动测量封冻冰厚、岸冰或冰块厚的仪器
341	冰花	frazil slush	浮于水面或水中的水内冰、棉冰和冰屑等
342	冰花采样器	frazil slushsampler	采集冰花用的采样器
343	冰花尺	frazil slushruler	测量冰花层厚度的专用测尺
344	冰花厚	thickness of frazil slush	浮于水面和水中或冰盖以下的水内冰、棉冰和冰屑的厚度
345	冰滑动	dislodging of ice cover	整片或分裂成大面积的封冻冰盖，时而顺流滑动，时而停滞不动的现象
346	冰脊	ice ridge	封冻冰盖表面隆起的垄状冰带
347	冰礁	ice reef	冻结于河底并露出水面的冰体
348	冰凌	ice run	水在0℃或低于0℃时凝结成的固体为冰，流冰为凌
349	冰流量	ice discharge	单位时间内通过某一断面的冰块或冰花的体积
350	冰碛土	moraine soil	经冰川搬运由冰川刨蚀和寒冻风化所形成的碎屑物质
351	冰碛物	glacial drift deposit	冰川或冰水搬运物质的沉积体
352	冰桥	ice bridge	上下游均为敞露水面，中间为横跨河面的固定冰盖
353	冰情	ice regime	寒冷季节江河常出现结冰、封冻和解冻过程的一系列现象
354	冰情符号	ice regime code	按统一规定用以表征各种冰凌现象的相应符号
355	冰情观测	ice regime observation	选择代表性河段，在整个冰期内对冰情现象进行测量或目测的作业
356	冰情目测	visual observation of ice regime	选择代表性河段，在整个冰期内对冰凌现象进行目测的作业
357	冰情图	ice regime chart	在冰情观测中为补充文字说明，以写生法、填图法或摄影法等绘制的河段冰图
358	冰情预报	ice regime forecast	应用气象、水文、冰情历史资料，以及现时信息和河道特征，根据热力学和水力学原理，对各种冰情要素进行预报
359	冰丘	ice mound	在封冻冰盖表面，鼓起的锥体或椭球体冰包
360	冰塞	ice jam	封冻冰盖下面，大量冰花堆积，堵塞了部分水道断面，造成上游水位壅高的现象
361	冰塞洪水	ice-jam flood	封冻冰盖下面，大量冰花堆积，堵塞了部分水道断面并壅高上游水位，造成的洪水现象

续表

序号	术语名称	英文对应词	定义
362	冰上覆雪	snow cover over ice	封冻冰盖表面覆盖积雪的现象
363	冰上结冰	aufeis	冰上水洼、流水、冰上冒水、雪融化遇到寒冷生成的冰
364	冰上流水	water flow over ice	冰面上流水的现象
365	冰上冒水	upwelling over ice	从封冻冰盖的缝隙、孔洞等处向上冒水的现象
366	冰上有水	accumulation of melt water	冰面上大面积水洼的现象
367	冰下过流能力	subglacial carrying capacity	江河（或渠道）封冻期冰盖下通过水流的能力
368	冰屑	shuga	破碎的冰凌，多呈白色片状或海绵状的屑冰
369	冰压力	ice pressure	冰层膨胀对建筑物表面产生的静压力和流冰撞击对建筑物表面产生的动压力
370	冰钻	ice drill	在冰上钻孔的工具
371	并激	shunt excitation	由电机机端电压作电源提供励磁电流的励磁方式
372	并激直流发电机	shunt excited DC generator	具有并激励磁绕组的直流发电机
373	并接水动式施肥泵	on - line water - driven chemical injector pump	不安装在灌溉系统主管路上，具有一个肥料（药）液体进口、一个肥料（药）液体出口、一个驱动水进口、一个驱动水出口（驱动水出口排出的驱动水不返回灌溉系统主管路）的水动式施肥泵
374	并励	shunt excitation	由电机机端电压作电源提供励磁电流的励磁方式
375	并联 PID 调速器	parallel PID governor	以并联环节方式的结构实现 PID 调节规律的调速器
376	并联抽水装置	parallel pumping system	两台或两台以上水泵的出水管汇合成一条共同的出水管道的抽水装置
377	并联电抗器	shunt reactor	并联连接在系统中，用以补偿电容电流的电抗器
378	并联线路	parallel line	两条或数条输电线路的首端均连接在同一母线上，而其末端均连接在另一条母线上的输电线路
379	并联运行	parallel operation	两台或两台以上发电或供电设备并联作同步运行的运行方式
380	波带板激光准直	laser alignment with zone plate	利用激光器点光源发射的一束激光通过波带板会聚光束进行精密准直的一种方法
381	波动稳定断面	cross - section area of oscillating stability	满足室内水位波动稳定条件下调压室所需的最小横截面积
382	波纹管伸缩节	bellows expansion join	具有较强轴向位移、径向位移和角位移补偿能力的波纹状管节
383	波高	wave height	相邻波峰波谷的垂直距离

续表

序号	术语名称	英文对应词	定义
384	波浪爬高	wave run-up	从静水位算起的波浪沿海堤等建筑物爬升的垂直高度
385	波浪浅水变形	transformation of waves entering shallow water	波浪从深水传入浅水过程中，由于受到水深变浅、地形复杂、海底摩擦、水流作用以及障碍物的影响，其波高、波长、波向均发生变化，这种变化称为波浪浅水变形
386	波浪侵蚀	wave erosion	由风或行船等扰动水面形成波浪，冲击岸坡、堤防并产生崩塌、磨蚀和淋溶的过程
387	波浪绕射	wave diffraction	波浪传播过程中遇到岛屿、岬角或人工建筑物等障碍物时，部分波浪将绕过障碍物继续传播，并在障碍物后受掩护的水域上也出现波动，这种现象称为波浪绕射
388	波浪要素	wave fact	波高、波长、周期及波向统称为波浪要素。波高 H 是指波峰与波谷垂直距离，波长 L 是指相邻两波峰或波谷间水平距离，周期 T 是指相邻两波峰或波谷传播至参考点的时间间隔，波向是指波浪的传播方向
389	波浪折射	wave refraction	波浪自深水向岸边传播进入浅水后，由于水下地形或水流作用的影响，等深线往往与波峰线不平行，在平面上波浪传播方向发生偏转并引起波浪要素的变化，这种近岸波浪传播变形现象称为波浪折射
390	波速	wave velocity	洪水波同位相水位（流量）在河道中的传播速度
391	波涌灌溉	surge flow irrigation	采用间歇交替方式向畦田或灌水沟放水的灌水方法
392	波阻抗	wave impedance	远距离输电线路在正弦交流电压作用下传播交流电流所呈现的线路阻抗，即单位长度的阻抗和导纳比值的平方根
393	玻璃质结构	vitreous texture	岩浆岩中全部由天然玻璃物质组成的结构
394	剥离层	top soil	料场或地基表层含有腐殖土、有机物或其他不合要求的物料需要先行清除的废弃层
395	播前灌溉	preseeding irrigation	为保证种子萌芽和苗期用水，在作物播种前进行的灌溉
396	播前灌水定额	preseeding irrigation duty; preseeding irrigation water quota	为保证旱作物种籽发芽和出苗，播种以前单位面积上的灌溉用水量
397	泊松比	poisson's ratio	以弹性材料在单向受拉力（或压力）条件下，其横向（与受力方向正交的方向）应变与受力方向应变之比值表征的材料横向变形特性的常数
398	补偿补助	compensation and allowance	根据土地管理法规定，征收耕地应支付土地补偿费和安置补助费。土地补偿费和安置补助费根据国家和地方政府的有关规定计算。也包括对建设征地范围内的房屋等建（构）筑物、林（果）木、设施和设备、居民搬迁，以及其他方面的补偿、补助

续表

序号	术语名称	英文对应词	定义
399	补偿器水准仪	compensator level	利用自动安平补偿器代替水准器，自动获得水平视线的水准仪
400	补偿调节	compensating regulation	根据水库群的水文特性、调节性能特点，通过对各水库的统一调度，提高水利工程效益
401	补偿张拉	compensatory tension	预应力锚索锁定后，为补偿预应力损失而进行的再次张拉作业
402	补液桶	container for additional solution	内装不冻液的加盖容器，具有定时向融雪器补充定量不冻液的功能
403	不闭合流域	non - enclosed basin	地表水分水线与地下水分水线在垂直投影面上不重合的流域
404	不变价格	fixed price	由国家统计主管部门规定的在某段时期内统一的计算价格
405	不衬砌隧洞	unlined tunnel	内壁大部分不衬护的水工隧洞
406	不冻液	antifreeze solution	冰点较低的特殊液体，具有良好低温融雪性能，密度小于或接近于水，在仪器使用环境范围内不冻结
407	不冻液式雨雪量计	rain and snow recorder with no - freeze fluid	降雨、降雪落入仪器承雨口中不冻液内，排出不冻液体和雪水的混合液体，再用测量降雨的方法，测量混合液体量，从而测得雨雪量的仪器
408	不对称过负荷保护	asymmetrical overload protection	为防止负序电流对发电机转子的危害，当负序电流超过预定允许值时带一定延时而跳闸的继电防御措施
409	不对称运行	asymmetric operation; non - symmetric operation	三相（或多相）系统在相幅值或相角距不等情况下的运行状态
410	不符合度	non - conformity	振弦式传感器正、反行程实际平均特性曲线相对于参比曲线的最大偏差，用满量程输出的百分比来表示
411	不固结不排水三轴试验	unconsolidated - undrained triaxial test	对试样施加围压和增加轴向压力直至破坏的过程中均不允许试样排水的三轴剪切试验
412	不间断电源	uninterrupted power supply	当主电源供电中断时，后备电源及时自动投入，在一定时间内保证供电不中断的能源
413	不均匀沉降	differential settlement	基础底面上某两点的沉降量之差值
414	不均匀系数	coefficient of unifo-rmity	反映土颗粒粒径分布均匀性的系数，为限制粒径与有效粒径的比值
415	不可修复元件	non - repairable component	工作一段时间以后发生了故障，不能修理恢复到原来的工作状态或无修理价值的元件

续表

序号	术语名称	英文对应词	定义
416	不可用率	unavailability	可修复元件在起始时刻处于正常工作状态的条件下，在时刻 t 处在故障停运状态的概率
417	不连序系列	serie swith non - successive order	考虑调查洪水，有间断情况由大到小排列的洪水系列
418	不连续级配土	gap - graded soil	由于土中缺乏某一范围的粒径而使粒径分布曲线上出现台阶状的土
419	不良数据辨识	bad data identification	确定量测采样中确知的不良数据具体测点位置的方法
420	不良数据估计	bad data estimation	确定不良数据所在测点位置和给出不良数据的估计值
421	不良数据检测	bad data deter mination	判断某次量测采样中是否存在不良数据的程序功能
422	不平衡电流	unbalance current	正常运行情况和外部穿越短路时流过差动回路的电流，或对称运行情况下负（或零）序滤过器的输出电流
423	不平衡输沙	non - balanced sediment transport	挟沙水流的含沙量大于或小于其平衡挟沙能力时的输沙状态
424	不确定度	uncertainty	被测量值按一定规定概率可能出现置信上下限的区间界值
425	不确定性分析	sensitivity analysis	研究不确定因素变动对建设项目方案经济效果影响程度的工作
426	不稳定坡	unstable slope	坡角大于该岩土的安息角，或因不良地质影响呈不稳定状态的岩土体边坡
427	不锈钢	stainless steel	铬含量不小于10.5%，碳含量不超过1.2%，以不锈和耐蚀性为主要特征的钢材。包括奥氏体不锈钢、铁素体不锈钢、马氏体不锈钢和沉淀硬化不锈钢等
428	不锈钢复合钢板	stainless compound steel	由基层和复层组成的板材。复层为不锈钢板，基层为低合金钢板或碳素结构钢板
429	不整合	unconformity	新老岩层之间存在一个区域性的沉积间断，新老岩层成角度相交的接触关系
430	不正常工作状态	abnormal operation state	电力系统已偏离正常工作点，但尚未发展成为故障时的工作状态
431	不重复度	non - repeatability	传感器在一段时间间隔内，在相同的工作条件下，输入量从同一方向作满量程变化，多次趋近并到达同一校准点时所测量的一组输出量之间的分散程度，用满量程输出的百分比表示
432	不重复度 R	non - repeatability	表示传感器在不变的工作状态下，重复给定某个相同输入值时输出值的分散程度，一般以满量程输出的百分比表示

续表

序号	术语名称	英文对应词	定义
433	步进电机式垂线坐标仪	step motor type pendulum coordinometer	在检测仪或测控装置的控制下，利用步进电机驱动探头或传感器，测得垂线在 X、Y 轴方向的位置，并与初始位置相比求出垂线的位移量的垂线坐标仪
434	步进电机式引张线仪	step motor type wire alignment transducer	在检测仪或测控装置的控制下，利用步进电机驱动探头或传感器，测得垂直于引张线方向的水平位置，并与初始位置相比求出位移量的引张线仪
435	部分贯入井	partially penetrating well	未揭穿整个含水层或进水部分仅揭穿部分含水层的井
436	部分平衡式升船机	ship lift with partial balanced	所配的平衡重重量与带水船箱重量不等的垂直升船机
437	部门网	department network	在水利信息网中，各单位的内部局域网络
c 部			
438	材料费	material cost	用于建筑安装工程项目上的消耗性材料、装置性材料和周转性材料摊销费
439	材料基价	material basic price	进入工程单价参加取费的主要材料的限制价格
440	材料价差	material price discrimination	根据材料预算价格与材料基价之间的差额以及材料消耗量计算的价差金额
441	材料强度标准值	characteristic value of material strength	结构或构件设计时，采用的材料强度的基本代表值。按符合规定质量的材料强度的概率分布的某一分位值确定
442	材料强度设计值	design value of material strength	材料强度标准值除以材料性能分项系数后的值
443	材料系数	material factor	钢材的标准屈服点与预计可能出现的更小屈服点之比值
444	材料预算价格	material estimated price	材料由来源地到达用料地点仓库，并计入材料在采购、装卸、运输、包装、管理等过程中所发生的费用后的出库价格
445	财务评价	financial evaluation	按国家现行财税制度和价格，从财务角度对工程项目的费用、效益和债务偿还能力，以及财务生存能力、盈利能力等所做的分析评估
446	裁弯比	cut off ratio	裁弯段老河道纵轴线长度与新河道纵轴线长度的比值
447	裁弯工程	cut off works	为扩大河道泄洪能力、缩短航程、集中水流，将过分弯曲的河道进行人工裁直的措施
448	裁弯取直	channel cutoff	裁去河道的弯曲部分，缩短河道流程，加大比降的治河措施
449	采果强度	pick intensity	在采果植株上，剪采果枝数量占结果枝总量的比例
450	采空区	mined - out area	地下矿层被开采后形成的空间及其影响范围，分为老采空区、现采空区和未来采空区

续表

序号	术语名称	英文对应词	定义
451	采暖	heating	使室内获得热量并保持一定温度，以达到适宜的生活条件或工作条件的技术，也称供暖
452	采砂量	sediment mining amount	以泥沙利用为目的，通过人工或机械作业，由河道挖走的泥沙量。采砂量大小以泥沙体积或质量计量，单位为立方米（m^3）或吨（t）
453	采石场	quarry area	具有一定储量和质量的石料，可集中开采供工程使用的场所
454	采样（取样）	sampling	从水体中采集一部分具有代表性的水样，以供检验各种规定的特性指标的过程
455	采样垂线	sampling vertical line	从水体中采样的垂直区域
456	采样点	sampling point	在采样垂线上采集样品的确切位置
457	采样断面	sampling cross - section	为监测水质参数而设置的水样采集横断面
458	采样井，监测井	sampling well	用作地下水动态观测或在抽水试验中用作监测地下水位、水质、水量、水温变化的钻孔、民井或生产井
459	采样频率	sampling frequency	单位时间的采样次数
460	采样器	sampler	间接或连续地取得水样，对各种规定特性指标进行检验所使用的装置
461	采样时间	sampling time	每次采样所需时间的长短，又称为采样时段
462	彩红外片	infrared colour film	一种由两层或三层感光乳剂构成，能感受红外线、红光和绿光的胶片
463	彩色合成	color composite	用同一地区不同波段的正片，配以特定的滤光片，将它们精密地重叠在一起，以合成彩色图像的方法
464	彩色合成仪	color additive viewer	显示和处理多光谱图像的装置
465	彩色增强	color enhancement	对多波段的遥感黑白图像（胶片），通过不同的波段进行假彩色合成或彩色显示，突出不同地物之间的差别，以提高解译效果的处理方法
466	参比电极	reference electrode	在同样的测量条件下自身电位稳定的，用以测量其他电极电位的电极
467	参比特性	reference characteristics	传感器用作参考和比对的输出—输入特性的直线或曲线
468	参考椭球	reference ellipsoid	各国为处理其大地测量成果而选用的一个大小、形状与地球接近的地球椭球
469	参考椭圆体	reference ellipsoid	各国为处理其大地测量成果而选用的一个大小、形状与地球接近的地球椭球

续表

序号	术语名称	英文对应词	定　　义
470	参考作物蒸发蒸腾量	reference crop evapotranspiration	一种假想参照作物冠层的蒸发蒸腾量。假想作物的高度为0.12m，固定的叶面阻力为70s/m，反射率为0.23，非常类似于表面开阔、高度一致、生长旺盛、完全遮盖地面又不缺水的绿色草地的蒸发蒸腾量，又称参照作物需水量
471	参数波动量		测程中的参数（水头、流量、功率及转速值）相对于其平均值的变量
472	参数谐振过电压	parameter resonant over - voltage	电感参数作周期性变化的电感元件和电容元件所引起的谐振过电压
473	参数选择	parameter selection	按所在电路的运行条件、环境温度和短路条件等选择电气设备的技术参数
474	参证站	benchmark station	水文计算所参照移用水文数据的测站，或作为分析论证的对照测站
475	残冰堆积	residual ice accumulation	春季开河，沿河流两岸、沙滩等边缘堆积的冰块
476	残积物	eluvial deposit	岩石经风化作用后的碎屑物残留在原地的堆积体
477	残丘	inselberg	在准平原上零星散布的残留山丘
478	残缺时间	fragmentary time	部分单元取值未知的时间
479	残余变形	residual deformation	对固体所施加的外力卸去之后，固体总变形中不可回复的部分
480	残余强度	residual strength	岩土在剪切试验过程中，经历峰值强度之后所测到的较低的常值强度。它表示岩土在破坏后所残留的抗剪能力
481	残余应力	residual stress	在外因消除以后，材料内部存在的自相平衡的应力
482	操作过电压	switching overvoltage	一种瞬时过电压，通常是单极性的并且峰值时间为20～5000μs，持续时间小于20ms
483	操作机构	operating device	用来直接或间接使电器触头动作的装置
484	操作平台	operating platform	现场施工中用以站人、载料并可以进行操作的平台
485	操作器	position operator; gate operator	不对机组施加自动调节作用，仅能实现机组启动、停机，并网后能使机组带上预定负荷，以及接受事故信号后能使机组自动停机的装置
486	操作特性曲线	operating characteristic curve	在给定验收抽样方案条件下，产品的接收概率与质量水平之间关系的曲线
487	操作员	operator	承担数据中心系统管理具体操作职责的专业技术人员。操作员只能在系统管理员的单一授权下进行常规运行管理维护操作
488	槽孔	diaphragm trench	在软基或填方中进行防渗墙施工时用机具开挖成长方形坑槽

续表

序号	术语名称	英文对应词	定义
489	槽蓄水增量	channel detention increment	凌汛期因冰凌的阻水作用而增蓄在河槽中的水量
490	草场退化	grassland degradation	草场草群矮化、稀疏，优良牧草衰退，产草量降低，生态环境恶化等逆向性演替的现象
491	草地（草场）	meadow	农学、资源管理利用范畴中，表征土地资源特征，是草本和木本饲用植物与其所着生的土地构成的具有多种功能的自然综合体。包括天然草地、人工草地、半人工草地
492	草地灌溉	grassland irrigation	按照牧草生长的需要，利用水利工程设施将水送到人工饲草料地或天然草场，以补充草地牧草生长期内自然降水不足的人工措施
493	草地适宜载畜量	proper stocking capacity in grassland	单位面积草地上，在一定的放牧期间不影响草地生产能力并保证家畜正常生长发育所能容纳的牲畜数量
494	草地引洪淤灌	flooding irrigation for grassland	洪水季节将富含有机质的洪水资源引入天然草地，在补充土壤水分不足的同时，实现落淤肥地或改良盐碱草地的灌溉方式
495	草田轮作	grass and crop rotation	将农地划分若干小区或地块，进行作物和牧草轮流种植的土地利用方式
496	草土围堰	straw - earth cofferdam	采用中国传统河工技术用草料和土料填筑而成的围堰
497	草原	grassland	地理学、植物学范畴中表征一种地域性的自然地理景观特征的词语，是大面积天然植物群落所着生的陆地部分，这些地区所生长的饲用植物可以直接用来放牧或刈割后饲养牲畜
498	侧槽式溢洪道	side channel spillway	陡槽轴线与进口溢流堰轴线大致平行的开敞式溢洪道
499	侧根	lateral root	从主根上长出的各级根系为侧根。直接从主根长出的根级为一级侧根，在一级侧根上生长的根级为二级侧根
500	侧轨	side track	门槽中承受闸门侧向支承传来的力，并将其传递给闸墩的轨道
501	侧轮	side wheel	位于闸门门叶边梁腹板上，防止门叶启闭时因左右摆动而受到撞击的轮式支承
502	侧倾法	side inclining method	测定方向平面和扫描平面相互垂直，衍射晶面法线位于测定方向平面内的测试方法
503	侧倾固定 ψ 法	side inclining method with fixed ψ	在侧倾法中，X射线管和探测器作同步相向扫描（即 θ—θ 扫描），使衍射晶面法线保持不动，并且在改变 ψ 角时保证衍射晶面法线始终位于测定方向平面之内的测试方法

续表

序号	术 语 名 称	英文对应词	定　　义
504	侧倾固定 ψ 加摆动法	side inclining method with detector synchronizing oscillate with X－ray with fixed ψ	侧倾固定 ψ 法中，在每个设定 ψ 角，在 θ—θ 扫描的每一步作 $\psi \pm \Delta\psi$ 回摆联动，在回摆运动中接收衍射 X 射线的测试方法。摆动幅度 $\Delta\psi$ 一般小于 6°
505	侧视雷达	side－looking radar	利用微波脉冲，向飞机的一侧或两侧扫描而获得一条连续地面图像的机载主动式遥感摄像和测量系统
506	侧压力系数	lateral pressure coefficient	岩土体在有侧限条件下受压时，其侧向压力与铅直向有效压力之比值
507	侧止水	side water seal	门叶与门槽两侧间隙的封水装置
508	测点流速	velocity at point	在测验断面上任一垂线测点所测得的流速
509	测定方向平面	direction plane for stress measurement	测定应力的方向和测试部位表面法线所组成的平面
510	测缝针	joint meter	能够长期测量结构物位移或伸缩缝的开合度（变形）的传感器
511	测杆	wading rod	一种轻型手握式带有刻度的刚性标度杆，测流时将流速仪安装在杆上以测定水深和流速
512	测洪标准	measuring flood standard	水文设施设备能够实测到的与最大洪峰流量相应的洪水标准
513	测回互差	discrepancy between observation sets	水平角观测时，各测回间同一方向值的较差
514	测角中误差	mean square error of angleo bservation	评定三角锁（网）角度观测精度的一种标准
515	测控装置	measuring and controlling device	由测量单元、数据处理单元和操作控制单元等组成，能测量电流、电压、频率、功率因数、有功（无功）功率、有功（无功）电能等电气量及实现对设备的操作和控制，并能显示和输出各测量数据和设备状态的装置
516	测力计	load meter	强度试验时所用的钢环或负荷传感器
517	测量	measurement	以确定量值为目的的一组操作
518	测量标志	survey mark	标定地面控制点位置的标石、觇标以及其他标记的总称
519	测量不确定度	uncertainty of measurement	表征合理地赋予被测量之值的分散性，与测量结果相联系的参数。 注 1：此参数可以是诸如标准偏差或其倍数，或说明了置信水准的区间的半宽度。 注 2：测量不确定度由多个分量组成。其中一些分量可用测量列结果的统计分布估算，并用实验标准偏差表征。另一些分量则可用基于经验或其他信息的假定概率分布估算，也可用标准偏差表征。 注 3：测量结果应理解为被测量之值的最佳估计，而所有的不确定度分量均贡献给了分散性，包括那些由系统效应引起的（如与修正值和参考测量标准有关的）分量

续表

序号	术 语 名 称	英文对应词	定　　义
520	测量觇标	observation target	作为观测照准目标及升高仪器位置用的测量标架
521	测量断面	measuring section	进行水深和流速测量的明渠横断面
522	测量范围	measuring range	用仪器的测量下限和测量上限表示的测量区间
523	测量范围（工作范围）	range	测量仪器的误差处在规定极限内的一组被测量的值
524	测量工装	measurement tooling target	为实现对难以直接观测的目标的测量而制作的辅助装置
525	测量控制装置（简称测控装置）		安装在现场能够自动进行数据采集和采集过程控制的设备
526	测量盲区	unmeasurable area	距离电子水尺上下顶端较近的不能感测水面位置的区域
527	测量平差	adjustment of measurement	利用最小二乘法原理调整测量误差、评价测量成果的理论和计算方法
528	测量值	Value of measured quantity	通过试验获得的被测量的数值
529	测量值 x 的绝对误差（不确定度）	Absolute error (uncertainty) in the value x of a measured quantity	被测量的测量值与真实值之差
530	测量重复性	measurement repeatability	简称重复性 在一组重复性测量条件下的测量精密度
531	测量装置准确度等级	measuring instrument accuracy class	在规定的使用条件下保证测量误差在规定限值内的测量仪表和/或附件的级别
532	测量准确度	accuracy of measurement	测量结果与被测量真值之间的一致程度。 注1：准确度是一个定性概念。 注2：不要用术语精密度代替准确度
533	测量综合误差	total measuring error	测量仪表、互感器、变送器及其测量二次回路等所引起的合成误差，通常用输入量程的正、负百分数来表示
534	测量坐标系	measurement coordinate system	测量坐标系采用右手空间直角坐标系。 采用单台全站仪的测量系统，坐标系原点位于仪器轴系中心，水平度盘零方向为 X 轴正向，仪器垂直轴为 Z 轴方向，天顶方向为正，根据右手法则确定 Y 轴。 采用两台或多台经纬仪/全站仪的测量系统，第一台仪器的轴系中心为坐标系原点，第一台仪器中心指向第二台仪器中心的连线在水平面内的投影为 X 轴正向，过第一台仪器中心的铅垂线为 Z 轴，天顶方向为正，按照右手法则确定 Y 轴

续表

序号	术语名称	英文对应词	定义
535	测流槽	flume	具有规定形状和尺寸的可用来测定流量的人工槽
536	测流堰	weir	用以测定河渠流量的溢流建筑物
537	测频单元	frequency module	将机组转速偏差转换成相应电量输出的组件
538	测区	measurement area	为完成防汛抗旱、水资源管理、水环境保护和水工程运行管理等工作的某项任务需要进行水文信息采集的区域
539	测深	sounding	测量水体水面某点到其床面的垂直距离的作业
540	测深垂线	sounding vertical	在测验断面上进行水深测量的所在垂线
541	测深锤	sounding weight	由重锤和带有分米标志的测绳组成的一种测量水深的测具
542	测深杆	sounding rod	用于水深测量，用金属或其他材料制成并带有底盘的刚性标度杆
543	测速装置	speed sensing device	检测机组转速（转速偏差）并转变成相应输出量的装置
544	测头	probe	袖珍贯入仪中具有规定形状和尺寸并直接以触探方式与土样接触的刚性金属体
545	测图控制	mapping control	在基本平面控制的基础上，直接为地形测图或断面测量而进行的平面控制测量工作
546	测压管	stand pipe piezometer	带有透水段的用来测量透水段平均的孔隙水压力、渗透压力或地下水位的竖管
547	测验平台	measuring platform	悬吊在水文缆道下面，可沿测验断面做水平或垂直移动，用以悬挂测验仪器或携带测验人员进行测验的载体
548	测站基面	station datum	水文测站选在略低于历年最低水位或河床最低点的一种专用假定的固定基面
549	测站考证	hydrometric station identification	对水文测站有关水文测验的基本情况所作的查证和订正工作，以作为选择水文资料整编方法和使用资料的依据
550	层冰层水	ice cover with intercalated water layers	冰层中夹有水层的现象
551	层理	bedding	岩石的成分、结构、颜色在沉积过程中发生变化所形成的纹理
552	层析成像	computerized tomography	利用弹性波或电磁波的透射原理，对被测区域进行断面扫描，重建介质的波速或能量吸收图像的方法
553	层状结构	stratified structure	岩体被层理、片理或节理切割成板状或楔状结构体所组成的结构形态
554	插筋	dowel	为了传递应力或加强连接，在相邻两层混凝土之间，或在岩基与混凝土之间，穿过接触面埋设的钢筋
555	插入式传感器	sensors inserted into conduit	一种计量管道输水流量的传感器，在输水管道选定的管段上开孔，将传感器按要求的方向、插入预定的深度计量流量

续表

序号	术语名称	英文对应词	定义
556	查询—应答式	inquire-answer mode	遥测站响应查询指令发送数据的工作模式
557	查询—应答式系统	polling-answer back system	中心站可自动定时或随时呼叫遥测站，遥测站响应中心站的查询并实时采集水文数据发送给中心站的遥测系统
558	岔管	bifurcated pipe	压力管道分岔处的管段，可分为三梁岔管、球型岔管、无梁壳型岔管、内加强月牙肋岔管和贴边岔管等
559	差别图像	difference image	用同一地区不同时间获得的两幅（或更多）图像同一波段每个像元的亮度差所制作的新图像
560	差动电阻式测缝针	unbonded elastic wire resistance type joint meter	以一对差动变化的金属丝作为敏感元件测量变形的测缝针
561	差动电阻式钢筋计	Carlson reinforced concrete meter	以一组差动变化的敏感元件测量应变量的钢筋计
562	差动电阻式应变计（以下简称应变计）	unbonded elastic wire resistance strain meter	以一对差动变化的金属丝作为敏感元件测量应变量的应变计
563	差动式挑坎	slotted flip bucket	由齿台与沟槽相间构成的或设于不同高程、具有不同挑角的挑坎
564	差积曲线	residual masscurve	水文系列的数值与算术平均值的差值累积数的过程线
565	差模干扰电压	differential mode disturbing woltage	在同一电路两导体之间指定地点所出现的干扰电压
566	差压法	index method	测量蜗壳或弯道中适当断面的两点间的差压来求出相对流量的方法
567	拆除爆破	demolition blasting	为了拆除建筑物或靠近建筑物进行爆破时，严格控制爆破参数，使爆炸的声响、振动、破坏区域及破碎物的散坍范围控制在规定限度以内的爆破技术
568	拆除工程	dismantling engineering	为满足新建、扩建、改建项目施工的需要，对原有的旧建筑物、旧厂房等大型施工设施及施工设备进行有目的的破坏工作和拆迁工作
569	拆除重建	reconstruction after backout	泵站因建筑物失去功能、无法修复等，进行拆除后重新建设的活动
570	拆模	form stripping	浇筑的混凝土经过养护达到规定的强度后拆除模板的工作
571	觇牌	target	短距离精密测角与定向的照准标志
572	掺合料	admixture	为改善混凝土性能、减少水泥用量及降低水化热而掺入混凝土中的粉煤灰、矿渣粉、磷渣粉、硅粉等活性或惰性材料

续表

序号	术语名称	英文对应词	定义
573	掺合料掺量	admixture content	掺合料质量占水泥与掺合料质量之和的百分比
574	掺料	additives	为改善沥青混凝土的性能而掺加的材料，主要有增强骨料与沥青黏附性的抗剥离剂，改善沥青混凝土斜坡稳定性的玻璃纤维、丙烯酸纤维或纤维素等
575	掺气槽	aeration slot	为防止空化而向水流边界底面补入空气以提高低压区压力并形成掺气水流、避免空蚀破坏而设置的沟槽
576	掺气点	aerated point	明渠水流紊流边界层发展到水流表面、高紊动强度使水流表面开始掺气的点
577	掺气浓度	air concentration in flow	在一定的流速下，水流就会发生掺气过程，即空气潜入水中，使水中含气达一定程度，形成水气混合体，混合体中空气体积与混合体体积的比值就是掺气浓度
578	掺气水流	aerated flow; air - entrained flow	水与空气混掺的两相流
579	缠丝过滤器	wire - wound screen	缠绕某种规格线材，具有一定孔隙率的过滤器
580	产流	runoff yield	降水扣除截留、填洼、蒸散发和土壤缺水量等损失后产生地面流、壤中流及地下径流的现象
581	产品质量标准	product quality standard	为保证产品（工程）满足生产、检验和评定等规定要求而制定的统一技术规定
582	产沙模数	modulus of sediment yield	每年从河道某观测断面以上每平方公里流域面积产生的泥沙量
583	常闭接点	normally - closed contact	继电器有预定激励时断开，无激励时闭合的触点组件
584	常规移动无线电通信	normal mobile radio communication	水利部门使用的具有选呼、群呼功能的无线调度通信系统，一般为单局单站制，采用单频单工或双频单工工作方式
585	常开接点	normally - open contact	继电器有预定激励时闭合，无激励时断开的触点组件
586	常水头渗透仪	constant head permeameter	测定无黏性土（粗粒土，渗透系数大于 10^{-4} cm/s 的土）在常水头下的渗透系数的试验装置
587	常态混凝土	conventional concrete	混凝土拌和物坍落度为 10～100mm 的混凝土
588	厂房导流	diversion through powerhouse	通过未完建的尾水管、蜗壳或厂房内泄水底孔等将河水导向下游的导流方式
589	厂房渗漏排水系统	leak drainage system	排除厂房渗漏水及设备漏水的排水系统
590	长喉道量水槽	long - throat flume	修建于渠道或明槽中水流断面缩窄的槽形建筑物，其喉道较长的量水设施

续表

序号	术语名称	英文对应词	定义
591	长期使用库容	long - term storage capacity of reservoir	水库冲淤达到平衡状态以后保留下来的可供长期使用的库容
592	长隧洞	long tunnel	钻爆法施工长度大于3km的隧洞；TBM法施工长度大于10km的隧洞
593	长途网	long distance telephone network	水利通信长途电话网，指在不同公网长途区号范围内的所有交换、传输和用户终端等设备组成的电话通信网
594	长细比	slenderness ratio	杆件的计算长度与回转半径的比值
595	厂用电	service power of plant	为维持发电厂正常运行和检修等所需的电能和电功率的总称
596	厂用负荷	load of plant	为维持发电厂正常运行和检修所需的一切用电负荷的总称，包括发电机组、变压器、辅助机械的用电，检修用的机械用电，照明及直流系统等用电负荷
597	厂用供电系统	service power supply system	发电厂内由厂用变压器、厂用母线、开关电器及馈电线组成的供电系统
598	场地效应台阵	site array	记录自由场地地震动参数的台阵
599	场内交通	on - sit eaccess	联系施工工地内部各生产区和各生活区之间的施工交通
600	敞泄方式	rule of un - controlled flood releasing	在洪水来量大于水库泄流能力时按泄流能力下泄（多余水量由水库蓄纳）的水库调洪泄流方式
601	超标项目	exceeding standard item	水质评价中单项水质浓度值不满足水质类别管理目标的水质项目
602	超短波通信	ultra - short wave communication	利用频率为30～300MHz（波长10～1m）的无线电波进行的通信
603	超高电压（超高压）	extra - high voltage	330kV及以上的电压等级
604	超固结比	over - consolidation ratio	土体曾受的先期固结压力与现有土层有效压力的比值
605	超径	oversize	骨料筛分中，筛下某一级骨料中夹带的大于该级骨料规定粒径范围上限的粒径
606	超静定梁	statically indeterminate beam	仅用静力平衡条件不能确定其全部支承反力的梁
607	超静水压力	excess pore water pressure	饱和土体内一点的孔隙水压力中超过静水压力的那部分水压力，即由外荷载引起的水压力
608	超宽填筑	excess fill	土方填筑中，使填筑断面稍大于设计断面再按照设计断面削坡以保证填筑质量的措施
609	超临界CO_2萃取的沙棘籽油	CO_2 supercritical extracted seabuckthorn seed oil	以沙棘籽为原料，用超临界CO_2萃取的油

续表

序号	术语名称	英文对应词	定义
610	超前灌浆	advance grouting	在地下洞室开挖中对将遇到的不良地质地段预先灌注水泥或化学浆液，以减少涌水、固结围岩的施工措施
611	超前锚杆	rock anchor advance	在地下洞室掌子面，向下一掘进段周边围岩施作的锚杆
612	超前支护	advance support	对将遇到的不利地质情况，在开挖以前预先采取的灌浆、打排管或钢板桩等的防护措施
613	超渗产流	infiltration excess runoffyield	当降雨强度或融雪强度超过地面的土壤下渗能力后所形成的径流
614	超声波冰厚仪	acoustic ice thickness meter	应用超声波测厚原理测量冰厚的仪器
615	超声波法	supersonic method	利用超声波测流装置测量过流管道或渠道内声道线上的平均流速以求得流量的测流方法
616	超声波检测	ultrasonic testing	超声波在被检材料中传播时，根据材料的缺欠所显示的声学性质对超声波传播的影响进行探测的方法
617	超声波水位计	ultrasonic stage recorder	将换能器安装在水下或水上某一已知高程位置，通过记录换能器发射的声脉冲在换能器与水面之间的往返传播时间和声波传播速度来计算测量水位的仪器。 (1) 气介式超声波水位计 air medium ultrasonic stage recorder 换能器安装在水上，以空气作为超声波传播介质的超声波水位计。 (2) 液介式超声波水位计 water medium ultrasonic stage recorder 换能器安装在水下，以水体作为超声波传播介质的超声波水位计
618	超声衍射声时技术检测	time - of - flight diffraction technique as a method for detecition	利用缺陷端点的衍射波信号发现和测定缺欠尺寸的一种超声波检测方法。一般使用纵波斜探头采用一收一发模式
619	超瞬态短路电流	subtransient short circuit current	有阻尼绕组的同步电机系统内三相突然短路时，在阻尼绕组起作用阶段所产生的短路电流
620	超塑剂	superplastifier	一种低分子量的聚合物，是新一代的减水剂
621	超填	excess fill	土方填筑中，使填筑断面稍大于设计断面再按照设计断面削坡以保证填筑质量的措施
622	超挖	over - excavation	开挖面中超过设计开挖界限多挖的部分
623	超越概率	probability of exceedance	某场地可能遭遇不小于给定的地震动参数值的概率
624	超载系数	overload factor	破坏荷载与设计荷载的倍比系数
625	超张拉力	extra design tensile	为消除由于锚索与孔壁的摩擦、锚具的压缩和锚索的回缩而引起的预应力损失，施工时将设计张拉力提高后的张拉荷载

续表

序号	术语名称	英文对应词	定义
626	超钻深度	over drill depth	为提高爆破效果，钻孔深度超过设计开挖界限的部分长度
627	潮料掺浆喷射混凝土	cement paste wrapping wetaggregate shotcrete	将潮湿的砂、石同掺有速凝剂的水泥浆混合，再喷射至受喷面而形成的喷射混凝土护面
628	潮流	tidal current	海水在月球和太阳等引潮力作用下产生的周期性水平流动
629	潮流界	tidal current limit	潮流沿入海河道向上游传播时，潮流所能到达的河道最远处
630	潮区界	tidal limit	潮流界以上潮波继续上溯，潮波传播所到达的河道最远处
631	潮位	tidal lever	受潮汐影响周期性涨落的基面以上海水面高程
632	潮汐	tide	海水面在月球和太阳等引潮力作用下产生的周期性涨落现象
633	潮汐泵站	tidal pumping station	以海洋潮汐能为动力的泵站
634	潮汐发电	tidal power development	修筑堤坝集中潮汐涨落时的水位差发电的水能开发方式
635	潮汐河口	tidal estuary; tidal river mouth	受潮汐影响的河流入海口
636	潮汐河口段	tidal estuary	河流受潮汐影响在潮流界以下的河段
637	潮汐河流	tide river	受潮汐影响的入海河流
638	潮汐水电站	tidal power station	利用潮汐涨落形成的水位差发电的水电站
639	潮型	tide type	在月球和太阳对地球引潮力作用下，潮汐发生周期性涨落的类型
640	撤离转移设施	evacuation and transferring facilities	为便于蓄滞洪区内受洪水威胁的居民和财产在分蓄洪运用前能够迅速转移，而在蓄滞洪区内兴建的具有一定等级标准的公路、桥梁、码头等设施的统称
641	沉淀池	depositing tank	非均质坝中心防渗区内控制细颗粒沉淀的泥池
642	沉淀管	blank casing slump	井底部用以沉积井内砂粒和沉淀物的无孔管
643	沉积物	bottom - sediment	沉积在河流底部的松散矿物质颗粒或有机物质
644	沉积岩	sedimentary rock	岩石、土经风化、侵蚀、搬运、堆积、成岩等外力作用形成的岩石
645	沉降观测	settlement observation	使用观测仪器连续地、定期地对建筑物及地基上有代表性的点位所进行的铅直方向位移量的测量工作

续表

序号	术语名称	英文对应词	定义
646	沉降管	sedimentation tube	泥沙颗粒分析的多项设备中的一个用于沉降泥沙的基本部件
647	沉降粒径	settling diameter	在同一沉降介质中，与给定颗粒具有同一密度和同一沉速的球体直径
648	沉降式弓形闸门	rising sector gate	一种具有弧形面板和弓形截面，开启后门体沉降在底部的储门坑内的闸门
649	沉降仪	settlement gauge	用于监测土木工程结构物竖向位移变化的仪器
650	沉井基础	open caisson foundation	将由单个或多个包括井壁、取土井、刃脚、封底及顶盖等组成的井式空箱沉入土中以提高地基承载力的一种人工基础
651	沉螺池	settling basin for the snails of oncomelania hupensis	沉积和拦截水流中钉螺的建筑物
652	沉没费用	sunk cost	工程项目在经济评价之前已经花去的费用
653	沉排	mattress	将柴排、土工织物排等沿护岸或堤脚沉入水下，以防止堤脚、水下岸坡及河底被冲刷的河道整治结构物
654	沉入费用	sunk cost	工程项目在经济评价之前已经花去的费用
655	沉沙槽式取水	intake with under-sluice pocket	利用进水闸前的沉沙槽使水流中的粗粒泥沙下沉并定期由槽末冲沙闸排走，从而减少入渠泥沙的有坝取水方式及工程设施
656	沉沙池	sedimentation basin; silting basin; desilting basin	用以沉降挟沙水流中颗粒直径大于设计沉降粒径的悬移质泥沙，降低水流中含沙量的建筑物。有水力冲洗式沉沙池、机械清淤沉沙池、间断冲洗式沉沙池、沉沙条渠、曲线形沉沙池和连续冲洗式沉沙池等形式
657	沉沙池 沉沙凼	sediment deposition pool	用于沉淀泥沙和清除水流中杂物的建筑物
658	沉石箱	stone catcher	设在泥浆泵前吸泥管进口处，用于较大体积石块、杂物沉积，并设有清除沉积物活门的箱体
659	沉速	settling velocity	单颗泥沙在静止的清水中以等速下沉的速度
660	沉陷观测	settlement observation	使用观测仪器连续地、定期地对建筑物及地基上有代表性的点位所进行的铅直方向位移量的测量工作
661	沉压式铅鱼	sinking pressure elliptic-type weight	一种由上曲面曲度平缓、下曲面曲度较大的不对称曲线（在水流作用下，由于上下曲面间的流速动压力差产生一个向下的随流速大小而变化的压力）构成的铅鱼叫沉压式铅鱼
662	衬砌	lining	在地下工程施工中，为加强、改善或装修开挖出的裸露面，采用混凝土、钢板等材料进行护砌的工程

续表

序号	术语名称	英文对应词	定　　义
663	称量误差（动态误差）	batching error	配料称量结束，称量结果与称量（约定）真值之差对被称量（约定）真值之商的百分比值，即［(称量显示值-称量（约定）真值）/称量（约定）真值］×100%
664	称重式雨量计	weighting rainfall recorder	在内部以自动称重的方式测量仪器承接到的降雨总量的雨量计
665	称重式蒸发器	weighting evaporimeter	应用测定重量的原理测量蒸发量的仪器
666	成本	cost	产品生产中所耗用的材料费用与人工费用的总和
667	成活率	survival rate	以群布安装埋设方式工作且属同类的产品在统计的时段范围内未发生失效的仪器统计百分数
668	成井工艺	well completion technology	探井、采集岩土样、换浆、破壁、安装井管、填充砾料、封闭和止水以及洗井、测量地下水静水位、抽水试验、采集水样等工序的总称
669	成组励磁调节	group excitation control	为使各机组间无功功率分配平衡，以维持电厂送出的无功功率值或电厂电压监视点电压值在某一数值，对同一电厂并联运行的几台发电机联合进行的自动励磁调节
670	成组调节装置	joint operating device	在一个发电厂内把两台或两台以上的机组自动组成像一台机组那样运行的装置
671	承船车	ship carriage	斜面升船机中用以运载船舶的设备，由楔形车架和承船厢（架）组成
672	承船厢	ship lift chamber	升船机中运载船舶升降的设备
673	承担水务管理职能的水利局	water conservancy bureau with management function on water affairs	在原批准的水行政主管部门职责外，新承担城市防洪、供水、节水、排水、污水处理回用等其中一项或多项职能的水利局
674	承压板法	bearing plate method	通过刚性或柔性承压板施力于半无限空间岩体表面，量测岩体变形，按弹性理论公式计算岩体变形参数的方法
675	承压水	confined water	充满于上、下两个相对隔水层之间的承受静水压力的地下水
676	承压水头	confined water head	承压水位高出承压含水层顶板的高度
677	承载力系数	bearing capacity factor	当土的内摩擦角为一定值时，土的凝聚力、基础埋深（包括旁侧荷载）和基础宽度对极限荷载的影响程度的系数
678	承载能力	load - carrying capacity	结构或构件不因强度、稳定或疲劳等因素破坏所能承受的最大内力；或塑性分析形成破坏机构时的最大内力；或达至不适应于继续承载的变形时的内力

续表

序号	术语名称	英文对应词	定义
679	承载能力极限状态	bearing capacity limit states	结构或构件达到最大承载能力，或达到不适于继续承载的变形的极限状态
680	承载索（主索）	carrying cable （track rope）	连接在主、副塔（车）的构件上，并用于支承载重小车运行的钢丝绳
681	承载索垂度	sag	承载索上某一点到承载索两端铰点连线的竖直距离
682	承载索接头（索头）	track cablejoint （track rope socket）	固定承载索端头的连接装置
683	承载索张紧装置	tightening device	与承载索相连并调整承载索垂度的装置，主要分为钢丝绳张紧和液压张紧等型式
684	承重模板	structural form	不但承受混凝土拌和物的侧压力，还要支承混凝土和钢筋等埋件的重量和其他操作荷载的模板
685	城市	city	经国务院批准、全国行政区划公布的直辖市、建制市，不含建制镇
686	城市干旱缺水率	water deficiency ratio caused by urban drought	因干旱导致城市供水不足，其日缺水量与正常日供水量的比值，以百分率表示
687	城市规划区	urban planning area	城市市区、近郊区以及城市行政区域内其他因城市建设和发展需要实行规划控制的区域
688	城市旱情	urban drought	因旱导致城市居民和工商企业缺水的情况，包括缺水历时及程度等
689	城市水系	urban river systems	城市范围内河流、湖库、湿地及其他水体构成脉络相通的水域系统
690	城市水系规划	urban river systems plannin	以城市水系为规划对象，综合考虑城市人口密度、经济发展水平、下垫面条件、土地资源和水资源等因素，对水系空间布局、水面面积、功能定位、水安全保障、水质目标、水景观建设、水文化保护、水系与城市建设关系以及水系规划用地等进行协调和具体安排，提出城市水系保护和整理方案
691	城市污水	municipal sewage	城镇排入城市排水系统的污水的总称。在合流制排水系统中，还包括截流的雨水
692	城市污水排放量	urban sewage discharge	生活污水、工业废水的排放总量，包括从排水管道和排水沟（渠）排放的污水量
693	城市用水总量	general quantity of urban water use	城市规划区范围内，由公共供水系统以及自建供水设施提供的居民生活、公共服务、生产运营、消防和其他特殊用水的总用水量
694	城市综合用水指标	integrated quota of urban water use	反映城市总体用水水平的特定用水指标

续表

序号	术语名称	英文对应词	定　　义
695	城镇公共用水量	amount of public water use for city	包含城镇第三产业（包括商品贸易、餐饮住宿、金融、交通运输、仓储、邮电通信、文教卫生、机关团体等服务行业）用水量、城镇绿化和清洁用水量之总和
696	城镇管网漏损率	urban pipeline leakage percentage	区域统计期内（一般为一年），城市及乡镇建成区自公共供水系统起向终端用水户输水过程中，由于管网渗漏损失的水量与供水系统取水总量的比值
697	城镇居民人均生活用水量	quantity of per-capita water use for city	区域统计期内（一般为一年），城镇居民综合生活用水量的城镇人口平均值
698	城镇生活需水量	urban domestic water demand	城镇地区居民家庭日常生活需要使用的水量
699	城镇污水集中处理达标率	urban sewage centralized processing ratio	区域统计期内（一般为一年），城市及乡镇建成区内经过污水处理厂二级或二级以上处理，且达到排放标准的污水量与污水排放总量的百分比
700	吃水深度	draft；draught	立式水泵或立式安装的进水管喇叭口伸入进水池水面以下的深度
701	迟发雷管	delay blasting cap	引爆后延缓一定时间起爆的雷管
702	迟滞	hysteresis	在输入量作满量程变化时，对于同一输入量，传感器的正、反行程输出量的最大偏差，用满量程输出的百分比表示
703	持久极限	lasting limit	材料受常幅荷载任意多次重复作用下，若材料的循环应力中的最大应力大于某极限值时，材料经有限次应力循环后将产生疲劳裂纹时的极限应力值
704	持力层	bearing stratum	直接承受基础荷载的一定厚度的地基土层
705	持水度	water retaining capacity	饱和岩土体在重力排水完全或基本停止时，单位体积中仍保持的水的体积，又称持水率
706	持续工作电流	continuous working current	电气设备所容许的长期连续工作电流
707	持住力	holding force	将闸门门叶维持在某一开度或某一空间位置所需的力
708	尺寸效应	scale effect	岩土试件的尺寸或岩土体受荷载作用的范围大小对岩土的应力—应变性能和强度特性的影响
709	齿轮泵	gear pump	由泵壳内一个主动齿轮和一个从动齿轮啮合组成的容积式液压泵
710	齿轮齿条爬升式升船机	ship lift with rack and pinion hoist	主提升设备动力装置通过传动机构驱动齿轮沿着齿条滚动来带动承船箱升降的升船机
711	齿轮副侧隙	side clearance of gear wheel	齿轮副在传动中，工作齿面相互接触时，两基圆柱公切面与两非工作面交线之间的最近距离

续表

序号	术 语 名 称	英文对应词	定　　义
712	齿耙	stripper board with comb tooth type	带有梳齿的清污刮板
713	赤潮	red tide	在特定的环境条件下，海水中某些浮游植物、原生动物或细菌爆发性增殖或高度聚集而引起水体变色的一种有害生态现象
714	赤平投影图	stereogram	将结构面的产状投影到一个参考球的赤道平面上以表示结构面产状的一种图件
715	重叠库容	overlap reservoir capacity	正常蓄水位至防洪限制水位之间的水库容积
716	重复接地	repeat earthing	电网中性线上除变压器中性点接地外的其他接地点
717	重复利用率	recycling rate	用水户内部重复使用的水量与相应总用水量的比值。 注：通常用百分率表示
718	重复利用水量	recycling water amount	用水户内部重复使用的水量。 注：包括直接或经过处理后回收再利用的水量
719	重复容量	duplicate capacity	在径流调节能力很小的水电站上，为利用丰水期水库弃水、多发季节性电能而增设的装机容量
720	重复性	repeatability	在实际相同的测量条件下（如用同一方法，同一观测者，用同一计量器具，在同一实验室内，于很短的时间间隔内），对同一被测的量进行连续多次测量时，其测量结果间的一致程度
721	［测量结果的］重复性	repeatability [of results of measurement]	在相同测量条件下，对同一被测量进行连续多次测量所得结果之间的一致性。 注：1. 这些条件称为重复性条件。 2. 重复性条件包括：相同测量程序、相同观测者、在相同条件下使用的相同的测量仪器、相同地点、短时间内重复测量。 3. 重复性可以用测量结果的分散性定量地表示
722	重复性标准差	repeatability standard deviation	在重复性条件下所得测试结果的标准差
723	重复性限	repeatability limit	在重复性条件下，对同一被测量的任意两次测量结果之差，以 95%的概率不会被超出的极限值
724	重合闸后加速	acceleration after automatic reclosure	线路上发生故障，保护有选择性地使断路器跳闸后，重合闸装置将断路器重合，并将保护延时元件退出；若为持续性故障，则保护不带延时动作再次切除故障的方式
725	重合闸前加速	acceleration prior automatic reclosure	线路上发生故障时，电源侧断路器瞬时跳闸后，重合闸装置将断路器重合，随后将保护的瞬动部分退出；若为持续性故障，则保护有选择性地将故障再次切除的方式

续表

序号	术语名称	英文对应词	定义
726	冲击电流	impulse current	短路电流中最大的瞬时值（短路开始后半个周期内）
727	冲击放电电压	impulse discharge voltage	过电压保护设备或电气设备绝缘在规定的冲击电压作用下达到保护间隙或绝缘击穿的最大冲击电压
728	冲击接地电阻	impulse earthing resistance	按通过接地体流入大地中的冲击电流（或经过限制后）求得的接地电阻，其数值等于接地体电位最大值与冲击电流最大值的比值
729	冲击韧性	toughness of impact	用带缺口的标准试样在冲击荷载作用下弯曲折断时，断口处单位横截面积上所消耗的功来衡量材料在承受冲击荷载时抗断裂性能的一种指标
730	冲击式水轮机	impulse water turbine	在喷嘴出口处将可利用的水能全部转换为动能的水轮机
731	冲击系数	impulse coefficient	短路电流的冲击电流与稳态短路电流的幅值之比值
732	冲击钻进	percussion drilling	借助钻具重量，在一定的冲程高度内，周期性地冲击孔底破碎岩石的钻进方法
733	冲积物	alluvium deposit	岩石或矿物碎屑经河流搬运堆积作用所形成的沉积体
734	冲剪破坏	punching shear failure	基础下的地基土与周围土体发生竖向剪切，基础切入土中，产生下沉的破坏形式
735	冲毛	surface roughening	用人工、高压水、风砂枪或其他机械等将已初步硬化或已硬化的混凝土表面处理成毛面的工序
736	冲沙闸	scouring sluice	设在枢纽、渠首及渠系工程中，用以冲刷淤沙的水闸，又称排沙闸
737	冲沙闸门	flushing gate	在冲沙闸或冲沙廊道进口处设置的、开启时利用被堵住的水流冲走泥沙等淤积物的闸门
738	冲刷	scour	因水流挟沙能力大于河水含沙量而引起的河床下切的现象
739	冲填泥浆	sluicing - siltation slurry	用以冲填坝体的泥浆
740	冲填强度	strength of hydraulic filling	单位时间内坝体冲填土方的数量，一般指日冲填土方量
741	冲填速度	speed of hydraulic filling	单位时间内坝体泥面上升的高度
742	冲洗定额	water requirement for leaching	为达到脱盐标准，单位面积盐碱地冲洗所需要的水量
743	冲洗介质	flushing media	钻井时用于携带岩屑，清洗井底，冷却、润滑钻具和保护井壁的物质
744	冲洗控制机构	flushing control system	根据压差、过滤时间、过滤水量等一个或几个物理量的组合控制过滤器冲洗的机构

续表

序号	术语名称	英文对应词	定　　义
745	冲洗水量	flushing water volume	一次冲洗过程从过滤器中排出的水量
746	冲洗脱盐标准	leaching criteria	盐碱地进行冲洗改良时要求达到的土壤含盐量和脱盐深度
747	冲洗压差	flushing pressure differential	人为设定的启动过滤器冲洗循环的上下游之间的压力差
748	冲洗液	drilling fluid	钻进中用来冷却钻头、排除岩粉的液体
749	重现期	recurrence interval	不小于（不大于）一定量级的水文要素值出现一次的平均间隔年数，以该量级频率的倒数计
750	冲洗液量	flow rate of pump discharg	单位时间内泵入孔内的冲洗液体积
751	冲泻质	wash load	在悬移质中粒径较细、水流输移时不发生沉积的那部分泥沙
752	冲淤量	scour and silting amount	水流挟沙能力大于或小于河水含沙量而引起的河床下切或泥沙淤积的数量，冲淤量大小以泥沙体积或质量计量，单位为立方米（m^3）或吨（t）；规定“＋”（或省略“＋”）表示淤积，“-”表示冲刷
753	冲淤平衡	equilibrium between scouring and deposition	河床上的冲淤变形相互抵销使原河床高程基本上维持不变的现象
754	充电法	mise - a - la - masse method	通过向被探测目的体供电，提高被探测目的体与周边介质的电位差并形成充电效应，探测目的体分布特征的一种电法勘探方法
755	充分灌溉	sufficient irrigation	在作物生育期，按完全满足作物生理需水要求的灌溉方式
756	充泥管袋	a tubular bag filled with liquid powder soil	在管袋内充入流体状粉质土经排水固结后的袋装土体
757	充水阀	filling valve	附设在闸门门叶上，用于向门后充水使闸门前后水压平衡的阀门
758	充水装置	filling device	附设在闸门的门叶上（廊道内），用于向门后充水使闸门前后水压平衡的装置
759	充填灌浆	filling grouting	利用浆液压力，充填坝体内已有的裂缝、洞穴等坝体隐患，以达到加固堤坝目的的一种灌浆方法
760	充压式弧形闸门	stamping type radial gate	封水装置采用充压式止水的弧形闸门
761	充压式止水	pressurize water seal	通过止水元件压力室压力的变化来控制止水橡皮压缩量达到密封的封水装置

续表

序号	术语名称	英文对应词	定　义
762	抽排	pumping drainage	当排水区水位低于容泄区水位时，利用提水机械抽水排水的措施
763	抽水孔	pumping well	试验中用作抽水的钻孔
764	抽水试验	pumping test	通过井孔抽水，确定井孔出水能力，获取含水层的水文地质参数，判明某些水文地质条件的野外试验工作
765	抽水蓄能电站	pumped storage power station	利用电力网低谷负荷时的电能从下库往上库抽水，在高峰负荷时从上库往下库放水发电的水电站
766	抽水蓄能开发	pumped storage development	利用电力系统负荷低谷时间内的富余电能从下库（池）抽水存入上库（池），在电力系统负荷高峰时间内由上库（池）供水发电的一种水能开发方式
767	抽水装置	pumping system	由水泵、动力机、传动设备以及进、出水管道（流道）及管道附件组成的设备总和
768	抽水装置效率	pumping system efficiency	在一定扬程下的水泵效率、动力机效率、传动效率及管路效率的乘积
769	抽咸换淡	pumping out the saline water and recharge the fresh water	从井内抽取一定深度的高矿化度水，通过排水设施输送至开采区外并回灌淡水，使地下水淡化的作业
770	稠度	consistency	表示水泥砂浆的流动性、柔软性或湿度的指标
771	出版原图	publicationo fo riginal map	制印地图的原始图版
772	出口平均流速	average outlet velocity	泵出口流量被泵出口面积除的商
773	出口元件	output element	保护装置或自动装置发出执行指令的元件
774	出栏率	percentage of animals slaughtered	在一个牧业年度内为社会提供（出售、自食）的牲畜头数占该年度牲畜总数的百分数
775	出力系数	coefficient of output	水电站出力计算式中的量纲换算比值与综合效率相乘所得的数
776	出料时间	discharging time	周期式搅拌机按公称容量搅拌一罐次混凝土成为匀质混凝土后，从开始卸料至卸出不少于公称容量95%的混凝土所需的时间，单位为s。对于倾翻自落式搅拌机，指开始倾翻卸料至搅拌筒体复位的时间；对于强制式搅拌机，指开始开启卸料门至卸料门关闭的时间
777	出水池	outlet sump	设在出水管道或出水流道出口，汇集水泵出流的池形建筑物
778	出水流道	outlet passage	过水截面逐渐扩大的出水通道，有直管、虹吸式等形式
779	出水渠	outlet channel	引导消能后的下泄水流平顺排入下游河道的泄水渠道

续表

序号	术语名称	英文对应词	定　义
780	出逸梯度	exit gradient	渗透水自岩土体向其表面逸出点处的水力坡降
781	出渣	mucking	在工程施工中，将开挖出的土石料从工作面上运走的工作
782	出渣线路	mucking route	将施工中的土石渣运到弃渣场或指定地点的道路设施
783	初级生产力	primary productivity	单位时间内生物（主要是绿色植物）通过光合作用途径所固定的有机碳量
784	初凝	initial set	水泥浆（包括混凝土与砂浆）开始失去塑性时的状态
785	初凝时间	initial setting time	从水泥加水拌和到水泥浆（包括混凝土与砂浆）开始失去塑性时的整个时段
786	初期导流	early - stage diversion	工程施工初期依靠围堰挡水的导流阶段
787	初期冷却	initil satge coling	在浇筑混凝土数小时后开始并持续约 10～15d，用冷却水管等措施对混凝土进行冷却的措施
788	初期排水	initial pit dewatering	基坑施工以前，排除基坑内积水的工作
789	初期蓄水期	initial impoundment period	水库从封堵导流设施并开始蓄水至水库水位达到初期运用起始水位的蓄水时段
790	初期支护	first stage support	洞室开挖后立即施作的第一次支护
791	初生冰	initial ice	在水面最早形成的薄冰
792	初生空化系数	incipient cavitation coefficient	转轮叶片开始出现空泡时的空化系数
793	初始次暂态短路电流	initial subtransient short circuit current	超瞬态短路电流周期性分量在短路开始后第一周期内的有效值
794	初始对称短路电流	initial symmetrical short - circuit current	短路发生瞬间的短路电流交流对称分量有效值
795	初始浓度值	initial concentration	水功能区或计算河段起始断面的某种污染物浓度值，用 C_0 表示
796	初始切线模量	initial tangent modulus	标准三轴压缩试验中土的偏应力与轴向应变关系曲线在原点处的切线的斜率
797	初始应力场	initial geo - stress field	自然状态下岩体中的应力场，也称天然应力场
798	初始值	initial value	仪器设备安装埋设后开始正常工作的测值
799	初损	initial loss	产流前损失的降水量
800	初蓄期	initial impounding period	从水库首次蓄水至正常蓄水位的时期。若水库长期达不到正常蓄水位，初蓄期则为首次蓄水后的前 3 年
801	除涝	waterlogging control	为免除涝水对作物的危害而采取的排水措施

续表

序号	术语名称	英文对应词	定义
802	除涝排水系统	drainage system for waterlogging control	主要用于排除涝水的明沟排水系统和滞蓄设施
803	除涝排水系统调度	operation of drainage system for waterlogging control	按照一定方案与标准进行除涝排水系统运行管理的过程
804	除涝调度规划	planning of drainage system operation for waterlogging control	对除涝系统中各项工程制订宏观控制指标和调度运用方案的工作
805	除险加固	rehabilitation	针对水利工程设施带病运行、防洪标准低、存在种种安全隐患等问题所采取的一系列排除险情、加固工程的措施
806	除障	fault clearance	排除接地故障
807	储料场	stock pile area	集中储存工程需用的砂、石、土料的场地
808	储能操作	stored energy operation	利用操作前存储于机构本身内的能量，并且在预定条件下足以完成断路器合闸的行为
809	储气罐	compressed air tank	储存压缩空气的压力容器
810	储水灌溉	storage irrigation	在作物非生长期灌溉储水于土壤中，供作物生长期利用的灌溉措施
811	触点式电子水尺	point - contact gauge	利用尺面上的触点探测水体表面位置的电子水尺
812	触发	trigger	记录器从等待转变为记录的状态。通常有阈值触发、长短项比/差值触发、信道加权触发等
813	触探主机	mainframe of penetrometer	以恒定速率来推进触探仪探头，使之贯入土层的加荷装置
814	穿堤建筑物	trans - levee structure	贯穿江河大堤堤身修建的各类构筑物
815	穿越性故障	through fault	当保护区外发生故障时，故障电流对本保护装置有影响的一种故障
816	传爆管	primacord tube	由雷管或击发枪引爆，塑料管内壁涂有高敏感性炸药以高爆速引爆雷管的一种导爆器材
817	传爆索	detonatin fuse	由雷管引爆的高爆速，可以直接引爆炸药或传爆器材的高敏感性炸药卷成的索状起爆传爆器材
818	传感器	sensor	能感受规定的被测量并按照一定的规律转换成可用信号的器件或装置，通常由敏感元件和转换元件组成
819	传感台	remote sensing platform	能装载各种遥感仪器并从一定的高度或距离对地面进行探测的装置
820	传感装置	sensing device	压力计、流量计和密度计的统称

续表

序号	术语名称	英文对应词	定　　义
821	传距边	side for transferring length	三角锁（网）中由起始边向前推算边长时所经过的边
822	传距角	angle for transferring length	三角锁（网）中由起始边向前推算边长时，传距边所对的角
823	传输效率	transmission efficiency	发电机输出功率、发电机损失和用于辅助设备的功率之和除以水轮机输出功率
824	传压板	impress board	能将加荷架产生的压力传递到土试样上的具有一定尺寸规格的板状部件
825	船闸	navigation lock；ship lock	建在河道天然或人工水位落差处，利用闸室水位变化控制船舶升降而越过落差的通航建筑物
826	船闸输水系统	conveyance system of lock	连接闸室和上下游水域并设阀门控制闸室灌水、泄水的全部设施
827	船闸闸门	lock gate	布置在闸室的上、下闸首的闸门，工作时上、下游水位相同
828	串话损耗	crosstalk loss	语声通信信道或其他组成部件之间的交叉耦合
829	串浆	grout leaking	灌浆时浆液在灌浆孔之间串通的现象
830	串接水动式施肥泵	in - line water - driven chemical injector pump	安装在灌溉系统主管路或旁路上，具有一个肥料（药）液体进口、一个灌溉水进口、一个已注入肥料（药）液体的灌溉水出口等三个进出口的水动式施肥泵
831	串联 PID 调速器	series PID governor	以串联环节方式的结构实现 PID 调节规律的调速器
832	串联变压器	series transformer	串联于电路中供调压用的有载调压变压器
833	串联变压器过电压保护	over - voltage protection for series transformer	反应串联变压器副边开路产生过电压而动作的继电防御措施
834	串联抽水装置	series pumping system	两台或两台以上水泵组成的能量接力式抽水装置，其中前一台水泵出口通过管道与后一台水泵进口相连
835	串联电容补偿	series capacitive compensation	静止电容器串联在输电线路中，对线路电感进行补偿
836	串音衰减	crosstalk attenuation	语声通信信道或其他组成部件之间的交叉耦合
837	床沙质	bed material load	床沙被带起运动，在运动过程中随时与床沙交换的那一部分悬移质和推移质的泥沙
838	吹填	dredging and filling	用疏浚机械在水下开挖取土，经泥浆泵输送泥浆冲填坑塘、加高地面或填筑堤坝的施工方法
839	吹填筑堤	dike constructed by hydraulic fill	用吹填土筑堤或填筑堤基

续表

序号	术 语 名 称	英文对应词	定　　义
840	垂跨比（垂度系数）	sag coefficient	承载索最大垂度与跨度的比值。常用百分数表示
841	垂线观测仪	coordinatograph for plummet observation	测定铅垂线中心平面坐标的仪器
842	垂线平均流速	mean flow velocity at a vertical	测速垂线上各测点流速的加权平均值
843	垂线坐标仪	pendulum coordinometer	与安装在大坝上的垂线装置配合使用，测定垂线相对于测点在 X、Y 方向坐标位置变化的仪器
844	垂直度盘指标差	index error of vertical circle	当望远镜的视准轴水平，垂直度盘指标水准器的气泡居中时，垂直度盘指标的读数与规定常数的差值
845	垂直反射法	vertical reflection method	利用弹性波的反射原理，采用极小等偏移距的观测方式对目的体进行探测，根据反射信息的相位、振幅、频率等变化特征进行分析和解释的一种弹性波勘探方法
846	垂直缝	vertical joint	面板条块间的竖向接缝
847	垂直渗透系数	coefficient of vertical permeability	垂直于土工合成材料平面方向上的渗透系数，即水流垂直于材料平面水力梯度等于 1 时的渗透流速
848	垂直升船机	vertical ship lift	沿竖直方向升降船厢的升船机。有提升式、平衡重式和水压式三种类型
849	垂直透水墙	vertical pervious wall	中心防渗区内用透水材料填筑的，通常与排水竖井相连，用以排除泥浆中的水分，兼作运输便道的纵向堤
850	垂直位移	vertical displacement	垂直于水平面的位移，即通常的铅直向位移和竖向位移
851	垂直位移工作点	operative mark of vertical displacement	用于测定垂直位移标点的起闭点
852	垂直位移观测	vertical displacement observation	使用观测仪器连续地、定期地对建筑物及地基上有代表性的点位所进行的铅直方向位移量的测量工作
853	垂直位移基点	datum mark of vertical displacement	用做垂直位移观测基准的水准点
854	锤击式采样器	hammer blow type sampler	固定在铅鱼上，用悬索将铅鱼放至预定测点，操纵击锤关闭口门的瞬时式采样器
855	纯水	pure water	脱气水和离子交换水
856	磁畴	magnetic domain	铁磁体自发磁化的小区域
857	磁法勘探	magnetic exploration	利用仪器发现地磁异常，寻找具有磁性的地质体，研究地质构造的一种地球物理勘探方法
858	磁粉检测	magnetic particle testing	利用漏磁和合适的检验介质发现试件表面和近表面的不连续无损检测的方法

续表

序号	术语名称	英文对应词	定　　义
859	磁极	field pole	带有励磁绕组或为永久磁铁的铁芯的一部分
860	磁致伸缩式电子水尺	magnetostrictive gauge	采用磁致伸缩测量原理探测水体表面位置的电子水尺
861	磁致伸缩效应	magnetostrictive effect	铁磁体在被外磁场磁化时，其体积和长度发生变化的现象
862	磁滞	hysteresis	铁磁体在反复磁化过程中，磁通密度的变化总是滞后于磁场强度的变化的现象
863	磁子午线	magnetic meridian	通过地面某点及地球磁南极、磁北极的平面与地球表面的交线
864	次固结	secondary consolidation	渗透排水主固结完成以后，在压力不变的条件下，由于土结构的重新调整，随着时间增长土的体积仍继续压缩的现象
865	次生水污染	secondary water pollution	吸附于悬浮物或积累于底质中的污染物质重新引起水污染的现象，又称二次水污染
866	次生盐渍化	secondary salinization	由于人为活动而使耕作土壤盐渍化的现象
867	次压缩	secondary compression	渗透排水主固结完成以后，在压力不变的条件下，由于土结构的重新调整，随着时间增长土的体积仍继续压缩的现象
868	次要建筑物	secondary structure	在工程中作用相对较小、失事后影响不大的建筑物
869	次暂态短路电流	subtransient short circuit current	有阻尼绕组的同步电机系统内三相突然短路时，在阻尼绕组起作用阶段所产生的短路电流
870	刺破强力	puncture resistance	直径 8mm 的平头顶杆垂直顶刺试样过程中的最大刺破力
871	从动站	driven station	一次报文传输过程，接收报文并作出响应的站
872	凑合节	adjuster of steel pipe	安装钢管时为凑合与设计长度不符的差值而增加的管段
873	粗骨料	coarse aggregate	粒径大于等于 5mm 的混凝土骨料，或粒径大于等于 2.5mm 的沥青混凝土骨料
874	粗碎	primary crushing	将石料破碎到其粒径在 70mm 以上的作业
875	粗制螺栓	bolt；rough bolt	用于受拉的部位或可拆卸的结构中，用未经加工的圆钢压制成的螺栓
876	促淤	promotion sedimentation	为了加速涂面淤积而采取的治理措施，一般有工程措施和生物措施两种
877	脆断	brittle fracture	钢结构在拉应力状态下没有出现警示性的塑性变形而突然发生的脆性断裂
878	脆性度	brittleness index	岩石的抗压强度与岩石的抗拉强度之比值

续表

序号	术语名称	英文对应词	定义
879	村镇供水	water supply for village and town	为村镇生活、生产、生态、环境和消防等提供用水的公共事业，又称村镇给水
880	村镇供水工程	Water supply engineering for villages and towns	向村镇提供生活和生产等用水的工程设施
881	村镇排水	drainage for village and town	汇集、输送、处理村镇生活污水、工业废水和降水径流的工程措施
882	村镇排水系统	drainage system	排水的收集、输送、处理、利用及排放等设施构成的系统
883	措施项目		为完成工程项目施工，发生于该工程施工前和施工过程中招标人不要求列示工程量的施工措施项目
884	错缝	staggered joint	混凝土坝分块浇筑时分层交错设置的竖向施工缝
d 部			
885	搭接	lap joint	将焊件搭叠成位于相邻的不同平面的连接方式
886	打毛	surface roughening	用人工、高压水、风砂枪或其他机械等将已初步硬化或已硬化的混凝土表面处理成毛面的工序
887	大坝安全监测	dam safety monitoring	通过巡视检查和仪器测量，审查大坝的变形、渗流及稳定总体上是否处于正常状态的工作
888	大坝安全自动监测系统设备	automation system equipment for dam safety monitoring	完成一定工情（或坝情）参数的自动测量、存储和传输等功能的系统设备
889	大坝安全自动监控系统	automatic monitoring system for dam safety	应用信息技术，实现大坝观测数据的自动采集和处理，对大坝形态正常与否作出初步判断和分级报警的计算机系统
890	大坝水泥	dam cement	由特定矿物组成的熟料，加入适量石膏磨细制成的具有中等或低水化热适用于大体积水工混凝土的水泥
891	大地点	geodetic point	用大地测量方法测定的具有统一而精确的平面或高程位置的点
892	大地构造	geotectonics	大区域乃至全球范围的地壳构造和形态
893	大地基准点	geodetic datum	在国家或地区大地网中选一个比较适中的三角点作为原点，高精度测定其大地基准数据并以此推算其他三角点、导线点的大地坐标的国家水平控制网中推算大地坐标的起算点
894	大地控制点	geodetic control point	用大地测量方法测定的具有统一而精确的平面或高程位置的点

续表

序号	术语名称	英文对应词	定义
895	大地水准面	geoid	与平均海（水）面（无波浪、潮汐、水流和大气压变化引起的扰动）重合并延伸到大陆和岛屿内部所形成的一个封闭的水准面
896	大地原点	geodetic datum	在国家或地区大地网中选一个比较适中的三角点作为原点，高精度测定其大地基准数据并以此推算其他三角点、导线点的大地坐标的国家水平控制网中推算大地坐标的起算点
897	大骨料井	coarse aggregate well	井管周围填充砾石或粗粒料以增大单位出水量的井
898	大洪水	large flood	重现期大于或等于 20 年，小于 50 年的洪水
899	大接地电流系统	large earth current system	中性点直接接地或经低值阻抗接地的系统。通常本系统零序电抗与正序电抗的比值不大于 3，零序电阻与正序电阻的比值不大于 1
900	大接地短路电流系统	high short circuit current earthing system	高压系统中，单相或同点两相接地时，入地电流大于 500A 的系统
901	大口井	large opening well	井径大于 2m 的水井
902	大气窗口	atmospheric window	遥射率较高、能透过大气层电磁波辐射的连续波段范围
903	大气干旱	atmospheric drought	大气温度过高、相对湿度过低以及干热风等特殊气象条件下蒸腾过于强烈和根系吸水供不应求而造成植物缺水的现象
904	大气水汽含量	atmospheric water vapor content	大气中所含气态水的数量。通常以单位截面积气柱中所含水汽全部凝结成液态水时在气柱内形成的相当水深来表示
905	大气折光差	atmospheric refraction error	由于大气受重力作用和自然条件影响，视线通过不同密度的大气层时测站与目标间形成的一条空间曲线与其弦线间的夹角值（分为水平夹角值和垂直夹角值）
906	大体积混凝土	mass concrete	各向尺寸都较大且在现场浇筑的大块结构的混凝土
907	大头坝	solid - head buttress dam; massive - buttress dam	由扩大的支墩头部连接成挡水结构物的支墩坝
908	大型灌区	large - sized irrigation scheme	设计灌溉面积为 20000hm^2 及以上的灌区
909	大修	major repair	工程发生较大损坏或缺陷时，工作量大、技术复杂的工程修复，或抢修后未做永久工程处理时的工程整修
910	大中型灌区骨干工程	main works of large and middle - sized irrigation scheme	流量大于等于 1m^3/s 的固定渠（沟）道工程及相应的建筑物的统称

续表

序号	术语名称	英文对应词	定义
911	代表潮	representative tide	能够反映潮汐、潮流周期变化特征的具有代表性的潮期、潮流期的总称，如大潮、中潮、小潮
912	代表年	representative year	水文特征值接近设计值，以其时空分布作为设计依据的年份
913	代表水文站	representative hydrologic station	用以反映河流水沙变化的水文站
914	代码	code	表示特定事物或概念的一个或一组字符
915	代燃料电价	substitute price	代燃料用户为替代生活燃料所消费电量的到户电价
916	代燃料电量	substitute energy	代燃料用户用于替代生活燃料并执行代燃料电价的电量
917	代燃料电站	substitute hydro station	为农村居民提供代燃料电力电量的小水电站
918	代燃料生态效益	ecological benefit on the project of small hydropower substituting for fuel	因小水电代燃料项目的实施而减少的薪柴、煤炭、秸秆等生活燃料消耗量，替代部分化石燃料发电的电量，减少和吸收 CO_2，保护森林植被，减少水土流失和有害气体排放等，对生态环境保护产生的综合效益
919	代燃料项目区	project zone	包括代燃料保护区和代燃料供电区。代燃料保护区指小水电代燃料保护森林植被的范围，代燃料供电区指按小水电代燃料电价供电的范围
920	带负荷自启动	self start - up by on - load transformer	备用电源（或工作电源）已带部分负荷，又自动投入失去电源的母线时形成的电动机自启动
921	带舌瓣闸门	gate with flap	在平面闸门或弧形闸门门叶顶部附设舌瓣供门顶溢流的闸门
922	带时限电流速断保护	time - delay instantaneous current protection	动作电流通常按大于相邻被保护元件的动作电流整定，带有一定延时而跳闸的继电防御措施
923	带速饱和变流器差动保护	longitudinal differential protection employing quickly - saturable trans - former	在差回路内接入速饱和变流器的差动继电器、反应差动电流为特征的不带人为延时跳闸的继电防御措施
924	带状间作	strip intercropping	将耕地从坡上到坡下分成若干等高条带，或将风蚀地与主风方向垂直分成平行条带，相间种植不同作物，如疏生作物与密生作物、夏熟作物与秋熟作物或农作物与牧草的农业耕作方法
925	带状淤积	belt deposit	淤积厚度自回水末端至坝前均匀分布、纵剖面呈带状的泥沙淤积体

续表

序号	术语名称	英文对应词	定义
926	贷款偿还年限	payback period of loan	工程项目投产后以可用作还款的利润、折旧费及其他收益还清投资贷款本金和利息所需的年数
927	单层布置	single storey layout	在屋内配电装置中，电气设备均放在同一层的布置方式
928	单层辐射式供电	one - level radial electric distribution	主配电屏以辐射式直接供电给负荷的供电方式
929	单杠杆固结仪	single level arm oedometer	通过单臂杠杆对土样施加不同垂直压力的固结仪
930	单机单灌	single - lineg routing recorder	一台主机仪与一套灌浆设备的监测传感装置相连，检测和记录一个灌浆孔段灌浆过程参数的灌浆记录仪
931	单机多灌	multi - line grouting recorder	一台主机与两套及以上灌浆设备的监测传感装置相连，同时检测和记录两个及以上灌浆孔段灌浆过程参数的灌浆记录仪
932	单机自用电	unit service power for single unit	单元接线每一台机组的自用电
933	单机自用电变压器	unit service transformer for single unit	专供一台机组自用电的变压器
934	单级单吸悬臂式离心泵	single - stage end - suction centrifugal pump	只具有一个悬置于轴端的叶轮的单吸式离心泵
935	单级双吸式离心泵	single - stage double - suction centrifugal pump	只具有一个叶轮的双吸式离心泵
936	单价合同	unit - price contract	建设单位与承包单位按事先商定的工程单价结算实际完成工程量价款的建设合同
937	单孔抽水试验	single well pumpingtest	只在一个抽水孔中抽水并测量出水量与降深值的抽水试验
938	单列布置	single rowlay out	屋外配电装置中，进线（或出线）断路器及其相应的隔离开关排成一列的布置方式
939	单母线接线	single - bus connection	每条进、出线经过一台断路器和经一台隔离开关连接到一条母线上的接线方式；当母线用分段断路器分段时，则称为单母线分段接线；如果通过旁路断路器再与另一条旁路母线相连时，则称为单母线带旁路接线
940	单喷头车	single sprinkler wagon	安装一个喷头的喷头车
941	单曲拱坝	single curvature arch dam	水平截面上有曲率、竖向截面不弯曲或曲率很小的拱坝

续表

序号	术语名称	英文对应词	定义
942	单三形法	single triangle method	用角度前方交会在实地放样出待定点的点位后，在所组成的三角形中观测三个内角，经平差计算出该点的坐标，据此改正待定点位置的方法
943	单体模型	monomer model	研究单一泄水建筑物水力特性的水工模型
944	单位弹性抗力系数	coefficient of unit elastic resistance	洞室半径为1m时的弹性抗力系数
945	单位电能投资	cost per kilowatt - hour	每千瓦时电能所花费的投资额［元/（kW·h)］
946	单位工程	unit project	具有独立发挥作用或独立施工条件的建筑物
947	单位工程验收	acceptance of unit project	建设单位或其委托的监理单位在节水灌溉工程建设过程中组织开展的对单位工程的验收
948	单位功率	unit power	当转轮直径为1m、水头为1m时的功率
949	单位耗药量	powder factor	以爆破单位体积介质所需要的炸药量表示的参数
950	单位流量	unit discharge	当转轮直径为1m、水头为1m时的流量
951	单位磨损率	unit abrasion rate	设定含沙量为1kg/m^3时的磨损率
952	单位容量投资	cost per kilowatt	每千瓦装机容量所花费的投资额（元/W）
953	单位水力矩	unit hydraulic torque	转轮直径为1m、水头为1m时，作用于水轮机的导叶或转轮叶片上的水力矩
954	单位水推力	unit hydraulic thrust	转轮直径为1m、水头为1m时，作用于水轮机叶片上的水推力
955	单位水资源量价值	value of unit water resources quantity	单位数量的水资源所具有的价值，要按水源、水资源用途、水资源质量等因素分类核算
956	单位线	unit hydrograph	在给定的流域上，单位时段内时空分布均匀的单位净雨量，在流域出口断面所形成的地表径流过程线
957	单位转速	unit speed	当转轮直径为1m、水头为1m时的转速
958	单吸式离心泵	single - suction pump	液流沿泵轴方向从叶轮的一端被吸入叶轮流道的离心泵
959	单相变压器	single - phase transformer	在三相电路中作为一相运行的变压器
960	单相重合闸	one - phase ARC	只断开故障一相，然后进行单相重合，如单相重合不成功，则跳开三相断路器的自动装置
961	单向变形	one directional deformation	在相当长时期内河床只是朝某一固定方向冲刷或淤积的演变现象
962	单向阀	non - return valve	只允许流体向一个方向流动的阀门
963	单项工程	monomial project	在小型供水工程中进行独立设计的工程
964	单斜岩层	monocline	向同一方向倾斜的岩层

续表

序号	术语名称	英文对应词	定义
965	单用探头	probe for single-purpose	仅可用于测量比贯入阻力的探头
966	单元工程	separated item project	在分部工程中由几个工序（或工种）施工完成的最小综合体，是日常质量考核的基本单位
967	单元接线	unit connection	发电机直接（或经一台隔离开关、或经一台断路器及相应的隔离开关）与变压器连接成一个单元，将电能送入高一级电压电网的接线方式
968	淡水阻隔体	freshwater barrier	能防止盐水、咸水的侵入，保持有足够水头的地下水淡水脊
969	当地地表水资源工程	surface water resources project	开发利用当地地表水源的工程，包括蓄水工程、引水工程、提水工程等
970	当量经济规模	equivalent economic scale	防洪保护区人均 GDP 指数与人口的乘积
971	挡潮闸	tide barrage	感潮河段挡潮御卤、蓄淡排涝的水闸
972	挡水建筑物	water retaining structure	拦截水流、抬高水位以及阻挡河水泛滥或海水入侵的水工建筑物
973	挡水面板	water retaining deck	支撑在支墩上游直接承受水压的挡水结构物
974	挡水墙	head wall	厂房上、下游侧直接承受水压力作用的挡水结构物
975	挡土墙	retaining wall	承受土压力、防止土体塌滑的挡土建筑物
976	导爆索	primacord	由雷管引爆的高爆速，可以直接引爆炸药或传爆器材的高敏感性炸药卷成的索状起爆传爆器材
977	导电滑线防护板	conductive line protecting board	避免滑线短路或人员误触滑线的防护装置
978	导洞掘进法	heading and cut method	在地下洞室开挖中，先掘进一部分作为导洞，再扩挖到全断面的一种施工方法
979	导航建筑物	guide structure	引航道两侧与闸首相连的，引导船舶安全进出闸室的建筑物
980	导火索	safety fuse	用明火点燃引爆火雷管和黑色炸药的索状引爆器材
981	导流标准	standard of construction diversion	根据导流时段、水文资料特性、主体建筑物等级、相应临时建筑物等级以及其失事后果等选用导流设计流量频率的规定
982	导流堤取水	intake with diversion dike	在引水口前修建不拦断河流的导流堤以抬高水位和增加引水流量的取水方式及工程设施
983	导流方案	diversion scheme	在工程施工过程中，各阶段所采用的导流方式的组合
984	导流方式	diversion procedure	施工导流中所采用的挡水和泄水的方式

续表

序号	术语名称	英文对应词	定义
985	导流埂	diversion ridge	非均质坝坝壳区和过渡区内修筑的，用以引导泥浆流向、防止粗颗粒进入中心防渗区的临时性土埂
986	导流孔（洞）封堵	plugging of diversion opening	对已完成导流任务的泄水孔（洞）进行封堵的工作
987	导流流量标准	standard of construction diversion	根据导流时段、水文资料特性、主体建筑物等级、相应临时建筑物等级以及其失事后果等选用导流设计流量频率的规定
988	导流时段	diversion period	导流方式中依靠临时挡水建筑物工作的延续时间，又称挡水时段
989	导流闸门	diversion gate	用于导流洞截流所设置的闸门
990	导热系数	thermal conductivity	表土体导热能力的指标
991	导沙槽	sand - guide channel；vortex tube	设于渠底用以截取及排除渠道底沙的槽式结构物
992	导沙坎	sand - guide sill	修建在取水口前，用以引起局部人工环流而控制底沙运动方向的结构物
993	导水机构	gate operating mechanism	反击式水力机械中引导水流从高压侧流入转轮并改变环量的结构部件。导水机构包括顶盖、底环、导叶及导叶调节装置
994	导水率	transmissivity	土工织物在层流状态下单位水力梯度时沿织物平面的单宽渗流量
995	导水系数	coefficient of transmissivity	单位宽度含水层在单位水力坡降作用下断面的水流量
996	导水锥	hydrocone	钟形进水流道底部导水用的圆锥体
997	导线测量	traverse survey	依次测定各导线边（转折边）边长和各导线角（转折角），根据起算数据推算出各导线点坐标的平面控制测量工作
998	导线点	traverse point	导线测量中构成导线的各转折点
999	导线网	traverse network	由几个导线环构成具有节点的网状结构形式的平面控制网
1000	导线网平差	adjustment of travese network	消除导线网中由于多余观测使各观测结果间产生矛盾所进行的平差方法
1001	导向坡度	guide slope	为使闸门门叶易于进入门槽在槽顶入口段两侧扩张的坡度
1002	导向套	valve guide disc guide	安装在液压缸内，对活塞杆起导向、支承作用的套
1003	导向装置	guiding device	闸门启闭时引导门叶在门槽轨道上保持正常位置的设施

续表

序号	术 语 名 称	英文对应词	定　　义
1004	导叶	wicket gate; guide vane	导水机构中能旋转动作以调节进入转轮的流量的导流叶片
1005	导叶开度	guide vane opening	导叶背面出水边上给定点至相邻导叶体之间的最短距离（单位：mm）
1006	导轴承	guide bearing	引导机组主轴正常旋转并承受径向力的滑动轴承
1007	倒锤法	inverse plumb method	在坝体廊道内，用倒锤线作为基准线，以测定坝体水平位移的工作
1008	倒锤线观测	inverse plumb line observation	在坝体廊道内，用倒锤线作为基准线，以测定坝体水平位移的工作
1009	倒虹吸管	inverted siphon	以倒虹吸形式敷设于地面或地下用以输送渠道水流穿过其他水道、洼地、道路的压力管道式交叉建筑物
1010	倒虹吸量水	inverted siphon water measurement	利用倒虹吸量测其水位差确定流量的方法
1011	倒坡	reverse gradient	边坡的临空面与水平面之间的夹角小于 90°，呈倒悬状态的边坡面
1012	道口	crossing	铁路与道路的平面交叉部位
1013	稻田适宜水层深度	suitable water depth of paddy field	有利于水稻生长发育的稻田田面淹水深度
1014	稻田允许最大蓄水深度	maximum water depth of paddy field	为充分利用天然降水，降雨后不影响水稻生长发育的稻田可蓄水层的最大深度
1015	灯泡式水轮发电机	bulb - type hydraulic generator	发电机安装在贯流式水轮机流道中灯泡体内的水轮发电机
1016	灯泡式水轮机	bulb turbine	发电机安装在位于流道中的灯泡体内的贯流式水轮机，发电机可由水轮机直接驱动或通过一个变速装置驱动
1017	等高耕作	contour ploughing	在坡耕地上沿等高线按一定间距筑埂后进行横坡耕种，以滞蓄天然降水、增加水分入渗、控制水土流失、提高坡耕地蓄水保水能力的措施
1018	等高距	contour interval	地形图上相邻两首曲线间的高程差
1019	等高线	contour	地面上高程相等的相邻点所连成的闭合曲线，以表示地面的高低起伏形态
1020	等高植物篱	contour living hedgerow	为控制或减轻水土流失，在坡地上沿等高线种植的条状灌木带或草带
1021	等径流深图	run off isopleth map	以等径流深点连接线表示径流深分布情况的图
1022	等离子体炬管	plasma torch	用于维持 ICP 稳定放电的装置，通常由三层同心石英管组成。外管进冷却气，中管进辅助气，内管进载气

续表

序号	术语名称	英文对应词	定义
1023	等流时线	isochrone	流域内经过一定的汇流时间同时到达出口断面的水质点在流域上所处位置的连线
1024	等密图	contour diagram	在极点图的基础上，用等值线表示图内极点分布的规律和特征的图
1025	等面积定则	equal - area criterion	在功角特性图中，发电机转子在加速（减速）过程中获得（失去）的动能，以面积形式表示为加速（减速）面积，以加速面积等于减速面积来判断发电机或系统运行稳定性的定则
1026	等效电路	equivalent electrical circuit	用理想元件组成的网络来描述电路性能的模型
1027	等效孔径	equivalent opening size（EOS）	土工织物干筛法试验中，标准砂留在筛上的质量占砂总质量95%所对应的筛孔孔径，又称表观孔径
1028	等效网络	equivalent network	使用由理想元件组成的网络来描述一个网络性能的模型
1029	等效线性温差	equivalent linearly - distributed tempera - ture difference	沿水平拱厚度方向，将实际温度分布按分布图形面积矩相等的原则，换算成直线温度分布时的上下游温差
1030	等雨量线图	isohyetal map	以等雨深点连接线表示降雨量分布情况的图
1031	低电压保护	undervoltage protection	反应直接输电线路接地短路时直流电压下降的继电防御措施
1032	低电压闭锁（起动）过电流保护	undervoltage - started overcurrent protection	由低电压继电器和电流继电器组成“与”关系，带有延时而跳闸的继电防御措施
1033	低合金高强度结构钢	high strength low alloy structural steel	在含碳量不大于0.20%的碳素结构钢基础上，添加一种或几种总含量一般不超过5%的合金元素的钢材，强度高于碳素结构钢
1034	低流态混凝土	low - slump concrete	用水量较少，坍落度为1～3cm的混凝土拌和物
1035	低频起动	low frequency starting	当系统频率低于额定值以下时，将水轮发电机组自动并入系统带上负荷的过程
1036	低型布置	low - type layout	屋外配电装置中的开关电器、互感器、避雷器等均直接放在地面基础上的布置方式
1037	低压	low voltage	1kV及以下的电压等级的总称
1038	低压、高压	low voltage、high voltage	标称电压低于1kV的为低压。标称电压为1kV及以上的为高压
1039	低压测量断面	low pressure measuring section	水轮机出口测量断面

续表

序号	术语名称	英文对应词	定义
1040	低压基准断面 2	low pressure reference section 2	确定低压侧的起始断面（或高程）
1041	低压配电屏	low voltage distribution panel/board	具有低压开关电器和测量仪表，能够完成配电功能的屏（盘）式电气装置
1042	低压配电装置	low voltage switchgear installation	具有低压开关设备的配电装置
1043	堤	dike; embankment; levee	在江、河、湖、海沿岸或水库区、分洪区周边修建的挡水建筑物
1044	堤岸	bank	自身稳定性对堤防有直接影响的岸坡
1045	堤防	levee（dyke）	沿河、渠、湖、海岸边或行洪区、分洪区、围垦区的边缘修筑的挡水建筑物
1046	堤防工程	levee project	堤防及其堤岸防护工程、交叉连接建筑物和管理设施等的统称
1047	堤防涵闸式进水口	inlet culvert built in the embankment	布置于堤防中，穿越堤防的独立布置进水口
1048	堤内	landside	堤防背水侧
1049	堤外	waterside	堤防临水侧
1050	滴灌	drip irrigation; trickle irrigation	利用专门灌溉设备，灌溉水以水滴状流出浸润作物根区土壤的灌水方法
1051	滴灌管（带）	drip tape; drip tube	微灌系统中兼有输水和滴水功能的末级管（带）
1052	滴灌系统	drip irrigation system	由水源工程、首部枢纽、输配水管道和滴水设备等部分组成的灌溉系统
1053	滴头	emitter	使有压水减压形成水滴并断续滴出的灌水装置
1054	滴头设计工作压力	designed operating pressure of emitter	滴灌工程设计中选定的滴头工作压力
1055	抵偿年限	payment period	用节省的年运行费抵偿增加的投资所需的年数
1056	抵偿年限法	payment period method	用节省的年运行费抵偿增加的投资所需年数来评价工程方案经济合理性的方法
1057	底环	bottom ring	在立轴反击式水轮机中，支承导叶下部轴颈和轴承的环形部件
1058	底槛	embedded sill; ground sill	闸门孔口门槽底部的埋件
1059	底孔导流	bottom outlet diversion	利用坝体内设置的临时底孔或永久底孔，将河水导向下游的施工导流方式
1060	底栏栅式取水	bottom - grating intake	在壅水坝内设置廊道取水，并利用廊道顶部栏栅的筛析作用防止大粒径沙石入渠的有坝取水方式及工程设施

续表

序号	术语名称	英文对应词	定义
1061	底流消能	energy dissipation by hydraulic jump	利用水跃消除从泄水建筑物贴底泄出的急流的余能、将急流转变为缓流与下游水流相衔接的消能方式
1062	底枢	bottom pintle	位于人字闸门门叶底部旋转轴处的支承
1063	底缘	bottom edge	闸门门叶底部结构的边缘部分
1064	底止水	bottom water seal	门叶与门槽底槛间的封水装置
1065	底轴驱动闸门	gatedriven from bottom - shaft	采用旋转闸门底轴使门叶转动来控制流量的闸门
1066	地表冻胀量	amount of frost-heaving of ground surface	整个冻结期内冻结膨胀后的地面与冻前地面的高差值
1067	地表水	surface water	存在于河流、湖泊、水库、沼泽、冰川和冰盖等水体中的水分的总称
1068	地表水耗损量	consumption of surface water resources	地表水体减少量，含蒸发消耗和入渗损失。通常由引水量减退水量求得
1069	地表水系统分析模型	model of surface water system analysis	为模拟地表水系统的动态变化并进行优化规划与管理而建立的概化数学模型
1070	地表水资源开发率	surface water resource exploitationrate	地表水源供水量占地表水资源量的百分比
1071	地表水资源可利用量	available surface water resources	在可预见的时期内，统筹考虑生活、生产和生态环境用水，协调河道内与河道外用水的基础上，通过经济合理、技术可行的措施，可供河道外一次性利用的最大水量（不包括回归水重复利用量）
1072	地表水资源量	surface water resources amount	河流、湖泊、冰川等地表水体逐年更新的动态水量，即天然河川径流量
1073	地表水资源评价	surface water resources assessment	以河流、湖泊、冰川、沼泽等地表水体作为评价对象，对其数量、质量、赋存条件、时空分布特征、运动规律和开发利用条件等进行的分析评定
1074	地表水资源质量评价	surface water resources quality assessment	水资源质量一般简称为水质，是指水体物理、化学及生物学的特征和性质。地表水资源质量评价是以地表水资源保护和管理为目标，根据地表水资源开发利用和保护要求，参考国家和有关用水部门制定的各类用水水质标准，对地表水水质状况进行的评价
1075	地表与地下水资源重复量	overlap quantity between surface water resources and groundwater resources	由于地表水与地下水存在相互转化关系，按地表水资源量和地下水资源量的定义及其相应的计算方法，分别计算的地表水资源数量与地下水资源数量之间的重复计算量
1076	地方墒情监测站网	local soil moisture monitoring network	由向地方水行政主管部门报告墒情的监测站组成的站网

续表

序号	术语名称	英文对应词	定义
1077	地埂植物带	shrubbery buffer strip with bund	在坡耕地上沿横向培修土埂，在土埂上种植灌木或多年生草本植物，截短坡长、调蓄径流的治理措施
1078	地基沉降	foundation settlement	地面或基底面在附加应力或自重作用下因土体压密而引起的沉降
1079	地基处理	foundation treatment	为提高地基的承载、抗渗能力，防止过量或不均匀沉陷，以及处理地基的缺陷而采取的加固、改进措施
1080	地基土设计冻深	design freezing depth of foundation	自建筑物底面算起的地基土或墙后土自墙背算起的冻结深度设计取用值
1081	地脚螺栓	foundation bolt	为防止机械设备工作时从混凝土基础中滑脱而预埋在基础中的、下端有弯钩或阻滑钢块的螺栓
1082	地径	basal diameter	苗木根际直径，即播种苗、移植苗根基处的直径；扦插苗为萌发主干基部处的直径。测量苗木的纵向地径和横向地径，取其平均值，即为苗木的地径
1083	地壳形变观测	observation of earth crust deformation	为确定坝区及其外围地区地壳稳定性，评价、验证水库诱发地震的可能性而进行的测量工作
1084	地块	block	地形坡度、土壤等综合自然特征和土地利用情况、土壤侵蚀状况基本一致的用于基础调查和分区治理面积为 1～50hm² 的土地基本单位
1085	地类地形图	geomorphologic map	为了工程建设征地实物调查的需要，专门施测的以主要反映征地范围内土地利用现状为主的地图。该地图在基本满足地形测量的基础上，应准确标示各种地类的图斑、行政界线、建（构）筑物、线性地物，其比例尺一般为 1∶2000 或 1∶5000
1086	地理信息系统	geographical information system (GIS)	在计算机软硬件支持下，对与空间和地理分布有关的数据进行采集、存储、管理、显示和综合分析应用的一种特定的空间信息系统
1087	地貌	geomorphy	地球表面各种起伏形态的通称
1088	地貌特征线	orographic character line	地貌形态变化的棱线
1089	地貌综合	cartographic generalization of relief	编制地图时，选取和概括地貌形态的编绘作业
1090	地面参考点	reference point of land surface	为推算渠道分水口水位而选定的距离较远或位置较高的地面受水点
1091	地面沉降	land subsidence	在自然或人为因素作用下，某一范围的地表面在垂直方向发生的高程降低的现象

续表

序号	术语名称	英文对应词	定义
1092	地面分辨力	ground resolution	从遥感图像上能分辨出的地面最小物体的能力
1093	地面灌溉	surface irrigation	采用沟、畦等地面设施，对作物进行灌水的方式
1094	地面灌溉灌水技术要素	surface irrigation elements	地面灌溉中沟、畦规格，入沟（畦）流量及灌水持续时间和改水成数等的总称
1095	地面建筑物	surface hydraulic structures	在地表兴建的各类水利水电工程建筑物，诸如挡水坝、堤防、水闸、溢洪道、电站厂房、通航建筑物、渠道（人工河道）及渠系工程等
1096	地面立体摄影测量	terrestrial stereophotogrammetry	在地面布设的基线两端分别安置摄影经纬仪摄取立体像对，然后在地面立体测绘仪上测绘地形原图的方法
1097	地球弯曲差	errordue to curvature of earth	因地球表面近似球面，其面上相距较远的两点不能直接通视，为使其通视而将目标增高的数值（用以作为三角测量中高差中的球曲差改正值）
1098	地球物理勘探	geophysical prospecting	利用地球物理的原理，根据各种岩石（土）之间的密度、磁性、电性、弹性、放射性等物理性质的差异，选用不同的物理方法和物探仪器，测量工程区的地球物理场的变化，以了解其水文地质和工程地质条件的勘探和测试方法
1099	地区网	regional area network	在水利信息网中，地（市）水利（务）局与县（市）水利（务）局的互联网络
1100	地区综合	regional synthesis	分析地区水文规律，建立地区参数的经验公式或绘制特征值等值线图的工作
1101	地上河	elevated river	河床高出两岸地面的河流
1102	地图	map	按一定法则有选择地在平面上或以立体形式表示地球表面若干自然和社会经济要素（地貌、水系、建筑物、境界线、植被等）的分布特征及相互联系的图
1103	地图编绘	map compilation	根据编绘原图的理论和方法，利用已有的各种资料编绘原图的作业
1104	地图复照	map photography	用照相方法复制各种地图的作业
1105	地图清绘	map fair drawing	将地形原图或编绘原图，通过复照制成蓝图，并在其上按图式和规范的要求进行描绘的加工作业
1106	地图投影	map projection	运用一定数学法则将地球椭球面的经纬网相应地投影到平面上的方法
1107	地图投影变换	map projection transformation	从一种地图投影点的坐标变换为另一种地图投影点的坐标
1108	地图投影变形	distortion of map projection	地球椭球面投影到平面（可展曲面）后所产生的长度变形、面积变形和角度变形的总称

续表

序号	术语名称	英文对应词	定义
1109	地图图号	map numbering	为便于地图的使用和管理，按一定方法给予各分幅地图的编号或代号
1110	地图图式	cartographic symbol	地图（地形图）测绘中表示地物、地貌形式和物征的各种规定符号
1111	地图印刷	map printing	用印刷机将印刷版面上的图形、文字转印到纸张或其他载体上的工序
1112	地图整饰	map appearance	地图印刷前，将原图按出版的技术要求加以整理和修饰的工作
1113	地图制版	map printing plate making	将地图原稿制作成印刷版的工序
1114	地图制印	map reproduction	地图复照、制版及印刷的理论和各种工艺技术方法
1115	地物	planimetric feature	地球表面上相对固定的物体。在图上一般用图式符号表示
1116	地下滴灌	subsurface drip irrigation	通过工程设施将水送入地面以下，滴灌浸润根层土壤的灌水方法
1117	地下洞室	underground openings	在地下岩土体中开挖的洞穴和通道
1118	地下河	underground river	喀斯特地区，发育在地表以下的河流
1119	地下河补给区	recharge region of subterranean river	接受大气降水和地表水等入渗补给的区域
1120	地下河径流区	runoff region of subterranean river	从补给区至排泄区流经的区域
1121	地下河流域	subterranean river basin	具有统一的补给边界和径流、排泄条件的地下水汇集区域
1122	地下河排泄区	discharge region of subterranean river	地下水向外部排泄的区域
1123	地下径流	groundwater runoff	沿潜水层或隔水层间的含水层向河流、湖泊、沼泽、海洋汇集的水流
1124	地下开挖工程	underground openings	在岩土中开挖的地下空间，如隧洞、竖井、斜井和大型洞室等
1125	地下开挖工程超前地质预报	prediction of the geological conditions ahead of working face	地质预报的一种特殊形式，是指利用地质编录、导洞、先导孔、物探等手段和地质综合分析方法，对井、洞开挖前进方向的地质条件及可能遇到的影响洞室施工安全或围岩稳定的重要地质问题（断层破碎带、喀斯特、软弱层带、含有害气体的地层、突泥、突水等）所作的预报

续表

序号	术语名称	英文对应词	定　义
1126	地下轮廓线	underground configuration	挡水建筑物沿水流方向的不透水基底及其防渗设施与地基的接触线
1127	地下埋管	underground penstock	埋入岩体中、管壁与围岩之间用水泥砂浆或混凝土充填的压力管道
1128	地下排水	subsurface drainage	利用暗沟、暗管等排水设施降低地下水位的措施
1129	地下热水	hot groundwater	温度高于当地年平均气温的地下水
1130	地下式厂房	underground power house	发电厂房及水轮发电机组等主要设备设置在地下洞室内的水电站厂房
1131	地下水	groundwater	狭义指埋藏于地面以下岩土孔隙、裂隙、溶隙中的重力水。广义指地面以下各种形态的水
1132	地下水补给	groundwater recharge	通过降雨、灌溉、地下径流、渠道或河道渗漏等多种途径对地下水量的补充
1133	地下水补给量	groundwater recharge	在天然或开采条件下，单位时间内以各种形式进入到含水层中的水量
1134	地下水采补平衡	balance between groundwater exploitation and recharge	为维持地下水的可持续开发利用，在地下水多年平均开采量与补给量之间所需要保持的相对均衡状态
1135	地下水侧向补给量	recharge by ground water	从开采区周围的地下水源向开采区自行补给的水量
1136	地下水超采量	amount of groundwater overdraft	地下水开采量超出可开采量的数量
1137	地下水超采区	area of groundwater overdraft	某一范围内，在某一时期，地下水开采量超过了该范围内的地下水可开采量，造成地下水水位持续下降的区域
1138	地下水储存量	groundwater reserve	地下水在多年循环交替过程中积存于含水层中的重力水体积
1139	地下水储量	groundwater storage	在水循环中储存于透水岩层和土壤孔隙中的地下水量
1140	地下水等水位线图	watertable contour map	地下水水位相等的等值线图
1141	地下水动力学	groundwater dynamics	研究地下水在岩、土孔隙及裂隙中运动规律的学科
1142	地下水动态	groundwater regime	地下水的水位、水量、水质和水温等要素随时间和空间变化的现象和过程
1143	地下水动态观测	groundwater regime observation	在一个地区选择有代表性的泉、井、孔等按照一定的技术要求进行的地下水动态要素观测、记录和资料整理的过程

续表

序号	术语名称	英文对应词	定义
1144	地下水回灌	artificial groundwater recharge	人为地将水从外部注入含水层
1145	地下水监测井	well for groundwater monitoring	为获取地下水水位、开采量、水质、水温等监测数据而设置的水井，分专用地下水监测井和非专用地下水监测井两类
1146	地下水监测站	groundwater monitoring station	为获取地下水水位、开采量、泉流量、水质、水温等监测数据而设置的监测设施，包括：监测井、井口装置、站房、基本水准点和校核水准点水准标石以及自动监测系统
1147	地下水降落漏斗	groundwater table depression cone	地下水开采量持续大于可开采量时，形成以开采强度最大地点为中心的形似漏斗的潜水面或水压面
1148	地下水降深	drawdown of ground water	群井开采时，把单井开采化成面积上的均匀开采的水位下降深度
1149	地下水均衡	ground water balance	某一地区含水层或含水岩组在一定时段内地下水的总补给量与总排泄量及地下水储存量的变化量之间的数量平衡关系
1150	地下水开采量	groundwater exploitation	在一定时段内由特定区域内地下含水层中所提取的地下水量
1151	地下水开采模数	groundwater yield module	单位面积地下水的开采量
1152	地下水可更新能力	groundwater renewability	含水层中地下水与外部环境水的交换能力
1153	地下水可开采量	available yield of groundwater	在可预见的时期内，通过经济合理、技术可行的措施，在不引起生态退化和环境恶化的条件下，可持续从含水层中获取的水量
1154	地下水库	groundwater reservoir	由含水层中的孔隙、裂隙和天然溶洞或通过修建地下截水墙拦截地下水形成的水库
1155	地下水矿化度	mineralization of ground water	单位体积的地下水中各种可溶性盐类的含量指标
1156	地下水利用量	ground water supplement for the crop root zone	地下水借土壤毛细管作用上升至作物根系活动层内以供作物吸收和田间蒸发的水量
1157	地下水量平衡	groundwater balance	对规定时段和一定区域内地下水补给量和开采量所作的平衡计算
1158	地下水临界深度	critical groundwater depth	以防治土壤盐碱化为目标，不致危害作物正常生长的地下水位最小埋深
1159	地下水埋深	bury of groundwater	观测井中地下水自由水面距井口地面的高度

续表

序号	术语名称	英文对应词	定　义
1160	地下水排泄量	groundwater discharge	在天然或开采条件下，单位时间内以各种形式从含水层中排出的水量
1161	地下水平衡	ground water balance	某一地区含水层或含水岩组在一定时段内地下水的总补给量与总排泄量及地下水储存量的变化量之间的数量平衡关系
1162	地下水人工补给量	artificial recharge of ground water	利用人工设施将符合一定水质标准的地表水或其他水源的水引入地下含水层中以补充地下水的水量
1163	地下水水源地	ground water source area	以工业、城市生活为供水对象的地下水集中开采区
1164	地下水位	groundwater level	地下水的自由水面相对于某一基面的高程
1165	地下水位计	groundwater stage gauge	测量观测井（孔）中地下水位变化过程的仪器
1166	地下水系统分析模型	model of groundwater system analysis	为模拟地下水系统的动态变化并进行优化规划与管理而建立的概化数学模型
1167	地下水信息服务系统	underground water information services system	收集水质水量、开采保护等各种地下水信息并允许用户进行数据查询或通过网络向公众提供地下水信息服务的计算机应用系统
1168	地下水源工程	ground water resources project	开发利用地下水资源的工程
1169	地下水越流补给量	recharge through weak permeable layer	从压力高的含水层向压力低的含水层补给的水量
1170	地下水允许开采量	allowable groundwater exploitation	通过技术经济合理的取水方案，在整个开采区内动水位不低于设计值，出水量、水质和水温变化在允许范围内，不影响已建水源的正常开采，不发生危害性的环境地质现象的前提下，单位时间内从水文地质单元或取水地段中能够取得的水量
1171	地下水资源	groundwater resources	赋存和运动在地层或岩层中，其质和量具有一定利用价值的地下水
1172	地下水资源量	groundwater resources amount	地下饱和含水层逐年更新的动态水量，即降水和地表水入渗地下水的补给量
1173	地下水资源评价	groundwater resources assessment	对地下水的数量、质量、赋存条件、时空分布特征、开发利用条件及开采可能引起的环境地质问题等进行的分析评定
1174	地下小流域	subterranean watershed	地下水汇集区域面积不超过 $50km^2$ 的地下河流域
1175	地形	landform	测绘工作中对地球表面各种起伏形态和位于地表上所有固定物体的总称

续表

序号	术语名称	英文对应词	定义
1176	地形测量	topographic survey	使用测量仪器，按一定的程序和方法，根据地形图图式规定的符号，按一定的比例尺将地物、地貌测绘在图纸上的测量工作
1177	地形控制	mapping control	在基本平面控制的基础上，直接为地形测图或断面测量而进行的平面控制测量工作
1178	地形控制点	mapping control point	用图根测量方法（包括解析法或图解法）测定的、直接用于测绘地形图的控制点
1179	地形特征点	topographic featur-es point	地形测量中所测绘的标明地物、地貌平面位置和高程的特征点
1180	地形图	topographic map	按一定精度要求表示地物、地貌平面位置和高程的一种普通地图
1181	地性线	orographic charac-ter line	地貌形态变化的棱线
1182	地应力	geostress	岩体在天然状态下所具有的内应力
1183	地震	earthquake	来源于地球内部的弹性波所引起的地面震动
1184	地震动反应谱特征周期	characteristic peri-od of the seismic resp-onse spectrum	地震动加速度反应谱开始下降点的周期
1185	地震动峰值加速度	seismic peack grou-nd acceleration	与地震动加速度反应谱最大值相应的水平加速度
1186	地震动水压力	earthquake hydro-dynamic pressure	地震时周围水体对建筑物产生的动水压力
1187	地震勘探	seismic prospecting	用人工激发的地震波在弹性不同的地层内的传播规律来探测地下地质情况的一种物探方法
1188	地震烈度	earthquake intensi-ty	地震发生时，在波及范围内一定地点的地面及房屋建筑遭受地震影响和破坏的程度
1189	地震前兆	premonitory symp-tom	地震即将到来时所发生的相关现象，如地下水、地电、地磁、重力等出现异常，生物表现反常，断层活动加剧，地声、地光出现，气象的异常变化等
1190	地震区划	seismic zoning	对可能遭到的地震危险程度进行区域划分
1191	地震震级	earthquake magni-tude	地震时所释放出能量大小的等级划分
1192	地质编录	geological record	用文字、图、表等形式，把从钻孔岩芯、探坑、探槽、探洞、探井中所观测到地质现象及综合研究的结果，完整、系统地记录下来的工作
1193	地质点	geological observa-tion point	野外观测研究地质现象的地点

续表

序号	术语名称	英文对应词	定义
1194	地质点测量	geological point survey	将实地标定的露头构造岩体和矿体界线、水文和重砂等地质点测绘在图纸上的工作
1195	地质构造	geologic structure	组成地壳的岩层在地球内力作用用下产生变形或变位的过程和形态
1196	地质观测	geological monitoring	施工过程中，对特定的地质现象及其发生的变化进行追踪观察或简易量测的工作
1197	地质剖面	geological section	沿某一方向，调查一定深度内岩层和地质构造情况的实测地质剖面
1198	地质素描	geological sketch	用素描的方法记录地质现象的工作
1199	地质线路	geological observation route	野外观测研究地质现象的工作线路，一般为各地质点之间的连线
1200	地质巡视	geological inspection	对施工状况和揭露的地质现象进行日常性观察、调查、测量和记录（文字、图表、素描、摄影、录像等），并提出需要立即开展的施工地质工作项目及部位建议的工作
1201	地质遥感	geological remotesensing	利用遥感影像技术进行地质调查的工作方法
1202	第二产业用水	secondary industry water use	采矿业，制造业，电力、煤气及水的生产和供应业，以及建筑业等生产过程中取用的新水量的总称
1203	第三产业用水	tertiary industry wateruse	除第一、第二产业以外的交通运输、仓储和邮政业，批发和零售业，住宿和餐饮业，金融业，房地产业，公共管理和社会组织等用水的总称
1204	第一产业用水	primary industry water use	农业、林业、牧业、渔业用水的总称
1205	颠倒温度计	reversing thermometer	处于正放位置时，可以测量水温，一旦处于倒放位置，其水温读数不会再发生变化的仪器。可以用于测量水下某处的水温
1206	典型暴雨	typical storm	推算设计暴雨或可能最大降水所需的实测特大暴雨，包括暴雨量、时程分配和空间分布
1207	典型抽样调查	typical sampling investigation	相对于全面调查的一种调查方法。具体方法是：在建设征地范围内选择有代表性的区域进行调查。典型抽样的样本数应不小于总体的15%～30%，且应分布均匀，有较好的代表性
1208	典型工程	typical project	根据工程的水源类型、工程类型、供水规模和净水工艺等特征，分别在同类型工程中选择出的有代表性的工程
1209	典型洪水地区组成	spatial pattern of typical flood	设计断面发生有代表性的实测大洪水及其上游各分区实际来水的组合情况

续表

序号	术语名称	英文对应词	定义
1210	典型洪水过程线	typical flood hydrograph	按一定原则和要求，选一次或几次用于推求设计洪水过程线的实测或调查的洪水过程线
1211	典型年	typic year	水文特征值接近设计值，以其时空分布作为设计依据的年份
1212	点灌	bunch irrigation	用人工对单株作物进行直接灌溉的方式
1213	点荷载强度	point load strength	对岩石试件施加点荷载使其达到破坏时计算得的岩石抗拉或抗压强度
1214	点荷载强度指数	point load strength index	直径 50mm 圆柱体试件径向加压时的点荷载强度
1215	点位中误差	mean square error of position	用以衡量一点在平差后相对于起算点位置精度的标准
1216	点污染源	point source pollution	集中在一点或小范围排放污染物的发生源
1217	点型工程	block - type engineering	布局及占地面积集中、呈点状分布的水利水电工程，主要包括水库、水闸、泵站等
1218	点型开发建设项目	block - type engineering	布局相对集中、呈点状分布的矿山、电厂、水利枢纽等开发建设项目
1219	电（气）液（压）调速器	electric - hydraulic governor	检测被控参量、稳定及反馈信号用电气方法产生，经电气综合、放大后通过电气转换和液压放大系统实现驱动水轮机接力器的调速器
1220	电波流速仪	electric wave current meter	向水面发射与接收无线电波，利用其频率变化与流体速度成正比的关系而制成的仪器
1221	电测深法	electrical sounding	在同一测点上逐次扩大电极距使探测深度逐渐加深，观测测点处在垂直方向由浅到深的电阻率变化，并依据目的体与周边介质电阻率的差异，探测地下介质分布特征的一种电法勘探方法
1222	电测针	Electronic point gauge	在针形水位测针上增加一电子装置，当测针触及水面的那一瞬间，发出信号确定水位
1223	电磁波测距误差	error in electromagnetic wave distance measurement	由随距离变化引起的电磁波传播速度误差、空气折射率误差、测距频率误差和不随距离变化引起的测相误差、仪器常数的测定误差综合影响而引起的误差
1224	电磁波测距仪	electromagnetic wave distance measuring instrument	用电磁波（微波或光波）运载测距信号测量两点间距离的仪器
1225	电磁波干扰	electromagnetic wave interference	工作现场因某种原因出现的电磁波信号干扰传感器的正常工作

续表

序号	术语名称	英文对应词	定义
1226	电磁兼容性	electromagnetic compatibility	在不损失有用信号所包含的信息条件下信息与干扰共存的能力
1227	电磁式沉降仪	electromagnetic settlement gauge	通过测读测头经过测体内铁环（板）或磁环时，测头距离沉降管管口的距离来计算测点高程变化，进而测出测点沉降的沉降仪
1228	电磁振荡式沉降仪	electromagnetic oscillation ssttlement gauge	通过测读测头经过测体内铁环（板）时，测头距离沉降管管口的距离来计算测点高程变化即测点沉降的电磁式沉降仪
1229	电动冰钻	electric ice drill	以电为动力的冰钻
1230	电动发电机组	motor - generator set	一台或多台电动机与另一台或多台发电机机械耦合而成的成套机组
1231	电动机保护	protection of motor	反应电动机各种故障和异常工作状态的继电防御措施
1232	电动机调速器	governor withmotor driven gate operator	用电动机经减速装置来控制水轮机导水机构的调速器
1233	电动式采样器	electric sampler	安置在铅鱼或悬杆上，放至预定测点，通过按动电磁开关关闭口门的瞬时式采样器
1234	电法勘探	electrical prospecting	根据岩体之间电磁性质的差异，用仪器观测天然或人工电场变化以查明地质情况的一种物探方法
1235	电感耦合等离子体	inductively coupled plasma	将高频功率加到等离子体炬管耦合的线圈上所形成的炬焰，简称 ICP
1236	电价	electricity price	单位电能价值的货币表现
1237	电抗器	reactor; shunt reactor	由于其电感而在电路或电力系统中使用的电器
1238	电抗器保护	protection of reactor	反应电抗器各种故障和异常工作状态的继电防御措施
1239	电缆槽盒	cable trough	未含支架、带封盖的电缆支持物
1240	电缆夹层	cable interlayer	集中敷设电力、控制、通信电缆的楼层
1241	电缆桥架	cable tray	由托盘或梯架的直线段、弯通、组件及托臂（臂式支架）、吊架等构成支承电缆的刚性系统全称
1242	电缆支架	cable brackets	普通支架、吊架、桥架等电缆支持物的统称
1243	电力变压器保护	protection of powertransformer	反应电力变压器各种故障和异常工作状态的继电防御措施
1244	电力不足概率	lack of load probability	在假定日最大负荷持续一整天的条件下，系统负荷需求量超过可用发电容量的时间概率的总和
1245	电力不足时间期望值	loss of load expectation	在所研究的一段时间内，负荷需要超过可用发电容量的时间期望值

续表

序号	术语名称	英文对应词	定　义
1246	电力弹性系数	elastic coefficient of electric energy	一定时期内发电量的增长率与国民经济总产值增长率的比值
1247	电力电缆	power cable	输配电力用的电缆
1248	电力电量平衡	electric power and energy equilibrium	研究和校核电源开发方案在电力与电量上满足电力系统规划水平年负荷需要的程度
1249	电力负荷图	electric load diagram	以时间（日、月、年）为横坐标、功率为纵坐标表示的电力系统负荷随时间的变化过程图
1250	电力平衡	electric power equilibrium	研究和校核电力系统装机容量满足各月最大工作容量和备用容量的程度
1251	电力系统的集中控制	centralized control of power system	各发电厂、各地区终端变电所设子控制系统，地区调度所或枢纽变电所设主（母）控制系统，在主（母）、子控制系统之间经通道传送控制量、控制分配量和发起、停信号的控制方式
1252	电力系统状态估计	state estimation in power system	电力系统中实时潮流的最优状态估计数值
1253	电力线载波通信	power line carrier communication	利用高压输电线作为载波信号传输媒介的一种通信方式
1254	电量变送器	electrical transducer	能将被测量转换为直流电流、直流电压或数字信号的装置
1255	电量不足概率	lack of energy probability	在所研究的一段时间内，由于供电不足而使用户停电的电量损失的数学期望值与该时间内用户所需全部电量的比值
1256	电量不足期望值	expected energy not served	在所研究的一段时间内，由于供电不足引起负荷停电所损失的电量的平均值
1257	电量平衡	electric energy equilibrium	研究和校核电力系统各月的发电量满足各月所需电量的程度
1258	电流差动保护	current differential protection	反映直流输电线路内电流差值而动作的继电防御措施
1259	电流互感器	current transformer	在正常使用情况下，其二次电流与一次电流实质上成正比，而其相位差在连接极性正确时接近于零的电磁感应式变流设备。其二次电流可供仪表、继电器等使用
1260	电流互感器的精确等级	accurate degree of current transformer	电流互感器的电流从额定值的 120%变到 100%（或 50%）时在所规定的二次负荷下所产生的最大电流误差百分值
1261	电流密度	current density	在一定截面的导线中所通过的电流量。平均电流密度在数值上等于导线中通过的电流量除以导线的截面积

续表

序号	术语名称	英文对应词	定义
1262	电流平衡保护	current balance protection	比较同一侧的平等线路中短路电流绝对值大小，不带人为延时而跳闸的继电防御措施（只能用于单电源平行线路的供电侧或两侧电源平行线路的大电源侧）
1263	电能表	watthour meter	系积算仪表的一种，具有计量有功（无功）电能数的功能
1264	电能关口计量点	electrical energy tariff point	发电企业、电网经营企业以及用电企业之间进行电能结算的计量点
1265	电剖面法	electrical profiling	将某一装置电极距保持不变，沿测线观测地下一定深度内大地电阻率沿水平方向变化，依据目的体与周边介质的电阻率差异，探测地下介质特征的一种电法勘探方法
1266	电气测量	electrical measuring	使用电的方法对实时电气量进行测量（包括电能计量）
1267	电气缓冲单元	electrical damper module	实现缓冲装置功能的电气单元或程序模块
1268	电气开度限制单元	electrical opening limiter	实现限制导叶开度或喷针开度的电气单元或程序模块
1269	电气设备的负序电抗	negative – sequence reactance of electric equipment	由平衡的负序电压系统供电时，相线对中性点电压与电气设备相应相的短路电流之比
1270	电气设备的零序电抗	zero – sequence reactance of electric equipment	由交流系统供电时，将三条相线并联用于电流输入，第四条线或大地用作回线，电气设备的相线对地电压与相短路电流之比
1271	电气设备的正序电抗	positive – sequence reactance of electric equipment	由平衡的正序电压系统供电时，相线对中性点电压与电气设备相应相的短路电流之比
1272	电气制动	electric braking resistance	系统故障时将接在发电厂或电力系统中的三相电阻投入，以提高暂态稳定的过程
1273	电气主接线	main electrical connection	发电厂、变电所主要电气设备（如发电机、开关电器、母线及变压器等）之间按一定顺序连接的接线方式
1274	电容比	capacitance ratio	电容感应式传感器中两个差动变化的电容 C_1 和电容 C_2 之比
1275	电容式电压互感器	capacitor voltage transformer	由电容分压器和电磁单元组成的电压互感器。其设计和相互连接使电磁单元的二次电压与加到电容分压器上的一次电压基本上成正比，且相角偏移接近于零
1276	电容式电子水尺	capacitive gauge	采用测量电容原理探测水体表面位置的电子水尺
1277	电压变化率保护	voltage change rate protection	反应直流输电线故障时电压变化速度的技术措施
1278	电压互感器	potential transformer（TV）；voltage transformer	在正常使用情况下，其二次电压与一次电压基本上成正比，在连接方向正确时，其相位差接近于零的电磁感应式变压设备。其二次电压可供仪表、继电器等使用

续表

序号	术语名称	英文对应词	定　　义
1279	电压互感器的精确等级	accurate degree of potential transformer	电压互感器在负载从额定值的 25%变到 100%、初级电压从额定值的 90%变到 110%和功率因数为 0.8 时的最大容许电压误差百分值（分为 0.2 级、0.5 级和 1 级等）
1280	电压降	voltage drop; potential drop	沿有电流通过的导体或在有电流通过的电器中电位的减低
1281	电压偏移	voltage deviation	线路或电器的实际工作电压对其额定电压的偏移量
1282	电压调整率	voltage regulation rate	用额定电压的百分数或标幺值表示的、由于负荷变化而引起的一种电压变化值
1283	电液伺服阀	electro - hydraulic servo - valve	将电气输入信号连续地、线性地通过液压放大而转变成相应方向及流量输出的部件
1284	电液转换器	electro - hydraulic converter	将电气输入信号连续地、线性地通过液压放大而转变成相应机械位移输出的部件
1285	电站比能	power station specific energy	电站上游进水口水位和下游尾水管出口水位之间的比能差（单位：J/kg）
1286	电站级	power plant level	水电厂中央控制一级
1287	电站空化系数	plant cavitation coefficient	在电站运行条件下的空化系数。过去称作“装置气蚀系数”或“电站装置气蚀系数”
1288	电站毛水头	power station gross head	电站上游进水口水位和下游尾水管出口水位之差（单位：m）
1289	电站输出功率	electrical power of the power plant	电站输出线测得的功率（单位：W）
1290	电站效率	plant efficiency	电站输出功率除以水电站水力功率（%）
1291	电子负荷调速器	electronic load controller	利用电子电路组成的能耗式调速器
1292	电子经纬仪/全站仪三维坐标测量系统	electronic theodolites/total station three - dimensional coordinate survey system	由电子经纬仪/全站仪、计算机、测量软件及相应附件组成，利用角度交会法或空间极坐标法获取被测点三维坐标，进而实现被测对象几何元素的解算
1293	电子水尺	electronic gauge	仪器呈水尺形状，安装在水中，尺体上外露等距离的导电触点，尺体内部的电路检测到被水淹没的触点，从而测得水位的仪器
1294	电子速测仪	electronic tacheometer	在野外测量角度、距离后能自动计算、显示、打印坐标及高差的多功能仪器
1295	电阻比	resistance ratio	敏感元件中两个差动变化的金属丝电阻值 R_1 和电阻值 R_2 之比

续表

序号	术语名称	英文对应词	定义
1296	电阻法	resistance method	根据土壤电阻大小与土壤含水量相关关系的原理并采用土壤电阻测试技术测量土壤含水量的方法
1297	垫层	cushion	用砂、碎石或灰土铺填于软弱地基土上或置换地基表面一定厚度的软弱土的材料层
1298	垫层管	penstock with cushion course	钢管与混凝土之间设软垫层的压力钢管
1299	垫层区	cushion zone	位于面板堆石坝面板下的直接支撑体，向堆石体均匀传递水压力，辅助渗流控制
1300	垫底库容	dead reservoir capacity	死水位以下的水库容积
1301	调査	investigation	针对水工建筑物、地下洞室、边坡和设施等的某一具体隐患、缺陷和损坏而开展的详细的、系统的现场检查、测量和资料整理、分析与研究工作
1302	调出区	the area for diverting water out	调出水量的地区（流域）
1303	凋萎系数	wilting coefficient; wilting point	使植物发生永久凋萎的土壤最大含水率，也称凋萎含水率或萎蔫点
1304	吊船缆道	cableway for anchoring boat	在测验断面上游架设能牵引测船做横向运动，并使测船固定在测验断面的跨河钢索
1305	吊点	lifting lug	牵引构件与闸门相连接的装置
1306	吊点距	centre distance between two hoist eyes	双吊点闸门或启闭机，两吊点间的距离
1307	调度端	control end; dispatch end	发送指令的一方
1308	调度方式	reservoir operation rule	水库调度中针对不同开发任务规定的水库蓄泄规则
1309	调度及自动化	dispatching and modernization	对调水工程线路上的输水建筑物、机电及金属结构设备的统一调度和自动化管理，是以计算机技术和通信网络为基础的系统
1310	调度通信	dispatching communication	传递水电站与电力调度主管部门之间的生产管理、生产调度及系统调度自动化数据和水电站至出线对端变电所或升压站之间的通信
1311	吊耳	hoist eye; hook eye	设置在闸门上部供起吊闸门用的部件
1312	吊耳或吊杆轴孔倾斜度	lift lug or lift post gradient	吊耳或吊杆轴孔中心线与门叶横向中心线的不平行度
1313	吊杆	hanger; gate stem	连接启闭机与闸门的杆件

续表

序号	术语名称	英文对应词	定　义
1314	吊罐	bucket	用金属制作的专供装载混凝土拌和物的容器。一般为底开式，且与拌和及运输配套的工具设备
1315	吊距	centre distance between two hoist eyes	双吊点启闭机两吊点之间的距离
1316	调入区	the area for diverting water in	调入水量的地区（流域）
1317	调水工程	water diversion project	为满足供水、灌溉、生态需水要求，兴建的跨水系、跨区域的水资源配置工程
1318	调水区	water yield area	跨流域（区域）调水工程向外调出水量的地区
1319	调水引流	water transfer and drainage	在保证防洪安全、生产生活用水及重要区域水环境的前提下，通过水利工程的合理调度，将符合水质要求的水资源从水源地引入目标区域，满足受水区供水、航运、生态和水质等不同目标的水资源调度方式，实现水体有序流动
1320	吊箱缆道	box - hanging cableway	以吊箱为测验平台的水文缆道。吊箱用柔性悬索铅直悬吊在水文缆道的下面，测量仪器安装在吊箱上，测验人员在吊箱或岸上控制其水平或垂直运行并进行测量作业
1321	掉闸	tripping off	将断路器（或自动开关）的触头断开，使电气设备退出系统的操作
1322	掉钻	falling bit	钻进中遇空洞钻头突然快速下落的现象
1323	跌水	drop	连接两段不同高程的渠道，使水流直接跌落的阶梯式落差建筑物
1324	跌水（陡坡）量水	drop water measurement	利用渠道上跌水（陡坡）量测其水位确定流量的方法
1325	叠梁闸门	stoplog	将若干根水平梁叠置于门槽内封闭孔口的简易挡水闸门
1326	叠片过滤器	disc filter	用叠在一起的表面具有细线槽的塑料片对灌溉水进行过滤的设备
1327	碟式（卡氏）液限仪	casagrande liquid limit device	用装有土样的铜碟坠击橡胶底座的方式测量黏性土液限的仪器
1328	蝶阀	butter - fly valve	具有可旋转的圆盘形或双平板形的活门，用以截断水流的阀门，其转动轴线与水流方向垂直
1329	丁坝	spur dike; groin	由河岸伸入河道形似堤坝能将水流挑离河岸的河道整治建筑物
1330	顶盖	head cover	在立轴反击式水轮机中，用以密封转轮腔并支承水轮机导轴承和导叶的盖状部件
1331	顶拱沉降量	arch - roof settlement	洞体开挖后顶拱下沉的量值

续表

序号	术语名称	英文对应词	定义
1332	顶管法	pipe jacking method	用千斤顶将管子逐节顶入土层中，再将管中的土挖走形成地下管道、涵洞的施工方法
1333	顶枢	upper gudgeon; top pintle	位于人字闸门门叶顶部旋转轴处的支承
1334	顶止水	top water seal	门叶与门槽顶部间隙的封水装置
1335	定床河工模型	fixed bed model	模型水流为清水、河床在水流作用下不发生变形的模型
1336	定滑轮	crown block	轴的位置固定不动的滑轮
1337	定轮闸门	fixed roller gate; fixed wheel gate	闸门边梁上装设定轮作为支承行走部件的平面闸门
1338	定喷	fixed sprinkler irrigation	喷水时喷头位置不移动的喷灌形式
1339	定期保养	periodical maintenance; regular maintenance	根据机械厂说明书的规定和实际工作要求制定保养周期，当机械运转时间达到保养周期时所进行的停机保养工作
1340	定期养护	periodical maintenance	为了维持水工建筑物、地下洞室、边坡和设施等安全运行而定期进行的养护，包括年度养护、汛前养护、冬季养护等
1341	定时限电流保护	definite time - lag current protection	保护动作时间与流过继电器的电流值无关，反应故障电流数大小具有固定延时而跳闸的继电防御措施
1342	定位桩	spud	挖泥船工作时定位和移位的钢桩
1343	定位桩架	spud gantry	支撑定位桩的构架
1344	定位桩台车	spud carriage	作业时可带着定位桩相对船体作前后移动或转动的装置
1345	定向爆破	directional throw blasting	利用最小抵抗线控制方向，当所设计的装药结构爆破后，使被破碎的介质向预定地点抛掷、堆积的爆破技术
1346	定向点	orientation point	搬站测量时，为实现搬站前后坐标系的统一而设置的固定测量标志
1347	定向解算	orientation solution	通过测站点三维控制网数据处理，确定系统内各电子经纬仪/全站仪在测量坐标系下的位置的过程，包含相对定向解算和绝对定向解算。 相对定向解算是确定两台或多台电子经纬仪/全站仪之间的相互方位关系的过程。 绝对定向解算是确定三维坐标测量系统的尺度基准的过程
1348	定置管理	fixed location management	通过对生产现场的整理、整顿，清除生产中不需要的物品，把需要的放在规定位置上，从而实现生产现场管理规范化和科学化

续表

序号	术语名称	英文对应词	定　义
1349	定子	stator	由静止磁路及其绕组组成的发电机的静止部分
1350	定子短路时间常数	stator short - circuit time constant	电机在额定转速下运行，当运行条件突变后，定子短路电流中直流分量衰减到其初始值的 $1/e$（即 0.368 倍）时所需的时间
1351	定子接地保护	earthing fault protection for generator stator	反应发电机定子绕组发生单相接地故障而动作的继电防御措施
1352	定子匝间短路保护	stator inter - turn fault protection	反应发电机定子绕组同一相线棒间、同一相不同分支间和不同相线棒间短路而跳闸的继电防御措施。通常取发电机并联分支绕组两个中点之间连线上的环流、零序电压、负序电流和转子中出现的 2 次谐波电流或 5 次谐波电流等不同特征量作为匝间短路保护的动作量
1353	冬雨季施工增加费	additional cost in winter - rainy season	在冬雨季施工期间为保证工程质量和安全生产所需增加的费用
1354	动冰压力	dynamic ice pressure	移动的冰盖或漂冰对建筑物产生的撞击力
1355	动船法测流装置	flow measureing equipment by moving boat	利用动船法施测流速、水深和方向、起点距以推求流量的专用仪器设备的总称
1356	动床河工模型	movable bed model	模型水流挟带泥沙、河床在水流作用下可发生变形的模型
1357	动床河流模型	movable bed model	模型水流挟带泥沙、河床在水流作用下可发生变形的模型
1358	动弹性模量	dynamic modulus of elasticity	土在周期荷载作用下，动应力与动应变中可恢复的部分（即弹性变形部分）之比
1359	动断触点	break contact	继电器有预定激励时断开，无激励时闭合的触点组件
1360	动负荷试验	dynamic load test	试验时应吊着试验重物反复地卷扬、移动、旋转或变幅，以检验起重机各部的运行情况，如有不正常现象则应更换或修理。动负荷试验所用重物的重量应为额定起重量的 110%
1361	动合触点	make contact	继电器有预定激励时闭合，无激励时断开的触点组件
1362	动滑轮	fall block	轴的位置随被拉物体一起运动的滑轮
1363	动力触探试验	dynamic penetration test	用一定质量的击锤，以一定的自由落距将一定规格的探头击入土层，根据探头沉入土层一定深度所需锤击数来判断土层的性状和确定其承载力的一种原位试验方法
1364	动力触探仪	dynamic cone penetrometer	能够以一定质量、自由落距的击锤将一定规格的探头击入土层，根据探头沉入土层一定深度所需锤击数评价土层的性状和确定其承载力的原位测试仪器

续表

序号	术语名称	英文对应词	定　义
1365	动力控制箱	power control box	具有电力开关及交流电动机的控制设备，能够完成交流电动机启、停功能的箱式电气装置
1366	动力配电箱	power distributing box	分配和开断动力线的箱式电气装置
1367	动力系数	dynamic factor	同一弹性构件在同一环境或条件下承受动荷载与静荷载而产生的动应力与静应力之比值
1368	动平衡	dynamic balancing	调整旋转部件质量分布，使其在转动状态下的力与力偶的不平衡量在允许范围内的工艺过程
1369	动水位	drawdown level	抽水过程中随出水量和时间变化而变化的地下水位（水头）
1370	动态范围	dynamic range	满量程和噪声（均方根值）之比的常用对数与20的乘积，用分贝表示
1371	动态经济分析	dynamic economic analysis	考虑工程项目的投入资金和产出效益的时间价值的经济分析方法，即利用复利计算方法将建设项目发生在计算期内不同时点上的效益费用的流入折算成同一时点的资金价值，然后再进行经济评价指标计算，为不同方案和不同项目的经济比较提供相同的基础
1372	动态投资	dynamic investment	考虑建设项目概算编制期和建设期物价上涨及建设期固定资金投资贷款利息后的费用总和
1373	动态稳定	dynamic - state stability	电力系统受到小的或大的干扰后，在自动调节和控制装置的作用下，保持长过程的稳定运行的能力
1374	动载试验	testing of moving load	启闭机在1.1倍额定载荷状态下进行的运行试验和操作，主要目的是检查起升机构、运行机构和制动器的工作性能
1375	冻结基面	stationary datum	水文测站将本站第一次观测所使用后固定下来的基面
1376	冻结温度	freezing temperature	土中孔隙水发生冻结的最高温度
1377	冻结指数	freezing index	整个冻结期内日平均温度低于0℃的日平均气温逐日累积值
1378	冻融侵蚀	freeze - thaw erosion	土壤及其母质或岩石因其内部水分因温度正负变化且反复冻融而使之胀缩碎裂、移动流失的现象与过程
1379	冻土	frozen soil	温度低于0℃且土中水结冰，处于冻结状态的土
1380	冻胀	frost heave	土在冻结过程中体积膨胀的性状
1381	冻胀力	frost - heaving pressure	土体在冻结过程中因体积膨胀受到约束形成的力
1382	冻胀量	frost - heave capacity	土体在冻结过程中的冻胀变形量
1383	洞室围岩分类	surrounding rockmass classification of undergroung engineering	为评价地下洞室的成洞条件和围岩稳定性而对岩体进行的工程地质分类

续表

序号	术语名称	英文对应词	定　　义
1384	冻胀破坏	frost heave breakage	混凝土在冻结过程中导致的表面隆起等现象
1385	洞穴侵蚀	cave and hole erosion	地表径流下渗时对土壤的溶蚀、潜蚀、冲淘以及重力等作用，在土体内形成洞穴的现象
1386	硐室爆破	chamber blasting	按设计要求将炸药装填在专门的洞室里进行爆破的爆破技术
1387	陡波前过电压	steep - front over voltage	一种瞬时过电压，通常是单极性的并有叠加振荡，其波前时间小于 0.1μs，总持续时间小于 3ms，振荡频率在 30～100MHz
1388	陡槽	chute	溢洪道进口控制段与出口消能设施之间的急流泄水道，也称泄槽
1389	陡槽式溢洪道	chute spillway	陡槽轴线与进口溢流堰轴线正交的开敞式溢洪道
1390	陡坡	chute	连接两段高程不同的渠道，其底坡大于临界坡的陡槽式落差建筑物
1391	斗齿	cutting teeth	安装在斗体前部的各种尖形或楔形单体切削刀刃
1392	斗轮	bucket wheel	由斗圈与多个无底泥斗按圆周均匀分布而形成的斗轮挖泥装置，其型式可分整体式（单斗轮）和分体式（双斗轮）两种
1393	斗轮架	bucket wheel frame	用以支撑布设斗轮轴、吸泥管、潜水马达、潜水泥浆泵、斗轮等部件的构架
1394	斗轮架耳轴	bucket wheel frame trunnion	斗轮架后端的支承轴
1395	斗轮挖泥船	bucket wheel dredger	用无底斗轮搅松水下泥土的吸扬挖泥船
1396	斗圈	bucket ring	斗轮体中的环状支承连接件
1397	斗刃	bucker blade	安装在斗体前部的长条形或多齿形切削刀刃
1398	斗体	bucket	泥斗的本体
1399	独立布置进水口	inlet of independent form project	独立布置于枢纽工程主体建筑物之外的进水口，包括岸式进水口、塔式进水口和堤防涵闸式进水口等
1400	独立费用	independent cost	工程项目建设中单独计取的费用
1401	独立坐标系	independent coordinate system	不与其他坐标系直接联系的直角坐标系
1402	堵头	bulkhead	钢管安装后用于封堵管端的部件
1403	堵头式坝	pillow type dam	利用充涨介质的压力将坝袋端部胶布挤压在直立端墙上以达到止水和挡水目的的橡胶坝

续表

序号	术语名称	英文对应词	定义
1404	渡槽	aqueduct；flume	渠道跨越其他水道、洼地、道路及铁路时修建的桥式立交输水建筑物。有梁式渡槽、拱式渡槽、双曲拱渡槽、桁架拱式渡槽、肋拱渡槽、板拱渡槽和斜拉渡槽等
1405	渡槽导流	aqueduct flume diversion	利用渡槽将河水导向下游的施工导流方式
1406	渡槽量水	aqueduct water measurement	利用渡槽量测水位确定流量的方法
1407	端电池	end cell	蓄电池在充电和放电过程中保证直流母线电压恒定的那部分蓄电池
1408	端面承压应力	bearing stress	构件端部截面经过加工与另一大面积的部件相互顶紧时的压应力
1409	端头锚固型锚杆	head - anchoring rock	采用胶结材料或机械装置，首先将锚杆内端固定的锚杆
1410	端子	terminal	用来与外部电路进行电连接的器具
1411	短波通信	short wave communication	利用频率为3～30MHz（波长10～100m）的无线电波进行的通信
1412	短梁	short beam	跨高比小于5但大于深梁范畴的梁
1413	短路	short circuit	通过一个比较低的电阻或阻抗，偶然地或有意地对一个电路中在正常情况下处于不同电压下的两个或几个点之间进行的连接
1414	短路比	short - circuit ratio	电机在额定转速下运行时，其空载额定电压所需的励磁电流与对称短路产生稳态额定电流所需的励磁电流之比
1415	短路电流	short circuit current	在电路中，由于故障而造成短路时所产生的过电流
1416	短路电流非周期分量	aperiodic component of short circuit current	短路电流中随时间衰变的直流分量
1417	短路电流峰值	peak short - circuit currentip	短路电流可能出现的最大瞬时值
1418	短路电流全电流	total short - circuit current	计及周期分量和非周期分量的短路电流总有效值，通常指其最大值
1419	短路电流直流分量（非周期分量）	DCcomponent of short - circuit current (aperiodical component)	短路电流上下包络线间的平均值，该值从其初始值衰减到零
1420	短路电流周期分量	periodic component of short circuit current	短路电流中一个成周期性变化（每个时间间隔的峰值电流不一定相同）的分量
1421	短路容量	short - circuit capacity	短路前的电压与稳态短路电流的乘积

续表

序号	术语名称	英文对应词	定义
1422	短路容量	short - circuit capacity	短路电流同短路处的正常工作电压（一般用系统平均电压或发电机额定电压）及系数的乘积
1423	短路校验计算	short - circuit check calculation	以所在电路的最大短路电流的热效应和电动力效应，校验电器短路参数的计算
1424	短期水文预报	short - term hydrologic forecasting	预见期为数小时至数天的水文预报，短期水文预报的预见期不超过流域汇流时间
1425	断层	fault	在地质构造力作用下岩层破裂后两侧发生显著相对位移的破裂面或破裂带
1426	断层擦痕	slickenside	断层面相对运动形成的痕迹
1427	断层角砾岩	fault breccia	断层带内一种由棱角状碎屑组成并胶结而成的岩石
1428	断层泥	fault gouge	断层破碎带内由围岩磨碎后形成的疏松泥状物质
1429	断层破碎带处理	treatment of fault zone	为满足水工建筑物的承载力、限制变形、抗滑和防渗等要求，对岩基中断层破碎带进行处理的工程措施
1430	断层上盘	hanging wall	断层面以上的岩体
1431	断层下盘	heading wall	断层面以下的岩体
1432	断裂强度	tensile strength at break	试样拉伸至断裂时的强度
1433	断裂韧性	toughness of fracture	含有宏观裂纹的试样抵抗裂纹失稳扩展能力的量度
1434	断裂伸长率	tensile strain at break	试样拉伸至断裂时的应变
1435	断流围堰导流	cut - off cofferdam diversion	在拟建水工建筑物的上下游河床上各建一拦断全部河床的围堰，河水经河床外的泄水建筑物下泄的导流方式
1436	断路器	circuit breaker	接通与断开高压电路并具有切断短路电流能力的开关电器
1437	断路器失灵保护	breaker failure protection	当设备发生故障，断路器拒绝动作，能以较短时限使与拒绝动作断路器相邻的断路器，或与故障点相邻的对侧有电源的断路器跳闸的继电防御措施
1438	断面测量	section survey	对线路的某一方向（纵、横断面）上的地面起伏所进行的测量工作
1439	断面模型	sectional model	模拟具有二维特性的水工建筑物的某一断面或河道水流的某一断面的模型
1440	断面平均流速	mean flow velocity at a cross - section	断面的流量与其过水断面面积的比值
1441	断面平均流向	mean flow direction at a cross - section	断面内各部分流量的分矢量所确定的合矢量方向

续表

序号	术语名称	英文对应词	定义
1442	断面平均水深	mean depth at a cross-section	水道断面面积与水面宽的比值
1443	断面平均温度	mean concrete temperature of section	沿水平拱厚度方向的平均温度
1444	断面收缩率	percentage reduction of area	拉伸试样拉断的断口缩颈处的横截面积与试样原始横截面积之百分比
1445	断水保护	water supply cut-off protection	反应水内冷发电机定子绕组、转子绕组或励磁整流装置冷却水源中断的技术措施
1446	断水天数	consecutive days without water in rice-field	水稻生长期，水田无可见水面持续的天数
1447	锻钢	forged steel	经锻造加工来改善组织结构和力学性能的钢材
1448	堆焊	pad welding	将熔融金属材料堆积于焊件表面的焊接工艺方法
1449	堆积阶地	constructional terrace	由河流冲积物组成的阶地
1450	堆积密度	bulk density	骨料在自然堆积状态下单位体积的质量
1451	堆石	rock filling	按照一定的施工方法和要求，把石料堆成一定密实度堆筑体的施工作业
1452	堆石坝	rock fill dam	坝体绝大部分由石料经过抛填或碾压而成的坝
1453	堆石坝体	rockfill embankment	面板下游的填筑体
1454	堆渣最大高度	maximum height of slag-dumping	弃渣场堆渣最高点与最低坡脚的高程差值
1455	对称电压	symmetric voltage	在三相（或n相）系统中，各相电压波形相同、幅值相等，其相互之间的相位差均为$2\pi/3$（或$2\pi/n$角度的三相（或n相）电压
1456	对称短路电流（周期分量）	symmetrical short-circuit current（periodical component）	不计非周期分量时的短路电流交流对称分量有效值
1457	对称型铅鱼	symmetrical elliptic-type weight	上、下曲面由互相对称的特定光滑曲线构成的回转体铅鱼
1458	对角流式水轮机	diagonal flow turbine	水流倾斜于轴向进入转轮的反击式水轮机
1459	对接	butt joint	将两焊件边缘对齐的连接方式
1460	对接焊缝	butt weld	在焊件的坡口面间或一零件的坡口面与另一零件表面间焊接的焊缝

续表

序号	术语名称	英文对应词	定义
1461	对流层散射通信	tropospheric scatter communication	利用对流层（离地 18km 的高空大气层）对超短波（30～300MHz）或微波的散射作用进行的散射通信
1462	对数螺线形拱坝	logarithmic spiral arch dam	水平拱圈呈对数螺线形的拱坝
1463	对外交通	site access	连接工地与外界的铁路、公路或航道等的施工交通
1464	对照断面	check cross - section	河流流经城镇或排污区上游，未受污染影响的采样断面
1465	盾构法	shielding method	在松软不稳定地层中开挖隧洞时，用带防护罩的专用设备（盾构）完成掘进、支护交替作业的施工方法
1466	多波段扫描仪	multiband scanner	对同一景象同时获得不同波段图像的扫描装置
1467	多功能泵站	multi - purpose pumping station	具有两种以上功能（如灌溉、排水、供水、调相、发电等）的泵站
1468	多功能电能表	multifunction watthour meter	由测量单元和数据处理单元等组成，除计量有功（无功）电能外，还具有分时、分方向等两种以上功能，是一种能显示、储存和输出数据的电能表
1469	多光谱扫描仪	multispectral scanner	对同一景象同时获得不同波段图像的扫描装置
1470	多级泵	multi - stage pump	在一根轴上有两个或两个以上叶轮并且水流顺次通过这些叶轮的叶片泵
1471	多级泵站	multistage pumping station	由水源泵站和几座相衔接的梯级泵站所组成的泵站总体
1472	多级船闸	multi - stage lock; flight locks	在高落差水利枢纽处用多个相互连接的闸室组成的船闸
1473	多角高程导线	polygonal height traverse	用三角高程测量方法测定一系列平面控制点高程时所经过的路线
1474	多孔抽水试验	pumpingtest with multiplewells observation	除在一个钻孔中抽水和测量出水量与降深外，还布置观测孔观测动水位的抽水试验
1475	多孔管	porous pipe	用多孔材料制成的管内有压水流可以渗出管壁的毛管
1476	多口系数	factor of multiple - outlets	在相同进口流量下，管道多出口出流时与仅有末端出流时的沿程水头损失的比值
1477	多年平均含沙量	mean annual sediment concentration	多年总输沙量与多年总径流量的比值，单位为千克每立方米（kg/m^3）
1478	多年平均年发电量	average annual energy output	水电站在多年期间各年发电量的算术平均值

续表

序号	术语名称	英文对应词	定义
1479	多年平均年径流量	mean annual runoff	年径流量的多年平均值
1480	多年平均年输沙量	mean annual sediment load	多年年输沙量的算术平均值，单位为吨（t）、万吨（10^4t）或亿吨（10^8t）
1481	多年平均输沙模数	mean annual sediment runoff modulus	多年平均年输沙量与相应控制流域面积的比值，单位为吨每年平方公里［t/(a·km^2)］
1482	多年平均中数粒径	mean median diameter	多年年中数粒径的算术平均值，单位为毫米（mm）
1483	多年调节	multi - years regulation	水库调节周期长达若干水文年的径流调节
1484	多软片法	color composite	用同一地区不同波段的正片，配以特定的滤光片，将它们精密地重叠在一起，以合成彩色图像的方法
1485	多首制取水	multi - head water intake	一条干渠具有几个引水口的无坝取水方式及工程设施
1486	多通道数据接口设备	multi - ports data communication device	实现多台电子经纬仪/全站仪与计算机间的数据传输，并能对主机供电的接口设备
1487	多线船闸	multi - line lock; multiple lock	由两座或多座可独立运用的并列闸室组成的船闸
1488	多用探头	probe for multiple - purpose	可分别用于测量锥头阻力、侧壁摩阻力或孔隙水压力等参数的探头
e部			
1489	额定比转速	rated specific speed	水轮机按额定工况计算得出的比转速。量的符号：n_{sr}，单位为米千瓦（m·kW）
1490	额定动稳定电流	rated dynamic current	电器不发生任何电的或机械的损伤时所通过的最大容许电流峰值（标明在电器的铭牌上）
1491	额定动作时间	rated operating time	分断延时时间加上分断时间
1492	额定工况	rated condition	根据设计要求和给定的额定参数所确定的基准工况
1493	额定功率	rated power	在额定水头和额定转速下，由设计或合同规定的铭牌功率。量的符号：P_r，单位为千瓦（kW）
1494	额定供电电压	rated supply voltage	制造厂在设计中为仪器规定的供电电压
1495	额定关合电流	rated making current	断路器在额定电压下所能可靠地接通的最大短路电流峰值
1496	额定贯入力	rated resistance for penetration	设计规定探头贯入土层时所受到的允许总阻力
1497	额定极限通过电流	rated limit through - current	电器不发生任何电的或机械的损伤时所通过的最大容许电流峰值（标明在电器的铭牌上）

续表

序号	术语名称	英文对应词	定义
1498	额定开断电流	rated breaking current	断路器在额定电压下，按分、合闸的二次动作循环所能可靠地切断的最大短路电流
1499	额定漏电不动作电流	rated leakage non-operating current	产品标准规定的漏电保护器不动作的最大漏电电流值
1500	额定漏电动作电流	rated leakage operating current	产品标准规定的使漏电保护器动作的最小漏电电流值
1501	额定频率	rated frequency	交流电力系统中的标称频率值
1502	额定频率输出	rated frequency	振弦式传感器工作特性所决定的最大输出频率和最小输出频率的代数差
1503	额定起拔力	rated resistance for lifting	设计规定探头拔出土层时所受到的允许总阻力
1504	额定容量	rated capacity	铭牌上所标明的电机或电器在额定工作条件下能长期持续工作的技术出力。通常对变压器指视在功率，对电机指有功功率，对调相设备指视在功率或无功功率
1505	额定生产率	rated output	在标定试验工况下，混凝土搅拌楼（站）每小时生产出的匀质预拌混凝土量（以捣实后体积 m^3 计），称为混凝土搅拌楼（站）的额定生产率。单位为 m^3/h
1506	额定水头	rated head	水轮机在额定转速下发出额定输出功率时的最低水头
1507	额定效率	rated efficiency	水轮机在额定水头下，以额定转速运行，输出额定功率时的效率。量的符号：η_r，%
1508	额定压力	nominal pressure	过滤器正常运行时所允许承受的最大工作压力
1509	额定油压	rated oil pressure	调速系统的设计油压
1510	额定载荷	load of nominal Rate	在设计水头下，由设计确定的启闭机在特定位置能够满足正常启闭闸门所具备的操作力。 注：对于移动式启闭机不同的工作位置其启升闸门时的额定载荷是不同的。例如带有悬臂端的门式启闭机在悬臂端额定载荷是 Q_1，在跨中额定载荷是 Q_2，因此对带有悬臂端的门式启闭机载荷试验应分别进行
1511	额定值	rated value；rating	给定工作条件下所规定的表征水轮机特性的水轮机参数值
1512	额定转矩	rated load torque of motor	电动机在额定转速下输入额定功率时的轴端转矩
1513	额定转速	rated speed	设计时选定的水轮机稳态转速
1514	“$n-1$”规则	“$n-1$” rule	在 n 条独立回路的系统中，任一条独立回路开断时，应检查其余 $n-1$ 条独立回路的输送功率是否超过其输送能力（允许事故过负荷）以及系统是否稳定的规则。又称为单一故障安全检查规则

续表

序号	术语名称	英文对应词	定义
1515	饵料利用率	food utilization rate	某种饵料生物可被鱼类利用的比例
1516	饵料系数	food conversion ratio	鱼体增重单位重量所消费的饵料量
1517	二倍照准差互差（2c互差，2c较差）	discrepancy between twice collimation errors	水平角观测时，同一测回内各方向两倍照准差的较差
1518	二次电流	secondary current	电流互感器二次侧的电流
1519	二次电压	secondary voltage	电压互感器二次侧的电压
1520	二次回路	secondary circuit	由二次设备（继电器、表计、传感器、变送器、电压互感器和电流互感器的二次侧的回路及其控制电源等）所组成的回路
1521	二次筛分	two screening	粗骨料进入拌和楼或配料间以前，再经过一次筛分以筛出逊径部分的作业
1522	二次应力	secondary stress	因洞室开挖而引起围岩中重新分布的应力
1523	二次支护	secondary support	根据围岩稳定或初期支护后监测结果决定的再次支护
1524	二段式电流保护	two - step current protection	由过电流保护和瞬时电流速断保护或过电流保护和限时电流速断保护组成的一整套保护
1525	二类焊缝	classification Ⅱ weld	在动载荷或静载荷下承受拉力，按等强度设计的对接焊缝、组合焊缝或角焊缝；失效或破坏后可能影响产品局部正常工作的焊缝为二类缝
1526	二期冷却	second stage cooling	在接缝灌浆以前对混凝土进行的、使浇筑块冷却到设计要求的接缝灌浆温度的冷却措施
1527	二线海堤	backset sea wall	既有海堤工程一定距离外，又修建相同或更高设计标准的海堤工程时，原有海堤工程即为二线海堤
f部			
1528	发包设计	bid design	针对招标项目在初步设计基础上进一步设计细化，以供招标评审和定标参考
1529	发电负荷	electricity generating load	电力系统中所有的发电机发出的功率之和
1530	发电机保护	protection of synchronous generator	反应同步发电机各种故障和异常工作状态的继电防御措施
1531	发电机—变压器组保护	protection for generator - transformer unit	将发电机和与它相连的升压变压器作为一个电气单元采取反应其各种故障和异常状态所采用的各种继电防御措施
1532	发电机—变压器组接线	generator - transformer unit connection	发电机直接（或经一台隔离开关、或经一台断路器及相应的隔离开关）与变压器连接成一个单元，将电能送入高一级电压电网的接线方式

续表

序号	术语名称	英文对应词	定　义
1533	发电机层	generator floor; generator storey	装设立轴水轮发电机组的厂房中位于主机间地板以上的空间
1534	发电机风罩	ventilation barrel	围护在立轴水轮发电机定子外壳周围，形成冷却通风道的筒形结构物
1535	发电机功率不确定度	uncertainty of generator power output	在发电机母线出口处直接测量输出功率的总相对不确定度，包括系统不确定度和随机不确定度
1536	发电机过电压保护	overvoltage protection of generator	反应发电机甩负荷后产生过电压而动作，防御水轮发电机或大型汽轮发电机定子绕组绝缘遭受过电压危害的继电防御措施
1537	发电机横联差动保护	transverse differential protection of generator	接在发电机中性点侧差联分支绕组连线上，反应两并联分支环流而跳闸的继电防御措施
1538	发电机输出功率	electrical power of generator	发电机母线出口处测得的输出功率（单位：W）
1539	发电机损失	losses of generator	发电机内部损失（包含发电机的轴承损失）（单位：W）
1540	发电机效率	generator efficiency	发电机输出功率除以发电机输出功率与发电机损失之和
1541	发电计划	generation schedule	发电设备在某一规定未来时期内的运行计划
1542	发电预报	generation forecast	对某发电系统在某一规定未来日期的系统构成情况的估计
1543	发电转调相	generation transfer to phase modulation	为补充系统中无功功率不足，将发电机由原来发电状态改为同步调相运行的运行方式
1544	发端局	origination exch-ange office	水利通信网内发起呼叫的交换局
1545	发送方	sender	水情信息交换过程中发出信息的节点
1546	发芽率	germination percentage	种子在适宜的条件下，在规定的时间内，正常发芽的种子数占供检种子的百分率
1547	垡带	turf belt	V形侵蚀沟削坡整形后，在沟底每隔一定距离横向铺筑一条草皮（草筏子）带，防止侵蚀沟发展的治理措施
1548	阀门	valve	管道上控制水流的部件
1549	阀门廊道	valve gallery	主厂房下部结构物中装置压力管道主阀的廊道
1550	阀体	valve	将出水流态由柱状变为喇叭状的构件。由圆筒、锥套、圆锥体以及沿圆周均匀分布的导轨、导水肋板等构件组成
1551	筏道	log way	利用水力输送木（或竹）排过坝的斜槽式过木设施
1552	法兰接头	flanged union; flange joint	用法兰盘连接钢管段的接头

续表

序号	术语名称	英文对应词	定义
1553	法向冻胀力	normal frost - heaving force	土冻胀时作用于建筑物底面法线方向的冻胀力
1554	法向力	vertical force	垂直于剪切面上的力
1555	翻板闸门	balanced wicket; tumble gate	利用水力自控或其他驱动方式使平板门叶旋转翻动来调节流量的闸门，有立轴翻板、单铰翻板和多铰翻板等
1556	翻斗式雨量计	tipping - bucket rainfall recorder	以翻斗翻转次数来计量雨量的记录仪器
1557	翻转模板	turn - over formwork	适应混凝土快速浇筑而设计的一种交替连续上升的模板
1558	反差增强	contrast enhancement	增强不同亮度（或灰阶）物体之间反差的一种图像处理方法
1559	反钩式闸门	back hook gate	在过水道中不设置门槽，将闸门布置在其进水口上游坝面处，在闸门背面设置反钩，在埋件上设反沟槽，利用反钩槽进行导向控制网门运行的平面闸门
1560	反轨	opposed track	门槽中承受闸门反向支承传来的力，并将其传递给坝体或闸墩的轨道
1561	反行程实际平均特性	down - travel actual average characteristics	传感器反行程各校准点上一组测量值的算术平均值点的连接曲线
1562	反击式水轮机	reaction turbine	利用水流压能为主的水能做功的水轮机
1563	反馈电流	feed - back current	电动机因电压或频率突然降低而向系统返送的电流
1564	反馈装置	feedback device	把执行机构的动作反馈给测速元件或放大元件的装置。分为硬反馈和软反馈两部分
1565	反力装置	counterforce device	能承受与静力触探主机相匹配的反力的装置
1566	反轮	opposed wheel	位于与闸门主轮反向的一侧，防止门叶启闭时因前后倾斜而受到撞击的轮式支承
1567	反滤	filtration	土工织物在让液体通过的同时保持受渗透力作用的土骨架颗粒小流失的功能
1568	反滤层	filter	沿渗流方向将砂石料按颗粒粒度或孔隙逐渐增大的顺序分层铺筑而成或采用土工织物的滤水设施
1569	反坡	adverse slope	边坡的临空面与水平面之间的夹角小于90°，呈倒悬状态的边坡面
1570	反坡梯田	back - slope terrace	在坡面上，沿等高线修建的田面向内倾斜成一定反向坡度（外高内低）的梯田
1571	反时限过电流保护	inverse - time overcurrent protection	动作时间与流过继电器的电流成反比特性，反应短路电流的大小而作用于跳闸的继电防御措施

续表

序号	术语名称	英文对应词	定义
1572	反调节	counter regulating	下游水库对上游水库下泄流量的重新调节
1573	反向弧形闸门	reversed radial gate; inverted radial gate	门体支铰位于上游面，两侧支臂承受拉力的船闸输水廊道闸门
1574	反循环钻进	reverse circulation drilling	携带岩屑的冲洗介质由钻杆内孔返回地面的钻进技术
1575	反压力	back pressure	施加在试样内部以提高试样饱和度的水压力
1576	反压平台	berm	在海堤侧面延伸填筑的利用其重量产生的抵抗力矩增加海堤稳定性的、有一定宽度和高度的土、石台体
1577	返工	rework	对不合格的工程部位采取的重新制作、重新施工等措施
1578	返回屏	mimic panel	以弱电或强电小型开关集中控制，布置有主接线模拟图，能反映设备运行状态变化的屏
1579	返回时间	drop-out time; resetting time	当继电保护装置动作因素消失，装置回到原始状态为止的全部时间
1580	返回系数	reset factor; drop-out to pick-up ratio; resetting ratio	继电器返回值与动作值的比值
1581	返修	repair	对工程不符合标准规定的部位采取整修等措施
1582	方案设计水平年	target year of design	主体工程完工后，方案确定的水土保持措施实施完毕并初步发挥效益的时间。建设类项目为主体工程完工后的当年或后一年，建设生产类项目为主体工程完工后投入生产之年或后一年
1583	方法误差	error of method	由于测量方法本身不完善或者由于测量方法所依据的理论或公式本身不完善等原因而导致的误差
1584	方格网	rectangular grid	平行于直角坐标系的坐标轴，并按一定间隔描绘的注有公里数的正方形格网
1585	方根差	root error	在相同的观测条件下，当观测次数趋于无穷大时，各个独立观测值真误差平方之算术平均数极限的平方根值
1586	方位角	azimuth	从某点的指北方向线起，依顺时针方向到目标方向线之间的水平夹角，又称地平经度
1587	方向电流保护	directional current protection	由功率方向继电器和二（三）段式电流保护组成“与”关系而跳闸的继电防御措施
1588	方向高频保护	directional carrier-current protection	利用高压输电线载波信号，比较线路两端的功率方向而作用于跳闸的继电防御措施
1589	方向观测法	method of direction observation	用经纬仪在每一测回内依次观测所有照准点的水平方向，从而求出各相邻方向间水平角的观测方法

续表

序号	术语名称	英文对应词	定义
1590	方眼尺	coordinate grid scale	绘制坐标格网的一种金属直尺
1591	防尘	dust control	为降低施工现场空气中的粉尘含量，以利于人员和机械作业而采取的措施
1592	防冲槽	anti - scour trench	建在水闸或泄水建筑物海漫末端或上游护底前端、挖槽抛石形成的防冲体
1593	防冲墙	anti - scour wall	建在水闸上游护底前端或下游护坦末端地基内的竖向防冲刷结构物
1594	防风固沙带	windbreak and sand - fixation belt	为控制风蚀危害，根据区域风蚀特点布设在工程保护对象周边，由若干植物固沙、沙障固沙、化学固沙和封育措施组合所形成的带状防护措施体系
1595	防腐蚀	anti - corrosion	保护金属不发生腐蚀所采取的措施
1596	防洪	flood control	根据洪水的规律与洪灾特点，研究及采取各种对策和措施，以减轻或防止洪水危害的工作
1597	防洪保护改善率	improvement rate of flood control protection	某种防洪工程建设对流域或区域资产保护的改善程度，用有该工程状态下保护资产的增加数与无该工程状态下洪水风险区的资产数的比值来表示
1598	防洪保护区	flood control area	在防洪标准内受防洪工程设施保护的地区
1599	防洪标准	flood control standard	防洪保护对象达到的或要求达到的防御水平或能力，一般以某一重现期洪水表示
1600	防洪补偿调度	compensating operation for flood consol	控制水库下泄流量，使下泄流量和区间洪水组合后不超过防洪控制点安全泄量的防洪调度方式
1601	防洪非工程措施	flood control non - structural measures	通过法令、政策、经济手段和防洪工程以外的技术手段等，以减少洪灾损失的措施
1602	防洪风险改善率	improvement rate of flood control risk	某种防洪工程建设对流域或区域洪水风险的改善程度，用有该工程状态下的洪水风险减少值与无该工程状态下洪水风险区洪水风险的比值来表示
1603	防洪风险评价	flood control risk assessment	根据洪水风险估算结果，评价防洪工程或防洪工程体系建设对流域或区域洪水风险的影响程度
1604	防洪风险图	flood risk analysis map	为分析评价某区域洪水发生的概率和造成灾害程度绘制的图册
1605	防洪高水位	upper water level for flood control	水库或其他水工建筑物遇到下游保护对象设防洪水时，在坝前或建筑物前达到的最高水位
1606	防洪工程措施	structural measures for flood control	为防御洪水而采取的诸如修筑堤防、整治河道、修建分洪工程和水库等工程技术手段
1607	防洪工程数据库	flood control project database	与防洪业务有关的各种水利工程信息的数据集合，包括河道、堤防、水库、水闸、蓄滞洪区等基础信息，以及上述工程的各类设计、实际指标，平面布置图、剖面图等资料

续表

序号	术 语 名 称	英文对应词	定　　义
1608	防洪规划	flood control planning	为防治某流域或某地区的洪水灾害而制定的总体计划
1609	防洪库容	flood control capacity	防洪高水位至防洪限制水位之间的水库容积
1610	防洪水库	flood control reservoir	在河道上修建的用于滞蓄洪水、减轻其下游防洪压力的水库
1611	防洪调度	flood control operation	利用水库防洪库容对洪水进行有计划的蓄泄安排
1612	防洪调度系统	flood control operation system	根据洪水特性和防护区的实际情况，发挥工程措施的防洪能力，实时调节洪水，达到防洪效果的信息系统。主要包括防洪形势分析、防洪调度方案制定、防洪调度方案仿真、防洪调度方案评价和防洪调度成果管理等
1613	防洪限制水位	limited level during flood season	水库在汛期允许兴利蓄水的上限水位，也是水库在汛期防洪运用时的起调水位
1614	防洪限制线	guide curve for fl-ood control	水库调度图上为满足防洪要求而拟定的汛期各时段必须预留库容的控制线
1615	防护	protection	为避免水工建筑物、地下洞室、边坡和设施等遭受阳光、大气、水、化学物质、温度等外因破坏而采取的预防性保护措施
1616	防护措施	protective measures	为避免员工在施工生产时身体的某部位误入危险区域接触有害物质和能量而采取的隔离、屏蔽、安全距离、个人防护等设施或手段
1617	防护等级	grade of flood protection	对于同一类型的防护对象，为了便于针对其规模或性质确定相应的防洪标准，从防洪角度根据一些特性指标将其划分的若干等级
1618	防护对象	flood protection object	防洪保护对象的简称，指受到洪（潮）水威胁需要进行防洪保护的对象
1619	防护工程	protection works	为保护堤防和滩岸，防止水流冲刷和波浪冲蚀及渗流破坏而修筑的平顺式且基本不改变水流流势的工程
1620	防护用品	protective articles	为使员工在施工生产活动过程中免遭或减轻事故和职业危害因素的伤害而提供的个人穿戴用品
1621	防静电接地	static electricity protective earthed	防止产生火花引起爆炸和燃烧而设置的接地
1622	防浪墙	wave wall；parapet	为防止波浪翻越坝顶而在坝顶挡水前沿设置的墙体
1623	防雷接地	lightning protective earthed	为泄放雷电荷而设置的接地

续表

序号	术语名称	英文对应词	定　　义
1624	防凌	ice flood control	根据冰凌生消演变及其运动规律，采取各种措施来避免或减轻凌汛危害的工作
1625	防凌限制水位	ice flood control level	为满足下游防凌要求，凌汛期所允许的兴利蓄水上限水位
1626	防螺隔离沟	ditch for obstructing the people and livestock enter the snail habitats	在洲滩区域为防螺、灭螺和防止人畜进入有螺区域而兴建的沟渠
1627	防螺平台（带）	plat for control the snails of oncomelania hupensis	在堤防两侧按照防螺、灭螺要求兴建的护堤平台（带）
1628	防破坏线	upper critical guide curve	调度图上水电站按保证出力运行与加大出力运行区的分界线
1629	防弃水线	guide curve for reducing abandoned water	调度图上尽量减少平水年弃水以增加发电量的控制线
1630	防沙治沙工程	sandy desertification combating works	为防治风沙灾害、改造利用沙地、改善生态环境而修建的工程设施
1631	防渗板桩	sheet pile	打入地基中用以堵截渗流或延长渗径的竖向刚性防渗设施
1632	防渗层	impervious layer	设置于渠道（建筑物）表面或内部的渗透系数较小的材料层，以堵截渗流或延长渗径
1633	防渗铺盖	impervious blanket	在闸、坝上游透水地基表面填筑的用以堵截渗流或延长渗径的水平防渗设施
1634	防渗墙施工	diaphragm wall construction	在松散透水地基中造孔或挖槽，以泥浆固壁，达到设计深度后，往孔内灌注混凝土、塑性混凝土或填筑黏土等防渗材料而建成的地下墙形建筑物的施工
1635	防渗土料	impervious soil	筑堤使用的不透水或透水性很小的细粒土
1636	防水密封性	water proof	传感器在规定的水压环境下能够连续正常工作2h
1637	防水药包	waterproof explosive	用抗水炸药或用防水材料包装的非抗水炸药制成的，具有抗水性能的药包
1638	防汛	flood defense	为保障保护区和工程的安全，防止洪水灾害发生，汛期对堤防、闸、坝、铁路、桥梁等所进行的防守和险情抢修工作
1639	防汛会商系统	flood control consultation system	支持不同地点的各级防汛工作人员根据历史和实时的水情、雨情、工情资料，结合受灾地区的现场信息，对当前防汛形势进行综合分析和商讨的信息系统。主要功能包括会商环境建立、会商信息收集整理、支持会议汇报、调度预案仿真和决策措施处理等

续表

序号	术语名称	英文对应词	定　　义
1640	防汛抗旱管理信息系统	flood control and drought defense management information system	对防汛抗旱业务有关的办公信息进行管理的信息系统。主要包括防汛抗旱人员信息管理、部门信息管理、抢险队伍信息管理、文档管理、物资管理、组织管理、经费管理、工程管理、值班管理等
1641	防汛抗旱数据库	flood control and drought defense database	与防汛抗旱业务有关的数据集合，主要包括气象、雨情、水情、工情、旱情、灾情、防洪调度和抗旱管理等
1642	防烟	smoke control	火灾发生时，为防止烟气侵入作为疏散通道的防烟楼梯间、封闭避难层、消防电梯间前室或合用前室等所采取的措施
1643	防止跳跃	prevention of spring	防止断路器在合闸过程中，由于线路存在短路控制回路故障等因素而引起多次合闸、跳闸的现象
1644	仿真电磁流量计传感器	dummy sensors of electromagnetic flow meter	与同口径的电磁流量计的几何尺寸、水力学特性完全相同但无电极、无励磁线圈等电器部分与电磁流量计配套测流时可起扩大测流范围、减少投资的作用
1645	访问接口	access interface	若干个功能、服务和系统之间的通信界面。该界面是由各种功能特性、公共的物理互连特性、信号特性及其他适当特性规定的，包含连接需要满足的技术要求
1646	放射性测井	radioactivity logging	利用岩层的放射性，以探查孔内地质情况的测井方法
1647	放射性测量	radioactivity survey	利用介质的天然或人工放射性特征进行勘探的方法
1648	放射性作业	radiant rays work	从事接触 α、β、γ、X 射线或中子流等的作业。放射线对人体细胞和组织都有程度不同的伤害作用。γ 射线具有较强的穿透力，即使是体外照射，也能对深部组织造成损伤
1649	放淤工程	colmatage project	利用较大含沙量的水体，引到规划淤高的区域，利用水流相对静止或减小流速沉积泥沙排出清水的工程
1650	飞摆	pendulum	根据重锤绕轴旋转的离心力来检测转速偏差，并将此偏差按比例转换为相应机件位移的部件
1651	飞逸特性曲线	runaway speed curve	绘在以导叶开度和单位飞逸转速为坐标系内的关系曲线
1652	飞逸转速	runaway speed	在规定的水头下，泵轴扭矩为零时所产生的水轮机方向旋转的转速
1653	非饱和输沙	non-saturated sediment transport	挟沙水流的含沙量大于或小于其平衡挟沙能力时的输沙状态
1654	非常规水源	unconventional water resources	区别于传统意义上的地表水、地下水的水资源，主要包括雨（雪）水、再生水（经过再生处理的污水和废水）、海水、矿井水、苦咸水等，经过处理后可以再生利用的水资源

续表

序号	术 语 名 称	英文对应词	定 义
1655	非充分灌溉	deficit irrigation	在水量不足的条件下，为了获得总体效益最佳作物全生育期或某些生育阶段不充分满足作物需水要求的灌溉模式
1656	非弹性屈曲	inelastic buckling	材料在弹塑性工作状态下的失稳现象
1657	非对称型铅鱼	dissymmetrical elliptic－type weight	上、下曲面由互不对称的特定光滑曲线构成的回转体铅鱼
1658	非工作状态	out－of－service	已安装架设完毕的起重机，不吊载，所有机构停止运动，切断动力电源，并采取防风保护措施的状态
1659	非耗损性用水	non－consumptive wateruse	只要求有一定流量或水位，基本不消耗水量的用水
1660	非全相运行	incomplete phase operation	三相（或多相）系统中短时出现的不是所有的相都运行的状态
1661	非全相运行保护	incomplete－phase operation protection	反应201kV及以上高压断路器正常运行时突然一相跳闸，或由于误操作、机械故障等方面的原因使三相不能同时合闸或跳闸而动作，以防止输电线三相不同时送电的继电防御措施
1662	非确定性水文模型	stochastic hydrological model	用概率和数理统计的原理方法来描述和分析各水文要素之间的随机变化过程的水文数学模型
1663	非同期重合闸	asynchronous reclosing	不考虑同期条件，当最大冲击电流周期分量不超过允许值时投入断路器的合闸方式
1664	非土质材料防渗体坝	non－soil impervious zoned earth dam	防渗体由混凝土、沥青混凝土或土工膜组成，而其余部分由土石料构成的坝。防渗体在上游面的称为面板坝，在坝体中央的称为心墙坝
1665	非完整井	imperfect well	未揭穿整个含水层或进水部分仅揭穿部分含水层的井
1666	非完整孔	partially penetrating	进水段仅穿入含水层一部分的抽水孔
1667	非稳定流抽水试验	unsteady flow pumpingtest	抽水过程中，保持出水量固定，观测动水位变化；或保持降深固定，观测出水量变化的抽水试验
1668	非线性度	non－linearity	传感器正、反行程实际平均特性相对于工作特性的最大偏差，用满量程输出的百分比表示
1669	非线性谐振过电压	non－linear resonant over－voltage	非线性电感元件（含铁芯的）和电容元件所引起的谐振过电压
1670	非协联工况	off－cam operating condition	导叶和转轮叶片未处于规定的协联关系下的运行工况
1671	非淹没流	modular flow	流过测流建筑物的水流，不受测流建筑物下游水位影响，非淹没流也称自由流

续表

序号	术语名称	英文对应词	定　　义
1672	非淹没限	unsubmerged limit	特定流量下，堰上水流的上游水位恰好开始影响下游水位时的淹没比
1673	非预应力锚杆	non - prestressed anchor	不施加预应力的锚杆
1674	非造床质	wash load	在河床中数量很少或基本不存在的颗粒较细的泥沙
1675	非正常工作区	abnormal operating space	载重小车在承载索两端不允许起吊额定载荷的一段范围
1676	非正常运行	abnormal operation	机组超出设计条件下的暂时运行工况
1677	非周期分量	non - periodic component；aperiodic components	由自变量分解出的，随时间不重复的，不断衰减的分量
1678	非自动调节渠道	non - self - regulating canal	当水电站切除部分或全部负荷时，渠道内的水位仅能升高至引水渠或前池溢流堰顶限制高程的引水渠道
1679	废污水	wastewater and sewage	生产、生活过程中排出的水及排入下水道的径流雨水的总称
1680	废污水排放量	amount of wastewater discharge	第二产业、第三产业和城镇居民生活等用水户排放的已被污染的水量，不包括火电直流冷却水排放量和矿坑排水量
1681	分包合同	sub - contrac	总包企业在征得业主同意后，将工程项目中的一部分转包给其他企业的承包方式
1682	分辨力	resolution	在工作范围内，传感器所能产生的可测量的最小输出量变化量，以满量程输出百分比表示时，又称分辨率
1683	分部工程	separated part project	在一个建筑物内能组合发挥一种功能的建筑安装工程，是组成单位工程的部分。对单位工程安全性、使用功能或效益起决定性作用的分部工程称为主要分部工程
1684	分部工程验收	acceptance of separated part project	建设单位或其委托的监理单位在节水灌溉工程建设过程中组织开展的对分部工程的验收
1685	分层抽水试验	separate - interval pumping test	将抽水目的含水层与其他含水层隔离，分别进行抽水和观测的试验
1686	分层空气调节	stratificated air conditioning	仅使高大空间下部工作区域的空气参数满足设计要求的空气调节方式
1687	分层控制系统	hierachy control system	将监视和控制按其性质、复杂程度、组织结构等不同功能分为不同级别，每一级别之间可独立工作而又互有协调联系，并使整个系统达到最恰当控制效果的自动控制系统

续表

序号	术语名称	英文对应词	定义
1688	分层取水式进水口	multi - leve linlet	能从水库中不同高程有选择地引取该层库水的取水建筑物
1689	分层设色法	hypsometric method	在地图上用色相、色调或晕线疏密的变化表示地面起伏状态的一种制图方法
1690	分层式取水	two - storeyed intake	进水闸底板下设置冲沙墩道排除含有大量粗沙的底层流，而将较清的表层水引入渠道的有坝取水方式及工程设施
1691	分汊型河段	braided reach	河槽分为若干汊道，各汊道交替消长的河段
1692	分汊型河流	bifurcation river	河槽分为若干汊道，各汊道交替消长的河道
1693	分带子午线	zone dividing meridian	投影于高斯-克吕格平面后为弯向纵坐标轴且其长度变形最大的子午线
1694	分段关闭装置	step - closure device	由预定的接力器位置开始到接力器全关（不计接力器端部的缓冲段），使接力器关闭速度减缓的装置
1695	分段支承	segmented support	沿闸门门叶高度设置的非连续性的滑动支承
1696	分段装药	deck charging	为避免药包过分集中于炮孔底部，使爆破介质受到较均匀的爆破作用，将延长药包分段间隔装药的技术措施
1697	分洪道	flood relief channel	分泄河道超额洪水的天然河道或人工开挖的河道
1698	分洪工程	flood diversion works	分泄河道不能承受的超额洪水的各类工程
1699	分洪口	flood diversion outfall	蓄滞洪区围堤上人工设置的便于超额洪水按蓄滞洪要求有计划分泄进入蓄滞洪区的叩门，包括分洪闸、溢流堰、临时扒口
1700	分洪区	flood diversion area	利用低洼圩坑或在湖泊、洼地修筑围堤分蓄河道超额洪水的区域
1701	分洪水位	flood diversion stage	根据防洪规划开始启用分洪工程的水位
1702	分洪闸	flood diversion sluice	建于河道岸边、蓄洪区或分洪道进口处用以分泄洪水的水闸
1703	分基型泵房	separated - foundation type pump house	建筑物基础与水泵机组基础建在分离的块体上的泵房
1704	分级保护	section protection	保护器分别安装在低压电网的电源端、支（干）线路、负载端构成两级及以上的漏电电流保护系统，且各级保护器的漏电动作电流值与动作时间相互协调配合，实现具有选择性保护功能的保护方式。接近电源的保护器相对其后的保护器称为上级保护器
1705	分裂导线	bundle conductor	由数根相互分开的导线组成的每相导线
1706	分裂式变压器	split winding type transformer	几个低压绕组可单独或并联运行，如一个低压侧负载或电源发生故障，其余低压绕组仍能运行的一种变压器

续表

序号	术语名称	英文对应词	定　　义
1707	分流墩	chute block	建在水跃消能池进口斜坡段坡脚，用以提高消能效率的墩形辅助消能结构物
1708	分流调节	by-pass governing	在水泵出口附近引出部分流量以改变水泵工作性能的调节方法
1709	分配电屏	sub-distribution board	接受主配电屏某回路供电并具有将其分配给附近各负荷的功能的一面或一组低压配电屏，一般为双层辐射式供电的第二级
1710	分期导流	stage diversion	在河床上分期分段利用围堰挡水，河水通过被束窄的河床或导流泄水建筑物下泄的导流方式
1711	分期设计洪水	stage design flood	一年中不同时期的某个时段的设计洪水
1712	分区土质坝	zoned earth dam	坝体由土质防渗体及若干透水性不同的土料分区填筑而成的坝
1713	分散式供水	dispersed water supply	无配水管网，由用户自行取水的方式
1714	分散性土	dispersive soil	钠、钾离子含量较高，遇水尤其是纯水容易分散成散粒结构的土
1715	分散性黏土	dispersive clay	遇水尤其是遇纯水容易分散，钠离子含量较高，大多为中、低塑性的黏土
1716	分沙器	silt divider	满足用作颗粒分析沙重或浓度要求的分沙设备
1717	分水比	diversion ratio	引水流量与河道来水流量的比值
1718	分水测站	distribution station	观测从上一级渠道分得流量的测站
1719	分水堤	divide dike	在江心洲首部修建的，一般具有鱼嘴形，并与江心洲首部平顺衔接的控制汊道分流量的河道整治建筑物
1720	分水防凌工程	separation ice control works	河道沿岸，当凌汛期河道槽蓄水增量比较大且封冻河段较长时，为避免引发凌汛灾害，特定设置可用于分水防凌的水利工程
1721	分水角	angle of off-take	河流中心线与引水渠道中心线之间的夹角
1722	分水闸	diversion sluice	渠道向下级渠道分水的水闸
1723	分体斗轮	separated bucket wheel	斗轮挖泥装置为左右各分一半的斗轮
1724	分析筛	sieve	一组以筛孔大小自上而下相互套合叠放的筛子，来测定沙样的粒径及各粒径组的干沙质量占总干沙质量百分数的设备
1725	分选冲填	sorting hydraulic fill	非均质坝的冲填方法。即用低压水枪射出的水流对进入坝面的泥浆进行稀释，在水的冲力和颗粒的重力作用下，粗颗粒留在坝壳区、中间颗粒冲到过渡区、细颗粒进入中心防渗区的一种冲填方法

续表

序号	术语名称	英文对应词	定义
1726	分闸	switching off	将断路器（或自动开关）的触头断开，使电气设备退出系统的操作
1727	分支系数	branching factor	流过所整定保护装置的电流与流过短路点的故障电流的比值
1728	粉料	powdery material	粉状物料，包括胶凝材料（水泥、粉煤灰）和其他掺合料（如：石粉、磷矿渣等），是预拌混凝土的组成部分
1729	粉料秤	powdery material s-cales	在搅拌楼（站）中用于计量粉状物料［包括胶凝材料（水泥、粉煤灰）和其他掺合料（石粉、磷矿渣等）］的称量设备
1730	粉煤灰	fly ash	从燃煤电厂粉煤炉烟道气体中收集的粉末
1731	粉煤灰掺量	fly ash content	粉煤灰质量占胶凝材料质量的百分比
1732	粉煤灰混凝土	fly ash concrete	以粉煤灰为主要掺合料的混凝土
1733	风、水、电系统	cmpressed air - water - electric powersuppl system	为供应工地用水、电、压缩空气等而分别设置的各整套设施的总称
1734	风暴潮	storm surge	由于热带气旋、温带气旋、冷锋等强烈的天气系统过境，其所伴随的强风作用和气压骤变引起的局部海面非周期性异常升降现象
1735	风函数	wind speed function	由于风的作用对作物蒸发蒸腾量大小产生的影响因子
1736	风积物	eolian deposit	风力搬运物质的沉积体
1737	风景林	landscape forest	以美化环境，供人休憩、游玩、欣赏自然景色为主要功能的人工林和天然林
1738	风景区容量	carrying capacity of scenic area	为保障水利风景区可持续发展，在特定时间内，景区所能承受的旅游及其相关活动的规模及强度
1739	风冷式空压机	air - cooled compressor	空气压缩过程中所产生的热量通过活塞缸外的散热片和专用的散热器直接散发到大气中的空气压缩机
1740	风力侵蚀	wind erosion	风力作用于地面，引起地表土粒、沙粒飞扬、跳跃、滚动和堆积，并导致土壤中细粒损失的过程
1741	风沙流	sandy air current	沙粒被风扬起并随风沿地面及近地空间搬运前进形成的挟沙气流。 注：当风力较大，将地面沙尘吹起，出现空气相当浑浊，水平能见度为1～10km的天气现象，称为扬沙。当强风将地面大量沙尘卷入空中，出现空气特别浑浊，水平能见度低于1km的天气现象，称为沙尘暴

续表

序号	术语名称	英文对应词	定义
1742	风蚀	wind erosion	风蚀是风力侵蚀的简称，属土壤侵蚀类型中的另一类。风蚀是指在风力作用下，地表土壤、土壤母质及岩屑（含沙粒）、松散岩层被破坏、剥蚀、搬运和沉积的过程。风蚀的主要方式有吹蚀、磨蚀两种
1743	风险表征	risk characterization	整合暴露信息和胁迫因子效应信息，评价胁迫因子暴露所引起不利效应发生可能性的过程
1744	风险等级	risk grade	综合反映堰塞湖失事可能性及其后果严重性的等级
1745	风险度	risk	在电力系统可靠性分析中，通常指失负荷时间这个随机变量的数学期望值
1746	风险分析	risk analysis	研究工程项目达不到预期目的或不能实现预定目标的可能程度的工作
1747	封闭	seals	在井壁管或沉淀管外围充填止水材料，阻止水体渗流的工艺
1748	封闭层	finishing	涂刷或喷涂在防渗层表面，用于封闭表面空隙和延缓防渗层老化的薄层，通常为有一定厚度的沥青玛脂涂层
1749	封闭式组合电器	gas insulated switch-gear	全部或部分的采用高于大气压的气体作为绝缘介质的金属封闭开关设备
1750	封闭涂料	sealing coat	用以渗入、填充金属喷涂层孔隙并起到封闭作用的涂料
1751	封冻（封河）	freeze - up	测验河段内出现冰盖且敞露水面面积小于河段总面积01%时的现象。依冰盖表面特征分为平封、立封两种类型
1752	封冻冰缘	ice edge of freeze - up	较长河段敞露水面与封冻冰盖的边界
1753	封冻期	freeze - up period	河流出现封冻的整个时期
1754	封拱	closure of arch	使拱坝形成整体作用的封堵坝体横缝的工作
1755	封禁治理	dosing hillside for erosion control	对稀疏植被采取封禁管理，利用自然修复能力，辅以人工补植和抚育，促进植被恢复，控制水土流失，改善生态环境的一种生产活动
1756	封孔	borehole backfilling	为防止沿钻孔发生渗透破坏，对完工后的堤防钻孔用适当的材料实施的回填与封填
1757	封山育林	closing hill for af-forestation	在荒山荒坡上有计划地种草植树，制止滥垦、乱伐、滥牧，划区分期轮牧轮种，以较快地控制水土流失，增加林牧收益的措施
1758	封育工程	fenced project and affiliated equipment	以封禁为基本手段，利用植物的自然繁殖和生长能力，辅以补植、抚育、以电代柴、沼气池、节柴灶、生态移民等人工促进手段，促进和恢复区域林草植被全部措施的总称

续表

序号	术 语 名 称	英文对应词	定　　义
1759	峰荷	peak load	日负荷图中位于平均负荷水平线以上的负荷
1760	峰荷渠道	peak load canal	水电站担负日调节任务时，从日调节池到前池通过相应于峰荷出力的流量的一段渠道
1761	峰林	peak forest；hoodoos	喀斯特地区成群分布的石灰岩孤峰
1762	峰值强度	peak strength	岩土在剪切试验过程中出现的剪应力最大值
1763	蜂窝	honeycomb	由于混凝土配合比不当、拌和不匀或振捣不实，造成混凝土局部表面出现石子聚集，内部出现架空、气孔的现象
1764	缝管式锚杆	slot - tube rock	将沿纵向开缝的薄壁钢管强行推入比其外径小的钻孔中，借助钢管对孔壁的径向压力产生阻力而起锚固作用的锚杆
1765	扶壁式挡土墙	counterfort retaining wall	由底板及固定在底板上的直墙和扶壁构成的、主要依靠底板上的填土重量维持自身稳定的挡土墙
1766	扶壁式挡土墙（扶垛式挡土墙）	counterfort retaining wall	由底板及固定在底板上的直墙和扶壁构成的，主要依靠底板上的填土重量以维持稳定的挡土建筑物
1767	浮标缆道	float cableway	在测验河段上游设置的以跨河循环索为载体，通过投放设备将浮标运送到测验断面内任一指定起点距位置的缆道
1768	浮标流速	float flow velocity	浮标随水流运动的速度，即浮标通过测验河段上、下浮标断面间的距离与其历时的比值
1769	浮标投放器	float thrower	可在浮标过河索上移动、投放浮标的装置
1770	浮冰	floating ice	浮于水中的任何形式的冰
1771	浮充电	trickle charging；floating charge	对蓄电池组持续充电，以补偿蓄电池自放电损耗并供给经常直流负荷的方式
1772	浮雕图像	embossment image	突出遥感图像中某些物体边界的一种图像处理方法
1773	浮动式泵站	floating pumping station	抽水装置安设在泵船上，可以随水源水位的变化而浮动的泵站
1774	浮浆皮	laitance	由于稀浆上浮等原因，在新浇混凝土表面凝结的一层软弱灰浆层
1775	浮密度	submerged density	岩土浸在水中时单位体积的有效质量
1776	浮筒	pipeline pontoon	提供浮力以支持排泥浮管的装置
1777	浮筒式升船机	ship lif twith floating camel	利用设置在充满水的竖井中的金属浮筒的浮力来浮升和平衡船厢的垂直升船机
1778	浮托力	buoyancy pressure	水作用于建筑物水下截面铅直向上的力
1779	浮箱式闸门	floating caisson gate；floating gate	具有空箱和排水、充水设备，能在水中浮运和下沉就位的闸门

续表

序号	术 语 名 称	英文对应词	定 义
1780	浮箱闸门	floating caisson gate	利用闸门的封闭箱体充水、排水，能在水中浮运和下沉就位的闸门
1781	浮子式地下水位计	float - type groundwater gauge	用于地下水位位测量的浮子式水位计
1782	浮子式水位计	float - type stage gauge	利用水面的浮子跟随水面一同升降，并将它的运动通过水位轮传给记录装置或指示装置来测量水位变化的仪器
1783	浮子式雨量计	float - type rainfall recorder	利用浮子感应浮子室中收集的雨水量的水位，发出相应信号，并记录雨量过程的仪器
1784	浮子水尺	float gauge	顶部安装垂直水尺的浮筒，浮筒漂浮在水面，随水面升降，顶部水尺指示出水位
1785	符合度	conformity	表示传感器平均校准曲线和工作曲线间的不一致程度，一般以满量程输出的百分比表示
1786	幅相误差	amplitude - phase error	因接收信号的变化引起各种信号窜扰不同而引起的测距误差
1787	辐射采暖	radianth eating	以辐射传热为主的采暖方式
1788	辐射井	radial well	设有辐射管（孔）以增加出水量的水井
1789	辐射网络	radial network	负载在同一时间内只能沿一个回路取得电能的网络
1790	辅机房	auxiliary house	安装为水泵机组正常工作服务的各种辅助设备的房屋
1791	辅助保护	auxiliary protection	为加速切除某部分故障或弥补主保护性能不足，起辅助作用的、但又不能代替主保护功能的简单继电保护
1792	辅助测船	auxilliary surveying boat	主要用于浅滩、岸边配合测船进行水文测验、水道地形测量、水环境监测，以及交通的用船
1793	辅助接力器	auxiliary servomotor	操作主配压阀的接力器，在水轮机控制系统处于稳定状态下，其活塞位置始终处在与主配压阀中间位置相对应的接力器
1794	辅助气	auxiliary gas	通过炬管中间管的气体、用于保证高温等离子体与中心管喷口脱离，以避免中心管顶端熔化的气流
1795	辅助设备	auxiliary equipment	为水轮发电机组（水泵电动机组）主设备的安全经济运行服务的其他机械设备的总称，包括油供应维护设备、压缩空气设备、技术供水设备、排水设备、起重设备和监测仪表装置等
1796	辅助设备系统	auxiliary equipment system	由辅助设备、管路系统和监测控制元件等所组成的系统
1797	辅助索	auxiliary rope	用以悬挂电源线、控制线及照明线等的钢丝绳

续表

序号	术语名称	英文对应词	定义
1798	辅助系统	auxiliary system	由辅助设备、管路系统和监测控制元件等所组成的系统
1799	腐蚀	corrosion	金属材料过流部件表面与水中介质发生化学或电化学反应造成的材料损坏
1800	负荷	load	电力系统所有用电设备消耗的功率总和
1801	负荷备用容量	standby capacity	为担负电力系统日最大负荷瞬时波动和计划外的负荷增长而增设的装机容量
1802	负荷供应能力	load supplying capacity	电力系统的发电容量通过输电网络后，不使网络中任一条输电线过负荷所能提供给负荷的最大功率
1803	负荷开关	load switch	接通与断开电路并具有切断负荷电流能力的开关
1804	负荷试验	load test	鉴定水力机组在各种规定负荷工况下，有无异常振动、摆度、漏油、漏水、噪声、轴承温升过高，以及安全连续运行情况的试验
1805	负荷预报	load forecast	对某网络在某一规定未来时刻的预期负荷的估计
1806	负序电抗	negative - sequence reactance	电机在额定转速下运行时，由额定频率正弦负序初级电流所引起的负序初级电压无功基波分量与该电流之比
1807	负序电流保护	negative - sequence current protection	为防止负序电流对发电机转子的危害，当负序电流超过预定允许值时带一定延时而跳闸的继电防御措施
1808	负序分量	negative - sequence components	组成三相（或 n 相）系统的负序坐标的一个量。负序坐标的各分量是对称的。在相位的关系上以 $2\pi/3$（或 $2\pi/n$ 的角度滞后（或越前）于正序分量
1809	负压法	vacuum method	根据土壤中的水的张力与大气压力的差值大小与土壤含水量相关关系的原理测量土壤含水量的方法
1810	附合导线	connecting traverse	布设于两个高级控制点间的导线
1811	附加应力	superimposed stress	由外荷载作用在岩土体中所产生的应力
1812	附加用水定额	additional quota of irrigation water	为满足作物生育期需水量以外的灌溉用水而增加的单位面积用水量。附加用水包括用于播前土壤储水、淋洗土壤盐分用水、水田泡田用水等；确定附加用水定额应采用与确定基本用水定额相同的参照灌溉条件
1813	附着力	adhesion	漆膜与被涂面之间（通过物理的和化学作用）结合的坚固程度
1814	复合电压起动过电流保护	complex voltage - started overcurrent protection	由负序电压继电器和低电压继电器组成“与”关系作起动元件，带一定延时而跳闸的发电机（变压器）的继电防御措施
1815	复合农林业	agro - forestry	在同一土地经营单元上，把林木培养与农业有机结合起来的一种综合利用土地和空间的生产经营制度，如在林地行间、株间间作农作物、药材、蔬菜等

续表

序号	术 语 名 称	英文对应词	定　　义
1816	复合土工膜	composite geomembrane	以土工膜作为防渗基材，与土工织物复合而成的土工防渗材料
1817	复合误差	composite error	电流互感器的稳态误差指标
1818	复激直流发电机	compound excited DC generator	具有并激及串激励磁绕组的直流发电机
1819	复照仪	process camera	摄制原图以获得底片的一种特制照相机
1820	复种指数	multiple crop index	全年内各种农作物种植面积之和与耕地面积之比值
1821	副厂房	auxiliary power house	装设配电变电设备、控制操作设备、水机辅助设备、通信设备等以及为检修、试验、管理等使用的房间
1822	副索	sub - cable	在主索上游并与其平行，承载仪器位置校正设备的钢索
1823	副塔（车）	tail tower (tail mast)	设置有配重或与拉索相连接，以保持承载索一定张力的支架（台车）
1824	富混凝土	rich concrete	水泥含量较高（水泥用量不小于 230kg/m^3）的混凝土
1825	富水性	water yield property	表征含水层水量丰富程度的指标。一般以一定降深、一定口径下的单井出水量来表示
1826	富裕填筑	excess fill	土方填筑中，使填筑断面稍大于设计断面再按照设计断面削坡以保证填筑质量的措施
1827	腹板	web	钢梁中主要承担剪力并连接翼板的中间板
1828	覆盖种植	covering cultivation	在坡耕地上和风蚀耕地上利用残茬、秸秆、地膜、砂石等，增加地面覆盖，减轻水土流失的农业耕作方法
1829	覆膜灌溉	irrigation with plastic sheeting	在膜上、膜下、膜侧进行灌水的灌溉方式
g 部			
1830	改性混凝土	metamorphic concrete	在碾压混凝土摊铺层底面泼洒水泥浆，使其变成具有坍落度、可用插入式振捣器振捣的常态混凝土，又称变态混凝土
1831	改性沥青	modified bitumen	为改善沥青的性能，采用特殊工艺，将橡胶、树脂、高分子聚合物、天然沥青、磨细的橡胶粉、或其他改性材料掺入后制成的沥青结合料
1832	盖重区	weighted cover zone	覆盖在上游铺盖区上的石渣料，维持上游铺盖区的稳定，并起保护作用
1833	概化洪水过程线	simplified flood hydrograph	将小流域实测洪水过程概化综合得到的洪水过程线
1834	概念模型	conceptual model	问题提出阶段形成的胁迫因子与评价受体之间的关系模型

续表

序号	术语名称	英文对应词	定义
1835	概算定额	cost estimate quot	在预算定额的基础上，将工程项目再进一步综合扩大后，按扩大后的工程项目为单位进行计算的定额。一般是编制初步设计概算或进行投资包干计算的依据
1836	概算结余	budget surplus	批准建设项目概算投资同实际完成投资的差异，在建设项目资金全部到位的情况下，同竣工结余资金数一致
1837	甘特图	Gantt chart	以横轴表示时间、纵轴排列施工项目、用横道表示各项作业施工进度、对工程施工活动进行计划安排的图表
1838	感潮河段	tidal reach	河流水位受潮汐影响的河段
1839	感潮河段水力计算	hydraulic calculation for tidal reach	受潮汐影响的河段及其挡潮闸、潮汐电站等水工建筑物控制运行中的水文、水力要素及泥沙、盐分、污染物等在时空上变化的计算以及水利设计主要尺寸、参数选择的计算
1840	感应干扰	induction disturbance; induction interference	载流导体与通信、控制、继电保护二次线路相接近时，由于两者的静电和电磁耦合，前者在后者上感应很高电压的现象
1841	感应雷过电压	induced lightning stroke over - voltage	落雷时，在其附近但未被直接击中的导线或电气设备上因感应产生的过电压
1842	干定子潜水泵	submersible pump with dry stator motor	电动机定子内腔介质为气体的潜水泵
1843	干管	main pipe	支管以上各级管道（分干管、干管、主干管）的统称
1844	干旱	drought	由于降水稀少等自然因素以及人为原因，对农业、工业、畜牧业、生活及环境等正常用水造成缺水以致受害的现象
1845	干旱预警	drought early warning	对干旱进行监测和早期识别，适时发布干旱预警信息，做好应对准备
1846	干旱灾害	drought disaster	因降水减少、水工程供水不足引起的用水短缺，并对生活、生产和生态造成危害的事件
1847	干旱指数	drought index	一个地区某一时段（通常为年）水面蒸发量与降水量的比值
1848	干簧管式沉降仪	reed switch settlement gauge	测头内装有干簧管且测体内的沉降环是永久磁铁的电磁式沉降仪）
1849	干流	main river	在水系中，汇集流域径流的主干河流
1850	干密度	dry density	岩土单位体积中固体颗粒的质量
1851	干渠	main canal	从灌溉水源取水，向支渠分水的渠道
1852	干热风	dry - hot wind; xerothermic wind	一种高温、低湿并伴有一定风力的农业灾害性天气，也称干旱风

续表

序号	术语名称	英文对应词	定义
1853	干绳改正	air line correction	用悬索悬吊铅鱼或测深锤测深时，对水面以上悬索偏斜影响所作的改正，即悬索支点到水面的垂直距离与该部分实测悬索长度的差值
1854	干式变压器	dry - type transformer	铁芯和绕组不浸在绝缘液体中的变压器
1855	干室安装	dry pumping pit mounting	潜水泵在干室内的安装方式
1856	干室型泵房	dry - pit type pump house	除过水流道外，水下结构物中不充水的泵房
1857	干硬性混凝土	no - slump concrete	坍落度为零的混凝土拌和物
1858	刚体极限平衡法	limit equilibrium method	将可能滑动的岩体作为刚体，采用极限平衡原理，计算沿滑动面的抗滑稳定安全系数的分析方法
1859	刚性反馈装置	rigid feedback device	把接力器的动作即时地反馈给测速元件或放大元件，并按接力器位移大小成比例地转换为与调节信号符号相反的信号，以减弱调节作用的机构
1860	刚性管	rigid pipe	管壁刚性很大而变形很小的在结构计算中其变形可忽略不计的管道
1861	刚性环	stiffener ring	围绕钢管管周焊接，刚性较大，用以提高钢管抗外压稳定能力的环形部件
1862	刚性心墙土石坝	rigid core earth - rock fill dam	在坝体中部用混凝土或钢筋混凝土作为防渗体的土石坝
1863	刚性支承	rigid support	受到外力作用所引起的本身的变形对结构内力的确定可以忽略不计的支承
1864	钢板桩围堰	steel sheet - pile cofferdam	用特制的钢板桩构成单排、双排或框格型结构物，内填砂石土料组合而成的围堰
1865	钢衬钢筋混凝土管	steel lined reinforced concrete pen - stock	由钢衬与钢筋混凝土组成并共同承载的压力管道
1866	钢管椭圆度	ellipticity of steel pipe	钢管相互垂直的两直径差值的最大值。一般取两端管口测量，并至少应量测两对直径来确定
1867	钢管圆度偏差	penstock roundness tolerance	钢管同一截面处相互垂直的两直径差值
1868	钢管圆周误差	circumferential error of steel pipe	钢管的实际圆周长与计算圆周长之差值
1869	钢管周长差	allowable error of pipe center	钢管的实际圆周长与计算圆周长之差值

续表

序号	术语名称	英文对应词	定义
1870	钢基铜塑复合材料	copper plastic composite material of steel－based	在钢板上烧结铜球或铜球与铜螺旋，并将聚甲醛渗入铜球间隙中形成的复合材料。可用于制作滑道、滑块等的材料
1871	钢筋安装	steel bars setting	将加工成型的钢筋按规定要求安装在建筑物的设计部位的工作
1872	钢筋骨架	reinforcement skeleton	用钢筋绑轧或焊接而成的构架
1873	钢筋混凝土管	reinforced concrete pipe	用钢筋混凝土材料制成的、主要由钢筋承担拉力的管材
1874	钢筋混凝土结构	reinforced concrete structure	由配置受力的普通钢筋、钢筋网或钢筋骨架的混凝土制成的结构
1875	钢筋计	steel stress gauge	测量钢筋应力的传感器
1876	钢筋加工	prepartion of reinforcement	将钢筋制备成工程设计要求的形状和尺寸并运至现场安装和绑扎的工序
1877	钢筋加工厂	reinfrcing steel workshop	承担主体工程、附属工程、临时工程和混凝土预制厂需用的钢筋和埋件等加工钢筋成品的制作场所
1878	钢筋冷加工	steel bar cold－working	在常温下，对钢筋拉拔或压轧，使其应力超过屈服极限，产生永久变形以提高钢筋的屈服强度和握裹力的工作
1879	钢模台车	formwork jumbo	将可伸缩的钢制定型模板安装在可沿轨道移动的台车上构成活动模板，作为等断面隧洞混凝土衬砌的工具式设备
1880	钢丝网水泥输水管	ferrocement pipe forwater	自应力钢丝网水泥输水管和预应力—自应力钢丝网水泥输水管的合称
1881	钢纤维混凝土	steel fiber concrete	在水泥砂浆或小骨料混凝土拌和物中加进一定量且均匀分布的短钢纤维制成的混凝土
1882	钢纤维喷射混凝土	steel fibre reinforced shotcrete	在水泥、砂、石、速凝剂的混合料中加入3%～6%的钢纤维，再喷射至受喷面的喷射混凝土护面
1883	钢引桥	steel approach bridge	用来连接囤船和陆地的活动钢桥
1884	钢栈桥	steel viaduct; steel trestle	由板、梁、柱或桁架系统组成的供交通运输用的钢桥
1885	杠杆输出力值	output value of the level	在某一杠杆比下，对杠杆的施力端施加一力值后，在其出力端所反映的力值
1886	高边坡	high slope	土质边坡高度大于30m、岩质边坡高度大于50m的边坡
1887	高程	elevation	某点沿地平面法线或重力线方向至某一基准面的高度
1888	高程差	level difference	系统中任意两点间的高程之差（单位：m）

续表

序号	术语名称	英文对应词	定义
1889	高处作业	operations at high above the ground	凡在坠落高度基准面 2m 或 2m 以上有可能坠落的位置进行的作业
1890	高地	highland	大部分地面的倾斜角在 25°以上的地表面隆起部位的总称
1891	高电压	high voltage	1kV 以上的电压等级的总称
1892	高峰劳动力	peak labour force	施工期内需要的最多的劳动人数
1893	高氟水	high fluorine content water	含氟量超过国家生活饮用水卫生标准规定 1.0mg/L 的水
1894	高含沙水流	flow with hyperconcentration of sediment	含沙量达到每立方米数百千克或以上，水流规律已不再符合牛顿流体规律的挟沙水流
1895	高密度电法	resistivity imaging	电测深与电剖面方法的组合，其观测点密度高，可同时探测水平和垂直方向上电性变化的一种电法勘探方法
1896	高密度电阻率法	resistivity imaging	电剖面法和电测深法的组合，可同时探测电阻率沿水平方向和垂直方向的变化情况，依据隐患与周边介质的电阻率差异探测堤防隐患的一种电法勘探方法
1897	高频保护	carrier - current protection	在被保护线路两侧利用高压输电线载波进行信号联系，并根据线路两侧功率、电流、线路阻抗、零序电流特征所构成不带人为延时而跳闸的继电防御措施
1898	高频闭锁方向保护	directional protection with carrier - current blocking	间接比较被保护线路两侧短路功率方向的一种高频保护，即只有两侧短路功率从母线流向线路，两侧发讯机停止发送闭锁信号、收信机收不到高频信号时保护才不带人为延时而跳闸，任何一侧只要收到高频闭锁信号，则保护被闭锁不动作的继电防御措施
1899	高频闭锁距离保护	distance protection with carrier current blocking	距离保护与高频部分（收、发信机）相结合构成与高频闭锁方向保护相似，被保护线路发生内部故障时，发讯机停止发信，由于收不到高频闭锁信号而不带人为延时跳闸，当保护范围外部故障时则不同延时而跳闸的继电防御措施
1900	高频闭锁零序保护	zero - sequence protection with carrier - current blocking	三段式零序电流保护与高频部分相结合构成与高频闭锁距离保护的原理相似的继电防御措施
1901	高频远方跳闸	remote tripping off with carrier - current	某侧继电保护动作，通过载波通道传递信号直接跳开对侧相应断路器的切除故障的方式
1902	高强度混凝土	high - strength concrete	28d 龄期，其抗压强度达 50MPa 以上的混凝土
1903	高强度螺栓	high strength bolt	螺栓、螺帽和垫圈都用抗拉强度很高的钢材制成并经过热处理的螺栓
1904	高强钢	high intensity steel	屈服强度不小于 401MPa 的合金钢

续表

序号	术语名称	英文对应词	定　义
1905	高斯—克吕格投影	Gauss - Krüger projection	设想用一个椭圆柱横切于地球椭球体的某一经线（称中央子午线），将中央子午线两侧一定宽度（6°或 3°）的椭球面按等角条件用数学方法投影到椭圆柱面上，再将椭圆柱面展开成平面的一种投影方法
1906	高斯平面子午线收敛角	grid convergence	通过投影平面上某点的纵坐标线与该点所在投影带中央子午线间的夹角
1907	高斯投影	Gauss - Krüger projection	设想用一个椭圆柱横切于地球椭球体的某一经线（称中央子午线），将中央子午线两侧一定宽度（6°或 3°）的椭球面按等角条件用数学方法投影到椭圆柱面上，再将椭圆柱面展开成平面的一种投影方法
1908	高斯投影方向改正	correction for direction in Gauss projection	地球椭球面上两点间的大地线方向化算至高斯投影平面上相应两点间的直线方向所加的改正
1909	高斯投影距离改正	distance correction in Gauss projection	地球椭球面上两点间的大地线长度化算至高斯投影平面上相应两点间的直线距离所加的改正
1910	高斯投影曲率改正	correction for direction in Gauss projection	地球椭球面上两点间的大地线方向化算至高斯投影平面上相应两点间的直线方向所加的改正
1911	高型布置	high - type layout	屋外配电装置中两组母线上下两层重叠布置，母线隔离开关对应地放在各层母线下，其他设备（如断路器、互感器、避雷器等）均放在地面支架上的布置方式
1912	高压	high voltage	1kV 以上的电压等级的总称
1913	高压测量断面	high pressure measuring section	水轮机进口测量断面
1914	高压成套开关柜	high voltage aggregated switchgear	按主接线要求，将高压断路器、隔离开关、互感器及其控制、测量、信号及保护设备等电气设备组装在金属柜内，并能完成电路开断控制、测量、保护等功能的成套配电装置
1915	高压基准断面 1	high pressure reference section 1	水轮机试验段所指定的水轮机高压侧断面
1916	高压配电装置	high voltage switchgear installation	按规定的供电和配电功能，依一定顺序连接和以各种型式分间隔布置的，由高压开关电器及其控制、保护、测量和信号设备，以及有关土建部分等组成的统一整体
1917	高压喷射灌浆	jet grouting	高压喷射灌浆是一种采用高压水、压缩空气和水泥浆液形成高速喷射流束，冲击、切割、破碎地层土体，并以水泥基质浆液充填、掺混其中，形成桩柱或板墙状的凝结体，用以提高地基防渗或承载能力的施工技术

续表

序号	术语名称	英文对应词	定　义
1918	高压旋喷防渗墙	jet grouting diaphragm wall	利用高压喷射技术，在软基中钻孔内喷射水把浆与被搅动的砂砾土颗粒混合凝结硬化而建成的地下连续墙
1919	割线模量	secant modulus	标准三轴压缩试验中土的偏应力与轴向应变关系曲线上，坐标原点至所研究的应力范围点之间连线的斜率。对于岩石，单轴压缩时应力应变关系曲线段上单轴抗压强度50％时的应力值与相应的纵向应变值的比值
1920	格宾	gabion	以覆盖聚氯乙烯（PVC）等的防锈金属铁丝、土工格栅或土工网等材料捆扎成的管状、箱状笼体（箱笼），内填块石或土袋
1921	格构柱	lattice column	由型钢作为柱的分肢，通过缀条或缀板连成整体的钢柱
1922	格田	check field	田面四周被土埂包围的水田田块
1923	格田灌溉	check - basin irrigation	灌溉水在格田中形成比较均匀的水层，以重力作用渗入土壤的灌水方法
1924	格栅拱架	lattice - arch frame	用钢筋焊接加工而形成的桁架式拱形钢架
1925	隔板	diaphragm	由实腹板件构成的连接系
1926	隔舱	isolated cabin	铅鱼体内放置密封舱的专用舱室
1927	隔沟灌	irrigation on every other furrow	顺序间隔一条灌水沟供水的沟灌
1928	隔离	eparation	防止相邻两种不同介质混合的功能
1929	隔离变压器	isolating transformer	将发电机或网络与另一网络在电方面隔离的变压器，其变压比通常为 1∶1
1930	隔离开关	isolating switch；disconnecting switch	接通与断开无负载电路的开关，此开关无灭弧结构，仅起电隔离作用
1931	隔离开关闭锁接线	blocking wiring of disconnecting link	防止用隔离开关带负载误拉或误合的电路
1932	隔坡梯田	interval terrace	保持自然植被的坡地与水平梯田上下相间而组合的梯田
1933	隔水层	confining bed（aquifuge）	结构致密、透水性极弱的导水速率不足以对井或泉提供明显水量的岩土层
1934	隔箱共箱封闭母线	segregated - phase common enclosure bus	各相母线导体间用隔板隔开的共箱封闭母线
1935	各流速级平均相对误差	mean relative error of every velocity stage	各检定流速段内，所有流速检定点的流速检定相对误差的平均值
1936	给水度	specific yield	饱水岩土层在重力作用下自由排出水的体积与岩土层体积的比值
1937	给水栓	hydrant	从输配水管网向田间地面移动管道供水进行灌溉的给水装置

续表

序号	术语名称	英文对应词	定义
1938	根系吸水	water uptake by roots; water extraction by roots	作物根系在根压和蒸腾拉力的作用下从土壤中吸收水分的现象
1939	根系长度和根幅	root length and width of root run	起苗修根后应保留的长度和幅度
1940	跟踪检测	tracking detection	监理机构对施工单位参与试样检测的检测人员、仪器设备以及拟定的检测程序和方法进行审核，并实施全过程的监督，确认其程序、方法的有效性以及检测结果的可信性
1941	跟踪式水位测针	Tracking point gauge	测针接触水面并自动跟踪水位高程变化，当达到静止状态时，读数确定水位的装置
1942	耕地年亩产值	annual per mu yield of farm land	根据统计资料、典型调查资料分析确定的各类耕地亩均主、副产品年产量，乘以相应的各类农产品价格所得到的各类耕地每亩年产值。如果当地县（市）级以上政府有具体规定时，可按规定执行
1943	更新改造	renovation by renewal of equipment	为改善设施或设备性能、提高效率和安全可靠性，对小型水电站设施或设备进行更换的活动
1944	工程保险费	construction insurance cost	工程建设期间，为使工程能在遭受水灾、火灾等自然灾害和意外事故造成损失后得到经济补偿，而对建筑安装工程保险所发生的保险费用
1945	工程边坡	engineering slopes	由于兴建水利水电工程而改变了自然形态的边坡或人工开挖的边坡，承受工程荷载的自然边坡，以及对水工建筑物、居民区、工业和交通设施等安全有影响而需要治理的边坡的统称
1946	工程单价		完成工程量清单中一个质量合格的规定计量单位项目所需的直接费（包括人工费、材料费、机械使用费和季节、夜间、高原、风沙等原因增加的直接费）、施工管理费、企业利润和税金，并考虑风险因素
1947	工程档案	project archive	在工程建设活动中直接形成的具有归档保存价值的文字、图表、声像等各种形式的历史记录
1948	工程地质测绘	engineering geological mapping	对勘察场地及附近的工程地质条件进行现场观察、量测和描述，并将有关工程地质要素以图示、符号表示在地形图上的勘察工作方法
1949	工程地质剖面图	engineering geological profile	反映场地一定方向垂直面上地层岩性、地质构造、风化卸荷程度、不良地质现象等工程地质条件及建筑物位置的断面图
1950	工程地质条件	engineering geological conditions	与工程建筑物类型、施工方法及其稳定性有关的地形、地貌、地层岩性、地质构造、水文地质、物理地质现象以及天然建筑材料等地质情况的总称

续表

序号	术语名称	英文对应词	定义
1951	工程地质图	engineering geological map	按一定比例尺和图例综合反映工程区各种工程地质和水文地质条件与现象的图件
1952	工程关键部位	key component of engineering	对工程安全和效益有显著影响的部位
1953	工程规模	project scale	对水利水电工程用库容、坝高、装机容量、灌溉面积等特性指标所反映的工程的大小
1954	工程计量	engineering quantities accounting	根据设计文件及承包合同中关于工程量计算的规定，项目监理机构对承包单位申报的已完成工程的工程量进行的核验
1955	工程建设监理费	construction supervision cost	在工程建设过程中聘任监理单位，对工程的质量、进度、安全和投资进行监理所发生的全部费用
1956	工程进度款	progress payment	建设单位根据工程进展阶段实行中间结算支付给施工单位的款额
1957	工程量清单		表现招标工程的建筑工程项目、安装工程项目、措施项目、其他项目的名称和相应数量的明细清单
1958	工程配套	engineering matching or equipment matching	在现有工程基础上，按照已确定的设计方案和目标，对工程设施或设备进行完善的活动
1959	工程区	section	一个小于 $50km^2$ 的完整集水区，或由部分或多个集水区组成的片区
1960	工程塑料合金	enqineering plastics metal	将两种或两种以上的工程塑料或将一种工程塑料与至少一种其他聚合物通过共混、部分化学反应，而获得性能更好的复合材料。可用于制作轴承、滑道、滑块等的材料
1961	工程投资	engineering investment	兴建工程项目所需的各项投资额的总和
1962	工程文件	construction project document	在工程建设过程中形成的各种形式的信息记录。包括工程准备阶段文件、监理文件、施工文件、竣工图和竣工验收文件
1963	工程效益	engineering benefit; project benefit	工程项目投入运营后给国民经济带来的各种贡献和影响
1964	工程岩体	engineering rock mass	岩石工程影响范围内的岩体
1965	工程岩体自稳能力	stand - up time of engineering rock mass	在无支护或无加固条件下，工程岩体保持稳定的能力
1966	工程预付款	prepayment; advance payment	建设单位在工程正式开工前预支给施工单位做施工准备用的款额

续表

序号	术语名称	英文对应词	定　　义
1967	工程造价	project cost	进行一个工程项目的建造所需要花费的全部费用，即从工程项目建设意向直至竣工验收为止的整个建设期间所支付的总费用。其中包含两种含义：第一种含义是指建设项目成本，即完成一个建设项目预期开支或实际开支的全部费用总和；第二种含义是指建设项目中承发包工程的承发包价格，即发包方与承包方签订的合同价
1968	工程质量优良品率	final percentage of superior works	用以综合说明工程质量的好坏程度，以整体建筑工程为检查对象，评为优良工程的数量与全部竣工验收工程数量的比值
1969	工频参考电压	reference voltage	每只避雷器的参考电压应在制造厂选定的参考电流下由制造厂测量。在例行试验中，应规定选用的参考电流下的避雷器最小参考电压值，并应在制造厂的资料中公布
1970	工频放电电压	power frequency discharge voltage	避雷器或电气设备绝缘在加上工频电压后达到保护间隙或绝缘击穿的最大电压
1971	工频接地电阻	power - frequency earthing resistance	按通过接地体流入地中的工频电流求得的接地电阻
1972	工频侵入直流系统保护	protection of industrial frequency intruded into direct - current system	检测窜入直流输电线路的交流工频电气量的技术措施
1973	工期	construction duration	工程从开工直至完成全部设计内容，包括工程准备期、主体工程施工期及工程完建期的总时间
1974	工序	working procedure	按施工的先后顺序将单元工程划分成的若干个具体施工过程或施工步骤。对单元工程质量影响较大的工序称为主要工序
1975	工业废水	industrial wastewater	工业生产中，包括工艺、机器设备冷却、烟气洗涤、设备和场地清洗等过程中排放的污水
1976	工业废水排放达标率	discharge standard - meeting rate of industrial wastewater	区域统计期内（一般为一年），达标排放的工业废水量与工业废水排放总量的百分比
1977	工业废水入河排污口	industrial wastewater of discharge outlets	接纳企业生产废水的入河排污口
1978	工业耗水量	industrial water consumption	输水和工业生产过程中蒸发损失、产品带走、厂区生活等所消耗的水量
1979	工业排水	industrial drainage	工业生产过程中排放出来的废水，包括工艺过程用水、机器设备冷却水、烟气洗涤水、设备和场地清洗水等

续表

序号	术 语 名 称	英文对应词	定 义
1980	工业用水量	amount of industry water use	工业生产过程从各类水源取水口取用的新鲜水量（海水直接利用量单列），本导则中无特殊说明时所提及工业用水量均指工业新鲜水用量
1981	工业用水区	industrial water use zone	按照水功能区划所划定的以工业用水为主导功能的水域
1982	工业用水重复利用率	industry water recycling rate	区域统计期内（一般为一年），工业重复用水量占工业用水总量的比值。工业重复用水量指工业企业生产用水中重复再利用的水量，包括循环使用、一水多用和串级使用的水量（含经处理后的回用量），工业用水总量指工业企业厂区内用于生产和生活的水量，等于工业用新鲜水量与工业重复用水量之和
1983	工业重复利用水量	amount of water use for industry recycling	工业企业内部，生产用水和生活用水中，所有未经处理或经处理后重复使用的水量的总和，一般包括串联利用、循环利用和再生利用
1984	工作电位	working potential	有保护电流流出时，牺牲阳极的电位
1985	工作度	workability	表示混凝土拌和物能便于操作、运输与浇筑而很少损失均匀性的性能指标
1986	工作级别	work rank	启闭机按机构的设计寿命和荷载状态划分的等级，主起升机构的工作级别就是启闭机的工作级别
1987	工作绞车	winch	挖泥船上完成各种起升、牵引等工作的绞车
1988	工作接地	working earthing	为了电路或设备达到运行要求的接地（如变压器低压中性点的接地）
1989	工作面局部不平度	local waviness of working surface	加工后的构件工作面每米长度内具有的凹凸不平值
1990	工作面弯曲度	bending degree of working surface	构件沿长度方向弯曲的工作面与其理论工作面之间的最大距离
1991	工作桥	operating bridge; operating platform	支撑于水闸，安置及操纵闸门启闭设备的平台
1992	工作容量	working capacity	在水电站设计水平年的电力系统最大日负荷图中，对设计的水电站能够合理担负的可以代替火电站工作的容量，又称最大工作容量
1993	工作深度	permissible drawdown	水库正常蓄水位至死水位之间的深度
1994	工作水头	working head	水轮机导水机构未发生紧急关闭、正常工作时调压阀承受的水头，单位为米（m）
1995	工作特性	working characteristics	用作约定真值的参比特性

续表

序号	术语名称	英文对应词	定义
1996	工作压力范围	range of working pressure	水力驱动施肥装置最小工作压力和最大工作压力之间的压力范围
1997	工作油压	operating oil pressure	使调速系统在规定的压力范围内工作的油压
1998	工作闸门	main gate; service gate	承担主要工作并能在动水中启闭的闸门
1999	工作照明	working lighting	发电厂内各工作场所在正常工作时及检修时所需要的照明
2000	工作周期	operating cycle	周期式搅拌机按公称容量搅拌一罐次混凝土，从开始进料至卸料完成（对于倾翻自落式搅拌机指搅拌筒体复位，对于强制式搅拌机指卸料门关闭）所需的时间，单位为s。包括进料时间、搅拌时间和出料时间
2001	工作状态	in-service	起重机处于司机控制之下进行作业的状态（吊载运转、空载运转或间歇停机）
2002	公称尺寸	nominal size	表示过滤器尺寸的数字标记。该标记是指不需中间接头即能与过滤器连接的管材的公称直径
2003	公称容量	rated capacity	在标定试验工况下，周期式搅拌机按其设计能力、在规定时间内正常搅拌一罐次混凝土，出料后经捣实的匀质混凝土体积，单位为L。也称为出料容量
2004	公里网	rectangular grid	平行于直角坐标系的坐标轴，并按一定间隔描绘的注有公里数的正方形格网
2005	公用数据元	common data element	不同学科、行业或领域共用、常用的数据元
2006	公众参与	public participation	建设项目环境影响范围内的社会公众在环境影响评价过程中的参与行为
2007	功角	power angle	发电机端电压和空载电势之间的夹角，或发电机转子轴线和同步转速转动时参考轴线之间的夹角
2008	功角特性	power-angle characteristic	在初级绕组电压和励磁电流恒定的情况下，同步电机位移角与电磁功率之间的关系
2009	功率不确定度	uncertainty of power output	功率测量的总绝对误差与功率测量值之比，%
2010	功率给定单元	power setting module	用来规定或改变运行机组输出功率的电气单元或程序模块
2011	功率跟踪单元	power tracer	成组调节时，使机组单机输出功率的给定机构跟踪于该机组的实际输出功率值，以保证当机组由成组调节转为单机调节时，其输出功率基本不变的装置

续表

序号	术语名称	英文对应词	定义
2012	功率角	power angle	发电机端电压和空载电势之间的夹角，或发电机转子轴线和同步转速转动时参考轴线之间的夹角
2013	功率损失不确定度	uncertainty of power loss	功率损失测量的绝对误差与功率损失测量值之比，%
2014	功能	function	自然或社会事物对人类生存和社会发展所具有的价值与作用
2015	拱坝	arch dam	在平面上拱向上游，将荷载主要传递给两岸的坝
2016	拱坝坝肩稳定	stability of arch dam abutment	拱坝坝肩岩体在坝端荷载及绕坝渗流等作用下的稳定性
2017	拱坝底缝	base joint of arch dam	设置于拱坝底部坝体与垫座之间的接缝
2018	拱坝垫座	support cushion	设置于拱坝坝体与基岩之间宽度大于该处坝体厚度的人工地基
2019	拱坝厚高比	thickness to height ratio of arch dam	拱坝最大高度处的坝底厚度与坝高之比
2020	拱坝体形	arch dam shape	拱坝所采用的型式、形状和尺寸。它包括两方面的含义，一是竖向拱冠梁截面形状；二是水平拱圈截面形状，即分别被称为“梁型”和“拱型”
2021	拱坝重力墩	abutment block of arch dam	设置在拱坝坝端与岸边岩体间传递坝体推力的重力式建筑物
2022	拱坝周边缝	peripheral joint of arch dam	设置于拱坝与河床及岸边垫座之间的接触缝
2023	拱冠梁	crown cantilever	在拱坝的拱顶处与水平拱圈成正交的铅垂坝体断面
2024	拱梁分载法	multi - arch beam method	将整个拱坝分为水平拱和悬臂梁两个系统，根据拱系和梁系在其交点处变位相等的条件来确定拱梁荷载分配的分析方法
2025	拱圈中心角	central angle of arch	拱坝中心线与拱轴线在拱座交点处半径之间的角度为拱圈半中心角，其左右半中心角之和即为拱圈中心角
2026	拱形闸门	archgate	具有拱形挡水面板的闸门
2027	拱形重力坝	arch gravity dam	在平面上呈拱向上游的曲线形重力坝
2028	拱中心角	central angle of arch	通过拱外圈中心的半径与拱中心线和两拱座相交点的半径之间的角度
2029	拱中心线	center line of arch	拱截面厚度的中点的连接线
2030	拱座	arch dam abutment	拱坝所坐落的两岸岩体部分，包括两岸坝体直接浇置的部位和上、下游一定范围内的岩体
2031	拱座稳定	stability of arch dam abutment	包括拱座的抗滑稳定、拱座的变形稳定和拱座的渗透稳定

续表

序号	术语名称	英文对应词	定　义
2032	共模干扰电压	common mode disturbing voltage	在导体与某一任选的参考点（通常为地）之间出现的干扰电压
2033	共态干扰电压	common mode disturbing voltage	在导体与某一任选的参考点（通常为地）之间出现的干扰电压
2034	共箱封闭母线	common enclosure bus	三相母线导体封闭在同一个金属外壳中的金属封闭母线
2035	共振	resonance	强迫振动中，激振频率与振动体固有频率相等时的振动状态
2036	供电负荷	electricity delivery load	用电负荷与网络中损耗的功率之和
2037	供电网络	power distribution network	由发电厂经过输电、变电设备将电能送到负荷集中地区的网络
2038	供水成本	cost of water supply	供水系统在供水过程中所消耗的物化劳动和活劳动的货币表现
2039	供水处理	water treatment	用物理、化学和生物等方法去除水中悬浮物质、胶体、病菌以及水中其他有害杂质，使其达到生活饮用水卫生标准或工业生产用水水质要求的过程
2040	供水工程	water supply project	原水收集、处理以及成品水配送的工程设施。通常由取水工程、输水工程、净水工程和配水工程组成
2041	供水管理	water supply management	对供水主体及其供水数量、质量、价格及服务水平等的管理
2042	供水规划	water supply planning	对村镇供水发展的总体安排，包括全国规划、区域规划和工程规划等
2043	供水量	amount of water supply	各种水源工程为用户提供的包括输水、配水损失在内的水量
2044	供水能力	water supply capacity	利用供水工程设施，对水量进行存储、调节、处理、传输，可以向用水户分配的具有一定保证程度的最大水量
2045	供水水源	water supply source	供水工程所取用的地表或地下水水体
2046	供水水源地	water - supply source region	为供水工程提供水源的一定范围的地表水流域或地下水流域
2047	供水水质	water supply quality	供水的物理、化学、生物状况及达到水质标准的程度
2048	供水调度	water supply regulation	运用贮水、输水、净水、配水等设施和设备对供水水源进行控制、调节
2049	供水系统	water supply system	将符合用水户对水质、水量、水压要求的水送至用水户的整套工程设施、设备

续表

序号	术语名称	英文对应词	定义
2050	供水预测	water supply prediction	一定区域在规划水平年届时建成的水源工程供水能力的预先测定
2051	沟（河）道及湖库周边整治区	channel regulation zone	沟（河）道及湖库周边一定范围内，分布在小流域的下部地带，需采取沟道治理、护坡护岸、土地整治或绿化美化措施，以保持水体清洁的沟（河）道两侧和湖库周边缓冲区域
2052	沟边埂	ridge along gully	为防止沟岸扩张，沿沟边修建的截流、挡水、护沟工程设施
2053	沟道密度	gully density	单位面积内分布的沟道的总长度，通常以 km/km^2 表示
2054	沟道蓄水工程	water storage works in gully	在沟道修筑的拦蓄洪水，防止山洪危害，发展山区灌溉的工程设施
2055	沟道治理工程	gully erosion control works	为固定沟床，防治沟蚀，减轻山洪及泥沙危害，合理开发利用水沙资源而在沟道中修筑的工程设施
2056	沟灌	furrow irrigation	灌溉水流经作物行间垄沟，藉重力与毛管作用湿润土壤的灌水方法
2057	沟垄耕作	furrow - ridge tillage	在坡耕地上沿等高线或在风蚀区垂直主风向开沟起垄并种植作物，以蓄水、保土、防风的农业耕作方法
2058	沟蚀	gully erosion	坡面径流冲刷土体，切割陆地地表，在地面形成沟道并逐渐发育的过程
2059	沟头防护	erosion control on the head of gully	防止因径流冲淘而引起沟头前移、沟底下切和沟岸扩张的工程措施
2060	沟头防护工程	protective works of gully head	在侵蚀沟道源头修建的防止沟道溯源侵蚀的工程设施
2061	钩形水位测针	hook gauge	其主要构件是一根钩形测杆的水位测量装置。 注：测量时将钩尖沉入水下后再提升，直到它接触水面，根据其读数来确定水位的装置
2062	构造	structure	岩石中不同矿物颗粒集合体之间、矿物颗粒集合体与其他组成部分之间的排列方法与充填方式
2063	构造地震	tectonic earthquake	由地壳构造运动所引起的地震
2064	构造应力	tectonic stress	在岩体中由地壳构造运动所引起的应力
2065	孤网	stand - alone power system	孤立电网的简称，一般泛指脱离大电网的小容量电网。最大单机容量大于系统容量 8%的电网，统称为小网；孤立运行的小网，称为孤网
2066	古河道	ancient river course	地质时期或人类历史时期废弃的河道
2067	谷坊	check dam	横筑于易受侵蚀的小沟道或小溪中的小型固沟、拦泥、滞洪建筑物，高度在 5m 以下。按不同建筑材料分为石谷坊、土谷坊、梢枝谷坊、插柳谷坊、竹笼谷坊等

续表

序号	术 语 名 称	英文对应词	定　　义
2068	骨干网	backbone network	在水利信息网中，连接水利部机关、流域机构和省（自治区、直辖市）水利（务）厅（局）的互联网络
2069	骨架过滤器	cage - type screen	具有一层进水面的过滤器
2070	骨料	aggregate	即岩石颗粒，是预拌混凝土的组成部分。按来源分为天然骨料和人工骨料。按粒径的大小分为细骨料（砂）和粗骨料（石）。细骨料包括细砂（S2：粒径 2.5mm 以下）和粗砂（S1：粒径 2.5～5mm）；粗骨料包括小石（G4：粒径 5～01mm）、中石（G3：粒径 01～40mm）、大石（G2：粒径 40～80mm）和特大石（G1：粒径 80～150mm）
2071	骨料成品获得率	aggregate product r-ate	石料加工成混凝土骨料后，其成品数量与原材料数量的比值
2072	骨料秤	aggregate scales	在搅拌楼（站）中用于计量骨料［按骨料粒径的大小分为细骨料（砂）和粗骨料（石）］的称量设备
2073	骨料堆场	aggreate piles	为保证混凝土拌和楼（厂）连续生产所设置的储存骨料的场所
2074	骨料含水率	moisture content of aggregate	含水骨料中的水重量与其干骨料重量比值的百分数
2075	骨料级配	aggregate grdation	混凝土骨料按颗粒粗细分级及各级骨料含量的比率组合情况
2076	骨料离析	aggregate segr-eation	混凝土拌和料在浇筑和运输或混凝土骨料在装卸和运输过程中发生的粗骨料离散或粗细颗粒分布不均匀的现象
2077	骨料密度	specific gravity of ag-gregate	骨料的重量和其体积的比值
2078	骨料预冷	precooling of aggre-gate	使混凝土骨料在拌和前冷却到规定的温度采用的冷却措施
2079	鼓式制动器	shoe brake	用制动器和制动瓦作为摩擦副的制动器
2080	鼓胀	expansion	地下洞室的底壁围岩向洞内鼓起的现象
2081	固定单价合同	unit - price contract	建设单位与承包单位按事先商定的工程单价结算实际完成工程量价款的建设合同
2082	固定导叶	stay vane	引导水流流向导叶的具有型线的座环结构部件。对于灯泡式机组而言，固定导叶与贯流式座环内、外锥段相连；对于不可调水力机械而言，固定导叶的作用就相当于固定开度的导叶
2083	固定点冰厚测量	fixed - point ice thi-ckness measurement	对某一固定点封冻冰层的厚度变化过程所进行的系统观测

续表

序号	术语名称	英文对应词	定义
2084	固定管道式喷灌系统	fixed sprinkler system	所有喷灌设备都固定不动的喷灌系统
2085	固定价格	fixed price	由国家统计主管部门规定的在某段时期内统一的计算价格
2086	固定卷扬式启闭机	winch	机架固定在水工建筑物上，用钢丝绳作牵引件、经卷筒转动来启闭闸门或拦污栅等的机械设备
2087	固定式拦污栅	fixed trash rack	用锚栓固定在进水口前面不能移动的拦污栅
2088	固定式潜水泵站	immovable pumping station equipped with submersible pump	潜水泵与配套的水工建筑物有固定安装关系的泵站
2089	固定资产	fixed assets	可长期使用并保持原有形态的价值高的物质资料和劳动资料
2090	固定资产残值	scrap value of fixed assets	固定资产报废时回收的残料价值。主要是在固定资产丧失使用价值以后，经过拆除清理所残留的、可供出售或利用的零部件、废旧材料等的价值
2091	固定资产净残值	net scrap value of fixed assets	固定资产使用期满后，残余的价值减除应支付的固定资产清理费用后的那部分价值。固定资产净残值属于固定资产的不转移价值，不应计入成本、费用中，在计算固定资产折旧时，采取预估的方法，从固定资产原值中扣除，到固定资产报废时直接回收
2092	固端梁	fixed beam	两端均为固定支承的梁
2093	固结不排水三轴试验	consolidated - undrained triaxial test	对试样施加围压作用下充分排水后，继续对其增加轴向压力直至破坏的整个过程中均不允许试样排水的三轴剪切试验
2094	固结度	consolidation degree	饱和土层或试样在固结过程中，某一时刻的孔隙水压力平均消散值（或压缩量）与初始孔隙水压力（或最终压缩量）比值，以百分率表示
2095	固结灌浆	consolidation grouting	用灌浆加固有裂隙或破碎等地质缺陷的地基以增强其整体性和承载能力的工程措施
2096	固结快剪试验	consolidated quick sheat test	试样在竖向压力作用下充分排水固结后，继续对其施加剪切力直至破坏的过程中，不允许试样排水的直剪试验
2097	固结排水三轴试验	consolidated - drained triaxial test	试样先在围压作用下充分排水固结后，继续对其增加轴向压力直至破坏的过程中允许试样充分排水的三轴剪切试验
2098	固结系数	coefficient of consolidation	反映土体的渗透固结速度的一个系数。它和土的渗透系数、天然孔隙比、水的容重、土的压缩系数有关

续表

序号	术语名称	英文对应词	定义
2099	固结仪	consolidometer	在无侧向变形条件下进行固结试验，以测量土试样的固结特性及各项参数的仪器
2100	固坡工程	slope stabilization project	为保证山体和坡面稳定而修建的坡体加固工程设施，包括挡土墙、抗滑桩、削坡、反压填土、排水工程、护坡工程和滑动带加固工程等
2101	固沙造林种草	vegetation measures for sand fixation	为固定流沙和阻挡风沙流危害、利用沙地资源而开展的种植林草的活动
2102	固态存储器记录	record by solid state memory	以半导体存储器为存储介质记录被测水文参数随时间的变化过程
2103	固体径流计算	computation of sediment runoff	一定时段内通过河流指定过水断面的泥沙总量及其年内分配的分析计算
2104	固有电压调整率	inherent voltage regulation rate	用额定电压的百分数或标么值表示的发电机在负荷变化而转速保持不变时的电压调整比值
2105	故障	fault	电力系统中机电元件出现异常，使其正常工作状态受到一定影响但尚不需立即退出运行的情况
2106	故障测距	fault localization	自动测定线路上电源端至故障点之间距离的一种手段
2107	故障检修	fault maintenance	设备在发生故障或出现功能失效时，进行的非计划检修
2108	故障录波	fault oscillograph	自动记录电力系统故障过程中各电气量波形有助于事故分析的一种手段
2109	故障率	faul trate	元件从起始时刻直至时刻 t 完好条件下，在时刻 t 以后单位时间内发生故障的概率密度称为 t 时刻的故障率，记为 λ (t)。当元件的寿命分布为指数分布时，故障率为一常数，即单位时间内发生故障的次数，记为 λ
2110	故障音响信号	fault alarm signal	设备发生故障或出现异常运行情况时能自动发出音响（电铃响），并点亮相应显示故障性质的光字牌的现象
2111	挂网喷草	spraying glass - seeds with net	在坡面上铺设尼龙网或其他纤维织物网，并喷播草籽或草籽营养物混合体，以预防和治理水土流失、保护坡面稳定的一种草被种植方法
2112	关键部位单元工程	separated item project of critical position	对工程安全、或效益、或功能有显著影响的单元工程
2113	关键水	most efficient irrigation	对作物生长和产量形成缺水最敏感时期的灌水
2114	关键线路法	critical path method	按各工程项目中的控制性进度和关键环节安排各项目施工进度的逻辑关系，找出一系列“机动时间”等于零的单项程序表示所选用进度的方法

续表

序号	术语名称	英文对应词	定　义
2115	观测	observation	用仪器进行某一物理量的测试，或特指某一物理量的监测。例如，水平位移观测、孔隙水压力观测
2116	观测井	observation well	边坡上用来观察自然条件下地下水位的钻孔
2117	观测孔	observation well	试验中专门设置的用作观测动水位的钻孔
2118	观感质量	quality of appearance	通过观察和必要的量测所反映的工程外在质量
2119	管壁等效翼缘宽度	equivalent flange width of pipe shell	参与加劲构件共同工作的两侧管壁的计算宽度
2120	管道经济流速	economic flow velocity in pipe	管道年费用最小的管内平均流速
2121	管道实际直径	measured pipe diameter	安装前管道横截面相互垂直的内壁直径测量值的平均值
2122	管道式传感器	sensors installed in conduit system	一种计量管道输水流量的传感器，用法兰盘或其他方法将传感器安装在输水管道上，作为输水管道 的一部分，在输水过程中计量流量
2123	管井	tube well	井较深、井径较小，由井口、井壁管、过滤器及沉淀管组成的水井
2124	管井排水	tube well drainage	在基坑周围布置管井，井内设置水泵抽水以降低地下水位的排水方法
2125	管口圆度	circumferential error	钢管管口相互垂直的两直径差值的最大值
2126	管口中心的允许偏差	allowable error of pipe center	安装后的钢管，其管口中心位置在规定范围内的偏差值
2127	管理评审	management review	由最高管理者就质量方针和目标，对管理体系的现状和适应性进行的正式评价。 注：1. 管理评审可以包括质量方针评审； 2. 质量审核的结果可作为管理评审的一种输入； 3. “最高管理者”指的是其管理体系受到评审的组织的管理者
2128	管理组织	management organization	数据中心管理机构的组成、管理模式和实施策略
2129	管路压力	pressure loss of tube	损失水流经工作管路因水力摩阻而损失的压力值
2130	管涌	piping	在渗流作用下，土体中的细颗粒在粗颗粒形成的孔隙中流失的现象称为管涌
2131	管桩	pipe pile	由混凝土、钢材等材料构筑，深入土层并提供垂直和侧向支承的较柔地圆筒体结构构件
2132	贯流式水轮机	tubular turbine；straight - flow turbine	水流轴向或斜向流进导叶的轴流式水轮机，轴线通常是水平或斜向布置

续表

序号	术语名称	英文对应词	定义
2133	贯入器	SPT sampler	标准贯入仪、加重贯入仪中由贯入器靴、对开式圆筒、贯入器头、排水孔等器件组装而成并以贯入方式与土层接触、承载其贯入阻力的刚性金属器具
2134	贯入器靴	open shoe	贯入器最前端的具有规定形状和尺寸的刚性金属管状体
2135	贯通测量	through survey	地下洞道开挖中，当有两个或多个工作面时，为确保洞道能按设计要求准确贯通而进行的测量工作
2136	冠层阻力	canopy resistance	植物冠层与大气之间的二氧化碳、水蒸气或热量的扩散阻力
2137	冠字流水	prefix and sequence number	发送方的标识码及其发送的每条水情信息记录的顺序编号
2138	惯性积	product of inertia	在直角坐标系里某面积微分 dA 与其到指定的 x、y 轴距离的乘积的积分
2139	惯性矩	moment or inertia	用物体质量微元 dm 与其到指定转轴的距离 r 平方乘积对整个体积的积分表示的物体转动惯性的量度
2140	惯性主轴	principal axis of inertia	使惯性积为零的那一对坐标轴
2141	灌溉	irrigation	按照作物生长需要，利用水利工程设施有计划地将水输送和分配到田间，以补充农田水分的人工措施
2142	灌溉保证率	dependability of irrigation	在灌溉设施多年运营期间，灌溉用水量能够得到保证供给的概率，通常以正常供水的年数占总年数的百分数表示
2143	灌溉泵站	irrigation pumping station	向农田提送灌溉用水的泵站
2144	灌溉典型年	typical design year for irrigation	进行灌溉工程规划设计时按灌溉设计保证率选定的代表年份
2145	灌溉定额	irrigation duty	作物播种前（水稻插秧前）及作物全生育期内单位面积的总灌水量或总灌水深度
2146	灌溉定额	irrigation amount in whole season	作物播种前及全生育期单位面积的总灌水量
2147	灌溉方式	irrigation technology selected	采用的具体灌水技术
2148	灌溉管道系统	irrigation pipe system; irrigation pipe network	通过各级管道从水源把水送往田间的灌溉管道网络
2149	灌溉回归水	irrigation return flow	由田间、渠道排出或渗入地下并汇集到沟、渠、河道和地下含水层中的灌溉水，是一种可再利用的水源

续表

序号	术语名称	英文对应词	定义
2150	灌溉回归水补给量	recharge from return flow of irrigation	灌溉水通过田面和渠道渗漏补给地下水的水量
2151	灌溉模式	irrigation pattern	适合于某种地区、某种条件或某种作物的相对成熟的灌溉制度及相应的管理措施
2152	灌溉排水建筑物	structure for irrigation and drainage	灌溉排水系统中用于取水、输水、分水、节制、泄水、汇水、滞蓄、量水和交叉等建筑物的工程措施
2153	灌溉渠道	irrigation canal	人工修建的输送和分配灌溉水的建筑物（通常分为干渠、支渠、斗渠、农渠、毛渠等五级）
2154	灌溉渠道横断面	cross section of irrigation canal	垂直于灌溉渠道轴线的剖面
2155	灌溉渠道系统	irrigation canal system	由干渠、支渠、斗渠和农渠及其附属建筑组成的固定灌溉渠道网络
2156	灌溉渠道最小流量	minimum discharge of irrigation canal	设计典型年渠道需要通过的最小灌溉流量
2157	灌溉取水工程	engineering for irrigation water	从河流、湖泊、水库和地下水等水源取水灌溉的工程设施
2158	灌溉入渗补给	recharge from irrigation water infiltration	灌溉水通过田面和渠道渗漏补充地下水的现象
2159	灌溉设计保证率	probability of irrigation water requirement	在多年运行中，灌区用水量能得到充分满足的概率
2160	灌溉试验	irrigation experiment	为研究农田灌溉理论与技术措施而进行的试验，主要包括作物蒸发蒸腾量、灌溉制度、灌水方法、灌水技术、灌溉效益、作物水分（肥）生产函数及劣质水安全利用等试验研究
2161	灌溉水费	irrigation water charge	供水单位根据灌溉用水量或灌溉面积向用水户征收的费用
2162	灌溉水含沙量	sediment content of irrigation water	单位体积灌溉水中所含各种泥沙的体积或重量
2163	灌溉水利用系数	water efficiency of irrigation	灌入田间可被作物利用的水量与渠首引进的总水量的比值
2164	灌溉水源	water source for irrigation	用于灌溉的地表水、地下水和达到利用标准的非常规水的总称
2165	灌溉水质	irrigation water quality	水中化学、物理、生物性状和水中含有固体物质的成分及数量
2166	灌溉系统	irrigation system	用于灌溉的取水、引水、输水、配水、蓄水、灌水和退水等各级渠道或管道及相应建筑物与设施组成的系统

续表

序号	术语名称	英文对应词	定义
2167	灌溉效益	irrigation benefit	在同样栽培条件下，灌溉与不灌溉相比所增加的作物产量或产值
2168	灌溉用水	irrigation water use; water use in irrigation	从水源引入用于灌溉的水量以及灌溉引水、分水、配水和灌水的总称。其中，灌溉水量（又称毛灌溉水量），包括作物正常生长所需的灌溉水量（又称净灌溉水量）、渠系输水损失水量和田间损失水量
2169	灌溉用水定额	irrigation water quota	在规定位置和规定水文年型下核定的某种作物在一个生育期内单位面积的灌溉用水量。 注1：灌溉用水定额的规定位置既不是田间，也不一定是灌区渠首，而是以便于灌溉用水计量和实施管理的位置作为规定位置 注2：灌溉用水定额是水资源配置和灌溉用水管理的主要控制指标，其内涵不同于灌溉设计时采用的“净灌溉定额”和“毛灌溉定额”。一方面灌溉用水定额应针对灌溉水的使用者和管理者，且便于量测；另一方面灌溉用水定额不仅需要在一定程度上满足作物需水要求，而且必须考虑实现灌溉用水供需平衡，故需要在规定水文年型下编制
2170	灌溉用水管理	irrigation water management	对灌溉水量的调蓄、输送、分配、计量和使用的管理工作
2171	灌溉用水过程线	histogram of irrigation water use	以灌溉用水量或灌溉用水流量为纵坐标，以时间为横坐标绘成的柱状图
2172	灌溉用水量	water demand for irrigation	从水源引入的灌溉水量（又称毛灌溉水量），包括作物正常生长所需的灌溉水量（又称净灌溉水量）、渠系输水损失水量和田间损失水量
2173	灌溉用水量频率曲线	irrigation frequency curve	以年灌溉用水量为纵坐标，以其出现的频率为横坐标所绘制的曲线图，也称年灌溉用水量的概率分布
2174	灌溉制度	irrigation regime; irrigation schedule	按作物需水要求和不同灌水方法制定的灌水次数、每次灌水的灌水时间和灌水定额以及灌溉定额的总称
2175	灌浆	grouting	用压力将可凝结的浆液通过钻孔或管道注入建筑物或地基的缝隙中，以提高其强度、整体性和抗渗性能的工程措施
2176	灌浆封孔	grut hole seling	灌浆结束停歇一定时间后用填充物填实孔口的工作
2177	灌浆记录仪	grouting recorder	运用数据采集与处理技术，通过压力传感器、流量传感器及其他传感器，对灌浆施工作业的压力、流量、密度等施工参数进行检测、显示并予以记录的装置
2178	灌浆记录仪主机	mainframe of grouting recorder	将灌浆过程多个变量随时间或另一变量变化的过程转换为可识别和读取信号的仪器。以下简称主机

续表

序号	术语名称	英文对应词	定义
2179	灌浆孔	grout hole	为使浆液进入灌浆部位而钻设的孔道
2180	灌浆试验	grouting test	在进行灌浆处理前为了解地基可灌性及选定灌浆参数和工艺而在现场进行的试验工作
2181	灌浆压力	grouting pressure	将浆液注入灌浆部位所采用的压力值
2182	灌排结合泵站	pumping station for both irrigation and drainage	具有农田排水和灌溉双重功能的泵站
2183	灌排闸门	irrigation and drainage gate	灌溉、排水工程中用来开启和封闭放水孔口的闸门
2184	灌区	irrigation district; irrigation region	具有一定保证率的水源，有统一的管理主体，由完整的灌溉排水工程系统控制及其保护的区域
2185	灌区改造	amelioration of irrigation district	对灌区工程设施及控制运行辅助设备进行改建、扩建和完善的过程和对灌溉管理体制与机制进行改革的工作
2186	灌区管理	irrigation scheme management	灌区灌溉水源及灌溉排水系统工程管理、运行管理、组织管理、经营管理和环境管理等的总称
2187	灌区管理技术经济指标	technicaleconomic indexes of irrigation area management	在技术上和经济上全面衡量和考核灌区管理水平、工程质量和效益的指标
2188	灌区管理信息系统	irrigation and drainage management information system	对灌区各种信息资源进行计算机管理的系统的总称，包括灌区信息采集与监测（控）、信息传输及计算机网络、灌区综合数据库及信息处理、用水管理决策支持、灌区办公自动化等子系统
2189	灌区管理组织	irrigation management organization	从事灌区管理工作的各类组织机构的总称
2190	灌区规划	irrigation area programming	初拟灌区开发目标、范围、规模、种植结构、灌溉方式和工程布置，进行技术、经济分析论证等工作
2191	灌区环境管理	environment management of irrigation region	灌区土地环境、农业环境、水环境、生活环境和工程环境的评价及灌区社会环境影响评价等工作的总称
2192	灌区经营管理	business management of irrigation scheme	以提高灌区的管理工作效率及综合经济效益为目标的管理活动
2193	灌区量水	irrigation water measurement	在渠、沟、管系输配水控制节点及需要量水的地点对灌溉与排水的水位、流量和水量进行的量测工作
2194	灌区评价	assessment of irrigation district	按照一定的标准和指标体系，对灌区工程及其管理状况和经营水平进行全面分析、考核和分级的工作

续表

序号	术语名称	英文对应词	定义
2195	灌区信息采集系统	irrigation and drainage information acquisition system	应用信息技术实时地采集灌区和渠道水情、泵站工况和闸门开度、气象（包括雨情）、田间水情（墒情）以及作物长势等要素的信息系统
2196	灌区信息化	irrigation informationization	充分利用现代信息技术，发掘灌区信息资源，提高信息采集和加工的准确性以及传输的时效性，做出及时准确的反馈和预测，为灌区管理部门提供科学的决策依据，全面提升灌区服务与管理的效率和效能
2197	灌区用水管理决策支持系统	decision support system for irrigation and drainage water use	按照灌区的需水情况和工程供水能力（灌溉模型），制定灌区及各级渠道的用水、配水计划，统计各级渠道灌溉进度、水利用率、用水户用水与水费等信息，对用水计划进行调整的信息系统。主要包括灌区需配水计算及模拟、水量调度及决策支持、闸门与泵站管理、测水量水及水费征收、地表水和地下水联合调度等
2198	灌水定额	irrigation quota on each application	单位灌溉面积的一次灌水量或灌水深度
2199	灌水沟	irrigation furrow	在作物行间开挖的、用以实施灌溉的垅沟
2200	灌水技术	irrigation technology	把渠道或管道中的水分配到田间对作物实施灌水的方式与技术措施。又称“灌溉方法”
2201	灌水均匀系数	irrigation uniformity coefficient	表征微灌系统中同时工作的灌水器出水量均匀程度的系数
2202	灌水率	modulus of irrigation water	单位灌溉面积上的灌溉净流量，也称灌水模数
2203	灌水器	emitter system	微灌系统末级出流装置，包括滴头、滴灌管（带）、微喷头、微喷带等
2204	灌水器设计工作水头	designed operating pressure of emitter	灌水器设计流量所对应的工作水头
2205	灌水器设计流量	designed discharge of emitter	设计时选定的灌水器流量，也是微灌系统中该种灌水器的平均流量
2206	灌水器制造偏差	manufacturing variation	表示灌水器制造精度的参数，为规定工作水头下灌水器样本流量的标准差与平均流量的比值
2207	灌水上限	upper limit of soil water content for irrigation	不致引起土壤计划湿润层深层渗漏的适宜土壤含水率，是确定灌水定额的重要指标
2208	灌水下限	low limit of soil water content for irrigation	以充分利用土壤水分，而又不影响产量的最小土壤含水率，是确定灌水定额的重要指标

续表

序号	术语名称	英文对应词	定　　义
2209	灌水小区	subunit	具有独立稳流（或稳压）装置控制的灌溉单元。在系统无稳流（或稳压）装置时，同时灌水的灌溉单元即为一个灌水小区
2210	灌水预报	irrigation forecasting	根据天气预报、农田水分状况以及作物生长情况，对灌水日期及灌溉水量进行的预测预报
2211	灌水质量指标	criteria for irrigation quality	灌水均匀度、田间水利用率及灌溉水储存率等的总称
2212	灌注桩	filling pile	在地基中打孔并浇筑混凝土或钢筋混凝土形成的群桩
2213	光电测距仪	electr－ooptical distance meter	以白炽灯或高压水银灯等普通光源的可见多色光波为载波的相位式测距仪器
2214	光电测沙仪	photoelectric sediment concentration meter	应用光电效应来测定颗粒较细、粒径均匀、含沙量较小的含沙量仪器
2215	光电圆锥式液塑限仪（光电式液塑限联合测定仪）	photoelectric fall cone liquid limit and plastic limit device	利用光电原理测读锥体在规定时间内下沉深度的圆锥式液塑限仪
2216	光面爆破	smooth blasting	沿开挖周边线按设计孔距钻孔，采用不耦合装药毫秒爆破，在主爆孔起爆后一次起爆，使开挖面沿周边孔连线破裂的爆破技术
2217	光谱反应	spectral response	地面物体对不同电磁波波长所具有的发射、吸收、透射、反射和散射的特性
2218	光谱响应	spectral response	地面物体对不同电磁波波长所具有的发射、吸收、透射、反射和散射的特性
2219	光速测距仪	electro－optical distance meter	以白炽灯或高压水银灯等普通光源的可见多色光波为载波的相位式测距仪器
2220	光纤通信	fiber－optic communication	利用光源作载体通过光导纤维（光缆）作为光的传输介质所实现信号传递的一种通信方式
2221	光学流速仪	optical current meter	由望远镜和旋转镜头为主要组成的测量水面高流速的一种频闪装置。通过观测水面视运动的方法测量水面流速
2222	规定范围	specified range	以合同方式规定的值
2223	规划选点	reconnaissance for rural hydropower station development program	农村水电建设规划电源开发方案及电站站址的选择
2224	硅酸盐水泥	portland cement	以硅酸钙为主要成分的硅酸盐水泥熟料加入适量的石膏磨细制成的水硬性胶凝材料
2225	轨距	gauge length	移动式启闭机两轨道中心的距离

续表

序号	术 语 名 称	英文对应词	定 义
2226	柜	cabinet；board	面板上及内部装有各种电气仪表和器具的由框架、围壁、前后门等组成的柜式结构物
2227	辊轴支座	roller support	由上摇座、下摇座、辊轴和支承板等组成的支座
2228	滚动支承	roller support	将闸门门叶所受水压力传至主轨的滚柱式或滚轮式支承
2229	滚动支座	rollermounted ring girder support	在支承环的支柞底部装有辊轮，可沿墩座垫板滚动，以适应钢管沿纵轴方向伸缩位移的一种支承环支墩
2230	滚水坝	overflow dam	以抬高沟道上游水位、固定沟床、灌溉为主要目的的一种高度较低的挡水建筑物
2231	国际市场价格	international market price	商品价值在国际市场上的货币表现
2232	国家防汛抗旱指挥系统	national flood control and drought defense commanding system	以水雨工旱灾情信息采集系统为基础、以通信系统为保障、以计算机网络系统为依托、以决策支持系统为核心，能为各级防汛抗旱部门及时地提供各类防汛抗旱信息，较准确地做出降雨、洪水和旱情的预测预报，为防洪抗旱调度决策和指挥抢险救灾提供技术支持和科学依据的信息系统
2233	国家墒情监测站网	state soil moisture monitoring network	由向国务院水行政主管部门报告墒情的基本站组成的站网
2234	国家审计	national audit	国家审计机关对建设项目的财务收支和建设管理行为进行的审计监督和评价
2235	国家水利数据中心	national water resources data center	全国水利信息交换共享服务体系，包括国家级、流域级和省级水利数据中心节点，每个节点划分为涉密区域（内域）、非涉密区域（外域）两个管理区域，非涉密区域（外域）根据信息的开放程度划分为A（向因特网开放）和B（与因特网逻辑隔离）两个区，涉密区域（内域）根据信息的涉密程度和服务对象划分为C（一般涉密）和D（特殊涉密）两个区。内域和外域之间物理隔离，A、B区之间逻辑隔离，C、D区之间逻辑隔离
2236	国民经济评价	national economic evaluation	从社会和国民经济总体角度对建设项目的合理性所做的经济评价
2237	果实成熟转色	fruit color break	果皮绿色消退后形成的该品种固有的色泽
2238	裹头	side protection at flood diversion outlet	对采用扒口分洪的分洪口门，为防止分蓄洪运用时分洪口门叫侧道受洪水冲刷破坏不断扩展而对两侧土体采取的裹护措施
2239	过补偿	over compensation	补偿量超过电力网所需要的补偿量
2240	过程评价	evaluation of processes	在回顾后评价时点之前项目各个阶段状况的基础上，确认项目实施过程是否按计划执行，并对项目实施过程的管理水平和工作质量做出评价

续表

序号	术语名称	英文对应词	定义
2241	过程线放大	hydrograph enlargement	将典型过程线乘以放大系数，以使其有关特征值与某一设计频率要求的特征值相符
2242	过程验收	acceptance of process	根据设计和实施方案，对项目建设是否已按要求的过程完成指定阶段任务的检验和认定
2243	过电流保护	overcurrent protection	动作电流按大于被保护元件的最大负载电流整定，带有一定延时而跳闸的继电防御措施。分为定时限和反时限两种过电流保护
2244	过电压	over - voltage	电压峰值超过系统最高相对地电压峰值或最高相间电压峰值的电压
2245	过电压保护	overvoltage protection	当电压超出规定值时，切断电源的保护
2246	过电压倍数	over - voltage multiple	内部过电压幅值与电网该处工频最高运行相电压幅值之比值
2247	过渡区	transition zone	位于垫层区和主堆石区之间，保护垫层并起过渡作用
2248	过范围限	over range	传感器在规定的不引起其性能指标发生永久变化的条件下，允许超过的测量范围
2249	过负荷保护	overload protection	当被保护元件的电流超过正常负荷电流时，按预定的电流—时间特性动作的继电防御措施
2250	过机含沙量	sand content passing through turbine	通过水轮机单位水体体积中所携带的泥沙质量
2251	过励磁保护	overexcitation protection	防止大型变压器因电压升高或频率下降时引起励磁电流超过允许值而动作的继电防御措施
2252	过流保护	overcurrent protection	动作电流按大于被保护元件的最大负载电流整定，带有一定延时而跳闸的继电防御措施。分为定时限和反时限两种过电流保护
2253	过滤	filtration	用滤料层截留水中悬浮固体和其他杂质的过程
2254	过滤管	screen pipe	缠丝过滤器和填砾过滤器的骨架管。单独使用时，也称过滤器
2255	过滤介质	filter media	用于截留水中杂质的多孔、可穿透性的物质或材料
2256	过滤流量	nominal flow rate of filtration	制造厂商声明的、通过过滤器的适宜流量范围
2257	过滤器	filter	安装在滴灌系统首部，位于施肥罐之后过滤水体中固体颗粒的装置，包括离心过滤器、砂石过滤器、网式过滤器、叠片过滤器等
2258	过滤器壳体	filter housing	容纳过滤介质或过滤元件的容器

续表

序号	术语名称	英文对应词	定义
2259	过滤元件	filter element	安装在过滤器内部用于截留和分离水中杂质的组合体
2260	过木机	log passage equipment	输送木材过坝的机械设备
2261	过木建筑物	log passage structure	为使木筏或散漂木材通过闸、坝而修建的建筑物
2262	过水围堰	overflow cofferdam	在一定条件下允许在堰顶过水且不致遭受破坏的围堰
2263	过鱼建筑物	fish passage structure	为使鱼类通过闸、坝而修建的建筑物
h部			
2264	海拔	absolute elevation	由平均海水面为零点起算的地面点高度
2265	海堤	seawall	用于挡潮、防浪，保护海岸或河口海滨的水工建筑物
2266	海堤（海塘，海挡，防潮堤）	sea dike	为防御风暴潮（洪）水和波浪对防护区的危害而修筑的堤防工程
2267	海漫	riprap	建在水闸或泄水建筑物护坦或消能池下游用以调整流速分布、保护河床免受冲刷的柔性护底结构物
2268	海姆假说	Heim's hypothesis	假定岩体深部的应力状态符合于静水压力的学说
2269	海水利用	utilization of seawater	利用海水为人类的生产、生活服务的技术和过程
2270	海水入侵	seawater intrusion	海水侵入地下含水层或入海河口的现象
2271	含气量	air entrainment	掺有加气剂的混凝土拌和物（砂浆）内，所产生的微小气泡体积所占混凝土拌和物（砂浆）体积的百分比值
2272	含沙量	sediment concentration	单位体积浑水中所含干沙的质量，或浑水中干沙质量（容积）与浑水的总质量（总容积）的比值
2273	含沙量沿程变化	longitudinal variation of sediment concentration	在非饱和输沙情况下悬移质平均含沙量沿流程的变化情况
2274	含水层	aquifer	能够贮存、渗透的饱水岩土层
2275	含水量	water content	土样在100～105℃温度下烘干至恒重时所失去的水分重量与其土粒重量之比的百分率
2276	含水率	water content	土中水的质量与土颗粒质量的比值，以百分率表示
2277	含盐量	salt content	在100～105℃温度下，单位重量烘干土中易溶盐类所占重量的百分率
2278	含盐率	rate of salt content	在100～105℃温度下，单位重量烘干土中易溶盐类所占重量的百分率
2279	涵洞	culvert	埋设在填土下面具有封闭形断面的过水建筑物

续表

序号	术语名称	英文对应词	定　义
2280	涵洞导流	culvert diversion	利用涵洞将河水导向下游的导流方式
2281	涵洞式水闸	culvert - type sluice	闸身为埋在填土下的输水涵洞、洞口设置闸门的水闸。进口装设闸门、门后为涵洞的水闸，又称为封闭式水闸或涵管式水闸
2282	涵管座垫	culvert support	沿管线设置于涵管底部用以承托管身的结构物
2283	涵闸量水	culvert or sluice water measurement	利用涵洞或水闸量测流量的方法
2284	寒冷地区	cold region	最冷月平均气温在－10～－3℃的地区
2285	旱井（被取代）	runoff collecting well	在地下挖筑成井状的、用于蓄积地表径流，解决人畜用水、农田灌溉的一种工程设施
2286	旱涝保收田	farmland to ensure stable yields in drought and waterlogging	按一定设计标准建造水利设施以保证遇到一定重现期旱涝灾害仍能高产稳产的农田
2287	旱涝碱综合治理	comprehensive treatment of drought, waterlogging, salinization and alkalization	防治旱、涝、渍和盐碱等灾害，改善农业生产条件与生态环境所采取的水利、农业、林业、生物和化学等综合措施
2288	旱情	ravages of a drought	干旱的发生发展情况、影响范围以及作物受旱减产程度等的总称
2289	旱情等级	drought classification	描述旱情严重程度的级别标准
2290	旱情基础信息	basic information of drought	反映旱情监测范围内的背景信息和支撑旱情分析与评估的基本数据
2291	旱情监测	drought monitoring	通过旱情监测站或遥感监测手段对旱情要素进行定点、定时观测和跟踪的活动
2292	旱情监测信息	drought monitoring information	通过监测手段获取的反映旱情基本要素的信息。包括气象监测信息、水文监测信息、土壤墒情监测信息、农作物生长情势监测信息和遥感监测信息等
2293	旱情频率	drought frequency	某一等级旱情在多年中出现的概率，以百分率表示，其倒数为该等级旱情的重现期
2294	旱情统计信息	drought statistics information	旱情监测范围内由抗旱管理人员逐级统计汇总的旱情信息
2295	旱情信息	drought information	反映旱情基本特征、构成旱情评价指标基本要素的信息
2296	旱情信息类型	drought information types	具有相同的旱情信息特征和获取途径的信息种类
2297	焊缝	welding seam	用高温电弧将焊条件熔融后在连接处形成的合金接缝

续表

序号	术语名称	英文对应词	定义
2298	焊缝系数	welding seam coefficient	考虑管壁焊接质量、成型误差和热影响，而在计算中采用的不大于1.0的允许应力折减系数
2299	焊工	welder	用手操持焊钳、焊枪、焊炬进行焊接的人员
2300	焊后热处理	post weld heat treatment	焊接后，为改善焊接接头的组织和性能或消除残余应力而进行的热处理
2301	焊接	welding	通过加热或加压，或两者并用，用或不用填充材料，使工件达到结合的一种方法
2302	焊接变形	distortion of welding	因焊接后不均匀冷却过程导致焊件收缩引起的变形
2303	焊接残余变形	welding residual deformation	焊后，焊件残留的变形
2304	焊接残余应力	residual stress of welding	因焊接后不均匀冷却过程所引起的残存于焊件内自相平衡的应力
2305	焊接操作工	welding operator	熔化焊时，指进行机械化焊接的人员
2306	焊接缺欠	weld imperfection	焊接头中的不连续性、不均匀性以及其他不健全等的欠缺
2307	焊接缺陷	welding defect	超过规定限值、未满足预期或规定用途有关要求的缺欠
2308	焊接性	weldability	材料在限定的施工条件下焊接成按规定设计要求的构件，并满足预定要求的能力。焊接性受材料、焊接方法、构件类型及使用要求4个要素的影响
2309	焊接应力	welding stress	焊接构件由焊接而产生的内应力
2310	焊条电弧焊	shielded metal arc welding	用手工操作焊条进行焊接的电弧焊方法
2311	夯实	tamping	利用重物使其反复自由坠落，对地基或填筑土石料进行夯击，以提高其密实度的施工作业
2312	航测综合法	photo - planimetric method mapping	航空摄影测量与普通测量相结合的测图方法
2313	航道	waterway	在江河、湖泊、水库、运河、港湾等水域中供船舶安全航行的水道
2314	航道等级	grade of waterway	按国家规定的航道定级标准为航道划定的级别
2315	航道通过能力	navigation capacity of waterway	在计算时段内航道可能通过的最大运输量
2316	航空测量	air survey	利用航摄仪在空中对地面摄取连续相片，结合地面控制点测量、调绘和立体测量等步骤而测绘成地形图的测量方法
2317	航空摄影	aerophotography	在飞机上安装航空摄影仪，从空中对地球表面进行的摄影

续表

序号	术语名称	英文对应词	定 义
2318	航空摄影测量	aerophotogrammetry	利用航摄仪在空中对地面摄取连续相片，结合地面控制点测量、调绘和立体测量等步骤而测绘成地形图的测量方法
2319	航空遥感	aerial remote sensing	在航空飞行器上利用各种遥感传感器对地球表面、大气和海域进行探测的技术
2320	航片	aerial photograph	用航摄仪从空中向地面进行连续摄影所取得的摄影底片或晒印的正片
2321	航摄像片	aerial photograph	用航摄仪从空中向地面进行连续摄影所取得的摄影底片或晒印的正片
2322	航天遥感	space remote sensing	在航天飞行器上利用各种遥感传感器对地球和太阳系其他天体进行探测的技术
2323	毫秒爆破	milisecond delay blasting	利用毫秒延期雷管或继爆管控制多段或多排爆破作业并按预定程序引爆的爆破技术
2324	毫秒雷管	ms blasting cap	雷管里装有一段缓燃剂以控制迟发起爆时间，一般微差时间为25～200ms的雷管
2325	毫秒延期雷管	ms delay blasting cap	雷管里装有一段缓燃剂以控制迟发起爆时间，一般微差时间为25～200ms的雷管
2326	耗水强度	intensity of water consumption；intensity of water requirement	作物生育阶段的日平均田间需水量
2327	耗损性用水	consumptive water use	供水量中耗于蒸散发、构成产品成分或被污染而不能利用的水量
2328	合成断面	compound section	当测站不能通过一个断面控制流量和沙量，需经多个断面控制并进行资料综合时，设立一个用于计算的合成断面，存储测站综合资料（如“合成流量”“合成沙量”等），这样的断面称为合成断面
2329	合格质量水平	acceptable quality level；AQL	在抽样检验中，可以接受的连续提交检查批的过程平均上限值
2330	合龙	final gap－closing	闭合戗堤龙口，最终截断水流的过程
2331	合水线	valley line	山地较大时，山谷两侧坡面相交的凹棱部分最低点的连线
2332	合同工期	contract time limi	发包人与承包人在工程合同中约定，按总日历天数（包括法定节假日）计算的承包天数
2333	合同价款	price for contract	合同双方当事人在工程合同中约定，发包人用以支付承包人按照合同约定完成承包范围内全部工程并承担质量保修责任的款项

续表

序号	术语名称	英文对应词	定义
2334	合同评审	contract review	合同签订前，为确保质量要求规定得合理、明确并形成文件，且供方能实现，由供方所进行的系统的活动。 注：1. 合同评审是供方的职责，但可以与顾客联合进行。 2. 合同评审可以根据需要在合同的不同阶段重复进行
2335	合同完工验收	acceptance of contract completion	根据合同对项目建设内容是否已按合同要求完成的检验和认定
2336	合闸	switching - on; switching - in	将断路器（或自动开关）的触头闭合，使电气设备投入系统的操作
2337	合闸电源小母线	switching source bus - bar	供给断路器合闸线圈电源的汇流线
2338	合闸回路	switching circuit	接通断路器合闸线圈的控制电路
2339	合闸母线	busbar for breaker switching	为改善断路器的合闸条件，带端电池直流母线专设的第三条负极性母线
2340	和易性	workability	表示混凝土拌和物能便于操作、运输与浇筑而很少损失均匀性的性能指标
2341	河槽	channel	河道中经常行水、输沙的部分
2342	河槽集流	concentration of channel flow	径流在河网内沿河槽向下游汇集的过程
2343	河床	streambed	河道中经常行水、输沙的部分
2344	河床变形计算	computation of river bed deformation	用数值计算方法求解挟沙水流运动基本方程式以计算水流和泥沙运动要素以及河床变形的工作
2345	河床冲刷	scouring of river bed	因水流挟沙力大于河水含沙量而引起的河床冲刷下切的现象
2346	河床深厚覆盖层	thick overburden	厚度大于 40m 的河床覆盖层
2347	河床式厂房	water retaining power house	位于河道上直接承受上游水压力的水电站厂房
2348	河床式水电站进水口	intake of run - of - river hydropower station	是河床式水电站挡水建筑物的一部分，与电站厂房连为一体的整体布置进水口
2349	河床演变	fluvial process	河道在自然情况下或受人工干扰时水流和河床相互作用所发生的冲淤变化过程
2350	河床淤积	deposition of river bed	因水流挟沙力小于河水含沙量而引起的泥沙淤积和河床抬高的现象
2351	河床展宽	widening of river bed	因水流挟沙力大于河水含沙量或因河水主流摆动引起的河岸冲刷及河床横向拓宽的现象

续表

序号	术语名称	英文对应词	定义
2352	河道安全泄量	safety discharge in river	河道在保证水位时能安全下泄的流量
2353	河道比降	gradient	分为水面比降和河床比降，用某河段顺水流方向的水面或河床底面落差除以水平距离表示
2354	河道比降（河床比降）	river bottom slope	河段上相邻两断面河底的高程差与该两断面之间中心线的长度的比值
2355	河道采砂	river sand - mining	在河道管理范围内从事采挖砂、石，取土和淘金（含淘取其他金属和非金属）等活动的总称，简称采砂
2356	河道测量	river survey	为研究、开发和整治河流而测绘河床和两岸地形并采集有关水文特性的测量工作
2357	河道断面	river section	沿河流某一方向垂直剖切后的平面，又分为纵断面和横断面，通常以平面图形表示
2358	河道内用水	in - stream water use	河道、水库、湖泊等水体保持一定流量或水位，满足河道内用水户的要求。 注：河道内用水户有水力发电、航运、淡水养殖、冲沙、水上娱乐、水生态、水环境等
2359	河道清障	channel desilting	为了满足河道行洪需要，对阻碍行洪的数林和建筑物进行清除
2360	河道外用水	off - stream water use	从河流、水库、湖泊、地下水等水体中取水，供河道外用水户使用。 注：河道外用水户划分为生活、生产、生态与环境等主要类别
2361	河道整治	river regulation	改善河道边界条件及水流流态，以适应防洪、航运、供水、排水等国民经济要求的工程措施
2362	河道纵坡降	gradient	分为水面比降和河床比降，用某河段顺水流方向的水面或河床底面落差除以水平距离表示
2363	河工模型	model of river	将河道形态和水流泥沙运动特征按相似准则缩小，用以模拟河流泥沙运动及河床演变情况的简化表现物
2364	河工模型试验	river model test	将河道形态和水流泥沙运动特征按相似准则模拟河流水流泥沙运动和河床演变的试验研究工作
2365	河谷	river valley	河流流经的山间长条状槽形谷地
2366	河湖滨水区	waterfront areas of river and lake	水域与陆地相接的区域范围
2367	河湖生态水量	ecological water requirement of river and lake	为使河湖水系达到规划的生态功能和目标所需的水资源量

续表

序号	术语名称	英文对应词	定义
2368	河口	estuary; river mouth	河流汇入海洋、湖泊或其他河流的河段
2369	河口模型	estuary model	研究河口区水流泥沙运动的动床模型
2370	河口三角洲	estuary delta	河水挟带的泥沙在河口沉积并不断向外海延伸而形成的三角形淤积体
2371	河口演变	estuary process	河口水流或外海海平面变化引起河口河床的变迁
2372	河口整治	river estuary reconditioning	为满足河口地区防洪、防潮、入海（入湖）流路以及生态等需要，对河口地区采取的工程措施
2373	河流	river	陆地表面宣泄水流的通道，是江、河、川、溪的总称
2374	河流冲淤计算	computation of river bed deformation	采用河流数学模型、经验法或类比法等方法计算水流和泥沙运动要素以及河床冲淤变形的工作
2375	河流地貌	river morphology	由河道水流动力作用造成的侵蚀、堆积等各种地表形态
2376	河流模型	model of river	将河道形态和水流泥沙运动特征按相似准则缩小，用以模拟河流泥沙运动及河床演变情况的简化表现物
2377	河流数学模拟	mathematical modelling of river	根据水流、泥沙的运动规律，通过建立基本的数学方程式和数值求解来分析和预测河床冲淤变化的方法
2378	河流水能资源	hydropower resources of river	天然状态下河道水流具备的能量资源。 注：通常可根据河流多年平均流量和落差计算河流水能资源
2379	河流特性	character of river	河道特征、河势及河流水文特征的统称
2380	河流梯级开发	cascade development	从河流上游到下游呈阶梯状的设置一系列水利枢纽的水能开发方式
2381	河漫滩	floodplain	河流洪水期间淹没的河谷两侧的滩地
2382	河势	river regime	河道水流动力轴线的位置、走向以及岸线和洲滩分布的态势
2383	河势规划	water trend planning	河道整治工程中，为满足防洪、航运等需要，对河流的流向等进行分析和干预的规划
2384	河网	river network	由干流和各级支流，流域内的湖泊、沼泽或地下暗河形成彼此连接的系统
2385	河网集流	concentration of network flow	径流在河网内沿河槽向下游汇集的过程
2386	河网密度	river density	单位面积内河道干支流的长度之和
2387	河系	river system	由干流和各级支流，流域内的湖泊、沼泽或地下暗河形成彼此连接的系统
2388	河相关系	hydraulic geometric relation of river	在相对平衡状态下河流的横断面和纵剖面形态与流域来水、来沙及周界条件等因素之间的某种定量关系

续表

序号	术语名称	英文对应词	定　义
2389	河源	river source; head-water	河流的发源地。河流最初形成地表水流的源头部分，一般为溪涧、泉水、冰川、雪山、沼泽或湖泊等
2390	河长	river length	河流源头至河口或测站断面沿河槽中泓线或轴线量取的距离
2391	荷载标准值	characteristic value of a load	结构或构件设计时，采用的各种荷载的基本代表值。按设计使用年限内荷载最大值的概率分布的某一分位值确定
2392	荷载率	load rate	某级荷载增量与前一级荷载总量之比
2393	荷载系数	load factor	预计可能出现的最大荷载与规定的标准荷载之比值
2394	荷载效应	load effect	荷载引起的结构或构件的反应，例如内力、变形和裂缝等
2395	荷载组合	load combination	建筑物在不同运用情况下对可能同时承受的各项荷载分别进行的组合
2396	核心元数据	core metadata	标识水利信息所需要的最小元数据元素和元数据实体，为元数据元素集的子集
2397	黑白瓶	black and white bottle	可以进行曝光的（白瓶）和不可曝光的（黑瓶）测定初级生产力的装置
2398	黑启动	black start	电力系统因故障停运后，不依靠外部网络的帮助，通过系统内具有自启动能力的机组启动，带动无自启动能力的机组，逐渐扩大系统恢复范围，最终实现整个系统的运行
2399	黑起动	black start - up	电厂机组的起动不是靠本厂的机组或与其相连接的电力网的电源起动
2400	黑土区	the black soil region	东北地区以黑土、黑钙土、草甸土、棕壤、暗棕壤、白浆土等为主体集中连片的地带性黑色土壤分布区域，也称为东北黑土区
2401	黑灾	non - snow tragedy in grassland	牧区部分缺水或无水草场，冬春时期不降雪或仅有少量降雪，不能满足牲畜饮水需要而产生的一种自然灾害
2402	桁架	truss	由一些直杆两端用铰链联结起来仅承受节点荷载的结构体系。桁架在整体受弯时，组成桁架的各个直杆只受轴向拉力或轴向压力
2403	桁架梁	truss beam	由一些直杆两端用铰链连接起来仅承受节点荷载的梁
2404	桁架式喷头车	truss type sprinkler wagon	在桁架上安装多个喷头的喷头车
2405	桁架柱	truss column	由一些直杆两端用铰链连接起来仅承受节点荷载的柱
2406	横道图	bar chart	以横轴表示时间、纵轴排列施工项目、用横道表示各项作业施工进度、对工程施工活动进行计划安排的图表

续表

序号	术语名称	英文对应词	定　义
2407	横缝	transverse joint	混凝土建筑物在垂直于坝轴线方向每隔一定距离设置的竖向永久接缝
2408	横河	cross - river	河道中发生垂直河岸的急速折冲水流
2409	横基尺	subtense bar	用于视差法测距的定长的金属尺
2410	横拉式闸门	horizontal pulled gate	门叶沿水平方向移动启闭的平面闸门
2411	横坡改垄	contour ridging	将坡耕地中的顺坡或斜坡垄改为沿等高线的横坡垄，增加入渗，减少土壤侵蚀的治理措施
2412	横尾	cross tail	铅鱼在水下保持水平方向平衡的稳定舵
2413	横向变形	transverse deformation	由于横向输沙不平衡使河床在垂直于水流流向的两侧发生的冲淤变化
2414	横向谷	transverse valley	与岩层走向近于正交发育的河谷
2415	横向围堰	transversal cofferdam	拦断河流的围堰或在分期导流施工中围堰轴线基本与流向垂直且与纵向围堰连接的上、下游围堰
2416	衡重式挡土墙	shelf retaining wall	墙背设有减荷台的重力式挡土墙
2417	红黏土	red clay	碳酸盐岩系出露区的岩石经过比较充分的化学风化作用形成的颜色为棕红色或褐黄色，残坡积或经过搬运再沉积，以团粒结构形式存在，液限大于或等于50%的高塑性黏土
2418	红外光电测距仪	infrared distance meter	以红外光为载波的相位式精密测距仪器
2419	红黏土	laterite	石灰岩或其他熔岩经风化后形成的富含铁铝氧化物的褐红色粉土或黏土
2420	虹吸式取水	siphon intake	利用具有虹吸作用的弯管从水源自流引水的一种无坝取水方式及工程设施
2421	虹吸式溢洪道	siphon spillway	建于河岸或坝段内、利用有压管流产生的虹吸作用泄水的溢洪道
2422	虹吸式雨量计	siphon rainfall recorder	以浮子升降带动记录笔，根据虹吸原理排水的雨量记录仪器
2423	洪泛区	flood plain	尚无工程设施保护的洪水泛滥所及的地区
2424	洪峰	flood peak	由起涨至落平的整个过程或洪水过程线的峰顶
2425	洪峰模数	peak discharge modulus	控制断面的洪峰流量与该控制面积的比值
2426	洪积扇	proluvial fan	从山谷出口向山外缓慢倾斜的由洪积作用形成的扇形地貌
2427	洪积物	proluvium deposit	经河流或溪流在洪水期搬运的物质所形成的沉积体

续表

序号	术 语 名 称	英文对应词	定　　义
2428	洪水	flood	河、湖在较短时间内发生的流量急骤增加、水位明显上升的水流现象
2429	洪水保险	flood insurance	一种对投保者（集体或个人）因洪水灾害遭受的经济损失给予经济赔偿的保险
2430	洪水风险	flood risk	不同程度的洪水事件发生的可能性及其后果的组合，也可称为洪灾期望损失，宜以洪水事件的频率分布及其严重程度来表示
2431	洪水风险估算	flood risk estimation	分析和预测洪水风险的大小
2432	洪水风险区	flood risk area	受洪水威胁、存在洪水风险的区域
2433	洪水风险图	flood risk map	能够表示可能发生洪水的演进路线、到达时间、淹没水深、淹没范围及流速大小等过程特征和危害程度的图集
2434	洪水痕迹	flood mark；high water mark	相应于河流大洪水时的水位所遗留的泥印、水迹、人工刻记以及其他一切能够代表最高水位到达位置的标志物等的总称
2435	洪水警报	flood warning	当出现或即将发生洪水灾害时，为了减免生命财产遭受损失而发出的告警
2436	洪水径流预报	flood - runoff forecast	根据降水及上游河道水情信息，对河道某一断面未来的洪水情势进行预报
2437	洪水调查	flood investigation	为推算某次洪水的洪峰水位和流量、洪水总量、洪水过程及其重现期而进行的现场调查和资料整理工作
2438	洪水系列	flood series	对洪水成因相同的洪水要素，采用一定方法选样如年最大值法等所组成的系列
2439	洪水演进计算	flood routing	推求洪水波传播情势的分析计算
2440	洪水演算	flood routing	推求洪水波传播情势的分析计算
2441	洪水预报	flood forecast	根据降水及上游河道水情信息，对河道某一断面未来的洪水情势进行预报
2442	洪水预报系统	flood forecasting system	依托实时水情数据库，采用预报模型方法，实时制定洪水预报方案的信息系统
2443	喉道	throat	测流槽内的最小横断面区段。喉道可以为矩形、梯形、U 形或其他特定形式
2444	后备保护	back - up protection；reserve protection	主保护或相邻设备（或断路器）的保护拒绝动作时，能带一定时限切除被保护对象的继电保护
2445	后备接线保护	back up connection protection	当设备发生故障，断路器拒绝动作，能以较短时限使与拒绝动作断路器相邻的断路器，或与故障点相邻的对侧有电源的断路器跳闸的继电防御措施

续表

序号	术 语 名 称	英文对应词	定 义
2446	后评价	post evaluation	在项目竣工验收并投入使用、或未进行竣工验收但主体工程已建成投产多年后，对照项目立项及建设的相关文件资料，将项目建成后所达到的实际效果与先期确定的目标进行对比分析，总结经验教训，提出对策建议
2447	后期导流	later stage diversion	坝体尚未完建，从导流泄水建筑物开始封堵到永久泄水建筑物达到设计能力以前水库蓄水的阶段
2448	后期整治	final disposal	按永久性运用要求对堰塞湖进行整治的活动
2449	后热	post heat	焊接后立即对焊件的全部（或局部）加热和保温，使其缓冷的工艺措施
2450	后水箱水力自动弧形闸门	hydraulic operated radial gate with back tank	在弧形闸门水平支铰轴后设置水箱，利用门体自重和水体重自动启闭的闸门
2451	后损	latter losses	开始产流之后损失的降水量
2452	后续处置	continuative disposal	对应急处置后的堰塞湖作进一步处理的活动
2453	后续审计	follow - up audit	水利审计部门对竣工决算审计结论整改落实情况实施的审计
2454	后张法预应力混凝土结构	post - tensioned prestressed concrete structure	在混凝土达到规定强度后，通过张拉预应力钢筋并在结构上锚固而建立预加应力的混凝土结构
2455	厚板	thick slab	跨高比小于5的板
2456	厚高比	thickness to hight ration	拱坝最大坝高处的坝底厚度与坝高之比
2457	弧面支座	curved surface support	用做梁或桁架的表面为圆弧曲面的支承板
2458	弧形闸门	radial gate；tainter gate	启闭时绕水平支铰轴旋转，具有弧形挡水面板的闸门
2459	湖（库）	lake	湖泊和水库的总称
2460	湖泊	lake	陆地上的贮水洼地。由湖盆、湖水及其中所含物质组成的宽阔水域的综合自然体
2461	湖积物	lacustrine deposit	湖泊内物质的沉积体
2462	湖水咸化	salinization of lake water	湖水溶解盐分浓度增大的现象
2463	蝴蝶阀	butterfly valve	具有可旋转的圆盘形或双平板形的活门，用以截断水流的阀门，其转动轴线与水流方向垂直
2464	互感器的二次负载	secondary load of instrument transformer	互感器在以某一精确等级下工作时的实际负载

续表

序号	术语名称	英文对应词	定　义
2465	互感器额定变比	rated transformation ratio	互感器额定一次电流（电压）与额定二次电流（电压）之比
2466	互联系统	interconnected system	两个或多个电力系统（电网）为实现联合运行而互相连接成统一的电力系统（电网）
2467	户保	household protection	安装在用电户进线处的漏电保护。曾用语“家保”
2468	护岸工程	bank protection works	为保护江河湖海堤岸免受水流、风浪、海潮侵袭和冲刷所采取的工程措施
2469	护角	steel corner; cornerite	保护闸门门槽棱角的金属埋件
2470	护镜闸门	protect mirror gate	由一对拱形门叶组成，绕各自铰轴上下移动的闸门
2471	护坡	slope protection	为防止土石坝坝坡或堤防、渠道的边坡等受风浪、雨水等的冲刷侵蚀破坏而修筑的坡面保护层
2472	护坡工程	slop protection works	为稳定斜坡、岩体、土体和保护坡面免受冲刷侵蚀而采取的防护性工程设施的总称。按材料和形式可分植物护坡、干砌石护坡、浆砌石护坡、抛石护坡、混凝土护坡、喷浆护坡、砌石草皮护坡和格状框条护坡等
2473	护滩工程	flood - plain protection project	为了稳定河势和维持现有滩地的相对稳定，防止河滩发生形态改变的工程措施
2474	护坦	apron	设置在水闸底板或消力池下游保护河底不受冲刷破坏的刚性护底结构物
2475	花管注浆锚杆	injection grout holed rock	以在管壁布置一定数量小孔的钢管为杆体插入钻孔后，通过杆体空腔的小孔向锚杆孔注浆的砂浆锚杆
2476	划线记录	graphic chart recording	在记录纸上用记录笔划线的方式记录被测量参数随时间变化的过程线
2477	滑动模板	slip - form	在浇筑混凝土的过程中沿混凝土表面连续地缓慢移动的混凝土成型装置，由模板、工作平台、混凝土表面修整平台、提升架、液压系统、提升机械和控制系统组成
2478	滑动式模板	slip form	随着混凝土浇筑的进展，利用一定机具使模板的面板沿着结构物轮廓移动的模板体系
2479	滑动闸门	sliding gate	闸门边梁上装有滑道或滑块作为支承行走部件的平面闸门
2480	滑动支承	sliding support	沿闸门门叶高度设置的将水压力传至主轨的滑道或滑块
2481	滑动支墩	sliding ring girder support	在支承环的支柱底部与墩座间设有滑动垫板，以适应钢管沿纵轴方向伸缩位移的一种支承环式支墩

续表

序号	术语名称	英文对应词	定义
2482	滑框倒模	inverted and repetitive formwork	在混凝土浇筑过程中，模板的围檩结构由提升系统带动沿着模板的背面滑动，模板不动，下层模板待混凝土达到允许拆模强度时拆模并倒至上一层支立的模板
2483	滑轮组	sheave block；pulley block	由动滑轮组和定滑轮组组成的用于提升重物的系统
2484	滑模	slip form	随着混凝土浇筑的进展，利用一定机具使模板的面板沿着结构物轮廓移动的模板体系
2485	滑坡	land slide	斜坡岩土体沿底滑面向临空面下滑的现象
2486	滑坡泥石流监测预警	mornitoring and forecasting of landslide and debris flow	采用一定的方法和装置，对可能发生的滑坡、泥石流进行动态监测，并及时发出预报和警示的工作
2487	滑坡易发区	hazardous area of landslide	地质构造、地表组成物质、新构造运动以及地形、地貌和降水条件的组合有利于滑坡形成的区域
2488	滑坡整治	landslide control	根据滑坡的成因、发育阶段及其特征，采取的排水、削坡、减载、反压、灌浆、锚固、支挡等预防和治理滑坡的生产活动
2489	滑雪道式溢洪道	ski jump spillway	进口控制段位于坝身、通过泄槽将水流挑射到远离坝趾处排入河道的开敞式溢洪道
2490	化学固沙	fixing sand by chemicals	通过掺入、喷洒或覆盖高分子有机化学物质，胶结沙面、固定流沙的方法和技术
2491	化学灌浆	chemical grouting	用硅酸钠或高分子材料为主剂配制的浆液进行灌浆的工程措施
2492	化学需氧量	chemical oxygen demand	在规定条件下，用氧化剂处理水样时，水中被氧化物质消耗的该氧化剂数量折算的氧量
2493	环刀	cutting ring	土工试验仪器配套用的，具有规定直径、高度、厚度、刃角的土样制备工具
2494	环缝	circular joint	压力钢管管壁上垂直于钢管管轴线方向的焊缝
2495	环境放射性检测	environmental radioactivity detection	利用放射性测量方法，对工程和生活的环境、天然建材等进行的放射性强度检测
2496	环境风险分析	environmental risk analysis	对工程项目的兴建、运行和管理可能引起的环境风险进行的识别与评估
2497	环境流量	environmental flow	为了改善河流水质、维持水生生境与生态系统良好功能、美化景观环境等，河流必须保持的流量
2498	环境损益分析	environmental profit－and－loss analysis	建设项目对环境造成的效益和损失分析

续表

序号	术 语 名 称	英文对应词	定　　义
2499	环境误差	environmental error	观测时受外界条件，如温度、湿度、风力等影响所引起的误差
2500	环境压力	ambient pressure	周围空气的绝对压力（单位：Pa）
2501	环境影响报告书	environmental impact statement	在规划、建设项目的可行性研究阶段，评价项目实施对生态和环境可能造成的影响的技术文件
2502	环境影响评价	environmental impact assessment	对建设项目、区域开发计划及国家政策实施过程中和实施后可能对环境造成的影响进行分析、预测和评估，提出预防或者减轻不良环境影响的对策和措施
2503	环形导线	loop traverse	起讫于同一控制点的导线
2504	环形接线	ring bus connection	以一台两侧各有一台隔离开关的断路器作为一边构成的多边形的接线方式
2505	环形网络	ring network	由一个或一个以上的闭合回路所组成的网络
2506	环形闸门	ring gate	由内、外两层环形面板做成竖直空心浮筒式的闸门
2507	环氧砂浆	epoxy mortar	掺有适量环氧树脂材料的水泥砂浆
2508	还原水量	restored water quantity	河川径流受人类活动影响的减少或增加的水量
2509	环状管网	looping network	管道节点间连线形成的有一个以上回路的管网
2510	环状间隙	loop interstice	位于过滤管外壁与井壁之间的空间
2511	缓波前过电压	slow-front overvolage	一种瞬时过电压，通常是单极性的并且峰值时间为20～5000μs，持续时间小于20ms
2512	缓冲器	dashpot	在机械液压调速器中，实现软反馈功能的机械部件
2513	缓冲器时间常数	time constant of damping device	缓冲器对来自接力器位移的反馈信号衰减的时间常数
2514	缓冲强度	buffering strength	缓冲装置不起衰减作用和永态转差系数为零时，在稳态下的转差系数，它反映了软反馈最大值的大小
2515	缓冲区	buffer zone	按照水功能区划所划定的为协调省际间以及水污染矛盾突出的地区间用水关系，满足功能区水质要求而划定的水域。或者是位于保护区和一般功能区的过渡地区，具有缓冲作用的水域
2516	缓冲型调速器	damping type governor	系统反馈环节中含有缓冲装置的调速器
2517	缓冲装置	damping device	以接力器位移为输入信号，其输出信号与输入信号变化率有关的且与转速偏差信号进行比较的反馈校正装置
2518	缓凝剂	retarder	一种能延缓水泥水化作用而推迟初凝时间，且对其后期强度增长没有影响的外加剂

续表

序号	术语名称	英文对应词	定义
2519	换算长细比	equivalent slenderness ratio	在轴心受压构件的整体稳定计算中，按临界力相等的原则，将格构式构件换算为实腹构件进行计算时所对应的长细比或将弯扭与扭转失稳换算为弯曲失稳时采用的长细比
2520	换土垫层	cushion of replaced soil	用强度较高的压实土层置换表层的松软土或特殊性质的土以提高地基承载力或增强地基抗冻能力的软基处理方法
2521	换相失败保护	commutation failure protection	反应逆变器不按正常换相顺序工作而动作的继电防御措施
2522	换向阀	change valve	具有两种以上流动形式和两个以上油口的方向控制阀
2523	荒漠化	desertification	在干旱区、半干旱区和干旱的亚湿润区，由于气候变化及人类活动引起的土地退化现象，包括水土流失、土壤的物理化学和生物特性退化以及自然植被长期丧失等引起的土地生产力的下降或丧失。 注：按其成因可分为水蚀荒漠化、风蚀荒漠化、冻融荒漠化、土壤盐渍化和其他因素造成的荒漠化等类型
2524	灰土	lime-treated soil	掺入石灰，通过其放热与土凝结及离子交换作用等使性质得到改良的土
2525	灰铸铁	gray cast iron	碳以片状石墨形式析出的铸铁，断口呈灰色
2526	恢复电压	recovery voltage	切换开关或选择开关的每套主通断触头组或过渡触头组，在已切断电流之后，触头之间出现的工频电压
2527	回弹模量	rebound modulus	在土的单向固结试验卸荷和再加荷的循环阶段中，相应于一定的荷载变幅内的应力变化与单位体积土体积变化之比值
2528	回弹指数	rebound index	在土的单向固结试验卸荷和加荷的循环阶段中，相应于一定的荷载变幅内的孔隙比与对数坐标有效压力曲线的平均斜率
2529	回归导线	loop traverse	起讫于同一控制点的导线
2530	回归水	return flow	水在利用过程中和利用后，通过地表或地下回流到河流、湖泊等地表水体或含水层的水
2531	回流	reverse current；back flow	在河道断面急剧变化或水工建筑物附近出现的直径大、流速高的涡流
2532	回路断线闭锁	circuit break blocking	防止电流（电压）互感器二次回路开路后引起异常情况或造成保护装置误动作所采取的一种接线措施
2533	回收率指示物	surrogate	在样品萃取前加入已知量的纯物质到样品中，并按照分析样品其他组分的程序进行处理和分析
2534	回收年限法	return period method	以工程的年净收益回收工程投资所需年数来评价工程方案经济合理性的方法

续表

序号	术语名称	英文对应词	定　　义
2535	回缩量	retraction range	预应力锚索锁定时，自由段钢丝或钢绞线回缩的量值
2536	回填管	buried penstock	敷设在开挖的管槽内并用砂土料回填覆盖的压力管道
2537	回填灌浆	filling grouting	用浆液填充混凝土结构物施工留下的空穴、孔洞，或地下空腔，以增强结构物或地基的密实性的灌浆工程
2538	回油箱	oil return tank	油压装置中存放无压油的容器
2539	回转半径	radius of gyration	任一截面对某轴的惯性矩除以该截面面积所得商的平方根值
2540	回转阀	rotary valve	阀体做成球形，活门呈圆管状，两端有球状阀座，用以截断水流的阀门
2541	回转机构	slewing mechanism	使启闭机（起重机）回转部分在水平面内转动的机构。由回转支承装置、驱动装置、极限力矩联轴器、制动器及回转驱动元件等组成
2542	回转式清污机	helicoid screen cleaning device	利用回转齿耙捞取污物的清污机，多用于泵站进水口的清污
2543	回转速度	slewing speed	稳定运动状态下，起重机在最大幅度，带额定载荷时转动部分的回转角速度
2544	回转钻进	rotary drilling	靠回转器或孔底动力机具转动钻头破碎孔底岩石的钻进
2545	汇接局	tandem exchange office	完成水利通信网内电话业务汇聚和转接的交换局
2546	汇流	flow concentration	扣除损失后的雨水或雪水沿地表、地下汇集于河网或汇集到流域出口断面的现象
2547	汇流排	cylinder manifold	将进、出导线（导体）统一连接以汇集和分配电能的导线（导体）
2548	浑水	sediment water	悬移质泥沙含量大于 0.05kg/m^3，且不能够清晰目测转轮进口或出口处空化空泡的水
2549	浑水密度	density of sediment water	单位体积浑水的质量
2550	混合比	mixing ratio	吸肥流量与施肥装置的出口流量之比
2551	混合废污水入河排污口	mixed wastewater of discharge outlets	接纳市政排水系统废污水或污水处理厂尾水的入河排污口。对于接纳远离城镇、不能纳入污水收集系统的居民区、风景旅游区、度假村、疗养院、机场、铁路车站等，以及其他企事业单位或人群聚集地排放的污水，如氧化塘、渗水井、化粪池、改良化粪池、无动力地埋式污水处理装置和土地处理系统处理工艺等集中处理方式的入河排污口，可结合实际情况视为混合废污水入河排污口
2552	混合供水	composited water feed	自流（减压）供水和水泵供水相结合的供水方式

续表

序号	术语名称	英文对应词	定　　义
2553	混合侵蚀	mixed erosion	在两种或两种以上侵蚀营力共同作用下形成的一种侵蚀类型，如崩岗、泥石流等
2554	混合式	mix mode	包含自报式和查询-应答式两种遥测方式的工作制式
2555	混合式搅拌机	agitating concrete mixer	兼有自落式和强制式两种搅拌功能的搅拌机，也称涡流式搅拌机
2556	混合式开发	dam and diversion conduit type development	坝和引水道共同集中河段落差的水能开发方式
2557	混合式系统	mixed system	由自报式和查询-应答式两种遥测方式的遥测站组成的遥测系统
2558	混合水样	mixed water sample	在同一采样点上以流量、时间、体积或是以流量为基础，按照已知比例（间歇的或连续的）混合在 起的样品
2559	混流泵	mixed flow pump	液流沿倾斜于泵轴的方向从叶轮流出的叶片泵
2560	混流式水轮机	Francis turbine; radial - axial flow turbine	轴面水流接近于径向流入转轮，在固定的转轮叶片上逐渐变向，至转轮出口处接近于轴向的反击式水轮机
2561	混流式水轮机转轮公称直径	francis turbine runner diameter	转轮叶片进水边正面和下环相交处的直径。量的符号：D_1，单位为米（m）
2562	混凝土坝	concrete gravityd am	用混凝土或钢筋混凝土材料浇筑的坝
2563	混凝土拌和系统	cncrete mixing system	为混凝土生产中贮料、运输、配料、拌和和出料等作业设置的整套设施
2564	混凝土拌和运输车	trnsit - mier truck	在混凝土配料中心接受干料后，去浇筑现场的路途中才对干料进行加水拌和装有拌和机的卡车
2565	混凝土标号	concrete index	表示混凝土抗压强度大小和抗冻、抗渗等物理力学性能的指标（混凝土标号一般指它的抗压强度，另外还有混凝土的抗拉、抗渗和抗冻等标号）
2566	混凝土的水胶比	water binder ratio of concrete	每立方米混凝土用水量与所用胶凝材料（混凝土中水泥和掺合料质量的总和）用量的比值
2567	混凝土防渗	seepage control by concrete	浇筑或砌筑混凝土护面层以减少渠道水量渗漏损失的措施
2568	混凝土防渗板	concrete antiseepage plate	趾板下游坝基表面用于延长渗径、减小地基水力比降的混凝土或喷混凝土板
2569	混凝土防渗墙	concrete diap - hragm wall	在松散透水地基中连续造孔，以泥浆固壁、往槽内灌注混凝土而建成的墙形防渗建筑物
2570	混凝土非破坏性试验	non - destructive testing of concrete	利用回弹、振动、放射性等对建筑物不致产生破坏的试验方法来测定混凝土的物理力学性能的方法
2571	混凝土骨料	concrete aggreate	混凝土中起骨架及填充作用的砂石等粒状材料

续表

序号	术 语 名 称	英文对应词	定 义
2572	混凝土浇筑	concrete placing	将混凝土拌和物按设计要求卸入仓里，并以一定厚度及顺序铺平、振捣，使其达到密实程度的作业
2573	混凝土浇筑温度	placing temperature	混凝土卸入仓内经过平仓振捣后，在覆盖上层混凝土前其表面以下5～10cm深处的温度
2574	混凝土搅拌系统	cncrete mixing system	为混凝土生产中贮料、运输、配料、拌和和出料等作业设置的整套设施
2575	混凝土结构	concrete structure	以混凝土为主制成的结构，包括素混凝土结构、钢筋混凝土结构和预应力混凝土结构
2576	混凝土空腹重力坝	concrete hollow gravity dam	在坝的腹部沿坝轴线方向布置有大尺度空腔的混凝土重力坝
2577	混凝土宽缝重力坝	concrete slotted gravity dam	两个坝段之间的横缝中部扩宽成空腔的混凝土重力坝
2578	混凝土连接板	concrete connecting plate	软基上为适应坝基变形，在趾板与防渗墙之间设置的混凝土结构
2579	混凝土面板	concrete face slab	位于堆石坝体上游面起防渗作用的混凝土主体结构
2580	混凝土面板堆石坝	concrete faced rock－fill dam	用钢筋混凝土作上游防渗面板的堆石坝
2581	混凝土实体重力坝	concrete solid gravity dam	整个坝体除若干小空腔外均用混凝土填筑的重力坝
2582	混凝土四面体	concrete tetrahedron	截流与河道防护工程中，往水流中抛投的一种预制混凝土三棱锥形块体
2583	混凝土碳化	concrete carbonization	大气中的二氧化碳或其他酸性气体，渗入到混凝土内与混凝土中的碱性物质发生反应，使混凝土的碱度降低的现象
2584	混凝土围堰	concrete cofferdam	用现浇混凝土修建的围堰
2585	混凝土养护	concrete curing	混凝土浇筑后，在一定时间内采取的为保持水泥水分和适当的温度与湿度，并使混凝土不受外界干扰、促进混凝土硬化及防止开裂的措施
2586	混凝土运输	concrete tarnsportation	在一定时限内把混凝土拌和物按技术要求输送到浇筑地点的施工工序
2587	混凝土运输车	agittr truck	从混凝土拌和楼接受已拌好的混凝土拌和物后，在运输途中为防止混凝土分离再对其加以搅拌的装有拌和机的卡车
2588	混凝土质量控制	concrete quality control	对混凝土施工过程中的各个环节进行直接和间接的测定检验和控制，以保证混凝土达到预期质量指标的管理工作
2589	活动	activity	活动主体为了履行或完成其职能而进行的一系列操作

续表

序号	术语名称	英文对应词	定义
2590	活动觇牌	moving target	变形观测中，用于视准线法照准和读数的设备
2591	活动导叶	wicket gate; guide v-ane	导水机构中能旋转动作以调节进入转轮的流量的导流叶片
2592	活动桥	movable bridge	为解决桥位处通航净空不足而设置的能竖向旋转、水平旋转、平移开合或垂直升降的桥
2593	活断层	active fault	晚更新世（10万年）以来有活动的断层
2594	活法兰	loose flange	用于连接进水阀与压力钢管，以便于安装和拆卸进水阀的部件
2595	活容积	dump volume	骨料堆场中能借重力从廊道闸门自动卸出的骨料堆体积
2596	活塞杆	piston rod	通过做功并与闸门吊耳相连接的杆件
2597	活性指数	activity index	土的塑性指数与其中粒径小于0.002mm的黏粒粒组含量百分率之比值
2598	火山地震	volcanic earthquake	伴随火山活动引起的地震
2599	火山灰水泥	portland - pozzolana cement	由硅酸盐水泥熟料、火山灰质混合材料加适量石膏磨细制成的水硬性胶凝材料
2600	货运量	freight traffic tonnage	通过一条交通线路或场站所运输的货物吨位数量
2601	货运强度	freight traffic intensity	单位时间内通过一条交通线路的货运量
j部			
2602	击实仪	compaction apparatus	一种利用标准击实方法在给定击实功能下来测定黏性土的最大干密度与最优含水率的土工试验仪器
2603	机电排灌	pumping drainage and irrigation	利用水泵抽水对农田进行排水或灌溉的措施
2604	机电排灌站	pumping station	机电提水设备及配套建筑物组成的排灌设施
2605	机墩	generator pier	支承水轮发电机组传来的荷载并将其传给厂房下部块体的结构物，有圆筒式、框架式、环梁立柱式、块基式等形式
2606	机构工作级别	scale	按照启闭机设计寿命和荷载状态划分的级别
2607	机会成本	opportunity cost	一种资源（劳动力、资金、自然资源等）作某种用途后不能再用于其他目的而失去潜在利益或需付出代价的数额
2608	机井	pumping well	利用动力机械驱动水泵提水的水井
2609	机壳	housing; casing	围绕冲击式水轮机转轮周围并支承喷嘴的外壳
2610	机械化焊	mechanized welding	焊炬、焊枪或焊钳由机械装备夹持并要求随着观察焊接过程而调整设备控制部分的焊接方法

续表

序号	术语名称	英文对应词	定　义
2611	机械开度限制机构	mechanical opening limiter	用机械方法来实现限制导叶或喷针开度的机构
2612	机械通风	mechanical ventilation	利用通风机械实现换气的通风方式
2613	机械修配厂	equipment repairing workshop	对施工机械设备进行保养、维修、检修和制造简单施工机具的场所
2614	机械修配系统	equipment repair and maintenance system	为检查、清理、保养、维修各种机械设备而设置的整套设施
2615	机械液压调速器	mechanical hydraulic governor	测速、稳定及反馈信号用机械方法产生，经机械综合后通过液压放大部分实现驱动水轮机接力器的调速器
2616	机械柱塞式施肥泵	piston chemical injector pump	利用机械驱动柱塞往复运动向灌溉系统注入肥料（药）液体的装置
2617	机械自动挂脱梁	automatic mechanical hang - off beam	通过机械传动将销轴推入或推出轴孔（挂脱吊钩）的自动挂脱梁。一般有重锤式自动挂脱梁、挂钩式自动挂脱梁和挂钩自如式自动挂脱梁
2618	机压滴灌	drip irrigation by power and pump	由动力机和水泵提供工作压力的滴灌
2619	机压喷灌系统	mechanical pressure sprinkler system	由动力机和水泵为喷头提供工作压力的喷灌系统
2620	机翼型量水槽	wing - shaped flume	机翼形量水槽是在渠道两侧修筑仿机翼形槽壁，使水流通过时产生临界流，用以量测流量的量水设施
2621	机翼型铅鱼	sounding weight of wing shape	按飞机机翼理论设计的流线型铅鱼主要按儒可夫斯基机翼理论进行基本设计
2622	机载遥感	airborne sensing	在航空飞行器上利用各种遥感传感器对地球表面、大气和海域进行探测的技术
2623	机组辅助设备	unit auxiliary equipment	调速系统设备，励磁系统设备，油、气、水系统设备等
2624	机组过水能力	maximum discharge of turbine	在设计水头及额定转速下水轮发电机组发出额定出力时相应的流量
2625	机组加速时间常数	acceleration time constant of unit	机组转动部件在额定力矩作用下，从静止状态加速到额定转速所需要的时间
2626	机组式喷灌系统	portable sprinkler system	以移动式喷灌机组为主体的喷灌系统
2627	机组主要设备	unit primary equipment	水轮机、发电机

续表

序号	术语名称	英文对应词	定义
2628	机组自用电	unit service power	发电机组本身辅助机械（有的还包括与本机组相连的主变压器冷却系统）的用电
2629	机组自用电变压器	unit service transformer	专供机组自用电的变压器
2630	机座	stator bracket	支承定子铁芯或铁芯组件的构件
2631	积面水样	amass area water sample	在不同地点，从水体不同的特定深度采集一系列水样混合得到的样品
2632	积深水样	amass deep water sample	在一定地点，从水体不同深度间歇或连续采集而得到的混合水样
2633	积时式悬移质泥沙采样器	time - integrated type suspended sediment sampler	采集江河、湖泊、水库、渠道等水体过水断面中预定测点或垂线或水平线某一时段内悬移质泥沙水样的仪器
2634	积时水样	amass time water sample	在一定地点，从水体某一特定深度采集一定时间内的混合水样
2635	积算仪表	integrating instrument	反映在某一段时间内电能量累积值的表计
2636	积雪深度	snow depth	从积雪表面到地面的深度
2637	基本导线	primary traverse	开挖隧洞时，为检查隧洞轴线的方向和确保其贯通而布设的基本平面控制
2638	基本等高线	standard contour	从高程基准面起算按规定等高距描绘的等高线
2639	基本高程控制	basic vertical control	在测区内为施测某种比例尺地形图而进行的首级高程控制测量工作
2640	基本荷载	basic load；usual load	建筑物在正常运用情况下所承受的荷载
2641	基本荷载组合	basic load combination	建筑物在正常运用情况下对可能同时出现的基本荷载的组合
2642	基本农田	capital farmland	能抵御一般旱、涝等自然灾害，保持高产稳产的农作土地
2643	基本平面控制	basic horizontal control	在测区内为施测某种比例尺地形图而进行的测区首级平面控制测量工作
2644	基本水尺断面	basic staff gauge cross - section	为经常观测水文测站水位而设置的断面
2645	基本用水定额	reference quota of irrigation water	某种作物在参照灌溉条件下的单位面积灌溉用水量。参照灌溉条件宜确定为：灌溉工程类型为土渠输水地面灌溉、取水方式为自流引水、灌区规模为小型、无附加用水。各地也可根据实际情况合理确定参照灌溉条件，但在本省（自治区、直辖市）范围内应统一

续表

序号	术语名称	英文对应词	定义
2646	基本预备费	basic reserve cost	主要为解决在工程施工过程中，设计变更和有关技术标准调整增加的投资及工程遭受一般自然灾害所造成的损失和为预防自然灾害所采取的措施费用
2647	基本组合	fundamental combination	按承载能力极限状态设计时，使用或施工阶段的永久荷载效应与可变荷载效应的组合
2648	基波分量	fundamental component	一个周期量的傅里叶级数中序数为 1 的分量
2649	基础地理信息	fundamental geographic information	为大多数地理信息系统用户采用并作为统一的空间定位和进行空间分析的基础地理单元
2650	基础埋深比	depth ratio	基础底面至地表面的距离（即埋深）与基底较小边的宽度之比值
2651	基础面保护层	foundation protective layer	地基开挖中，为避免地基遭受破坏，在设计开挖界限以内预留一定安全厚度的待建筑物修建前再予挖除的岩层或土层
2652	基础水文数据库	fundamental hydrologic database	用计算机存贮、管理和检索经过水文资料整编、水文调查考证的数据及相关数据组成的系统
2653	基础约束裂缝	foundation restraint crack	刚性基础对其上部混凝土温度变形所构成的约束力大于混凝土的抗拉强度时所产生的裂缝
2654	基础支持平台	infrastructural platform	为水利信息处理平台运行、实现其功能提供条件的软硬件集合，主要包括：操作系统、网络系统、数据库系统、应用服务器、CA 系统等软硬件系统
2655	基础支持平台访问接口	access interface for infrastructure	业务组件和平台功能部件调用基础支持平台软件功能的访问接口
2656	基床反力系数	coefficient of subgrade reaction	基底面上某点压力与该点沉降量之比值
2657	基底压力	foundation pressure; gross loading intensity	基底面处由基础传给地基的压力
2658	基荷	base load	日负荷图中位于最小负荷水平线以下的负荷
2659	基距	base length	移动式启闭机同侧轨道，两套行走机构的中心距离
2660	基流	base flow	由前期降水形成的地下水和汇集速度缓慢的土壤中表层流补给形成的径流
2661	基面	datum	计算水位和高程的起始面
2662	基线横尺	subtense bar	用于视差法测距的定长的金属尺
2663	基线横尺视差法	subtense method with horizontal staff	用经纬仪测定横基尺（或丈量的基线）上两固定标志间的水平角，以计算两点间距离的方法

续表

序号	术语名称	英文对应词	定义
2664	基岩承载力基本值	basic value of bearing capacity of rock foundation	岩石地基工程中，与岩体载荷一位移曲线中的比例极限或屈服极限相对应的荷载
2665	基准尺	scale bar	两端标志点间长度经过高精度标定的长度基准，通常采用碳纤维等膨胀系数较小的材料制成
2666	基准电压	base system voltage	用运算曲线法计算短路电流时，基准电压取系统平均电压或发电机额定电压。系统平均电压是线路始端电压和末端电压的平均值，其值为标称系统电压的 1.05 倍，分别为 0.4kV、3.15kV、6.3kV、10.5kV、37kV、69kV、115kV、230kV、345kV、525kV。发电机额定电压分别为 0.4kV、3.15kV、6.3kV、10.5kV、13.8kV、15.75kV、18kV、20kV、22kV、24kV、26kV
2667	基准断面流量	reference section discharge	单位时间内流过基准断面 1 或 2 的水体积（单位：m^3/s）
2668	基准断面修正流量	reference section corrector discharge	相对于环境压力条件下，单位时间内流过基准断面的水的体积（单位：m^3/s）
2669	基准年	datum year; base year	在工程项目的经济评价中，作为投资、费用和效益时间价值折算基准的年份。动态经济计算中进行资金时间价值折算的基本年度
2670	基准值	fiducial value	作为计算起点的测值
2671	基准中心线	datum axis	在机组安装过程中被用来作为安装基准的垂直或水平中心线
2672	基座阶地	bedrock seated terrace	下部为基岩、上部覆盖着冲积物的阶地
2673	激发极化法	induced polarization	依据目的体与周边介质的激发极化效应差异，探测地下介质分布特征的一种电法勘探方法
2674	激光经纬仪	laser theodolite	装有激光发射器的一种经纬仪
2675	激光控制平地	laser-controlled land leveling	利用激光控制平地机械进行土地平整
2676	激光水准仪	laserlevel	将氦氖气体激光器发出的激光通过棱镜导入水准仪的望远镜内，使沿视准轴方向放射出一束可见激光的特殊水准仪
2677	激光准直法	method of laser alignment	以激光束为基准测定建筑物水平位移的方法
2678	激光准直仪	laser collimator	利用激光束在空间形成一条作为准直的基准线的仪器
2679	吉普逊法	Gibson method	在水轮机的导水机构均匀迅速关闭时，测量压力水管内水锤压力变化过程，从而求出导叶关闭前的水轮机流量的方法。可采用示波器或吉普逊仪记录水锤压力变化过程线

续表

序号	术语名称	英文对应词	定义
2680	级配	gradation	土样中各粒组占总土粒质量的比例
2681	极点图	point diagram	将结构面的产状，用赤平投影方法投影在乌尔夫网或施密特网上所构成的图
2682	极惯性矩	polar moment of inertia	面积微元 dA 与其到指定极点距离 ρ 的平方乘积的积分
2683	极限荷载	ultimate load	使地基达到滑动破坏时的荷载
2684	极限频率法	extreme frequency method	计算短路电流非周期分量衰减时间常数的一种近似方法。具体做法是：首先假设电源频率为零，从而使网络中所有元件的电抗值为零，网络仅由电阻构成，对网络进行化简，求得电源至短路点的电阻。再假设电源频率为无穷大，从而使网络中所有元件的电阻皆可忽略，网络仅由电抗构成，对网络进行化简，求得电源至短路点的电抗。根据此电阻与电抗求得网络的非周期分量衰减时间常数
2685	极限平衡区	zone of limit equilibrium	在外荷载作用下，岩土体内处于极限平衡状态的区域
2686	极限平衡状态	state of limit equilibrium	土体中某点的应力圆与破坏包线刚好相切时所处的状态
2687	极限切除角	limit clearing angle	最大可能的减速面积与加速面积大小相等的稳定极限情况下的切除角
2688	极限切除时间	limit clearing time	发电机转子抵达极限切除角所用的时间
2689	极限误差	limit error	测量工作中判定观测结果能否满足要求和是否存在粗差的误差界限。通常以中误差的 2 倍或 3 倍作为各种误差所能容许的范围
2690	集合转发站	gather and transmit station	限定系统中，具有接收若干个遥测站的数据并合并传送至某中心站的功能的一种数据中转站或分中心
2691	集流场	water harvesting land	天然或人工改造后收集雨水的场所
2692	集流效率	water harvesting efficiency	集流场收集的水量与降水量的比值
2693	集水井	drainage sump	具有一定容积和深度，用来汇集基坑来水，便于排出积水的设施
2694	集水线	valley line	山地较大时，山谷两侧坡面相交的凹棱部分最低点的连线
2695	集线箱	terminal box	连接传感器，具有测点切换功能的专用设备
2696	集线箱（切换装置）		安装在现场具有测点切换功能的设备
2697	集油箱	oil sump tank	油压装置中存放无压油的容器

续表

序号	术语名称	英文对应词	定义
2698	集雨工程	rainfall collecting work	用人工收集储存屋顶、场院、道路等场所产生径流的微型蓄水工程
2699	集雨灌溉	irrigation by rainwater harvesting	利用从附近小面积上收集的雨水进行灌溉
2700	集中测量装置		集中式数据采集系统进行数据采集的设备
2701	集中接地体	concentrated earthing body	为加强对雷电流的散流作用，降低对地电位而设置的附加接地体
2702	集中式供水	centralized water supply	集中取水、处理，用管道输配至用水户的供水方式
2703	集中药包	concentrated charge	药包的长度与其直径比小于4的药包
2704	集装箱式冰库	containerized ice storage	组成冰库的各部件均装在集装箱式结构内的冰库
2705	几何扬程	static head	泵站将水提升的几何高度
2706	GIS室	GIS chamber	装设高压气体绝缘金属封闭式组合电器（GIS）的空间
2707	计划检修	planned maintenance	计划检修也称定期检修，是一种以时间为基础的预防性检修，根据设备磨损和老化的统计规律，事先确定检修等级、间隔、项目、需用备件及材料等的检修方式
2708	计划用水	planned water use	各用水户或用水部门依据生产计划和合理的用水定额编制用水计划，并按计划调度配水的用水方式
2709	计划指标	plan target	在计划期内要求达到的工程数量、质量、实物和价值等指标的综合体现，是评价和衡量企业经营成果的标准
2710	计量系统	measurement system	搅拌楼（站）中称量系统的总和，一般包括传感器、秤斗及悬挂装置、电子显示设备，以及数据传输、处理和输出设备等
2711	计曲线	index contour	从高程基准面起每隔4条首曲线加粗描绘的等高线
2712	计数器	counter	具有有限个数位，以机械或电子方法，显示在一定时间内进入的脉冲数目的器件
2713	计算电抗 xcal	calculation reactance xcal	经网络化简得到的电源至短路点的电抗，通常归算到以电源额定容量为基准的标幺值
2714	计算机闭环控制	computer closed-loop control	自动接收受控过程的测量结果、计算控制方案并直接控制部件或设备的动作又将被控量通过主反馈回路送回计算机的控制过程
2715	计算机测流控制系统	computer control system for discharge measurement	在计算机控制下实现起点距、水深、流速自动采集和存贮，并自动生成流量实测成果表的一种自动化流量测验数据处理系统
2716	计算机开环控制	computer open-loop control	不接受来自受控过程输出的反馈，而对生产过程进行在线工况分析计算和处理的计算机控制过程

续表

序号	术语名称	英文对应词	定　义
2717	计算长度	compute length	轴心压杆挠曲线中半个正弦波的弦长
2718	记录器	recorder	能接收传感器或其他测量单元的输出信号（或物理变化量），将被测水文参数或其变化过程记录在记录媒体上的装置
2719	记录仪表	recording instrument; registering instrument	将被测信号转换成位移量，经指示机构自动记录出信号随时间的变化曲线的表计
2720	技术改造	technical renovation	采取技术措施，对小型水电站设施或设备进行改进、改建、更新、增容或减容，提高其安全可靠性、经济性、合理性和先进性的活动
2721	技术供水备用水源	stand-by water supply	在主水源中断时，供给机电设备冷却和润滑用水的另一水源
2722	技术供水主水源	main water supply	正常情况下供给机电设备冷却的水源
2723	技术经济分析	technical economical analysis	对设计与施工方案、技术措施等的预期经济效益进行计算、分析、评价、论证以及优化选择的工作
2724	技术可开发量	technical and exploitable capacity	存在于河流或湖泊中，在当前技术水平条件下，通过修建水库、电站等工程措施，可开发利用的水能资源的量值
2725	技术评估	technical evaluation	建设单位委托的水土保持设施验收技术评估机构对建设项目中的水土保持设施的数量、质量、进度及水土保持效果等进行的全面评估
2726	季节冻结深度	depth of seasonal freezing	整个冬季自地表算起的最大冻结深度（冻结层厚度）
2727	季节冻土	seasonally frozen soil	随季节冻结和融化的土
2728	季节性电能	seasonal energy	水电站多年平均年发电量减去保证电能所得的电能量
2729	继爆管	relay primacord tube	由导爆管、延期体、起爆药、炸药等组成的一种毫秒延期传爆起爆器材
2730	继电保护死区	dead zone of relay protection	当保护范围内某些区段发生故障时，继电保护装置不能反映的区域
2731	加冰拌和	ice mixing	使用冰屑代替部分拌和用水以降低混凝土拌和物温度的措施
2732	加粗等高线	index contour	从高程基准面起每隔 4 条首曲线加粗描绘的等高线
2733	加工面	machined surface; finished surface	零部件经过机械加工后符合规定的表面粗糙度要求的表面
2734	加荷响应时间	response time for loading	固结仪从开始加荷到加荷至额定压力值所需的时间

续表

序号	术语名称	英文对应词	定义
2735	加筋	reinforcement	通过在地基土层中铺设拉伸强度较高、界面摩擦系数较大的金属材料制成的拉筋、土工合成材料、格栅以及其他受力杆件等，使加筋体与周围土体共同作用达到提高地基承载力、减小地基沉降量和沉降差，或维持建筑物稳定的地基处理方法的总称
2736	加筋式挡土墙	reinforced retaining wall	利用较薄的墙身结构挡土，依靠墙后布置的土工合成材料减少土压力以维持稳定的挡土建筑物
2737	加筋网	reinforcement mesh	加设于沥青混凝土面板中的聚酯类材料网，主要作用是提高沥青混凝土适应变形和抗裂能力
2738	加劲环	stiffener ring	围绕钢管管周焊接，刚性较大，用以提高钢管抗外压稳定能力的环形部件
2739	加密高程控制	minor vertical control	在基本高程控制的基础上，直接为地形测图或断面测量而进行的高程控制工作
2740	加气剂	air - entraining agent	一种疏水性的表面活性化学剂，能在混凝土拌和物（砂浆）里形成互不连通的微小气泡，提高混凝土的和易性和耐久性的外加剂
2741	加权平均场程	weighted average head	以泵可能遇到的不同扬程下的工作时间、流量或水量为权重而计算出的平均扬程
2742	加权平均粒径	weighted mean diameter	沙样中以各颗粒的重量为权计算出的平均粒径
2743	加权平均水头	weighted average head	针对较长运行时期内以出力为权重计算的平均水头
2744	加权平均效率	weighted average efficiency	在规定的运行范围内，效率的加权平均值
2745	加色法观察仪	colour additive viewer	显示和处理多光谱图像的装置
2746	加速度缓冲型调速器	acceleration - damping type governor	测频单元中包含有加速度环节的缓冲型调速器
2747	加速度仪	acceleration instrument	由加速度传感器和记录器组成的仪器
2748	加速时间常数	accelerate time constant	永态和暂态转速系数为零，在接力器刚刚反向运动的瞬时，转速偏差与加速度之比的负数
2749	加重贯入仪	heavy penetrometer	穿心锤的质量加重、落高加大、贯入器内外径加大的贯入仪
2750	夹轨器	rail clamp	用夹钳夹住轨道头部的两个侧面的防风装置
2751	夹角尺	subtense bar	用于视差法测距的定长的金属尺

续表

序号	术语名称	英文对应词	定　　义
2752	夹装式传感器	sensors clamped on conduit wall	一种计量管道输水流量的传感器，按照一定的要求安装在输水管道外壁的两侧计量管道流量
2753	假彩色合成	false color composite	用同一地区不同波段的正片，配以特定的滤光片，将它们精密地重叠在一起，以合成彩色图像的方法
2754	假定高程	assumed elevation	以假定高程基准为零点起算的地面点高度
2755	假定基面	arbitrary datum	为计算水文测站水位或高程而假定的水准基面。常在测站附近没有国家水准点，或者一时不具备接测条件的情况下使用
2756	假定坐标系	assumed coordinate system	不与国家统一坐标系相联系的平面直角坐标系
2757	假凝	false set	由于使用了过热的水泥和水或水泥中的石膏含量较多使拌和物迅速失去了流动性，但产生的水化热不多，经过进一步拌和后虽不再加水拌和物能恢复塑性的现象
2758	假整合	disconformity	新老岩层的产状大体一致，但其间存在一个区域性的沉积间断，在时代上不是连续的接触关系
2759	价差预备费	price discrimination reserve cost	主要为解决在工程项目建设过程中，因人工工资、材料和设备价格上涨以及费用标准调整而增加的投资
2760	价格水平年	price level year	按某一时段的价格和相关政策计算工程投资，则该时段就称为投资的价格水平年
2761	架空地线	earthed overhead line	架设在架空输电线上方并直接接地或经小间隙接地的金属裸导线
2762	架空线	overhead line	用杆塔经绝缘子悬挂架设的露天输电线路或馈电线路
2763	尖灭点	feathering out point	水库建成蓄水后壅高的回水曲线与天然河道同频率回水曲线的交点。理论上这两条曲线应是永不相交的，因此该尖灭点是按照一定方法人为确定的
2764	间测	intermittent gauging	水文测站资料经分析证明两水文要素如水位流量间历年关系稳定，或其变化在允许误差范围内，对其中一要素如流量停测一段时期后再行施测的测停相间的测验方法
2765	间断级配	gap grdation	混凝土骨料的粒级级配中，缺少其中的一级或两级粒级的不连续的骨料级配
2766	间断角原理差动保护	differential protection for dead angle principle	利用变压器励磁涌流波形具有间断角特征作制动量，变压器内部故障时的总短路电流作动作量不带人为延时而跳闸的继电防御措施
2767	间接法	indirect method	根据设计流域暴雨资料推求设计洪水的方法
2768	间接费	indirect cost	施工企业为建筑安装工程施工而进行组织与经营管理所发生的各项费用

续表

序号	术语名称	英文对应词	定义
2769	间接高程测量	indirect leveling	在一已知高程点上测定至另一点的垂直角（或天顶距），根据该两点间的水平距离、用三角公式计算其间的高差并求出未知点高程的测量方法
2770	间接观测平差	adjustment of observation equations	在确定多个未知量的最或然值时，选择它们之间不存在任何条件关系的独立量作为未知量组成用未知量表达测量的函数关系、列出误差方程式，按最小二乘法原理求得未知量的最或然值的平差方法
2771	间接雷过电压	indirect lightning stroke over – voltage	落雷时，在其附近但未被直接击中的导线或电气设备上因感应产生的过电压
2772	间接平差	adjustment of observation equations	在确定多个未知量的最或然值时，选择它们之间不存在任何条件关系的独立量作为未知量组成用未知量表达测量的函数关系、列出误差方程式，按最小二乘法原理求得未知量的最或然值的平差方法
2773	间曲线	half – interval contour	按 1/2 基本等高距描绘的等高线
2774	间隙空化	clearance cavitation	水流通过狭窄间隙时由于流速升高、压力降低而发生的空化
2775	监测	mornitoring	具有监视或广义上的观测。例如，安全监测、变形监测
2776	监测点（简称测点）		监测仪器（传感器）布置的位置
2777	监测网	monitor network	为工程建筑物的变形观测而布设的平面和高程测量控制网
2778	监测仪器（传感器）		安装或埋设在现场能将被监测的非电量变换为电信号的仪器
2779	监测站（简称测站）		安装集线箱或测控装置的位置或场所
2780	监测中心站		安装中央控制装置或集中测量装置的场所
2781	监控指标	monitoring index	大坝的荷载和监测效应量及其变化速率的限值
2782	监理	supervision	监理单位受发包人委托，按照监理合同对建设项目实施中的质量、进度、资金、安全生产、环境保护等进行的管理活动
2783	监理报告	supervision report	在工程实施监理过程中，由监理机构向建设单位提交的监理月报（或季报、年度报告）、监理专题报告、监理工作报告和监理工作总结报告的总称
2784	监理大纲	supervision outline	监理单位在监理招标投标阶段编制的规划性文件
2785	监理单位	superision unit	具有企业法人资格，取得工程建设监理资格等级证书，并与发包人签订了监理合同，提供监理服务的单位

续表

序号	术 语 名 称	英文对应词	定 义
2786	监理工程师	supervision engineer	取得《全国水利工程建设监理工程师资格证书》和《水利工程建设监理工程师注册证书》，承担设备制造监理工作的专业人员
2787	监理规划	supervision plan	在监理单位与发包人签订监理合同之后，由总监理工程师主持编制，并经监理单位技术负责人同意的用以指导监理机构全面开展监理工作的指导性文件
2788	监理机构	superision organization	监理单位依据监理合同派驻工程现场，由监理人员和其他工作人员组成，全面履行监理合同的机构
2789	监理人员	supervisory staff	在监理机构中从事水利工程建设监理的总监理工程师、监理工程师和监理员
2790	监理实施细则	supervision executive detailed rules	由监理工程师负责编制，并经总监理工程师批准的用以实施某一项目或某一专业监理工作的操作性文件
2791	监理员	assistant engineer	取得《全国水利工程建设监理员资格证书》，在监理机构中承担辅助、协助工作的监理人员
2792	监视控制及数据采集	supervisory control and data acquisition	通过人机联系系统的屏幕显示和调度模拟屏对电网运行进行在线监视、越限报警、记录、打印制表、事故追记、本系统自检、远动通道状态监测、重要断路器控制、无功功率补偿设备自动调节或投切，以实现对电压、频率监控的信息收集、处理的自动控制系统（属电网调度自动化初级阶段）
2793	监视前端	front - end device	被监视现场的视频等信息采集、控制设备的总称，主要包括摄像机及其配套的设备（如镜头、云台、防护罩、各类入侵探测器、声音相关设备等），是水利视频监视系统信息资源的来源
2794	监视站	surveillance site	一个水利工程设施或其他被监视对象的一个或多个监视前端设备进行集中管理的站点，其功能是对实时图像和其他相关数据信息进行编码、处理，并进行管理、存储和转发。对于网络摄像机等一体化设备，逻辑上其摄像部分属于监视前端，编码部分属于监视站
2795	监视中心	surveillance centre	水利视频监视系统中信息汇集、处理和共享的节点。它可对管辖的监视站信息实施集中监视、有效控制和管理，并可提供信息服务
2796	检测	test gauging	在监测期间，对两水文要素稳定关系所进行的检验测验
2797	检测（测试、试验）	test	按照程序确定合格评定对象的一个或多个特性的活动。 注：“检测”主要适用于材料、产品或过程
2798	检测仪		用于现场采集监测仪器数据的便携式仪表

续表

序号	术语名称	英文对应词	定义
2799	检查	inspection	为了查找水工建筑物、地下洞室、边坡和设施等存在的隐患、缺陷与损坏，有计划、有组织开展的现场查勘、测量、记录等工作
2800	检查井	inspection well	便于检查排水暗管运行情况而布设在管路上的井式结构附属构筑物
2801	（计量器具的）检定	verification (of a measuring instrument)	查明和确认计量器具是否符合法定要求的程序，它包括检查、加标记和（或）出具检定证书
2802	检定槽	calibration tank	用来进行流速仪检定的配有检定装置的专用静态水槽。 注：水槽内的水保持静态不流动，检定装置及仪器在静态水槽内运动
2803	检定车	calibration carriage	安装有测速记录装置并沿检定槽轨道运动以实施流速仪检定作业的专用设备
2804	检定分度值	verification scale interval (or division)	按 GB/T 14250—1993 第 6.2.3 条的规定，检定分度值指对衡器划分准确度等级和进行检定时使用的、以质量单位表示的值。检定分度值代表了衡器或称重传感器的绝对准确度，也叫检定标尺间隔
2805	检定分度值	verfication scale interval (or division)	对衡器划分准确度等级和进行检定时使用的、以质量单位表示的值。检定分度值代表了衡器或称重传感器的绝对准确度，也叫检定标尺间隔。国际法制计量组织规定以符号 e 表示
2806	检定公式	calibration equation	表述流速仪通过检定得出的实际流速和流速仪输出信号之间关系的计算公式
2807	检定公式上延	up extension of calibration equation	通过与较高速度检定结果的比较分析，确认检定结果和准确性符合要求，可以将较低速度检定结果的测速使用范围作相应上延
2808	检定速度范围	calibration velocity range	检定流速仪时，最低检定速度至最高检定速度的速度区间
2809	检修备用容量	reserve capacity for repair	为满足电力系统在低负荷季节安排不下系统内发电机组计划检修而增设的装机容量
2810	检修等级	maintenance grades	以机组检修规模和停用时间为原则，将灯泡贯流式水轮发电机组的检修分为 A、B、C、D 四个等级
2811	检修排水系统	service drainage system	机组检修时，排除机组部件内以及电站（泵站）输水系统内积水的排水系统
2812	检修配电箱	repair distributing box	用于检修时临时接线的箱式电气装置

续表

序号	术语名称	英文对应词	定义
2813	检修全过程管理	maintenance whole - process management	检修计划制订、材料和备品备件采购、技术文件编制、施工、验收以及检修总结等环节的每一管理物项、文件及人员等均处于受控状态，以达到预期的检修效果和质量目标
2814	检修闸门	bulkhead gate	供检修水工建筑物或工作闸门及其门槽时临时挡水用的静水启闭闸门
2815	检验	inspection	通过观察和判断，必要时结合测量、试验所进行的符合性评价
2816	检验测试	verification and test	按照规定程序确定给定的仪器（传感器）的某一种或多种特性的技术操作
2817	减容改造	renovation for decreasing installed capacity	对机组设备全部或局部进行技术改造，合理减少机组容量，改善性能、优化运行区，提高效率和安全可靠性的活动
2818	减水剂	water - reducing agent	一种阴离子的表面活性剂，加入混凝土拌和物（砂浆）中能对水泥颗粒起扩散作用达到充分水化，用以减少混凝土（砂浆）的需水量的外加剂
2819	减速器	speed reducer	利用齿轮的速度转换，将电机的回转数减速到所要的回转数，并得到较大转矩的机械设备
2820	减压阀	pressure reducing valve；throttle valve	当阀门进口压力高于阀后设备所需压力时，阀体能够减压使其出口压力保持恒定或在一定范围内变化的阀门
2821	减压井	relief well	为降低堤防、闸、坝等建筑物下游覆盖层的渗透压力而设置的一系列井式减压排渗设施
2822	减压装置	pressure reducing device	能把高压力的水（油、气）减压到所需的工作压力的装置
2823	减载	unloading	采用从边坡顶部开挖、削坡的方法，减少边坡自身荷载，提高边坡稳定性的措施
2824	剪断销信号	shear pin signal	水轮机导叶剪断销折断时发出音响或光字牌的显示
2825	剪断销信号器	shear pin annunciator	在水轮机导水机构剪断销（保护销）破断时发出信号的检测器件
2826	剪切弹性模量	shearing modulus of elasticity	材料在弹性范围内，剪应力与它所引起的剪应变之比值
2827	剪切力	shear force	平行于剪切面上的力
2828	剪切模量	shear modulus	在比例极限范围内剪应力与角应变的比值
2829	剪切位移	shear displacement	剪切面相对移动的距离
2830	剪应变	shear strain	两个互相垂直的面在受力发生变形后夹角的改变量，以弧度表示

续表

序号	术 语 名 称	英文对应词	定 义
2831	剪应力	shear stress	方向与作用平面相切的应力
2832	剪胀性	dilatancy	平均正应力保持恒定的条件下，岩石在剪切力下产生体积增大的性能
2833	简支梁	simply supported b-eam	一端为固定铰支承而另一端为可动铰支承的单跨梁
2834	碱活性骨料	alkali - reactie ag-gregate	容易和水泥里的碱离子化合，吸水后体积膨胀，导致混凝土开裂破坏的一种含活性二氧化硅的混凝土骨料
2835	见证	testimony	监理机构对产品质量实施过程进行验证的活动，分现场见证、文件见证和质控停点
2836	见证取样	evidential testing	在监理单位或发包人监督下，由施工单位有关人员现场取样，并送到具有相应资质等级的工程质量检测单位所进行检测的活动
2837	建设单位	construction unit	工程项目的投资者、拥有者或最高决策者的统称
2838	建设单位验收	construction unit a-cceptance	建设单位或其委托的监理单位在节水灌溉工程建设过程中组织开展的节水灌溉工程验收，主要包括分部工程验收、单位工程验收或完工验收，是竣工验收的基础
2839	建设工程项目	construction project	为完成依法立项的新建、扩建、改建等各类工程而进行的，有起止日期，达到规定要求的一组相互关联的受控活动组成的特定过程。包括策划、勘察、设计、采购、施工、试运行、竣工验收和考核评价等
2840	建设工程项目管理	construction porject management	组织运用系统的理论和方法，对建设工程项目进行的计划、组织、指挥、协调和控制等专业化活动。简称为项目管理
2841	建设管理费	owners manageme-nt cost	建设单位在工程项目筹建和建设期间进行管理工作所需的费用。包括建设单位开办费、建设单位人员费、项目管理费三项组成
2842	建设类项目	constructive engin-eering	基本建设竣工后，在运营期基本没有开挖、取土（石、料）、弃土（石、渣）等生产活动的公路、铁路、机场、水工程、港口、码头、水电站、核电站、输变电工程、通信工程、管道工程、城镇新区等开发建设项目
2843	建设期融资利息	financial interest in construction perid	根据国家财政金融政策规定，工程在建设期内需偿还并应计入工程总投资的融资利息
2844	建设生产类项目	constructive and pro-ductive engineering	基本建设竣工后，在运营期仍存在开挖地表、取土（石、料）、弃土（石、渣）等生产活动的燃煤电站、建材、矿产和石油天然气开采及冶炼等开发建设项目

续表

序号	术语名称	英文对应词	定义
2845	建设征地移民补偿投资	compensation for land acquisition and resettlement	因征收、征用土地和进行移民安置时发生的费用，一般包括农村部分补偿费、城（集）镇迁建补偿费、工业企业补偿费、专业项目迁建补偿费、防护工程投资、库底清理费、其他费用以及预备费、有关税费等
2846	建筑及安装工程费	cost of construction and installation	建筑安装工程施工过程中发生的直接费、间接费、利润、价差及税金等
2847	建筑坐标系	construction coordinate system	为工程建筑物施工放样而建立的其坐标轴与建筑物的主要轴线一致或平行的平面直角坐标系统
2848	键槽	key	保证施工纵缝的缝面在填充后能形成整体和有效地传递剪力而在缝面上设置的一种构造，有三角形、梯形和圆形等
2849	江、河	river	沿着一定的走向连续或间断地流入海洋、湖泊、内陆洼地、沼泽或其他水道的天然水体
2850	江心洲	island	河道中被水流包围的经常露出水面的陆地
2851	浆河现象	clogging of river sediment flow	高含沙水流中含沙量超过某一极限值时，在洪峰突然降落，流速迅速减小的情况下，整个水流已不能保持流动状态，而是停滞不前形成的河槽堵塞现象
2852	浆砌石	masonry	浆砌石是用水泥砂浆等材料胶结石料（毛石或料石），形成构筑体的一种砌筑施工方法
2853	浆砌石重力坝	masonry gravity dam	用胶结材料砌筑石块而成的重力坝
2854	降落漏斗	depression cone	在抽水孔周围形成的漏斗状地下水位面（水压面）的下降区域
2855	降深	drawdown	抽水时的地下水位下降值，为天然静水位与动水位之差
2856	降水	precipitation	大气中的水汽凝结后，以液态水或固态水的形式降落到地面
2857	降水历时	precipitation duration	降水开始到终止的时间
2858	降水量	precipitation	在一定时段内，从大气中落到地表的液态水和固态水所积聚的水层深度
2859	降水量测量范围	precipitation measuring range	一次安装或处理后（在无人干预的时间内）所能测量的最大降水总量
2860	降水量距平百分率	percentage of precipitation anomalies	某一时段内降水量与多年同期平均降水量之差占多年同期平均降水量的比值，以百分率表示
2861	降水量评价	precipitation assessment	对降水数量及其时空分布特征的分析评定
2862	降水强度	intensity of precipitation	单位时段内的降水深度

续表

序号	术语名称	英文对应词	定　义
2863	降水日数	humber of precipitation days	在指定时段内，日降水量大于或等于0.1mm的天数
2864	降水入渗补给量	infiltration recharge by rainfall	降水渗入地表层下补给地下水的水量
2865	降水入渗补给系数	coefficient of precipitation recharge	在一定时段内，单位面积上降水入渗补给地下水的水量与同时段内降水量的比值
2866	降压变电所	step - down substation	将电源电压降低的变电所
2867	降压干燥法	dry method by means of reducing pressure	根据热力学原理，将压缩空气增压析水和减压后降低相对湿度来提高压缩空气的干燥度的方法
2868	降雨径流关系图	rainfall - runoff relationship	以多次暴雨的流域平均雨量与对应的径流量所点绘的相关图
2869	降雨径流相关法	storm runoff relevant graph method	通过建立降雨量、前期影响雨量、径流量三变量相关图，用降雨量减去相应的流域损失量来计算产流量的方法
2870	降雨径流预报	rainfall - runoff forecast	根据流域降雨对河流某断面或某水文测站的径流过程进行的预报
2871	降雨强度	rainfall intensity	单位时间内的降雨量
2872	降雨侵蚀指数	rainfall erosivity index	反映降雨侵蚀力大小的特征值，亦称降雨侵蚀力。 注：在美国通用土壤流失方程中，以雨滴动能（E）和最大30min雨强（I_{30}）的乘积（R）表示
2873	交叉建筑物	cross structures	在渠道、河渠、洼地、溪谷及道路等交叉处修建的建筑物。有立交建筑物和平交建筑物
2874	交叉作业	stagger work shifts	在一个区域内，凡一项作业可能对其他作业造成危害或对其他作业人员造成伤害的作业。交叉作业包括立体交叉作业和平面交叉作业
2875	交换机	exchanger	用以集中通信线路并为用户提供数据交换的设备
2876	交流励磁机励磁系统	excitation system with alternate - current exciter	以与主机同轴的交流励磁机为电源，经整流后向主机供给励磁电流的励磁系统
2877	交直流电源切换	AC and DC change - over	在交流电源故障时转到直流电源，在交流电源恢复正常时又返回到交流电源的自动或手动切换
2878	交轴超瞬态电抗	quadrature - axis sub -transient reactance	电机在额定转速下运行时，由交轴初级绕组总磁链产生的初级电压中交流基波电压在突变时的初始值，与同时变化的交轴初级交流基波电流之比
2879	交轴超瞬态短路时间常数	quadrature - axis sub - transient short - circuit time constant	电机在额定转速下运行，当运行条件突变后，交轴短路初级电流在开始几周内出现的迅变分量衰减到其初始值的$1/e$（即0.368倍）时所需的时间

续表

序号	术语名称	英文对应词	定　　义
2880	交轴瞬态电抗	quadrature - axis transient reactance	电机在额定转速下运行时，由交轴初级绕组总磁链产生的初级电压中交流基波电压在突变时的初始值（不考虑开始几周内的快速衰减部分），与同时变化的交轴初级交流基波电流之比
2881	交轴同步电抗	quadrature - axis synchronous reactance	电机在额定转速下运行时，由交轴初级电流产生的交轴初级绕组总磁链所感应的持续交流基波电压与交流基波电流之比
2882	浇筑间隔时间	concrete placement time interval	混凝土浇筑振捣完毕至覆盖上一坯层混凝土的时间
2883	浇筑块	block	由混凝土建筑物的伸缩缝和临时施工缝将建筑物分成的便于浇筑的块段
2884	浇筑温度	concreting temperature	混凝土经过平仓振捣后，覆盖上坯混凝土前，距混凝土表面 10cm 深处的混凝土温度
2885	胶凝材料	cementitious material; cementing material	水泥混凝土或砂浆中水泥及掺入的粉煤灰、矿渣粉、磷渣粉和硅粉等材料的总称
2886	角度交会法	angular intersection method	从两个（或三个）已知点测定已知方向与待定点方向之间的水平夹角，以交会出待定点位置的方法
2887	角焊	fillet welding	在两焊件的交角部位施焊的工艺方法
2888	角焊缝	fillet weld in normal shear	沿两直交或近直交零件的交线所焊接的焊缝
2889	角接	corner joint	两焊件之间呈某一夹角的连接方式
2890	角频率	angular frequency	正弦量的频率与 2π 的乘积
2891	角形接线	angular connection	以一台两侧各有一台隔离开关的断路器作为一边构成的多边形的接线方式
2892	脚手架	scaffold	供施工人员在建筑物的一定高度处进行作业，临时放置建筑材料以及交通用的临时台架
2893	搅拌力矩	stiring torque	在混凝土泵料斗中对混凝土进行二次搅拌后向混凝土缸强制喂料作用的搅拌叶片的驱动力矩，单位为牛·米（N·m）
2894	搅拌时间	mixing time	对于周期式搅拌机，指按公称容量搅拌的一罐次混凝土，从各组成材料全部进入搅拌机开始计时，至搅拌机内混合物搅拌成匀质混凝土所需的时间，单位为 s；对于连续式搅拌机，指某一物料单元（如某一粒骨料）从进入搅拌机开始计时，至该物料单元排出搅拌机所需的时间，单位为秒（s）
2895	搅拌桩	mixing pile	通过特制的搅拌机械，在地基深处将软土和固化材料强制搅拌，形成的具有整体性和有一定强度的结构构件

续表

序号	术语名称	英文对应词	定　义
2896	校核洪水	check flood	工程在非常运用条件下符合校核标准的设计洪水
2897	校核洪水位	check flood level	水库或其他水工建筑物遇到校核洪水时，在坝前或建筑物前达到的最高水位
2898	校核水尺	check gauge	为校订自记水位记录的水位数值而设置的水尺
2899	校核水头	check head	闸门前后的校核水位差
2900	校验	calibration	在规定条件下，为确定测量器具或测量系统所指示的量值，与对应的高一级测量标准所复现的值之间关系的一组操作
2901	校验方法	calibration method	为进行校验而规定的技术程序
2902	校准	calibration	在规定条件下，为确定测量仪器或测量系统所指示的量值，或实物量具或参考物质所代表的量值，与对应的由标准所复现的量值之间关系的一组操作
2903	阶地	terrace	由水流下切侵蚀和堆积作用交替进行，沿河流两岸、湖滨和海滨延伸的阶梯状地貌
2904	阶段验收	stage acceptance; interim acceptance	工程施工过程中的特定阶段（如截流、蓄水、拦洪、发电、通航等）对有关项目所进行的鉴定评价活动
2905	阶梯式布置	steped layout	在山区或丘陵地区，屋外配电装置中的电气设备沿出线方向成阶梯形的布置方式
2906	接保护线保护	protective connection protection	中性点直接接地的低压电力网中，电力设备外壳与保护线连接
2907	接触冲刷	piping on contact surface	当渗流沿着两种渗透系数不同的土层接触面，或建筑物与地基的接触面流动时，沿接触面带走细颗粒的现象
2908	接触电位差	touch potential difference	当短路电流流入接地网时，设备外壳或架构距离地面1.8m处与该处地面水平距离0.8m处，两点间的电位差
2909	接触灌浆	contact grouting	用灌浆加强建筑物与地基或围岩间的结合能力，以提高其接触面上的物理力学性能的工程措施
2910	接触流失	soil flow on contact surface	在层次分明和渗透系数相差悬殊的两种土层中，当渗流垂直于层面将渗透系数小的一层中的细颗粒带到渗透系数大的一层中的现象
2911	接触应力	contact stress	以点、线或面相接触的两个弹性体彼此以压力相互作用后，在形成的挤压面上及其附近所产生的应力
2912	接地	earthing; grounding	电气设备、杆塔或过电压保护装置用金属导线与接地体连接
2913	接地保护	earthing protection	中性点直接接地的低压电网中，电力设备外壳与独立的接地装置连接

续表

序号	术语名称	英文对应词	定　义
2914	接地刀	earth switch	为保证检修人员工作安全而设置的将被检修电气设备或线路直接接地的开关（一般与隔离开关联动）
2915	接地电阻	earth resistance; resistance of earthed conductor	接地体与地下零电位面之间的接地引线电阻、接地体电阻、接地体与土壤之间的过渡电阻和土壤的溢流电阻之和
2916	接地短路电流	earthing short - circuit current	电力系统发生接地短路而产生的短路电流
2917	接地故障	earth fault	电气设备发生绝缘损坏导致带电部分接地
2918	接地故障点	fault point	绝缘损坏，带电体与大地导通点
2919	接地故障电流	earthing fault current	电力系统发生故障而流向大地的故障电流
2920	接地故障相	fault phase	发生接地故障的导线相别
2921	接地继电器	earth fault relay	当发生接地故障时，被保护电路中给定电气量超过定值时，能自动断开电路或发出报警信号的电器
2922	接地距离保护	earthing - fault distance protection	反应接地短路时保护安装处至故障点等效距离及其方向的测量阻抗，且当测量阻抗小于预定整定阻抗值而跳闸的继电防御措施
2923	接地开关	earth switch	为保证检修人员工作安全而设置的将被检修电气设备或线路直接接地的开关（一般与隔离开关联动）
2924	接地体	earthed body; grounding body	埋入地中并直接与大地接触的金属导体
2925	接地网	earthing network	由埋入地中的接地体和接地体之间的接地连接线所构成的地下网络
2926	接地系统	earthing system	由多个接地装置所组成的一个整体
2927	接地线	earthing connection	将设备和设施的某部分与接地体连接用的金属导体
2928	接地装置（接地网）	earthing device (earthing network)	接地体和接地线的总和
2929	接地装置电位	potential of earthing device	电力系统发生不对称接地故障时，其接地部分与大地零电位之间的电位差
2930	接缝灌浆	joint grouting	为使分块浇筑的混凝土连成整体，对相邻块间的缝面进行灌浆的工程措施
2931	接口	interface	两个或多个模块（或部件、设备）之间进行通讯的必要的硬件和相应的软件，是模块（或部件、设备）之间共有的边界
2932	接力器	servomotor	利用液压供给驱动导叶或转轮叶片或喷针的操作力的液压装置

续表

序号	术语名称	英文对应词	定义
2933	接力器不动时间	servomotor dead time	从转速或指令信号按规定形式变化起，至由此变化引起主接力器刚开始移动的时间
2934	接力器反应时间	servomotor response time	主接力器带规定负荷，其速度与主配压阀相对行程关系曲线斜率的倒数
2935	接力器行程	servomotor stroke	主接力器自全关位置移动到任一中间位置的位移值，接力器最大行程为水轮机导水机构自全关至全开位置的行程
2936	接力器行程偏差	servomotor stroke deviation	相对于任一选定的基准位置的接力器位移
2937	接力器容量	servomotor capacity	接力器最大行程与接力器作用力的乘积
2938	接力器时间常数	servomotor response time	主接力器带规定负荷，其速度与主配压阀相对行程关系曲线斜率的倒数
2939	接力器最短关闭时间	minimum servomotor closing time	在最大关闭速度下，主接力器走完一次全行程所经历的时间
2940	接力器最短开启时间	minimum servomotor opening time	在最大开启速度下，主接力器走完一次全行程所经历的时间
2941	接力器作用力	servomotor force	当油压为正常工作油压下限时，主接力器以最短时间关闭（开启）时所产生的净作用力
2942	接入网	access network	在水利信息网中，连接信息采集点和远程信息查询点之间的通信网络
2943	接收方	receiver	水情信息交换过程中接收信息的节点
2944	接收灵敏度	receiving sensitivity	声波仪调至最佳接收状态时，对于区别于噪声的最小信号的接收能力
2945	接头	joint	由两个或两个以上零件要用焊接组合或已经焊合的接点。检验接头性能应考虑焊缝、熔合区、热影响区甚至母材等不同部位的相互影响
2946	接线端子	wiring terminal	用来与外部电路进行电连接的器具
2947	接线系数	connection factor	流过继电器的电流与电流互感器二次电流的比值
2948	接中性线保护	neutral connection protection	中性点直接接地的低压电力网中，电力设备外壳与中性线连接
2949	节点板	gusset plate	用于连接汇交于桁架节点各杆件的钢板
2950	节间止水	middle water seal	分节制造的闸门节间未焊接时布置在门叶节间的封水装置
2951	节理	joint	在地质构造力作用下岩石未发生显著相对位移的破裂面
2952	节理玫瑰图	rosette joint diagram	将一定面积内节理产状及数量绘制在半圆图上，构成形状似玫瑰花的图形

续表

序号	术 语 名 称	英文对应词	定　　义
2953	节流阀	throttle	在液压系统中对油路进行节流调速，以改变执行元件的工作速度的阀门
2954	节流调节	throttling governing	调整水泵出口阀门开度以改变水泵工作性能的调节方法
2955	节水产品认证	water - saving products certification	由认证机构证明节水产品符合相关技术规范、相关技术规范的强制性要求或者标准的合格评定活动
2956	节水灌溉	water - saving irrigation	根据作物需水规律和当地供水条件，高效利用降水和灌溉水，以取得农业最佳经济效益、社会效益和环境效益的综合措施
2957	节水灌溉工程	water - saving irrigation project	以减少灌溉输配水系统和田间灌溉过程水损耗而采取的工程措施，包括渠道防渗、低压管道输水、喷灌、微灌、雨水集蓄利用等工程以及与其相联系的水源工程、地面灌溉的田间工程等
2958	节水灌溉设备	water - saving irrigation equipment	管道输水灌溉、喷灌和微灌等设备的统称
2959	节水灌溉项目	water saving irrigation project	以提高水的利用率和水分生产率为目的，以节水灌溉工程措施为主要建设内容的灌溉项目
2960	节水技术	water saving technique	减少水损失和浪费、提高用水效率和效益、实现非常规水资源利用的技术
2961	节水型便器	water saving toilet system	满足重要尺寸、冲洗功能和配套性技术要求，平均用水量不超过规定限值的便器系统
2962	节水型产品	water saving product	符合质量、安全和环保要求，体现节水技术的产品
2963	节水型家用洗衣机	water saving household washing machine	在额定工作状态下满足漂洗、洗净和能耗要求，洗净性能试验全过程单位洗涤容量耗水量不超过规 定限值的家用洗衣机
2964	节水型冷却塔	water saving cooling tower	满足冷却能力和能耗要求，飘水率不超过规定限值的工业及民用冷却塔
2965	节水型水嘴	water saving faucet	满足盥洗功能、流量稳定、减少水非预期流失的水嘴
2966	节圆直径	pitch diameter	水斗式和斜击式水轮机的转轮中心至射流中心线的距离的两倍
2967	节约用水	water saving	为提高用水效率而科学合理地减少供、用水量的活动
2968	节制闸	regulating sluice; check gate	为调节上游水位、满足渠道分水要求而拦河（渠）修建的水闸
2969	结点平差	adjustment of junction points	按加权平均值原理计算节点（水准网、导线网）最或然值的平差方法
2970	结构	texture	岩石中矿物颗粒的结晶程度、颗粒大小、形状以及颗粒之间相互组合关系的特征

续表

序号	术语名称	英文对应词	定义
2971	结构钢	structural steel	各种工程结构和工程机械的承重结构所用的工程结构钢（建筑钢）、机器结构钢和超韧钢等型材的总称，常用的工程结构钢包括低碳钢和低合金钢
2972	结构混凝土	structural concrete	用于水工建筑物中梁、板和柱等配有钢筋的混凝土
2973	结构面	structural plane, discontinuity	岩体中分割固相组分的地质界面的统称，如层理、节理、片理、断层等不连续的开裂面，又称不连续面
2974	结构面	structural plane (discontinuity)	岩体内部具有一定方向、一定规模、一定形态和特性的面、缝、层和带状的地质界面
2975	结构面起伏差	discontinuity waviness	表示结构面在较大范围内的表面起伏程度的一个指标
2976	结构体	structural mass; structural body	被结构面切割而成的大小不一、形态各异的岩石块体
2977	结合强度	bonding force	热喷涂金属涂层和基体之间结合的坚固程度
2978	结实密度	fruit denseness	有代表性的 10cm 枝段上的果实粒数
2979	结尾工程	winding - up works	工程建设进行到结束阶段时剩余的零星工程项目
2980	截流沟	interception ditch	沿排水区域边界修建的用于拦截上游坡地径流的排水沟
2981	截流护底	bed protection for closure	为防止截流中河床被淘刷，预先对河床地基进行防护和加固处理的措施
2982	截流戗堤	closure dike	截流进占过程中形成的透水堰体
2983	截流设计流量	closure design discharge	截流设计中，根据所确定的截流时间及其他因素而选定的某一频率的流量
2984	截流最大流速	maximum flow velocity of closure	截流过程中龙口断面水流的最大平均流速
2985	截流最大落差	maximum drop of closure	截流过程中龙口上下游的最大水位差值
2986	截面抵抗矩	section modulus	被弯曲构件的横截面绕其中性轴的惯性矩被除以由中性轴至截面最外边缘的距离
2987	截渗沟	seepage intercepting ditch	为拦截高位河渠和田块侧向渗流而开挖的排水沟
2988	截渗环	cut - off collar	凸出于坝下埋管外壁，用于延长渗径而起防渗作用的环形结构
2989	截水槽	cutoff trench	在透水坝基上沿轴线方向开挖沟槽并回填防渗材料而形成的坝基防渗体
2990	截止阀	stop valve; shut - off valve	活门由阀轴丝杆操作，改变与阀座的间隙，使过流断面积变化用以截断或调节流量的阀门

续表

序号	术 语 名 称	英文对应词	定　　义
2991	解冻（开河）	break－up	随着气温的逐渐上升，较长河段没有固定冰盖，敞露水面上下游贯通，其面积超过河段总面积 01％的现象
2992	解冻期	break－up period	河流冰凌开始明显消融或封冻冰盖开始消融，至冰情现象全部消失的整个时期
2993	解译标志	interpretation key	也称判读标志。遥感影像解译时，判别目标物所依据的图像特征。包括：目标物的形状、大小、阴影、色调、纹理、图案、位置、布局等
2994	金刚石钻进	diamond drilling	利用金刚石钻头破岩的钻进方法
2995	金属封闭母线	metal－enclosed busbar	用金属外壳将导体连同绝缘等封闭起来的组合体
2996	金属加工系统	metl working system	为制作、加工、组装各种金属结构而设置的整套设施
2997	金属结构加工厂	metlwork shop；steel workshop	进行金属结构加工、组装的制作场所
2998	金属清洗液	metal cleaning liquid	能清除金属材料表面上的油、污等的化学溶液
2999	金属硬度	matel rigidity	金属抵抗其他更硬的物体压入表面的能力，常用 HB、HRC 等表示
3000	金属硬止水	metal hard water seal	闸门止水部位经加工形成水封面，用于较低水头闸门的封水装置
3001	进口流速系数	intake flow velocity coefficient	采样器测点处进水口的流速与相应天然流速的比值
3002	进口平均流速	average inlet velocity	泵进口流量被泵进口面积除的商
3003	进排气阀	air release valve	向管内补气和排除管道内空气的设备
3004	进沙比	diversion ratio of sediment	单位时段内引水口进沙量与河流引水段输沙量的比值
3005	进水池	suction sump	设在进水管道或进水流道进口，供水泵吸水的池形建筑物
3006	进水管	suction pipe；inlet pipe	水泵进口之前的管道，又称吸水管
3007	进水流道	inlet passage	过水截面逐渐收缩的进水通道，有肘形、钟形等形式
3008	进水闸	water intake sluice	渠道首部用于取水并控制进水流量的水闸
3009	进占	bank－off advancing	施工截流中，垂直流向由河岸逐步推进抛投土石等物料以拦截水流的施工过程
3010	近后备	local back－up	用被保护对象的保护作为后备保护的保护方式
3011	近区供电	near region power supply	对发电厂附近地区（如厂区、辅助生产工厂、生活区等）负荷的供电

续表

序号	术语名称	英文对应词	定义
3012	近似平差	approximate adjustment	为计算简便而去掉某种复杂的几何条件，或者将部分几何条件所产生的闭合差分别处理，使平差后各观测值之间的矛值得到较合理解决的平差方法
3013	近线存储	near - line store	访问量小或访问频率低的数据及存储设施，正常时保持"在线"状态或可快速进入"在线"状态
3014	浸出沙棘籽油	extracted seabuckthorn seed oil	以沙棘籽为原料，用 6 号溶剂（或正己烷）浸出制取的油
3015	浸胶	latex impregnation	将帆布浸入并穿过浸胶槽内的胶乳浸渍液，经过一定时间接触后离开液面，并经干燥、热拉伸和热定型处理，使帆布纤维表面形成一层完整胶膜的操作
3016	浸润线	phreatic line	土堤、土坝中渗流区水的自由表面的位置线，在剖面上它为一条曲线
3017	禁采期	prohibited period of sand - mining	禁止采砂的时期
3018	禁采区	prohibited area of sand - mining	在河道管理范围内禁止采砂的区域
3019	禁止开垦坡度	prohibitive slope steepness from cultivation	为防止严重水土流失所规定的禁止开垦的地面坡度阀值。注：《中华人民共和国水土保持法》规定禁止开垦坡度为 25 度
3020	经常性排水	regular pit dewatering	基坑开挖及建筑物施工过程中的排除基坑内积水的工作
3021	经常性养护	routine maintenance	在日常巡视检查、年度检查或特别检查过程中发现缺陷与隐患后，能够及时进行处理的养护
3022	经济电流密度	economic current density	导线的年运行费用和导线投资与补偿导线功率损耗而增加电厂的投资的总和为最小的导线经济截面积所对应的平均电流密度
3023	经济管径	economic pipe size	管道年费用最小的管道内径
3024	经济计算期	economic life; period of economic calculation	进行经济分析和财务分析的计算时间，为计算项目总费用和总效益所规定的时间范围
3025	经济技术咨询费	economic and technical consulting cost	建设单位根据国家有关规定和项目建设管理的需要，委托具备资质的机构或聘请专家对项目建设的安全性、可靠性、先进性和经济性等有关工程技术、经济和法律等方面的专题进行咨询、评审和评估所发生的费用。其中，包括勘测设计成果专项咨询、枢纽工程安全鉴定、劳动安全和工业卫生测试与评审、竣工决算及项目后评估报告等咨询工作费用

续表

序号	术语名称	英文对应词	定　义
3026	经济可开发的水能资源	econo - mically feasible hydropower resources	存在于河流或湖泊中，在当前技术水平条件下，具有经济可开发价值的水能资源的量值
3027	经济可开发量	economical and exploitable capacity	存在于河流或湖泊中，在当前技术水平条件下，通过修建水库、电站等工程措施，可开发利用且具有经济可开发价值的水能资源的量值，即与其他能源相比具有竞争力、且没有制约性环境影响及水库淹没处理等问题的水能资源的量值
3028	经济林	cash forest	利用林木的果实、叶片、皮层、树液等林产品供人食用、或作为工业原料、或作为药材等为主要目的而培育和经营的人工林或天然林
3029	经济评价	economic evaluation	对建设项目的经济可行性、经济合理性等所做的分析评估
3030	经济寿命	economic life	工程或设备在年费用最小时的使用年限
3031	经济调度	economic dispatch	以发电、输电、配电系统的损耗和消耗（如煤耗、水耗）为最小的发、供电管理方式
3032	经济综合用水指标	integrated quota of water use for ur - ban economics	将城市用水总量折算到城市综合经济特定指标上所反映的用水量水平
3033	经纬仪	theodolite	由望远镜、度盘、水准器、读数设备和基座等部分组成，测量水平角和竖直角的仪器
3034	经验频率	empirical frequency	为估计总体频率，按一定准则建立的经验公式所确定的某水文变量的频率
3035	晶闸管励磁系统	SCR excitation system	用晶闸管整流元件将连接主机母线上的励磁变压器或与主机同轴的交流励磁机的输出电流变为直流励磁电流的励磁系统
3036	晶闸管元件异常保护	abnormal protection of SCR	比较阀间电压是否平衡，防止晶闸管元件进一步损坏的技术措施
3037	精度	accuracy	对某量的多次观测中，观测误差分布的密集或离散的程度。在水利水电工程测量中，常以各等级的限差来表示精度
3038	精密度	precision	在确定条件下，将实验实施多次所得结果之间的一致程度，反映测量结果中随机误差大小的程度
3039	精制螺栓	finished bollt	用在重要的受剪部位及密合性要求较高部位，其加工精度较高的螺栓

续表

序号	术语名称	英文对应词	定义
3040	井	well	人工开凿成的、用于采集地下水的、一般多是垂直的坑或孔
3041	井壁管	casing pipe	支撑和封闭井壁的无孔管
3042	井点排水	well drainage	在基坑周围布置管井，井内设置水泵抽水以降低地下水位的排水方法
3043	井管	well casing	井壁管、过滤管和沉淀管的总称
3044	井灌井排	irrigation and drainage by well	利用水井提取地下水进行灌溉并起到降低地下水位作用的灌排方式
3045	井灌区	groundwater irrigation region	以井水作为灌溉水源的灌区
3046	井径	well diameter	井身横断面的直径
3047	井渠结合灌溉	irrigation with surface water and groundwater	通过水井和渠道联合利用地下水与地表水进行的灌溉
3048	井渠结合灌溉系统	irrigation system with well and canal	由利用地下水的井灌工程和利用地表水的渠灌工程相结合的灌溉系统
3049	井渠结合灌区	irrigation district with conjunctive use of surface water and groundwater	灌溉水源既有地下水，又有地表水，并联合运用水井和渠道进行灌溉的灌区
3050	井身结构	well structure	井径、井段和井深的总称
3051	井式溢洪道	shaft spillway	进口为环形溢流堰、其后接竖井和泄水隧洞及出口消能设施等的河岸溢洪道
3052	井斜	well deflection	井身实际轴线与垂直线之间的水平位移
3053	景观娱乐用水区	recreation water use zone	按照水功能区划所划定的以景观娱乐为主导功能的水域
3054	警戒水位	warning stage	江河、湖泊中的水位在汛期上涨可能出现险情之前而须开始警戒并准备防汛工作时的水位
3055	径流	runoff	在水文循环过程中，沿流域的不同路径向河流、湖泊、沼泽和海洋汇集的水流
3056	径流还原计算	restoring computation of runoff	在人类活动影响大的地区，把人类活动对河川径流的影响水量计入实测径流中，对径流资料进行复原的分析计算
3057	径流量	runoff	一定时段内通过河流某一过水断面的水量，单位为立方米（m^3）或亿立方米（$10^8 m^3$）
3058	径流模数	runoff modulus	时段径流总量与相应集水面积的比值或时段内单位集水面积所产生的平均流量

续表

序号	术语名称	英文对应词	定　　义
3059	径流年内分配	annual distribution of runoff	年径流量在年内月、旬的分配过程
3060	径流深	runoff depth	一定时段内径流量均匀铺放在集水面积上的水层深度
3061	径流调节	runoff regulation	按照国民经济各用水部门的要求，通过工程措施对地表径流和地下径流在时间上和地区上进行再分配
3062	径流调节计算	computation of run-off regulation	针对水资源利用目标，通过水库或湖泊的蓄泄作用，对河川径流和地下径流的时间过程和地区分布进行调节计算
3063	径流系数	runoff coefficient	时段或次流域平均径流深与相应降水量的比值
3064	径流小区观测	observation of run-off plots	在特定的闭合区域内，对降雨特征、土壤侵蚀以及产流、产沙过程进行的定性观察和定量测量
3065	径流小区规划	observation of run-off plots	在特定的闭合区域内，对降雨特征、土壤侵蚀及产流、产沙过程进行的定性观察和定量测量
3066	径向扁千斤顶法	radial flat jack technique	在平硐的试验截面周边上布置千斤顶，向硐壁岩体施加径向压力，测量其变形，根据压力与变形关系，计算岩体变形模量和单位抗力系数等力学参数的原位试验方法
3067	径向跳动	circular runout	在一转动范围内，测头相对于轴线的最大变动量
3068	净度	cleanness	测定样品中纯净种子的重量占供检样品各成分重量总和的百分率
3069	净流量	net discharge	未计入渠道输水损失的流量
3070	净水头	net head	水电站的毛水头减去发电水流在输水道内的全部水头损失后的水头
3071	净吸入比能	net positive suction specific energy	相对于机械基准面，尾水管出口断面绝对压力减去汽化压力所形成的比能（单位：J/kg）
3072	净吸入扬程	net positive suction head	表征水泵叶轮空蚀发生条件的参数。它等于第一级叶轮进口处总水头（以叶轮基准位置为基准）与水的饱和汽压水头之差
3073	净效益法	net benefit method	用工程可获得的净效益值评价工程方案经济合理性的方法
3074	静冰压力	static ice pressure	静止冰盖膨胀对建筑物产生的作用力
3075	静磁栅式电子水尺	magnetostatic grid gauge	采用静磁栅绝对编码技术探测水体表面位置的电子水尺
3076	静定梁	statically determinate beam	仅用静力平衡条件就可以确定其全部支承反力的梁
3077	静力触探试验	cone penetration test	用静力将标准规格的锥形探头匀速压入土中，测定土的阻力随深度的变化，并据此推测土的力学特性的原位试验

续表

序号	术语名称	英文对应词	定义
3078	静力触探仪	static cone penetrometer	能够以静压力将一定规格的锥形探头匀速地垂直压入土层，按其所受到的阻力大小评价土层力学性，并间接估计土层各深处的承载力、变形模量和进行土层划分的原位测试仪器
3079	静平衡	static balancing	调整旋转部件质量分布，使在非转动状态下其重心相对于几何中心的偏差在允许范围内的工艺过程
3080	静水时间	the time to still water	从给排水系统停止工作到水体表面目视无涟波，可测试出稳定水位值的时间
3081	静水压力	hydrostatic pressure	作用于静止液体两部分的界面上或液体与固体的接触面上的法向面力
3082	静态经济分析	static economic analysis	不考虑工程项目的投入资金和产出效益的时间价值的经济分析方法，亦即不考虑资金时间价值的一种投资效果分析方法
3083	静态精度	static accuracy	在秤的称量范围内，以检验砝码的质量值与称量显示值的差值对最大称量值之商的百分比值，即［（称量显示值－检验砝码值）/秤的最大称量值］×100％
3084	静态投资	static investment	按某一年价格水平计算的工程建造期投入的资金
3085	静态稳定	steady - state stability	电力系统受到小干扰后，不发生自发振荡和非周期性的失步，并能自动恢复到起始运行状态的能力
3086	静态稳定储备系数	margin factor of steady - state stability	在正常运行方式下，为确保系统静态稳定所储备的有功功率（或电压）的百分数
3087	静态稳定极限	steady - state stability limit	系统保持静态稳定时发电机所能输送的最大有功功率
3088	静态误差	static error	在秤的称量范围内，以校验砝码的质量值与称量显示值的差值对额定量程值之商的百分比值，即［（称量显示值－校验砝码值）/秤的额定量程值］×100％
3089	静载试验	testing of static load	启闭机吊具上的试验载荷，是额定载荷的1.25倍
3090	静止土压力	earth pressure at rest，static earth pressure	土体在天然状态时或挡土结构物不产生任何移动或转动时，土体作用于结构物的水平压应力
3091	纠正措施	corrective action	为防止已出现的不合格、缺陷或其他不希望的情况的再次发生，消除其原因所采取的措施。 注：1. 这种措施可以包括诸如程序和体系等的更改，以实现质量环中任一阶段的质量改进。 2. “纠正”和“纠正措施”的区别是：——“纠正”“返修”“返工”或调整，涉及对现有的不合格所进行的处置；——“纠正措施”涉及消除产生不合格的原因

续表

序号	术 语 名 称	英文对应词	定 义
3092	居民迁移线	line of resident relocation	水库淹没区及影响区根据按移民规范规定的标准确定的居民迁移高程线
3093	居民生活用水量	amount of domestic water use	居民家庭日常生活所需用的水量，包括家庭饮用、洗涤、厨房、卫浴及其他用途的水量
3094	局部动床模型	local mobile bed model	研究水工建筑物局部冲淤的水工模型
3095	局部厚度	partial thickness	在基准面上进行规定次数测量所得涂层厚度的平均值
3096	局部剪切破坏	local shear failure	在外荷载作用下，土基中只有局部范围内形成非完整滑动曲面的地基破坏形式
3097	局部锚杆	feature rock reinforement	为防止岩（土）体塌落或滑动，在局部布置的锚杆
3098	局部模型	partial model	研究特定部位水力特性的水工模型
3099	局部磨损	local abrasion	流道表面出现局部的沟槽、突体与缺陷等的破坏形态。 注：通常产生在水流急剧改变，发生冲击、汇流或脱流等处，如叶片头部、间隙、弯道、表面不平整以及材质缺陷等处
3100	局部屈曲	local buckling	整个构件中由于压应力或剪应力作用或两者共同作用使构件发生部分凹凸鼓曲的现象
3101	局部热处理	load heat treatment	仅对工件的某一部位或几个部位进行热处理的工艺
3102	局部水头损失	local head loss	单位重量的水体流动时由于边壁形状突变而在该处引起的水头损失
3103	局部应力	local stress	壁厚内局部膜应力和不均匀的局部弯曲应力
3104	局域网	loca larea network	局部区域计算机网络的简称
3105	矩形分幅	rectangular map subdivision	以矩形（或正方形）按纵、横坐标线整齐排列的统一分幅方法。在水利水电工程测量中，图幅排列不整齐的矩形分幅，也称为自由分辐
3106	拒爆	misfire	在爆破作业中引爆药包而未能起爆的现象
3107	距离保护	distance protection	反应保护安装处至故障点等效距离及其方向的测量阻抗，且当测量阻抗小于预定整定阻抗值而跳闸的继电防御措施
3108	距离改正	distance correction in Gauss projection	地球椭球面上两点间的大地线长度化算至高斯投影平面上相应两点间的直线距离所加的改正
3109	锯缝	cutter incision	用振动刀具将新浇的整体混凝土垂直切（锯）成缝，以实现浇筑分缝的工序
3110	聚苯乙烯板块	expanded polystyrene sheet	聚苯乙烯中加入发泡剂膨胀经模塑或挤压制成的轻质板块

续表

序号	术语名称	英文对应词	定义
3111	聚乙烯钢肋螺旋复合管	polyethylene spiral pipe with steel rib	采用高密度聚乙烯（HDPE）肋形板材及钢肋，经螺旋卷绕制成的复合结构壁管
3112	卷管	tube	用来输送压力水、牵引喷头车在田间行走的塑料管
3113	卷管牵引绞盘式喷灌机	traveller sprinkling irrigation machine drawn by tube	利用绞盘缠绕卷管牵引喷头车移动喷洒作业的喷灌机械
3114	卷筒	coiling block	在起升机构中用来缠绕钢丝绳将旋转运动转换为所需要的直线运动的装置。按卷筒的绳槽形式分为螺旋卷筒、折线卷筒
3115	卷筒制动器	drum brake	直接作用在卷扬机的卷筒上的制动器
3116	卷扬式启闭机	fixed winch hoist	用钢丝绳作牵引件，经卷筒转动提升闸门的机械
3117	决口	levee break; levee breach	堤防被洪水或其他因素破坏造成口门过流的现象
3118	绝对高程	absolute elevation	由平均海水面为零点起算的地面点高度
3119	绝对基面	absolute datum	将某一海滨地点平均海平面的高程定为零的水准基面
3120	绝对流量	absolute discharge	采用绝对流量测量方法测量的流量
3121	绝对误差	absolute error	测量值与真值之差
3122	绝对压力	absolute pressure	以理想真空为基准的流体测量静压力（单位：Pa）
3123	绝缘配合	insulation coordination	综合考虑系统中可能出现的各种过电压、保护装置特性及设备的绝缘特性，确定设备的绝缘水平及其使用条件，从而使设备绝缘故障率或停电事故率降低到经济上和运行上可以接受的水平
3124	绝缘水平	insulation level	电气设备绝缘所能承受的试验电压值，分基本冲击绝缘水平（BIL）和操作冲击绝缘水平（SIL）
3125	绝缘油系统	insulating oil system	为变压器和油断路器供给绝缘和灭弧用油并能进行油质处理的系统
3126	掘进机法	tunnel boring machine method	利用自行式具有滚动刀具的专用开挖机械，在岩体中进行全断面开挖圆形隧洞的施工方法
3127	均方差	mean squared error	在相同的观测条件下，当观测次数趋于无穷大时，各个独立观测值真误差平方之算术平均数极限的平方根值
3128	均衡母线接线	balance - bus scheme	每个发电机——变压器——线路组单元都经过另一台断路器接到一组公共均衡母线的主接线方式
3129	龟裂	craze	由于养护不善等原因，在硬化的混凝土表面出现无定向的细微收缩裂缝的现象

续表

序号	术语名称	英文对应词	定义
3130	均压网	equalizing potential network	接地网内设置多根水平接地线，改善接地装置的地面电位分布，减小网孔的电位差和使接地网外电位分布减缓
3131	均质坝	homogeneous earth dam	坝体断面不分防渗体和坝壳，绝大部分由一种土料组成的坝
3132	均质土坝	homogeneous earth dam	坝体由一种土料填筑而成的坝
3133	竣工	completion	工程已按合同约定和设计要求完成施工、安装，并通过竣工验收
3134	竣工测量	finish construction survey	工程建筑物竣工后所进行的测量工作
3135	竣工决算	final accunt of prject	工程建设项目从筹建到竣工验收的实际投资的最终计算文件
3136	竣工图	finish image	建设工程施工完成后，由施工单位按照施工实际情况画出的真实反映建设工程项目施工结果的图样
3137	竣工验收	final acceptance	按设计要求完成建设项目的全部任务并具备了设计功能及投产运用条件后，对整个项目的建设情况进行的鉴定评价活动
k 部			
3138	喀斯特	karst	地表水和地下水对可溶性岩石的溶蚀作用所产生的地质现象
3139	喀斯特（岩溶）	karst	可溶性岩层被水长期溶蚀而形成的各种地质现象和形态
3140	喀斯特水	karst water	储存和运动于可溶岩溶隙、溶穴中的地下水
3141	开标	bid opening	招标活动中公开宣读各投标单位投标情况的程序
3142	开采段井径	diameter of water yielding section of well	采取地下水井段的直径
3143	开采性抽水试验	trial – exploitation pumping test	按开采条件或接近开采条件要求进行的抽水试验
3144	开敞式海岸	open coast	面向大海，以受外海涌浪或混合浪影响为主的海岸
3145	开敞式水闸	open – type sluice	闸顶无覆盖，且闸门全开时过闸水流具有自由水面的水闸
3146	开敞式溢洪道	open channel spillway; free overflow spillway	进口控制段为开敞的，且下泄水流均具有自由表面的溢洪道
3147	开发建设项目水土保持方案	soil and water conservation program for construction project	为防止开发建设项目造成新的水土流失，按照《中华人民共和国水土保持法》及有关技术规范要求，编制的水土流失预防保护和综合治理的设计文件，是开发建设项目总体设计的重要组成部分，是设计和实施水土保持措施的技术依据

续表

序号	术语名称	英文对应词	定　　义
3148	开发建设项目水土保持工程	engineering of soil and water conservation in projects of construction and development	公路、铁路、水利、水电、电力、矿山、管线等开发建设项目中防治水土流失的工程
3149	开发利用区	development and utilization zone	为满足工农业、城镇生活、渔业、娱乐等功能需求而划定的水域
3150	开关站	switchgear room	装设供发电运行检修用的各种电气开关设备的房间
3151	开级配沥青混凝土	open - graded asphalt concrete	用粒径较大、含量较多的粗骨料、少量填料和沥青制备成渗透系数较大的沥青混凝土
3152	开口井径	top - of - well diameter	井身顶端横断面的直径
3153	开路循环破碎	open - cycle crushing	石料经过一次破碎与筛分后，不再把较大粒径的部分返回再次破碎的一种加工流程
3154	开挖边坡	excavated slope	因修建水工建筑物和水利水电工程场区内其他建筑物开挖形成的边坡
3155	开挖处理	excavation treatment	用开挖方式清除不合要求的地层，使建筑物基础放在符合设计要求的地基上
3156	开挖强度	excavation intensity	单位时间内开挖土石方的数量（体积）
3157	铠装电缆	armoured cable	集悬吊、传信功能于一体，芯内装有传输信号电缆的可承重钢丝绳
3158	坎儿井	Kariz well	利用竖井分段开挖的地下暗渠，用以汇集山前冲积扇的地下水，自流引出地面的供水设施
3159	抗冲磨混凝土	abrasion resistant concrete	受含砂（石）水流冲刷，强度等级不低于 C35 的混凝土
3160	抗冻标号	frost resistance index	表示混凝土抗冻性强弱的指标，以 28d 龄期的标准试件在水饱和状态下所能承受的冻融循环（其抗压强度降低不超过 25%时）次数来表示
3161	抗旱	drought defense	为消除或减轻干旱灾害而采取的措施
3162	抗旱灌溉	drought control irrigation	干旱缺水时少量供水，以维持作物生长的低标准灌溉方式
3163	抗旱能力	drought mitigation capability	运用工程和非工程措施，预防和减轻干旱对生活、生产和生态造成不利影响的能力
3164	抗旱预案	drought response plan	预先制定的抗御不同等级干旱的行动方案或计划
3165	抗滑洞塞	shear plug	岩质边坡体内用混凝土回填、起抗滑作用的洞塞

续表

序号	术语名称	英文对应词	定义
3166	抗滑移系数	modulus of resist slippage	连接件上所有高强螺栓终拧后的预拉力与摩擦面产生滑移时所承受外力的比值。 注：抗滑移系数通过试验得到，并与连接面的表面处理有关
3167	抗滑桩	slide resistant pile	穿过滑坡体深入滑床的桩柱，用以支挡滑体的滑动力，起稳定边坡的作用，适用于浅层和中厚层的滑坡，是抗滑处理的主要措施
3168	抗剪断强度	shearing strength of rock	岩石抵抗剪断破坏的最大能力
3169	抗剪强度参数	parameters of shear streagth	表征土体抗剪性能的指标，包括黏聚力和内摩擦角
3170	抗拉强度	tensile strength	以试样所能承受的最大（极限）拉力与试样原截面之比所得的最大应力值来度量材料抵抗拉应力的能力
3171	抗扭刚度	torsional rigidity	通过截面扭转中心的极惯性距与材料剪切模量的乘积来表示材料抵抗扭曲变形的能力
3172	抗切强度	tangential strength of rock	岩石受剪切面上的正应力等于零时，岩石抵抗剪断的能力
3173	抗渗标号	permeation resistance index	表示混凝土抗渗能力的指标，即28d龄期的混凝土标准试件在标准试验方法下能承受的最大水压力值
3174	抗外压稳定临界压力	critical external compressive resistance of buckling	压力钢管承受外压时维持稳定的最高理论压力值
3175	抗弯刚度	flexural rigidity	以材料的弹性模量与被弯构件横截面绕其中性轴的惯性矩的乘积，来表示材料抵抗弯曲变形的能力
3176	抗震设计烈度	seismic design intensity	抗震设计采用的地震烈度
3177	考证期	textual research period	调查其之前具有连续可靠文献记载历史洪水的时期
3178	科研勘测设计费	research and design cost; investigation and design cost	为工程建设所需的科研、勘测和设计等费用。包括工程科学研究试验费和工程勘测设计费
3179	棵间蒸发量	soil evaporation	水分从植株棵间土面或水面由液态变为气态而散发到大气中的水量
3180	颗粒级配	distribution of grain size	土样中各粒组所占的质量百分数，又称粒度组成或颗粒组成

续表

序号	术语名称	英文对应词	定义
3181	颗粒圆度	grain roundness	颗粒长轴与短轴之比值
3182	壳盖		过滤器承压外壳的盖
3183	壳体	body	包括全部易触及的金属部件、手柄轴、旋钮、夹子和类似部件，及与绝缘材料全部易触及表面相接触的金属箔；它不包括不易触及的金属部件
3184	可变荷载	variable load	在合理使用年限内量值随时间变化，且其变化与平均值相比不可忽略的荷载
3185	可采期	mineable period of sand	可采区允许采砂的时期
3186	可采区	mineable area of sand	在河道管理范围内允许采砂的区域
3187	可采区采砂控制高程	control elevation of sand - mining in the mineable area of sand	各可采区允许采砂的最低高程
3188	可采区年度控制采砂量	annual control sand - mining amount in the mineable area of sand	各可采区一个年度允许的最大采砂量
3189	可持续性评价	evaluation of project sustainability	根据项目在后评价时点的信息和资料，对项目在后评价时点之后的持续发展能力进行预测，做出评价
3190	可供水量	available water supply	供水系统在不同来水条件下，根据需水要求，按照一定的运行方式和规则进行调配，可提供的水量
3191	可灌性	groutability	灌浆时地基或建筑物接受浆液的有效灌浆能力
3192	可焊性	weldability	钢材在给定的焊缝构造型式和焊接工艺条件下，获得符合质量要求的焊缝连接性能。塑性和韧性较好的钢材，可焊性一般也较好
3193	可靠度	probability of reliability	仪器在规定条件下和规定时间内，完成规定功能的概率
3194	可靠系数	safety factor; reliability factor	考虑继电器动作值和故障时电气量计算值的误差等因素，为使保护装置可靠动作，在整定计算中引入的一个大于 1 的系数
3195	可靠性	reliability	继电保护装置在一定条件下及规定时间内完成预定功能的能力
3196	可靠性符号	reliability symbol	表征字组可靠程度的符号，用以反映对精度有直接影响的资料来源状况和数据处理情况
3197	可控硅励磁系统	thyristor excitation	用晶闸管整流元件将连接主机母线上的励磁变压器或与主机同轴的交流励磁机的输出电流变为直流励磁电流的励磁系统

续表

序号	术语名称	英文对应词	定义
3198	可控源音频大地电磁测深法	controlled source audio frequency magnetotellurics	根据不同频率电磁波具有不同穿透深度的特点，利用人工可控源产生音频电磁信号，探测地面电磁场的频率响应从而获得不同深度介质电阻率分布信息和目的体分布特征的一种电法勘探方法
3199	可控制的可变荷载	controllable variable load	在作用过程中可严格控制其不超出规定限值的可变荷载
3200	可能最大洪水	probable maximum flood	根据可能最大降水和相应的产流条件推算的洪水
3201	可能最大降雨	probable maximum precipitation	在现代气候条件下，一定流域面积内给定历时内可能发生的最大降雨量
3202	可伸缩式法兰	loosef lange	用于连接进水阀与压力钢管，以便于安装和拆卸进水阀的部件
3203	可调水量	the area for water transporting route	满足调出区合理的生活、生产和生态与环境用水后可能外调的水量
3204	可修复元件	repairable component	工作一段时间以后发生了故障，经过修理仍能再次恢复到原来的工作状态的元件
3205	可用率	availability	元件在起始时刻正常工作状态的条件下，在时刻 t 维持正常工作状态的概率
3206	客服中心	customer service center	水利通信网交换局内为用户提供通信业务咨询服务的呼叫中心
3207	坑测法	pit method	利用在田间修建的测坑测定作物需（耗）水量或其他农田水量平衡因素的方法
3208	空放阀	pressure regulating valve	当水轮机导水机构紧急关闭时，能及时泄放一部分流量，以防止压力水管内产生过高水锤压力的阀门
3209	空腹重力坝	hollow gravity dam	在坝体内布置沿坝轴线方向大尺度空腔的重力坝
3210	空腹重力拱坝	hollow gravity arch dam	在坝的腹部布置沿坝轴线方向大尺度空腔的重力拱坝
3211	空腹柱	dash wed column	通过空心腹板连接翼缘所组成的钢柱
3212	空化	cavitation	在高速水流中某处的绝对压强低于该处的汽化压强时，出现含空穴（涉及空穴的发生、发展与溃灭）的水流现象
3213	空化基准面	cavitation reference level	工程上确定空化系数所采用的基准面。对于立轴混流式水轮机为导叶中心线的高程；对于立轴轴流转桨式水轮机为转轮叶片轴线处的高程；对于立轴轴流定桨式水轮机为转轮叶片出水边外缘处的高程；对于立轴斜流转桨式水轮机为转轮叶片轴线与转轮叶片外缘交点处的高程；对于立轴斜流定桨式水 轮机为转轮叶片出水边外缘处的高程；对于卧轴或斜轴反击式水轮机为转轮叶片最高点处的高程

续表

序号	术语名称	英文对应词	定　　义
3214	空化试验	cavitation test	确定泵临界空化余量与流量之间关系的试验
3215	空化系数	cavitation coefficient	表征水轮机流道某特定点的空化条件和性能的无量纲系数
3216	空间水跃	space hydraulic jump	具有三维流动特征的水跃
3217	空气阀	air valve	装在水轮机进水阀门后的管段上，具有自动进、排空气功能的阀门。在进水阀门关闭时对阀后出现真空的管段补气，以防止阀后管段因产生真空引起破坏；在进水阀门开启时排出阀后管段内滞留的空气
3218	空气调节	air conditioning	使房间或封闭空间内的空气温度、湿度、洁净度和气流速度等参数达到给定要求的技术
3219	空气压缩机	air compressor	对自由空气（大气）进行压缩，使之达到所要求的压力的机械
3220	空蚀	cavitation erosion	由于空化所引起的固体边界的剥蚀破坏
3221	空蚀比转速	suction specific speed	将原型泵转化为流量 $1m^3/s$、必须空蚀余量为 10m 的模型泵，其转速即为原型泵的空蚀比转速。必须空蚀余量为泵的进口处到叶片入口边压力最低点的动压降
3222	空蚀余量	margin of cavitation erosion	表征水泵叶轮空蚀发生条件的参数。它等于第一级叶轮进口处总水头（以叶轮基准位置为基准）与水的饱和气压水头之差
3223	空闲容量	idle capacity	电力系统的水电站中暂时闲置的容量
3224	空箱式挡土墙	chamber retaining wall	由底板、顶板及立墙组成的空箱状的、依靠箱内填土或充水的重量维持自身稳定的挡土墙
3225	空穴	cavitation	在高速水流中某处的绝对压强低于该处的汽化压强时，出现含空穴（涉及空穴的发生、发展与溃灭）的水流现象
3226	空压站	cmpressed air sttoin	由生产压缩空气的机械设备、储气设备及输送管道等组成的供应石方开挖、混凝土施工、水泥输送、灌浆作业和机电设备安装所需的供气站
3227	空载	no - load	机组在额定转速下运行而没有功率输出时的工况
3228	空载电流	no - load current	电动机或变压器等不接负载时，通过其初级绕组的电流
3229	空载流量	no - load discharge	在额定转速、额定水力比能（水头）、无励磁空转下的流量（单位：m^3/s）
3230	空载试验	no - load test	水力机组在无负载状态下的性能试验
3231	空载自启动	self start - up by no - load transformer	备用电源空载状态自动投入失去电源的母线时所形成的电动机自启动
3232	空注阀	hollow jet valve	安装在压力管道出口处，开启时水流呈空心柱状向外射流的阀门

续表

序号	术语名称	英文对应词	定义
3233	孔径	aperture	物镜和聚光镜的主要技术参数，是判断两者（尤其对物镜而言）性能高低的重要标志。其数值的大小，应分别标刻在物镜和聚光镜的外壳上
3234	孔口尺寸	orifice dimension	闸门孔口的高度与宽度
3235	孔隙比	void ratio of soil	土中孔隙体积与固体颗粒体积之比值
3236	孔隙率	porosity of soil	土中孔隙体积与土的总体积之比的百分率
3237	孔隙水	pore water	存在于岩土体孔隙中的重力水
3238	孔隙水压力	pore pressure	岩土体中孔隙水承受的压力
3239	孔隙水压力计	piezometer	测量建筑物或地基内孔隙水压力或渗透压力的传感器
3240	孔隙水压力系数	pore pressure parameter	土体中应力变化引起孔隙水压力增量与应力增量的比值
3241	孔压静力触探试验	pore water pressure static cone penetration	一种除有静力触探试验功能外，还能量测测点处孔隙水压力值的静力触探试验
3242	控导工程	river - control works	按照设计治导线在河道中修建的导引水流及保护滩岸的工程
3243	控制电缆	control cable	供测量、控制、保护与信号用的小电流电缆，通常为多芯电缆
3244	控制段	control section	位于进水渠与陡槽间控制溢洪道下泄流量的堰、闸
3245	控制断面	control cross - section	排污区下游，能反映本污染区污染状况的采样断面
3246	控制阀	control valve	改变流动状态，对压力或流量进行控制的阀的总称。分为压力控制阀、流量控制阀和方向控制阀
3247	控制河段	control reach	对某断面水位流量关系起控制作用的河段
3248	控制环	gate operating ring	由接力器操作转动，再通过连杆、拐臂机构传递给全部导叶并使之同步动作的环状部件
3249	控制极脉冲异常监视	abnormal gate pulse monitoring	对触发可控硅的脉冲是否正常（如脉冲间隔不等、脉冲消失或连续不停等）进行测量和监察的技术措施
3250	控制加载爆炸挤淤置换法	explosive mud ejection transpositional method by control loading	利用爆炸能量将软土挤开，同时借助抛石体的自重及爆炸产生的附加荷载将抛石体“压沉”入软土地基中，经过若干次爆炸挤压叠加，最终形成设计堤基础抛石断面要求的施工工法，简称为“爆炸挤淤置换法”
3251	控制建筑物	control structure	输水工程中节制闸、分水闸、退水闸等建筑物的统称
3252	控制开关	control switch; operating switch	在控制电路中接通或断开回路的操作电器
3253	控制流路	main current control	为使河水按照设计要求的流态和路线流动而采取的河道整治工程措施

续表

序号	术 语 名 称	英文对应词	定　　义
3254	控制流域面积	control drainage area	河流流域周边分水线与控制断面（水文站、坝、闸址）之间所包围的平面面积，也称受水面积或集水面积。控制流域面积单位采用平方公里（km^2）或万平方公里（$10^4 km^2$）
3255	控制屏	control panel; control board	装有测量仪表、信号装置、控制开关等器件的供运行人员对被控设备进行监视和操作的台（屏）
3256	控制台	control desk	装有测量仪表、信号装置、控制开关等器件的供运行人员对被控设备进行监视和操作的台（屏）
3257	控制小母线	control bus - bar	供给二次回路控制（操作）回路电源的正、负汇流线
3258	控制性进度	critical schedule	对整个建设工程的施工程序和施工速度有影响的关键工程项目或环节的施工进度
3259	枯季径流	runoff during low - flow period	在枯水季节，主要依靠流域蓄水为补给水源的河川径流
3260	枯水径流预报	low - flow runoff forecast	根据流域前期蓄水及有关因素，对河道某一断面枯水季径流的未来情势进行预报
3261	枯水调查	low - flow investigation	对未实测到的河流最低水位和最小流量的调查工作
3262	枯水调节	lowflow regulation	利用水库调节提高枯水径流，以满足兴利为主要任务的径流调节
3263	枯水预报	low - flow forecast	根据流域前期蓄水及有关因素，对河道某一断面枯水季径流的未来情势进行预报
3264	枯枝落叶层	litter	覆盖在林地上的枯枝落叶及其他动、植物残骸的统称
3265	苦咸水	brackish water	矿化度大于 3g/L、味苦咸，含有以硫酸镁、氯化钠为主的多种化学成分的水
3266	库区地壳形变观测	crust deformation observation of reservoir zone	为确定坝区及其外围地区地壳稳定性，评价、验证水库诱发地震的可能性而进行的测量工作
3267	库容	reservoir storage	坝上游水位水平面以下的水库容积
3268	库容系数	regulation storage coefficient	水库兴利库容与入库多年平均径流量的比值
3269	跨步电位差	step potential difference	当短路电流流入接地网时，地面上水平距离为 0.8m 的两点间的电位差
3270	跨度	span	主、副塔（车）之间承载索铰点连线的水平距离
3271	跨河工程	river - crossing projects	跨越河道或从河床内穿过的桥梁、管线等工程

续表

序号	术语名称	英文对应词	定　义
3272	跨河水准测量	river - crossing leveling	跨越河道，视线长度超过一般规定的特殊水准测量方法
3273	跨距	span	移动式启闭机两轨道中心的距离
3274	跨流域开发	interbasin development	将某一河流的水流引到相邻河流以获得更大能量效益的一种水能开发方式
3275	跨流域调水	inter - basin water transfer	通过工程措施将水资源较丰富流域的水调至水资源较紧缺的流域
3276	跨流域调水工程	water fransfer project	从某一流域丰水区向其他流域缺水区送水而修建的工程
3277	跨流域调水环境影响评价	environmental impact assessment of inter - basin water transfer	对流域之间水资源调配所引起的生态和环境质量变化而进行的分析与预测
3278	块基型泵房	block - foundation type pump house	建筑物基础和水泵机组的基础建在同一混凝土块体上的泵房
3279	块石	rubble	由爆破或其他方式获得，可供工程使用的形状不规则的块体石料
3280	块石混凝土	rubble concrete	在大体积混凝土浇筑中埋放块石或大卵石的混凝土
3281	块状结构	massive structure	岩体被裂隙切割成较大的块体组成的岩体结构形态
3282	快波前过电压	fast - frontover voltage	一种瞬时过电压，通常是单级性的，其波前时间为0.1～20μs，半峰值时间小于300μs
3283	快剪试验	quick sheat test	在试样上施加竖向压力和增加剪切力直至破坏过程中均不允许试样排水的直剪试验
3284	快速性	quick - activity	继电保护装置以最短时限切除故障，使电力系统的损失及设备损坏程度为最小的性能
3285	快速闸门	quick shutoff gate	当发生输水钢管破裂或机组飞逸情况时，为避免事故扩大能在动水状态下快速关闭的事故闸门
3286	宽顶堰	broad - crested weir	堰顶厚度为2.5～10倍堰上水头，能使临界水深在堰顶发生的一种堰
3287	宽缝重力坝	slotted gravity dam	横缝在坝体内部扩宽成较大空腔的重力坝
3288	宽深比	width - depth ratio	梯形或矩形渠道底宽与水深的比值
3289	宽尾墩	end - flared pier	后段加宽成鱼尾状的溢流坝闸墩
3290	矿化度	mineral content	单位水容积内含有的无机矿物质总离子量
3291	矿化水	mineral water	含有较多溶解矿物质的地下水
3292	矿料	mineral materials	粗骨料、细骨料和填料的总称

续表

序号	术语名称	英文对应词	定　义
3293	矿料的酸碱性	acidity and alkaline of mineral materials	矿料中酸碱矿物成分的含量
3294	矿山排水	mine drainage	开发矿藏时，大气降水、地表水、地下水以及生产用水等涌入矿井或矿坑的水量，称为矿井（矿坑）涌水量；采用一定的方法和设施将涌入矿井（矿坑）的水排出，即为矿山排水
3295	矿渣硅酸盐水泥	portland - slag cement	由硅酸盐水泥熟料和粒化高炉矿渣材料加适量石膏磨细制成的水硬性胶凝材料
3296	矿渣水泥	portland - slag cement	由硅酸盐水泥熟料和粒化高炉矿渣材料加适量石膏磨细制成的水硬性胶凝材料
3297	馈电线	feeder	将电能馈送到电能用户的线路
3298	溃坝	dam failure	由于水流冲蚀或漫顶或其他原因造成的坝的决口现象
3299	溃坝洪水	dam - break flood	坝体溃决或堤防等挡水建筑物决口所造成的洪水
3300	溃坝洪水计算	evaluation of dam - break flood	由于大坝失事所造成的水库水体突然泄放而形成的洪水过程及其向上下游传播的分析计算
3301	扩大单元接线	multi - generator transformer unit connection	多台发电机分别经过一台断路器和一台隔离开关与一台变压器连接成一个单元的接线方式
3302	扩散室	diffuser casing	带扩散叶的螺旋形压水室
3303	扩散叶	diffusion vane	设置在叶轮外围，用来把液体的部分动能转换为压能的固定导叶
3304	扩挖	expanded excavation	分期开挖施工时，从前一期已达到的开挖界面进一步扩大开挖到设计开挖界面的施工方法
l部			
3305	拉力分散型锚杆	tensioned multiple - head anchor	锚固段沿锚杆体分散设置的预拉力锚杆
3306	拉力分散型锚索	tensioned multiple - head tendon	在同一根锚索的锚固段中，若干组不等长的钢绞线在不同位置与孔壁粘结，将拉力分散的预应力锚索
3307	拉力型锚杆	tensioned anchor	对锚杆施加预应力时，锚固段注浆体处于受拉状态的锚杆
3308	拉力型锚索	tensioned grout tendon	锚索受力时，锚固段注浆体处于受拉状态的预应力锚索
3309	拉偏索	pull slanting cable	用悬索悬吊铅鱼测深或测深锤测深时，为减小或消除因水流作用使悬索对偏斜而设置的牵引钢索
3310	拉伸强度	tensile strength	试样拉伸时能承受的最大拉力

续表

序号	术语名称	英文对应词	定　　义
3311	拉式采样器	drawing type sampler	放至预定测点，操纵拉绳关闭口门的瞬时式采样器
3312	拉网法	method of grid	建立不同的网格以转绘地图内容的作业方法
3313	拉压复合型锚索	tension - compression combined anchors	同一根锚索锚固段，由若干组拉力型和压力型锚索组成的预应力锚索
3314	刺墙	key - wall	插入河岸或与水闸相连接的挡水建筑物中并与边墩垂直相接的结构
3315	拦断河床导流	damming river bed diversion	在拟建水工建筑物的上下游河床上各建一拦断全部河床的围堰，河水经河床外的泄水建筑物下泄的导流方式
3316	拦河闸	barrage	为调节上游水位，控制河道流量而拦河修建的水闸
3317	拦河闸式进水口	intake integrated with the barrage	作为拦河工程组成部分的整体布置进水口
3318	拦洪高程	retention structure elevation	施工期间为拦蓄洪水，要求挡水建筑物应达到的最低高程
3319	拦螺墙	blocking wall for the snails of oncomelania hupensis	沉螺池中用于拦阻携带钉螺的漂浮物的墙
3320	拦门沙	estuarine bar	由于河流或其他汇入水域的来沙在口门附近淤积形成的横亘于河口的浅滩
3321	拦泥库	sediment detention reservoir	在多沙河流支流上修建的拦截泥沙的水库
3322	拦沙坝	sediment trapping dam	在沟道修建的以拦蓄山洪、泥石流等固体物质为主要目的的拦挡建筑物
3323	拦沙堰	sediment detention weir	拦截粗沙和卵石的低水头拦河建筑物
3324	拦污栅	trash rack	用于拦阻水流中的漂浮物进入引水道的过水栅条结构件
3325	拦淹率	percentage of dammed slag or ashes	项目建设区内采取措施实际拦挡的弃土（石、渣）量与工程弃土（石、渣）总量的百分比
3326	拦渣工程	tailing hold structure	在开发建设项目基建施工和生产运行中，为防止弃土、弃石、弃渣及其他固体废弃物造成新的水土流失而修建的工程设施
3327	缆索起重机	cable cranes（cableways）	一种以柔性钢索作为大跨度架空支承架构件，供载重小车在钢索上运行，兼有垂直和水平运输功能的特种起重机械（简称缆机）

续表

序号	术语名称	英文对应词	定　义
3328	廊道	gallery	坝体内的纵向、横向及斜向通道。根据其功能分为灌浆廊道、排水廊道、观测廊道、交通廊道等
3329	廊道充泄水阀门	gallery valve	在船闸输水廊道中用于闸室充水、泄水的阀门
3330	浪压力	wave pressure	波浪对建筑物产生的作用力
3331	老化	aging	材料在储存和使用过程中受内外因素的综合作用，其性能逐渐变坏直至最后丧失使用价值的过程
3332	涝	surface waterlogging	由于降水、分洪等导致城市地面积水或者耕作层土壤过湿或作物受淹，影响作物正常生长发育，造成作物减产的现象
3333	涝灾	waterlogging disaster	因雨水过多未能及时排除对农作物、设施等各类财产和人类活动产生的危害
3334	类比法	analogy method	当设计流域既没有流量资料又没有暴雨资料时，采用地区综合推求设计洪水的方法
3335	雷电过电压	lighting overvoltage	一种瞬时过电压，通常是单级性的，其波前时间为0.1～20μs，半峰值时间小于300μs
3336	累积频率波高	accumulated frequency of a wave height	不规则波列中，波高按由大到小次序排列，位于某一累积频率的波高
3337	累积曲线	masscurve	水文系列随时间累加值的过程线
3338	棱体排水	prism drainage	在土坝坝趾处用块石、砾石或碎石堆筑而成的棱形排水体
3339	冷缝	cold joint	混凝土浇筑过程中，当上层铺料平仓振捣完成前，被其覆盖的下层铺料已初凝时，该上、下两层混凝土的结合面所形成的薄弱层面
3340	冷击	cold shock	新鲜混凝土由于受到外界温度骤降影响或内外温差超过一定限度时可能造成裂缝的情况
3341	冷季补饲	supplementary feeding in cold season	在冬春寒冷季节及恶劣的气候条件下，短时间内利用存储的饲草料进行舍内补充饲养的一种畜牧业生产方式
3342	冷季舍饲	pen feeding in cold season	在冬春寒冷的季节里，完全依靠存储的饲草料在舍内进行饲养的一种畜牧业生产方式
3343	冷桥	cool - transferring bridge	借助穿透隔热层具有导热性能的构件，将隔热层内侧冷量导出隔热层外侧的通道
3344	冷却气	coolant gas	炬管最外层的气体，用于稳定等离子体和冷却管壁
3345	冷却水	cooling water	能吸收发热设备中的热量并将其带走的水流
3346	冷却用水	cooling water	生产过程中降低温度的用水。 注：可划分为直流冷却用水和循环冷却用水

续表

序号	术语名称	英文对应词	定　　义
3347	离线存储	of - fline store	用于备份在线存储数据的数据及存储设施，正常时保持“离线”状态
3348	离相封闭母线	isolated - phase bus	每相具有单独金属外壳且各相外壳间有空隙隔离的金属封闭母线
3349	离心摆	centrifugal pendulum	根据重锤绕轴旋转的离心力来检测转速偏差，并将此偏差按比例转换为相应机件位移的部件
3350	离心泵	centrifugal pump	叶轮通常带有前后盖板，水流从叶轮中沿径向流出的叶片泵
3351	离心净油机	centrifugal separator	由滤片组、节流筒、芯轴、芯体和芯盖等主要部件组成，在离心力作用下，分离密度比油大的机械杂质和水分的净油机械
3352	离心式过滤器	hydro - cyclonesand separator centrifugal separation	又称旋流水砂分离器。是利用旋流从水中分离出固体颗粒的过滤器
3353	里程计	speedometer	在地图上量测曲线长度的仪器
3354	理论泵送量	theoretic delivery	混凝土泵每小时输送混凝土体积的理论值
3355	理论价格	theoretical price	按政治经济学价值理论确定的由产品的社会成本和利润两部分组成的价格
3356	理论蕴藏量	theoretical hydropower potential	存在于河流或湖泊中的水能资源的量值
3357	历时曲线	duration curve	某一水文要素等于或大于不同定值的持续时间曲线
3358	历史洪水	historical flood	历史上无水文记录期曾发生过的大洪水，其量级应明显大于实测洪水系列中为首的几次洪水
3359	历史洪水数据库	database of flood in history	与一次连续性降雨所产生的大洪水（次洪水）有关的数据集合，主要包括在暴雨所覆盖的区域内，通过对天气形势、雨情、水情、水利工程调度运用及灾情的综合分析，用文字、图表、声像在数据库中记录阐明形成洪水的条件、洪水的规模和量级以及成灾的程度等
3360	立堵截流	end - dump closure	从河道的一岸或两岸进占抛投截流材料，直至到全部截断水流的截流方法
3361	立平堵截流	closure by end - dump and full width rising	立堵截流与平堵截流结合的截流方式
3362	立轴水轮发电机	vertical - shaft hydraulic generator	主轴垂直布置的水轮发电机
3363	立轴水轮机	vertical shaft turbine	主轴竖直布置的水轮机

续表

序号	术 语 名 称	英文对应词	定　义
3364	励磁电流	excited current	发电机、电动机或变压器等供给励磁绕组或初级绕组以产生磁场的电流
3365	励磁回路两点接地保护	protection for two points earthing fault in excitation circuit	反映发电机励磁回路发生两点接地而跳闸的继电防御措施
3366	励磁回路时间常数	exciting circuit time constant	电机定子回路开断时在额定转速下运行，当运行条件突变后，励磁绕组短路电流中的直流分量衰减到其初始值的 $1/e$（即 0.368 倍）时所需的时间
3367	励磁回路一点接地保护	protection for single point earthing fault in excitation circuit	反映发电机励磁回路发生一点接地而动作的继电防御措施
3368	励磁机	exciter	供给另一电机所需的全部或部分励磁能量的发电机，励磁机可以是直流电机，也可以是交流电机
3369	励磁系统	excitation system	供给发电机励磁电流的专用电源及其电路、检测、保护控制设备和自动装置系统
3370	励磁响应	excitation response	改变励磁系统电压时的电压增减速率
3371	励磁响应比	excitation response ratio	以线性变化过程代替励磁电压的实际变化过程而计算出来的相对励磁响应，即在 0.1s 时间内励磁电压上升值与最高励磁电压的比值
3372	励磁涌流	magneting inrush current	变压器空载投入或外部故障被切除后的瞬间，变压器绕组中产生的暂态励磁电流
3373	利率	interest rate	一定时期的利息与本金比值的百分数
3374	利润	profit	出售产品获得的收入扣除税金后超过成本的数额
3375	沥青	bitumen	水工沥青混凝土所用的沥青材料主要是石油沥青，它是由原油炼制各种燃料油及润滑油后加工得到的一种石油产品，主要由沥青质、胶质和油分等组成
3376	沥青含量	bitumen content	表示沥青混合料中沥青含量的方法有两种。第一种为沥青含量，即沥青质量与沥青混合料总质量的比值，以百分数（%）或（%m）表示。第二种为油石比，即沥青质量与矿料总质量的比值，以百分数（%pha）表示
3377	沥青混合料	bituminous mixture	经过加热的矿料和沥青，按适当的配合比拌和而成的混合物称为沥青混合料。经压实或浇筑密实后的沥青混合料称为沥青混凝土（asphalt concrete）
3378	沥青混凝土	bituminous concrete	由骨料、填充料和沥青按一定的比例配制而成的拌和物
3379	沥青混凝土防渗	seepage control by bituminous（asphalt）concrete lining	铺筑或砌筑沥青混凝土护面层以减少渠道水量渗漏损失的措施

续表

序号	术语名称	英文对应词	定　　义
3380	沥青混凝土面板土石坝	asphaltic concrete faced earth – rock dam	用沥青混凝土作上游防渗面板的土石坝
3381	沥青混凝土心墙土石坝	asphaltic concrete core earth – rock fill dam	在坝体中部用沥青混凝土墙作为防渗体的土石坝
3382	沥青井	asphalt well	在永久缝内的第一道止水片后设置的、内填沥青的圆形或矩形井式结构
3383	沥青玛脂	asphalt mastic	由填料和热沥青按适当比例拌和而成的混合物称为沥青玛脂
3384	沥青软化点	softening point of bitumen	沥青试样在规定尺寸的金属环内，上置规定尺寸和质量的钢球，放于水或甘油中，以规定的速度加热，至钢球下沉达规定距离时的温度，以℃表示
3385	沥青砂浆	asphalt mortar; bituminous mortar	由沥青、填充料和砂按一定的比例组成的拌和物
3386	沥青延度	ductility of bitumen	规定形态的沥青试样，在规定温度下以一定速度拉伸至断开时的长度，单位以 cm 计
3387	沥青针入度	penetration of bitumen	在规定温度和时间内，附加一定质量的标准针垂直贯入沥青试样的深度，以 0.1mm 表示
3388	例行保养	routine maintenance	操作人员在开机前、使用中、停机后，按规定的项目和要求对机械设备进行检查和保养的工作
3389	砾壁井	well with gravel wall	井管周围填充砾石或粗粒料以增大单位出水量的井
3390	砾石土	gravelly soil	含有碎石、砾、砂、粉粒、黏粒等组成的宽级配土。有冰碛的、风化的和开挖的风化岩石或软岩经碾压后形成的及人工掺合的各种砾石土
3391	粒化电炉磷渣	granulated electric furnace phosphorous slag	用电炉法制黄磷时，所得到的以硅酸钙为主要成分的熔融物，经淬冷成粒，即粒化电炉磷渣，简称磷渣
3392	粒径	grain size	土粒能通过的最小筛孔孔径，或土粒在静水中具有相同下沉速度的当量球体直径
3393	粒径分布曲线	grain size distribution curve	反映土中小于某粒径以下颗粒百分含量的曲线，又称颗粒级配曲线或颗粒累计曲线
3394	粒径级配	grain size distribution	按粒径大小分级，某一级粒径所占总重量的百分数
3395	粒径计	settling tube meter	采用规定长度和内径的玻璃管，使泥沙在管内清水中静水沉降，以测定各粒径组容积干沙质量占总干沙质量百分数的设备
3396	粒径组	fraction of particle size	按照泥沙粒径大小划分的级组

续表

序号	术语名称	英文对应词	定　　义
3397	粒组	fraction	按粒径大小范围划分的土粒组，土按不同粒组相对含量可划分为巨粒组、粗粒组和细粒组
3398	连底冻	grounded ice cover	从水面到河底全断面冻结成冰的现象
3399	连拱坝	multiple - arch dam	由多跨连续拱构成挡水结构物的支墩坝
3400	连拱式挡土墙	multiple arch retaining wall	临土侧由倾斜连续拱圈组成的空箱式挡土墙
3401	连接板	connecting plate	在一组型钢或焊接件构成的构件中，为保证两者共同工作，所设置的连系板
3402	连接片	connection strap	能方便地连接或断开工作电路的一种非操作的辅助元件
3403	连序系列	series with successive order	考虑调查洪水，无间断情况由大到小排列的洪水系列
3404	连续采样	continuous sampling	连续地从水体中采集样品
3405	连续级配	continuous gradation	混凝土骨料中，含有从其最小粒径到最大粒径的不间断的骨料级配
3406	连续梁	continuous beam	两跨或两跨以上且在中间支座处不被铰或切口所中断的梁
3407	连续式搅拌机	continuous concrete mixer	进料、搅拌和出料三道工序同时并连续进行的搅拌机
3408	连续式挑坎	continuous flip bucket	建在泄水建筑物末端的连续实体挑坎
3409	连续无雨日数	consecutive days without rain	在农作物生长期内连续无有效降雨的天数
3410	连续引张线法	method of continuous tension wire alignment	利用若干条单一引张线经特定方式组合的一种变形观测控制网，用以精密检测大坝水平位移工作点的稳定性和测定坝段上标点水平位移的一种准直方法
3411	连续支承	continuous support	沿闸门门叶高度全长设置的滑动支承
3412	联合单元接线	united generator - transformer unit connection	多个发电机—变压器组单元接在一起的接线方式
3413	联合试运转费	trial cooperation cost	水利工程的发电机组、水泵等安装完毕，在竣工验收前，进行整套设备带负荷联合试运转期间所需的各项费用。主要包括联合试运转期间所消耗的燃料、动力、材料及机械使用费，工具用具购置费，施工单位参加联合试运转人员的工资等
3414	联合消能	combined energy dissipation	宽尾墩与挑流鼻坎、宽尾墩与底流消力池、宽尾墩与戽式消力池等联合运用消能

续表

序号	术语名称	英文对应词	定义
3415	联接管	connection tube	布置在压力管道与阀体之间的管状构件，由圆筒、加强和沿圆周均匀分布的加强筋板等组成
3416	联接组标号	connection symbol	表示三相变压器高压绕组、中压绕组（如果有）和低压绕组的连接方式和以钟时序表示的相对相位移的通用标号
3417	联列冰库	multiple ice storage	同一个保温外壳内有两套或两套以上片冰储存、输出等设备联列的冰库
3418	联络变压器	interconnecting transformer	变电所或发电厂中用以连接两个不同输电系统，并可根据电力潮流的变化，每侧都可以做为一次侧或二次侧使用的变压器
3419	联锁机构	interlocking device	在几个开关电器或部件之间，为保证开关电器或其他部件按规定的次序动作，或防止误动作而设置的机械连接部件
3420	联网	interconnected system	两个或多个电力系统（电网）为实现联合运行而互相连接成统一的电力系统（电网）
3421	联轴器	coupling	连接不同机构中的两根轴使之共同旋转以传递扭矩的机械零件
3422	链轮闸门	roller chain gate	用辊轮（或履带）组成链条，环绕闸门边梁滚动启闭的平面闸门
3423	链式启闭机	chain and sprocket hoist	用链条、链轮组成的闸门启闭机械
3424	梁的挠度	deflection of beam	梁被弯曲后在垂直于梁的原纵轴方向所产生的变位值
3425	两级调度方式	two - purpose operation rule	适应两兴利任务并重、用水比重相当、设计保证率不同时的水库调度方式。调度图中一般用一条调度线划分上下两种调度方式的区域
3426	亮屏运行	bright - board operation	正常运行时各设备灯光位置信号灯长期点亮，故障时熄灭，仅当故障设备发生故障时，其位置信号灯闪光的工作方式
3427	量冰尺	iceruler	测量冰厚的专用测尺
3428	量测仪器	measuring and recording instrument	在地面上进行间断测记或自动连续记录并存贮贯入阻力等参数的测量记录装置
3429	量程	span	测量上限值和测量下限值的代数差
3430	量水	water measurement	确定通过某一已知断面的水体随时间而变化的物理量的过程
3431	量水槽	flow measurement channel	在明槽内设一缩窄段，使水流发生临界流，并测上、下游水深，而求得流量的量水设施

续表

序号	术语名称	英文对应词	定义
3432	量水建筑物	measuring structure	量测流量的建筑物
3433	量水槛	water - measuring weir	在渠道中修建迎水面倾斜的宽顶堰，使其在槛顶产生临界流，用以进行渠道流量量测的量水设施
3434	量水喷嘴	spray nozzle	由挡水板及方形或矩形管嘴两部分组成的、安装在比降小的渠道上的量水设施
3435	量水设施	water - measuring device	为了准确量测流量而设置的量水建筑物
3436	量水堰	flow measurement weir	渠道或明槽中用以量测流量的溢流堰
3437	量水站网	water - measuring station network	将量水测站按灌区渠道系统位置组成的分布网。量水测站主要包括渠首测站、分水测站、配水测站和专用测站
3438	量雪尺	snow scale	测量地面雪深的特制尺
3439	料场	borrow area	对提供工程建设所需土、石、砂等天然建筑材料开采场地的总称，按采料用途可分为土料场、石料场和砂砾石料场等
3440	列车电站	trin power statin	装置在列车上可沿铁道线移动的发电设备
3441	劣Ⅴ类	inferior to grade Ⅴ	水质项目浓度值不满足 GB 3838 Ⅴ类标准限值要求的称为劣Ⅴ类
3442	劣质水灌溉	marginal water irrigation	对水质不能完全满足灌溉水质要求的水源，采取处理或与淡水掺混等措施后进行的灌溉
3443	裂隙	fissure (crevice)	在各种应力作用下岩石破裂后形成的裂缝状孔隙
3444	裂隙含水层	fissured aquifer	以裂隙为贮水空间的含水层
3445	裂隙频率	frequency of fissure	岩体内单位长度直线上所穿过的裂隙条数
3446	裂隙水	fissure water	存在于岩体裂隙中的地下水
3447	裂隙组	fissures set	产状和力学性质基本一致的多条裂隙
3448	林草覆盖率	percentage of the forestry and grass coverage	林草类植被面积占项目建设区面积的百分比
3449	林草工程	forest and grass works	以植物措施为主体的水土流失防治工程，主要包括具有生态功能、生产功能的造林种草及经果林营造，生产建设项目所涉及的植被恢复与建设工程，以及农村生活污水处置湿地植物措施
3450	林草植被恢复率	recovery percentage of the forestry and grass	项目建设区内，林草类植被面积占可恢复林草植被（在目前经济、技术条件下适宜于恢复林草植被）面积的百分比
3451	林分郁闭度	crown density	单位面积上林冠投影面积与林地总面积之比。一般用小数表示

续表

序号	术语名称	英文对应词	定义
3452	林果地实际灌溉面积	actual irrigation area of woodland	当年实际灌水一次以上（包括一次）的林果地种植面积
3453	临界荷载	critical load	对于等截面直杆，当微小的侧向干扰力除去后足以使其保持微弯平衡状态下的轴向压力值
3454	临界空化系数	critical cavitation coefficient	在模型空化试验中用能量法确定的临界状态的空化系数
3455	临界空化余量	critical net positive suction head	用能量法确定的临界状态的空化余量
3456	临界水力坡降	critical hydraulic gradient	不产生流土或管涌现象的最大水力坡降或开始产生流土或管涌时的界限坡降。在渗透变形试验中，临界水力坡降定义为破坏水力坡降与破坏的前一级水力坡降之平均值
3457	临界水力梯度	critical hydraulic gradient	在渗流出逸面处开始发生流土或管涌等渗透变形时的最小水力梯度
3458	临界速度	critical velocity	流速仪检定曲线图中，低速曲线部分过渡到直线部分的转折点处的水流速度
3459	临界拖曳力	critical tractive force	河床上的泥沙处于起动临界状态时水流对泥沙颗粒作用的剪切力
3460	临界压差	minimum different working pressure - differential	文丘里施肥器处于临界吸肥状态的进出口压差
3461	临界应力	critical stress	临界荷载与所作用压杆的横截面积的比值
3462	临空面	free surface	爆破时介质裸于大气中的界面
3463	临时安置	temporary relocation	蓄滞洪区内居民在分蓄洪运用期间临时转移到自然高地、安全区、安全台等安全场所，退洪后又返回原居住地的安置方式
3464	临时边坡	temporary slope	仅在短时间或工程施工期处于临空状态，修建建筑物后不再处于临空状态的边坡，一般年限不超过 2 年
3465	临时缝	temporary joint	混凝土建筑物分层分块间歇浇筑时在各浇筑层、块之间临时留的直缝或斜缝，也称施工缝
3466	临时工程	temporary facilities	为进行主体工程施工而需要修建的只在施工期间使用的工程设施
3467	临时界桩	non - monumented boundary pag	在水库淹没界线的测设中，表示淹没界线的临时性标志
3468	临时设施费	temporary facilities cost	施工企业为进行建筑安装工程施工所必需的但又未被划入施工临时工程的临时建筑物、构筑物和各种临时设施的建设、维修、拆除、摊销等

续表

序号	术语名称	英文对应词	定义
3469	临时性建筑物	temporary structure	仅在工程施工及维修期间使用的建筑物
3470	临时性预应力锚索	temporary prestressed tendon	在永久性或临时性建筑物中布置的，设计使用年限不超过2年的预应力锚索
3471	临时支护	temporary support	地下建筑物开挖过程中，为保证施工安全，对不稳定围岩所进行的临时支撑或加固措施
3472	临时桩	non - monumented pag	在水库淹没界线的测设中，表示淹没界线的临时性标志
3473	临塑荷载	critical edge pressure	基础边缘处地基土开始产生塑性平衡区时的荷载强度
3474	淋溶（B）层	eluvial horizon	位于A层之下，由物质淋溶、迁移、淀积或就地富集作用等而在土壤表层之下所形成的土层。根据不同土壤类型可将淋溶层进一步细分成淀积层（B）、淀积层亚层（B_1、B_2、B_3）、B向C过渡层（B/C）、碳酸钙淀积层（B_{Ca}）、黏化层（B_t）、石膏淀积层（B_s）、铁斑淀积层（B_{ir}）、锰斑淀积层（B_{Mn}）、盐积壳（B_{sa}）、潴育层（B_g）、潜育层（G）、铝铁残余淀积层（B）等
3475	淋溶侵蚀	leaching erosion	土壤及其母质中被水溶解的物质或细小颗粒随入渗水流迁移的过程
3476	磷渣粉	phosphorous slag powder	以粒化电炉磷渣磨细加工制成的粉末
3477	磷渣粉掺量	phosphorous slag powder content	磷渣粉质量占胶凝材料质量的百分比
3478	磷渣粉质量系数	quality index	磷渣中钙、镁、铝元素氧化物质量之和与硅、磷元素氧化物质量之和的比值
3479	灵敏度	sensitivity	在测量范围内，传感器输出量的变化值与对应的被测量的变化值之比
3480	灵敏性	sensitivity	保护装置在其保护范围内发生故障和不正常工作状态下的反应能力，一般用灵敏系数表示
3481	灵敏阈	sense threshold	当输入量由零变化到使输出量开始发生可观测变化且具有稳定的相关定量关系的输入量的最小变化值
3482	凌峰流量	ice peak discharge	凌汛期因受上游来水及河道槽蓄水量急剧释放的影响，导致流量突增所形成的瞬时最大流量
3483	凌汛	ice flood	凌汛也称冰凌洪水，是由冰凌融化或阻塞所形成的洪水。按凌汛成因，可分为冰塞洪水、冰坝洪水和融冰洪水等

续表

序号	术语名称	英文对应词	定义
3484	零流量	zero discharge	水泵出口流量为零时的流量
3485	零星工作项目（或称“计日工”，下同）		完成招标人提出的零星工作项目所需的人工、材料、机械单价
3486	零序电抗	zero - sequence reactance	电机在额定转速下运行时，由额定频率零序初级基波电流所引起的零序初级电压的无功基波分量与该电流之比。对变压器而言，是指额定频率下，在多相星形或曲折形接法中连接在一起的线路端子与中性点端子之间以每相欧姆数表示的电抗
3487	零序电流保护	zero - sequence current protection	反应接地短路时的零序电流的大小而跳闸的继电防御措施
3488	零序分量	zero - sequence components	组成零序坐标的一个量。零序坐标是由 3 个（或 n 个）相同幅值和相位的坐标组成的对称分量
3489	龄期	age	混凝土从加水拌和时算起到试验或使用时止的凝结、硬化过程经历的时间
3490	流冰	drift ice	冰块或兼有少量冰花随水流流动的现象
3491	流冰堆积	drifting ice pack	冰块或冰花在流动中受阻停滞并堆积于局部河段的现象
3492	流冰花	slush ice run	冰花随水流流动的现象
3493	流冰疏密度	ice run concentration	测验河段内，流冰块和流冰花面积与敞露水面面积的比值
3494	流动性混凝土	flowing concrete	混凝土拌和物坍落度不低于 100mm 的混凝土
3495	流幅	yield step	钢材屈服情况下的应变范围
3496	流量	discharge	单位时间内通过河渠或管道某一过水断面的水体体积
3497	流量不确定度	uncertainty of discharge	流量值的相对不确定度
3498	流量测验	discharge measurement	测量单位时间内通过河渠或管道某一横断面的水体体积的作业
3499	流量—功率曲线	power - discharge curve	水泵流量与输入功率的关系曲线
3500	流量计	flow meter	测量单位时间内通过某一断面水流体积的仪器
3501	流量偏差率	discharge deviation	灌水小区内灌水器的最大、最小流量之差与设计流量的比值
3502	流量调节器	flow regulator	管道压力增加时，可以自动缩小过流断面以保持流量恒定的装置
3503	流量系数	discharge coefficient	建筑物测流的流量公式中，表达实际流量与理论流量相联系的系数

续表

序号	术语名称	英文对应词	定义
3504	流量—效率曲线	efficiency - discharge curve	水泵流量与效率的关系曲线
3505	流量—扬程曲线	head - discharge curve	水泵流量与扬程的关系曲线
3506	流水作业法	flow operation method	按工程施工工艺流程的顺序，安排各工种紧密衔接轮流作业的施工组织方法
3507	流速	flow velocity	水的质点在单位时间内沿流程移动的距离
3508	流速流量记录仪	recorder for flow velocity and discharge	能接收流速仪的信号，并依据流速仪的性能参数，通过测量和计算，将某测点的流速显示、记录的装置。它也可能具有根据已有模型，测算推算出断面流量的功能
3509	流速面积法（流速仪法）	flow velocity and cross - section aera method	（利用用流速仪）实测断面上的流速和过水断面面积来推求流量的方法
3510	流速仪	current meter	测定水流运动速度的仪器
3511	流速仪法	current meter method	利用流速仪测量过流管道或渠道内的流速分布来求得流量的方法
3512	流速仪检定	current meter calibration	建立转子式流速仪转子的旋转速率以及其他流速仪测速示值与水流速度之间对应关系的全部作业
3513	流态区	flow condition	冲填坝体内含水率大于液限的区域
3514	流土	soil flow	在渗流作用下出现局部土体隆起，某一范围内的颗粒或颗粒群同时发生移动而流失，这种现象称为流土
3515	流纹状构造	rhyotaxitic structure	岩浆岩中不同颜色的矿物、玻璃质和气孔等呈条纹状排列的一种流动构造
3516	流线型	streamline	由特定光滑曲线组成，具有一定细长比的旋转体；当水流经过该物体表面时，水体流线不产生附面层分离与尾端涡流
3517	流向仪	flow - direction meter	测量水流方向的仪器
3518	流域	watershed, basin, catchment	地表水或地下水的分水线所包围的集水区域。 注：习惯上指地表水的集水区域
3519	流域不对称系数	coefficient of basin nonsymmetric	流域内干流左右两岸流域面积之差与两岸流域平均面积的比值分布的不均匀程度
3520	流域产沙量	watershed sediment yield	在特定时段内，通过河流观测断面的沙量和其上游拦蓄沙量、河床沉积沙量的总和
3521	流域分水岭	drainage divide	分开相邻流域的高地或山脊的连线，又称地表水分水线

续表

序号	术语名称	英文对应词	定　义
3522	流域规划环境影响评价	environmental impact assessment of watershed basin planning	对流域规划中各比较方案及选定方案实施后所引起流域环境改变及其影响的评价
3523	流域面积	watershed area; catchment area; draina-ge area	流域分水线与河口断面之间所包围的集水或汇水面积
3524	流域平均高程	basin elevation mean	流域内各相邻等高线间的面积乘以其相应平均高程的乘积之和与流域面积的比值
3525	流域平均坡度	basin slope mean	流域内最高最低等高线长度的一半及各等高线长度乘以等高线间高差的乘积之和与流域面积的比值
3526	流域省区网	river basin and provincial area network	在水利信息网中，流域机构与所属单位，及省（自治区、直辖市）水利（务）厅（局）与所属单位以及地（市）级水利（务）局的互联网络
3527	流域输沙量	amount of sediment delivery	通过流域出口断面的泥沙总量，单位为吨（t）
3528	流域自然地理特征	physiographical characteristics of basin	流域的地理位置、气候条件、岩土性质、地质构造、地形、地貌、植被等的总称
3529	流域综合治理	comprehensive management of small watershed	以小流域为单元，在全面规划的基础上，预防、治理和开发相结合，合理安排农、林、牧等各业用地，因地制宜地布设水上保持措施，实施水土保持工程措施、植物措施和耕作措施的最佳配置，实现从坡面到沟道、从上游到下游的全面防治，在流域内形成完整、有效的水土流失综合防护体系，既在总体上，又在单项措施上能最大限度地控制水土流失，达到保护、改良和合理利用流域内水土资源和其他自然资源，充分发挥水土保持生态效益、经济效益和社会效益的水土流失防治活动
3530	柳跌水	wicker waterway	在侵蚀沟中上段，用树桩固定、柳条叠压修筑的植物防冲水道，抑制侵蚀沟发展的治理措施
3531	六氟化硫断路器	SF_6 gas circuit breaker	用 SF_6 气体为绝缘介质和灭弧介质的无油化断路器
3532	龙口	closure gap	施工截流中，河道过水断面被戗堤侵占后所形成的过流口门
3533	垄向区田	interval ridged - furrow	坡耕地上沿着垄向每隔一定距离在垄沟内修筑的高度略低于垄高的土埂治理措施
3534	垄作区田	ridge tillage and pitting field	将流失严重的坡耕地修筑成若干带状格田，或通过犁耕，在坡耕上形成水平沟垄，并在沟内每隔 1～2m 修筑土埂形成田块，以保持水土、提高抗旱能力的农业耕作方法

续表

序号	术语名称	英文对应词	定义
3535	漏电保护器	leakage current protector	等同于接地继电器，也等同于剩余电流动作保护器
3536	漏油装置	leakage oil device	收集并可自动排出漏油的装置。由漏油箱、漏油泵、油面计及其他附件所组成
3537	陆面蒸发量	land evaporation	一定时段内，由植物散发和土壤蒸发到大气的水量
3538	露顶式闸门	emersed gate	门顶露出水面，无顶止水的闸门
3539	露顶闸门	emersed gate	挡水水位低于门顶，无顶止水的闸门
3540	轮灌	rotational irrigation	上级渠道向下级渠道轮流供水的工作方式
3541	轮距	track	移动式启闭机同侧轨道，两套行走机构的中心距离
3542	轮盘式启闭机	gear machine	通过机械驱动转盘连接的刚性连杆带动人字闸门启闭的机械
3543	轮叶开度	runner blade angle	从给定位置起测得的转轮叶片的平均角度［单位：(°)］
3544	螺杆泵	screw pump	由泵壳内一个主动螺杆和若干个（一般为 2 个）从动螺杆啮合组成的容积式液压泵
3545	螺杆启闭机	screw hoist	通过传动机构升降螺杆启闭闸门的机械
3546	螺杆式启闭机	screw hoist	通过机械传动升降螺杆启闭闸门的机械设备
3547	螺旋卷筒	spiral coiling block	表面有螺旋槽的卷筒
3548	螺旋式压水室	volute casing	沿叶轮出口处圆周分布的蜗状流道
3549	螺旋塑料管	spiral plastic pipe	用塑料肋形板材经螺旋卷绕制成的结构壁管
3550	裸露爆破	concussion blasting	将药包放在介质表面上引爆的爆破技术
3551	落差	fall	河段两端的河底高程差或最低水位差
3552	落差建筑物	drop structures	设于地面落差集中或坡度很陡地段的，用以连接两段高程不同渠道的渠系建筑物
3553	落水洞	sink hole	喀斯特地区，由地表向下发育的竖向的、与暗河或溶洞相通的洞穴
3554	落锥穿透孔径	amount of cone penetration	落锥从试样面之上 500mm 高度处自由落下穿透试样的孔洞大小
3555	吕荣	lugeon unit	透水率的单位，当试段压力为 1MPa 时每米试段的压入水流量（L/min）
3556	履带式闸门	caterpillar gate	用辊轮（或履带）组成链条，环绕闸门边梁滚动启闭的平面闸门
3557	履约保证金	perfrmance bond	承包者以一定资金额来保证其有能力完成承包合同规定任务的经济担保金

续表

序号	术语名称	英文对应词	定义
3558	滤波器	filter	只容许某一频率范围以内的电信号通过，而阻止此频率范围以外的电信号通过的二端口网络
3559	滤波器保护	filter protection	反应滤波器内部元件故障的继电防御措施
3560	滤料	filter material	防止土壤细小颗粒随地下水流进入排水吸水管或水井滤水管而采用的覆盖管壁孔隙的透水外包材料
3561	滤水器	water filter; water strainer	阻止水草等杂物进入用水设备的装置
3562	滤油器	oil filter; oil purifier	在油系统中用于除去油中杂质的装置
m 部			
3563	马道	berm	为适应施工、观测、检修和交通的需要而在土石坝坝坡适当部位设置的具有一定宽度的平台
3564	埋弧焊	submerged arc welding	电弧在焊剂下燃烧进行焊接的方法
3565	埋件	embedded parts	水工金属结构安装、固定或运行所必需的，预先埋设（或半埋设）于混凝土结构中，并与混凝土有固定连接的金属结构件
3566	埋入式铜电阻温度计	embedded Cu resistance thermometer	埋设在混凝土建筑物和土构筑物内部以漆包圆铜线作为感温元件的温度传感器
3567	埋设	embedment	监测仪器在大坝内部（含基础）的安置
3568	埋深	embedded depth	观测井口上的基准点到地下水自由水面的垂直距离
3569	买方	buyer	机电设备采购招标中，按照合同协议书接受标的物并支付价款的一方当事人
3570	卖方	seller	机电设备采购招标中，按照合同协议书交付标的物并收取价款的一方当事人
3571	脉冲式电能表	impulse watthour meter	系电能测量部件和脉冲装置的组合，具有记录、积累、显示电能，并输出与电能成比例的脉冲信号的功能
3572	脉动压力	pulsating pressure	由于水流紊动所产生的脉动流速场作用于固壁的附加动力压力，在空间和时间上具有随机性的脉动值
3573	满槽流量	bankful discharge	与河漫滩滩唇即将被淹没或刚被淹没时相对应的流量
3574	满量程/平滩流量	full scale	仪器标称范围两极限之差的模，以 FS 表示。例如，对从－10～＋10V 的标称范围，其量程为 20V
3575	满量程输出	full scale output	由传感器工作特性所决定的最大输出量值和最小输出量值的代数差

续表

序号	术语名称	英文对应词	定　义
3576	满秩平差	full rank adjustment	配置足够的起始数据，根据最小二乘法原理利用矩阵进行平差的方法
3577	漫灌	flood irrigation	灌溉水在较大的田面上漫流，藉重力作用浸润土壤的灌水方法
3578	慢关装置	slow closing device	接力器向关闭方向运动时，从空载开度附近起使接力器关闭速度减缓的装置
3579	慢剪试验	slow sheat test	试样在竖向压力作用下充分排水固结后，继续对其施加剪切力直至破坏的过程中允许试样充分排水的直剪试验
3580	慢降速度	creep speed	起升滑轮组吊有允许的最大额定起重量，吊钩稳定下降时的最低速度
3581	盲沟	blind drain	以土工合成材料建成的地下排水通道。如以无纺土工织物包裹的带孔塑料管、在沟内以无纺土工织物包裹透水粒料形成的连续排水暗沟等
3582	毛管	lateral	直接向灌水器配水的管道
3583	毛管水	capillary water	在潜水面以上由毛细力维持的水
3584	毛管水上升高度	capillary rise；capillary height	在土体孔隙中的水受毛细力作用而自然上升的高度
3585	毛流量	gross discharge of canal	渠道净流量与输水损失之和
3586	毛面	rough surface	经过处理，无乳皮、微露粗砂的混凝土表面
3587	毛渠	litter farmland canal	常用的一种临时渠道，亦称田间渠道
3588	毛水头	gross head	水电站进口断面与尾水出口断面的水位差
3589	毛细水	capillary water	在潜水面以上由毛细力维持的地下水
3590	锚冰	anchor ice	水面以下冻结于河底或建筑物上的冰
3591	锚定件	anchor parts	将人字闸门顶枢拉杆固定在闸室混凝土或圬工结构中的埋件
3592	锚定装置	anchor	在非工作状态下，将移动式启闭机锁定在基础上防止受风荷载移位的防风装置
3593	锚杆	anchor，anchorage	用金属材料或树脂材料制成的用于工程加固的杆件
3594	锚杆式挡土墙	anchor retaining wall	利用板肋式、格构式或排桩式墙身结构挡土，依靠固定在岩石或可靠地基上的锚杆以维持稳定的挡土建筑物
3595	锚固	anchorage	用锚固构件将坝袋胶布沿其周边安装固定于坝底板或端墙上以构成封闭袋体
3596	锚固段	anchor fixed length	通过胶结材料或机械装置将锚索和被锚固介质粘结成整体，承受锚索拉力的区段，是预应力锚索体的内部持力端

续表

序号	术语名称	英文对应词	定义
3597	锚喷支护	anchoring and shotcreting support	采用锚杆、喷射混凝土加固岩（土）体的一种技术措施
3598	锚栓	anchor bolt	用于将金属结构或设备锚定在坝体或圬工结构中的预埋螺栓
3599	锚索	anchor cable	用抗拉强度高于岩土体的钢索，钢索一端和岩土体紧密接触形成摩擦（或黏结）阻力，另一端形成对岩土体的径向阻力，依靠钢索的纵向拉力作用锚固岩土体、维护围岩稳定的索状结构物
3600	锚索体	body of anchors	预应力锚索整体，包括锚固段、自由段、锚头及相连接的所有部件
3601	锚头	anchor head	对锚索实施张拉和锁定的支撑装置
3602	冒浆	grout oozing out	灌浆时浆液沿着缝隙渗出的现象
3603	门背连接系	level coupling system	用于保证各垂直方向主要受力构件之间的联系从而加强结构整体工作性能的杆系，布置时平行于面板
3604	门槽	gate slot	在过流孔口的两侧，用于约束闸门门叶运动位置的凹槽
3605	门槽宽度	width of gate slot	门槽沿水流方向的度量
3606	门槽深度	depth of gate slot	门槽与水流方向垂直的最大度量
3607	门楣	lintel	闸门孔口顶部的埋件
3608	门式启闭机	gantry hoist	具有门型构架并能沿轨道移动的起重机械
3609	门叶	gate leaf	闸门上用于直接挡水的结构部件
3610	门叶底缘倾斜	gate bottom edge incline	当门叶的对称中心处于垂直状态时，两边梁底部的高低差
3611	门叶对角线相对差	diagonal relative error of gate leaf	从门叶边缘构件轴线的交点所作的门叶两对角线的长度的差值
3612	门叶对角线长度	diagonal length of gate leaf	门叶顶、底梁中心线与两边梁（边柱、支臂）中心线交点的对角距离
3613	门叶高度	height of gate leaf	门叶顶端与门叶底缘之间的距离，弧门门高由门叶顶端与门叶底缘之间的弦长代替
3614	门叶横向直线度	gate leaf horizontal straightness	门叶的主、次横梁与横向隔板中心线上的高程最大差值
3615	门叶厚度	thickness of gate leaf	门叶横截面上，面板外表面与主梁（边梁）后翼缘外表面之间的距离
3616	门叶宽度	breadth of gate leaf	门叶结构的最大横向距离
3617	门叶扭曲	gate leaf distortion	门叶上主梁中心线、门叶底梁中心线与两边梁（边柱、支臂）中心线相交的四点处两对角线交叉处的不重合距离

续表

序号	术语名称	英文对应词	定义
3618	门叶竖向直线度	gate leaf vertical straightness	门叶的主、次纵梁与纵向隔板中心线上的高程最大差值
3619	门轴柱	heel post	人字闸门闸墙侧的边柱，在其上、下端设置顶、底枢，门叶绕顶、底枢的中心线转动
3620	门座净空	portal clearance	门座下方可通行车辆或跨越堆存物品的空间范围
3621	闷头	bulkhead	钢管安装后用于封堵管端的部件
3622	猛度	brisance factor	炸药爆炸时粉碎一定体积介质的能力，常以一定重量炸药能炸塌铅柱的高度来计算
3623	泌水	bleeding	混凝土运输中和新浇混凝土表面上或钢筋和粗骨料周围出现自由水的现象
3624	密度	density	单位体积土体的质量
3625	密度分割	density slicing	把图像中连续变化的灰度分割成一系列密度间隔（等密度），每一密度间隔对应于一定的数字范围的处理方法
3626	密度分割仪	density slicet	对图像上微小的、人眼难以分辨的密度差，用色差表示以获得彩色增强图像的电子光学图像处理装置
3627	密封舱	sealed cabin	放置电源及信号源的密封舱室
3628	密级配沥青混凝土	dense - graded asphalt concrete	用粒径较小的粗骨料和含量较多的细骨料、填料和沥青制备成渗透系数很小的沥青混凝土
3629	免耕	non - tillage	在留茬地用免耕播种机播种，同时施加肥料、农药和除草剂，减少土壤扰动，防止水土流失的一种农业耕作方法
3630	面板	panel	闸门外端主要承受水压力的钢板
3631	面板局部不平度	local waviness of skin plate	面板在规定的局部范围内偏离平面的值
3632	面积	area	垂直于主流流动方向断面的净面积（单位：m^2）
3633	面积比改正	areal ratio modification	按设计站与参证站控制面积比对参证站水文统计参数和设计值所进行的改正
3634	面积矩	area moment	面积与该面积形心到中性轴的距离的乘积
3635	面流消能	energy dissipation by surface current	在泄水建筑物的出流处设置跌坎或小挑坎、将泄出的急流挑向下游水流的上层、并在底部形成漩滚的消能方式
3636	面蚀	surface erosion	降雨和地表径流对地表土体比较均匀地剥离和搬运的一种水力侵蚀形式，包括溅蚀、片蚀和细沟侵蚀
3637	面污染源	non - point pollution source	进入水体污染物没有固定的排污场所。 注：如地表径流、水土流失、农田排水、放射性沉降、酸雨等携带污染物呈“面”状对水体造成污染
3638	苗高	seedling height	自地径至顶芽基部的苗干垂直高度

续表

序号	术语名称	英文对应词	定　义
3639	苗龄	seedling age	苗木年龄。从播种、插条或埋根到出圃，苗木的实际生长年龄。以经历1个生长年为1年生苗。苗龄即为一个生长周期作为1个苗龄单位
3640	苗木种类	nursey－stock types	依繁殖材料和培育方法沙棘苗木可区分为播种苗、扦插苗、萌蘖苗、嫁接苗等
3641	灭磁过电压	de－excitation over－voltage；field－discharge over－voltage	灭磁过程中由于突然跳开灭磁开关，励磁回路自感电势形成的危险高电压
3642	灭磁时间	deexcitation time；field－discharge time	发电机电势从最高值降低到接近剩磁电势的时间
3643	敏感生态需水	sensitive ecological flows	维持河湖生态敏感区正常生态功能的需水量及其需水过程，主要包括河流湿地需水、河谷林草生态需水、湖泊生态需水、河口生态需水和重要水生生物需水等。对多沙河流一般还需考虑输沙需水量
3644	明槽引水室	open flume	具有自由水面的引水室
3645	明沟排水	open drainage	在排水区内用明沟排除多余的地面水、地下水和土壤水的措施
3646	明沟排水系统	open drain system	由田间排水沟网、泄水沟系、沟道上的建筑物、排水泵站和容泄区等部分组成的排水系统
3647	明管	exposed penstock	敷设在地面以上支承结构物上的压力管道
3648	明渠	open channel	具有自由表面水流的通道。根据它的形成可分为天然明渠和人工明渠，前者如天然河道，后者如人工输水渠道、运河以及未充满水流的管道等
3649	明渠导流	open channel diversion	使原河水通过明渠导向下游的施工导流方式
3650	模板	form	混凝土工程中，用以使流态混凝土按设计要求的形态凝固成型的模具
3651	模拟地震振动台试验	earth quake shaking table test	通过振动台台面对试体输入地面运动，模拟地震对试体作用全过程的抗震试验
3652	模拟屏	mimic board	以弱电或强电小型开关集中控制，布置有主接线模拟图，能反映设备运行状态变化的屏
3653	模拟图	mimic diagram；miniature diagram	由图形符号组成的表示发电厂、变电所主要设备实际运行状态的图件
3654	模式识别	pattern recognition	利用信息技术对有解译意义的图形进行自动识别、计数和定位，进而能自动分类的解译技术
3655	模型比尺	model scale	模型与原型各对应物理量间的比值

续表

序号	术语名称	英文对应词	定义
3656	模型沙	model sediment	动床模型试验中采用的与原型泥沙条件相似的沙
3657	模型水轮机	model turbine	用以判断原型的性能，其通流部分与原型水轮机几何相似的装置
3658	模型水轮机验收试验	acceptance test of model turbine	在需方目击下，为验证保证事项或证实部件达到合同规定或有关标准所进行的试验
3659	膜料防渗	seepage control by membrane	铺设土工膜、塑料薄膜、油毡、膨润土防水毯等，以减少渠道水量渗漏损失的措施
3660	膜应力	membrane stress	按薄膜理论分析，沿钢管厚度均匀分布的拉（压）应力及管壁平面内的剪应力
3661	膜应力区	membrane stress area	压力钢管计算中，仅考虑管壁拉应力、压应力和顺管壁剪应力而不考虑力矩的影响的区域
3662	摩擦系数	coefficient of friction	两种材料界面间单位接触面上或岩土内部剪切面上剪切破坏时的剪应力与正应力的最大比值
3663	磨蚀	combined erosion by sand and cavitation	在含沙水流条件下，水力机械通流部件表面受空化和泥沙磨损联合作用所造成的材料损失
3664	磨损	sediment abrasion	含沙水流对过流部件表面造成的材料损坏
3665	磨损保证期	period of abrasion guarantee	技术协议所规定的评价水轮机泥沙磨损程度的运行时间
3666	磨损量	amount of abrasion	由于磨损造成的过流部件表面的材料损坏量。 注：磨损量可用磨损深度 ΔH、磨损面积 A、质量损失 G 或体积损失 V 等表示。其单位分别用 mm、cm^2、kg 或 cm^3 表示
3667	磨损率	abrasion rate	单位时间内的磨损量
3668	末端深度法测流	end - depth method for calculation of flow with a free overfall	当渠道具有垂直跌水时，形成自由溢流，通过实测渠道末端的水深，利用水力学公式计算流量的一种方法
3669	末级保护	grid end protection	安装在电网末端（保护单台电气设备）的漏电保护
3670	母线	bus - bar；bus	将进、出导线（导体）统一连接以汇集和分配电能的导线（导体）
3671	母线保护	protection of busbar	反应母线各种故障和异常工作状态的继电防御措施
3672	母质层	parent aterial horizon	位于土体的最下部的土层，包括母质层的亚层（C_1、C_2、C_3）等
3673	木加工厂	wood workshop；crpenter shop	施工期间加工各类木模板、房屋建筑构件及其他木制品的制作场所
3674	木笼围堰	timber crib cofferdam	用方木或两面锯平的圆木叠搭成框格结构，内填块石或卵石建成的围堰

续表

序号	术 语 名 称	英文对应词	定 义
3675	目标评价	evaluation of project goal	将项目后评价时点达到的实际效果与立项时确定的目标进行比较，对目标的实现程度及其偏离原 因和目标的合理性做出评价
3676	目视解译/目视释译	visual interpretation	根据地物的图像特征，运用各种解译标志，依靠肉眼（包括使用放大镜和立体镜）对遥感图像进行各种目的的解译方法
3677	牧草	pasture	可用于放养牲畜或刈割后供家畜利用的自然或人工种植的草
3678	牧草产量	pasture yield	单位面积天然或人工草地上，可供牲畜采食或人工刈割的牧草干物质重量
3679	牧草地实际灌溉面积	actual irrigation area of grassland	当年实际灌水一次以上（包括一次）的牧草地种植面积
3680	牧草盖度	vegetation's percentage of coverage	单位面积草地植被垂直投影面积的百分数
3681	牧场供水	water supply for pasture	为人畜生活、企业生产、生态环境保护和消防等提供用水的基础措施
3682	牧区	pastoral area	可提供食草型牲畜主要饲草料的广阔草原、草坡、沙地、林地和丘陵等宜牧区域，且以天然草原放牧为主要生产手段、以畜牧业生产及其产品加工业等为产业和经济基础或特征的地区
3683	牧区水利	water conservancy in pastoral area; water conservancy for stock raising	牧区水资源开发、饲草料基地和草场灌溉、防洪治涝、牧场供水、水体治理及生态环境保护等技术措施的总称
3684	牧区水土资源评价	assessment of water and land resources in pastoral area	对牧区水资源数量、质量、时空分布特征和开发利用条件进行分析评估，对草地数量、质量进行量算、鉴定、分类和评级，对水土资源匹配状况进行综合分析等工作
3685	牧业产值	stockbreeding production value	一个地区（或单位）在一年内畜产品的生产总值
3686	牧业旱情	pasture drought	牧草受旱情况，即土壤水分供给不能满足牧草返青或正常生长要求，导致牧草生长受到抑制甚至干枯的现象

n 部

序号	术 语 名 称	英文对应词	定 义
3687	耐火电缆	fire resistive electric cables	在规定试验条件下，电缆在火焰中被燃烧而在一定时间内仍能够保持运行功能的电缆

续表

序号	术语名称	英文对应词	定义
3688	耐久性	durability	在设计使用条件下，混凝土所具有的抗渗、抗冻、抗磨、抗侵蚀和抗风化等性能的统称
3689	耐劳极限	hardy limit	材料受常幅荷载任意多次重复作用下，若材料的循环应力中的最大应力大于某极限值时，材料经有限次应力循环后将产生疲劳裂纹时的极限应力值
3690	内标	IS	以已知量加入样品、标准溶液中的纯物质。用于测量待测物和回收率指示物的相对响应值。内标物不应是样品中的组分
3691	内部故障	internal fault	被保护对象在保护范围以内所发生的故障
3692	内部回收率	internal rate of return	工程项目在经济计算期内折算效益和折算费用相等时相应的资金折算率
3693	内部回收率法	internal rate of return method	根据回收费用的能力（即内部回收率）分析计算工程方案经济合理性的方法
3694	内部审核	internal audit	按照管理体系文件规定，对其管理体系的各个环节组织开展的有计划的、系统的、独立的检查活动。 注：1. 内部审核一般用于对质量体系或其要素、过程、产品或服务的审核。 2. 内部审核目的之一是评价是否需要采取改进或纠正措施。 3. 内部审核应由与被审核领域无直接责任的人员进行，但最好取得有关人员的配合
3695	内部收益率	internal rate of return	经济计算期内净效益现值为零的折现率
3696	内力	internal force	物体内反抗质点间位置改变的力
3697	内陆河	endorheic river	注入内陆盆地或因水量不足而中途消失的河流
3698	内密封件		过滤元件与其他构件之间的止水件
3699	内摩擦角	internal friction angle	强度线与法向压力轴的交角，反映颗粒间的相互移动和咬合作用形成的摩擦特性
3700	内排站	internal drainage pumping station	将农田涝水、地下水提排至圩垸内部的沟网或湖泊、洼地的排水站
3701	能力集合	competence set	达到问题的满意解所需要的想法、知识、信息和技巧等要素的总称
3702	能力验证	proficiency testing	利用实验室间比对确定实验室的检测能力
3703	（实验室）能力验证	（laboratory）proficiency testing	利用实验室间比对确定实验室的检测/校准能力
3704	能量试验	energy test	确定泵扬程、轴功率、效率与流量之间关系的试验

续表

序号	术语名称	英文对应词	定　　义
3705	泥化夹层	siltized intercalation	受物理化学因素影响，其原状结构发生显著变异而处于可塑状态，且含有大量黏粒的软弱夹层
3706	泥浆	mud	黏土颗粒均匀而稳定地分散在液体（水或油）中形成的分散体系
3707	泥浆泵	dredge pump	输送泥浆的泵
3708	泥浆槽防渗墙	slurry trench wall	在软基中以泥浆固壁开挖沟槽，将挖出的渣料与膨润土粉拌匀后回填槽内而建成的墙形防渗建筑物
3709	泥浆固壁	slurry wall stabilizing	在防渗墙施工中，用黏土或膨润土配制成一定稠度的泥浆灌入孔或槽内，以保持孔壁或槽壁稳定的工程措施
3710	泥拍边埂	ridge built by the mud	砂土坝用冲填泥浆形成的泥块经人工拍筑的挡泥围埂
3711	泥沙	sediment	在土壤侵蚀过程中，随水流输移和沉积的土体、矿物岩石等固体颗粒
3712	泥沙含量（含沙量）	sediment concentration	单位水体中所含泥沙的质量
3713	泥沙颗粒分析	grain size analysis	确定沙样中泥沙的粒径变化范围及不同粒径组的泥沙质量占沙样总质量的百分比的分析测定工作
3714	泥沙矿物组成	sediment mineral composition	泥沙中不同矿物成分的含量情况
3715	泥沙粒径	diameter of sediment	泥沙颗粒大小的线性尺度
3716	泥沙磨损	sand abrasion	因水流携带泥沙引起的对流道表面所造成的材料破坏和流失
3717	泥沙起动	incipient motion of sediment	河床上的泥沙颗粒从静止状态转入运动状态的现象
3718	泥沙输移比	sediment delivery ratio	在一定时段内，通过断面的输沙总量与该断面以上流域的总侵蚀量的比值
3719	泥沙调度	regulation for sediment discharge	通过水库对出库水沙过程进行调节，尽可能减少水库的泥沙淤积和下游河道的淤堵，增加河道主槽过流能力的水库调度
3720	泥沙站	sediment station (sediment gauging station)	测验河流含沙量、输沙率或颗粒分析的水文测站
3721	泥石流	debris flow; mudflow	山地溪沟中饱含大量泥沙和石块的突发性洪流
3722	泥石流防治工程	debris folw control works	在泥石流易发区，为预防和治理泥石流灾害而修建的工程设施

续表

序号	术语名称	英文对应词	定义
3723	泥石流易发区	area subject/susceptible/prone to debris flow/mudflow	在山丘区，因地表松散固体物质丰富，具有植被较少和较陡坡降的地形条件，降雨强度或其他水分补给条件有利于泥石流形成的区域
3724	泥质结构	pelitic texture	沉积岩中黏粒占一半以上的一种结构
3725	拟流场法	flowfield method	利用电流场模拟渗漏水流场，用于查明堤防渗漏和管涌进水口位置的一种探测方法，也可用于追踪存在集中渗漏的均质土坝中的渗漏通道
3726	拟稳平差	quasi - stable adjustment	在专用控制网中，假定一部分点相对稳定，以控制网点的高程和坐标作为未知数进行秩亏平差，并使稳定未知数拟合于其稳定值的平差方法
3727	逆变器	invertor	一种将直流电能转换成交流电能的电气设备
3728	逆断层	thrust fault	上盘沿断层面相对上升、下盘相对下降的断层
3729	逆掩断层	overthrust fault	断层面的倾角小于30°的逆断层
3730	逆止阀	retaining valve	只允许流体向一个方向流动的阀门
3731	年度计划	annual plan	根据工程合同，结合人力、财力、物力和建设项目的实际情况而编制的工程年度内应达到的工程进度、形象面貌、工程质量、经济效益等各项计划文件
3732	年度控制采砂总量	annual total - control sand - mining amount	规划河段内一个年度允许的最大采砂总量
3733	年费用	annual cost	为保证工程项目在计算期中正常运行和更新每年所需支付的费用
3734	年调节	yearly regulation; annual regulation	水库按照用水部门的需水过程对一个水文年度内来水径流进行的调节（即调节周期为一个水文年）
3735	年运行费	annual operation cost	维持工程项目正常运行每年所需支付的各项费用。包括水费、燃料费、材料费、维修费、工资及其他费用等
3736	年折旧费	annual depreciation	固定资产在使用过程中逐渐失去的价值折算成每年所需支出的费用
3737	年值法	annual method	根据工程效益和费用的折算年值的差值评价工程方案经济合理性的方法
3738	黏土斜墙土石坝	sloping core earth - rock fill dam	在靠近坝体上游坡用黏性土料填筑斜墙作为防渗体的土石坝
3739	碾压	rolling	用碾压机械分层压实土石料，以提高其密实度的施工作业
3740	碾压层面	roller compacted concrete layer surface	连续上升铺筑的碾压混凝土表面
3741	碾压缝面	roller compacted concrete lift joint	经间歇后必须经过处理的碾压混凝土层面

续表

序号	术语名称	英文对应词	定　义
3742	碾压混凝土	roller compacted concrete (RCC)	将干硬性混凝土经过运输、薄层摊铺并用振动碾压实的混凝土
3743	碾压混凝土坝	roller compacted concrete dam	将干硬性的混凝土拌和料分薄层铺开并经振动碾压密实而成的混凝土坝
3744	碾压混凝土拱坝	roller compacted concrete arch dam	用碾压混凝土筑成的拱坝
3745	碾压混凝土重力坝	roller compacted concrete gravity dam	用碾压混凝土筑成的实体重力坝
3746	碾压式土石坝	rolled earth - rock dam	将土石料分层填筑并碾压而成的坝
3747	凝聚力	cohesion	在未施加任何外力的条件下，岩土体抵抗剪切破坏的能力，其值等于剪应力与正应力关系曲线在剪应力轴上的截距
3748	凝露	condensing	空气中的水蒸气在低于露点温度的界面上凝结成水珠的过程
3749	牛轭湖	ox - bow lake	河流的自由曲流裁弯取直后，被废弃的弯曲河道淤塞成的弓形湖泊
3750	扭曲	twist	两构件在对角线交叉点处出现不吻合的情况
3751	扭曲鼻坎	skew bucket	底面扭曲、坎顶不等高并与流向成一定夹角的挑坎
3752	扭曲屈曲	torsional buckling	材料由扭转变形引起的屈曲
3753	扭曲式挑坎	distorted type flip bucket	底面扭曲、坎顶不等高并与流向成一定夹角的挑坎
3754	农村居民人均生活用水量	quantity of per - capita water use for country	区域统计期内（一般为一年），农村居民综合生活用水量（扣除牲畜养殖用水）的农村人口平均值
3755	农村生活需水量	rural domestic water demand	农村地区居民家庭日常生活需要使用的水量
3756	农村生活用水量	amount of water use for rural life	农村居民生活用水量和家庭养殖牲畜用水量之和
3757	农村水电及电气化管理系统	rural hydr opower and electricity management system	对农村水电及电气化资源、规划、建设、管理等各种信息进行综合管理的信息系统。主要包括：收集存储已建、在建和待建水电站的基本信息以及农村电气化县的自然地理和社会经济信息，建立水电资源需求预测、分析、模拟优化等数学模型，为编制水电资源中长期供求计划、流域或区域水电资源开发利用规划以及水电资源的宏观管理决策服务
3758	农村水电站	rural hydropower station	为农村电气化建设提供电能，装机容量在 50MW 及以下的水电站

续表

序号	术语名称	英文对应词	定义
3759	农村水利	rural water conservancy	为增强抗御干旱洪涝、改善农业生产条件和农民生活条件、提高农业综合生产能力、保护与改善农村生态环境服务的水利措施
3760	农村水土环境与生态	water and soil environment and ecology in rural area	农村地区影响居民与动植物生存与发展的土壤、水分以及与水土相关联的其他各种物质、资源及其相互关系，以及动植物的生存与发展的状态
3761	农村移民搬迁安置	relocation of country	根据实物调查和农村移民生产安置规划，将需要搬迁的农村移民进行妥善安置。根据搬迁距离远近，可分为远迁安置和就近后靠安置；根据移民人数多少，可分为集中居民点安置和分散安置
3762	农村移民生产安置	resettlement of country	通过调整或划拨耕（园）地、改造低产田、新开垦土地或发展第二、第三产业等方式，使主要生产资料（土地）被全部征收的农业人口得到生产安置
3763	农村饮水安全	rural drinking water safety	村镇居民能及时得到充足、符合 GB 5749 的简称
3764	农村饮水安全工程实施方案	rural safety drinking water project implementation plan	对日供水在 5000m^3 及以下的农村饮水安全工程，针对建设任务与目标要求，将其可行性研究和初步设计两个阶段的工作合并形成的设计文件
3765	农田产出率	farmland production efficiency	单位农田面积上的年产值
3766	农田防护林	shelter belt on farmland	在农地周围营造的以防治风沙灾害、改善农业生产条件为主要目的的人工林
3767	农田灌溉耗水量	irrigation water consumption	农田灌溉过程中，作物蒸腾、棵间蒸散发、渠系水面蒸发和浸润损失等所消耗的水量
3768	农田亩均灌溉用水量	quantity of per－mu water use of farm irrigation	区域统计期内（一般为一年），农业实灌面积上的亩均用水量，为实际灌溉水量与实际灌溉面积的比值，是反映区域农田灌溉用水水平的指标
3769	农田排水	farmland drainage	排除农田中过多的地表水、土壤水，降低耕作层中的地下水位，改善土壤的水、肥、气、热条件和其他理化性状，以利于作物生长的人工措施
3770	农田排水系统	farmland drainage system	农田排水的汇水、输水、滞蓄、退水和泄水等各级沟道或管道及相应建筑物、设施构成的系统
3771	农田实际灌溉面积	actual irrigation area of cropland	当年实际灌水一次以上（包括一次）的耕地面积
3772	农田水利	irrigation and drainage	防治旱、涝、渍和盐碱等对农业生产的危害，对农田实施灌溉、排水等人工措施的总称

续表

序号	术 语 名 称	英文对应词	定 义
3773	农田水利基本建设	capital construction of farm and water conservancy; capital construction of irrigation and drainage	建设旱涝保收、高产稳产农田所采取的工程技术措施
3774	农田水利示范园区	demonstration farmland of irrigation and drainage	根据当地自然、经济条件，为满足农田水利建设近期和中期发展需要，展示农田水利发展方向，总结和示范推广国内外先进农田水利建设成果与适用技术的农田
3775	农田污染	farmland pollution	农用化学品、工业废水、生活污水以及其他污染物对农田水土环境产生的影响
3776	农田蒸发器	evaporator for agricultural land	用以测定农田水分蒸发量的器具
3777	农业灌溉水利用系数	water efficiency of irrigation	区域统计期内（一般为一年），田间实际净灌溉用水总量与毛灌溉用水总量的比值。毛灌溉用水总量指在灌溉季节从水源引入的灌溉水量；净灌溉用水量值在同一时段内进入田间的灌溉用水量
3778	农业旱情	agricultural drought	耕地或农作物受旱情况，即土壤水分供给不能满足农作物发芽或正常生长要求，导致农作物生长受到抑制甚至干枯的现象
3779	农业用水区	irrigation water use zone	按照水功能区划所划定的以灌溉用水为主导功能的水域
3780	农艺节水	agro－technique for water saving	采用适水种植、水肥耦合和覆盖保墒等节水耕作栽培技术的总称
o 部			
3781	偶然荷载	accidental load	在合理使用年限内出现的概率很小，且量值很大、持续时间很短的荷载
3782	偶然误差	accident error	在相同的观测条件下，进行一系列独立观测中出现的具有一定统计规律的测量误差
3783	偶然组合	accidental combination	按承载能力极限状态设计时，永久荷载、可变荷载效应与一种偶然荷载效应的组合
3784	耦合电容器	coupling capacitor	用来在电力网络中传送信号的电容器
p 部			
3785	爬坡能力	grade ability	清淤机在坡道上爬行的最大坡度
3786	爬升（顶升）模板	jumping（jacking）－up formwork	整体拆模后，靠爬升或顶升装置整体上升至上一层浇筑位置的模板
3787	耙斗	grab bucket with comb tooth type	带有梳齿的清污抓斗

续表

序号	术语名称	英文对应词	定　义
3788	耙斗式清污机	grab bucket with comb tooth type screen cleaning device	利用耙斗抓取污物的清污机，多用于水电站进水口拦污栅的清污
3789	拍门	flap valve	装设在水泵出水管出口处，防止停机时水流倒灌的单向活门
3790	拍门开启角	opening angle	拍门开启时，门体密封面与水平面或铅直面的夹角
3791	排出高度	static discharging head of impulse turbine	对立轴冲击式水轮机指转轮节圆平面至设计最高尾水位的高度；对卧轴冲击式水轮机指转轮节圆直径最低点至设计最高尾水位的高度
3792	排放浓度控制	concentration control of pollutant discharge	根据污水排放的允许浓度标准值，调控污染源排放的污染物
3793	排洪槽	over - chute	导引天然径流的汇水跨越渠道的建筑物
3794	排涝历时	duration of drainage	排除设计频率暴雨径流的持续时间
3795	排涝模数	modulus of surface drainage	单位排涝面积的设计排水流量
3796	排涝设计标准	design criteria for surface drainage	排涝设计时采用的降雨频率、历时、暴雨量、雨强、排涝天数等定量指标
3797	排涝设计流量	waterlogging drainage discharge	产生在排水面积上、符合排涝设计标准的排水流量
3798	排涝水位	waterlogging drainage water stage	排涝沟渠中相应于排涝设计流量的水位
3799	排泥管线	discharge pipeline	排送泥浆的管线
3800	排气阀	air release valve; vent valve	安装在管线驼峰或最高处，用于管道充水排气的装置
3801	排水	drainage	将一个地区内多余的地表水与地下水汇集起来排除到该地区以外的作业
3802	排水泵站	drainage pumping station	排除涝水、渍水或废水用的泵站
3803	排水层	drainage layer	复式结构中位于两个防渗层之间、用于排水的沥青混凝土层。排水层的孔隙率一般为15%～25%
3804	排水带（板）通水量	the discharge capacity of prefabricated vertical drains	在一定侧向压力作用下，最后稳定的单位水力梯度单位时间排水带（板）纵向通水能力
3805	排水盲沟	blind drainage	设在水工建筑物底面或衬砌背面用以收集和排除渗水以降低渗透压力或防止冰冻的排水沟，也称排水暗沟

续表

序号	术语名称	英文对应词	定　　义
3806	排水强度	drainage intensity	单位时间内的排水量
3807	排水区	drainage zone	位于砂砾石或软岩主堆石区内及坝体底部的强透水排水区，分为竖向排水区和水平向排水区
3808	排水试验	drainage test	为研究农田排水理论与技术措施而进行的试验。主要包括农田排水标准、方法与技术试验等
3809	排水系统	farmland drainage system	排除农田中多余的地表水、地下水和土壤水的各级排水沟、管、水闸和泵站等建筑物的总称
3810	排水闸	drainage sluice	排水渠道上用以排除内河或洼地涝、渍水的水闸，也称排涝闸
3811	排污控制区	discharge control zone	按照水功能区划所划定的接纳生活、生产污废水比较集中的水域。 注：该区的水质可能达不到水质标准，但仍然需要控制排污
3812	排污口调查	sewage outfall investigation	对污水排放的口门位置以及排污量、污水主要来源进行的调查
3813	排污总量控制	total amount control of sewage discharge	在一定水体功能、水质标准和目标要求下，对水域允许排入的污染物总量的限定、监督和管理
3814	排烟	smoke extraction	火灾发生时，为了人员疏散的需要，排除火灾发生时散发的烟气
3815	排渍流量	drainage discharge of subsurface water	在排渍区内满足防治渍害及控制地下水位要求的地下水排水流量
3816	排渍模数	modulus of subsurface drainage	按设计标准确定的单位面积内排出的地下水流量，单位：$m^3/(s \cdot km^2)$ 表示
3817	盘	board	面板上安装各种电气仪表和器具的由框架和面板组成的装置（直立屏盘）
3818	盘车	barring	使水力机组旋转部件作低速转动来找正其主轴轴线的工艺过程
3819	盘式制动器	disk brake	用制动盘和制动块作为摩擦副的制动器
3820	盘香式启闭机	incense coil hoist	不设置滑轮组，多根钢丝绳各自绕卷筒盘经多层缠绕成“盘香状”的启闭机
3821	判别水平	determine level	判别生产过程稳定性不符合规定要求的能力大小的等级
3822	旁通阀	by－pass valve	装在水轮机进水阀管段的旁通管上，用以充水平衡进水阀前后水压的阀门
3823	旁压试验	pressuremeter test	利用可侧向膨胀的旁压仪，在钻孔中对孔壁施加径向压力，根据压力与变形关系推测岩土临塑压力、极限压力、旁压模量等参数的原位试验，又称横压试验

续表

序号	术语名称	英文对应词	定　义
3824	旁引水库	reservoir built at the side of river	在河流附近修建水库，以引水道与河流连通，河流来沙少时引清水入库，河流来沙多时不向水库引水的运用方式
3825	旁站监理	side supervision	在重要部件或关键工序生产过程中，由监理人员在现场对产品生产工艺过程进行的监督活动
3826	抛锚杆	anchor－handling boom	挖泥船上用以放置和移动作业锚的吊杆
3827	抛石	riprap	按工程要求把块石抛投至指定位置堆成散石堆的施工作业
3828	抛石区	riprap zone	在下游坝趾，由硬岩大块石卸料形成的抛石区
3829	抛投强度	dumping intensity	截流时，单位时间内抛投截流材料的数量
3830	抛物线拱坝	parabolic arch dam	水平拱圈呈抛物线形的拱坝
3831	抛物线形喉口式量水槽	parabolic throat flume	修建于U形渠道中，喉口为抛物线形，上下游以渐变段与U形渠道连接，且喉口底部与渠底齐平的量水设施
3832	抛掷爆破	throwout blasting	在爆破作业中，爆破作用指数$n>0.75$，使介质抛落的爆破技术，其中$n=1$为标准抛掷、$1>n>0.75$为减弱抛掷、$n>1$为加强抛掷爆破
3833	刨毛	scarifying	在土方填筑中，为了使上下层土料结合良好，在铺上层土前，将已碾压合格的土料层的光面耙松一定厚度的工序
3834	泡田	steeping paddy field	水稻栽秧前进行的稻田灌水浸泡过程
3835	炮孔	blast holes	利用钻孔机具在介质中打出的供装药爆破的孔
3836	炮孔堵塞	stemming	用土、砂石等材料，按设计要求堵塞已装填炸药的炮孔的作业
3837	炮眼密集系数	concentration coefficient of holes	周边炮眼间距与最小抵抗线的比值
3838	配电网络	electrical distribution network	直接向用户分配电能的网络
3839	配电系统	distribution system	将输电设备输送来的电力（电能）分配给电力用户的系统
3840	配合比	mix proportion	混凝土中各组成材料之间的重量比例关系
3841	配合系数	coordination factor	为使被整定保护与相邻保护相配合，获得被整定保护的选择性，在被整定保护动作值中引入的一个大于1的一个计算值
3842	配料	batching	根据设计的混凝土配合比分别称量出各项组成材料的工序
3843	配料精度	batching accuracy	配料称量结束，称量斗卸料后，实际投料值与称量（约定）真值之差与称量（约定）真值之商的百分比值，即［（称量显示值－扣称剩余值－称量（约定）真值）/称量（约定）真值］×100％

续表

序号	术语名称	英文对应词	定　　义
3844	配水工程	water distribution work	以一定压力将净化水输送到各用水点的设施
3845	配压阀	distributing valve	输出油流方向和流量随活塞移动的方向和位移大小而改变的阀
3846	喷点	sprinkler site	喷头的工作位置
3847	喷灌	sprinkler irrigation	利用专门设备将有压水流通过喷头喷洒成细小水滴，落到土壤表面进行灌溉的方法
3848	喷灌工程	sprinkler irrigation project	实现喷洒灌溉的工程设施
3849	喷灌均匀度	water uniformity of sprinkler irrigation	喷灌面积上喷洒水量分布的均匀程度
3850	喷灌强度	application rate of sprinkler water	单位时间内喷洒在地面上的水深
3851	喷灌条带宽度	sprinkling irrigation wetted width	垂直于喷头车行走方向且满足喷灌均匀度要求的有效喷洒宽度
3852	喷灌系统	sprinkler irrigation system	由水源取水并加压后输送、分配到灌溉地段，通过喷头以均匀喷洒方式进行灌溉的灌溉系统
3853	喷漆室	spraying chamber	完全封闭或半封闭的，设有良好机械通风和照明设备的，专用于涂料喷涂的室体或围护结构体
3854	喷洒方式	spray pattern	喷头所采用的全圆、扇形或带状喷洒的工作方式
3855	喷洒水利用系数	sprinkler coefficient	喷洒范围内地面和作物的受水量与喷头出水量的比值
3856	喷射除锈	compressed air blast cleaning	在压缩空气的驱动下，利用高强磨料流的冲击作用，净化和粗化基体表面的工艺过程
3857	喷射混凝土	shotcrete	用混凝土喷射机等设备，将一定配比的水、水泥、骨料和外加剂等组成的混合物，直接喷向岩石或其他表面形成的混凝土
3858	喷头工作压力	operating pressure of sprinkler	喷头工作时，在距其进口下 200mm 处的实测压力值
3859	喷头流量	capacity of sprinkler	单位时间内喷头喷出的水量
3860	喷头射程	sprinkler pattern range	喷头正常工作时，喷洒有效湿润范围的半径
3861	喷针	needle	用以改变射流直径，调节流量的装于喷嘴内腔、头部呈针状的部件
3862	喷针开度	needle opening	从关闭位置开始测得的喷针平均行程［单位：(°)］

续表

序号	术语名称	英文对应词	定义
3863	喷嘴	nozzle	设于流道末端收缩提高水流速度喷出口的喷头水力部件
3864	喷嘴压力	nozzle pressure	喷嘴出口处的流速水头
3865	膨胀力	swelling force	土体在不允许侧向变形下充分吸水，使其在吸水过程中始终不发生竖向膨胀所需施加的最大压力值
3866	膨胀水泥	expansive cement	由硅酸盐水泥熟料与膨胀剂和石膏按一定比例磨细制成的在水化过程中体积略有增大的水硬性胶凝材料
3867	膨胀土	expansive soil	富含亲水性矿物，有明显的吸水膨胀、失水收缩特性的高塑性土
3868	P/B系数	P/B ratio	单位时间内某种生物的生产量与该段时间内该生物的平均生物量的比值，表示单位生物量的生产能力
3869	劈理	cleavage	在地质构造力作用下岩石沿一定方向劈开的大致平行的密集的细微破裂面
3870	劈裂灌浆	hydrofracture grouting	利用水力劈裂原理，以灌浆压力劈开土体，灌入水泥浆形成防渗帷幕或加固土体的方法
3871	劈裂强度	cleavage strength	在圆柱形岩土试样的直径方向上施加成对的线性荷载，当圆柱试样达到破坏时计算得的抗拉强度
3872	皮尔逊分布	Pearson distribution	英国统计学家卡尔·皮尔逊提出的一组频率分布，其中第Ⅲ型频率分布常用于水文计算
3873	皮囊式采样器	collapsible sampler	借助柔性较好的橡皮囊容器以传导和调整器内外压力使其平衡的积时式悬移质采样器
3874	疲劳极限	fatigue limit	材料受常幅荷载任意多次重复作用下，若材料的循环应力中的最大应力大于某极限值时，材料经有限次应力循环后将产生疲劳裂纹时的极限应力值
3875	疲劳强度	fatigue strength	材料在常幅重复荷载作用下形成疲劳破坏时的最大应力。疲劳强度随荷载重复次数的增加而降低
3876	偏流器	deflector	装在喷嘴出口处，能迅速将射流全部或部分偏转使之不作用于转轮水斗的装置
3877	偏心铰弧形闸门	eccentric trunnion radial gate	支铰采用偏心铰，在闸门启闭过程中，先操作偏心铰，作前后往复运动的弧形闸门
3878	偏心受压柱	eccentrically loaded column	在压力作用下同时引起轴向压缩与弯曲变形、压力偏离杆件轴心的柱
3879	片麻状构造	gneissic structure	变质岩中不同颜色的片状、柱状矿物交替断续定向排列的一种构造
3880	片状构造	schistose structure	变质岩中的矿物颗粒肉眼可以分辨，连续平行排列成薄片状的一种构造

续表

序号	术语名称	英文对应词	定　义
3881	片状颗粒	flat particle	厚度小于该颗粒所属粒级上、下限粒径平均值的 0.4 倍的砾石（碎石）颗粒
3882	漂浮物冲击力	impact force of floater	水流中漂浮物体冲击阻挡结构物的力量
3883	漂木道	log chute	用水力输送单木过坝的斜槽式过木设施
3884	漂移	drift	计量仪器的计量特性随时间的慢变化
3885	撇洪	flood diversion	拦截排水区上游山坡洪水，使其直接流入容泄区的工程措施
3886	撇弯	chute cutoff	在河流弯道凸岸有宽阔低滩情况下，一旦遇到大洪水，主流会切割边滩取直，并使凹岸坐弯过死的地方撇出，形成与边滩脱离的江心洲的现象
3887	贫混凝土	lean concrete	水泥含量较低（水泥用量不大于 170kg/m^3）的混凝土
3888	频率分析	frequency analysis	根据某水文现象的统计特性，利用现有水文资料，推求水文变量统计参数及设计值的工作
3889	频率给定单元	frequency setting module	用来规定或改变机组转速的电气单元或程序模块
3890	频率模数	frequency modulus	振弦式传感器输出频率的平方除以 1000 获得的值
3891	频率模数	frequency modulus	振弦式传感器输出量的一种表达形式，其值为输出信号频率平方的 1/1000，单位为 kHz^2
3892	频率响应	frequency response	在定常线性系统中输出与输入之比表示为输入信号频率的函数，通常以幅频特性曲线、相频特性曲线表示幅度、相位与频率的关系
3893	频域反射法	frequency domain reflectometry	根据土壤中的水和其他电介质介电常数之间的差异的原理并采用频域反射测试技术测量土壤含水量的方法
3894	平板坝	flat slab buttress dam	挡水结构物为多跨连续的平板的支墩坝
3895	平板仪	plane - table	由照准仪、测图板、三脚架、罗针及移点器等部件组成的用于地形测量的一种仪器
3896	平板载荷试验	plate loading test	在地基中挖坑至拟建基础底面高程，放上一定尺寸的刚性承压板，对其逐级施加垂直荷载直至破坏，绘出各级荷载与承压板的相应下沉量关系曲线，据此研究地基土的变形特性，变形模量和地基承载力，或检验地基加固效果的现场模拟建筑物基础荷载条件进行的一种原位试验
3897	平板闸阀	flat gate valve	关闭件为平行闸板的滑动阀门
3898	平板闸门	plate gate	一般能沿直线升降启闭，具有平面挡水面板的闸门
3899	平板支座	plate support	用做梁或桁架的表面为平面的支承板
3900	平仓	spreading and levelling	用人工或机械将卸入仓内成堆的混凝土拌和物按一定厚度摊开铺平的工序

续表

序号	术语名称	英文对应词	定义
3901	平差值	adjusted value	最接近真值的近似值。在对某量进行多次等精度观测时，若观测值中不含有系统误差，则其算术平均值是最或然值；不同精度观测时，则其权中数是最或然值
3902	平潮	slack water	潮汐涨落过程中，海水上涨到最大高度后，短时期内保持的不涨也不落的现象
3903	平堵截流	full width rising c-losure	沿截流戗堤轴线，全线抛投截流材料，使戗堤堤身均衡上升，直到高出水面的截流方法
3904	平行不整合	disconformity	新老岩层的产状大体一致，但其间存在一个区域性的沉积间断，在时代上不是连续的接触关系
3905	平行测定	parallel measure	在相同条件下，采用二个以上试样同时进行试验
3906	平行检测	parallel detection	监理机构在施工单位对试样自行检测的同时，按照一定比例独立抽样进行的检测，核验施工单位检测结果
3907	平行检验	parallel inspection	监理机构利用一定的检查和检测手段，在设备制造单位自检的基础上，按照一定的比例独立进行检查或检测的活动
3908	平行线路横联差动保护	transverse differential current protection for parallel lines	比较同一侧的平行线路短路电流大小和相位，不带人为延时而跳闸的继电防御措施
3909	平行作业法	parallel operation method	同一个或两个及两个以上的施工对象，同时组织进行两个以上不同工作性质的作业并互不干扰的施工组织方法
3910	平衡阀	balanced valve	为防止负荷下落而保持背压的压力控制阀
3911	平衡滑轮	compensating sheave	在滑轮组上缠绕钢丝绳时，用于满足对称布置、均衡受力要求设置的滑轮
3912	平衡挟沙能力	regime sediment c-harge	以饱和含沙量表示的与河床临界状态相适应的水流挟沙能力
3913	平衡输沙	balanced sediment transport	挟沙水流的含沙量等于其平衡挟沙能力时的输沙状态
3914	平衡重	counter weight	平衡升船机船厢或闸门门叶自重的重块
3915	平衡重式升船机	ship lift with couter weight	采用平衡重来平衡船厢重量垂直升降船厢，运送船舶过坝的机械设备
3916	平交道	level crossing	铁路与道路的平面交叉部位
3917	平均故障间隔时间	mean time between failures	元件在相邻两次故障之间（包括修复时间在内）的时间这个随机变量的数学期望值
3918	平均劳动力	average labour force	一定时段（日、月、年）内平均需要的劳动人数
3919	平均粒径	mean diameter	粒径分布曲线上土粒累计质量百分数为50%的粒径，用 d_{50} 表示

续表

序号	术语名称	英文对应词	定义
3920	平均流量	mean discharge	某一测量断面处一定时段内流量的平均值。 注：如年、月、日平均流量等
3921	平均流速	mean velocity	流量除以过流断面（单位：r/min）
3922	平均强度	average strength	同一标号混凝土的若干组试件测试强度的算术平均值
3923	平均寿命	average life	产品在交付使用后工作寿命的平均值。其具体可分为：对不可修复或不值得修复的岩土工程仪器产品平均寿命是指产品发生失效前工作时间的平均值记作 MTTF。对可修复的岩土工程仪器产品平均寿命是指相邻两次故障间工作时间的平均值又称为平均无故障时间记作 MTBF
3924	平均水头	arithmetic average head	在一定计算时期内各计算时段（日、旬、月等）的水头以算术平均计算得的水头
3925	平均无故障工作时间	mean time to failure (MTTF)	元件寿命时间这个随机变量的数学期望值
3926	平均误差	mean error	测量值分散性的一种量度，计算每次测量值与平均值之差，将差值绝对值总和除以观测次数所得的值
3927	平均修复时间	mean time to repair	元件修复时间这个随机变量的数学期望值
3928	平立堵截流	closure by full width rising and end - dump	平堵截流与立堵截流结合的截流方式
3929	平面定轮闸门	fixed roller plain gate	主要支承方式为固定轮式的平面闸门，支承方式可分为悬臂定轮、简支定轮和台车定轮闸门
3930	平面滑动闸门	sliding plain gate	用滑道或滑块作为行走支承部件的平面闸门
3931	平面控制测量	horizontal control survey	建立各级平面控制网，测定控制点在投影面上的平面直角坐标的测量作业
3932	平面链轮闸门（履带式闸门）	roller chain gate (caterpillar gate)	用辊轮（或履带）组成链条，环绕闸门边梁滚动启闭的平面闸门
3933	平面渗透系数	coefficient of planar permeability	平行于土工织物平面方向的渗透系数
3934	平面闸门	plain gate	一般能沿直线升降启闭，具有平面挡水面板的闸门
3935	平面闸门门槽	plain gate slope	在过流孔口的两侧、用于约束平面闸门门叶位置的凹槽
3936	平台技术模型	technology model for platform	构成平台的基本服务、访问接口及其相互关系的描述
3937	平坦 V 形堰	flat - V weir	具有夹角为钝角的 V 形过水断面的三角形剖面堰
3938	平压阀	filling valve	附设在闸门门叶上，用于向门后充水使闸门前后水压平衡的阀门

续表

序号	术语名称	英文对应词	定义
3939	平压管	equalizing pipe	向检修闸门与工作闸门间的空腔充水的管道
3940	平移断层	transcurrent fault	断层两盘沿断层面走向作近于水平相对错动的断层
3941	平移—回转式喷灌机	laterally - circularly moving sprinkler irrigation system	装有喷头的管道支承在可自动行走的支架上作平行移动，到田块末端又可作半圆旋转到另一个田块的大型喷灌机械
3942	平移式锁定装置	horizontal movable dog device	锁定梁用滚轮作水平移动的门叶锁定装置
3943	平原	plain	地表面平坦宽广、地面高差和倾斜角较小的地貌地区，一般海拔高度小于500m
3944	平原区浅层地下水开采率	the exploitation rate of shallow ground water in the plain area	浅层地下水开采量占地下水资源量的百分比
3945	评标	bid ealuation	开标后对合格的投标文件进行分析比较，以推荐或选定中标单位的程序
3946	评价标准	standard for assessment	作为指标评价的衡量值，通过实际用水指标值与其对比来确定用水水平。一般在已颁布的与用水相关规范标准、全国平均指标、所属分区平均指标及地区相关定额指标中选取
3947	评价参数	evaluation parameters	保证工程项目经济评价结论的可比性所采用的包括社会折现率、影子汇率、影子价格、影子工资和贸易费用率等通用参数
3948	评价受体	ecological entity	暴露于胁迫因子的单个或一组物种、生态系统的功能特征、特殊生境等
3949	评价系数	coefficient for assessment	等级阈值与评价标准的相对比例，用于判别参评指标所隶属的等级
3950	评价终点	assessment endpoint	能有效表达环境价值的生态实体及其相关属性
3951	屏	panel	面板上安装各种电气仪表和器具的由框架和面板组成的装置（直立屏盘）
3952	屏蔽	shielding	把某对象外部以金属包围并接地，使外部侵入的干扰电流沿金属流入大地，使其对某对象不发生（或基本不发生）影响的一种抵抗电磁波相互干扰的措施
3953	屏台	board - desk	面板上装有各种电气仪表和器具的带有直立屏的控制台
3954	瓶式采样器	bottle type sampler	由带有进水管和排气管的瓶塞和具有规定容积的半透明或浅色塑料瓶（或玻璃瓶）组成的，可以用来以积时方式采集悬移质泥沙的简易装置

续表

序号	术语名称	英文对应词	定　　义
3955	坡积物	slope deposit	从高处搬运下来的风化碎屑物在山坡表面的堆积体
3956	坡口焊接	groove welding	焊件边缘需要加工成各种坡口形状的焊接工艺方法
3957	坡立谷	polje	喀斯特地区宽广平坦的长条形盆状谷地
3958	坡面集雨工程	rainfall collection works on slope	在坡面修建的拦蓄坡面、道路等降水径流的工程设施
3959	坡面截流沟	water intercepting and drainage ditch on the slope	在坡地上沿等高线修筑的拦截、疏导坡面径流，具有一定比降的沟槽工程
3960	坡面截排水工程	water intercepting and drainage works on hill - slope	为拦截和疏导坡面径流而修建的设施
3961	坡面水系工程	water regulating works on slope	在坡面上修建的用以拦蓄、疏导坡地径流，防止山洪危害，发展山区灌溉的水土保持工程设施
3962	坡面治理工程	slope treatment for erosion control	为防治坡面水土流失，保护、改良和合理利用坡面水土资源而修筑的工程设施
3963	坡式梯田	sloping terrace	在坡面上，沿等高线上下分段修筑田埂，埂间保持原坡面的田块
3964	破坏模型	dynamic damage test	为研究在荷载作用下结构各阶段工作性能包括直至破坏的全过程反应的结构模型
3965	破坏区	block zone	爆破作用力大于介质的极限强度，使介质形成径向和环向缝的破坏区域
3966	破坏圈	fragmental zone	爆破作用力大于介质的极限强度，使介质形成径向和环向缝的破坏区域
3967	破碎波高	breaking wave height	波浪向近岸传递过程中发生破碎时的波高
3968	破碎水深	breaking wave depth	波浪向近岸传递过程中濒于发生破碎处的水深
3969	铺料	placing and spreading	把符合设计要求的土石料，按规定的厚度摊铺在填筑面上的施工作业
3970	葡萄串	string of block pieces	截流与河道防护工程中，往水流中抛投的一种用钢筋或钢丝绳串联起来的石块或混凝土块体
3971	普遍磨损	surface abrasion	外貌类似于波纹、鱼鳞状相对较均匀的大面积破坏
3972	普通地图	general map	综合反映地表物体和自然现象、社会现象一般特性的地图
3973	普通钢筋	ordinary steel bar	用于混凝土结构构件中的各种非预应力钢筋的总称

续表

序号	术 语 名 称	英文对应词	定 义
3974	普通硅酸盐水泥	ordinary portland cement	以硅酸钙为主要成分的硅酸盐水泥熟料掺少量混合材料与适量石膏磨细制成的水硬性胶凝材料
3975	普通水泥	ordinary cement	以硅酸钙为主要成分的硅酸盐水泥熟料掺少量混合材料与适量石膏磨细制成的水硬性胶凝材料
q部			
3976	期间核查	intermediate checks	根据规定程序，为了确定计量标准、标准物质或其他测量仪器是否保持其原有状态而进行的操作
3977	其他项目		为完成工程项目施工，发生于该工程施工过程中招标人要求计列的费用项目
3978	畦灌	border irrigation	灌溉水在畦田流动过程中，以重力作用渗入土壤的灌水方法
3979	企业定额		施工企业根据本企业的施工技术、生产效率和管理水平制定的，供本企业使用的，生产一个质量合格的规定计量单位项目所需的人工、材料和机械台时（班）消耗量
3980	企业利润	company profit	按规定应计入建筑、安装工程费用中的利润
3981	企业水平衡测试	testing of water balance elements for enterprises	通过测定企业用水过程中各水平衡要素计算企业用水量，为企业给配水量提供依据的方法
3982	启闭荷载	hoisting load	升降闸门时作用在启闭机与闸门连接吊耳上的最大启门力、最大持住力或最大下压力
3983	启闭机	hoist	用于启闭闸门或阀门的机械
3984	启闭机的规格	specification of hoist	启闭机的规格按额定启闭力和扬程表示
3985	启闭机规格	specification of hoist	启闭机的规格按设计额定载荷和扬程（行程）表示。示例：启门力为2000kN、扬程为40m的固定卷扬式启闭机或移动式启闭机其规格表示为2000kN－40m，启门力为2000kN、闭门力为1000kN、行程为6m的液压启闭机其规格表示为2000kN/1000kN－6m，启门力为2000kN、持住力为3000kN、行程为40m的启闭机其规格表示为2000kN//3000kN－40m
3986	启闭机扬程/行程	lift of hoist	启闭机启吊闸门时所能达到的最大高度或距离
3987	启闭机载荷	load of hoist	闸门在启、闭和拦污栅在起吊、安放的过程中，启闭机起升机构承受的工作载荷。 注：启闭机载荷是随启闭行程变化的量，与闸门及拦污栅的运行方式、摩擦阻力、水力学等有关，是启闭机区别于其他起重设备的特有属性。启闭机载荷分为启门力、闭门力、持住力，单位为kN

续表

序号	术语名称	英文对应词	定义
3988	启闭力	hoisting capacity	启闭力是启闭机的额定容量，单位为 kN。启闭力是根据闸门的启门力、持住力和闭门力中的最大值来确定的
3989	启闭速度	hoisting velocity	启闭额定荷载时吊具的速度
3990	启动站	initiative station	一次报文传输过程，主动发出报文的站
3991	启门力	lifting force	开启闸门所需的提升力、拖动力或转动力等
3992	起动流速	incipient velocity	河床上的泥沙颗粒从静止转入运动的临界状态时的垂线平均流速
3993	起动拖曳力	incipient tractive force	河床上的泥沙处于起动临界状态时水流对泥沙颗粒作用的剪切力
3994	起动值	pick-up value; starting value	使继电器始动的临界值
3995	起动转矩	starting torque of motor	电动机在起动时所产生的电磁转矩
3996	起伏度	waviness	结构面在较大范围内的表面起伏程度的一个指标
3997	起励	build-up excition	发电机在起动过程中，帮助发电机建立初始电压，使自动励磁调节器获得必要工作电压的过程
3998	起升高度	load-lifting height	起重机运行（或固定）状态时，对应于一定的塔身高度、起重臂组合、起升滑轮倍率，吊钩处于相应幅度的上极限位置处，吊钩中心至起重机轨面的最大垂直距离
3999	起升机构	hoisting mechanism	使闸门（重物）升降的机构。由电动机、制动器和减速装置等组成
4000	起升速度	load-lifting speed	起吊各稳定运行速度档对应的最大额定起重量时，吊钩在上升过程中稳定运动状态下的上升速度
4001	起升索	hoisting rope	用于起吊载荷的钢丝绳
4002	起始超瞬态短路电流	initial subtransient short circuit current	超瞬态短路电流周期性分量在短路开始后第一周期内的有效值
4003	起始冻胀含水率	critical water content of frost heaving	土壤开始产生冻胀时的临界含水率
4004	起始干密度	initial dry density	相应于起始含水率的干密度
4005	起始含水率	initial moisture percentage	对均质坝是指冲填泥浆进坝时（即输泥渠末端处）的泥浆含水率，它反映了泥浆的浓度；对非均质坝是指冲填泥浆经稀释分选后坝面冲填层的含水率，它不反映泥浆的浓度
4006	起始值	original value	仪器在现场零荷载下的测值
4007	起始子午线	prime meridian	地球上计算经度的起始子午线或经线

续表

序号	术 语 名 称	英文对应词	定　义
4008	起重臂铰点高度	hinge height of crane jib	起重机运行或固定独立状态时，起重臂铰点对起重机轨道面的最大垂直距离
4009	起重臂倾角	jib angle	在起升平面内，起重臂纵向中心线与水平线的夹角
4010	起重索	suspension cable	用来悬吊铅鱼和采样器等测验仪器，并能沿铅直方向定位的活动钢索。它可与绝缘导电芯线相连接并由岸上绞车来控制
4011	起转速度	starting velocity	使转子开始连续转动的最低水流速度
4012	气动闸门	air - operated gate	采用气囊充排气使门叶转动调节流量的闸门
4013	气介式超声波水位计	gas medium ultrasonic stage gauge	以空气为声波传播介质的超声波水位计
4014	气介式超声波水位计	ultrasonic water level gauge（through air）	以空气作为超声波传播介质的超声波水位计
4015	气孔状构造	vesicular structure	岩浆岩中具有的近似圆形或椭圆形互不连通的孔洞的构造
4016	气流组织	air distribution	对室内空气的流动形态和分布进行合理组织，以满足空气调节房间对空气温度、湿度、流速、洁净度及舒适感等方面的要求
4017	气泡式水位计	bubble - type stage gauge	用吹气引压装置，将测点的静水压力转换成气体的压强值并引至水面以上，再用压力传感器来感应和处理，从而实现水位测量的仪器
4018	气水分离器	air - water separator	通过改变压缩空气的流向和速度来分离出其所含的水分和油粒的装置。有绕流板式、环形回转式和离心旋转式等
4019	气体保护	gas protection；buchholz protection	变压器内部故障时，其中的油分解产生大量气体，反应变压器内部气体和油流速度以及油压而动作的继电防御措施
4020	气体保护焊	gas metal arc welding	用外加气体作为电弧介质并保护电弧和焊接区的电弧焊
4021	气体绝缘金属封闭开关设备	gas insulated metal -enclosed switchgear	全部或部分的采用高于大气压的气体作为绝缘介质的金属封闭开关设备
4022	气温骤降	sudden drop in air temperature	日平均气温在 2～3d 内连续下降累计 6℃以上的气温变化
4023	气隙	air gap	定子和转子之间的空气间隙
4024	气压式固结仪	pneumatic consolidometer	由空压装置提供向土样施加的压力，使土样产生变形的固结仪
4025	弃渣场	waste disposal area	施工中用以堆放不合要求的土石或废弃料的场地

续表

序号	术语名称	英文对应词	定义
4026	汽车修配厂	autmobile repairing workshop	对工程施工用的汽车进行保养、维修与检修的场所
4027	汽化压力	evaporating pressure	产生汽化饱和蒸汽时的绝对压力（单位：Pa）
4028	砌石	stone masonry	把散体的块石不用胶结材料（干砌）或用胶结材料（浆砌）砌筑成规则的整体的施工作业
4029	砌石坝	masonry dam	用石料砌筑而成并在上游面设防渗体的坝
4030	砌石防渗	seepage control by stone masonry	砌筑石护面层以减少渠道水量渗漏损失的措施
4031	千粒重	one thousand - seed weight	1000粒纯净风干种子的重量，单位为克（g）
4032	千枚状构造	phyllitic structure	变质岩中的矿物颗粒肉眼不能分辨，鳞片状矿物定向排列成细小片理，片理面上具有丝绢光泽的一种构造
4033	牵引索	hauling rope（transversing rope）	带动载重小车在承载索上往返运行的钢丝绳
4034	铅鱼	elliptical type weight	一种用金属铅或铅与铁混合铸造的，具有一定重量，水阻力较小的水文测具
4035	铅鱼缆道	elliptic - type weight cableway	以铅鱼为测验平台的水文缆道。铅鱼用柔性悬索铅直悬吊在跨河索（主索）的下面，测量仪器安装在铅鱼上，测验人员在岸上控制铅鱼的水平或垂直运行并进行测量作业
4036	前池	forebay	引水式水电站从无压引水过渡到压力管道之间的连接建筑物，具有调整和稳定水流、向压力管道供水的作用
4037	前端设备	front - end device	摄像机以及与之配套的相关设备（如镜头、云台、解码驱动器、防护罩等）
4038	前端系统	front - end system	监视前端采集设备及相应监视站编码设备组成前端系统
4039	前方交会法	forward intersection method	从两个（或三个）已知点测定已知方向与待定点方向之间的水平夹角，以交会出待定点位置的方法
4040	前震	foreshock	一个地震序列中发生在主震之前的地震
4041	前趾	foretoe	为调整挡土建筑物重心，其底板向墙前挑出一定长度的部分
4042	前置通信控制机	preset communication controller	能自动接受、存贮遥测终端机或中继机传输的遥测信息，并作预处理，根据需要尚可具有查询、数据显示、时钟校正、变换数据传输速率、对系统设备监控以及与其他计算机通信的数传控制设备
4043	潜坝	submerged dike	设置在枯水水面以下，具有调整水面比降及限制河底冲刷等功能的河道整治建筑物

续表

序号	术语名称	英文对应词	定义
4044	潜孔锤	down－the－hole hammer	利用水或空气作为动力源的孔底冲击器
4045	潜孔式闸门	submerged gate	门顶淹没在水中，有顶止水的闸门
4046	潜孔闸门	submerged gate	挡水水位高于门顶，有顶止水的闸门
4047	潜水	phreatic water	地表以下第一个稳定隔水层以上具有自由水面的地下水
4048	潜水泵	submersible motor pump	水泵和电动机一起潜入水中工作的抽水装置
4049	潜水泵站	pumping station equipped with submersible pump	安装潜水泵作为主抽水设备的泵站
4050	潜水等水位线图	water table contour map	在同一时间内，按一定的等高距，将地区内相同潜水水位的点连接成水位等高线的图
4051	潜水给水度	specific yield；drainable porosity	单位面积含水层中潜水位每下降单位深度时，释放出来的水量
4052	潜水泥浆泵	submersible dredge pump	装在船外水下的泥浆泵
4053	潜水排泥管线	submersible discharge pipeline	排泥管线中潜入水中或水底的部分
4054	潜水位	phreatic water level	潜水的自由水面相对于某一基面的高程
4055	潜水蒸发	evaporation from phreatic water	浅层地下水或江、河、湖、渠等水体侧渗水通过土壤输送、运移至地表并汽化散失的现象
4056	潜水蒸发量	phreatic water evaporation	在毛细管作用下，潜水向包气带输送水分，并通过土壤蒸发或/和植物蒸腾进入大气的水量
4057	潜在滑动面	potential slip surface	具有特定的物理力学和几何条件，可能成为边坡稳定体与滑动体分离的界面
4058	潜在石漠化	potential rockification	因水土流失而导致土地可能向石漠化方向演变的现象
4059	潜在石漠化危险程度	danger degree of potential rockification	以土壤侵蚀强度为表征的、反映土地向石漠化演变的趋势
4060	潜在水凝材料	latent hydraulic materials	本身具有较小的甚至不具有水凝能力，但若为细粉状时则在常温、有水的条件下就能与氢氧化钙起化学反应成为具有黏结力的一种材料
4061	潜在需水量	potential evapotranspiration of crop；potential water requirement of crop	在土壤水分充足、作物覆盖茂密条件下的最大可能蒸发蒸腾量

续表

序号	术语名称	英文对应词	定　　义
4062	浅层地下水	shallow ground water	与当地大气降水、地表水体有直接补排关系的潜水和与潜水有密切水力联系的承压水
4063	浅层地下水开采净消耗量	actual net consumption of shallow ground water	浅层地下水开采量扣除在用水过程中回归补给地下水部分的剩余量，这部分水量在用水过程中均被蒸发消耗
4064	浅层地下水蓄变量	differential of shallow ground water	计算时段初地下水储存量与计算时段末地下水储存量的差值
4065	浅层地震反射波法	shallow seismic reflection	利用地震波的反射原理，对浅层具有波阻抗差异的地层或构造进行探测的一种地震勘探方法，简称浅层反射波法
4066	浅层地震折射波法	shallow seismic refraction	利用地震波的折射原理，对浅层具有波速差异的地层或构造进行探测的一种地震勘探方法，简称浅层折射波法
4067	浅孔爆破	shallow－hole blasting	炮孔深度小于5m，孔径小于75mm的钻孔爆破技术
4068	浅滩	shoal	河道中隔断上下游深槽、阻碍水流或航行，由沙、砾石等组成的沉积体
4069	浅滩整治	shoal training	按照设计的治导线对碍航浅滩进行治理，以改善航行条件的工作
4070	欠补偿	under compensation	补偿量小于电力网所需要的补偿量
4071	欠固结土	under－consolidated soil	在自重作用下尚未固结完成的土
4072	欠挖	under－excavation	开挖面中没有达到设计开挖界限少挖的部分
4073	强度	strength	以试样破坏时的极限应力来度量的材料、构件或结构在荷载作用下抵抗破坏的能力
4074	强度保证率	assurance factor of strength	混凝土总体强度中，不小于设计强度的概率
4075	强度标准值	characteristic value of strength	国家标准规定的钢材屈服强度（屈服点）或抗拉强度
4076	强度参数	strength parameter	材料抗剪强度的内摩擦角和黏聚力
4077	强度等级	class of cubic compression	混凝土设计龄期立方体抗压强度标准值，是按照标准方法制作、养护的边长为150mm的立方体试件，在设计龄期用标准试验方法测得的具有设计保证率的抗压强度，单位以N/mm^2或MPa计，表示符号为“C”。如：90d龄期的强度标准值15MPa，表示为$C_{90}15$；若设计龄期为28d，则省略下角标，表示为C_{15}
4078	强度极限	ultimate tensile strength	以试样所能承受的最大（极限）拉力与试样原截面之比所得的最大应力值来度量材料抵抗拉应力的能力

续表

序号	术 语 名 称	英文对应词	定　　义
4079	强度离差系数	strength deviation coefficient	用一组强度测定值的标准离差和其算术平均值之比来评定混凝土质量均匀性的一种指标
4080	强度模量比	modulus ratio	岩石的静力弹性模量与单轴极限抗压强度之比
4081	强度设计值	design value of strength	钢材或连接件的强度标准值除以相应抗力分项系数后的数值
4082	强夯法	dynamic compaction method	用高落距重锤夯实松软地基的方法
4083	强行减磁	forced field discharge; forced decrease of excitation	当发电机机端电压超过允许值时，快速减少发电机励磁电流，使发电机电压下降到接近额定电压的过程
4084	强行励磁	forced excitation	当发电机端电压下降至允许值以下时，快速增加发电机励磁，使发电机电压迅速回升的过程
4085	强励	forced excitation	当发电机端电压下降至允许值以下时，快速增加发电机励磁，使发电机电压迅速回升的过程
4086	强励倍数	forcing factor; forcing multiple	强行励磁状态下同步电机励磁系统的标称顶值电压与额定励磁电压之比值
4087	强迫停运率	forced outage rate	用无量纲的因数表示的元件的不可用率
4088	强震动	strong motion	地震和爆破等引起的场地或工程结构的强烈震动，以震动加速度值表示
4089	强震动安全监测	strong motion monitoring for seismic safety	用专门仪器记录强震动时工程结构和场地的地震反应，为评估水工建筑物安全性而进行的监测
4090	强震动监测中心	central station for monitoring management	安装强震动安全监测管理计算机、软件和相关外围设备的场所
4091	强制式搅拌机	forced concrete mixer	通过固定的筒体与筒内旋转的搅拌叶片间的相对运动，对物料强制进行搅拌的搅拌机
4092	抢排	rushdrainage	利用汛期外江水位短期回落时机，或在海滨地区低潮水位时，开闸自流排除涝水的措施
4093	抢修	rush repair	在工程发生突然事故危及运行安全时，紧急进行的修复工作
4094	桥臂过电流保护	converter arm overcurrent protection	反应桥臂晶闸管反向击穿，或外绝缘不够使桥臂短路而动作的继电防御措施
4095	桥道梁	stringer	桥梁梁系中的纵向和横向次梁
4096	桥面板	bridge deck	铺设在桥梁梁系上承受和传递荷载的板型构件
4097	桥式启闭机	bridge crane	具有桥型构架并能沿轨道移动的启闭机
4098	桥式起重机	bridge crane	具有桥型构架并能沿轨道移动的起重机械

续表

序号	术语名称	英文对应词	定　义
4099	桥形接线	bridge connection	两组变压器—线路组之间经过一台断路器作为桥连接起来的接线。桥接断路器设在变压器—线路组断路器的内、外侧时，可分别称为内桥接线和外桥接线
4100	切缝	joint sawing	用振动刀具将新浇的整体混凝土垂直切（锯）成缝，以实现浇筑分缝的工序
4101	切合空载线路过电压	over - voltage of no - load line switching	切、合空载线路时引起的操作过电压
4102	切换片	link strap	能供电路相互切换的一种元件
4103	切机	cut - off of power set	系统故障时从系统中将某些运行的发电机切除，以消除过剩功率所采取的维持系统暂态稳定的措施
4104	切空载变压器过电压	over - voltage of no - load transformer switching - off	切除空载变压器时引起的操作过电压
4105	切滩	avulsion	河道主流偏离弯道凹岸而切割凸岸边滩的现象
4106	切线模量	tangent modulus; tangential modulus	标准三轴压缩试验中，土的偏应力与轴向应变关系曲线上某一点切线的斜率
4107	切向冻胀力	tangential frost - heaving force	土冻胀时作用于建筑物侧表面向上的冻胀力
4108	切削刀具	cutting tool	安装在斗体前部的斗刃或斗齿
4109	侵入雷电波过电压	incoming lightning surge voltage	雷电波沿架空线侵入发电厂或变电所所产生的过电压
4110	侵蚀基面	erosion basis	进行河床演变研究工作时对河床或河道纵剖面所取的起算基准高程，如海平面、坝前水位或不可被冲刷的河床面高程
4111	侵蚀基准面	erosion base	水流下切接近某一平面后即失去侵蚀能力，不再往下侵蚀，这一平面称为侵蚀基准面
4112	侵蚀阶地	erosional terrace	阶地面由基岩组成，没有或很少冲积物
4113	侵蚀营力	erosion force	导致土壤侵蚀的作用力，包括水力、风力、冻融、重力等自然营力及人类对土地破坏的作用力
4114	青贮饲料作物	silage crop	能够在青绿期收获储藏，不经干燥，在厌氧性微生物的作用下可以较长时间保存的饲草、饲料作物
4115	轻型井点排水	well point drainage	在基坑周围布置直径较细的井点管，利用真空抽水设备抽水以降低地下水位的排水方法
4116	轻质混凝土	light weight concrete	用水、水泥、砂和轻质骨料配制成的单位体积干重量小于1950kg/m^{3}的混凝土

续表

序号	术语名称	英文对应词	定义
4117	倾角	dip angle	地质体界面的倾斜线与其在水平面上投影线之间的夹角
4118	倾向	dip	地质体界面的倾斜线在水平面上的投影所指的方向
4119	清沟	lead	封冻期间，河流中未冻结的狭长水沟
4120	清绘原图	fairdrawing of original map	制印地图的原始图版
4121	清洁压降	clean water pressure drop	清水流经新过滤器时进、出口之间的压差
4122	清水	clean water	悬移质泥沙含量不大于0.05kg/m^3，且能够清晰目测转轮进口或出口处空化空泡的水
4123	清水密度	density of clean water	单位体积清水的质量
4124	清污机	trashrack cleaning machine	清除拦污栅面上淤积物的机械设备。主要有齿耙式、回转栅式、液压抓斗式和压污耙式
4125	清污设备	trash - removal device	用以清除滞留在拦污栅前漂浮物和堵塞在拦污栅上污物的设备
4126	清淤量	sediment dredging amount	为增加河道行洪能力、维持水库库容或维持航道水深与水面宽度等目的，通过人工或机械作业，由河床挖走的泥沙量。清淤量大小以泥沙体积或质量计量，单位为立方米（m^3）或吨（t）
4127	丘陵	hill	海拔高度500m以下，相对高差小于200m，地表面平缓、山顶浑圆、起伏连绵的低矮隆起地貌地区
4128	求距边	side for transferring length	三角锁（网）中由起始边向前推算边长时所经过的边
4129	求距角	angle for transferring length	三角锁（网）中由起始边向前推算边长时，传距边所对的角
4130	球阀	spherical valve	阀体做成球形，活门呈圆管状，两端有球状阀座，用以截断水流的阀门
4131	球墨铸铁	ductile iron	铁液经过球化处理而不是在凝集后经过热处理，使石墨大部或者全部呈球状，有时候少量为团絮状的铸铁
4132	球气差	effect of earth curvature and refraction	地球弯曲差和大气垂直折光差合并影响的简称
4133	球形岔管	spherical branch pipe	分岔处为球壳，主管和支管与球壳曲交接处用补强环加强的岔管
4134	区域构造稳定性	regional tectonic stability	在一定范围和一定时段内，建设场地内动力地质作用可能对工程建筑物产生的影响程度

续表

序号	术 语 名 称	英文对应词	定　　义
4135	区域牧业旱情	regional pasture drought	干旱对某一区域牧业生产影响的总体情况，包括牧草受旱面积及受旱程度
4136	区域农业旱情	regional agricultural drought	干旱对某一区域农业生产影响的总体情况，包括农作物受旱面积及受旱程度
4137	区域综合旱情	regional comprehensive drought	干旱对某一区域农牧业生产和城乡居民生活用水影响的综合情况
4138	驱动水比率	drive water flow ratio	水动式施肥泵注入单位体积肥料（药）液体与所需驱动水的体积的比值
4139	屈服点（屈服强度）	yield point（yield strength）	材料在荷载作用下，当荷载不再增加而材料开始发生塑性变形时的应力
4140	屈服伸长率	tensile strainat yield	试样拉伸至屈服时的应变
4141	屈光度	diopfer	光线由一种物体射入另一种光密度不同的物质时，其光线的传播方向产生偏折，这种现象称为屈光现象，表示这种屈光现象大小的单位是屈光度
4142	渠床糙率	roughness of canal bed	表示渠道表面粗糙程度的无因次数
4143	渠道	channel，canal	人工开挖或填筑的具有规则断面的水道
4144	渠道边坡	side slope of canal	渠道横断面的侧边与水平面形成的坡度，即侧边的水平长度与垂直高度的比值
4145	渠道超高	freeboard of canal	为防止水流漫溢渠堤而使堤顶高于渠道设计水位以上的一段高度
4146	渠道断面宽深比	ratio of bottom width to water depth in canal	渠道底宽与渠中水深的比值
4147	渠道防渗	channel seepage prevention	为了减少渠道渗漏损失，采取的相应工程措施
4148	渠道防渗率	percentage of canal lining	固定渠道防渗面积与最大过水表面积的比值，以百分数计
4149	渠道配水方式	working regime of canal	各级渠道在管理运用中实行连续或轮流供水的工作方式
4150	渠道坡降	gradient of canal	渠道上、下游两断面渠底高差与该渠段水平长度的比值
4151	渠道设计流量	design discharge of canal	按照灌溉设计标准，渠道需要通过的最大流量
4152	渠道渗漏	canal seepage	渠水经透水岩（土）体渗漏到渠道深部和外侧的现象
4153	渠道输水损失	water conveyance losses in canal	渠道输配水过程中的渗漏、蒸发和冰冻等水量损失

续表

序号	术语名称	英文对应词	定义
4154	渠道输水损失测验	measurement of channel conveyance loss	通过选取代表性渠段进行封闭式试验，确定渠道输水过程中的损失量和渠系利用系数的方法
4155	渠道水利用系数	water efficiency of canal	渠道净流量与毛流量的比值
4156	渠道淤积	canal sedimentation	渠道水流所挟泥沙由于流速降低，受重力作用沉积到渠底的现象
4157	渠坡的安全坡比	stable rate of canal side slope	渠道断面稳定斜坡面的垂直高度与水平宽度的比值
4158	渠坡的边坡系数	coefficient of canal side slope	渠道断面斜坡面的水平宽度与垂直高度的比值
4159	渠首测站	station at the head of canal	观测从水源引入的渠首流量及水位的测站
4160	渠系规划	planning of canal system	各级灌溉排水渠道的布置、渠系建筑物定位与选型、田间工程规划及有关技术经济指标初步评估等工作的总称
4161	渠系建筑物	canal structure	在各级渠道上修建的水工建筑物
4162	渠系水利用系数	water efficiency of canal system	末级固定渠道输出流量（水量）之和与干渠首引入流量（水量）的比值，也为各级固定渠道水利用系数的乘积
4163	渠下涵	culvert under canal	在填方渠道下面穿过的过水涵洞
4164	曲率系数	coefficient of curvature	反映土颗粒粒径分布曲线形态的系数，为连续粒径的平方与限制粒径和有效粒径乘积的比值
4165	曲线测设	setting out of curve	将线路上两相邻直线转向处设计的曲线测设到实地的工作
4166	曲线放样	laying out of curve	将线路上两相邻直线转向处设计的曲线测设到实地的工作
4167	曲线仪	curvimeter	在地图上量测曲线长度的仪器
4168	取水点	intake point	供水水源取引水枢纽（涵、闸、站等）所在的地址
4169	取水工程	water abstraction project	从水库、河流、湖泊、地下水等水源取水的水工建筑物或设施
4170	取水建筑物	water intake structure	从水源取水的水工建筑物
4171	取土器	soil sampler	采取不扰动土样的专用器具
4172	取样管线	sampling line	从取样探头到样品引出点（或到分析装置、仪器）之间的一段连接管线
4173	全厂（站）公用电	station (pumping station) public service power	不属于机组自用电而是全厂（站）共用的负荷用电，如渗漏排水泵、检修排水泵、空气压缩机、厂房桥式起重机、通风、空调、消防、照明等用电

续表

序号	术语名称	英文对应词	定义
4174	全厂（站）公用电变压器	station (pumping station) service transformer	专供全厂（站）公用电的变压器
4175	全厂公用电	common power demand of plant	除各发电机组本身及辅助机械用电外的厂内其他公共用电
4176	全厂集中监控系统	centralized supervisory & control system	在水电站中央控制室的运行值班人员，借以实现对水电站全厂及其机电设备的集中监视控制的电工、电子设备及其系统
4177	全程变幅时间	luffing time	起吊最大幅度时的额定起重量，臂架仰角从最小角度到最大角度所需要的时间
4178	全断面导流	full river by - pass diversion	在拟建水工建筑物的上下游河床上各建一拦断全部河床的围堰，河水经河床外的泄水建筑物下泄的导流方式
4179	全断面掘进法	full face driving method	使整个设计断面一次开挖成形的地下洞室施工方法
4180	全贯流式水轮机	rim - generator turbine	发电机转子装于转轮叶片外缘上的贯流式水轮机
4181	全空气调节系统	all - air air conditioning system	空气调节房间的热湿负荷全部由空气处理设备处理过的空气负担的空气调节系统
4182	全宽堰	full - width weir	一种无侧向水流收缩的堰，堰的长度与河宽一致
4183	全面调查	fully investigation	对建设征地范围内的实物数量和质量进行调查登记的一种调查方法。要求调查人员在现场对人口逐户登记造册、房屋逐幢丈量、土地按地类地形图实地核实、企业和专业项目逐一调查主要技术经济指标、等级和规模等
4184	全面质量管理	totalquality control	由企业全体人员参加，将经营管理专业技术、数理统计方法和思想教育紧密结合，实行对施工全过程中影响产品质量的各种因素的控制，形成严密的保证和提高产品质量的科学管理方法
4185	全平衡式升船机	ship lift with full balanced	设置平衡重量与带水船厢重量相同的垂直升船机
4186	全球定位系统	global positioning system	利用卫星星座（通信卫星）、地面控制部分和信号接收机对对象进行动态定位的系统
4187	全球水平衡	global water balance	质量守恒定律在全球水循环中的特定表现形式
4188	全球水循环	global hydrologic cycle	海洋水、陆地水、大气水之间的水量交换现象
4189	全球移动通信系统	global system for mobile communication	英文缩写为GSM，是欧洲电信标准组织ETSI制订的一个数字移动通信标准，它的空中接口采用时分多址技术。其工作频率段有900MHz、1800MHz、1900MHz

续表

序号	术语名称	英文对应词	定义
4190	全沙模型	total load model	同时模拟悬移质和推移质运动的动床河流模型
4191	全站式电子速测仪	electronic tacheometer on total station	在野外测量角度、距离后能自动计算、显示、打印坐标及高差的多功能仪器
4192	泉	spring	地下水的天然露头
4193	缺口导流	dam - gap diversion	在坝体上预留缺口，以宣泄施工期水流的导流方式
4194	缺水量	water deficit	需水量与可供水量之差
4195	缺水率	ratio of water deficiency	缺水量与需水量的比值
4196	确定性水文模型	deterministic hydrologic model	描述水文现象必然性规律的水文数学模型
4197	群孔抽水试验	pumping test of well group	在两个或两个以上的抽水孔中同时抽水并配置观测孔，各孔的水位和水量有明显相互影响的抽水试验
r部			
4198	燃料动力费	fuel and power cost	水利工程设施在正常运行管理中所耗用的煤、油、电等动力燃料费用的总和
4199	扰动土地整治率	treatment percentage of disturbed land	项目建设区内扰动土地的整治面积占扰动土地总面积的百分比
4200	绕线转子感应电动机	wound - rotor induction motor	通常在定子上的初级绕组连接于电源，在转子上的多相线圈绕组承载感应电流的电动机
4201	热风采暖	warm - air heating	利用热空气作媒质的对流采暖方式
4202	热力干燥法	dry method by means of reducing pressure	根据热力学原理，将压缩空气增压析水和减压后降低相对湿度来提高压缩空气的干燥度的方法
4203	热力学法	thermodynamic method	按照能量守恒定律和水的热力学性能，测定物性变量（压力、流速、水位和水温），确定水力机械进、出口断面处单位质量水流所具有的总能量的差值，以求得水力效率的水力机械效率试验方法
4204	热喷涂金属保护	thermal spraying metal	利用热源将金属材料熔化、半熔化或软化，并以一定速度喷射到基体表面形成涂层的方法
4205	热稳定电流	thermal stability current	在指定的时间内不使电器各部分加热到超过规范所规定的短时最高容许温度的电流
4206	人工草地	artificial grassland; ley	用于放牧或刈割利用人工种植的草地
4207	人工费	labor cost	直接从事建筑安装工程施工的生产工人开支的各项费用
4208	人工骨料	artificial aggregate	将开采的石料经过破碎、筛分而制成的混凝土骨料
4209	人工环流	artificial transverse circulating flow	利用工程设施使水流按需要方向产生的横向环流

续表

序号	术语名称	英文对应词	定　义
4210	人工回灌	artificial ground water replenistunent	利用人工设施将符合一定水质标准的地表水或其他水源的水引入地下含水层中以补充地下水的水量
4211	人工接地体	artificial earthed body	为满足电气设备接地要求而人为埋设的接地体
4212	人工落淤	artificial sedimentation	在渠水中掺入细粒土壤，淤塞渠床土壤孔隙以减少渠床漏水的防渗措施
4213	人工模拟降雨试验	simulated rainfall experiments	用人工降雨装置模拟不同自然降雨，观测不同处理条件下土壤侵蚀和产流、产沙过程的试验方法
4214	人工频率死区单元	artificial frequency dead band module	在自动运行状态下，能人为地在规定的被控参量范围内使调速器不起调节作用的单元
4215	人工砂	artificial sand	粒径小于 5mm 的人工骨料
4216	人工弯道式取水	intake with artificial bend	利用建在河道中或岸边上的人工弯道所产生的横向环流将底沙推离引水口，以减少入渠泥沙的有坝取水方式及工程设施
4217	人机接口	man - machine interfac	操作人员与计算机监控系统设备的联系
4218	人孔	manhole	钢管上供工作人员检查时出入的孔口
4219	人口综合用水指标	integrated quota of water use for urban population	将城市用水总量折算到城市人口特定指标上所反映的用水量水平
4220	人为侵蚀	erosion caused by human activities	由人类活动，如开矿、修路、工程建设以及滥伐、滥垦、滥牧、不合理耕作等，引起的土壤侵蚀
4221	人字闸门	mitre gate	由两扇能绕其端部的竖轴转动的门叶组成，门叶开启后分别隐入闸首的门龛内，关闭后其平面呈人字形的船闸闸门
4222	韧性	toughness	材料在受力变形过程中吸收能量的能力。在静力拉伸试验中，此能量用拉伸应力应变图下的面积来表示
4223	日常保养		操作人员在开机前、使用中、停机后，按规定的项目和要求对机械设备进行检查和保养的工作
4224	日负荷系数	daily load factor	以日平均负荷与最大负荷之比值表示日负荷特性的一个指标
4225	日平均负荷率	average daily load factor	以日平均负荷与最大负荷之比值表示日负荷特性的一个指标
4226	日调节池	daily regulation pond	设在引水渠道尾部、担负水量日调节任务的贮水池（有时同前池合二为一）
4227	日最小负荷率	minimum daily load factor	以日最小负荷与最大负荷之比值表示日负荷特性的一个指标

续表

序号	术语名称	英文对应词	定义
4228	容积法	volumetric method	根据一定时间里流入特定容器内的水的体积来测量流量的方法
4229	容水度	specific storativity	岩石完全饱水时所能容纳的最大的水体积与岩石总体积的比值
4230	容许承载力	allowable bearing capacity	确保地基不产生剪切破坏而失稳，同时又保证建筑物的沉降不超过允许值的最大荷载（强度）
4231	容许电压损耗	allowable voltage loss	线路在空载或负载情况下容许产生的最大电压减少值
4232	容许荷载	allowable load	既能保证地基抗破坏有足够的安全裕度，又能使建筑物可能产生的沉降限制在容许的范围以内的最大荷载
4233	容许土壤流失量	soil loss tolerance	根据保持土壤资源及其生产能力而确定的年土壤流失量上限，通常不大于成土速率。对于坡耕地，是指维持土壤肥力，保持作物在长时期内能经济、持续、稳定地获得高产所容许的年最大土壤流失量，单位为 $t/(km^2 \cdot a)$ 或 $m^3/(km^2 \cdot a)$
4234	容重	unit weight	单位体积土体的重量
4235	溶洞	karst cave	可溶性岩层被水溶蚀、破坏所形成的空洞穴的通称
4236	溶解性总固体	total dissolved solids	水样经过过滤后，在一定的温度下烘干，所得的固体残渣，包括不易挥发的可溶性盐类、有机物及能通过滤器的不溶性微粒等
4237	溶蚀洼地	karst depression	喀斯特地区的封闭洼地
4238	溶质运移	solute transport	地下水和土壤水中的可溶物质在土壤孔隙中的运动和迁移现象
4239	融冰	thawing	封冻冰盖明显消融，出现冰盖表面积水或面积大小不等的敞露水面的现象
4240	融冰洪水	ice－melt flood	开河（江）期，因热力与动力因素共同作用，致使冰盖消融、破裂，河道中槽蓄水量集中释放而导致流量急剧增加、水位显著上涨，造成的洪水现象
4241	融化下沉系数	thaw－settlement coefficient	冻土融化过程中，在自重压力作用下产生的相对下沉量
4242	融化压缩系数	thaw compressibility coefficient	冻土融化后，在单位压力作用下产生的相对压缩变形量
4243	融雪洪水	snowmelt flood	由冰川和积雪融化所形成的洪水
4244	融雪器	melter	不冻液式雨雪量计中用于融雪的容器，其内装一定量的不冻液，降雪时进入其中的雪可自行融化
4245	柔性管	flexible pipe	管壁刚性小，在结构计算中必须考虑其变形的管道

续表

序号	术语名称	英文对应词	定义
4246	柔性填料	plastic sealant filler	在水压力作用下，由嵌填位置流入接缝发挥止水作用的嵌缝密封材料
4247	蠕变	creep	在恒定的有效应力作用下，岩土变形（或应变）随时间缓慢变化的过程和现象
4248	蠕变速率	creep rate	在恒定的有效应力作用下，岩土变形随时间变化的快慢程度
4249	蠕动	creep	地表岩土体沿斜坡向下缓慢移动的现象
4250	乳化沥青	emulsified bitumen; bituminous emulsion	石油沥青与水在乳化剂、稳定剂等的作用下，经机械作用制得的沥青液体，或称沥青乳液。乳化沥青有阳离子型、阴离子型及非离子型等种类
4251	乳皮	laitance	由于稀浆上浮等原因，在新浇混凝土表面凝结的一层软弱灰浆层
4252	入仓温度	placing temperature	混凝土卸入仓内经过平仓振捣后，在覆盖上层混凝土前其表面以下 5～10cm 深处的温度
4253	入河排污口	sewage outlet	直接或者通过沟、渠、管道等设施向江河、湖泊（含运河、渠道、水库等水域）排放污水的排放口
4254	入河排污口分类	classification of pollution discharge outlets	根据排放废污水的性质，入河排污口分为工业废水入河排污口、生活污水入河排污口和混合废污水入河排污口 3 种
4255	入河排污口管理单位	management units of pollution discharge outlets	对入河排污口有管辖权的县级以上地方人民政府水行政主管部门或流域管理机构
4256	入河排污量	pollution discharge capacity	通过入河排污口排入水域的废污水量和污染物量
4257	入库洪水	reservoir inflow flood	通过水库回水末端上游干支流、回水末端至水库周边区间陆面以及库面降雨所组成的洪水
4258	入畦流量	border inflow rate	进入畦田的流量，通常以单宽流量表示
4259	褥垫排水	blanket drain	在土坝下游坝体与坝基之间用排水反滤料铺设的水平排水体
4260	软垫层	soft cushion	在钢管外壁与混凝土之间设置的低变形模量材料
4261	软反馈装置	flexible feedback device	以接力器位移为输入信号，其输出信号与输入信号变化率有关的且与转速偏差信号进行比较的反馈校正装置
4262	软化系数	softening coefficient	岩石饱和单轴抗压强度与干燥状态的单轴抗压强度的比值
4263	软弱层带	incompetent layer sorzones	软弱夹层、风化夹层、溶滤层带、软弱断层带、层间剪切带等工程地质性状较差的层（带）状地质体的总称
4264	软弱夹层	weak intercalation	岩层中厚度相对较薄、力学强度较低的软弱层或带

续表

序号	术 语 名 称	英文对应词	定 义
4265	软弱结构面	weak structural plane	延伸较远、两壁较平滑、充填有一定厚度的软弱物质的结构面
4266	软式排水管	soft drain pipe	以高强圈状弹簧钢丝作支撑体，外包土工织物及强力合成纤维外覆层制成的管状透水材料
4267	软体排	flexible mattress	用于取代传统梢石料沉排的防护结构。双层排采用两层有纺土工织物按一定间距和型式将两片缝合在一起。两条连接缝间形成管带状或格状空间，充填透水料而构成压重砂肋。单层排上系扣预制混凝土块，或抛投砂袋或块石等作为压重。两类软体排均需要纵横向以绳网加固，并供牵拉排体定位之用
4268	软岩	weak rock	饱和无侧限抗压强度小于 30MPa 的岩石
4269	软黏土	soft clay	天然含水率大，呈软塑到流塑状态，具有抗剪强度低，压缩性大，透水性小，灵敏度高的黏土。一般采用以下标准评定：液性指数 $I_L \geqslant 0.75$；无侧限抗压强度 $q_u \leqslant 50kPa$；标准贯入击数 $N_{63.5} \leqslant 4$；灵敏度 $S_t \geqslant 4$
4270	瑞雷波法	Rayleight wave method	利用瑞雷波在层状介质中的几何频散特性进行分层的一种地震勘探方法，按激振方式分为稳态和瞬态
4271	润滑水	lubricating water	在有微小间隙的相对运动部件之间起润滑作用并兼有散热作用的水流
s 部			
4272	三边测量	trilateration	用电磁波测距仪直接测定各三角形的边长，根据起算数据和三角学原理推算各点坐标的平面控制测量工作
4273	三点准值法	alignment with three points	利用激光器点光源发射的一束激光通过波带板会聚光束进行精密准直的一种方法
4274	三段式电流保护	three - step current protection	由过电流保护、限时电流速断保护和瞬时电流速断保护组成的一整套保护
4275	三角测量	triangulation	在地面上布设一系列连续三角形控制点，量测基线长度及测定各三角形顶点水平坐标位置的作业
4276	三角点	triangulation point	三角测量中构成三角锁（网）的各三角形的顶点
4277	三角高程测量	trigonometric leveling	在一已知高程点上测定至另一点的垂直角（或天顶距），根据该两点间的水平距离、用三角公式计算其间的高差并求出未知点高程的测量方法
4278	三角高程导线	trigonometric height traversing	用三角高程测量方法测定一系列平面控制点高程时所经过的路线
4279	三角高程路线	trigonometric leveling line	用三角高程测量方法测定一系列平面控制点高程时所经过的路线

续表

序号	术语名称	英文对应词	定　义
4280	三角锁	triangulation chain	由一系列三角形或大地四边形连接而构成锁状形式的平面控制网
4281	三角锁网平差	adjustment of network of triangnlation chains	消除三角锁网中由于多余观测使各观测结果间产生矛盾所进行的平差方法
4282	三角网	triangulation network	由一系列三角形连接而构成的网状结构形式的平面控制网
4283	三角形剖面堰	triangular - profile weir	沿水流方向上具有三角形剖面的长底堰
4284	三角洲	delta	在河口处由冲积物淤积将河流分为两股或两股以上水流的三角形隆起扇形平原
4285	三角洲淤积	delta deposit	泥沙在库尾段沉积形成的三角形淤积体
4286	三类焊缝	classification Ⅲ weld	不属于一类焊缝和二类焊缝的其他焊缝
4287	三梁岔管	three - girders reinforced branch pipe	用 U 形梁及腰梁加强的岔管
4288	三绕组变压器	three - winding transformer	有一个初级绕组和两个次级绕组的单相或三相变压器，通常此三个绕组分别称为高压绕组、中压绕组和低压绕组
4289	三水转化	transformation among precipitation，surface water，and groundwater	降水、地表水、地下水之间的水量交换和平衡关系
4290	三相变压器	three - phase transformer	在三相电路中作为三相运行的变压器
4291	三相系统的不对称度	asymmetric degree of three - phasesy stem	负序或零序坐标的有效值与正序坐标的有效值之比
4292	三相系统的不平衡度	asymmetric degree of three - phase system	负序或零序坐标的有效值与正序坐标的有效值之比
4293	三圆心拱坝	three - centered arch dam	水平拱圈由两侧及中间三段圆弧组成的拱坝
4294	三轴剪切试验	triaxial compression test	通常用 3～4 个相同的圆柱状土试样，分别在不同的小主应力围压下，施加轴向应力直至试样破坏的一种求取土的抗剪强度参数和确定土的应力—应变关系的试验
4295	三轴抗压强度	triaxial compressive strength	岩石试件三向应力状态下，受轴向压力作用破坏时单位面积所承受的荷载

续表

序号	术语名称	英文对应词	定义
4296	三轴误差	error of three - axes	经纬仪中视准轴与水平轴不正交引起的视准轴误差、水平轴不水平引起的水平轴倾斜误差以及竖直轴与测站铅垂线不一致引起的竖直轴倾斜误差的总称
4297	伞式发电机	umbrella - type generator	推力轴承位于发电机转子下方的立轴发电机
4298	散生沙棘	scattered seabuckthorn	沙棘植株分布零散，不成林
4299	散体结构	loose structure	岩体破碎，由岩块、岩屑和泥质物组成呈松散状的结构形态
4300	扫描测微密度计	scanning micro densitometer	测量各种摄影底片、干版、相片密度（黑度）或彩色密度的仪器
4301	扫描平面	scanning plane	入射X射线与被探测器所接收的衍射线所组成的平面
4302	埽工	fascine works	用绳索将秫秸、梢料等联系盘结构筑成的，主要用于防汛抢险及堵口复堤工程的河道整治结构物
4303	沙棘纯林	pure seabuckthorn stand	由单一沙棘树种组成的林分
4304	沙棘宜林地	suitable land for seabuckthorn growth	适合沙棘正常生长发育的土地
4305	沙棘籽油	seabuckthorn seed oil	以沙棘籽为原料加工制取的油
4306	沙颗粒级配曲线	grain size - frequency distribution curve of sediment	沙样中泥沙的粒径与小于该粒径的沙量占全部沙量比值的百分数之间的关系曲线
4307	沙漠	sandy desert	气候干旱，植被稀疏，风沙吹蚀强烈，沙丘、沙垄等风积地貌发育的地域
4308	沙障	sand barrier	为控制风沙流、减轻风力侵蚀而设置的挡沙障碍物
4309	沙质荒漠化	sandy desertification	在具有沙质地表物质组成的干旱、半干旱地区，由于自然和人类活动，使原来非沙质荒漠地区出现以风沙活动为显著特征，从而导致土地生产力衰退或丧失，并产生荒漠景观的生态环境退化现象，亦称沙漠化
4310	砂过滤器	sand filter	用砂粒对灌溉水进行过滤的设备
4311	砂浆锚杆	cement grouted rock dowels	以普通钢材为杆体，在锚杆全孔充填水泥砂浆、快硬水泥砂浆或水泥药卷的锚杆
4312	砂砾石	sand and gravel	岩石经天然分解、搬运与磨蚀后，形成具有光滑表面的粗细不同的颗粒石料
4313	砂率	sand ratio	混凝土中砂的重量与砂、石总重量的百分比值

续表

序号	术语名称	英文对应词	定义
4314	砂石过滤器	sand media filter	以自然或人工合成的砂或砾石作为过滤介质的过滤器
4315	砂石料生产系统	aggreate prductin system	为砂石料的开采、运输、加工和储存等作业而设置的整套设施
4316	砂土液化	liquefaction of sand	饱和砂土受振动时颗粒间趋于紧密，使孔隙水压力增大，有效应力减小，当有效应力趋于零时，砂土的抗剪强度消失，从而引起地面沉陷，斜坡失稳或地基失效的现象
4317	砂桩	sand pile	在软土地基中打孔并填充砂或砂砾石所形成的群桩
4318	筛分精度	screening precisin	筛分一定重量骨料时，实际得到的筛下产品的重量与原料物中应能筛下的产品重量之比率
4319	筛分能力	screening cpacity	单位面积的筛面每小时能筛分料物的重量
4320	筛分系统	screening system	用人工、机械或水力方法对砂石料进行筛选分级、清洗等作业的整套设施
4321	筛分效率	screening efficiency	筛分一定重量骨料时，实际得到的筛下产品的重量与原料物中应能筛下的产品重量之比率
4322	筛网过滤器	screen filter	用筛网对灌溉水进行过滤的设备
4323	晒田	dry paddy field	在水稻分蘖末期，为控制无效分蘖并改善稻田土壤通气和温度条件，排干田面水层并晒干的过程
4324	山地	mountain	地表面起伏显著、群山连绵交错、地面高差和倾斜角较大的地貌地区
4325	山谷线	valley line	山地较大时，山谷两侧坡面相交的凹棱部分最低点的连线
4326	山洪	flash flood	历时很短而洪峰流量较大的山区骤发性洪水
4327	山洪易发区	susceptible area of mountain torrent	在山丘区，因暴雨频度高，植被较少，坡面及沟道比降较大，有利于径流快速汇集而形成突发性局部洪水的区域
4328	山脊线	crest line	若干山顶、鞍部连接时，山体两侧坡面相交的凸棱部分最高点的连线
4329	山前侧向流出量	piedmont lateral outflow	山丘区地下水以地下潜流形式向平原区排泄的水量
4330	山前泉水溢出量	piedmont spring spill	发生在山丘区与平原区交界线附近，且未计入河川径流量的泉水溢出量
4331	山塘	pond	在沟溪内筑坝，或利用地势低洼处拦蓄地表径流、山泉溪水的小型蓄水设施，蓄水量一般为 1000～100000m^3，亦称陂塘或池塘
4332	山岩压力	rock pressure	洞室围岩作用在支护（或衬砌）结构上的压力
4333	闪光信号	flickering signal	发生事故后为增强对信号显示的注意力，使位置信号指示灯发出亮—熄间断的现象

续表

序号	术语名称	英文对应词	定义
4334	扇形闸门	sector gate; drum gate	截面呈扇形，两面或三面有面板的水力浮动闸门。闸门下沉时开启泄流
4335	伤亡事故（工伤事故）	casualty accident	人体生理机能部分或全部丧失的事故。员工在生产劳动区域中发生的和生产劳动有关的伤亡事故（包括急性中毒），称为工伤事故
4336	墒沟	field ditch	汇集田间多余雨水或调控地下水位的排水明沟
4337	墒情	soil moisture status	田间土壤湿度
4338	上层滞水	perch groundwater	存在于包气带内、局部隔水层之上的水体
4339	上覆岩体	overlying rock mass	覆盖在地下建筑物之上的岩体
4340	上基本调配线	upper critical guide curve	调度图上水电站按保证出力运行与加大出力运行区的分界线
4341	上料高度	filling height	混凝土泵工作时地面与料斗口（料斗口倾斜时应取料斗口倾斜边的中间点）之间的高度差，单位为米（m）
4342	上游铺盖区	upstream blanket zone	覆盖在下部面板及周边缝表面，起辅助防渗或自愈作用
4343	上游实测水头	upstream gauged head	测流建筑物上游基本水尺水位减堰顶（闸底、槽底）高程，也称实测水头
4344	上游总水头	upstream total head	上游实测水头和上游基本水尺处流速水头之和
4345	烧钻	bit burnt	钻进时因冷却不良或无冲洗液流通，使钻具下端与孔底岩石、岩粉和孔壁烧结在一起的孔内事故
4346	少油式断路器	low oil circuit breaker	容器内装油量少，仅供开关触头间熄灭电弧用的断路器
4347	舌瓣闸门	flap gate	可绕闸门底部水平轴旋转启闭的闸门
4348	设备费	equipment cost	购置工程项目所需各类设备的费用，由设备原价、运杂费、运输保险费、采购及保管费组成
4349	设备更新	renewal of equipment	机电设备因老化损坏，失去功能，无法修复等而采用新设备的活动
4350	设备管理	equipment management	对施工过程中各种材料、构件、工器具的订购、运输、储备和使用所进行的计划、组织、调配和控制
4351	设备技术规程	equipment specification	对各项设备的技术性能、适用范围、组装、操作、保养、维修、检查、安全管理等提出的要求和实施程序所制定的统一规定
4352	设备制造监理	equipment manufacturing supervision	监理单位受建设单位委托，依据合同和相关法规，承担水利工程建设项目设备制造阶段的监理
4353	设计保证率	design dependability	规划设计中选用的在多年期间用水部门的正常用水得到保证的程度，通常以保证正常用水的历时与计算总历时或保证正常用水的年数与计算总年数比值的百分数表示

续表

序号	术 语 名 称	英文对应词	定 义
4354	设计暴雨	design storm	按规定设计标准推求的暴雨及其时空分布
4355	设计波浪	design wave	规划设计所采用的符合设计重现期要求的波浪，以各波浪要素值反映
4356	设计波浪标准	design wave criteria	设计波浪标准包括设计波浪的重现期和设计波浪的波列累积频率
4357	设计单位	design unit	受建设单位委托，承担水利工程设备设计的单位
4358	设计地震动参数	design parameters of ground motion	抗震设计采用的地震加速度时程曲线、加速度反应谱和加速度峰值
4359	设计冻深	design freezing depth	计算点的冻结深度设计取用值
4360	设计断面水位流量关系曲线	stage - discharge relation at design cross - section	工程设计代表断面的水位流量关系曲线
4361	设计概算	cost estimate of project	在工程建设的初步设计阶段提出的关于工程建设项目需用资金计划的设计文件
4362	设计高潮（水）位	design high water level	设计重现期相对应的高潮（水）位值
4363	设计供水强度	designed water application rate	设计年灌溉临界期月平均日灌水量
4364	设计灌溉面积	designed irrigation area	按规定的保证率设计的灌溉面积
4365	设计过程线	design hydrograph	符合工程设计要求的某一频率的洪水、径流、雨量等要素的水文过程线
4366	设计耗水强度	designed daily water requirement of crop	设计年灌溉临界期植物月平均日耗水强度峰值
4367	设计洪水	design flood	符合防洪设计标准要求，以洪峰流量、洪水总量和洪水过程线等特征表示的洪水
4368	设计洪水地区组成	spatial pattern of design flood	当设计断面发生设计洪水时，上游来水在各分区的分配及组合遭遇情况
4369	设计洪水过程线	design flood hydrograph	符合工程设计洪水要求的流量过程线
4370	设计洪水计算	design flood computation（estimation）	根据防洪工程要求，推算符合某一地点指定防洪设计标准洪峰、洪量、洪水过程线和洪水地区组成的计算工作
4371	设计洪水位	design flood level	水库或其他水工建筑物遇到设计洪水时，在坝前或建筑物前达到的最高水位
4372	设计警戒值	design alert value	根据设计计算分析成果，并参考类似工程，给出的荷载或监测效应量及其变化速率限值

续表

序号	术语名称	英文对应词	定义
4373	设计净雨量	design net rainfall	设计暴雨扣去损失后产生地面径流的雨量
4374	设计锚固力	design anchoring force	由各种因素造成的预应力损失均完成后，锚索中永久保存的荷载
4375	设计内、外压比	design ratio of inner and outer pressure	坝袋内压水头与坝袋设计坝高的比值
4376	设计年径流	design annual runoff	相应于设计标准的年径流量及其年内分配
4377	设计排涝流量	design discharge of waterlogging drainage	相应于治涝标准的排水流量
4378	设计排涝水位	design water stage of waterlogging drainage	相应于治涝标准且不产生涝灾的排涝沟渠、河道、滞涝区和承泄区控制水位
4379	设计频率	design frequency	规划设计所依据的某水文要素出现的频率
4380	设计水平年	design level year	作为选择工程规模及其特征值而依据的有关国民经济部门规划达到某个发展水平的年份
4381	设计水头	design head	保证水电站水轮发电机组发出额定出力时的最小水头
4382	设计尾水位	design tail water level	下泄厂房设计标准的洪水时相应的尾水位
4383	设计蓄水位	full supply level	水库在正常运用的情况下，为满足设计的兴利要求在供水期开始时应蓄到的最高水位
4384	设计压力	design pressure	管道系统运行过程中，作用在管内壁上的最大瞬时压力，为管道工作压力与水锤压力之和
4385	设计张拉力	design tensile	根据锚固设计需要，并考虑一定的安全裕度和岩石流变、混凝土徐变及钢材松弛可能引起的预应力损失后，确定的每根锚索应施加的张拉荷载
4386	设计正常温降（温升）	normal design temperature drop （temperature rise）	保证率为50%的年最低（最高）月平均气温与多年月平均气温的差值，也可采用多年平均气温年变幅
4387	社会审计	social audit	社会审计机构接受委托对建设项目进行有偿审计活动
4388	社会效益	social benefit	一项工程对就业、增加收入、提高生活水平等社会福利方面所作各种贡献的总称
4389	社会折现率	social discount rate	表征社会对资金时间价值估量的折算系数。从国家角度对资金机会成本和时间价值的估量
4390	射流泵	jet pump	利用射流的紊动扩散作用传递能量和质量的流体输送机械和混合反应设备，它由喷嘴、喉管、扩散管和吸入室等部件组成

续表

序号	术语名称	英文对应词	定义
4391	射流闸门	jet - flow gate	控制孔口出流使其跳越门槽的平面闸门
4392	射流直径	jet diameter	射流离开喷嘴出口后的最小直径
4393	射流直径比	jet ratio	冲击式水轮机的射流直径与转轮节圆直径之比
4394	射频发生器	radio frequency generator	为耦合线圈和等离子体提供高频能量的射频功率源
4395	射线检测	radiographic testing	利用 X 射线或 γ 射线或核辐射以探测材料中的不连续性，并在记录介质上显示其图像
4396	摄影测量	photogrammetric survey	利用摄影像片测定物体的形状、大小和空间位置的理论和技术
4397	伸缩缝	expansion joint	刚性材料防渗层为避免因受温度影响和地基变形产生裂缝而设计的接缝
4398	伸缩接管	expansion joint	用于泥浆泵排出口与船内排泥管连接并能伸缩的短接管
4399	伸缩节	expansion joint	为避免因温度变化引起钢管产生过大的轴向应力，在管段之间设置的允许两侧管段产生轴向伸缩和微小角位移的接头部件
4400	伸长率	elongation	试样拉伸时对应最大拉力的应变
4401	深泓线	thalweg	沿河槽相邻各横断面最大水深点的连线
4402	深井泵	deep well pump	可置入井内抽取液体的立轴单级或多级泵
4403	深井点排水	deep well point drainage	在基坑周围布置深井，井内装有深井泵或水力、压气扬水器抽水以降低地下水位的排水方法
4404	深孔爆破	deep - hole blasting	炮孔深度大于 5m，孔径大于 75mm 的钻孔爆破技术
4405	深梁	deep beam	跨高比不大于 2 的简支梁和跨高比不大于 2.5 的连续梁
4406	深埋隧洞	deep tunnel	埋深大于 600m 的隧洞
4407	深受弯构件	deep flexural member	跨高比小于 5 的钢筋混凝土深梁、短梁和厚板的统称
4408	深水温度计	bathythermograph	仪器由盛水筒和内部的温度计组成，测量时，仪器下放到指定深度处，连同此处少量水样一起提出水面读取水温值
4409	深松耕	subsoiling	每年秋收后或春季播种前用深松犁对农地进行深耕，疏松而不翻动土壤，打破犁底层，提高土壤入渗能力的耕作方法
4410	审计报告	audit report	竣工决算审计任务完成后，审计组或受委托的社会审计机构向派出或委托的水利审计部门报告工作任务完成情况及其结果的总结报告
4411	审计基准日	audit reference date	竣工决算审计监督和评价的时点，应与竣工财务决算基准日一致

续表

序号	术语名称	英文对应词	定义
4412	审计结论	audit conclusion	水利审计部门对竣工决算审计出具的审计报告、决定、意见、建议的总称，是对建设项目竣工决算审计监督和评价的结果
4413	审计立项	audit project	水利审计部门将建设项目竣工决算审计纳入年度工作计划，并做出时间及人员安排的行为
4414	审计证据	audit evidence	水利审计部门和审计人员获取的，用以证明竣工决算审计事实真相，形成竣工决算审计结论的证明材料
4415	审计主体	audit main body	在竣工决算审计活动中主动实施审计行为，行使审计监督、评价权的水利审计部门和审计人员
4416	渗沥液	leachate	垃圾在堆放和填埋过程中由于压实、发酵等物理、生物、化学作用，同时在降水和其他外部来水的渗流作用下产生的含有机或无机成分的液体
4417	渗流	infiltration flow	地下水受重力、毛细力、分子力等作用，在多孔介质空隙中的渗透流动
4418	渗流压力	seepage pressure	渗入建筑物及地基内而产生的水压力
4419	渗入深度	infiltration depth	在试坑注水试验过程中，水流渗入坑底以下试验土层的垂直深度
4420	渗水	seepage	汛期高水位下，堤身背水坡及坡脚附近出现土体湿润或发软，有水渗出的现象。又称“散浸”“洇水”
4421	渗透检测	penetrant testing	通过施加渗透剂，用洗净剂除去多余部分，必要时可施加显像以得到零件上开口于表面的某些缺陷的指示
4422	渗透结构	seepage structure	透（含）水层（体）和相对隔水层（体）的空间分布及组合规律
4423	渗透力	seepage force	在单位体积土中渗透水流作用在土颗粒上的力，其大小等于水力坡降与水密度的乘积
4424	渗透稳定性	seepage stability	在渗透水流作用下，岩土体内松散物质抵抗渗透变形的能力
4425	渗透系数	coefficient of permeability	在层流条件下，单位水力坡降时的渗流速度
4426	渗透压	osmotic pressure	植物的液泡、原生质层和外界溶液之间由于溶液浓度的不同而产生的压差
4427	渗透压力	seepage pressure	水在建筑物及地基内渗流而产生的力
4428	渗透仪	permeameter	测定土的渗透系数的试验装置
4429	升船机	ship lift	利用水力或机械力升降承有船只的船厢，使船只过坝的机械设备

续表

序号	术语名称	英文对应词	定义
4430	升降部件	lifter component	能匀速驱动传压板升降的部件
4431	升降操作平台	jack up operation platform	闸门井或孔（洞）口内设置的可借助提升机上下升降的、方便施工人员作业的悬空操作平台
4432	升卧式平面闸门	lifting - tilting type gate; lift lie plain gate	轨道上部具有圆弧段，闸门被提升到全开位置时能水平放置的平面闸门
4433	升压变电所	step - up substation	将电源电压升高的变电所
4434	升桩机构	spud hoisting equipment	升降定位桩的装置
4435	生产安置人口	population affected for farmland acquisition	因工程建设将其主要生产资料（土地）全部征收，需进行生产安置的农业人口
4436	生产方风险	producer's risk	在抽样方案的操作特性曲线（OC）上，对应于事先确定的、具有比较小的拒收概率的一个点称为生产方风险点，这个拒收概率称为生产方风险
4437	生产方风险质量	producer's risk quality	对于任一抽样方案，具有规定的生产方风险的批不合格率。以 P_0 表示生产方风险为 0.05 时的生产方风险质量
4438	生产量	production	单位时间、单位水体内产生新的有机物质的总量
4439	生产需水量	water demand of production	有经济产出的各类生产活动所需的水量。 注：为计算生产需水量，一般将生产部门划分为第一产业的种植业和林牧渔业，第二产业的高用水工业、一般工业、火（核）电工业和建筑业，以及第三产业的商饮业和其他服务业等
4440	生产用水	production water use	第一产业、第二产业和第三产业的生产性用水总称
4441	生产准备费	prepartory cost	水利水电建设项目的生产、管理单位为准备正常的生产运行或管理发生的费用。包括生产及管理单位提前进厂费、生产职工培训费、管理用具购置费、备品备件购置费和工器具及生产家具购置费
4442	生化需氧量	biochemical oxygen demand	水中有机物质在好氧微生物作用下，在好氧分解过程中所消耗的氧量
4443	生活耗水量	domestic water consumption	输水损失以及居民家庭和公共用水过程中的蒸发损失及饮用等所消耗的水量
4444	生活排水	domestic drainage	居民日常工作和生活中排放出的污水
4445	生活污水	domestic sewage	人类在日常生活中产生的污水。 注：人类日常生活中，洗涤、沐浴、冲厕等活动都会产生污水
4446	生活污水入河排污口	domestic sewage of discharge outlets	接纳生活污水的入河排污口

续表

序号	术语名称	英文对应词	定义
4447	生境	habitat	生物及其群体具体居住地段的所有生态因子的总体
4448	生理干旱	physiological drought	土壤溶液浓度过高、土壤温度过低或土壤中严重缺氧等原因使植物根系吸水的正常生理过程遭到破坏，不能吸收土壤中水分而造成植物缺水的现象
4449	生态保护目标	ecological protection target	根据生态系统的需要、社会需要和社会期望，由有关政府部门设定，要实现的生态系统状态。其为生态系统管理的一部分
4450	生态风险评价	ecological risk assessment	评价生态系统暴露于一种或多种胁迫因子时不利效应发生的可能性
4451	生态耗水	ecological water consumption	维系生态系统生物群落生存和一定生态环境质量而实际消耗的水资源量
4452	生态护岸	gully bank protection eco – works	利用植物或者植物与工程相结合，对沟道滩岸进行防护，以达到固岸护地、控制土壤侵蚀和修复水生态的一种护岸形式
4453	生态环境需水量	eco – environmental water demand	维持河道、通河湖泊湿地、河口等生态功能的最小需水量
4454	生态基流	ecological basic flow	维持河流基本形态和基本生态功能的河道内最小流量
4455	生态流量	ecological flow	生态需水中的某个流量，具有某种生态作用
4456	生态清洁小流域	eco – clean small watershed	在传统小流域综合治理基础上，将水资源保护、面源污染防治、农村垃圾及污水处理等结合到一起的一种新型综合治理模式。其建设目标是沟道侵蚀得到控制、坡面侵蚀强度在轻度（含轻度）以下、水体清洁且非富营养化、行洪安全，生态系统良性循环的小流域
4457	生态系统	ecosystem	在一定的空间和时间范围内，在各种生物之间以及生物群落与其无机环境之间，通过能量流动和物质循环而相互作用的统一整体。生态系统是生物与环境之间进行能量转换和物质循环的基本功能单位
4458	生态系统和受体特征测度	measure of ecosystem and receptor characteristics	表征评价受体行为和功能的指标，主要指胁迫因子分布、评价受体生活史特征以及会影响胁迫因子暴露和效应的其他相关因素
4459	生态相关性	ecological relevance	能有效关联生态系统和评价终点，并准确反映生态系统重要特征的相关属性
4460	生态效益	ecological benefit	自然生态系统及其生态过程所形成的维持人类赖以生存的环境条件及其提供的服务
4461	生态效应表征	characterization of ecological effects	定量评估胁迫因子生态效应大小的过程

续表

序号	术 语 名 称	英文对应词	定　　义
4462	生态型护岸	ecoloical revetment	采用植物材料和人工材料，具有透水性和多孔性特征，能够提供植物生长和鱼类产卵条件的护岸
4463	生态需水	water demand for ecosystem	将生态系统结构、功能和生态过程维持在一定水平所需要的水量，是指一定生态保护目标对应的水生态系统对水的需求
4464	生态需水评估	water demand assessment for ecosystem	依据生态保护目标确定相应生态需水的相关工作
4465	生态与环境用水	ecologic and environmental water use	通过人为措施补充给生态与环境的用水。 注：可划分为城镇生态与环境用水和农村生态与环境用水。城镇生态与环境用水主要包括城市河湖补水、城市绿地灌溉、城镇环境卫生用水等；农村生态与环境用水主要包括湖泊、沼泽、湿地补水，林、草等植被灌溉，地下水回灌等
4466	生态自然修复区	natural eco - restoration zone	小流域内人类活动和人为破坏较少，自然植被较好，分布在远离村庄、山高坡陡的集水区上部地带，通过封禁保护或辅以人工治理即可实现水土流失基本治理的区域
4467	生物促淤	promotion sedimentation with biological technology	植物促淤，在滩涂上因地制宜地种植植物，促使泥沙落淤，人为加快滩涂淤涨速度的治理措施
4468	生物结构	biogenetic texture	沉积岩中所含的生物骨骼达 1/3 以上的一种结构
4469	生物净化	biological purification	通过生物的吸收、降解和转化作用，使环境污染物的浓度和毒性降低或消失
4470	生物量	biomass	某一时刻，单位水面或单位水体中所存在的生物活体总重量
4471	生物水污染	water pollution by organism	病原微生物、寄生虫或卵等进入水体或某些水生物异常繁殖引起的水体污染现象
4472	生物样品	biological sample	为了某种评价或研究目的，在一定区域范围内采集到的具有代表性的能提供鉴定、试验、分析用的生物实物
4473	声波测井	sonic logging	利用岩体的声波速度或其他声特性探测沿孔深的波速变化，以判别孔内地质情况的一种物探方法
4474	声道	acoustic path	声波在介质中定向传播时有效覆盖的区域
4475	声发射监测	acoustic emission testing	利用材料或结构中由局部应力集中源（缺欠源）的能量迅速释放而产生的瞬时弹性波来推断声发射源的无损检测方法。声发射监测是一种动态无损检测方法，可以判断缺欠的活动性和严重性
4476	声幅	acoustic amplitude	声波在介质中传播时，声波仪接收到的首波信号幅值的极值，单位为 dB

续表

序号	术 语 名 称	英文对应词	定　　义
4477	声路	acoustic path	超声波在介质中定向传播时有效覆盖的区域
4478	声时	acoustic travel time	声波在介质中传播的时间，单位为 s
4479	声学多普勒剖面流速仪	acoustic Doppler current profile	利用超声波回波的多普勒频移直接测出断面流速分布的流速仪。应用一些其他测量数据，可以自动得到流量
4480	牲畜用水量	amount of livestock water use	牲畜喂养过程中通过人工或给水设施用于牲畜喂养或圈舍清理的用水量，按大牲畜与小牲畜分别统计。大牲畜包括牛、马、驴、骡和骆驼，小牲畜指猪和羊，家禽饲养场的家禽数可折算后计入小牲畜
4481	绳索取芯钻进	wire - line core drilling	利用带绳索的打捞器，以不提钻方式经钻杆内孔取出岩芯容纳管的钻进方法
4482	剩余电流	residual current	通过剩余电流动作保护器主回路的电流瞬时值矢量和的有效值
4483	剩余电流动作保护器	residual current operated protective devices	等同于漏电保护器
4484	剩余水量	surplus water	输入终端的累计充值用水量（或计划用水量）与终端累计用水量之差
4485	失步保护	out - of - step protection；fall - out protection	反应大型发电机在系统发生振荡过程中与系统失去同步运行而动作的继电防御措施
4486	失磁保护	protection for loss of excitation	反应发电机励磁电流完全消失或部分消失而动作的继电防御措施
4487	失电量概率	loss of energy probability	在所研究的一段时间内，由于供电不足而使用户停电的电量损失的数学期望值与该时间内用户所需全部电量的比值
4488	失负荷概率	loss of load probability	在假定日最大负荷持续一整天的条件下，系统负荷需求量超过可用发电容量的时间概率的总和
4489	失稳	slope failure	边坡发生滑动、溃屈、倾倒、崩塌、坍塌、拉裂和流动的现象称为失稳
4490	失稳边坡	unstable slope	处于正在滑动、溃屈、倾倒、崩塌、坍塌、拉裂或流动的边坡
4491	失效	failure	仪器丧失规定的功能，对可修复产品通常也称故障
4492	失效率	failure rate	工作到某时刻尚未失效的产品，在该时刻后单位时间内发生失效的概率
4493	失压自启动	self start - up at voltage recovery after fault	运行中突然出现事故低电压，当事故消除，母线电压恢复时形成的电动机自启动

续表

序号	术语名称	英文对应词	定　　义
4494	施肥（药）泵	fertilizer pump	将肥料（药）溶液注入灌水管道中的泵
4495	施肥（药）装置	device for fertilizer (chemical) application	用于向灌溉水内加入肥料（药）的装置，包括压差式施肥（药）罐、文丘里施肥（药）器等
4496	施肥装置出口流量	drive water flow rate	流向施肥装置注入肥料（药）液体的管路中的灌溉水的流量
4497	施工安全管理	safety management during construction	为保障施工安全而进行监督、预测、检查、控制的一系列活动
4498	施工操作规程	construction operation instruction	为执行各项技术要求、保证施工顺利进行，在施工过程中指导工人安全使用、维修机械设备和工具所制定的统一规定
4499	施工测量	construction survey	各种工程在施工阶段所进行的测量工作
4500	施工单位	construction unit	承担项目具体建设（系统设计及软件开发、硬件施工和系统集成等）任务的单位
4501	施工导流	construction diversion	为工程创造施工条件，按照预定方案将河水通过天然河道或人工泄水建筑物导向在建工程围护区之外的工程措施
4502	施工导线	construction traverse	开挖隧洞时，为指导开挖方向和进行隧洞断面放样而布设的导线
4503	施工地质编录	detailed geological mapping	用大比例尺（不小于 1：200）测图、文字描述、摄影、录像等形式将各类人工开挖面上的地质现象随开挖过程逐块（段）记录下来的工作
4504	施工方案	construction scheme	根据拟建工程的施工条件，对该工程施工过程中所需要的人、财、物、施工方法等因素在时间和空间上进行安排的文件
4505	施工放样	setting out for construction survey	根据设计坐标、高程或其他数据，将设计图上建筑物的轴线、细部轮廓点和填挖轮廓点标定于实地的测量工作
4506	施工辅助企业	auxiliry cnstructin plnt	为工程施工需要而设置的加工、制造、修配和动力供应等临时性生产设施
4507	施工工厂设施	cnstructin fcilities	为工程施工需要而设置的加工、制造、修配和动力供应等临时性生产设施
4508	施工供电系统	electricit suppl system frcnstructin	由电源、变电站、输电和配电线路等设施组成的工程施工各用户生产用电和生活用电的整套设施
4509	施工供水系统	water supplsstem f-rcnstructin	由水泵站、净水建筑物、蓄水池和输水配水管网等组成的供应工地生产、生活与消防用水的整套设施

续表

序号	术语名称	英文对应词	定义
4510	施工管理	construction management	根据计划和合同的要求并结合工程的特点，对工程施工的各项业务进行计划与决策、组织与指挥、控制与协调、教育与鼓励、监督等全部职能活动的管理
4511	施工环境保护	environmental protection	对建筑工程工地的大气、水、土壤、噪声、振动等环境质量污染的科学处理和防治措施
4512	施工机械使用费	construction machinery running cost	消耗在建筑安装工程项目上的机械磨损、维修和动力燃料费用等
4513	施工技术	construction technology	为了实现工程设计要求和进行施工所采用的方法、技术、工艺、机具以及劳动组织等的总称
4514	施工技术规范	construction technical specification	为规范原材料检验、施工操作、安装、检验和验收等所制定的一系列技术要求
4515	施工监理	construction supervision	监理机构依据有关规定和合同约定，对水利工程建设项目的施工、保修实施的监理
4516	施工交通	construction transportation	为运输施工材料、设备、机械、人员等采用的施工运输方式、作业、线路布置及其相应设施的统称
4517	施工结构	cnstructin structure	为开展施工活动而设置的临时性的构筑物和结构物
4518	施工截流	river closure	截断河道水流，迫使水流导向预定通道的工程措施
4519	施工进度计划	construction schedule	协调安排工程项目之间的施工顺序、施工强度、劳动力、主要施工设备以及施工工期而编制的图表和文件
4520	施工控制网	construction control network	为工程建筑物施工放样而布设的平面和高程测量控制网
4521	施工期	construction period	从开始施工到首次蓄水为止的时期
4522	施工期度汛	flood protection during construction	施工期为了预防洪水的危害，保持部分或全部工程正常施工所采取的各项措施
4523	施工期蓄水	construction period impounding	坝体尚未完建，从导流泄水建筑物开始封堵到永久泄水建筑物达到设计能力以前水库蓄水的阶段
4524	施工强度	working intensity	单位时间内完成的工程量
4525	施工设计洪水	design flood for construction period	符合工程施工期临时度汛标准的设计洪水
4526	施工生产安全	construction safety in production	以防止员工在施工生产过程中发生各种伤亡事故为目的的工作领域及在法律、技术、设备、组织制度和教育等方面所采取的相应措施
4527	施工生产计划	overall job plan；overall construction plan	承包人根据工程合同要求、本身的施工力量、施工条件，经所编制的完成整个工程任务的计划文件
4528	施工条件	construction condition	影响工程施工的自然条件和社会条件等各种主客观因素

续表

序号	术语名称	英文对应词	定　　义
4529	施工调度	operation dispatching	根据各项计划对施工生产活动进行督促、控制和协调的工作
4530	施工通信	construction communication	根据水电厂施工工地的调度管理具体情况建立的调度管理通信设施
4531	施工通信系统	cnstruction cmmunictin system	为保证工程施工期间施工管理通信、生产调度通信、对外通信和其他专业通信的需要而设置的整套设施
4532	施工图	construction drawing	按照初步设计（或技术设计）所确定的方案表明施工对象的全部尺寸、用料、结构以及施工技术要求的图样
4533	施工现场	construction site	从事施工中任何工序或作业的场地。又称为工地
4534	施工有效工日	available working days	按日历天数扣除假日和水文气象及其他因素影响作业的天数后，能够施工的天数
4535	施工支洞	adit	为增加地下工程施工的工作面，解决交通、通风和施工干扰等而开设的临时隧洞
4536	施工质量	construction quality	施工过程中的每一阶段施工的成品达到技术标准要求、满足使用需要的性能的总和
4537	施工准备	construction preparation	为了保证工程施工顺利开展，建设单位和施工单位在主体工程开工前需要进行的准备工作
4538	施工总工期	total construction period	工程从开工直至完成全部设计内容，包括工程准备期、主体工程施工期及工程完建期的总时间
4539	施工总进度	construction master schedule	在时间上协调安排建设工程从开工到竣工的施工进度和施工程序的计划文件
4540	施工总平面布置	construction general layout	根据工程特点和施工条件，对施工生产和生活设施、场地、交通的平面位置和高程关系进行规划布局的图纸文件
4541	施工总体布置	construction general layout	根据工程特点和施工条件，对施工生产和生活设施、场地、交通的平面位置和高程关系进行规划布局的图纸文件
4542	施工组织设计	construction planning	根据拟建工程的经济技术要求和施工条件，对该工程进行施工方案的研究选择和总体性的施工组织安排并据以编制概预算、制定计划及指导施工
4543	施工坐标系	construction coordinate system	为工程建筑物施工放样而建立的其坐标轴与建筑物的主要轴线一致或平行的平面直角坐标系统
4544	湿定子潜水泵	submersible pump with wet stator motor	电动机定子内腔介质为水或油的潜水泵
4545	湿磨细水泥浆材	wet - ground fine cement grouting material	经过水泥湿磨机使灌浆水泥浆材中的颗粒经湿磨细化形成的浆材

续表

序号	术 语 名 称	英文对应词	定　　义
4546	湿磨细水泥浆材灌浆	grouting of wet – ground fine cement grouting material	利用相关灌浆机具和设备或浆材自重通过钻孔后孔内阻塞或其他方法把湿磨细水泥浆材输送到相应的岩体裂隙、混凝土接缝和裂缝以及不同材质间的接触缝或土体空隙内的工程施工过程
4547	湿磨细水泥浆材颗粒细度	grain fineness of wet ground fine cement grouting material	灌浆水泥浆材经水泥湿磨机有效细化后浆材中颗粒粒径的大小或分布，通常用 D_{95}、D_{50} 等表示，其单位为微米（μm）
4548	湿磨细水泥浆材性能	properties of wet – ground fine cement grouting material	湿磨细水泥浆材的颗粒细度、黏度、凝结时间、浆材结石的收缩率和抗压强度等性能
4549	湿润灌溉	wetting irrigation	在田面不形成水层的条件下，使稻田土壤水分经常处于饱和状态的灌水方法
4550	湿润损失	loss of wetness	进入雨量计承雨口的降雨在流入翻斗等雨量计量部件前被承雨口等内壁吸附，而没有得到计量的部分雨量
4551	湿绳改正	wet line correction	用悬索悬吊铅鱼或测深锤测深时，对水面以下悬索偏斜影响所作的改正，即水面到测点的垂直距离与该部分实测悬索长度的差值
4552	湿室安装	wet pumping pit mounting	潜水泵在湿室内的安装方式
4553	湿室型泵房	wet – pit type pump house	过水流道和水下其他部分结构物中均充水的泵房
4554	湿陷变形	collapse deformation	黄土类土等在荷重和浸水共同作用下，由于结构遭破坏产生显著的变形
4555	湿陷起始压力	initial collapse pressure	湿陷性黄土浸水后达到湿陷变形特征值作用的最小附加压力
4556	湿陷系数	coefficient of collapsibility	黄土类土等试样在一定的压力作用下，浸水湿陷的下沉量与试样原高度的比值
4557	湿陷性黄土	collapsible loess	主要由粉粒组成，呈棕黄或黄褐色，具有大孔隙或垂直节理特征，遇水产生自重湿陷的土，称自重湿陷性黄土，不产生自重湿陷性的黄土称为非自重湿陷性黄土
4558	十字板剪切试验	vane shear test	将标准十字板探头插入土中按一定速率旋转，量测土破坏时的抵抗力矩，测定土的不排水抗剪强度的原位试验，简称十字板试验
4559	十字板面积比	section proportion of the vane	十字板头的横截面积（包括轴杆）与受剪土柱的横截面积（直径按板宽计算）之比
4560	石袋	honeycomb	在混凝土浇筑中，由于卸料或平仓、振捣等工艺不合规格而使混凝土内部出现粗骨料密集与架空的现象

续表

序号	术语名称	英文对应词	定　　义
4561	石料场	stone quarry	具有一定储量和质量的石料，可集中开采供工程使用的场所
4562	石漠化	rockification	因水土流失而导致地表土壤损失，基岩裸露，土地丧失农业利用价值和生态环境退化的现象
4563	石漠化强度	rockification intensity	调查范围内以单位面积的基岩裸露率为表征的、反映土地发生石漠化轻重状况的指标
4564	时段单位线	duration unit hydrograph	流域上指定时段内时空均匀分布的单位净雨量（一般为10mm）在流域出口断面处形成的地面径流过程线
4565	时间常数	time constant	温度计达到施测温度点对应的电阻值所需的时间
4566	时间为 t 秒时的短路电流	short - circuit current at time	短路持续至 t 秒时的短路电流周期分量有效值
4567	时均压力	time - averaged pressure	由于水流紊动所产生的流速场作用于固壁的附加动力压力时均值
4568	时效硬化	age hardening	钢的性质随时间变硬变脆的现象
4569	时域反射法	time domain reflectometry	根据土壤中的水和其他电介质介电常数之间的差异的原理并采用时域反射测试技术测量土壤含水量的方法
4570	实测放大图	surveyed amplfication map	按小一级比例尺的精度要求施测大一级比例尺地形图的方法
4571	实腹梁	solid column	通过实心腹板连接翼缘所组成的钢梁
4572	实腹柱	solid column	通过实心腹板连接翼缘所组成的钢柱
4573	实际材料图	primitive data map	反映野外地质勘察的位置及勘探方法和工作量的图件
4574	实际分度值	actual scale interval	按GB/T 14250—1993第6.2.2条的规定，实际分度值指以质量单位表示的下列值： a）在模拟式衡器中，指相邻两个标尺标记所对应的重量值之间的差； b）在数字式衡器中，指相邻两个示值或打印值之间的差
4575	实际分度值	actual scale interval	以质量单位表示的下列值： a）在模拟式衡器中，实际分度值（d）是指相邻两个标尺标记所对应的重量值之间的差值； b）在数字式衡器中，实际分度值（d）是指相邻两个示值或打印值之间的差值。国际法制计量组织规定以符号d表示，也叫衡器的实际标尺间隔
4576	实际寿命	physical life	工程或设备从全新状态开始到不能发挥预定功能时的总年数
4577	实际最大泵送量	practically maximum delivery	混凝土泵每小时实际输送混凝土体积的最大值

续表

序号	术语名称	英文对应词	定义
4578	实时接线分析	real - time connection analysis	实时处理开关信息，自动划分电网接点数，形成新网络接线，随之测量分配电量和注入量等数据的功能，在电力系统处于紧急状态与恢复状态中随时提供信息与数据给调度人员的方式
4579	实时控制	real - time control	用电子计算机对电力系统中的电气量的变化、事件、故障等当时出现的各种运行工况进行计算、判断并进行处理的过程
4580	实时数据和实时信息	real - time data and real - time information	利用快速电子计算机搜集并处理当时的数据和信息
4581	实时汛情监视系统	real - time flood monitoring system	为各级防汛部门提供实时汛情自动监视和汛情演变过程再现的信息系统
4582	实时雨水情数据库	real - time hydrologic information database	用计算机存贮、管理和检索水文测站实时测定的水文数据及相关数据组成的系统
4583	实体坝	solid dike	采用土石料、沉排等重型结构修建的河道整治建筑物
4584	实体关系图	entity relationship diagram	简记 E - R 图，以实体、关系、属性三个基本概念表征数据的基本结构，描述静态数据结构的概念模式
4585	实物	real object	工程建设征地影响范围内的人和各种实物，包括建设征地范围内的居民、土地、林（果）木、建筑物、构筑物、矿产资源、文物古迹、地下管道和其他地面附着物等有形实体。建筑物和构筑物一般包括各类房屋及附属设施、交通设施、输变电设施、通信设施、水利水电设施等
4586	实验标准差	experimental standard deviation	对同一被测量作 n（$n \geqslant 6$）次测量，表征测量结果分散性的量
4587	实验室加标空白	laboratory fortified blank	在一份高纯水或其他空白基体中加入已知量的待测物，按照样品分析步骤进行前处理和测定
4588	实验室间比对	interlaboratory comparison	按照预先规定的条件，由两个或多个实验室对相同或类似检测品指定值的实验结果对比
4589	实验室试剂空白	laboratory reagent blank	将一份高纯水或其他的空白基体按照样品的程序进行前处理和测定
4590	实验室样品基质加标	laboratory fortified sample matrix	在实测样品中加入已知量的待测物，按照样品分析步骤进行前处理和测定，基质加标实验用来检查样品基质中是否含有干扰物质
4591	实验小流域站网	observation network in small watershed	在小流域内，根据各种地貌因子和水土保持措施因子布设的一系列雨量站和径流泥沙观测站组成的网络（或系统）
4592	实用堰	short - crested weir	堰顶厚度为 0.67～2.5 倍堰上水头，并具有流线型堰体的一种短顶堰

续表

序号	术语名称	英文对应词	定　　义
4593	使用单位	used unit	项目建设的水利信息系统的用户单位
4594	使用方风险	consumer's risk	在抽样方案的操作特性曲线（OC）上，对应于事先确定的、具有比较小的接收概率的一个点称为使用方风险点，这个接收概率称为使用方风险
4595	使用方风险质量	consumer's risk quality	对于任一抽样方案，具有规定的使用方风险的批不合格率。以 P_1 表示使用方风险为 0.10 时的使用方风险质量
4596	示流信号器	liquid - flow annunciator	用来监视管道内液体流通情况，并当断流或流量小于规定值时发出信号的检测器件
4597	示坡线	slope indication line	垂直于等高线且指示斜坡降落方向的短线
4598	示误三角形	error triangle	由三个已知点作角度交会确定待定点平面位置时，由于角度测设和标定点位的误差，而在待定点上出现三方向线不交于一点构成的微小三角形
4599	示值误差	error of indication	计量仪器的示值与被测量（约定）真值之差
4600	事故	failure；accident	电力系统中机电元件全部或部分正常工作状态遭到破坏，造成中断或减少送电的情况
4601	事故备用容量	reserve capacity for accident	为电力系统中发电机组发生事故时能保证正常供电而增设的装机容量
4602	事故低油压	tripping lower oil pressure	能关闭水轮机导水机构的油压装置的最低油压
4603	事故排风	emergency exhaust	事故时或事故后排除生产房间内发生事故时突然散发的大量有害物质、有爆炸危险的气体、蒸汽或烟气的通风方式
4604	事故音响信号	emergency signal；alarm signal	设备发生事故时能自动发出音响的信号（蜂鸣器响），并点亮相应显示事故性质的光字牌的现象
4605	事故运行方式	accident operation mode	在系统发生故障或事故时，为保证对用户安全供电而采取的一种特殊运行方式
4606	事故闸门	emergency gate	能在动水中截断水流以便处理或遏止水道下游所发生事故的闸门
4607	事故照明	accident lighting	在工作照明发生故障而中断时，供给值班人员继续工作所需要的照明
4608	事故照明切换屏	accident lighting change - over panel	具有交、直流开关电器及其控制、测量、保护和信号设备，并在交流照明电源或线路故障时自动进行交、直流电源切换的屏
4609	试段压力	testing pressure	作用在试段内的实际平均压力

续表

序号	术语名称	英文对应词	定义
4610	试段长度	length of test section	栓塞底部至孔底或两栓塞之间，试验时水可以进入岩体的孔段长度
4611	试坑注水试验	water injection test in pit	保持固定水头高度向试坑注水，量测渗入土层的水量，以确定土层渗透系数的一种原位试验方法。可分为单环注水试验和双环注水试验
4612	试体	test sample	凡作为抗震试验的对象均称试体，是试验构件、结构的原型和模型的总称
4613	试跳	tripping test	用模拟电阻对保护器进行试验性跳闸
4614	试验	exper imentation	对一个产品或设备的特性和性能进行量度、定量分析或分类所实施的实验
4615	试验处理	experiment treatment	在农田试验中选取不同技术措施作为试验因素，每个试验因素选取不同试验水平而设计的技术方案
4616	试验点	test point	根据选定的水头和出力（流量）组合决定的运转状态
4617	试验端子	test terminal	能方便地接入电流量以进行外电路测试的一种接线端子
4618	试验小流域	experimental small watershed	进行水土流失规律和综合治理试验研究的小流域
4619	试验小区	plot of irrigation experiment	田间灌溉试验场地的基本单元，为实施灌溉试验不同处理方案而在田间划定的小田块
4620	试验状态	test state	实际试验时的运行状态
4621	试运行	test run	水力机组安装完毕后，为检查机组制造、安装质量和运行情况是否符合规定的要求而进行的一种初步验收试验
4622	试运转	test run	水力机械辅助设备系统安装工程完毕后，为检查设备制造、安装质量和运行情况是否符合有关专业标准和技术文件要求而进行的初步验收试验
4623	视差	parallax	在大地测量中用经纬仪测角时，若目标成像不在丝网平面上、目标像与丝网发生相对变化给观测照准带来的误差
4624	视差法测距	subtense method with horizontal staff	用经纬仪测定横基尺（或丈量的基线）上两固定标志间的水平角，以计算两点间距离的方法
4625	视差角	parallactic angle	在视差法测距中，测站点对横基尺（或丈量的基线）所张的水平角
4626	视场范围	field of vision area	人眼（位置固定不变）通过光学系统所看到的明亮的圆形范围
4627	视场光阑	field of vision diaphragm	控制被照明视场大小，以保证被照明的物面范围与物镜所需的视场匹配
4628	视流速	apparent velocity	流体流经土体的单位横截面积时的平均流速

续表

序号	术语名称	英文对应词	定　　义
4629	视频安防监控系统	video surveillance& control system	利用视频探测技术，监视设防区域并实时显示、记录现场图像的电子系统或网络
4630	视频编码设备	video coding device	具有视频信号的数字采集、编码、网络传输功能的设备
4631	视频传输	video transport	利用有线或无线传输介质，直接或通过调制解调手段，将视频图像信号从一处传到另一处，从一台设备传到另一台设备的过程
4632	视频监控	videomonitoring	利用视频手段对目标进行监视的信息记录
4633	视频监视	video monitoring	利用视频探测手段对目标进行监视和信息记录
4634	视频监视管理平台	video surveillance management platform	对视频监视系统中信息资源、设备、用户、网络、安全等进行集中管理的软件平台
4635	视频监视系统	video surveillance system	利用视频探测技术、监视设防区域，并实时显示记录现场图像的系统
4636	视频解码设备	video decoding device	具有数字压缩视频的解码还原功能的设备
4637	视线坡角	inclination of track rope	承载索两铰点连线的水平倾角
4638	视准线法	collimation line method	以仪器望远镜的视准轴为基准线测定建筑物水平位移的方法
4639	视准轴	collimation axis	由望远镜物镜和调焦透镜组成的等效物镜的光心与十字丝交点的连线
4640	适宜水面面积	suitable water area	与城市自然条件、水土资源可供量、人口、居民生活习惯和生活水平、社会和经济发展水平等综合因素相适应的城市水面面积
4641	适宜水面面积率	suitable water area ratio	综合考虑城市自然条件、水土资源可供量、人口、居民生活习惯和生活水平、社会和经济发展水平等因素下，城市总体规划的控制区内水面面积占总面积的适宜比率
4642	释放时间	release time	当继电保护装置动作因素消失，装置回到原始状态为止的全部时间
4643	收敛测量	convergence measurement	用专门仪器，测量洞室开挖或支护后洞周某两点间距离变化的方法
4644	收水点	intake point	接受调引水量的地点
4645	手动复归	manual reset	由人工将继电器、触发器等的工作状态恢复到动作状态前的操作
4646	手动控制	manual control	人工进行以达到某种目的的行为
4647	手动准同期	manual precise synchronization	在使同步电机与另一同步电机或电源并列运行时，由人工调节电压、频率和相位角，使该同步电机的电状态尽可能与对方一致的操作方法

续表

序号	术语名称	英文对应词	定义
4648	手工电弧焊	manual arc welding	用涂有焊药层的焊条手工引弧进行焊接的工艺方法
4649	首波	primary wave	声波仪发射声脉冲信号通过介质传播后，在接收换能器接收的信号波形中，首个明显区别于噪声信号的第一个波峰或波谷
4650	首部枢纽	head complex	根据作物需要按时按量从水源取水，并将其处理成符合滴灌要求的水流送到系统中去的控制调配中心
4651	首曲线	standard contour	从高程基准面起算按规定等高距描绘的等高线
4652	首子午线	prime meridian	地球上计算经度的起始子午线或经线
4653	受端局	reception exchange office	水利通信网内接受呼叫的交换局
4654	受水区	water feeded area	跨流域（区域）调水工程从外调入水量的地区
4655	受托人	consignee	委托合同中受委托人的委托而承担勘测设计或监理业务的法人或者其他组织
4656	受油器	oil head	将来自调速器的压力油从固定管道引向转动的操作油管，供给转轮叶片接力器压力油和回油的装置
4657	枢纽布置	hydro project layout	对水利枢纽中各种水工建筑物的位置及邻接关系的安排
4658	枢轴承	pivot bearing	弧形闸门转动启闭时承受门叶传来的荷载的铰支承
4659	梳齿	comb teeth	用于清理面的刀齿沟状梳子
4660	疏浚	dredging	为清除水道中的障碍及扩大加深水域而在水下进行的土石方开挖作业
4661	输出元件	output element	保护装置或自动装置发出执行指令的元件
4662	输电系统	transmission system	由不同的输电设备（变压器、输电线路和开关设备等）按电力生产要求组成的输送电力的系统
4663	输电线	transmission line	输送大功率电能的线路
4664	输泥渠	sediment channel	将泥浆输送至坝面的沟渠
4665	输入功率试验	input test	检验水泵电动机组能否正常持续运行的试验
4666	输沙量	sediment runoff	一定时段内通过河道指定过水断面的泥沙总量
4667	输沙量计算	computation of sediment runoff	一定时段内通过河流指定过水断面的泥沙总量及其年内分配的分析计算
4668	输沙率	sediment transport rate	单位时间内通过河流某一横断面的泥沙质量
4669	输沙模数	sediment runoff modulus	时段总输沙量与相应集水面积的比值
4670	输沙需水	water demands for transportation of sediments	将生态系统中河床或湖床形态维持在一定水平所需要的水量

续表

序号	术语名称	英文对应词	定义
4671	输水钢管	steel pipe for water conveyance	将水从水源（水库、前池等）导向水电站的水轮机或其他用水部位的钢管道
4672	输水建筑物	water conveyance structure	输送水的水工建筑物
4673	输水线路区	the area for water transporting route	调水工程取水点到收水点间输水系统经过的地区
4674	属性表	attribute list	描述实体基本属性的数据集合
4675	鼠道	mousehole	用鼠道犁在耕作层下挤压形成人工鼠道，增加土壤入渗，减少地表径流的治理措施
4676	鼠道排水	mole drainage	在地面下适当深度利用鼠道犁（塑孔器）挤压土壤而形成类似鼠穴的通道进行排水的方式
4677	鼠笼型感应电动机	squirrel cage induction motor	通常在定子上的初级绕组连接于电源，在转子上的次级笼型绕组承载感应电流的电动机
4678	树脂锚杆	resin grouted rock anchor	以树脂为胶结材料的锚杆
4679	竖管	riser pipe	连接支管与喷头，喷头安置在适当高度的竖直短管
4680	竖井定向测量	shaft orientation survey	将地面控制网的坐标和方向，经由竖井传递到地下的测量工作
4681	竖井贯流式水轮机	pit turbine	发电机位于水轮机流道竖井中的贯流式水轮机，发电机通过一个变速装置与水轮机相连。通过竖井可以直接从上方拆卸发电机和变速装置
4682	竖井联系测量	shaft connection survey	将地面控制网的坐标、方向及高程，经由竖井传递到地下的测量工作
4683	竖井排水	chimney drain	位于土坝坝体中央或偏下游处的竖向（或倾斜）排水设施
4684	竖井式进水口	shaft intake	在水工隧洞山体或坝下埋管的坝体内修建的、形似竖井而内设闸门以控制水流的取水建筑物
4685	竖盘指标差	index error of vertical circle	当望远镜的视准轴水平，垂直度盘指标水准器的气泡居中时，垂直度盘指标的读数与规定常数的差值
4686	竖向连接系	vertical coupling system	用于保证各水平方向主要受力构件之间的联系从而加强结构整体工作性能的杆系，布置时垂直于面板。包括隔板与竖向桁架
4687	竖轴弧形闸门	radial gate with vertical axes	具有两扇弧形面板，能在动水中各绕门扇端部竖轴旋转启闭的船闸闸门。当面板是平板时称为三角闸门
4688	数传设备	data transmission equipment	能自动完成参数的采集、传输（或具有存储和部分控制功能）的设备

续表

序号	术语名称	英文对应词	定义
4689	数据包	data package	按规定格式封装水情交换信息的网上数据传输单元
4690	数据采集装置	data acquisition unit	按某种数据采集方式进行数据采集的设备
4691	数据汇交	data submission	数据生产单位或个人按照相关法规，向水利数据中心提交数据的行为
4692	数据集	dataset	可以标识的数据集合。通常在物理上可以是更大数据集较小的部分。从理论上讲，数据集可以小到更大数据集内的单个要素或要素属性，一张硬拷贝地图或图表均可以被认为是一个数据集
4693	数据库	database	按照一定的数据模型在计算机系统中组织、存贮和检索的互相联系的数据集合
4694	数据类型	data type	字段中定义变量性质、长度、有效值域及对该值域内的值进行有效操作的规定的总和
4695	数据实体	data entity	数据中心存储管理的数据对象
4696	数据项	data item	描述事物某一性质特征的最小数据单位
4697	数据元	data element	用一组属性描述其定义、标识、表示和允许值的一个数据单元
4698	数据元标识	data element data element	在一个注册机构内与语言无关的一个数据元的唯一标识
4699	数据元表示	data element representation	数据元值域、数据类型的组合，必要时也包括度量单位或字符集
4700	数据元值的长度	size of data element value	数据元值中（对应数据类型的）存储单元的数值
4701	数据元值域	data element value range	数据元允许值的集合
4702	数据载体	data carrier	数据中心存储、维护、管理与应用数据实体的软硬件设施
4703	数据志	lineage	数据的历史沿革信息，包括获取或生产数据使用的原始资料说明、数据处理中的参数、步骤等情况及负责单位的有关信息等
4704	数据中心管理	data center management	数据中心管理机构应用信息系统管理及运行维护技术和工具，开展数据接收、组织、存储、运行维护、更新、共享交换等工作，实现对数据资源的有效组织、管理和安全应用的过程
4705	数据中心管理机构	organization of data center management	各级水行政主管部门或其所属单位中承担数据中心运行维护和信息资源开发应用服务及管理职能的专业机构
4706	数学模型计算法	mathematical model method	根据水域特性、水质状况、设计水文条件和水功能区水质目标值，应用数学模型计算水域纳污能力的方法

续表

序号	术语名称	英文对应词	定义
4707	数值孔径	numerical aperture	物镜前透镜与被检物体之间介质的折射率和孔径角半数的正弦之乘积
4708	数轴弧形闸门	radial gate with vertical axes	具有两扇弧形面板、能在动水中各绕门扇端部竖轴旋转启闭的船闸闸门（当面板是平板时称为三角闸门）
4709	数字地面模型	digital terrain model	将一系列地面点的平面坐标和高程以数字形式储存在磁性介质上用来表达地表形态的一种方式
4710	数字录像设备	digital video recorder	利用标准接口的数字存储介质，采用数字压缩算法，实现视（音）频信息的数字记录、监视与回放的视频设备
4711	数字式仪表	digital - type meter	在显示器上能用数字直接显示被测量值的仪表
4712	数字视频监视系统	digital video surveillance system	采用数字技术进行视频信息传输、控制、记录、管理的视频监视系统，又称网络视频监视系统
4713	数字通信	digital communication	传送数字信号的通信
4714	数字图像处理	digital image processing	用计算机技术对数字化的图像资料进行计算、处理、校正、信息提取、分类显示及成图等方面的处理技术
4715	数字仪表	digital instrument	将被测连续信号（模拟信号）自动变成离散量，用数字显示的测量表计
4716	甩负荷试验	load - rejection test; load - shutdown test	鉴定水力机组甩负荷时，控制机构动作是否正常，主机及辅助设备是否安全可靠，同时，测定蜗壳水锤压力上升值及其变化过程，机组转速上升值及其变化过程等的试验
4717	栓塞	packer	将钻孔隔离出单独孔段的试验设备
4718	双层布置	double storey layout	在屋内配电装置中，母线及其隔离开关放在上层，其他电气设备放在下层的布置方式
4719	双层辐射式供电	two - level radial electric distribution	主配电屏以辐射式供电给分配电屏，分配电屏再以辐射式供电给负荷的供电方式
4720	双扉闸门	double - leaf gate	具有可分别启闭的前、后两扇且上下相互搭接的平面闸门
4721	双浮标	double float	由上下两个浮标组成，下浮标具有很小的负浮力，用来感应所在处水层的流速，很小的上浮标起浮托和标志作用，中间以细线相连，用来测定水面以下一定水层水流速度的浮标
4722	双击式水轮机	crossflow turbine; Michell - Banki turbine	转轮叶片呈圆柱形布置，水流通过转轮两次且垂直于转轮旋转轴线，并具有少许反击式水轮机特点的冲击式水轮机
4723	双击式水轮机转轮公称直径	crossflow turbine runner diameter	转轮叶片外缘直径。量的符号：D_1，单位为米（m）

续表

序号	术 语 名 称	英文对应词	定　　义
4724	双金属标	bimetal benchmark	由膨胀系数不同的两根金属管（钢、铝管）组成的水准标志
4725	双列布置	double row layout	户外配电装置中，进线（或出线）断路器及其相应的隔离开关排成双列的布置方式
4726	双母线接线	double - bus connection	每个回路经过一台断路器和可选择的两组隔离开关接到两组母线的任一组母线上的接线。当一条工作母线用分段断路器分段时，则称为双母线分段接线；如果通过旁路断路器再与另一条旁路母线相连时，则称为双母线带旁路接线
4727	双曲拱坝	double curvature arch dam	在平面及竖向均呈曲线形的拱坝
4728	双调整调速器	double regulating governor	实现转桨式（冲击式）水轮机导叶（喷针）及转轮叶片（折向器/偏流器）双重调整的调速器
4729	双吸式离心泵	double - suction pump	液流沿泵轴方向从叶轮的两端被吸入叶轮流道的离心泵
4730	双向挡水人字闸门	bidirectional retaining mitre gate	闸门门叶可根据门两侧水位的变化呈人字形拱向水位高的一侧来挡水的船闸闸门
4731	双向可逆泵	double - direction reversible pump	通过改变水泵的旋转方向实现水流在流道内改变流动方向的水泵
4732	双向潜水泵站	bi - directional pumping station equipped with submersible pump	通过改变潜水电动机相序或改变潜水泵安装方向，实现双向抽水的泵站
4733	水、草、畜平衡	balance among water, pasture and animals	在草地畜牧业生态系统中，由水分供应（降水、地表水、地下水）、饲草料生产和牲畜消耗所构成的循环系统，依据能流、物流平衡与转化原理，在不同水分条件下，各类草地承载与草地生产力相适应的牲畜数量所需要的饲草料，构成水、草、畜系统平衡
4734	水安全	water security	免除了不可接受的水资源短缺、水环境污染、水生态和水灾害损害风险的状态
4735	水泵	pump	将机械能转换为水能（位能、动能和压能）的水力机械
4736	水泵比转速	specific speed of pump	相当于几何相似的水泵当扬程为1m、流量为$1m^3/s$时的转速
4737	水泵并联扬程曲线	head curve of parallel pumping system	两台或两台以上并联的水泵在相同扬程下的流量叠加曲线
4738	水泵串联扬程曲线	head curve of series pumping system	两台或两台以上串联的水泵在相同流量下的扬程叠加曲线

续表

序号	术语名称	英文对应词	定义
4739	水泵的反向最大稳态飞逸转速	steady - state reverse runaway speed of pump	当电动机断电、水泵失控后，导叶和/或轮叶位于能产生最高转速的位置，在规定的最高扬程下所产生的水轮机旋转方向的转速
4740	水泵的最大输入功率	maximum input power of pump	在规定条件下可能出现的最大的稳态输入功率，即最大轴功率
4741	水泵的最小输入功率	minimum input power of pump	在规定条件下可能出现的最小的稳态输入功率
4742	水泵电动机组	hydraulic pump - generator unit	由电动机及受其驱动的水泵组成，用来将电能转换为水能的一套机器
4743	水泵高效区	pump operation condition range with high efficiency	在水泵最高效率点两侧一定范围内的水泵工况区
4744	水泵工况	pump operating condition	以流量、扬程、轴功率和效率等性能参数表述的水泵工作状态
4745	水泵工况不稳定区	unstable area of pump operating condition	水泵扬程—流量曲线上的不稳定工作区域。在该区域内某点运行的水泵，一旦遇到某种干扰，工作点发生偏移，工况失去稳定，水泵性能处于一种振荡状态
4746	水泵工作点	pump operating point	水泵流量—扬程曲线与水泵在不同流量下总扬程曲线的交点
4747	水泵工作点调节	regulation of pump operating point	通过某种方法（如改变水泵转速、叶片安装角、叶轮直径及出口阀门开度等）改变水泵工作点的措施
4748	水泵供水	water feed by pump	供水系统的水压和水量由水泵来保证的供水方式
4749	水泵机械效率	mechanical efficiency of pump	提供给水泵叶轮的输入功率与水泵的输入功率之比值
4750	水泵流量	pump discharge	单位时间内自水泵出口流出的液体体积
4751	水泵模型	pump model	不包括连接流道的水泵模型本体
4752	水泵输出功率	output power of pump	水泵传给它所输送的液体的水力功率
4753	水泵输入功率	input power of pump	传递给泵轴的净机械功率
4754	水泵水力效率	hydraulic efficiency of pump	水泵输出功率与叶轮输入功率之比值
4755	水泵无流量输入功率	no - discharge power of pump	在规定的转速情况下，水泵输出流量为零时的输入功率
4756	水泵效率	pump efficiency	水泵输出功率与输入功率之比值

续表

序号	术 语 名 称	英文对应词	定　　义
4757	水泵性能曲线	pump characteristics	反映水泵各种性能参数之间关系的曲线，包括基本性能曲线、相对性能曲线、通用性能曲线、综合性能曲线、全面性能曲线等
4758	水泵扬程	head of pump	水泵出口与进口断面的总水头差
4759	水泵轴功率	input power of pump; pump shaft power	水泵轴从动力机获得的功率，即水泵的输入功率
4760	水泵装置	pump system	水泵及其进、出水管道（或流道）的总称
4761	水泵总扬程	total head of pump	水泵出口与进口断面的总水头差
4762	水表	water meter	计量管道输水量的仪器，一般只有机械数字显示功能
4763	水池	water tank	用于存贮雨水径流的地表式蓄水工程
4764	水尺	gauge	为直接观测河流或其他水体的水位而设置的标尺
4765	水锤泵站	hydraulic ram pump station	装置水锤泵的泵站
4766	水锤法	water hammer method	在水轮机的导水机构均匀迅速关闭时，测量压力水管内水锤压力变化过程，从而求出导叶关闭前的水轮机流量的方法。可采用示波器或吉普逊仪记录水锤压力变化过程线
4767	水稻干湿交替灌溉	alternately wetting and drying irrigation for rice field	在水稻返青以后使稻田处于干湿交替状态的灌溉模式
4768	水稻叶龄模式灌溉	irrigation based on rice leaf age model	根据水稻生育进程叶龄模式，在不同生育期将田间水分控制在高产所需适宜范围的灌溉模式
4769	水的损失	water loss	大于土壤入渗强度的雨水或融雪水因重力作用而沿坡面流失的现象
4770	水电站	hydropower station; hydroelectric power plant; water power station	将水能转换成电能的各种建筑物和设备的综合体，也称水力发电站
4771	水电站保证出力	firm power; firm output	水电站在相应于设计保证率的供水时段内的平均出力
4772	水电站厂房	power house	水电站中装置水轮发电机组及其辅助设备并为其安装、检修、运行及管理服务的建筑物
4773	水电站出力	power output of hydropower station	水电站所有机组的发电机端母线上输出的功率之和。我国规定用 kW 为水电站出力计量单位
4774	水电站发电成本	generation cost of hydropower station	水电站在生产过程中所消耗的生产资料的价值和付给劳动者的报酬两个部分的货币表现，一般用发电总成本和单位电能成本两种表现形式

续表

序号	术语名称	英文对应词	定　义
4775	水电站发电量	energyout put of hydropower station	水电站在一定时段内生产的电能量。我国规定用 kW·h 为计量单位
4776	水电站计算机监控	computer control for hydropower station	利用电子计算机对水电站主要设备进行检测、监视和控制
4777	水电站建筑物	hydropower station structure; hydroelectric station structure	为将水流落差蕴藏的水能转变为电能而修建的建筑物
4778	水电站空化系数	plant cavitation coefficient	水轮机在电站运行条件下的空化系数。量的符号：$\sigma_p = k\sigma_c$
4779	水电站毛水头	gross head of plant	水电站上、下游水位在同一时刻的高程差。量的符号：H_g，单位为米（m）
4780	水电站尾水位	tailwater level of plant	在尾水管出口断面处出现的自由水面高出基面以上的高程。量的符号：$Z_{TL,d}$单位为米（m）
4781	水电站引用流量	quotative discharge of hydropower station	通过水电站引水系统进入各台水轮机的流量之和
4782	水电站装机容量	installed capacity of hydropower station	一座水电站全部水轮发电机组额定出力之和
4783	水电站自动化	automation of hydroelectric station	对整个水电站的主、辅设备和公用设备的自动起动停止、投入切除、运行方式转换以及参数调节等自动监测和控制的过程
4784	水电站最大毛水头	maximum gross head of plant	水电站上、下游水位在同一时刻各种组合下出现的最大水位高程差。量的符号：$H_{g.max}$，单位为米（m）
4785	水电站最小毛水头	minimum gross head of plant	水电站上、下游水位在同一时刻各种组合下出现的最小水位高程差。量的符号：$H_{g.min}$，单位为米（m）
4786	水跌	hydraulic drop	明槽（渠）水流流经跌坎处（或由缓坡变为陡坡处），水流由缓流转变为急流时所形成的水面急骤降落的水流现象
4787	水动式施肥泵	water - driven chemical injector pump	依靠灌溉水的能量驱动柱塞，向灌溉系统注入肥料（药）液体的装置
4788	水斗	bucket	具有瓢形曲面，用以改变射流方向并接受水流能量的水斗式或斜击式转轮的组成部分
4789	水斗式、斜击式水轮机转轮公称直径	Pelton, Turgo turbine runner diameter	转轮水斗和射流中心线相切处的直径。量的符号：D_1，单位为米（m）
4790	水斗式水轮机	bucket type turbine	转轮由若干呈双碗形结构的水斗构成，喷嘴轴线位于水斗截面对称处的冲击式水轮机
4791	水分生产率	water productivity	单位面积作物产量（值）与作物全生育期耗水量的比值

续表

序号	术语名称	英文对应词	定义
4792	水工挡土墙	hydraulic retaining wall	水利水电工程中的承受土压力、防止土体塌滑的挡土建筑物
4793	水工混凝土	hydraulic concrete	用于水电水利工程的挡水、发电、泄洪、输水和排沙等建筑物，密度为2400kg/m^{3}左右的水泥基混凝土
4794	水工建筑物	hydraulic structure	控制和调节水流，防治水害，开发利用水资源，实现水利工程目标的建筑物
4795	水工建筑物测流	flow measurement by hydraulic structure	利用水工泄水建筑物，通过实测水头等水力因素及闸门开度或电功率，经率定流量系数或效率后，来计算流量的一种测流方法
4796	水工建筑物级别	grade of hydraulic structure	按水工建筑物所在工程的等别、作用及其重要性所划分的级别
4797	水工金属结构	steel structures in water project	水利水电工程用闸门、拦污栅、引水压力钢管、启闭机、升船机、清污机以及与水利水电工程相关的塔（构）架等金属结构
4798	水工模型	hydraulic model	以重力为主要动力因素，研究水工建筑物、河道与水流等相互作用的实体模型
4799	水工砂浆	hydraulic mortar	与水工混凝土接触使用的水泥基砂浆，用于混凝土与基岩接触铺筑、混凝土浇筑升层间铺筑和混凝土施工中局部处理等
4800	水工隧洞	hydraulic tunnel	在山体中或地下开挖的、具有封闭断面的过水通道。按作用可分为导流隧洞、泄洪隧洞、发电隧洞、灌溉隧洞和放空隧洞等
4801	水功能	water function	水体对满足人类生存和社会发展需求所具有的不同属性的价值与作用
4802	水功能区	water function zone	为满足水资源合理开发、利用、节约和保护的需求，根据水资源的自然条件和开发利用现状，按照流域综合规划、水资源保护和经济社会发展要求，依其主导功能划定范围并执行相应水环境质量标准的水域
4803	水功能区划	water function zoning	对水域各部位水体，研究其主导及从属功能，进行水功能区的划定。可划分为保护区、缓冲区、开发利用区、保留区、饮用水源区、工业用水区、农业用水区、渔业用水区、景观娱乐用水区、过渡区、排污控制区等
4804	水功能区水质目标	water quality target of water function zone	根据水功能区水质现状、排污状况、不同水功能区的特点、水资源配置对水功能区的要求以及技术经济条件，拟定的水功能区现状条件和规划条件下的水质保护目标
4805	水管冷却	pipe cooling	利用安设在混凝土浇筑块中的水管系统，通入冷水，使之循环流动以吸收浇筑块里热量的一种混凝土冷却措施

续表

序号	术语名称	英文对应词	定义
4806	水管式沉降仪	hydraulic overflow settlement gauge	利用液体溢流后在连通管两端保持同一水平面的连通管原理测量竖向位移变化的沉降仪
4807	水柜	small water harvesting pond	南方地区用于收集雨水或其他来水的小型水池
4808	水旱灾害	water disasters	洪涝灾害与干旱灾害的总称
4809	水华	algal blooms	藻类在河流、湖泊水体中异常繁殖并大面积覆盖水面的一种现象，水体呈蓝、绿或暗褐色，是淡水水体富营养化的一种特征
4810	水环境	water environment	围绕人群空间及可以直接、间接影响人类生产、生活和发展的水体，及相关的各种自然因素和社会因素的总体
4811	水环境保护	water environment protection	保护水环境可持续利用状态所采取的行政、法律、经济和技术等保护措施
4812	水环境监测专用船	water environmental monitoring boat	配备有专用的水环境监测等设备，主要用于水环境监测水样采集与分析的测船，是一种水上水环境监测移动实验室
4813	水环境容量	water environment capacity	在人群生存和水生态不致受害的前提下，水环境所能容纳污染物的最大负荷量
4814	水环境效应	water environment effect	人类活动或自然环境变化改善或改变水环境系统的结构和功能所产生的效果
4815	水环境影响评价	water environmental impact assessment	对人类活动所引起的水环境改变及其影响进行的预测和评定
4816	水环境质量	quality of water environment	水环境对人群的生存和繁衍以及社会经济发展的适宜程度，通常指水环境遭受污染的程度
4817	水环境质量标准	quality standard of water environment	为保护人群健康和社会物质财富、维持生态平衡，由政府制定的限定水体中有害物质或因素的标准，包括生活饮用水卫生标准、工业用水水质标准、农田灌溉水质标准、渔业水质标准、地面水环境质量标准等
4818	水环真空泵	liquid ring suction pump	利用偏心叶轮旋转时其轮毂和叶片与外围水环所形成的容积的变化抽吸空气的真空泵
4819	水荒	water scarcity	因来水的随机变化在某一时间内供水严重不足以致影响正常生活及生产的情景
4820	水灰比	water - cement ratio	单位体积混凝土内的用水量与水泥用量的重量比值
4821	水击	water hammer	在有压管道中，由于阀门突然启、闭，使水体流速急剧变化而产生的水体压强交替升降的一种现象，也称水锤
4822	水击波	water hammer wave	管道中的水体由于水锤作用所发生的弹性波，也称水锤波
4823	水胶比	water - cement ratio	水泥混凝土或砂浆用水量（饱和面干骨料）与胶凝材料的质量比

续表

序号	术语名称	英文对应词	定义
4824	水窖	water cellar	在地下挖筑成井状的、用于蓄积地表径流，解决人畜用水、农田灌溉的一种工程设施，北方亦称旱井
4825	水窖复蓄次数	storage coefficient of water cellar	在一年周期内，水窖供水量与其有效容积的比值
4826	水介式超声波水位计	ultrasonic water level gauge (through water)	以水作为超声波传播介质的超声波水位计
4827	水景观	water landscape	可以引起人们视觉感受的水域（水体）及其相关联的岸地、岛屿、林草、建筑等所形成的景象
4828	水库	reservoir	在河道、山谷、低洼地有水源或可从另一河道引入水源的地方修建挡水坝或堤堰，形成的蓄水区域；或在有隔水条件的地下透水层修建截水墙，形成的地下蓄水区域
4829	水库并联运用	operation of parallel-connected reservoirs	在邻近的河流上分别建水库，多沙河流上的水库蓄洪拦沙并将清水调往少沙河流水库，后者则蓄清调节的联合运用方式
4830	水库测量	reservoir survey	修建水库时，确定水库蓄水后淹没的范围、计算水库的面积和库容量、在实地标定淹没线的测量工作
4831	水库串联运用	operation of serial-connected reservoirs	在同一条河流上建两座或两座以上水库，上游水库蓄洪拦沙，下游水库蓄清调节的联合运用方式
4832	水库防洪调度	reservoir operation for flood control	利用水库的调蓄作用和控制能力，有计划地控制调节和利用洪水，避免或减轻下游防洪区的洪灾损失
4833	水库回水变动区	fluctuating backwater zone of reservoir	水库运用最高水位与最低水位回水末端之间的库段
4834	水库回水计算	computation of reservoir backwater	水库蓄水后在各种设计条件下库区沿程水位壅高情况的分析计算
4835	水库或河段排沙比	desilting ratio	水库或河段出口断面沙量与进口断面沙量的比值，以百分数（%）表示
4836	水库浸没	reservoir immersion	由于水库蓄水使库区周边地区的地下水位抬高，导致地面产生沼泽化、盐渍化及建筑物地基条件恶化等次生地质灾害的现象
4837	水库库底清理	clean-up operation	水库蓄水前按规定要求，对库区内障碍物和污染源进行清除和整理
4838	水库冷害	cold water hazard of reservoir	水库下泄低温水引起的危害
4839	水库联合调度	joint dispatching of reservoir	为达到特定目标对多个水库实施的统一调度

续表

序号	术语名称	英文对应词	定　　义
4840	水库年限	ultimate life of reservoir	水库库容被淤积达到设计极限状态的年限
4841	水库群调度	reservoir group operation	为保障水库安全和充分发挥效益而实施的多座水库统一控制运用
4842	水库渗漏	reservoir leakage	水库内水体经由库盆岩土体向库外渗漏而漏失水量的现象
4843	水库实时调度	reservoir real - time operation	在水库日常运行的面临时段，根据实际情况确定运行状态的调度措施与方法
4844	水库水位	reservoir pool level	水库自由水面高出基面以上的高程。我国目前采用的绝对基面是黄海基面，是以黄海口某一海滨地点的特征海水面为零点。量的符号：Z_{PL}，单位为米（m）
4845	水库塌岸	reservoir bank caving	水库蓄水后或蓄水过程中，受水位变化和风浪作用的影响，引起岸坡土体稳定性发生变化，导致岸坡遭受破坏坍塌的现象
4846	水库特征库容	characteristic storage of reservoir	水库特征水位以下或两特征水位之间的水库容积，如总库容、死库容、兴利库容、防洪库容、调洪库容等
4847	水库特征水位	characteristic water level of reservoir	水库在不同时期为完成不同任务，需控制达到或允许消落的各种库水位，如正常蓄水位、死水位、防洪限制水位、防洪高水位、设计洪水位、校核洪水位等
4848	水库调度	reservoir operation	确定水库运用中决策变量（电站出力、供水量、弃水量、时段末库水位等）与状态变量（时段初库水位、入库流量、时间等）间关系的工作
4849	水库调度图	graph of reservoir operation	表示水库调度方案和规则（即决策变量与状态变量关系）的曲线图
4850	水库调水调沙	floud and sediment by reseours regnlantion	利用水库调试水量，对入库水沙进行调节，控制出库含沙水量，以利冲刷下游河道，减少淤积
4851	水库下游河道冲刷计算	computation of river channel scour below reservoir	水库泄水对下游河道冲刷过程及冲刷相对平衡的分析计算
4852	水库泄空排沙	sediment releasing by emptying reservoir	放空水库，利用回水末端不断下移所产生的沿程冲刷和库水位下降所产生的溯源冲刷的排沙方式
4853	水库兴利调度	reservoir operation for water supply	根据河道内及河道外的用水要求所进行的水库调度

续表

序号	术语名称	英文对应词	定义
4854	水库蓄清排浑	clear water impounding and muddy flow releasing	水库在汛期来沙量大时泄出全部浑水，汛后来沙量小时蓄留清水的运用方式
4855	水库淹没界线测量	reservoir inundation line survey	确定水库淹没界线时，对移民线、土地征用线、土地利用线和库区清理线等各种界线进行测设的工作
4856	水库淹没区	reservoir zone	水库正常蓄水位以下的经常淹没区和水库正常蓄水位以上因水库洪水回水、风浪、船行波、冰塞壅水等产生的临时淹没区
4857	水库淹没影响区	effected zone of reservoir inundation	在水库淹没区以外，因水库蓄水引起的浸没、坍岸、滑坡、内涝和水库渗漏等地质灾害区，以及其他受水库蓄水影响的区域，统称淹没影响区
4858	水库异重流排沙	sediment releasing by density current	在异重流行近坝前时及时开启排沙底孔的排沙方式
4859	水库诱发地震	reservoir induced earthquake	因蓄水引起库盆、库周及近岸范围内发生地震，或导致原有地震活动性发生明显变化的现象
4860	水库淤积测量	reservoir sedimentation survey	为了解水库内泥沙淤积的部位、形态、数量及其发展规律而进行的库区内的测量工作
4861	水库淤积极限	limit state of sediment deposition in reservoir	水库淤积达到输沙平衡后不再淤积的状态
4862	水库淤积计算	computation of reservoir sedimentation	水库库区泥沙淤积过程、淤积分布及冲淤平衡等的分析计算
4863	水库淤积平衡比降	equilibrium slope of sediment deposition in reservoir	水库淤积达到极限状态后的河槽比降或滩面纵比降
4864	水库淤积上延	upward extension of reservoir deposition	水库泥沙继续落淤使回水曲线逐渐抬高引起库尾淤积体向上游发展的现象
4865	水库淤积纵剖面	longitudinal profile of deposit in reservoir	泥沙在库区落淤形成的沿水流方向的淤积体剖面
4866	水库预报调度	reservoir forecast - based operation	在水库控制运用中，根据气象预报和水文预报进行的水库调度
4867	水库滞洪排沙	flood retarding and sediment releasing	在小洪水时不蓄洪拦沙，在大洪水时滞留部分洪水，使细颗粒泥沙排出库外，粗颗粒泥沙落淤库内的运用方式
4868	水冷式空压机	water - cooled compressor	空气压缩过程中所产生的热量通过在水套和专用冷却器中不断流动的冷却水带走的空气压缩机

续表

序号	术语名称	英文对应词	定义
4869	水力冲填	hydraulic excavation and filling	利用水力开采、输送土或砂砾料至填筑地点且排水固结的施工作业
4870	水力冲填坝	hydraulic fill dam	将土料用水力输送到筑坝部位经沉淀固结而成的土坝
4871	水力发电工程	hydropower project	将河流、湖泊或海洋等水体蕴藏的水能转变为电能的工程
4872	水力功率	hydraulic power	用于生产电能的水流功率（单位：W）
4873	水力共振	hydraulic resonance	水力系统中周期性的水力扰动力的频率和机组的水力系统或机械系统的固有频率一致时所引起的振动现象
4874	水力机械	hydraulic machine	实现水能和机械能相互转换的机器。包括冲击式和反击式水轮机，水泵和水泵水轮机
4875	水力机械设备	hydraulic machinery	由水力机械和旋转电机组成，实现水能和电能之间互相转换的一套机器。包括水轮机/水泵、发电机/电动机、阀、控制系统等主机和辅机
4876	水力监测系统	hydraulic monitoring system	由测量元件、管路、非电量与电量之间的转换元件及仪器、计算机等组成，对水电站及水轮机的有关数据进行测量监视的相互关联的一个集合体
4877	水力开挖	hydraulic excavation	利用水枪、吸泥泵等机械进行土料与砂砾料的开挖作业
4878	水力螺距	hydraulic screw pitch	设没有摩阻的情况下，转子每转一周，水质点移动的距离
4879	水力侵蚀	water erosion	土壤及其母质或地表组成物质在降雨和地表径流作用下破坏、剥蚀、转运和沉积的过程，包括面蚀与沟蚀
4880	水力效率	hydraulic efficiency	泵输出功率与轴功率减去机械功率损失之比
4881	水力资源	hydropower resources	以位能、压能和动能等形式存在于江河、湖泊、水库、渠道、海洋等水体中可再生的能量资源
4882	水力自动闸门	hydraulic operating gate	利用水位涨落时水压力的变化自控启闭的闸门
4883	水力自控闸门	hydraulic operating gate	利用水位涨落时水压力的变化自控启闭的闸门
4884	水利部门网	water resources department network	在水利信息网中，各级水行政主管及业务部门的局域网
4885	水利城域网	water resources metropolitan area network	在水利信息网中，同一城市异地办公的水利行政业务部门之间的互联网络
4886	水利档案管理信息系统	water resources archives management information system	对各种涉水活动的行政、科技档案等资料进行收集、存储和管理的计算机系统

续表

序号	术语名称	英文对应词	定义
4887	水利地理空间信息	geospatial information of water resources	与水利应用相关的、用于表示对象地理位置和特征的信息
4888	水利地理空间信息元数据	metadata for geospatial information of water resources	关于水利地理空间信息的内容、质量、状况和其他特性的描述性数据
4889	水利电子政务系统	water resources electronic administration system	应用信息技术，水利部及其下属部门在政务活动中，履行监管、服务职能，高效办公的信息系统的总称。主要包括水利部机关综合办公系统、水利部机关各个政务应用系统、水利部网上行政审批系统、水利部以及各级机关的门户网站等
4890	水利电子政务综合应用平台	integrated application platform for water resources electronic administration system	水利电子政务系统安全运行的软件和硬件的总称，实现水利系统各单位之间和各应用系统之间的数据交换与信息共享
4891	水利风景区	water park	以水域（水体）或水利工程为依托，具有一定规模和质量的风景资源与环境条件，可以开展观光、娱乐、休闲、度假或科学、文化、教育活动的区域
4892	水利风景区规划	water park planning	为科学、合理地开发、利用和保护水利风景资源，保障水利风景区可持续发展而进行的统筹安排和部署，包括总体规划和详细规划
4893	水利风景资源	water scenery resources	水域（水体）或水利工程以及与其相关联的岸地、岛屿、林草、建筑等形成的自然和人文吸引物
4894	水利工程	hydraulic engineering	对自然界的地表水和地下水进行控制、治理、调配、保护、开发利用，以达到除害兴利的目的而修建的工程
4895	水利工程管理信息系统	management information system for water project management	对水利工程运行维护中产生的有关信息进行收集、存储和管理的计算机系统
4896	水利工程环境影响	environmental impact of hydraulic engineering	兴建水利工程对自然环境和社会环境造成的有利与不利的影响
4897	水利工程建设管理信息系统	management information system for water project construction	对水利工程从项目规划到竣工的整个建设过程产生的有关信息进行收集、存储和管理的计算机系统
4898	水利工程设备	equipments of water resources projects	安装于水利工程的发电机组、水轮机组及其附属设施，以及水泵、闸门、压力钢管、拦污设备、起重启闭设备等机电及金属结构设备

续表

序号	术语名称	英文对应词	定义
4899	水利工程施工环境影响评价	environmental impact assessment of hydraulic engineering construction	对水利水电工程施工影响的施工区及其周围地区生态和环境质量变化所进行的分析与评价
4900	水利工程投资	investment of water resurces prject	工程建造期间，所投入的建筑、设备、移民、占地、管理等项费用的总和
4901	水利公用信息平台	platform for public information of water resources	基于水利信息化综合体系，提供水利公用信息交换接口的总称
4902	水利规划	water resources development planning	在一定范围，一定时期内，为开发利用水资源、防治水旱灾害而制订的总体措施安排
4903	水利规划计划管理信息系统	management information system for water resources planning	应用信息技术，实现水利规划计划管理的计算机系统。主要包括前期管理、计划管理、项目管理、法律法规和统计等
4904	水利基础数字地图	digital fundamental map of water resources	以数字形式表示水利及相关空间信息的标准数字地图，是在选取国家数字地形图背景信息再叠加水利基础信息而形成的数字地图产品，而非为满足水利行业内某一特定用途而生产的专题地图产品
4905	水利计算	water conservancy computation	为研究水资源的合理开发利用、研究工程对河川径流和水流条件的变化影响，评价工程的经济和环境效果等所进行的有关分析计算
4906	水利技术标准数据库	technical standard database of water resources	水利技术标准的数据集合，主要包括水利技术标准体系、分类体系、已经颁布的各类水利技术标准以及相关国家标准
4907	水利接入网	water resources interface network	在水利信息网中，连接各信息采集点和上级网络节点之间的通信网络
4908	水利空间数据库	spatial database of water resources	水利空间信息的数据集合，主要包括行政区划、居民点、交通、地形、地质、地震、植被、土地利用等国家基础空间数据和河流、水库、堤防、水土流失及其治理等水利空间分布数据以及遥感信息
4909	水利旅游项目	water tourism project	凡利用江、河、湖、库水域（水体）及相关联的岸地、岛屿、林草、建筑等风景资源，组织开展观光、休闲、娱乐、度假或科学、文化、教育等活动的涉水旅游项目
4910	水利区划	water resources development zoning	以水资源的开发利用条件为主，考虑地形、地貌、水文气象及自然灾害的相似性，进行分区划片，提出分区治理与开发的方向和关键性措施

续表

序号	术语名称	英文对应词	定义
4911	水利审计部门	audit department of water resources	各级水利主管部门设立的内部审计机构或履行内部审计职责的机构
4912	水利视频监视系统	video surveillance system of water resources	依托水利信息网和其他公用网络对江河湖泊等水域及堤防、闸坝等各种水利工程进行视频监视的数字视频监视系统。水利视频监视系统主要处理视频信息，音频、报警和业务数据处理可作为系统的扩展功能
4913	水利枢纽	hydro project; hydro complex	为实现一项或多项水利任务，在一个相对集中的场所修建若干不同类型的水工建筑物组合体，以控制调节水流
4914	水利数据	water resources data	水利信息的数字化形式载体
4915	水利数据中心	water resources data center	水利信息汇集、存储与管理、交换和服务的中心
4916	水利水电工程边坡	engineered slopes in water resources and hydropower projects	修建水利水电工程形成的、因修建水利水电工程有可能影响其稳定的以及对水利水电工程安全有影响的边坡统称为水利水电工程边坡
4917	水利水电工程等别	rank of hydro project	对水利水电工程按其规模、效益及其在国民经济中的重要性所划分的等别
4918	水利水电工程水土保持设计	soil and water conservation design for water conservancy and hydropower engineering	针对水利水电工程项目区水土流失防治及水土资源保护利用所进行的设计工作的总称，主要包括主体工程区以水土流失防治为主要目的的防护、排水措施设计，植物措施设计，弃渣场选址、布设及防护措施设计，料场区防护和整治措施设计，施工生产生活区、交通道路区防护措施设计，移民水土保持设计，以及施工期临时防护措施设计等
4919	水利水电工程质量	quality of hydraulic and hydroelectric engineering	工程满足国家和水利行业相关标准及合同约定要求的程度，在安全、功能、适用、外观及环境保护等方面的特性总和
4920	水利水电建设用混凝土搅拌机	concrete mixers for building water conservancy and hydropower project	与大中型水工混凝土搅拌楼（站）配套的，主要用于搅拌大骨料、高密度的水工混凝土（包括碾压混凝土），同时也能正常搅拌建筑工程用混凝土的搅拌机
4921	水利通信网	water resources telecommunication network	由水利部门自建以及利用其他通信资源组成的通信网络，是水利信息传输的基础平台
4922	水利统计主要指标	main statistic - index in water	在水利统计工作中，需要经常调查、使用、公布，能够反映总体规模，具有实物量或价值量计量单位的指标
4923	水利统计主要指标数据元	basic unit of main statistic - index in water	水利统计主要指标中最基本的指标单元

续表

序号	术语名称	英文对应词	定　　义
4924	水利卫星通信网	water resources satelli tetelecommunication network	由水利部卫星通信主站及网络管理中心（北京）、话音站及水情分中心数据站组成的全国水利卫星通信网络
4925	水利信息	water resources information	水利活动中产生或涉及的各类信息的总称。一般包括水文水资源类信息、防汛抗旱类信息、农村水利水电类信息、水利工程建设与管理类信息、水土保持类信息以及水利政务类信息等
4926	水利信息安全体系	architecture of information security for water resources	在水利系统各级部门以及各应用系统之间安全共享水利信息资源的保障体系，包括组织体系、管理体系和技术体系
4927	水利信息采集体系	architecture of water resources information acquisition	收集、传输和处理各种水利信息的传感器、通信设备和接收处理装置的总体框架
4928	水利信息处理平台	information processing platform of water resources	为各种水利应用系统快速开发与业务逻辑复用提供支持的软件系统
4929	水利信息传输系统	water resources information transmission system	应用现代通信技术和计算机网络技术建设的从数据采集站点到各级数据中心的通信系统，主要包括测站与分中心（或中心）、分中心与中心之间的通信系统
4930	水利信息公众服务系统	service system for public information of water resources	沟通水利部门与社会公众，服务于社会公众的信息发布、事务受理的信息服务系统
4931	水利信息骨干网	water resources backbone network	在水利信息网中，连接水利部机关、流域机构和省（自治区、直辖市）水利（务）厅（局）的互联网络
4932	水利信息化	water resources informatization	应用信息技术，开发和利用水利信息资源，促进信息交流与知识共享，提升水利业务的效率和效益的过程
4933	水利信息化标准体系	architecture of standard for water reso-urces informatization	水利信息化建设中所需标准的总体描述，包括现有、正在制定和应制定的所有标准
4934	水利信息化项目	project of water resources informatization	按建设程序批准立项，在规定时间、预算投资和指定场景进行水利信息化建设的一次性独特任务。一个项目可以包括若干个子项目
4935	水利信息化综合体系	integrated architecture for water resources informatization	水利信息化建设的总体框架，主要由水利信息基础设施、水利业务应用和水利信息化保障环境三部分构成
4936	水利信息汇集	water resources information integration	将数字化的水利信息按业务应用与共享的需求，进行传输和组织，形成可用和有用的水利信息资源的过程

续表

序号	术语名称	英文对应词	定义
4937	水利信息基础设施	infrastructure of water resources informatization	为水利信息化提供基本信息的采集、传输和存储的各种软件和硬件的总称。主要包括水利信息采集设施、水利信息网和水利数据中心
4938	水利信息网	national information network for water resources	水利行业各单位计算机与网络设备互联形成的网络系统。水利信息网按照网络层次分为广域网、部门网和接入网，其中广域网又分为骨干网、流域省区网和地区网。水利信息网按照业务范围和安全保密要求分为政务外网和政务内网
4939	水利血防措施	water conservancy measurements combined with schistosomiasis prevention and control	为防螺、灭螺而采取的水利工程措施和管理措施
4940	水利血防工程	oncomelania prevention work	水利工程中为防、灭钉螺所建的工程设施
4941	水利业务应用	business application of water resources	运用信息技术处理各类水利业务的计算机应用系统。主要包括防汛抗旱、水利行政管理、水资源管理决策、水质监测与评价、水土保持监测、水利工程管理、农村水电及电气化管理、水利信息公众服务、水利规划设计管理和水利专业数字图书馆等
4942	水利应用服务平台	services platform for water resources application	支撑各种水利业务应用的软件集合，由信息交换与访问控制、空间信息分析、专业应用和集成等服务构成
4943	水利应用系统	application system of water resources	实现水利业务功能的软件系统
4944	水利元数据	water resources metadata	水利信息的诠释数据，即关于水利信息的内容、质量、状况和其他特性的描述数据
4945	水利元数据库	water resources metadata database	存储、管理有关水利信息元数据的数据集合
4946	水利专业数字图书馆	digital library for water resources management	应用信息技术，对水利文献信息进行联合编目，按统一标准进行数字化加工，能够在网络上实现远程查询、异地阅览的水利文献信息服务系统，是国家数字图书馆的组成部分
4947	水利专用通信系统	special telecommunication system for water resources	为满足水利业务应用特殊的通信需求而建立的专用通信系统。主要包括应急抢险通信系统、异地会商通信系统、蓄滞洪区和水库库区的通信系统等

续表

序号	术 语 名 称	英文对应词	定　　义
4948	水量平衡	water balance	水文循环过程中某区域在任一时段内，输入的水量等于输出的水量与蓄水变量之和
4949	水量调查	water survey	为满足流域或地区水量平衡分析、河川径流还原计算及水资源评价等方面的需要，对水文站未控制的水量，通过设立辅助水文站观测或开展面上调查，以补充水文站定位观测资料不足的工作
4950	水流侵蚀基准	water erosion base	水流下切接近某一平面后即失去侵蚀能力，不再往下侵蚀，这一平面称为侵蚀基准面
4951	水轮泵站	turbine - pump station	装置水轮泵的泵站
4952	水轮发电机	hydraulic turbine - generator; hydro - generator	由水轮机驱动的同步发电机
4953	水轮发电机组	hydraulic turbine - generator unit	由水轮机及受其驱动的发电机组成，用来将水能转换为电能的一套机器
4954	水轮发电机组变速技术	variable speed technology for turbine - generator set	对并入电网运行的水轮发电机组，改变主轴的机械旋转速度而仍能保持电网及机组安全稳定运行的技术
4955	水轮发电机组效率	unit efficiency	发电机输出功率除以水力功率（%）
4956	水轮机	hydraulic turbine; turbine	将水能转换为机械能的水力机械
4957	水轮机安装高程	setting of turbine	水力机械所规定安装时作为基准的某一水平面的海拔高程
4958	水轮机比转速	specific speed of turbine	几何相似的水轮机当水头为1m、输出功率为1kW时的转速
4959	水轮机层	turbine floor; turbine storey	装设立轴水轮发电机组的厂房中位于主机间地板以下到水轮机蜗壳层以上的空间
4960	水轮机大修	major overhaul of hydraulic turbine	为保持、恢复或提高设备性能对水轮发电机组进行整体的或针对机组存在问题的部分设备进行解体的检查和修理。注：相当于DL/T 838—0103中规定的A级或B级检修
4961	水轮机大修周期	overhaul cycle of hydraulic turbines	从机组上一次大修后投运时至下一次大修开始时的时间间隔
4962	水轮机的水力比能	turbine specific hydraulic energy	水轮机高压侧和低压侧基准面之间的比能差（单位：J/kg）

续表

序号	术语名称	英文对应词	定义
4963	水轮机额定流量	rated discharge	水轮机在额定水头、额定转速和额定输出功率下的流量
4964	水轮机额定输出功率	rated output power of turbine	在额定水头和额定转速下，水轮机能连续发出的功率
4965	水轮机飞逸转速	runaway speed of turbine	水轮机处于失控状态，轴端负荷力矩为零时的最高转速
4966	水轮机附属设备	auxiliary equipment of turbine	水轮机的调速器、油压装置、进水主阀等设备
4967	水轮机工作水头	turbine net head	正常运行时水轮机进、出口断面的总水头差
4968	水轮机公称直径	nominal diameter of runner	在水轮机转轮上指定部位测定的直径，为水轮机的有代表性的尺寸。对混流式，指转轮叶片进水边正面与下环相交处的直径；对轴流式、斜流式和贯流式，指与转轮叶片轴线相交处的转轮室直径；对冲击式，指转轮节圆直径。又称名义直径、标称直径
4969	水轮机功率	turbine power	水轮机在单位时间内所做的功。量的符号：P，单位为千瓦（kW）
4970	水轮机机械效率	mechanical efficiency of turbine	水轮机输出功率与转轮输出功率之比值
4971	水轮机基准面	Turbine reference level	规定的水轮机基准点的海拔（单位：m）
4972	水轮机进水阀	inlet valve for turbine	装在水轮机进口处用以截断水流的阀门。包括主阀、旁通阀及其操作机构
4973	水轮机空化系数	cavitation factor of turbine; Thoma number of hydroturbine	表征水轮机空化发生条件和性能的无量纲系数。过去称做“气蚀系数”
4974	水轮机空载流量	no - load discharge of turbine	水轮机在额定转速和额定水头下，机组输出功率为零时的流量
4975	水轮机控制系统	hydraulic turbine control systems	用来检测被控参量（转速、功率、水位、流量等）与给定参量的偏差，并将它们按一定特性转换成主接力器行程偏差的一些设备所组成的系统
4976	水轮机流量	turbine discharge	单位时间内流入水轮机进口测量断面的水的体积
4977	水轮机模型试验	model test of turbine	为判断原型的性能，对其模型进行各种特性测试的试验，包括能量（或效率）试验、空化试验、飞逸试验、稳定性试验和动力特性试验等
4978	水轮机设计水头	design head of turbine	水轮机在最高效率点运行时的水头
4979	水轮机室	turbine casing	围护在反击式水轮机转轮外围的过流部件，形状有明槽式、蜗壳式等

续表

序号	术语名称	英文对应词	定　义
4980	水轮机输出功率	mechanical power of turbine	水轮机主轴输出的机械功率（单位：W）
4981	水轮机输出功率不确定度	uncertainty of turbine power output	水轮机轴功率测量的总相对不确定度，包括系统不确定度和随机不确定度。系统不确定度为各个参数单项测量的系统不确定度之方和根
4982	水轮机输入功率	turbine input power	水流从水轮机转轮进口至出口传递给转轮的水力功率
4983	水轮机水头	turbine head	以水柱高度表示的在水轮机进口与出口测量断面的单位水体总能量差，即水轮机做功的有效水头。量的符号：H，单位为米（m）
4984	水轮机调节系统	turbine regulating system	由水轮机控制系统和被控制系统组成的闭环系统
4985	水轮机相对效率	relative efficiency of turbine	任意工况点的效率与基准值（效率）之比（%）。一般基准值选最高指数效率
4986	水轮机效率	turbine efficiency	水轮机输出功率与输入功率之比值
4987	水轮机性能保证	turbine performance guarantee	制造厂对水轮机的技术性能指标应达到的保证
4988	水轮机引水室	turbine flume	反击式水轮机中将水引入导水机构的部件
4989	水轮机主轴	turbine main shaft	连接转轮、支持转轮旋转并传递机械能的轴
4990	水轮机转轮公称直径	turbine runner diameter	在转轮上指定部位测定的直径。作为水轮机的有代表性的尺寸。量的符号：D_1，单位为米（m）
4991	水轮机转速	turbine speed	水轮机转轮的旋转速度，即在一分钟内所能完成的转数。量的符号：n，单位为转每分（r/min）
4992	水轮机最大输出功率	maximum output power of turbine	水轮机在额定转速和某一水头下连续安全运行时能达到的最大输出功率
4993	水轮机最优效率	optimum efficiency of turbine（maximumefficiency）	水轮机在最优工况下的效率，即最高效率
4994	水面浮标	surface float	漂浮于水流表层用来测量水面流速的浮标
4995	水面流速	flow velocity on water surface	水流表面水质点在单位时间内所移动的距离
4996	水面蒸发	evaporation of water surface	水面的水分从液态转化为气态逸出水面的现象
4997	水面蒸发量	evaporation from water surface	在一定时段内，由地表水体的自由水面逸入大气的水量
4998	水面蒸发器	water surface evaporation pan	观测水面蒸发量的仪器

续表

序号	术 语 名 称	英文对应词	定　义
4999	水面蒸发站	water surface evaporation station	观测水面蒸发量及相关项目的水文测站
5000	水内冰	underwater ice	在水面或冰面以下任何部位结成的冰或冰结合体
5001	水内冷式水轮发电机	water - cooling - type hydro - generator	采用水作为直接冷却介质流经定子或转子的内部进行冷却并将其大部分热损耗带走的水轮发电机
5002	水能	waterpower; hydropower	以位能、压能和动能等形式存在于江、河、湖、海等水体的能量
5003	水能计算	hydroenergy computation	确定水电站能量指标的水利计算。水电站能量指标主要包括保证出力、多年平均发电量、水轮机组工作状况和运行参数等
5004	水能开发利用规划	hydropower development planning	研究水能资源开发利用的方针、方式、方案及开发工程选定的水利规划工作
5005	水能资源	waterpower resources	以动能、势能和压力能等形式存在于水体中的能量资源
5006	水能资源技术可开发量	technical developable potential of water energy resources	河川或湖泊在当前技术水平条件下可开发利用的水能资源量
5007	水能资源理论蕴藏量	theoretical potential of water energy resources	河川或湖泊的水能资源的量值，以年电量和平均功率表示
5008	水泥比表面积	specific surface of cement	用 1g 水泥中所有颗粒表面积的总和来表示水泥细度的一种指标
5009	水泥灌浆	cement grouting	利用灌浆泵或浆液自重，通过钻孔、埋管或其他方法把水泥浆液或以水泥为主要成分的浆液注入岩体的裂隙、土体的孔隙、混凝土裂缝、接缝或空洞内的工程措施
5010	水泥罐	cement silo	专用于储存大量散装水泥的圆筒形密封仓库
5011	水泥裹砂喷射混凝土	cement paste wrapping sand shotcrete	先用部分水泥和少量水使砂、石表面造壳，然后将混合料和剩余的水泥混合，喷射至受喷面而形成的喷射混凝土护面
5012	水泥水化热	hydration heat of cement	水泥在遇水化合后凝结硬化过程中释放出来的热量
5013	水泥体积安定性	soundness of cement	水泥在凝结硬化过程中，保持体积变化稳定、均匀的性能
5014	水平槽	contour trench	在山坡上沿等高线每隔一定距离修建的截流、蓄水沟（槽），沟（槽）内间隔一定距离设置一个土挡以间断水流
5015	水平次梁	level secondary beam	沿闸门水平方向布置的槽钢、角钢、工字钢和组合梁等
5016	水平冻胀力	horizontal frost - heaving force	土冻胀时作用于建筑物侧面水平方向的冻胀力

续表

序号	术语名称	英文对应词	定义
5017	水平缝	horizontal joint	面板与防浪墙接缝及面板分期施工的水平接缝
5018	水平沟	level ditch	在山坡上沿等高线每隔一定距离修建的截流、蓄水沟（槽），沟（槽）内间隔一定距离设置一个土挡以间断水流
5019	水平衡测试	water balance test	对用水单元和用水系统的水量进行系统的测试、统计、分析，得出水量平衡关系的过程
5020	水平衡区	water balance region	降水量、径流量（含地表和地下）、蒸发量、蓄变量之间保持一定平衡状态的区域
5021	水平阶	horizontal stage	在坡面上沿等高线修建窄带水平台阶地的造林整地方式
5022	水平畦灌	level border irrigation	田间做成水平畦，水以较大流量流入畦内，并均匀分布后由重力作用渗入作物根区的灌水方法
5023	水平渗透系数	coefficient of planar permeability	平行于土工合成材料平面方向上的渗透系数，即水流沿材料平面方向水力梯度等于1时的渗透流速，又称平面渗透系数
5024	水平梯田	bench terrace	在坡面上沿等高线修建的田面水平平整，横断面呈台阶状的田块
5025	水平位移工作点	operative mark of horizontal displacement	在水平位移观测中，供设置测量仪器的点
5026	水平位移观测	horizontal displacement observation	使用观测仪器连续地、定期地对建筑物及地基上有代表性的点位所进行的水平方向位移量的测量工作
5027	水平位移基点	datum mark of horizontal displacement	在水平位移观测中，用以检核工作点有无变动的基准点
5028	水平仪	level	以几何水准方法测量地面两点间高差的一种仪器
5029	水情交换信息	hydrological information of exchange	按 SL 330 编制的水情信息编码以及相关网络传输管理信息
5030	水情信息	hydrological information	江河、水库（湖泊）、地下水和其他水体的水文及有关要素实时及预报信息，分为降水量、蒸发量、河道水情、水库水情、闸坝水情、泵站水情、潮汐水情、沙情、冰情、土壤墒情、地下水情、水文预报等12类
5031	水情信息编码分类码	hydrological information type code	标识所编报水情信息类别的代码，简称编码分类码，由英文字母表示，具有唯一性
5032	水情站	hydrologic reporting station	凡按 GB/T 22482—2008 规定报送水情信息的水文站、水位站、雨量站、气象站和专用站等的统称
5033	水情自动测报通信	automatic system of hydrological data telemetering and forecasting communication	通过无线电波进行水文数据传输的通信

续表

序号	术语名称	英文对应词	定义
5034	水圈	hydrosphere	地球表层水体的总称
5035	水上排泥管线	floating discharge pipeline	输泥管线中的水上的部分
5036	水舌	nappe	堰上水流所形成的射流
5037	水深	depth	水体的自由水面到其床面的垂直距离
5038	水生态环境	water eco-environment	影响人类社会生存和发展的、以（陆地）水为核心的各种天然的和经过人工改造的自然因素所形成的有机统一体，包括地表水、地下水，以及毗邻的土地、森林、草原、野生动物、自然古迹、人文遗迹、城乡聚落、人工设施等
5039	水生态系统	aquatic ecosystem	水生生物群落与水环境相互作用、相互制约，通过物质循环和能量流动，共同构成的具有一定结构和功能的动态平衡系统。分为淡水生态系统和海洋生态系统
5040	水声勘探	sonic echo exploration	利用声波反射原理专门探测水底地形地貌和进行水下地层分层的一种勘探方法，又称水下浅地层剖面勘探
5041	水蚀	water erosion	水力侵蚀的简称，属土壤侵蚀（又称水土流失）类型中的一类。水蚀是指在水力（降雨、径流）作用下，地表土壤、土壤母质及岩屑、松散岩层被破坏、剥蚀、搬运和沉积的过程。水蚀的主要方式有击溅侵蚀、面状剥蚀、沟道冲刷和潜蚀（含溶蚀）
5042	水事纠纷	water dispute	地区之间、单位之间、单位和个人之间、个人之间在开发利用水资源和防治水害的水事活动中所产生的行政争议或民事纠纷的统称
5043	水体	water body	天然或人工形成的水的聚积体，包括海洋、河流（运河）、湖泊（水库）、沼泽（湿地）、冰川、积雪、地下水和大气圈中的水等
5044	水体复氧	reoxygenation of water body	水体自然流动或利用堰闸、过水坝、跌水等水工建筑物泄水，空气与水体发生掺混，气泡中的氧气在水体中扩散，提高水体中溶解氧浓度的过程
5045	水体富营养化	eutrophication of water body	在人类活动的影响下，生物所需的氮、磷等营养物质大量进入湖泊、河口、海湾等缓流水体，引起藻类及其他浮游生物迅速繁殖，水体溶解氧量下降，水质恶化，鱼类及其他生物异常繁殖的现象
5046	水体生物净化	biological purification of water body	水生物类群通过生命活动，使水体中污染物无害化或污染浓度下降的过程
5047	水体污染源	pollution source of water body	向水体排放污染物或对水环境产生有害影响的场所、设备和装置等，通常也包括污染物进入水体的途径

续表

序号	术 语 名 称	英文对应词	定 义
5048	水体自净能力	self - purification capacity of water body	水体依靠自身能力，在物理、化学或生物方面的作用下使水体中污染物无害化或污染浓度下降的过程
5049	水头	head	单位质量水体所具有的机械能。包括位置水头、压强水头和流速水头
5050	水头偏差率	pressure - head deviation	灌水小区内灌水器的最大、最小工作水头之差与设计工作水头的比值
5051	水头损失	head loss	水流流动过程中，单位质量水体因克服摩擦阻力做功而损失的能量
5052	水头预想出力	expected power; expected output	当水电站实际水头小于水轮机的设计水头时水轮机能发出的最大出力
5053	水土保持	soil and water conservation	防治水土流失，保护、改良与合理利用水土资源，维护和提高土地生产力，减轻洪水、干旱和风沙灾害，以利于充分发挥水、土资源的生态效益、经济效益和社会效益，建立良好生态环境，支撑可持续发展的生产活动和社会公益事业
5054	水土保持措施	soil and water conservation measures	为防治水土流失，保护、改良与合理利用水土资源，改善生态环境所采取的工程、植物和耕作等技术措施与管理措施的总称
5055	水土保持措施配置	collocation of soil and water conservation measures	为防治水土流失所作出的各种技术措施的安排和组合
5056	水土保持单项工程	monomial project of soil and water conservation	在小流域综合治理中工程规模较大的需进行专门设计的工程。如治沟骨干工程、塘坝、格栅坝、排导停淤等工程
5057	水土保持耕作措施	agriculture measures of water and soil conservation	在遭受水蚀和风蚀的农田中，采用改变微地形，增加地面覆盖和土壤抗蚀力，实现保水、保土、保肥、改良土壤、提高农作物产量的农业耕作方法
5058	水土保持工程	erosion and torrent control works (soil and water conservation works)	防止水土流失，保护、改良与合理利用水土资源的综合性措施
5059	水土保持工程措施	engineering measures of soil and water conservation	应用工程原理，为防治水土流失，保护、改良和合理利用水土资源而修建的工程设施
5060	水土保持工程质量	quality of soil and water conservation engineering	国家和行业的有关法律、法规、技术标准、设计文件和合同中，对水土保持工程的安全、适用、经济、美观等特性的综合要求
5061	水土保持规划	soil and water conservation planning	按特定区域和特定时段制定的水土保持总体部署和实施安排

续表

序号	术语名称	英文对应词	定　义
5062	水土保持监测点	monitoring point of soil and water conservation	纳入国家水土保持监测网络中并实施长期定位水土保持观测的监测点，主要类型有坡面径流场、小流域控制站和小流域综合观测站
5063	水土保持监测分站	monitoring subordinate station of soil and water conservation	各省（自治区、直辖市、新疆生产建设兵团）设立的、负责省（自治区、直辖市、新疆生产建设兵团）内相关水土流失防治重点区水土流失动态监测的水土保持监测机构
5064	水土保持监测与管理信息系统	water and soil conservation monitoring and management information system	对流域及各行政区域的水土流失现状进行多时相动态监测，对水土保持信息进行管理，对水土流失情况和水土保持效益进行监测与评价的计算机系统
5065	水土保持监测中心	monitoring center of soil and water conservation, ministry of water resources	国家设立的、负责国家水土保持监测网络建设与管理的水土保持监测机构
5066	水土保持监测中心站	monitoring center station of soil and water conservation	国家设立的、负责国内大江大河流域水土保持监测网络建设与管理的水土保持监测机构
5067	水土保持监测总站	monitoring main station of soil and water conservation	各省（自治区、直辖市、新疆生产建设兵团）设立的、负责全省（自治区、直辖市、新疆生产建设兵团）范围内水土保持监测网络建设与管理的水土保持监测机构
5068	水土保持监督	soil and water conservation supervision	水土保持行政执法机构依照国家有关的法律、法规规定的权限、方式和程序，对公民、法人和其他组织与水土保持有关的行为活动的合法性、有效性进行的监察和督导
5069	水土保持监理单位	soil and water conservation supervision unit	具有企业法人资格，取得水土保持工程建设监理资质等级证书，并与建设单位签订了监理合同，提供监理服务的单位
5070	水土保持经济效益	economic benefits of soil and water conservation	实施水土保持措施后，项目区内国民经济因此而增加的经济财富，包括直接经济效益和间接经济效益。 注：直接经济效益主要是指促进农、林、牧、副、渔等各业发展所增加的经济效益。间接经济效益主要是指上述产品加工后所衍生的经济收益
5071	水土保持林	soil and water conservation forest	以防治水土流失为主要功能的人工林和天然林。根据其功能的不同，可分为坡面防护林、沟头防护林、沟底防护林、塬边防护林、护岸林、水库防护林、防风固沙林、海岸防护林等
5072	水土保持区划	soil and water conservation regionalization	根据自然和社会经济条件、水土流失类型、强度和危害，以及水土流失防治方法的区域相似性和区域间差异性进行的水土保持区域划分，并对各区分别采取相应的生产发展布局（或土地利用方向）和水土流失防治措施布局的工作

续表

序号	术语名称	英文对应词	定义
5073	水土保持设计变更	design modifications for soil and water conservation	自水利水电建设项目初步设计批准之日起至工程竣工验收交付使用之日止，对已批准的水土保持初步设计所进行的修改和优化等活动。根据水土保持设计变更所涉及的总体布局、措施设计、投资等情况，设计变更可分为重大设计变更和一般设计变更
5074	水土保持设施	soil and water conservation facilities	具有防治水土流失功能的各类人工建筑物、自然和人工植被以及自然地物的总称
5075	水土保持设施补偿费	compensation fee of soil and water conservation facilities	开发建设项目由于占用、损坏现有水土保持设施而必须依法缴纳的起补偿作用的费用
5076	水土保持社会效益	social benefits of soil and water conservation	实施水土保持措施后对社会发展所作的贡献，主要包括在促进农业生产发展，增加社会就业机会，减少洪涝、干旱及山地灾害，减轻对河道、库塘、湖泊淤积，保护交通、工矿、水利、电力、旅游设施及城乡建设、人民生命财产安全等方面所带来的效益
5077	水土保持生态环境建设	soil and water conservation tor ecological environment rehabilitation	为保护与改善生态环境而进行的水土流失防治活动
5078	水土保持生态建设	soil and water conservation for ecological rehabilitation	为维护与改善生态系统而进行的水土流失防治活动
5079	水土保持生态建设工程	eco-construction engineering of soil and water constructive	以流域或区域为单元实施的水土流失综合治理工程
5080	水土保持生态效益	ecological benefits of soil and water conservation	通过实施水土保持措施，生态系统（包括水、土、生物及局地气候等要素）得到改善，及其向良性循环转化所取得的效果
5081	水土保持数据库	water and soil conservation database	与水土流失及其综合防治有关的数据集合，主要包括水土流失状况、水土保持生态建设规划、预防监督、综合治理、生态修复和监测预报等
5082	水土保持项目建设任务	project construction task of soil and water conservation	项目建设的水土保持设施在一定时间段内所产生的作用与功能。主要包括：治理水土流失，改善生态环境，减少入河入库（湖）泥沙；蓄水保土，保护耕地资源，促进粮食增产；涵养水源，控制面源污染，维护饮水安全；防治滑坡、崩塌与泥石流等，减轻山地灾害；防治风蚀，减轻风沙灾害；改善农村生产条件和生活环境，促进农村经济社会发展

续表

序号	术语名称	英文对应词	定义
5083	水土保持效益	soil and water conservation benefits	在水土流失地区，通过实施水土保持措施，保护、改良和合理利用水土资源及其他再生自然资源，所获取的生态效益、经济效益和社会效益的总称
5084	水土保持信息公众服务系统	water and soil conservation information services system	面向社会发布水土流失与防治、水土保持、综合治理、生态修复和监测预报的计算机系统
5085	水土保持植物措施	vegetable measures of soil and water conservation	在水土流失地区，为防治水土流失，保护、改良和合理利用水土资源，所采取的造林、种草及封禁育保护等生产活动
5086	水土保持种草	grass planting for soil and water conservation	在水土流失地区，为蓄水保土，改良土壤，发展畜牧，美化环境，促进畜牧业发展而进行的草本植物培育活动
5087	水土保持专项工程	special project of soil and water conservation	不属于综合治理工程的作为专项建设的水土保持工程，如水土保持监测、滑坡泥石流预警、淤地坝坝系工程等
5088	水土流失	soil erosion and water loss	在水力、风力、重力及冻融等自然营力和人类活动作用下，水土资源和土地生产能力的破坏和损失，包括土地表层侵蚀及水的损失
5089	水土流失防治费	soil and water conservation fee	为预防和治理水土流失所投入的费用
5090	水土流失防治责任范围	the range of responsebility for soil erosion control	项目建设单位依法应承担水土流失防治义务的区域，由项目建设区和直接影响区组成
5091	水土流失分区	zoning of soil erosion and water loss	根据水土流失成因、类型、强度及其影响因素的相似性和差异性，对某一地区进行的地域划分。不考虑水损失时亦称为土壤侵蚀分区
5092	水土流失观测	observation of soil erosion and water loss	通过野外调查、定位观测和模拟实验，收集基本资料，为分析、研究水土流失规律和进行水土保持效益评价提供科学依据所开展的观察与测验工作
5093	水土流失规律	law of soil erosion and water loss	水土流失的发生、发展与其各种影响因素之间的内在联系
5094	水土流失监测	soil erosion and water loss monitoring	对水土流失发生、发展、危害及水土保持效益定期进行的调查、观测和分析工作
5095	水土流失类型	type of soil erosion and water loss	根据引发水土流失的主要作用力的不同而划分的水土流失类别

续表

序号	术语名称	英文对应词	定义
5096	水土流失类型区	region of soil erosion and water loss types	通过土壤侵蚀分区划分形成的地域称为水土流失类型区
5097	水土流失面积	area of soil erosion and water loss	土壤侵蚀强度为轻度和轻度以上的土地面积，亦称土壤侵蚀面积
5098	水土流失区	region of soil erosion and water loss	水土流失比较集中、年土壤侵蚀量超过相应的容许土壤流失量的地域
5099	水土流失形式	form of soil erosion and water loss	在作用力相同的情况下，水土流失所表现出的不同方式
5100	水土流失预防	prevention of soil erosion and water loss	为防止水土流失发生、发展，预先采取的各项工程建设和管理活动的总称
5101	水土流失治理程度	erosion control ratio	在某一区域内，水土流失治理面积占原有水土流失面积的百分比
5102	水土流失治理面积	area of water and soil conservation	在水土流失地区，实施了水土保持措施，达到国家治理标准的土地面积
5103	水土流失重点防治区划分	key regionalization of prevention and control of soil erosion and water loss	县级以上人民政府依法根据当地水土流失情况，对本辖区内重点预防保护区、重点监督区和重点治理区的划定和公告
5104	水土流失综合治理	comprehensive control of soil erosion and water loss	按照水土流失规律、经济社会发展和生态安全的需要，在统一规划的基础上，调整土地利用结构，合理配置预防和控制水土流尖的工程措施、植物措施和耕作措施，形成完整的水土流失防治体系，实现对流域（或区域）水土资源及其他自然资源的保护、改良与合理利用的活动
5105	水土流失综合治理工程	comprehensive control project of soil erosion and water loss	为治理区域水土流失，以小流域或片区为单元，合理配置的单项措施或多项措施的组合
5106	水土流失总治理度	controlled percentage of erosion area	项目建设区内水土流失治理达标面积占水土流失总面积的百分比
5107	水位	stage	自由水面相对于某一基面的高程
5108	水位编码器	stage encoder	浮子式水位传感器的转换器件，它完成水位参数的信源编码，并将水位量或水位变化量转换为电信号输出
5109	水位变幅	fluctuation range of stage	一定时段内，某观测点的最高水位与最低水位的差值
5110	水位变率	stage change rate	单位时间内水位变化量
5111	水位传导系数	coefficient of water-level conductivity	反映潜水含水层中水位变化传导速度的特征数

续表

序号	术语名称	英文对应词	定义
5112	水位观测	stage observation	观测河流或其他水体指定位置水位的作业
5113	水位观测平台	stage observation platform	用来安装自记水位计进行水位自动观测的建筑物，包括仪器房、测井（静水井）、架（桩）及附属设施
5114	水位计	stage gauge	测量水位的仪器
5115	水位检定试验台	stage test floor	用于水位仪器水位测量准确性检定试验的专用装置，其主体是一可以提供准确水位值的可变水位立筒
5116	水位流量关系曲线	stage - discharge relation curve	表示河道某断面的流量与同时水位对应关系的曲线
5117	水位信号	water - level indicating signal	指示上下游水位变化的显示
5118	水位站	stage gauging station	以观测水位为主，可兼测降水量等项目的水文测站
5119	水温	water temperature	水体中某一点或某一水域的温度
5120	水温表	water thermometer	测量水体温度的仪表
5121	水温模型	water temperature model	以热力学、流体力学、气象学为基础，以热量平衡为核心，描述河流、湖泊、水库和其他水体温度场变化规律的数学模型
5122	水温需水	water demand for water temperature	将生态系统中水体温度维持在一定水平所需要的水量
5123	水文	hydrology	自然界中水的各种变化和运动等的现象
5124	水文（情）自动测报系统设备	hydrologic data acquisition system equipmen	完成一定水文参数的自动测量、存储和传输等功能的系统设备
5125	水文比拟	hydrologic analogy	在流域水文气象条件和下垫面情况基本近似的前提下，把有水文资料的流域水文特征值、统计参数或典型时空分布移用到无资料流域，或经必要修正以作为设计依据的工作
5126	水文测船	hydrometric boat	配备水文测验设备，用来进行水文测验作业的专用船
5127	水文测桥	bridge for stream - ganging; bridge for streamflow measurements	用于水文测验作业的工作桥
5128	水文测验	hydrometry	从站网布设到收集和整理水文资料的全部技术过程。狭义则专指测量水文要素所进行的全部作业
5129	水文测验断面	hydrometrical section	按照一定技术要求，在河渠上设有相应测验设施，用以观测水文要素的横断面，也可简称断面
5130	水文测验专用船	hydrometric boat	主要在固定及巡测水文断面从事水文测验的测船，船上装有专用的水文测验设备

续表

序号	术语名称	英文对应词	定　　义
5131	水文测站	hydrometric station	为经常收集水文数据而在流域内的河、渠、湖、库或地表上设立的各种水文观测场所的总称。按其作用，水文测站由国家基本水文测站和各类专用水文测站组成
5132	水文测站	hydrometrical station	为经常收集水文数据而在河、渠、湖、库上或流域内设立的各种水文观测场所的总称
5133	水文测站代码	hydrometrical station code	水文测站代码是用于标识水文测站或水文测验断面在流域水系中的位置属性的一组由数字和字母组成的字符串，也可称为测站代码或站码
5134	水文测站分类	hydrometrical station classification	水文测站按主要测验项目划分为水文站、水位站、降水量站、水面蒸发站、地下水站（井）、水质站、土壤墒情站等
5135	水文测站优先级	hydrometrical station priority	水文测站优先级用于表征站码体系内具有同一地理位置属性的各类水文测站间在进行测站代码编制时的依属关系。低优先级类型的水文测站依属于高优先级类型的水文测站。水文测站的优先级从高到低依次为水文站、水位站、降水量站、水面蒸发站、地下水站（井）、水质站和土壤墒情站等
5136	水文地质参数	hydrogeological parameter	含水层水文地质特性的各种定量指标
5137	水文地质单元	hydrogeologic unit	具有统一补给、排泄边界和同一补给、径流、排泄条件的地下水系统
5138	水文地质勘察	hydrogeological investigation	为查明一个地区的水文地质条件而进行的野外和室内水文地质工作，主要包括水文地质测绘、勘探、物探、试验、观测等
5139	水文地质试验	hydrogeological test	为评价水文地质条件和取得水文地质参数而进行的各种测试和试验工作
5140	水文地质条件	hydrogeological condition	表征地下水形成、分布、运动以及水质、水量等特征的地质环境
5141	水文地质学	hydrogeology	研究地下水的形成、分布、运动、资源特征、开发利用等与地质环境相互关系的学科
5142	水文观测	hydrological observation	观察、量测和记录各种水文要素的过程
5143	水文观测项目	hydrologic observation items	水文情势的各种水文变量和水文现象称为水文要素。水文观测项目指所观测的水文要素，主要有流量、水位、泥沙、降水量、水温、冰情、水面蒸发、水质、土壤墒情和地下水等。水文观测项目也可称为观测项目
5144	水文过程线	hydrograph	水文要素值随时间变化的连续曲线
5145	水文化	water culture	人类各种与水有关的活动所产生的文化现象的总和，是民族文化中以水为核心的文化集合体

续表

序号	术语名称	英文对应词	定义
5146	水文基础设施	elementary hydrological facilities	满足水文生产生活所必需的设施。包括水文测站及其以上水文机构主要生产部门的生产生活用房、供电、给排水、取暖、通信设施、附属设施，以及各种水文要素观测设施、测验断面设施、观测道路等。水文要素观测设施主要有水位、流量、泥沙、水质、降水、蒸发、墒情等观测设施及水文实验站的其他设施
5147	水文计算	hydrological computation	为满足规划、设计、施工和管理需要，进行水文资料整理、分析和计算的总称
5148	水文技术装备	hydrological technical equipment	水文测站及测站以上水文机构为满足生产需要配置的仪器、设备、工具及各种应用软件的总称
5149	水文绞车	hydrometric winch	把水文测验仪器设备送到指定测点位置而设置的专用机械传动悬吊装置。按动力不同，分为手摇、电动和液压水文绞车；按应用场合不同，分为船用、缆道和桥测水文绞车
5150	水文空间技术	space technology in hydrology	在水文领域中应用人造地球卫星通信技术和航空、航天、遥感技术的统称
5151	水文缆道	hydrometric cableway	为能将水文测验设备、仪器运送到测验断面内任一指定起点距（水平位置）和垂线测点位置进行测验作业而架设的跨河索道系统
5152	水文缆道控制台	control console of hydrometric cableway	控制水文缆道运行并记录及显示缆道测验仪器数据的工作台
5153	水文缆道自动测流系统设备	automation system equipment of hydrologic cableway	具有以全自动或半自动方式实现水文缆道（主要指悬索缆道）断面流量自动测量功能的系统设备
5154	水文模型	hydrologic model	为模拟水文现象而建立的实体结构或数学与逻辑结构
5155	水文频率分布曲线	hydrologic frequency distribution curve	水文变量与频率的关系曲线
5156	水文频率曲线	hydrologic frequency curve	水文变量与频率的关系曲线
5157	水文情势	hydrologic regime	河流、湖泊、水库等水体各水文要素随时间的变化情况。包括水位随时间的变化、一次洪水的流量过程、一年的流量过程、河川径流量的年内和年际间的变化等
5158	水文设施工程	hydrological facilities and equipments	水文基础设施和技术装备、业务应用与信息服务及保障环境的统称。包括水文信息采集、传输、处理、存储等相关设施设备；各类水文业务应用与服务的软硬件系统；以及安全体系、设施与环境保护等保障环境
5159	水文手册	hydrologic handbook	汇集气象、水文要素资料，经过统计、分析和地区综合，将水文计算有关参数和特征值以图、表、公式等形式给出，供用户查算的实用手册

续表

序号	术语名称	英文对应词	定义
5160	水文数据库	hydrologic database	用计算机贮存、管理和检索水文资料的系统
5161	水文调查	hydrologic investigation	为弥补基本水文站网定位观测不足或其他特定目的，采用勘测、观测、调查、考证、试验等手段采集水文信息及其有关资料的工作
5162	水文统计	hydrologic statistics	用概率论、数理统计学原理和方法，研究水文变量随机规律及其应用的技术
5163	水文图集	hydrologic atlas	表示各种水文要素和水文特征值时空分布的专业图集
5164	水文系列	hydrologic series	水文变量按时间顺序排列所形成的数据系列
5165	水文信息服务系统	hydrologic information services system	应用信息技术，形成以水利部，流域、省（自治区、直辖市）的三级分层次、分地域的计算机应用系统，将水文信息的存储、处理、共享集于一体，具有检索、查询与信息发布功能，为不同用户提供信息服务
5166	水文信息自动采集系统	automatic hydrologic information acquisition system	能够自动收集、传输和处理各种水文信息的传感器、通信设备和接收处理装置的总称
5167	水文巡测车	hydrometric vehicle for tour gauging	以巡回流动的方式，定期或不定期地对一个地区或流域内多个水文测站进行水文要素观测的专用车
5168	水文遥测技术	hydrological telemetering technology	采用自动化仪器设备系统远距离采集和传输水文信息的技术
5169	水文遥感	remote sensing in hydrology	利用安装在运载工具（如飞机、人造卫星或航天飞机）上的传感仪器（如照相机、扫描仪、雷达）进行远距离收集水体和流域的图像和波谱，经过处理和分析，获得水文数据的技术过程
5170	水文要素	hydrologic element	构成某一地点或区域在某一时间的水文情势的主要因素，是描述水文情势的主要物理量，包括各种水文变量和水文现象，如降水、蒸发、水位、流速、流量、含沙量、水质、水温等
5171	水文要素标识符	hydrologic element identifier	一个或一组标识水文要素、具有规律性和明确意义、易于计算机和人工识别与处理的符号。采用英文字母和阿拉伯数字组合而成，具有唯一性
5172	水文仪器	hydrometric instrument (hydrologic instrument)	观测、记录、传输、处理水文要素的设备装置的统称
5173	水文预报	hydrologic forecasting	根据前期或现时已知的水文、气象等信息，运用水文学以及相关学科的理论和方法，对河流、湖泊等水体未来一定时期内的水文情势作出定量或定性的预报

续表

序号	术语名称	英文对应词	定义
5174	水文站	gauging station	以测定水位和流量为主的水文测站
5175	水文站网	hydrometric station network	在一定地区或流域内，按一定原则，用一定数量的各类水文测站所构成的水文资料收集系统的总称
5176	水文资料整编	hydrologic data processing	对原始水文资料按科学方法和统一规格进行考证、整理、分析、统计、审查、汇编、刊印或存贮的全部技术工作
5177	水文自动测报系统	hydrologic data acquisition system	应用传感、遥测、通信、计算机和网络技术，完成流域或测区固定及移动站点的水文、水资源、气象等要素的实时采集、传输和处理的信息系统
5178	水污染	water pollution	由于人为或天然因素，污染物进入水体，引起水质下降，使水的使用价值降低或正常功能丧失的现象
5179	水污染遥感监测	remote-sensing monitoring of water pollution	应用遥感技术从高空或远距离对地表水体污染状况进行的监测
5180	水污染源	water pollution source	向水体排放污染物或对水体产生有害影响的场所及设施
5181	水污染源管理	water pollution source management	对影响水质的污染源所采取的行政、技术、经济、法律等防治措施
5182	水污染综合防治	comprehensive water pollution control	运用综合方法减少污、废水和污染物的排放量，或建立区域性或流域性水污染防治系统
5183	水污染综合防治规划	planning for comprehensive water pollution control	为保护水资源，防治水污染，根据规划水平年的水域水质保护目标，把水环境同社会经济发展作为一个整体，制订防治水污染综合措施方案
5184	水务投资	water affairs investment	用于城市供水、排水、节水、防洪、污水处理回用及供排水管网等水务基础设施建设的投资
5185	水系	river system	河流的干流和各级支流，流域内的湖泊、沼泽以及地下暗河相互连接组成的系统
5186	水系区	river system region	按照水系构成，将内陆河或独流入海河流一并归入的水系分区，称水系区或流域片，水系区内所有河流具有一致的水系区编码
5187	水下爆破	underwater blasting	需要爆破的介质面位于水中的爆破技术
5188	水下不分散混凝土	non-dispersible underwater concrete	掺加了抗分散剂后具有水下不分散性的混凝土
5189	水下地形测量	underwater topographic survey	测量江河、湖、库、海水底地形点的高程及其平面位置，以绘制水下地形图的作业
5190	水下地形测量专用船	hydrographic boat	配备有专用的地形测量设备，主要用于水道地形、水下地形测量的测船，简称为水道测量船或河道测量船

续表

序号	术语名称	英文对应词	定　　义
5191	水下电池筒	underwater battery container	为产生水下仪器的交直流信号而设置在水下的电池电源
5192	水下混凝土浇筑	underwater concreting	采用导管法、袋装混凝土、预填骨料压浆混凝土等直接将混凝土拌和物浇筑到水下设计部位的施工方法
5193	水下极板	underwater electrode plate	在测流断面水下放置的具有一定面积的金属板，并以导线与测流信号接收仪器相连构成“无线”测流信号接收回路
5194	水下接地网	under water earthed network	为减小接地电阻而埋于水下的接地网
5195	水下开挖	underwater excavation	建筑物（防波堤、重力式码头）基槽的开挖，以及软基开挖，水下建筑物的拆除、水下障碍物的清除和炸礁。水下开挖按作业方式的不同，可分为一般土方开挖（用挖泥船直接开挖）、岩石开挖（用碎岩船破碎石、挖泥船清渣）和爆破开挖（用爆破炸礁、挖泥船清渣）
5196	水循环尺度	dimension of hydrologic cycle (scale of hydrologic cycle)	研究水循环所涉及地域范围的大小，大到全球，小到一个小集水区
5197	水压力	hydraulic pressure	水在静止或流动时作用在建筑物与水接触面上的法向力
5198	水压试验	hydrostatic pressure test	为了检验质量，钝化缺欠，保障钢管安全运行，按规定进行的充水加压试验
5199	水压致裂法	hydraulic fracturing technique	通过钻孔向地下某深度处的试段压水，使孔壁破裂，根据水压和破裂面的方位，确定试验段岩体初始应力状态的方法
5200	水样	water sample	为了解天然水体的物质成分及物理化学性质，从指定的水域中间断或连续地采集一部分具有代表性的能提供分析、鉴定、试验的水体实物
5201	水样舱	water sample chamber	盛取水样的容器
5202	水窖	water cave	在地面垂直向下或在崖面上水平开挖的形如窖穴或洞窟、窑洞的蓄水设施
5203	水域纳污能力	assimilative capacity of water body	在一定水文条件下，水域满足其功能需要所能接纳的某种污染物的最大负荷量
5204	水源地保护规划	protection planning of water source area	为保障供水安全，保护人群健康，对供水水源地的污染控制所作的总体安排
5205	水源涵养林	water conservation forest	主要用于拦截降雨径流、增强入渗、涵养水源、调节径流、防治水土流失，具有良好的林分结构和林下地被物层的人工林和天然林

续表

序号	术语名称	英文对应词	定义
5206	水跃	hydraulic jump	明槽（渠）水流由急流到缓流、水面突然抬高的局部水流现象
5207	水跃消能	energy dissipation by hydraulic jump	利用水跃消除从泄水建筑物贴底泄出的急流的余能、将急流转变为缓流与下游水流相衔接的消能方式
5208	水跃消能率	coefficient of energy dissipation of hydraulic jump	水跃跃前与跃后断面的能量差同跃前断面能量的比值
5209	水闸	sluice；barrage	修建在河道和渠道上利用闸门控制流量和调节水位的低水头水工建筑物。不设胸墙的称为开敞式水闸，设置挡水胸墙的称为胸墙式水闸
5210	水胀式锚杆	water expansion rock anchor	将用薄壁钢管加工成的异型空腔杆件，送入比其略大的钻孔中，通过向该杆件空腔高压注水，使杆件膨胀与孔壁产生摩阻力而起到锚固作用的锚杆
5211	水质	water quality	水体质量的简称。由水的物理、化学和生物等方面的综合特性所决定
5212	水质保护	water quality protection	为保护河流、湖泊、水库、地下水等水体的水质及功能所采取的措施
5213	水质变化趋势分析	water quality trend analysis	采用定性定量结合的方法，揭示一定时段内水质变化规律及地理分布模式。常见的分析方法有序列建模法和趋势检验法等，其中，趋势检验法又可分为参数检验法和非参数检验法
5214	水质参数	water quality parameter	水体中的物理、化学和生物因子的特征指标，用以反映水体质量优劣程度和变化趋势
5215	水质管理	water quality management	采取行政、法律、经济和技术等措施，保护和改善水质
5216	水质规划	water quality planning	为保护水资源与水环境，根据水体条件，开发利用要求及排污情况，提出一定时期、一定地域内的水质目标及其实现措施的总体方案
5217	水质监测	water quality monitoring	利用化学、生物、物理等方法，对水体质量进行定期和不定期调查和测定
5218	水质监测站	water quality monitoring station	收集水质资料及其相关信息的水文测站
5219	水质模型	water quality model	描述污染物在水体中运动变化规律及其影响因素相互关系的数学表达式和计算方法
5220	水质目标浓度值	target concentration of water quality	与水功能区水质目标对应的某种污染物浓度限值，用Cs表示

续表

序号	术语名称	英文对应词	定　义
5221	水质评价	water quality assessment	根据用水的要求，对水的物理、化学和生物诸因素所作的定性和定量评价
5222	水质生物评价	biological assessment of water quality	利用指示水生物对水体污染物会产生某些反应或信息的原理，对水体质量及其变化趋势进行的分析评定
5223	水质调查	water quality investigation	对水体及影响因素所进行的现场查勘、采样分析和资料收集的工作，包括水体本底质、污染物、水污染事故、水致地方病、水生生物、水工程对水质影响等的调查
5224	水质需水	water demand for water quality	将生态系统中水体水质维持在一定水平所需要的水量
5225	水质预报	water quality forecasting	发布未来一定时段内水体水质状况及变化趋势
5226	水质预测	water quality prediction	根据前期和现时水体的水量、流速场、污染物及浓度场等资料，预先测定或推测水体未来水污染变化
5227	水质自动分析仪	water quality automatic analytical apparatus	能实现自动抽取水样，并对水样进行分析、测量，从而得到水质参数测量值的仪器。一般需要配备各种分析所用试剂。每次测量需要一定的时间。水质自动分析仪按照测量方式可分为光度法、比色法、电极法、滴定法、电化学法、紫外（UV）吸收法等
5228	水质自动监测系统设备	automation system equipment for water quality monitoring	完成一定水质参数的自动测量、存储和传输等功能的系统设备
5229	水中长期供求规划	long - and mid - term planning of water supply and demand	国家或地方政府用于安排辖区内中期和长期水资源开发、利用的技术性指导文件
5230	水柱	water column	潜孔式平面闸门的底止水设在上游面，顶、侧止水设在下游面时，作用在闸门顶部的水体。有时利用此水柱重量作为迫降门叶的下压力
5231	水柱高度	water column	用于表示压强的清水水柱高度
5232	水柱日生产力	productivity at a day on square meter water column	每平方米垂直水柱中初级生产者生产有机物的平均日生产力，以 g（O^2）/（m^2 · d）表示
5233	水柱压力	water column pressure	潜孔式平面闸门的底止水在上游面，顶、侧止水设在下游面时，利用闸门上承受的水柱压力差作为关闭闸门的下压力
5234	水坠坝	sluicing - siltation earth dam	用水力冲击土体，使之成为较高浓度的流态泥浆，输入筑有人工碾压边埂的坝面冲填畦内，经自重脱水固结而成的土坝

续表

序号	术语名称	英文对应词	定义
5235	水坠非均质坝	sluicing - siltation non - homogeneous earth dam	坝体由泥浆分选冲填而成，冲填土料的颗粒在水的冲力和自重作用下，由粗到细逐步沉积，形成坝壳区、过渡区和中心防渗区。这种坝型适用于花岗岩和砂岩风化残积土
5236	水坠均质坝	sluicing - siltation homogeneous earth dam	坝体由泥浆非分选冲填而成，冲填土料的颗粒在全断面内分布较为均匀，无明显分离现象的水坠坝。这种坝型适用于本规范所指各类土料
5237	水准测量	leveling	用水准仪和水准尺测定地面点间高差的测量方法
5238	水准点	benchmark	用水准测量方法测定的高程达到一定精度的控制点。该点相对于某一采用基面的高程一般是已知的，并埋设有标石
5239	水准路线	leveling line	用水准测量方法测定各水准点高程时所经过的路线
5240	水准器分划值	scale value of level	水准器上相邻两分划线间的圆弧所对的圆心角值。亦即水准器气泡偏离一个分划格时，水准器轴倾斜角度的变化值
5241	水准器格值	scale value of level	水准器上相邻两分划线间的圆弧所对的圆心角值。即水准器气泡偏离一个分划格时，水准器轴倾斜角度的变化值
5242	水准器角值	scale value of level	水准器上相邻两分划线间的圆弧所对的圆心角值。亦即水准器气泡偏离一个分划格时，水准器轴倾斜角度的变化值
5243	水准网平差	adjustment of leveling network	消除水准网中由于多余观测使各观测结果间产生矛盾所进行的平差方法
5244	水准仪	level	以几何水准方法测量地面两点间高差的一种仪器
5245	水资源	water resources	地表和地下可供人类利用又可更新的水。通常指较长时间内保持动态平衡，可通过工程措施供人类利用，可以恢复和更新的淡水
5246	水资源保护	water resources protection	为防止水污染与可利用水量日益减少，保证人类生活和经济发展对淡水需要，运用立法、行政、经济、技术等手段对水资源进行管理的措施
5247	水资源保护规划	water resources protection planning	为保护水质，合理开发、利用水资源，实现水资源可持续利用而制订的一定时期的总体安排
5248	水资源承载能力	carrying capacity of water resources	一个流域、一个地区或一个国家，在确定阶段的经济社会发展水平和技术条件下，在合理开发利用水资源以维持生态系统可持续性的前提下，当地天然水资源能够维持和支撑的达到一定生活水平的人口数量以及具有特定结构的经济规模
5249	水资源大系统模型	model of large - scale water resources system	用多层次结构的数学模型模拟水资源大系统功能的水资源模型

续表

序号	术语名称	英文对应词	定　义
5250	水资源多目标开发	multi - purpose water resources development	协调具有竞争性的多个水资源开发利用目标，以达到除害兴利目的的水资源开发方式
5251	水资源分区	water resources zoning	能反映水资源和其他自然条件地区差别，尽量照顾供水系统、水文地质单元和流域水系完整，适当考虑行政区划且便于水资源评价和水资源规划的单元划分
5252	水资源供需分析	demand and supply analysis of water resources	以系统分析的理论和方法，综合考虑经济、社会、环境和水资源的相互关系，在一定区域内，对不同水平年、不同保证率、不同规划方案的水资源供需状况所进行的综合分析与评价
5253	水资源管理决策支持系统	decision support system of water resources management	以水资源基本数据为基础，应用决策科学、运筹学和水资源工程学的理论和方法，为水资源管理决策者提供各种决策信息，并允许动态交互的计算机应用系统。主要包括水资源评价、水资源综合规划、取水许可管理、水资源配置和水资源管理保障等
5254	水资源规划	water resources planning	在一定区域内，为合理开发利用、治理、配置、节约和保护水资源的总体安排
5255	水资源合理配置	rational water resources allocation	在维护社会公平和生态系统可持续性的前提下，以提高水资源利用效率和效益为目标，在区域、行业、和代际间各用水户之间合理分配水资源
5256	水资源价值	water resources value	水资源（包括已经开发的和未经开发的）可以使自然生态得以正常延续以及给使用者带来的效益
5257	水资源监测	water resources monitoring	对水资源数量、质量、分布、开发利用、保护等进行的定时、定位分析与观测活动
5258	水资源开发	water resources development	通过各种水工程和水管理等措施对水资源进行调节控制和再分配的行为
5259	水资源开发利用	water resources development and utilization	通过各种措施对水资源加以治理、控制、调节、保护和管理，使之在一定的时间和地点按规定的标准供国民经济各部门使用
5260	水资源开发利用潜力	development and utilization potential of water resources	通过对现有工程的加固配套和更新改造、新建工程的投入运行和非工程措施的实施后，分别以地表和地下水可供水量以及其他水源可能的供水形式，与现状条件相比所能提高的供水能力
5261	水资源可持续开发	sustainable water resources development	水资源供求长期处于良性循环，不致造成可利用水量日益减少或水体水质下降丧失使用价值，并保持生态环境良好的水资源开发方式

续表

序号	术语名称	英文对应词	定义
5262	水资源可持续利用	sustainable water resources utilization	通过水资源合理利用，使水资源供求长期处于良性循环，不致造成可利用水量减少，或水功能区水质下降而丧失使用价值的利用方式
5263	水资源可利用量	available water resources amount	以流域为单元，在保护生态环境和水资源可持续利用的前提下，在可预见的未来，通过经济合理、技术可行的措施，在当地水资源中可供河道外开发利用的最大水量（按不重复水量计）
5264	水资源可利用总量	total available amount of water resources	在可预见的时期内，统筹考虑生活、生产和生态环境用水，通过经济合理、技术可行的措施，当地水资源中可供一次性利用的最大水量
5265	水资源利用	water resources utilization	通过水资源开发为各类用户提供符合质量要求的地表水和地下水可用水源
5266	水资源利用消耗率	water resources utilization - consumption rate	用水消耗量占水资源总量的百分比
5267	水资源配置监控调度系统	water resources allocation and monitoring system	实现水资源实时监控、优化配置、辅助决策的信息系统。主要包括信息采集、调度运行、运行监控、通信传输、计算机网络、综合数据库、决策支持等子系统
5268	水资源配置系统	water resources allocation system	为满足某项（某些）目标，由各种工程和非工程措施组成的向用水户分配水资源的综合体系
5269	水资源评价	water resources assessment	对水资源的数量、质量、时空分布特征、开发利用条件的分析评定
5270	水资源评价信息系统	information system for water resources assessment	为满足水资源评价的需要，采集、处理、传输、存储、分析、评价有关的水量、水质、用水以及自然地理、经济社会等信息的单元所构成的系统
5271	水资源评价指标	index of water resources assessment	评定水资源数量、质量、时空分布特征以及开发利用条件等的基本参数
5272	水资源数据库	water resources database	与水资源管理有关的数据集合，主要包括水资源状况规划、需水、调水、供水、排水、取水、用水、节水等
5273	水资源水量监测专用站	specific station for water quantity monitoring	国家基本水文站网之外为水资源水量监测专设的水文站、点或断面
5274	水资源调查	water resources investigation	通过区域普查、典型调查、临时测试、分析估算等途径，在短期内收集与水资源评价有关的基础资料的过程
5275	水资源危机	water resources crisis	可利用水量严重短缺，危及人类正常生活和生产。 注：造成水资源危机的主要原因有水资源紧缺、超量利用地表水和地下水、水环境污染和破坏导致水质恶化等

续表

序号	术 语 名 称	英文对应词	定　义
5276	水资源系统	water resources system	在一定的时间、空间范围内，各种水体中的水资源相互联系构成的统一体
5277	水资源系统分析	water resources system analysis	应用系统分析方法对水资源系统进行考察和分析，优化水资源的规划和管理运行
5278	水资源系统分析模型化	modelling of system analysis of water resources	揭示水资源系统界限内部各要素之间的数学关系，能描述和代表水资源系统特征和功能的一组数学表达式。 注：数学表达式的形式包括各种约束方程和目标函数
5279	水资源系统模拟模型	simulation model of water resources system	应用数学模拟方法对水资源系统功能和行为进行仿真模拟的数学模型
5280	水资源信息系统	water resources management information system	实现水资源管理信息的接收、加工、分析和存储的计算机应用系统，为其他水利业务应用提供水资源信息服务
5281	水资源演变情势	water resources evolution situation	由于人类活动改变了地表与地下产水的下垫面条件，造成水资源量、可利用量以及水质发生时空变化的态势
5282	水资源综合利用	multipurpose use of water resources	通过各种措施使水资源为国民经济各部门利用，而进行的水资源综合治理、开发利用、保护和管理
5283	水资源综合评价	comprehensive water resources assessment	在水资源数量、质量和开发利用现状评价以及对环境影响评价的基础上，对水资源时空分布特征、利用状况及与经济社会发展的协调程度等各个方面所作的综合评价
5284	水资源总量	total amount of water resources	当地降水形成的地表和地下产水量，即地表径流量与降水入渗补给量之和
5285	税金	tax	国家根据税法规定的税目和税率征收的现金或实物
5286	顺坝	longitudinal dike	与水流方向平行或呈锐角，顺向布置的一种河道整治建筑物
5287	顺序阀	sequence valve	在具有两个以上分支回路的系统中，根据回路的压力等来控制执行元件动作顺序的阀
5288	顺直型河流	straight river	河槽平面形态顺直的河道
5289	瞬变电磁法	transient electromagnetic method	利用不接地回线或接地电极向地下发送脉冲电磁波，测量由该脉冲电磁场感应的地下涡流而产生的二次电磁场，探测地下介质特征的一种电法勘探方法
5290	瞬动电流	instantaneous acting current	在反时限过流感应继电器中，使继电器产生瞬时特性的电流
5291	瞬时单位线	instantaneous unit hydrograph	净雨历时趋于无限小的单位线
5292	瞬时电流速断保护	instantaneous overcurrent cut - off protection	动作电流通常按大于被保护元件末端发生三相短路整定，不带人为延时跳闸的继电防御措施

续表

序号	术语名称	英文对应词	定义
5293	瞬时凝结	flash set	水泥拌和后受化学反应影响迅速凝结，并释放出大量水化热，不能再回到塑性状态的现象
5294	瞬时式悬移质泥沙采样器	instantaneous type suspended sediment sampler	采集江河、湖泊、水库、渠道等水体过水断面中的预定测点极短历时内悬移质泥沙水样的仪器
5295	瞬时水样	snap water sample	从水体中不连续地随机（如时间、流量和地点）采集的单一样品
5296	瞬态过电压	transient overvoltage	持续时间数毫秒或更短，通常带有强阻尼的振荡或非振荡的一种过电压。它可叠加于暂时过电压上。瞬时过电压包括缓波前过电压、快波前过电压和陡波前过电压
5297	死库容	dead reservoir capacity	死水位以下的水库容积
5298	死区	dead band	输入量的变化不能引起输出量有任何明显变化的最大区间
5299	死容积	dead volume	骨料堆场中不能通过廊道闸门自动卸出的骨料体积
5300	死水位	dead water level; dead storage level	水库在正常运用情况下，允许消落到的最低水位
5301	四不放过	four principles	在事故处理中坚持事故原因未查清不放过、责任人未处理不放过、整改措施未落实不放过、有关人员未受到教育不放过
5302	四荒资源	usable barren lands	具有一定生产潜力，并适宜进行水土流失防治的荒山、荒沟、荒丘及荒滩等土地资源的总称
5303	四水转化	transformation among precipitation, surface water, soil water, and groundwater	降水、地表水、土壤水、地下水之间的水量交换和平衡关系
5304	饲草料地	forage land	为牲畜提供补饲、舍饲所需饲草料而开发的用于人工牧草和饲草料作物种植的土地
5305	饲草料作物	forage crop	可用作饲养牲畜的优质人工牧草和青贮饲料、精饲料作物的总称为饲草饲料作物，简称饲草料作物
5306	饲草料作物需水量	water requirement of cultivated pasture	在适宜土壤水分条件下，人工饲草料作物正常生长发育的蒸发蒸腾量
5307	饲料作物	animal feed crop	由人工栽培收贮，其籽实用于补饲、育肥牲畜的作物
5308	松动爆破	loosening blasting; crumbling blasting	充分利用炸药爆炸破碎能将岩石或固体介质破碎疏松后坍塌于爆区原地附近，不产生抛掷作用的控制爆破技术
5309	松方	loose measure	天然土石料经过扰动以后的疏松状态下的量测体积
5310	松散系数	bulk factor	土石料松方与自然方的比值
5311	素混凝土	plain concrete	不含钢筋等增强材料的纯混凝土

续表

序号	术语名称	英文对应词	定义
5312	素混凝土结构	plain concrete structure	由无筋或不配置受力钢筋的混凝土制成的结构
5313	素图	simple map	以一、二种浅淡色调复制的地图
5314	速动时间常数	promptitude time constant	对一个永态转差系数为零的调速系统，主接力器速度与给定的转速偏差关系曲线斜率负倒数
5315	速度水头	velocity head	平均流速的平方除以2倍重力加速度，再按该点的浑水密度折算的水柱高度
5316	速凝	quick set	水泥拌和后受化学反应影响迅速凝结，并释放出大量水化热，不能再回到塑性状态的现象
5317	速凝剂	accelerator	为加速混凝土拌和物（砂浆）凝结和提高早期强度，而加入其内的一些可溶性外加剂
5318	速排龙	rapid drain dragon	我国自制的以聚乙烯制成的耐压多孔块排水材料的商品名称，亦称塑料盲沟材料。结构类似甜点“萨其马”的圆柱体或立方体。为防土粒流失，表面需裹以无纺土工织物滤膜
5319	塑化剂	plstifier	一种亲水性的表面活性剂，可以减少混凝土拌和物（砂浆）的用水量，提高和易性和降低泌水性，延长凝结时间，降低硬化初期发热量的外加剂
5320	塑料导爆管	plastic primacord tube	由雷管或击发枪引爆，塑料管内壁涂有高敏感性炸药以高爆速引爆雷管的一种导爆器材
5321	塑料排水带	prefabricated vertical drain	由不同凹凸截面形状、具有连续排水槽的土工合成材料芯材，外包或外粘无纺土工织物滤膜而成的复合排水材料
5322	塑限	plastic limit	土由可塑状态转变为半固体状态时的界限含水量
5323	塑性变形	plastic deformation	对固体所施加的外力卸去之后，固体总变形中不可回复的部分
5324	塑性铰	plastic hinge	由于弯曲应力的作用使梁横截面上绝大部分材料进入塑性工作状态，若继续增加微小的同向弯矩时该截面绕中性轴将发生转动的现象
5325	塑性图	plasticity chart	以塑性指数IP为纵坐标、液限wL为横坐标用于细粒土分类的图
5326	塑性指数	plasticity index	土的液限与塑限的差值
5327	溯源冲刷	headcut scour	河流因下游水位跌落而引起自下游向上游发展的河床冲刷过程
5328	溯源侵蚀	headward erosion	地表径流使侵蚀沟向水流相反方向延伸，并逐步趋近分水岭的过程
5329	溯源淤积	backward deposition silt up	由于下游冲刷基点降低（抬高）引起河段比降增大（减小）使本河段挟沙水流处于次饱和（超饱和）状态所产生的从下游往上游发展的冲刷（淤积）

续表

序号	术语名称	英文对应词	定　　义
5330	酸碱度	acidity and alkalinity	溶液中氢离子浓度的负对数
5331	算术平均效率	arithmetic average efficiency	当 $W_1=W_2=W_3=\cdots$时的加权平均效率（%）
5332	随动系统	servo - system	自动跟踪控制装置输出，并转换、放大的位置反馈控制系统
5333	随动系统不准确度	inaccuracy of servo system	在控制转轮叶片、折向器或其他装置的随动系统中，对于所有不变的输入信号相应输出信号的最大变化区间
5334	随机不确定度	random uncertainty	某一变量的测量中，误差纯属随机性质的不确定度
5335	随机误差	random error	在相同的观测条件下，进行一系列独立观测中出现的具有一定统计规律的测量误差
5336	随机性水文模型	stochastic hydrological model	用概率和数理统计的原理方法来描述和分析各水文要素之间的随机变化过程的水文数学模型
5337	随时在线	always online	通信设备时刻处在可以接收或发送的状态
5338	岁修	annual maintenance	每年有计划地对水利工程进行的维修和养护工作
5339	碎部点	detail point	地形测量中所测绘的标明地物、地貌平面位置和高程的特征点
5340	碎裂结构	clastic structure	呈碎块状的岩体结构形态
5341	碎石骨料	crushed stone aggregate	将开采的石料经过破碎、筛分而制成的混凝土骨料
5342	碎屑结构	clastic texture	沉积岩中粒径大于 0.005mm 的碎屑物质占一半以上的一种结构
5343	隧洞衬砌	tunnel lining	保证隧洞围岩稳定及洞内良好水流条件的洞壁衬护结构
5344	隧洞导流	tunnel diversion	利用隧洞将河水导向下游的导流方式
5345	隧洞开挖	tunnel excavation	在地下或山体中开挖具有封闭断面通道的施工作业
5346	隧洞排水	tunnel drainage	为排除围岩渗水，减少渗透压力或外水压力（对有压隧洞）而在衬砌或衬砌背面设置的排水孔及排水沟等排水设施
5347	隧洞周边相对位移	relative displacement of tunnel wall	地下洞室周边某两点间距离的变化值
5348	隧洞钻爆法	drill - blast tunneling method	用钻孔装药爆破的手段来开挖隧洞的施工方法
5349	隧洞钻孔爆破法	drill - blast tunneling method	用钻孔装药爆破的手段来开挖隧洞的施工方法
5350	孙奈利槽	Saniiri flume	一种由平底收缩入口、带落差的下游水槽及与下游水槽相连的垂直墙组成的测流槽

续表

序号	术语名称	英文对应词	定义
5351	损失容积	lost volume	骨料堆场中不能通过廊道闸门自动卸出的骨料体积
5352	锁坝	closure dike	横亘在分汊河段汊道中，用于堵塞串沟和汊道的河道整治建筑物
5353	锁定装置	dog device; latch device; gate lock device	将闸门门叶固定于闸孔某一位置的装置
5354	锁锭装置	locking device; checking device	在检修或油压降至事故低油压时，能够将主接力器锁在关闭位置而不能开启的装置。有油压锁锭和机械锁锭两种
t 部			
5355	它激	separate excitation	由其他电源而不是由电机本身提供励磁电流的励磁方式
5356	它励	separate excitation	由其他电源而不是由电机本身提供励磁电流的励磁方式
5357	它励旋转硅二极管励磁系统	brushless excitation system	由同轴的交流励磁机通过旋转整流器直接提供励磁电流的励磁系统
5358	塔高	tower height	承载索铰点至支承面或塔架前腿轨道面的高差
5359	塔架（支架）	supporting mast (strut frame)	用于连接承载索的构件支承装置
5360	塔式进水口	tower intake	在从水库取水的水工隧洞或坝下埋管的首部修建的、不依傍岸边山体的、形似塔而内设闸门以控制水流的深式取水建筑物
5361	踏面	rolling face	承重滚轮滚动时与轨道接触的面
5362	台车式启闭机	platform hoist	安装在台车上能移动的卷扬式启闭机
5363	台阶掘进法	heading and bench method	在大断面的地下洞室开挖工作中，先掘进其上部、下部或一侧后，再分台阶扩挖的施工方法
5364	台田	checkered terrace	在微地形复杂的经果林地上，修筑局部独立水平、田块连接的坡面治理措施，也称为池田或竹节梯田
5365	台汛期	typhoon seasons	台风暴潮可能发生的时期
5366	台站	station	设置强震动加速度仪进行强震动监测的设施
5367	台阵	array	根据特定的目的，按专门设计布设的多个测点、台站、测点与台站组合构成的监测网
5368	抬洲降滩	raise or lower elevation of flooding plat for controlling the snails of oncomelania hupensis	为防螺、灭螺而采取的抬高或降低洲滩高程的工程措施
5369	坍落度	slump	按规定方法以装入标准圆锥筒内的混凝土拌和物在提起筒后所坍落的厘米数来表示混凝土拌和物流动性大小的指标

续表

序号	术语名称	英文对应词	定义
5370	滩涂治理	tidal zone regulation	按照规划对滩涂进行开发利用和保护的活动，如围涂、保滩促淤
5371	探槽	exploratory trench	为观察地质情况和取样而在地表挖掘的沟槽
5372	探地雷达法	ground penetrating radar method	通过研究高频电磁波在地下介质中的传播速度、介质对电磁波的吸收以及电磁波在介质分界面的反射等，解决相关问题的一种物探方法
5373	探洞	exploratory adit	为观察地质情况和取样而从地表向山体内部开挖的平洞或斜洞
5374	探硐	exploratory adit	为满足工程地质勘察需要，自地表向山体内部开挖的硐。硐底坡度 4°～60°时为斜井
5375	探杆	penetration rod	与探头相连接的刚性金属圆柱杆
5376	探井	exploratory shaft	为观察地质情况和取样而自地表向下开挖的竖井或斜井
5377	探坑	exploratory pit	为观测地质情况和取样而在地表挖掘的坑槽
5378	探头	probe	直接与土层接触、具有规定形状、尺寸、质量和硬度的金属锥形体
5379	碳素钢	carbon steel	含碳量低于 1.35％的铁碳合金。按含碳量多少又分为低碳钢、中碳钢和高碳钢
5380	碳素结构钢	carbon structural steel	碳素结构钢是碳素钢的一种，用于工程结构的低碳钢和中碳钢。含碳量约 0.05％～0.70％
5381	弹性	elasticity	卸除外力后物体能够恢复原来尺寸及形状的特性
5382	弹性波测试	elasticity wave testing	利用弹性波运动学和动力学特征对岩土体或混凝土进行波速测试或缺陷探测的方法
5383	弹性给水度	elastic storavity	单位面积的承压水含水层降低单位水头时所释放出来的水量
5384	弹性极限	limit of elasticity	材料拉伸试件在卸载后不产生残余变形的最大（极限）应力值
5385	弹性抗力系数	coefficient of elastic resistance	使洞室围岩产生一个单位径向变形所需要的压力或所引起的岩体反力
5386	弹性模量	modulus of elasticity	材料单向拉伸时在弹性范围内正应力与它所引起的正应变之比值
5387	弹性模型	elastic model	为研究在荷载作用下结构弹性性能，用匀质弹性材料制成与原型相似的结构模型
5388	弹性屈曲	elastic buckling	材料在弹性工作状态下的失稳现象
5389	弹性释水系数	elastic drainable porosity	单位面积承压含水层在压力下降一个单位时所释放出的水量，又称弹性给水度

续表

序号	术 语 名 称	英文对应词	定　　义
5390	弹性支承	elastic support	受到外力作用后引起弹性变形对结构内力的确定不能忽略的支承
5391	塘坝(堰) 供水量	water supply quantity of pond	塘堰蓄水所能提供的水量
5392	掏槽孔	cut hole	在地下洞室开挖中，为增加爆破自由面，减小抵抗线距离，在开挖面中间部位布置的先于其他炮孔起爆或不装药的钻孔
5393	掏槽眼	cut hole	在地下洞室开挖中，为增加爆破自由面，减小抵抗线距离，在开挖面中间部位布置的先于其他炮孔起爆或不装药的钻孔
5394	套筒内加设波纹管的伸缩节	sleeve and bellows expansion join	在套筒伸缩节内加设波纹管水封，以提高伸缩节水封的可靠性的一种伸缩节
5395	套筒	sleeve	组装在阀体外径的管状构件，由圆筒、加强环和沿圆周均匀分布的加强筋板等组成
5396	套筒式伸缩节	sleeve expansion join	由与上、下游钢管段连接的内、外套筒、水封填料和水封压环等部件组成。此种伸缩节具有较强轴向位移补偿能力
5397	套筒式调节阀	sleeve type regulator	用于调流、消能的阀门。布置型式有直列式、淹没式、角式、壁挂式和固定套筒式
5398	套闸	double dike lock	河（渠）段两端分设节制闸作为船闸上下游的闸首，利用中间段作为闸室的简易船闸
5399	特高电压（特高压）	ultra - high voltage (U. H. V.)	1000kV 及以上的电压等级
5400	特殊垫层区	special cushion zone	位于周边缝下游侧垫层区内，对周边缝及其附近面板上铺设的堵缝材料及水库泥沙起反滤作用
5401	特殊荷载	special load; unusual load	建筑物在特殊运用情况下可能承受的荷载
5402	特殊荷载组合	special load combination	建筑物在特殊运用情况下对可能同时出现的基本荷载与特殊荷载的组合
5403	特殊土	special soil	具有特殊成因、特殊成分和特殊工程性质的土类。例如湿陷性黄土、膨胀土和分散性土等
5404	特性阻抗	characteristic impedance	远距离输电线路在正弦交流电压作用下传播交流电流所呈现的线路阻抗，即单位长度的阻抗和导纳比值的平方根
5405	特征河长法	characteristic river length method	在演算河段长等于特征河长时，假定蓄量和出流间存在线性关系进行河道洪水演算的方法

续表

序号	术语名称	英文对应词	定义
5406	特征时间	characteristic time	在钻孔降水头注水试验 ln（H_t/H_0）—t 曲线上，$H_t/H_0=0.37$ 即 ln（$H_0/H_t=1$）所对应的时间
5407	特征斜率	characteristic slope	在累计停运容量概率曲线的应用段上的斜率
5408	特种地图	thematic map	着重表示自然现象或社会现象中的某一种或几种要素的地图
5409	特种设备	special equipment	由国家认定的，因设备本身和外在因素的影响容易发生事故，并且一旦发生事故会造成人身伤亡及重大经济损失的危险性较大的设备
5410	特种作业	special operation	由国家认定的，对操作者本人及其周围人员和设施的安全有重大危险因素的作业
5411	梯度比	gradient ratio	在淤堵试验中，水流通过土工织物及其上 25mm 厚土料时的水力梯度与水流通过上覆 50mm 厚土料时的水力梯度的比值
5412	梯段爆破	bench blasting	使开挖面呈阶梯形状并利用毫秒爆破技术逐段、逐排、逐阶进行爆破的爆破技术
5413	梯级水电厂集中监控	centralized supervisory and control of cascade hydropower plants	一条河流或其某个河段上的各梯级水电厂，设置梯级调度中心，利用计算机、远动、通信技术，对梯级各被控水电厂的运行实行不通过厂、站运行值班人员的直接集中监视、控制、调度的技术和运行管理方式
5414	梯田	terrace	在坡地上沿等高线修建的、断面呈阶梯状的田块。按其断面形式可分为水平梯田、坡式梯田、隔坡梯田。 注：在我国南方，旱作梯田称梯地或梯土，种植水稻的称梯田
5415	梯形撕裂强力	trapezoidal tearing strength	试样沿规定的切缝逐渐扩展裂口至整个试样的过程中出现的最大撕裂力
5416	TCP/IP	TCP/IP	传输控制协议和网际协议
5417	TT 系统	TT system	电源中性点直接接地，电气设备外露可导电部分用保护接地接至电气上与电源的接地点无直接关联的接地装置上
5418	T 形接	tee joint	两焊件呈 T 形的连接方式
5419	提升式升船机	lifting type ship lift	采用钢丝绳卷扬提升的升船机。包括无平衡重提升式、全平衡提升式和部分平衡提升式
5420	提水灌溉	pumping irrigation	用机电泵或人力、畜力、风力等提水工具提水进行灌溉
5421	提水排水	pumping drainage	排水地区水位低于排水容泄区水位，涝水需凭借提水设备排除的排水方式
5422	体积模量	bulk modulus	土体在三向应力作用下平均正应力与相应的体积应变的比值

续表

序号	术语名称	英文对应词	定　义
5423	体积压缩系数	coefficient of volume compressibility	单向固结试验中单位体积土的体积变化与相应的应力增量之比值
5424	天然草地	natural grassland	以多年生禾草占优势的植被群落，大部分草地是被放牧所稳定的植被
5425	天然草地牧草需水量	water requirement of natural pasture	环境相似、有规律群居一起、自然生长的牧草群体（亦称群落）的蒸发蒸腾量
5426	天然骨料	natural aggregate	将天然砂石料筛分、冲洗而制成的混凝土骨料
5427	天然密度	natural density	岩土在天然状态时单位体积的质量
5428	天然坡面径流场	natural runoff plots	布设在地形、土壤、植被等有代表性的天然坡地上，用于观测径流和土壤侵蚀的自然集流区
5429	天文潮	astronomic tide	主要由月球和太阳的引潮力作用所产生的潮汐。由月球引潮力所产生的潮汐称太阴潮，由太阳引潮力所产生的潮汐称太阳潮
5430	田测法	field method	直接在田间试验小区中测定作物需（耗）水量和进行其他灌溉试验的方法
5431	田间持水量	field capacity	农田土壤某一深度内保持吸湿水、膜状水和毛管悬着水的最大含水量
5432	田间工程	farmland works	末级固定渠道控制范围内修建的临时性或永久性灌排设施以及平整土地的总称
5433	田间耗水量	water consumption on farmland	在作物全生育期内消耗的作物需水量与田间渗漏量之和
5434	田间排水沟	field drainage ditch	汇集田间多余雨水或调控地下水位的排水明沟
5435	田间排水试验	experiment for farmland drainage	为探求农田排水技术的可行性及合理性而进行的试验
5436	田间水利用系数	water efficiency in field	灌入田间可被作物利用的水量与末级固定渠道放出水量的比值
5437	田间需水量	water consumption on farmland	在作物全生育期内消耗的作物需水量与田间渗漏量之和
5438	填砾过滤器	gravel - packed screen	过滤管外周围充填某种规格滤料的过滤器
5439	填料	filler	在沥青混合料中起充填作用的粒径小于 0.075mm 的矿物质粉末，也称矿粉。通常由石灰岩等碱性石料加工磨细得到，水泥、消石灰、粉煤灰等材料有时也可作为填料使用
5440	填埋式管	buried pipeline	敷设在地面上或浅沟中并在上面填土的管道
5441	填石笼	gabion	用竹、钢丝或钢筋等编制成的内装石块的网笼

续表

序号	术 语 名 称	英文对应词	定　义
5442	填筑	filling	将土石料按铺料要求摊铺到指定场所，并压实到符合设计要求的施工作业
5443	挑流鼻坎	flip bucket	建在泄水建筑物末端，能将下泄的高速水流向下游抛射，具有一定反弧半径和一定角度的坎
5444	挑流消能	trajectory bucket energy dissipation	在泄水建筑物出流处设置挑流鼻坎将泄出的急流挑向空中，形成掺气射流落入下游水垫的消能方式
5445	条件观测平差	adjustment of condition observation equations	根据各观测元素间所构成的几何条件以及起始数据间的强制条件，按最小二乘法的原理求得各观测值的最或然值，以消除由于多次观测产生的矛盾的平差方法
5446	条件平差	adjustment of condition equations	根据各观测元素间所构成的几何条件以及起始数据间的强制条件，按最小二乘法的原理求得各观测值的最或然值，以消除由于多次观测产生的矛盾的平差方法
5447	条石	chipped ashlar	块石经过加工整修，使上下面及两侧互相大致平行，外形较规则的长方体石料
5448	调洪库容	reservoir capacity for flood control	校核洪水位至防洪限制水位之间的水库容积
5449	调节保证	regulating guarantee	根据水电站输水系统和机组的有关参数，水轮机在过渡过程中，对蜗壳内压力上升、尾水管内压力降低和转速上升所作出的保证
5450	调节阀	adjustable valve	节水灌溉工程中，通过人工或电动装置对压力或流量进行调节的闸阀、球阀、截止阀和蝶阀等的统称
5451	调节库容	regulated reservoir capacity	正常蓄水位至死水位之间的水库容积
5452	调节流量	regulated flow	相应于国民经济部门用水保证率要求的、经水库调节后的供水期平均流量
5453	调节年度	regulation year	水库在本调节周期开始蓄水时起到下一调节周期开始蓄水时止的计算年度
5454	调节容积	adjustble volume	为调节骨料生产、运输和混凝土生产过程中的不均衡现象而设置的骨料堆体积
5455	调节系数	regulation coefficient	调节流量与坝址断面处的多年平均流量的比值
5456	调节周期	period of regulation	水库一次蓄泄循环的历时
5457	调亏灌溉	regulated deficit irrigation	根据作物的遗传和生物学特性，在生育期内的某些阶段，人为地造成一定程度的水分胁迫（亏缺），调整光合产物向不同组织器官的分配，控制作物生长状态，促进生殖生长的灌溉措施

续表

序号	术 语 名 称	英文对应词	定　　义
5458	调沙库容	storage capacity for regulation of sediment discharge	为泥沙冲、淤调节需要设置的水库容积
5459	调速功	governing capacity	接力器最大行程与接力器作用力的乘积
5460	调速器	PI governor	能够实现比例积分调节规律的调速器
5461	调速系统静态特性	static characteristics of governing system	当调速系统处于平衡状态和指令信号恒定时，转速相对值与接力器行程相对值的关系曲线图
5462	调相机保护	protection of condenser	反应调相机各种故障和异常工作状态的继电防御措施
5463	调相容量	compensator capacity; condensator capacity	调相机、并联电容器、静止补偿器及同步发电机作为调相运行时发出的无功功率
5464	调压舱	surge chamber	为消除突然灌注现象而设置的能使水样舱内的空气压力与器外压力平衡的密封空舱
5465	调压阀	pressure regulating valve	当水轮机导水机构紧急关闭时，能及时泄放一部分流量，以防止压力水管内产生过高水锤压力的阀门
5466	调压井	surge shaft	全部或大部分建筑在地面以下的井式调压室
5467	调压式采样器	surge type sampler	具有调压舱和水样舱，且两舱之间具有连通管的积时式采样器。它有单个水样舱和多个水样舱之分
5468	调压室	surge chamber	设置在长有压引水道尾部或有压尾水道首部，用以减低压力水道中水锤压力、改善机组运行条件的贮水建筑物，有圆筒式调压室、带喉管的圆筒式调压室、阻抗式调压室、双室式调压室、溢流式调压室、差动式调压室和压气式调压室等
5469	调压塔	surge tank	建筑在地面以上的调压室
5470	跳闸	trip	将断路器（或自动开关）的触头断开，使电气设备退出系统的操作
5471	跳闸回路	tripping circuit	接通断路器跳闸线圈的控制电路
5472	贴边岔管	hem reinforced branch pipe	分岔坡口边缘焊有补强板加强的岔管
5473	贴坡排水	slope face drainage	保护土坝下游边坡不受冲刷的表层排水设施
5474	铁磁谐振过电压	ferromagnetic resonant over-voltage	非线性电感元件（含铁芯的）和电容元件所引起的谐振过电压
5475	铁磁性材料	ferromagnetic material	由磁畴组成，在磁场作用下能被磁化达到饱和，并且具有明显的磁滞效应的金属材料
5476	铁路接轨站	track connection station	连接铁路专用线和国家铁路干线的车站

续表

序号	术语名称	英文对应词	定义
5477	铁路专用线	construction railway	专供工程施工运输用的铁路线
5478	停潮	stand of tide	潮汐涨落过程中，低潮时出现的水位短时间不动的现象
5479	通仓浇筑法	continuous placement method	浇筑大坝混凝土时，坝段内不设纵缝，只按水平分层进行整坝段混凝土浇筑的方法
5480	通风	ventilation	在地下洞室施工中，为冲淡或排出有害气体，供给新鲜空气，使之符合劳动保护要求进行的换气工作
5481	通行能力	traffic capacity	单位时间内能通过某段运输线路的车辆数（或船舶数）或列车数（或船队数）
5482	通航保证率	navigation dependabilty	保持某一通航水位时全年中允许正常通航的天数与全年总天数的比值，以百分率表示
5483	通航标准	navigation standard	由国家规定的航道规划和建设所必须遵循的基本技术规定
5484	通航建筑物	navigation structure	修建在河道上或水位集中落差处、使船只上下安全通过的建筑物
5485	通航期	navigati onperiod	航道在一年中允许船舶行驶的时段
5486	通航水深	navigationd epth	航道中按一定的通航保证率要求应保持的最小水深
5487	通流式调速器	governor without pressure tank，through flow type governor	由油泵直接向水轮机控制系统供油的调速器
5488	通信	communication	通过有线或无线设施对语言、文字、图像等信息进行传输、变换和处理的过程
5489	通信控制机	preset communication controller	能自动接收、暂存遥测终端机或中继机传输的遥测站信息，并作预处理，根据需要尚具有召测、数据显示、校正时钟、变换数据传输速率、对系统设备监控以及双机通信功能的数据传输控制设备
5490	通用无线分组业务	generally packet radio service	英文缩写为GPRS，是一种基于GSM系统的无线分组交换技术，提供端到端的、广域的无线IP连接。简单地说，GPRS是一项高速数据处理的技术，其方法是以“分组”的形式传送数据
5491	同倍比放大	homogeneous multiple enlargement	用设计特征值与典型年相应特征值的比值放大典型过程线的方法
5492	同步	synchronizing	使一同步电机与另一同步电机或电源在电压、频率、相位相同时建立并列运行的操作方法
5493	同步补偿机	synchronous compensator	一种不带机械负载，只供给或吸收电网无功功率的同步电机

续表

序号	术语名称	英文对应词	定义
5494	同步电动机	synchronous motor	作为电动机运行的同步电机
5495	同步电机	synchronous machine	电动势频率与转速之比为恒定值的一种交流电机
5496	同步发电机	synchronous generator	作为发电机运行的同步电机
5497	同步调相机	synchronous condenser	一种不带机械负载，只供给或吸收电网无功功率的同步电机
5498	同步转速	synchronous speed	由电机供电系统的频率和电机本身的磁极数所决定的转速
5499	同步装置	synchronizer	双吊点启闭时，保证起吊点同步的装置
5500	同步阻抗	synchronous impedance	同步电机在额定转速下对称稳态运行时所呈现的阻抗，其值为同步电势与端电压的矢量差的相值和稳定相电流之比值
5501	同名端	same polarity	当两个线圈流过电流所产生的磁力线方向一致时各自的始端（或末端）
5502	同频率放大	homogeneous frequency enlargement	将典型过程线的洪峰（雨峰）及各时段的洪量（雨量）进行放大，以符合设计频率的洪峰（雨峰）及各时段洪量（雨量）的方法
5503	同期	synchronizing	使一同步电机与另一同步电机或电源在电压、频率、相位相同时建立并列运行的操作方法
5504	同期检定和无压检查重合闸	synchronism seizing ARC；synchronism check and no - voltage check ARC	双电源线路故障线路断路器跳闸，一侧利用检查无电压继电器使该侧断路器投入；另一侧检定同期继电器再按同期条件使该侧断路器投入的合闸方式
5505	同期小母线	synchronizing bus - bar	供给准同期用的两个电源系统的电压汇流线
5506	同倾法	iso - inclining method	测定方向平面和扫描平面相重合的测试方法
5507	同倾固定 ψ 摆动法	iso - inclining method with detector synchronizing oscillate with X - ray with fixed ψ	在同倾法的条件下，在每个设定的 ψ_0 角，于探测器扫描的每一步，X 射线管和探测器在扫描平面内同步回摆一定的角度 $\pm\Delta\psi$，并在回摆过程中计数的测试方法。摆动幅度 $\Delta\psi$ 一般小于 6°
5508	同倾固定 ψ 法	iso - inclining method with fixed ψ	在同倾法中 X 射线管和探测器作 θ—2θ 运动保证 ψ 角（测试部位表面法线和衍射晶面法线的夹角）保持不变的测试方法
5509	同位素测沙仪	radioisotope sediment concentration meter	应用放射性同位素通过不同含沙浓度浑液强度有不同程度衰减的原理来测定含沙量的仪器

续表

序号	术语名称	英文对应词	定义
5510	同位素示踪法	isotope tracer technique	采用人工放射性同位素（^{131}I、^{182}I、^{85}Br 等）标记天然流场或人工流场中的地下水流，用示踪或稀释原理来测试地下水流向、流速的一种放射性测量方法
5511	同轴度	coaxiality	控制水泵和动力机轴线偏离基准轴线的指标
5512	筒井	caisson well	一种采取浅层地下水的直径较大、深度较浅的井
5513	筒形阀	ring gate	活门呈圆筒形，位于水轮机固定导叶和活动导叶之间，可沿水轮机轴线方向上下移动的水轮机进水阀
5514	投标	bidding	承包人按照招标文件要求提出标价以期取得承包任务的技术经济活动
5515	投标保证金	bid bond	用于防止投标者中标后不签订合同而由投标者向招标者交付的经济担保金
5516	投标资格预审	prequalifictin of bidder	根据投标者从事同类工程的经验和经历、财务状况、施工技术手段、工程技术及管理人员的水平和数量、过去承包过的工程质量以及投标者的信誉等证明材料，对申请投标者进行技术资格审查的工作
5517	投产期	commissioning date	建设项目具备运用条件，并开始正式投入生产的日期
5518	投资分摊	investment allocation	综合利用的水利水电工程各受益部门按照其获得收益的比例分别承担工程总投资中的部分数额的分配办法
5519	投资估算	initial cost estimate	在工程建设的可行性研究阶段对工程所需全部费用的计算
5520	投资利润率	profit rate of investment	工程项目达到设计生产能力后的正常生产年份的年利润与财务投资比值的百分数
5521	投资利税率	profit - tax rate of investment	工程项目达到生产能力后的正常生产年份的年利润和税金总额与总投资比值的百分数
5522	透平油系统	turbine oil system	为机组润滑系统、调速系统和进出水阀门的操作系统供给润滑和操作用油并能进行油质处理的系统
5523	透水坝	permeable dike	采用打桩、编篱、沉树、植树等方法修建的，对水流干扰较小而有缓流落淤作用的河道整治建筑物
5524	透水板	porous plate	具有一定（或特定）渗透系数并能承受相应压力的孔（隙）板
5525	透水率	absorption rate	表达试段岩体透水性的指标
5526	突扩式门槽	sudden - expansion - type gate slope	弧形闸门出口截面突然增大的结构形式
5527	图层	layer	由一类图素或性质相近的一组图素的空间数据，以及用于描述这些图素特征的属性数据构成。一幅图由若干个图层组成
5528	图幅	map sheet	反映一定区域并赋予地图图名、图号的一幅地图（单张或多张图组成）

续表

序号	术语名称	英文对应词	定　　义
5529	图根点	mapping control point	用图根测量方法（包括解析法或图解法）测定的、直接用于测绘地形图的控制点
5530	图根控制	mapping control	在基本平面控制的基础上，直接为地形测图或断面测量而进行的平面控制测量工作
5531	图根控制点	mapping control point	用图根测量方法（包括解析法或图解法）测定的、直接用于测绘地形图的控制点
5532	图号	map numbering	为便于地图的使用和管理，按一定方法给予各分幅地图的编号或代号
5533	图解纠正法	method of graphic rectifying	建立不同的网格以转绘地图内容的作业方法
5534	图类	category	地图内信息的专业分类
5535	图历表	table of map	详细地记录了地图成图过程中有关技术资料及质量评价等问题的地图的技术档案资料
5536	图历簿	file of map	详细地记录了地图成图过程中有关技术资料及质量评价等问题的地图的技术档案资料
5537	图例	legend	在单张地图或地图集中，排印在图上适当位置用于方便读图和使用的符号与注记
5538	图式	cartographic symbol	地图（地形图）测绘中表示地物、地貌形式和物征的各种规定符号
5539	图素	graphic element	空间信息中的各种实体类型，由代表各类实体的若干图元构成
5540	图像处理	image processing	对遥感图像进行校正、补偿、增强、统计分析等各种处理技术的总称
5541	图像分辨率	picture tesolution	人眼对电视图像细节辨认清晰程度的量度，在数值上等于在显示水平扫描方向上，能够分辨的最多的目标图像的电视线数
5542	图像几何校正	geometrical correction of image	对遥感图像的几何畸变进行校正的工作
5543	图像识别	imagery recognition	利用信息技术对有解译意义的图形进行自动识别、计数和定位，进而能自动分类的解译技术
5544	图像增强	image enhancement	通过一定的方法，使原来模糊的图像转换成清晰的图像，以提高解译效果的图像处理方法
5545	图形识别	pattern recognition	利用信息技术对有解译意义的图形进行自动识别、计数和定位，进而能自动分类的解译技术
5546	图样	drawing	在图纸上按一定规则、原理绘制的，能表示被绘物对象的位置、大小、构造、功能、原理、流程、工艺要求等的图

续表

序号	术语名称	英文对应词	定义
5547	图元	graphic primitive	表示空间信息特征的基本单位，分为点、线、面三种类型
5548	涂层	tack coat	喷涂（或涂刷）在结构物表面，起黏结或胶结稳定作用。涂层材料可为稀释沥青、乳化沥青或热沥青等，结构物可为沥青混凝土表面、水泥混凝土表面、碎石垫层表面、土质材料表面等
5549	涂料保护	coating protection	在物体表面能形成具有保护、装饰或特殊功能（如绝缘、标志等）的固态涂膜的方法
5550	涂装作业（场所）	painting operation/locale	在涂装全过程中作业人员进行的生产活动的总称。进行涂装作业的场地和特定的周围空间称涂装作业场所
5551	涂装作业场所的整体安全	the integral safe of p-ainting operation/locale	涂装作业场所的各种生产设施和作业环境，符合相应的安全卫生规定，且相互协调配套，形成统一整体的安全
5552	土坝	earth dam	利用当地土料和砂、砂砾、卵砾等为主要建筑材料填筑成的坝
5553	土层中总的蓄水量	total moisture storage in a soil layer	以深度 h 表示。当土壤层的深度为 H（cm）、土壤体积含水量的分布为 θ（z）时，则土壤中的蓄水深度为 $h=\int_0^H \theta(z)\,\mathrm{d}z$
5554	土的灵敏度	sensitivity of soil	原状土的不排水强度与土在相同含水率下经重塑后的不排水强度之比
5555	土的相对密度	relative density	无黏性土最大孔隙比和实际孔隙比之差与最大孔隙比和最小孔隙比之差的比值
5556	土地规划测量	land planning survey	为土地规划设计提供测量资料及将规划设计图上各规划线标定在实地上的测量工作
5557	土地利用规划	land use planning	按照土地适宜性和社会经济发展需求，合理确定土地利用方向，调整土地利用结构，并布设相应的水土保持措施
5558	土地利用结构	land use structure	在一定区域范围内，各种土地利用类型面积的比例
5559	土地平整测量	survey for land smoothing	建筑场地和农田基本建设中，平整土地时所进行的测量工作
5560	土地适宜性评价	land suitability assessment	根据土壤、植被、气候等土地的自然属性与社会经济发展对土地利用的需求，评定土地生产潜力及其利用方向
5561	土地征收线	line of land acquisition	水库淹没区及影响区根据移民规范规定的标准确定的征收土地高程线
5562	土地综合用水指标	integrated quota of water use for ur－ba-n area	将城市用水总量折算到城市特定土地面积指标上所反映的用水量水平

续表

序号	术 语 名 称	英文对应词	定　　义
5563	土工带	geobelt	经挤压拉伸或再加筋制成的带状抗拉材料
5564	土工复合材料	geocomposite	由两种或两种以上材料复合成的土工合成材料
5565	土工格室	geocell	由土工格栅、土工织物或土工膜、条带构成的蜂窝状或网格状三维结构材料
5566	土工格栅	geogrid	在岩土工程中作为加固软基、护坡、护面、护底等的加劲材料，用高分子材料冲压成具有镂空网格的板状材料
5567	土工隔膜	geomembrane	在渠道和土石坝等工程中作为防渗材料的用高分子聚合材料制成的不透水膜
5568	土工合成材料	geosynthetics	岩土工程应用的合成材料产品的总称
5569	土工合成材料隔渗材	geosynthetic barriers	具有隔渗功能的土工合成材料的统称。包括聚合物土工合成材料隔渗材，即常称的土工膜；土工合成材料膨润土防渗垫；沥青土工合成材料隔渗材，即土工织物上涂沥青而成的隔渗材
5570	土工合成材料加筋桩网基础	geosynthetic reinforced pile foundation	在软基中设置带桩帽的群桩，以土工合成材料在其上建传力承台，借桩群形成的拱作用将大部分堤身重量通过桩柱传递给桩下相对硬土层的桩网基础，又称加筋桩网结构
5571	土工合成材料膨润土防渗垫	geosynthetic clay liner	土工织物或土工膜间包有膨润土，以针刺、缝接或化学剂粘接而成的一种隔水材料
5572	土工模袋	geofabriform	由双层化纤（有纺）织物制成的连续或单独的袋状结构材料，其中充填混凝土或水泥砂浆，凝固后形成板状防护块体
5573	土工膜	geomembrane	在渠道和土石坝等工程中作为防渗材料的用高分子聚合材料制成的不透水膜
5574	土工膜耐静水压力	resistance to hydrostatic pressure	对试样施加液压扩张直至破坏过程中的最大液压
5575	土工网	geonet	二维的由条带部件在结点连接而成有规则的网状土工合成材料，可用于隔离、包裹、排液、排气
5576	土工网垫	geosynthetic fiber mattress	以热塑性树脂为原料制成的三维结构，其底部为基础层，上覆起泡膨松网包，包内填沃土和草籽，供植物生长

续表

序号	术语名称	英文对应词	定义
5577	土工系统	geosystem	以土工合成材料作为包裹物将分散的土石料聚拢成大、小体积和形状的块体。包括小体积的土工袋、长管状的土工管袋、大体积的土工包等，它们都以土工织物制成。土工袋中亦可包裹混凝土或水泥砂浆形成土工模袋。此外，尚有以土工格栅或表面有 PVC 防锈涂层的金属丝捆扎成的矩形体或圆柱状体的俗称格宾的箱笼，其中填以块石等。它们都用于筑堤、围垦、建人工岛，作水下大支承体、护坡、护底及坡面防冲等
5578	土工织物	geotextile	在岩土工程中作为滤层、隔层、排水和加固材料的用高分子聚合材料加工成合成纤维后制成的织物
5579	土粒比重	specific gravity of s-oil particle	土颗粒在 105～110℃烘至恒量时的质量与同体积 4℃纯水质量的比值
5580	土料场	borrow area	具有一定储量和质量的土料，可集中开采供工程使用的场所
5581	土料的压实参数	earth compaction f-actors	压实机械功能、铺土厚度、土料最优含水量及压实遍数等影响土料压实效果的因素和指标
5582	土料压实防渗	seepage control w-ith compacted soil	铺设并压实黏性土层以减少渠道水量渗漏损失的措施
5583	土牛	stand - by piles	堆放成较规则形状的储备土料堆的俗称
5584	土壤板结	soil hardening；soil crust	土壤表层在降雨或灌水等外因作用下结构破坏、土粒分散，而干燥后受内聚力作用产生的现象
5585	土壤饱和含水量	saturated moisture content of soil	土壤中的全部孔隙被水充满时的含水量，又称持水量
5586	土壤干容重	drybulk density of soil	土壤样品的干土重与土壤样品体积的比值，用 g/cm^3 表示。
5587	土壤的孔隙度	soil porosity	原状土壤中孔隙体积和土壤总体积之比
5588	土壤的密度	soil particle density	土壤固体物质的重量与为其排开的水的体积之比
5589	土壤肥力	soil fertility	土壤对植物生长提供水、肥、气、热等条件的综合能力
5590	土壤改良	soil amelioration；soil improvement	改善土壤物理、化学性状，恢复和提高土壤肥力的技术措施
5591	土壤干旱	soil drought	土壤水分不能满足植物根系吸收和正常蒸腾所需而造成的植物缺水现象
5592	土壤含水量	soil moisture cont-ent	单位体积或单位质量土壤中所含有的总含水量，可将其折合为单位厚度土层中所含有的水分深度
5593	土壤含水率	soil moisture content	土壤中所含水分的数量占干土总量的百分数
5594	土壤基质势	soil matric potential	由土壤基质（固体）的吸附力和毛管力造成的势能

续表

序号	术语名称	英文对应词	定　义
5595	土壤计划湿润层	designed moisting soil depth	旱作物灌水时计划湿润的土层深度
5596	土壤碱化	soil alkalization	土壤表层碱性盐逐渐积累、交换性钠离子饱和度逐渐增高的现象
5597	土壤结构	soil structure	土壤中单粒、次生单粒或团聚体的数量、大小、形状及其相互排列和相应的孔隙状况等综合特性
5598	土壤抗蚀性	soil antierosivity	土壤抵抗雨滴打击和径流破坏的能力
5599	土壤孔隙度	soil porosity	单位土壤总容积中的孔隙容积
5600	土壤流失控制比	controlled ratio of soil erosion modulus	项目建设区内，容许土壤流失量与治理后的平均土壤流失强度之比
5601	土壤流失控制量	amount of soil erosion controlled	项目区实施治理后，至设计水平年所能形成的年保土量
5602	土壤流失量	amount of soil erossion	土壤及其母质或地面组成物质在侵蚀营力作用下发生面蚀，并在单位面积上某一时段通过某一观测断面的泥沙数量
5603	土壤毛管水	soil capillary water	在土壤孔隙内能借毛管作用自由移动、易为植物吸收利用的水分。即存在于土壤毛细孔隙里的水量
5604	土壤潜育化	soil gleying process	土壤长期滞水、严重缺氧，产生较多还原物质，使高价铁、锰化合物转化为低价状态，使土体变为蓝灰色或青灰色的现象
5605	土壤侵蚀	soil erosion	在水力、风力、冻融、重力等自然营力和人类活动作用下，土壤或其他地面组成物质被破坏、剥蚀、搬运和沉积的过程
5606	土壤侵蚀程度	soil erosion degree	以土壤原生剖面被侵蚀的状态为指标划分的土壤侵蚀等级
5607	土壤侵蚀分区	soil erosion zoning	根据土壤侵蚀成因、类型、强度及其影响因素的相似性和差异性，对某一地区进行的地域划分，称水土流失分区
5608	土壤侵蚀规律	mechanism of soil erosion	土壤侵蚀的发生、发展与各种影响因子之间的内在联系
5609	土壤侵蚀类型	type of soil erosion	按照侵蚀营力的不同而划分的土壤侵蚀类别，主要有水力侵蚀、风力侵蚀、冻融侵蚀、重力侵蚀等
5610	土壤侵蚀量	amount of soil erosion	土壤及其母质在侵蚀营力作用下，从地表处被击溅、剥蚀或崩落并产生位移的数量，通常以 t 或 m^3 表示
5611	土壤侵蚀模拟	soil erosion simulating	在实验室或野外，人工模拟自然界某些土壤侵蚀现象、探求其物理机制，观测水土保持措施功能和效益的试验方法

续表

序号	术语名称	英文对应词	定　　义
5612	土壤侵蚀模数	soil erosion modulus	单位时间内单位面积上侵蚀土壤的数量
5613	土壤侵蚀模型	soil erosion model	为描述土壤侵蚀状况以及与其主要影响因子间定量关系所建立的物理和数学结构
5614	土壤侵蚀潜在危险度	the potential hazard degree of soil erosion	生态系统失衡后出现的土壤侵蚀危险程度。用于评估、预测在无明显侵蚀区引起侵蚀和现状侵蚀区加剧侵蚀可能性的大小，以及表示侵蚀区以当前侵蚀速率发展，该土壤层所能承受的侵蚀年限（抗蚀年限）
5615	土壤侵蚀强度	soil erosion intensity	以单位面积和单位时段内发生的土壤侵蚀量为指标划分的土壤侵蚀等级
5616	土壤侵蚀速率	soil erosion rate	某一时段内土壤侵蚀的发展速度，通常以年流失的土层厚度（mm/a）表示
5617	土壤侵蚀信息系统	soil erosion information system	应用野外调查、定点观测和遥感监测等方法获取水土流失有关数据并借助计算机处理建立的信息管理工具
5618	土壤侵蚀形式	form of soil erosion	在同一侵蚀营力作用下，土壤侵蚀所表现出的不同方式
5619	土壤侵蚀遥感监测	soil erosion monitoring by remote sensing	应用遥感（RS）信息进行的土壤侵蚀时空演变的定位和定量分析工作
5620	土壤容水度或比水容重	specific soil water capacity	土壤含水量随土壤基质势的变化率
5621	土壤容重	soil bulk density	单位体积的自然状态土壤（包括孔隙）的干重
5622	土壤入渗	soil water infiltration	水从土壤表面渗入土壤内部的现象
5623	土壤入渗率	intake rate of soil	在充分供水条件下，地表水向土壤中渗透的速度
5624	土壤墒情	soil moisture	田间土壤含水量及其对应的作物水分状态
5625	土壤墒情等级	soil moisture condition classification	土壤水分条件改变影响作物生育的程度
5626	土壤湿润比	percentage wetted area	在计划湿润层内，湿润土体与总土体的体积比。通常用地表下 20～30cm 深度的湿润面积与总面积的比值表示
5627	土壤适宜含水量	suitable soil water content for crop growth	介于毛管断裂含水量与田间持水率之间且满足作物丰产要求的土壤含水量
5628	土壤水	soil water	吸附于土壤颗粒上和存在于土壤孔隙中的水，主要为液态水，少数为寒冷季节冻结的固态水和以水汽形式存在的气态水
5629	土壤水分（墒情）监测仪器	soil moisture - monitoring instrument	一种用以测量植物根系层土壤水分（墒情）含量的仪器
5630	土壤水分测定仪	soilmoisture content analyzer	测定土壤水分含量的仪器

续表

序号	术语名称	英文对应词	定　义
5631	土壤水分常数	soil water constant	根据土壤水分形态不同而定义的土壤特征含水量，如田间持水量和凋萎系数等
5632	土壤水分特征曲线	soil water characteristic curve	土壤水吸力与土壤含水量的关系曲线
5633	土壤水分修正系数	soil water stress coefficient	土壤水分胁迫条件下的作物蒸发蒸腾量与土壤水分充分供应条件下的作物蒸发蒸腾量的比值，反映土壤水分胁迫对作物蒸发蒸腾量减少的影响
5634	土壤水扩散度	diffusivity of soil water	土壤水力传导度与土壤比容水度的比值
5635	土壤水力传导度	soil hydraulic conductivity	单位水力梯度下的土壤水流通量
5636	土壤水势	soil water potential	在恒温恒压条件下，单位数量的土壤水以纯自由水为参照状态，从一点移至另一点所需做的功
5637	土壤水吸力	soil water suction	土壤基质对水分的吸持能力
5638	土壤特征	soil properties	土壤结构、质地、肥力和水分状况等性质
5639	土壤体积含水量	volumetric soil water content	土壤保持的水分体积与其总体积的比值，用百分数表示
5640	土壤通气	soil aeration	土壤空气与近地层大气之间不断进行气体交换的现象，又称土壤通透性
5641	土壤相对湿度	relative soil moisture	土壤含水量占田间持水量的比值，以百分率表示
5642	土壤盐渍化	soil salinization	土壤底层或地下水的盐分随毛管水上升到地表，水分蒸发后盐分积累在表层土壤中的现象
5643	土壤有机质	soil organic matter	土壤中含有的各种动植物残体与微生物及其分解合成的有机物质
5644	土壤有效含水量	available soil water content	土壤中能被作物吸收利用的水量，即田间持水量与凋萎系数之间的土壤含水量
5645	土壤蒸发	soil evaporation	土壤中的水分通过上升和汽化从土壤表面进入大气的现象
5646	土壤蒸发量	soil evaporation	土壤水分通过植株间的土面以气态形式散入大气的数量
5647	土壤蒸发器	soil evaporator	用以测定时段土壤蒸发量的标准器具
5648	土壤—植物—大气连续体	soil - plant - atmosphere continuum	在水势梯度作用下，土壤水被植物吸收、传输，并转化成水汽从叶面扩散进入大气的连续体
5649	土壤质地	soil texture	土壤机械组成所决定的土壤特性。一般根据土壤中物理性黏粒及物理性砂粒的含量进行分类

续表

序号	术语名称	英文对应词	定　　义
5650	土壤重量含水量	soil water content by weight	土壤样品中水的重量与干土重量的比值
5651	土石坝	earth－rock fill dam	用土、砂、砂砾石、卵石、块石、风化岩等当地材料填筑而成的坝
5652	土石方开挖	earth－rock excavation	用人力、爆破、机械或水力等方法使土石料松散、破碎和挖除的工作
5653	土石方平衡	excavation－fill balancing	土石方工程中对挖方和填方量在时间与空间上进行协调平衡的工作
5654	土石围堰	earth－rock fill cofferdam	以土、石等材料为主填筑而成的围堰
5655	土试样	soil specimen	用于试验的具有代表性的土样
5656	土他沙化	land sandification	由于土壤侵蚀，表土失去细粒（粉粒、黏粒）而逐渐粗化，或由于流沙（泥沙）入侵，导致土地生产力下降甚至丧失的现象
5657	土体结构	soil structure	土在其生成过程中所形成的土粒空间排列及粒间连接形式
5658	土压力计	soil pressure cell	测定土压力的传感器
5659	土质防渗体分区坝	soil impervious zoned earth dam	坝体断面由土质防渗体及若干透水性不同的土石料分区构成，可分为心墙坝、斜心墙坝、斜墙坝以及其他不同形式的土质防渗体分区坝
5660	推理公式	rational formula	依据径流成因原理，通常在中小流域由设计暴雨推求工程地点设计洪峰流量的公式
5661	推力墩	abutment block of arch dam	设置在拱坝坝体与基岩之间，将拱端推力传至稳定基岩的结构物
5662	推力径向轴承	thrust－journal bearing	同时承受轴向力和径向力的轴承
5663	推力轴承	thrust bearing	承受机组轴向力的轴承
5664	推悬比	ratio of bed load discharge to suspended load discharge	推移质输沙率与悬移质输沙率之比
5665	推移质	bed load	受水流拖曳力作用沿河床滚动、滑动、跳跃或层移的泥沙
5666	推移质采样器	bed load sampler	采集推移质泥沙的仪器
5667	推移质输沙率	bed load discharge	单位时间内通过河渠某一断面的推移质质量
5668	退耕还林还草	return lands and farming for forestland and grassland	为防治水土流失，对坡耕地实施停止耕种，进行植树种草，恢复植被，控制水土流失的生产活动

续表

序号	术语名称	英文对应词	定义
5669	退洪口	flood fall outlet	蓄滞洪区围堤上人工设置的便于蓄滞洪运用后洪水退出蓄滞洪区的口门
5670	退水渠	escape canal	排泄灌溉渠道内剩余水量或入渠洪水的渠道
5671	退水闸	escape sluice	排泄水库或渠道内等多余水量的水闸
5672	驼峰堰	hump weir	堰面由不同半径的圆弧复合而成，用以控制流量的低溢流堰
5673	椭流形线型铅鱼	sounding weight of ellipse - like body of streamline	经优选几何参数用椭圆方程设计的流线型铅鱼
5674	椭圆形拱坝	elliptical arch dam	水平拱圈呈椭圆曲线形的拱坝
w 部			
5675	挖泥设备	dredging equipment	使泥土从水底剥离并提升的设备
5676	瓦斯保护	gas protection; buchholz protection	变压器内部故障时，其中的油分解产生大量气体，反应变压器内部气体和油流速度以及油压而动作的继电防御措施
5677	外标法	external standard	采用一组含有待测组分的标准系列作为标准，绘制校准曲线进行定量分析的方法
5678	外部故障	external fault	被保护对象在保护范围以外所发生的故障
5679	外观质量	quality of appearance	通过检查和必要的量测所反映的工程外表质量
5680	外观质量得分率	score percentage of presentation quality	单位工程外观质量实际得分占应得分数的百分率
5681	外加剂	additive	为改善混凝土的性能在拌制混凝土时掺进的化学制剂及工业副产品等少量物质
5682	外密封件		壳体与壳盖之间的止水件
5683	外排站	exterior drainage pumping station	将圩垸区内涝水提排至容泄区的排水站
5684	外伸梁	overhanging beam	从简支梁的一端或两端伸出支座以外的梁
5685	外套筒式锥形阀	conical calve cylinder jacket	通过执行机构驱动外套筒沿阀体外壁做轴向移动来实现阀门的开启或关闭的阀门
5686	弯道环流	circulating flow in bend	水流在弯道段内做曲线运动所产生的离心力，使表流指向凹岸，底流指向凸岸，在断面内形成封闭的横向环流。此环流与纵向水流结合在一起，形成顺主流方向呈螺旋形向前运动的水流
5687	弯扭屈曲	flexural and torsional buckling	材料由于同时发生弯曲和扭转变形而引起的屈曲
5688	弯曲屈曲	bending buckling	材料由弯曲变形引起的屈曲

续表

序号	术语名称	英文对应词	定义
5689	弯曲型河段	meandering reach	河槽由正反相间的弯曲段和介于其间的过渡段连接而成的平面呈蛇曲形的河段
5690	弯曲型河流	meandering river	由正反相间的弯曲段和介乎其间的过渡段连接而成的平面呈蛇曲形的河道
5691	弯肘形尾水管	elbow draft tube	带有弯曲肘部的尾水管。由直锥段、弯肘段和扩散段三部分组成
5692	弯肘形尾水管高度	depth of elbow - type draft tube	尾水管直锥段进口断面沿机组轴线方向至尾水管肘管底面的最大距离
5693	弯肘形尾水管长度	length of elbow - type draft tube	机组轴中心线与尾水管出口断面间的水平距离
5694	蜿蜒型河流	meandering river	由正反相间的弯曲段和介乎其间的过渡段连接而成的平面呈蛇曲形的河道
5695	完工验收	completed acceptance	建设单位对节水灌溉工程按施工合同约定的建设内容组织开展的工程验收
5696	完好率	eligibility rate	埋设满足设计要求、信号稳定、测值合理的仪器占所有安装仪器的比例
5697	完全贯入井	fully penetrating well	进水部分揭穿整个含水层的井
5698	完整井	perfect well	进水部分揭穿整个含水层的井
5699	完整孔	completely penetrating well	进水段完全穿透含水层的抽水孔
5700	万元GDP用水量	water abstraction per 10000 yuan GDP	一定时期一定区域内平均每产生一万元区内生产总值的取用水量
5701	万元工业增加值用水量	water abstraction per 10000 yuan industrial added value	一定时期一定区域内平均每产生一万元工业增加值的取用水量
5702	网格法	method of grid	建立不同的网格以转绘地图内容的作业方法
5703	网络变换	network transformation	由一种电力网络结构变换为另一种电力网络结构的工作
5704	网络计划技术	network planning techniques	研究网络图的一般规律和计算方法，用以解决工程设计、施工方案、工程进度以及资金优化等问题的技术
5705	网络进度	network schedule	用网络图表示的施工进度计划
5706	网络图	network diagram	一种以节点和箭线按一定逻辑关系和组织关系将有关项目连接起来用以表达所列各项之间的顺序关系的图形
5707	网式过滤器	screen filter	以筛网作为过滤介质的过滤器

续表

序号	术语名称	英文对应词	定义
5708	危险源辨识	hazard identification	危险源指可能导致伤害或疾病、财产损失、工作环境破坏或这些情况组合的根源或状态。危险源辨识指识别危险源的存在并确定其特性的过程
5709	危岩体	unstable rock	被多组不连续结构面切割分离，稳定性差，可能发生倾倒、坠落或滑塌等形式崩塌的地质体
5710	VC 值	vibrating compacted value	碾压混凝土拌和物在规定振动频率及振幅、规定表面压强，振至表面泛浆所需的时间（以 s 计）
5711	微波保护	microwave protection; microwave radios protection	利用电磁波（频率为 3000～30000MHz）在空间传送代表被保护线路两侧故障电流的相位或故障电流大小和相位而作用于跳闸的继电防御措施
5712	微波测距仪	microwave distance measuring instrument	以微波为载波的相位式精密测距仪器
5713	微波中断通信	microwave relay communication	利用 300～300000MHz 的电磁波（微波）传播信息的通信
5714	微波中继站	microwave relay station	微波中继终端站间的转发站
5715	微差爆破	milisecond delay blasting	利用毫秒延期雷管或继爆管控制多段或多排爆破作业并按预定程序引爆的爆破技术
5716	微分时间常数	derivative time constant	永态和暂态转速系数为零，在接力器刚刚反向运动的瞬时，转速偏差与加速度之比的负数
5717	微灌	microirrigation	通过管道系统与安装在末级管道上的灌水器，将水和作物生长所需的养分以较小的流量，均匀、准确地直接输送到作物根部附近土壤的一种灌水方法
5718	微灌管、带		制造过程中已在其上加工有孔眼或其他出流装置的整体管、带。管壁较厚卷盘后仍呈管状的为微灌管；管壁较薄卷盘后压扁呈带状的为微灌带
5719	微灌系统	microirrigation system	由水源、首部枢纽、输配水管道和微灌灌水器等组成的灌溉系统
5720	微灌系统首部	headwork of microirrigation system	从水源取水并使水质、水量、水压符合微灌系统设计要求的灌溉施肥设施和相应设备的总称
5721	微灌用移动式首部机组	movable head set for micro－irrigation	将过滤装置、施肥装置、水泵、柴油机等设备组合装配到可悬挂牵引的机架上，通过拖拉机（宜采用农用拖拉机）牵引至微灌系统的首部位置或微灌系统各灌水小区首端，作为微灌首部连接到系统中，并可在多个管网系统之间灵活移动
5722	微机保护	computer protection	由微型计算机芯片为主体所构成，将模拟信号通过采样变成数字信号并经过运算和逻辑判断，执行预定的功能的技术措施

续表

序号	术语名称	英文对应词	定义
5723	微机调速器	micro - computer based governor	以工业级微机为核心进行测量、变换与处理的电液调速器
5724	微喷带	spray tape	微灌系统中兼有输水和喷水功能的末级管（带）
5725	微喷灌	microspray irrigation	利用专门灌溉设备将有压水送到灌溉地块，通过安装在末级管道上的微喷头（流量不大于250L/h）进行喷洒灌溉的方法
5726	微喷头	minisprinkler	将有压水流（流量不大于250L/h）粉碎成细小水滴，实行喷洒灌溉的微小喷头
5727	微三角形法	exiguous triangle method	用角度前方交会在实地放样出待定点的点位后，在所组成的三角形中观测三个内角，经平差计算出该点的坐标，据此改正待定点位置的方法
5728	微咸水	slight saline water	矿化度为2～5g/L的水
5729	微咸水利用	utilization of brackish water	利用矿化度为1～3g/L的水为人类的生产、生活服务的技术和过程
5730	圩垸	polder	在低洼地区周围筑堤形成的与外水相隔离的封闭区域
5731	围垦	reclamation	在围涂的基础上，对所围区域进行开发利用的建设活动
5732	围涂	tidal zone enclosed	通过修筑海堤将滩涂围成封闭区域（围区）的建设活动
5733	围岩	surrounding rock	由于开挖，地下工程周围初始应力状态发生了变化的岩体
5734	围岩收敛	convergence of surrounding rock	地下洞室开挖后发生洞径缩小的现象
5735	围岩稳定分析	stability analiysis of surrounding rock	用力学原理对地下洞室周围岩石稳定性进行的定量分析
5736	围岩应力	surrounding rock stress，secondary stress	开挖地下洞室时发生重分布后的围岩中的应力，又称二次应力
5737	围堰	cofferdam	为创造施工条件，用以维护水工建筑物施工场地的临时挡水建筑物。用土料、砂砾料或石渣修建的围堰称为土石围堰，有时作为土石坝坝体的一部分
5738	帷幕灌浆	curtain grouting	用灌浆充填地基内的缝隙，形成阻水幕以降低作用在建筑物底部的渗透压力或减小渗流量的工程措施
5739	维修养护费	maintenance cost	维修养护水利工程设施所需的费用。包括日常维修、养护等费用
5740	尾部半径	tail radius	与臂架相对的起重机另一侧回转部分的最大半径
5741	尾水池	tailwater pool	厂房下游汇集尾水管出流的建筑物
5742	尾水管	draft tube	回收转轮出口水流的部分动能并将水流引向水电站下游的管形部件

续表

序号	术 语 名 称	英文对应词	定　　义
5743	尾水管层	draft tube floor; d-raft tube storey	装设立轴水轮发电机组的厂房中位于尾水管顶端高程以下到底板高程以上的空间
5744	尾水管隔墩	dividing pier of d-raft tube	根据水工结构要求设置在尾水管水平扩散段内的支墩
5745	尾水管里衬	draft tube liner	敷设在尾水管过流表面上，用以保护尾水管混凝土免受破坏的金属里衬
5746	尾水平台	tailrace platform	建在主厂房下游侧，装设尾水闸门启闭机械的工作桥
5747	尾水渠	tailwater canal	从尾水池通往下游河道的泄水建筑物
5748	尾水位	tailwater level	水电站尾水出口断面的水面高程
5749	尾水闸门	tailwater gate	位于水轮机尾水管出口处的闸门
5750	委托人	consignor	承担工程建设项目直接建设管理责任，委托勘测设计或监理业务的法人或其合法继承人
5751	卫星通信	satellite communic-ation	利用人造地球卫星作为中继站转发或反射无线电信号，在两个或多个地面站之间进行的通信
5752	卫星图像卫片	satellite photograph	人造地球卫星在运行过程中，通过传感器对地球表面地物进行摄影或扫描所获得的图像资料
5753	卫星像片	satellite photograph	人造地球卫星在运行过程中，通过传感器对地球表面地物进行摄影或扫描所获得的图像资料
5754	未冻含水率	unfrozen - water con-tent	在一定负温下，冻土中未冻水的质量与干土质量之比，以百分数表示
5755	位置水头	potential head	相对于基准面的测点高程，按该点的浑水密度折算的水柱高度
5756	位置信号	position signal	反映断路器、隔离开关等设备处于跳闸或合闸位置的显示
5757	温度	temperature	热力学温度（单位：K 或℃）
5758	温度常数	temperature const-ant	温度计的电阻值每变化 1 欧姆所对应的温度变化值
5759	温度场法	temperature field m-ethod	用温度传感器连续探测地下一定深处或钻孔中的垂向温度值，计算分析地下温度场，判断堤防及其基础中集中渗漏、管涌通道的方法
5760	温度控制	thermal control; t-emperature control	在大体积混凝土施工中，为防止混凝土由于水化热和外界温度影响产生裂缝的工程措施
5761	温度裂缝	thermal crack	混凝土块体由于温度变化，其变形受到约束引起的拉应力超过其抗拉强度导致混凝土开裂的现象
5762	温度梯度	temperature gradi-ent; thermal grdient	物体内部相邻等温线间的温差与其水平间距之比值

续表

序号	术语名称	英文对应词	定义
5763	温度信号器	temperature annunciator	用来监测机组发热部位（如发电机推力轴承和导轴承等）的温度，并当温升到达规定值时发出信号的检测器件
5764	温度修正系数	temperature correction coefficient	用于修正差动电阻式传感器的电阻比测值中因温度变化所引起的系统误差，按每1℃需修正的被测量计
5765	温和地区	mild region	最冷月平均气温高于−3℃的地区
5766	温控器	thermostat	一种动作温度可以是同定的或可调的热敏装置，通过自动接通或断开电路，保持器具部件的温度在某个范围之间
5767	温性草甸草原	temperate meadow steppe	温性草甸草原简称草甸草原，处于草原向森林的过渡地带。指温带半湿润气候区，以中旱生和广旱生多年生草本植物为主构成的一类植物群落
5768	温性典型草原	temperate typical grassland	温性典型草原简称典型草原。指温带半干旱气候区，以旱生、多年生、丛生禾草和蒿类、半灌木及根茎型禾草为主构成的一类植物群落
5769	温性荒漠草原	temperate arid grassland	温性荒漠草原简称荒漠草原，也称荒漠化草原，是草原向荒漠过渡的一个类型。指在温带干旱、半干旱气候区，以强旱生、多年生、丛生小禾草和强旱生小半灌木为主构成的一类植物群落
5770	文件见证	record point	审查设备制造单位提供的有关合同设备原材料、元器件、外购外协件、工艺文件、特殊工种操作人员的资质证书及设备制造过程中的检验、试验记录等证明文件资料，符合要求时予以签认
5771	文丘里施肥（药）器	venturi injector	利用文丘里原理将肥料（药）溶液加入灌水管道中的设备
5772	文丘里施肥器	venturi chemical injector	利用文丘里原理将肥料（药）液体吸入与主流混合后注入灌溉系统的装置
5773	稳定安全系数	safty coefficient of stability	滑动面上抗滑力（或力矩）与滑动力（或力矩）的比值
5774	稳定边坡	stable slope	未出现明显的变形、裂缝和其他失稳迹象，处于稳定状态的边坡
5775	稳定度	stability	在规定条件下，计量器具某些性能随时间保持不变的能力
5776	稳定干密度	steady dry density	相应于稳定含水率的干密度
5777	稳定含水率	steady moisture percentage	冲填坝体在土层自重压力作用下基本固结时的含水率
5778	稳定流抽水试验	steadyflow pumpingtest	抽水过程中，要求出水量和动水位同时出现相对稳定，并延续一定时间的抽水试验

续表

序号	术语名称	英文对应词	定义
5779	稳定温度场	stable temperture field	由于混凝土的热传导性能较差，在较长的工作状态下，其内部各点的温度分布趋于大致稳定的情况
5780	稳定性	stability	在规定工作条件下，仪器性能在规定时间内保持不变的能力
5781	稳态短路电流	steady state short circuit current	短路电流非周期分量衰减到零后，周期性分量停止变动时的短路电流值
5782	稳态短路电流	steady - state short - circuit current	暂态过程结束后的短路电流有效值
5783	涡流检测	eddy current testing	利用导电材料的电磁感应现象，通过测量感应量的变化进行无损检测的方法
5784	涡流式滴头	vortex emitter	以涡流方式消能的滴头
5785	蜗壳	spiral case; scroll case	无自由水面的蜗状引水室。有金属蜗壳和混凝土蜗壳两种构造型式
5786	蜗壳层	spiral casing floor; spiral casing storey	装设立轴水轮发电机组的厂房中位于水轮机层地板以下到尾水管顶端高程以上的空间
5787	卧管井	lying pipe well	由水平集水管及提水竖井组成的集水井
5788	卧管式进水口	inclined pipe inlet	斜置于土石坝上游坝坡或水库岸坡上的、在库水位变动范围内不同高程处设有控制闸门的管式取水建筑物
5789	卧轴水轮发电机	horizontal - shaft hydraulic generator	主轴水平布置的水轮发电机
5790	卧轴水轮机	horizontal shaft turbine	主轴水平布置的水轮机
5791	握持强力	grab breaking load	在试样宽度范围内试样局部被夹持的条件下进行拉伸过程中出现的最大拉力
5792	污泥处理	sludge treatment	污泥经浓缩、调治、脱水、稳定、干化或焚烧等单元工艺组合处理，实现“减量化、稳定化、无害化”的技术
5793	污染负荷	pollution load	在一定时段内，进入水体的污染物质总量
5794	污染负荷计算法	pollution load method	根据影响水功能区水质的陆域范围内入河排污口、污染源和经济社会状况计算污染物入河量确定水域纳污能力的方法
5795	污染物入河量	pollution load entering water body	直接或通过沟、渠、管道等设施进入河流、湖（库）的污染物数量
5796	污染项目	pollution item	现状水质类别评价中单项水质浓度值不满足设定标准限值要求的水质项目
5797	污染源调查	investigation of pollution source	根据控制水污染、改善水环境质量的要求，对某一地区造成水污染的原因进行的调查

续表

序号	术语名称	英文对应词	定义
5798	污水	sewage water	含有污染物的弃水
5799	污水处理	sewage treatment	为使污水得到净化，通过物理、化学或生物方法，回收或去除污水中的污染物的过程
5800	污水处理厂	sewage treatment plant	处理污染源排出的污水，使其达到排放标准要求或适应环境容量要求的场所
5801	污水处理量	sewage treatment amount	污水处理厂（或污水处理装置）实际处理的污水量，包括物理处理量、生物处理量和化学处理量
5802	污水处理再利用工程	waste-water treatment and reuse project	城镇或企业废污水处理厂处理后的污水再利用的工程设施
5803	污水二级处理	secondary treatment of sewage	采用沉淀和生物降解处理方法去除污水中有机污染物
5804	污水灌溉	sewage irrigation	利用经过处理的生活污水和工业废水进行灌溉的方法
5805	污水排放标准	sewage discharge standard	为保护与改善水环境，有效地控制构成污染源的污水排放量，由政府制定对人为排放污水中的污染物所作的限额规定。包括污水综合排放标准、行业污水排放标准、医疗机构水污染物排放标准、城镇污水处理厂污染物排放标准、畜禽养殖业污染物排放标准等
5806	污水排放量	quantity of sewage effluent	通过排污口排出的污水量，通常以每日或每年排出的数量表示
5807	污水深度处理	complete treatment of sewage	去除污水二级处理后仍含有的磷、氮和难以生物降解的有机物、矿物质、病原体等
5808	污水生物处理	biologic treatment of sewage	利用某些生物吸收与降解污染物的能力净化污水
5809	污水一级处理	primary treatment of sewage	去除污水中的漂浮物和部分悬浮状态的污染物，调节污水pH值，减轻污水的腐化程度和后续处理工艺的负荷
5810	污水再生利用	wastewater reclamation and reuse	污水经过处理，水质改善并按照用途达到规定标准后，重新使用
5811	污物	trash	在水电站、泵站上游水中漂浮、悬浮及附着在拦污栅上的杂物
5812	屋顶闸门	roof gate	利用水力自控启闭，两扇平面门叶各自绕其底部水平铰轴旋转，挡水时两门叶呈双坡屋顶式的闸门
5813	屋内配电装置	in-door switchgear installation	电气设备布置在户内的高压配电装置
5814	屋外配电装置	out-door switchgear installation	电气设备布置在户外的露天或半露天的高压配电装置
5815	无坝取水	undamed intake	在不设拦河建筑物的天然河道中取水的方式及工程设施

续表

序号	术语名称	英文对应词	定　　义
5816	无差调节	no - deviating regulation	水轮机组在调速器自动调节下，其转速与负荷的静特性具有转速不随负荷大小变化而改变的调节特性（永态差值系数 $b_p=0$）
5817	无纺土工织物	nonwoven geotextile	由短纤维或长丝按随机或定向排列制成的薄絮垫，经机械结合、热黏或化黏而成的织物
5818	无负荷试验	non - stress test	起重机取物装置上不加负荷时，开动各机构，试验其工作是否正常的技术检验方法
5819	无功补偿	reactive power compensation	在电力网和用户端设置电力系统所需的无功电源（调相机、并联电容器、静止补偿器等）
5820	无功功率控制	reactive power - voltage control	在保持系统频率稳定、全系统网损最小，并使网络电压维持在给定值的条件下对无功功率的调节控制
5821	无轨运输	trackless transportation	轮胎式或履带式等车辆可在道路上自由运行的运输方式
5822	无喉道量水槽	throatless flume	修建于渠道或明槽中水流断面缩窄的槽形建筑物，没有喉段，喉口底部可与渠底齐平或高出渠底的渠道量水设施
5823	无筋混凝土	non - reinforced concrete	不含钢筋等增强材料的纯混凝土
5824	无梁岔管	sheel type branch pipe	分岔处用多节锥管加强的岔管
5825	无黏结预应力锚杆	lrestressed rock anchors without bond	对杆体经过特殊处理，注浆后杆体可以自由滑动的预应力锚杆
5826	无砂混凝土	no - fines concrete	具有良好的渗水性能不含细骨料的少级配混凝土
5827	无时限电流速断保护	no - time - delay instantaneous current protection	动作电流通常按大于被保护元件末端发生三相短路整定，不带人为延时跳闸的继电防御措施
5828	无刷励磁系统	brushless excitation system	由同轴的交流励磁机通过旋转整流器直接提供励磁电流的励磁系统
5829	无损检测	nondestructive testing	对材料或工件实施一种不损害或不影响其未来使用性能或用途的检测手段。通过无损检测发现材料或工件内部和表面所存在的缺欠、测量工件的几何特征和尺寸、测定材料或工件的内部的性能和状态等
5830	无损探伤	non - destructive	在不损坏被检零部件的基础上用各种特定的专业方法探测零部件内部或表面所存在的缺陷的过程
5831	无线电频谱资源	radiofrequency spectrum resource	电磁频谱中频率在 3000GHz 以下空间传播的频段，是一种有限的、无消耗的自然资源

续表

序号	术语名称	英文对应词	定　　义
5832	无线通信	radio communication	利用无线电波在空间传送声音、文字、图像或其他信息的通信方式，分微波中继通信、散射通信、卫星通信
5833	无形价值	intngible value	工程项目经济分析中难以货币形式表示的价值。如健康损失、丧失生命、精神上的影响等
5834	无压式进水口	free - flow inlet	流道全程有自由水面，且水面以上净空与外界大气保持良好贯通的进水口
5835	无压隧洞	free - flow tunnel	洞内部分充水，水流具有自由表面的水工隧洞
5836	无岩芯钻进	coreless drilling	不采集岩土样的钻进
5837	无用层	unusable layer	不满足水利水电工程天然建筑材料质量要求的岩土层
5838	无源遥感	passive remote sensing	由传感器从远距离接收和记录目标物所反射的太阳辐射电磁波或物体自身发射的电磁波的遥感方法
5839	无黏结预应力锚索	unbonded prestressin tendon	锚索锁定灌浆后，自由段钢绞线与被锚固介质之间可以相对滑动的预应力锚索
5840	无黏性土	cohesionless soil	黏粒（粒径小于 0.005mm）含量（质量）不大于 3%、塑性指数不大于 3、颗粒间不具有黏结力的土
5841	武开江	ice breakup due to hydraulic and climatic effect	冰盖尚未解体前，由于气象和水力因素突变将冰盖鼓开，形成大量流冰的现象
5842	物镜分辨率	objective resoluing	能被显微镜清晰区分的两个物点的最小间距
5843	物理测距仪	electromagnetic wave distance measuring instrument	用电磁波（微波或光波）运载测距信号测量两点间距离的仪器
5844	物探	geophysical prospecting	利用地球物理的原理，根据各种岩石（土）之间的密度、磁性、电性、弹性、放射性等物理性质的差异，选用不同的物理方法和物探仪器，测量工程区的地球物理场的变化，以了解其水文地质和工程地质条件的勘探和测试方法
5845	误差	error	测量中某量的观测值与其真值之差
5846	误码率	probability of word error	错误接收字数占总传输字数的比值，或传输数据错误接收的概率值
5847	雾化程度	degree of mist	以喷头工作压力与喷嘴直径的比值表示的喷射水流的碎裂程度
5848	雾化程度指标	mist degree	以水滴平均直径或以喷头工作压力与喷嘴直径的比值表示的喷射水流的粉碎程度
x 部			
5849	吸出高度	static suction head	水轮机规定的空化基准面与尾水位的高程差。 注：吸出高度单位用 m 表示

续表

序号	术语名称	英文对应词	定义
5850	吸入高度	static suction of pump	第一级叶轮的基准面至泵吸入侧自由水面的高度 h_s，以水柱高度表示
5851	吸入管线	suction pipeline	从吸入口至泥浆泵的管道
5852	吸入效率	inlet efficiency	在混凝土泵出口测得的试验混凝土实际最大泵送量与理论泵送量的百分比
5853	吸水高度	static suction head	水泵第一级叶轮基准位置与其吸水面的高度差
5854	吸水率	percent sorption	岩石试件在大气压力下，吸入水的重量与岩石干重之比的百分率
5855	牺牲阳极	sacrificial anode	与被保护结构偶接形成电化学电池，靠着自身的溶解而提供阴极保护电流的金属或合金
5856	稀释沥青	cutback bitumen	将石油沥青溶于石油溶剂中制得的沥青液体，主要用于表面处治。常用的石油溶剂有煤油、汽油、柴油等
5857	系列比例尺地形图	systematic scale topographic map	根据国家颁布的测量规范、图式和比例尺系统测绘或编制的地形图
5858	系列插补	series interpolation	根据参证站资料推算设计站同期缺测部分资料的工作
5859	系列成图	systematic mapping	在某一指定的制图区域，根据各专业需要，利用遥感图像，按照一定的程序和统一的制图规范，编制一系列专题地图的作业
5860	系列代表性	series representation	样本统计特性接近总体统计特性的程度
5861	系列延长	series extension	根据参证站长系列资料将设计站短系列资料插补为长系列资料的推算工作
5862	系列一致性	series consistency	资料系列反映的水文现象的成因与影响因素相互一致的程度
5863	系统标称电压	nominal voltage of a system	用于标志或识别系统电压的给定值
5864	系统不确定度	systematic uncertvainty	与系统误差相伴的不确定度
5865	系统畅通率	ratio of system fluency	在一定时间内，中心站收到正确数据的遥测站数与向中心站发送数据的遥测站数的百分比
5866	系统的负序电抗	negative - sequence reactance of a system	从短路点看的负序系统电抗
5867	系统的零序电抗	zero - sequence reactance of a system	从短路点看的零序系统电抗
5868	系统的正序电抗	positive - sequence reactance of a system	从短路点看的正序系统电抗

续表

序号	术语名称	英文对应词	定义
5869	系统等值电抗	equivalent system reactance	一个水电厂出线端以外系统的所有元件电抗的组合电抗
5870	系统管理员	system administrator	承担数据中心系统管理职责的专业技术人员，有对数据中心所有资源进行管理操作的全部授权
5871	系统可靠性	system reliability	水文遥测系统在规定条件下和规定时间内完成规定功能的能力。对使用的设备常用平均无故障工作时间（MTBF）表示
5872	系统锚杆	system bolt	根据岩体稳定要求，在整个开挖面上按一定的间排距，有规律布置的锚杆
5873	系统稳定装置	power system stabilizer	当自动电压调节器（自动励磁调节器）响应极快时，为防止同步电机产生负阻尼现象，向自动电压调节器上附加电压偏差信号的装置
5874	系统误差	systematic error	在相同的观测条件下，对某量作一系列观测，其观测误差的大小和符号都保持不变，按一定的规律变化的误差
5875	系统振荡	power system oscillation; power system swing	电力系统中当出现扰动时，系统中各处电压、电流及所呈现的阻抗出现周期性剧烈波动的一种动态过程
5876	系统综合电抗	composite system reactance	一个水电厂出线端以外系统的所有元件电抗的组合电抗
5877	细胞液浓度	cell sap concentration	植物细胞液中含溶质的多少
5878	细度模数	fineness modulus	用筛分试验中各号筛的累计筛余百分率的总和除以100（扣除5mm筛上的筛余）来表示细骨料粗细程度的指标
5879	细骨料	fine aggregate	粒径小于5mm的混凝土骨料
5880	细碎	fine crushing	将石料破碎到其粒径在1～20mm范围内的作业
5881	瞎炮	misfire	在爆破作业中引爆药包而未能起爆的现象
5882	峡谷	gorge; canyon	横断面呈V形、谷地深邃、谷坡陡峭的山区河谷
5883	峡谷型水库	gorge type reservoir	用拦河坝横断河谷，拦截河川径流，抬高水位形成蓄集水的人工湖
5884	下垫面	underlying surface	与大气下层直接接触的地球表面，包括地形、地质、土壤和植被等，是影响气候的重要因素之一
5885	下基本调配线	lower critical guide curve	调度图上水电站按保证出力运行与降低出力运行区的分界线
5886	下降深度	load - lowering height	起重机运行（或固定）状态时，对应于一定的塔身高度、臂架组合、起升滑轮倍率，吊钩处于相应幅度的下极限位置处，吊钩中心至起重机轨面的最大垂直距离

续表

序号	术语名称	英文对应词	定　　义
5887	下降深度指示器	load - lowering height indicator	显示所悬吊的重物离上极限位置实际距离的指示装置
5888	下渗	infiltration	水透过地面进入土壤和岩石空隙
5889	下渗能力曲线	infiltration capacity curve	充分供水条件下，一定面积内土壤水分竖向运动的下渗强度随时间变化的曲线
5890	下渗强度	infiltration intensity	降水通过地表渗入土壤或地面以下的速率
5891	下渗曲线	infiltration curve	充分供水条件下，一定面积内土壤水分竖向运动的下渗强度随时间变化的曲线
5892	下游堆石区	downstream rockfill zone	位于坝体下游区，与主堆石区共同保持坝体稳定
5893	下游护坡	downstream slope protection	保护坝体下游坡面，用大块石堆、砌形成的块石护坡
5894	下游实测水头	downstream measured head	测流建筑物下游基本水尺水位减堰顶（闸底、槽底）高程
5895	下游总水头	downstream total head	下游实测水头和下游基本水尺处流速水头之和
5896	先期固结压力	pre - consolidation pressure	土在地质历史上曾受过的最大有效竖向压力
5897	先张法预应力混凝土结构	pretensioned prestressed concrete structure	在台座上张拉预应力钢筋后浇筑混凝土，并通过粘结力传递而建立预加应力的混凝土结构
5898	咸潮倒灌	intrusion of tidal saltwater	感潮河段在涨潮时发生的海水上溯现象
5899	咸淡水交替灌溉	alternative irrigation with saline water and fresh water	淡水资源紧缺时为保证作物生长和土壤持续利用，交替利用咸水和淡水进行的灌溉
5900	显示器	display unit	能将被测量值或其转换值以及有关信息通过指针、数字、声、光或屏幕等直接显示出来的器件
5901	显微密度计	micro densitometer	测量各种摄影底片、干版、相片密度（黑度）或彩色密度的仪器
5902	现场检查	observation in - situ	对水库大坝的安全进行的巡视检查、检测与探测
5903	现场见证	witness point	在现场对设备制造项目实施的监督，确认其程序、方法的有效性以及检测结果的可信性，并对该结果确认
5904	现场空白	field reagent blank	在采样现场，按水样采集的方法与步骤、采用相同的装置和试剂，用高纯水充满采样瓶，密封后随样品一起运回实验室，运送、保存及分析方法与水样一致

续表

序号	术语名称	英文对应词	定义
5905	现场平行样	field duplicates	同一时段、同一采样地点，在相同采样和保存条件下，采集平行双样送实验室，按照相同的分析步骤进行前处理和测定
5906	现场评审	assessment visit	对提出申请的质检机构是否符合认证准则进行现场验证所作的一种访问。 注：也称为现场访问
5907	现场十字板剪切仪	field vane shear apparatus	一种用十字形板头测量原状土体的抗剪强度的原位测试仪器
5908	现场试验	field experimentation	在实际使用场合，为验证仪器、装置、系统运行正确性而进行的试验
5909	现场验收	acceptance of practice on the site	对节水灌溉设备规格、型号、外观、数量和性能等在现场进行复查、确认的过程
5910	现地控制	local control	在被控对象近旁进行达到某种目的的行为
5911	现地控制单元级	local control unit	水电厂被控设备按单元划分后在现地建立的控制级
5912	现行价格	current price	社会上正在实行的各种商品的价格
5913	现浇混凝土	in – situ concrete	按设计要求，在工程的建筑部位就地浇筑的混凝土
5914	现状水平年	present situation level year	水土保持工程涉及项目区的自然、社会经济、水土保持等情况，以及工程设计相关背景数据或资料的调查统计年份
5915	限差	tolerance	测量工作中判定观测结果能否满足要求和是否存在粗差的误差界限。通常以中误差的 2 倍或 3 倍作为各种误差所能容许的范围
5916	限流电抗器	current – limiting reactor	在系统中作串联连接的电抗器，用以限制系统出现故障时的电流
5917	限时电流速断保护	time – delay overcurrent cut – off protection	动作电流通常按大于相邻被保护元件的动作电流整定，带有一定延时而跳闸的继电防御措施
5918	限位器	displacement restrictor	亦称工作位置限制器或行程限制器。当起重机相应的机构元件达到其设计极限位置时，能自行停止或限制起升、变幅、回转和行走等机构运转的装置
5919	限制出力线	lower critical guide curve	调度图上水电站按保证出力运行与降低出力运行区的分界线
5920	限制粒径	constrained diameter	粒径分布曲线上土粒累计质量百分数为 60% 的粒径，用 d60 表示
5921	线路充电容量	line charging capacity	输电线对地电容所产生的容性无功功率

续表

序号	术语名称	英文对应词	定义
5922	线路负荷矩	line load moment	线路有功功率与线路长度之乘积
5923	线路纵联差动保护	longitudinal differential protection	比较被保护线路两侧短路电流的大小和相位，不带人为延时跳闸的继电防御措施
5924	线损	line loss; power loss	电流通过电力网的线路和变压器所产生的有功损耗和无功损耗
5925	线型工程	line - type engineering	布局跨度较大、呈线状分布的水利水电工程，主要包括河道工程、输水工程、灌溉工程等
5926	线型开发建设项目	line - type engineering	布局跨度较大、呈线状分布的公路、铁路、管道、输电线路、渠道等开发建设项目
5927	线性潮流计算	linear load flow calculation	在母线有功功率等式的约束和线路输送有功功率不等式约束条件下，按总负荷矩最小或按线路投资最省计算有功功率潮流的一种简化潮流计算方法
5928	线性谐振过电压	linear resonant over -voltage	线性电感元件（不带铁芯或铁芯中有气隙的）和电容元件所引起的谐振过电压
5929	线性最优控制	linear optimal control	满足状态变量偏差与控制量两者同时最小的控制
5930	陷坑	chasm	堤顶、堤坡、戗台及坡脚附近，由于施工质量差，或内有隐患，在大雨、洪峰前后，或高水位情况下，经水浸泡，突然发生局部凹陷而形成的一种险情。又称“跌窝”
5931	陷落地震	collapse earthquake	岩层大规模崩塌或陷落引起的地震
5932	相差高频保护	carrier - current phase - differential protection	利用高压输电线载波信号，比较被保护线路两侧电流相位而作用于跳闸的继电防御措施
5933	相对高程	relative elevation	以假定高程基准为零点起算的地面点高度
5934	相对密度	relative density	无黏性土（如砂类土）最大孔隙比 e_{max} 与天然孔隙比 e_0 之差和最大孔隙比 e_{max} 与最小隙比 e_{min} 之差的比值，可反映无黏性土的紧密程度
5935	相对挠度	relative deflection	梁的最大挠度与其跨度之比值
5936	相对误差	relative error	绝对误差的绝对值与相应观测值之比值
5937	相复励调节	phase compounding regulation	其输出电压与同步发电机的电压、电流有关且随同步发电机的功率因数而变化的一种复励调节
5938	相继动作	sequential operation	被保护线路一端的继电保护先动作，断路器跳闸后，另一端继电保护才动作的过程
5939	相控阵超声波检测	phased array ultrasonic testing	利用电子系统控制换能器阵列中的各个阵元，按照一定的延迟时间规则发射和接收超声波，动态控制超声波束在工件中的偏转和聚焦来实现材料的一种超声波检测方法

续表

序号	术语名称	英文对应词	定义
5940	箱	box	内装较少电气元件的小型结构物
5941	镶嵌结构	interlocked structure	坚硬脆性岩体被比较发育的节理、断层切割成菱形、锥形结构体所组成的岩体结构形态
5942	向斜	syncline	岩层向下弯曲，侵蚀后核部岩层新，两翼岩层老且对称分布的褶曲构造
5943	项目	item	项目是电气图中用来表示基本件、组件、设备或系统（如电阻器、继电器、发电机、电源装置、开关装置、配电系统等）的一个图形符号
5944	项目安全管理	project safety management	对项目实施全过程的安全因素进行管理。包括制定安全方针和安全目标，对项目实施过程中与人、物、环境安全有关的因素进行策划和控制
5945	项目编码		采用十二位阿拉伯数字表示（由左至右计位）。一至九位为统一编码，其中，一、二位为水利工程顺序码，三、四位为专业工程顺序码，五、六位为分类工程顺序码，七、八、九位为分项工程顺序码，十至十二位为清单项目名称顺序码
5946	项目采购管理	project procurement management	对项目的勘察、设计、施工、资源供应、咨询服务等采购工作进行的计划、组织、指挥、协调和控制等活动
5947	项目成本管理	project cost management	为实现项目成本目标所进行的预测、计划、控制、核算、分析和考核等活动
5948	项目承包	project contracting	受发包人的委托，按照合同约定，对工程项目的策划、勘察、设计、采购、施工、试运行等实行全过程或分阶段承包的活动。简称承包
5949	项目承包人	project contractor	按合同中约定，被发包人接受的具有项目承包主体资格的当事人，以及取得该当事人资格的合法继承人。简称承包人
5950	项目发包人	project employer	按招标文件或合同约定，具有项目发包主体资格和支付合同价款能力的当事人，以及取得该当事人资格的合法继承人。简称发包人
5951	项目分包	subcontract	项目承包人根据工程总承包合同的约定，将总承包项目中的部分工程或服务发包给具有相应资格当事人的活动。简称分包
5952	项目风险管理	project risk management	对项目的风险所进行的识别、评估、响应和控制等活动
5953	项目管理体系	project management system	为实现项目目标，保证项目管理质量而建立的，由项目管理各要素组成的有机整体。通常包括组织机构、职责、资源、程序和方法。项目管理体系应形成文件

续表

序号	术 语 名 称	英文对应词	定　　义
5954	项目合同	contract	合同双方当事人为完成约定的建设工程项目，明确相互权利、义务关系而订立的各类合同
5955	项目合同管理	contract administration	对项目合同的订立、履行、变更、终止、违约、索赔、争议处理等进行的管理
5956	项目建设区	construction area	开发建设项目建设征地、占地、使用及管辖的地域
5957	项目进度管理	project schedule managemen	采用科学的方法确定项目进度目标，编制进度计划和资源供应计划，在与质量、费用目标协调的基础上，进行进度控制
5958	项目进度控制	project schedule control	根据进度计划，对进度及其偏差进行测量、分析和预测，必要时采取纠正措施或进行进度计划变更的管理
5959	项目区	project implement area	水土保持工程建设实施的区域，一般由多个小流域或片区组成
5960	项目信息管理	project information management	对项目信息进行的收集、整理、分析、处置、储存和使用等活动
5961	项目验收	project acceptance	根据相关项目管理办法要求，对项目建设情况进行全面评价，由项目验收主持单位组织的验收
5962	项目职业健康管理	project occupational health management	对项目实施全过程的职业健康因素进行管理。包括制定职业健康方针和目标，对项目的职业健康进行策划、管理和控制
5963	相点	pixel	在数字化的图像中，每个数字值所代表的地面面积，它是组成图像的最小单位
5964	相片比例尺	photographic scale	像片上某一线段长度与地面相应长度之比值
5965	相片纠正	photo rectification	根据透视原理消除航空像片倾斜等所引起的像点位移并制成一定比例尺的像片平面图的方法
5966	相片控制点	photo control point	为航空测量内业加密或测图需要而实地测定地面坐标的控制点
5967	相片判读	photograph interpretation	根据相片上影像的形状、色调、大小、阴影和相互关系等特征判定实地物体的工作
5968	相片判释	photograph interpretation	根据相片上影像的形状、色调、大小、阴影和相互关系等特征判定实地物体的工作
5969	相片平面图	photographic plan	用纠正相片按图幅镶嵌成的平面图
5970	相片调绘	photograph identification	利用相片进行判读后，到实地调查和补测，并按规定的图式符号将地物、地貌要素和名称注记绘注在相片上等工作的总称
5971	相元	pixel	在数字化的图像中，每个数字值所代表的地面面积，它是组成图像的最小单位

续表

序号	术 语 名 称	英文对应词	定 义
5972	橡胶坝	rubber dam	向锚固于底板上的坝袋内充水（气）形成的坝
5973	橡皮土	rubbery clay	含水量过多的黏土，经过碾压后因土中的孔隙水不能排出形成弹塑状土层的现象
5974	橡塑复合止水	compound waterseal of rubber and plastic	将聚四氟乙烯贴合或喷涂在普通止水橡皮密封面上而形成的封水装置
5975	消弧线圈	arc – suppression c-oil	接在不接地系统的中性点与地之间的单相电抗器，用以补偿单项接地故障时对地电容电流
5976	消浪措施	wave absorbing str-uctures	利用工程或植物消减波浪能量的措施
5977	消力池	stilling basin	建在水闸或泄水建筑物下游有护坦及边墙保护的水跃消能设施
5978	消力墩	baffle block; baffle pier	水跃消能池中用以提高消能效率的墩形辅助消能结构物
5979	消力戽	energy dissipating bucket	建在水闸或泄水建筑物下游进行水下挑流的戽斗形消能设施
5980	消力槛	baffle sill	建在水闸或泄水建筑物下游护坦末端，对水跃消能起辅助作用的连续坎或齿形坎
5981	小班	sublot	土地利用调查、水土流失调查、水土保持调查及规划设计时，具有基本相同属性的最小制图单元
5982	小浮标	small float	在流速仪无法施测的浅水中测量水流速度的小型浮标
5983	小角度法	minor angle method	利用精密经纬仪精确测出基准端点到位移标点间所夹的微小角度，以计算标点偏离值的方法
5984	小接地电流系统	little earth current system	中性点不接地或经高阻抗接地或谐振接地的系统。通常本系统的零序电抗与正序电抗的比值大于3，零序电阻与正序电阻的比值大于1
5985	小接地电流系统接地保护	earthing fault protection of system with insulated neutral point	反应中性点不接地或经消弧线圈接地的电力网单相接地故障的继电防御措施
5986	小接地短路电流系统	low short circuit current earthing system	高压系统中，单相或异点两相接地时，入地电流为500A及以下的系统
5987	小流域	small watershed	面积小于50km²的集水单元
5988	小流域产流模型	hydrological model of small watershed	模拟小流域在一定降雨条件、不同下垫面状况下的径流过程，预测人类活动对径流影响的数学结构
5989	小流域经济	small watershed e-conomy	以小流域为单元，在规模化、集约化水土保持综合治理开发基础上发展起来的产业化、商品化农业生产模式

续表

序号	术语名称	英文对应词	定　义
5990	小流域人工湿地	artificial wetland in small watershed	配置于生态清洁小流域中，以净化污水、改善水质及水体景观为目的，由人工建造和控制运行的湿地
5991	小流域综合治理	comprehensive management of small watershed	以小流域为单元，在全面规划基础上，预防、治理和开发相结合，合理安排农、林、牧等各业用地，因地制宜地布设水土保持措施，实施水土保持工程措施、植物措施和耕作措施的合理配置，实现从坡面到沟道、从上游到下游的全面防治，在流域内形成完整、有效的水土流失综合防护体系的水土流失防治活动
5992	小流域综合治理初步设计	preliminary desgin for small watershed management	以小流域为单元，根据其综合规划要求，对林草措施和小型水土保持工程措施做出配置与典型设计，对单项工程做出初步设计，并做出投资概算、施工组织和工程管理等方面的设计
5993	小流域综合治理规划	planning of small watershed comprehensive management	以小流域为单元，依据水土流失规律和社会经济发展要求，合理调整土地利用结构和农村产业结构，科学配置各项水土流失治理措施，形成完整的小流域综合防治体系的具体部署和实施安排
5994	小水电	small hydropower stations	装机容量 50MW 及以下的水电站
5995	小水电代燃料	substituting small hydropower for fuel	建设小水电站，为农村居民提供廉价电力，替代薪柴、煤炭、秸秆等生活燃料，改善农村居民生产生活条件，保护森林植被，改善生态环境
5996	小水电代燃料项目	project of small hydropower substituting for fuel	通过小水电建设和电力设施改造，为代燃料户提供生活用电量，取代居民生活燃料，使森林植被得到有效保护的非营利性公益工程
5997	小水电电网	small hydropower grid	以小水电供电为主的地方电网
5998	小型供水工程	small - scale water supply project	农村日供水在 $1000m^3$ 及以下或供水人口在 1 万人以下的工程
5999	小型灌溉饲草料地	miniature irrigated forage grass land	以户为单元，小型分散的灌溉饲草料地的统称
6000	小型灌区	small - sized irrigation scheme	设计灌溉面积在 $667hm^2$ 以下的灌区
6001	小型水轮机基本参数	parameters for small hydraulic turbines	反映水轮机性能和几何尺寸的特征值，主要包括：水头、流量、功率、转速、比转速、效率、转轮直径、空化系数等
6002	小循环	hydrologic cycle between ocean/land and atmosphere	发生于海洋与大气之间，或陆地与大气之间的水分交换过程

续表

序号	术 语 名 称	英文对应词	定 义
6003	效率不确定度	uncertainty of efficiency	效率测量的总相对不确定度，包括系统不确定度和随机不确定度
6004	效率测量值	measured value of efficiency	由各仪器读数平均、修正算出的各单项测定值计算求出的效率值
6005	效率试验	efficiency test	测定水力机械在各种运行工况下的输出（或输入）功率、流量、水头（或扬程），以求出其效率的试验
6006	效益费用比法	benefit - cost ratio method；benefit - cost ratio	用工程效益和费用的比值评价工程方案经济合理性的方法。建设项目以社会折现率计算的、在计算期内的全部效益现值与全部费用现值的比值
6007	效应测度	measure of effect	衡量胁迫因子对价终点性质影响程度的指标
6008	协联工况	on - cam operating condition	导叶和转轮叶片可以调节的轴流式或斜流式水轮机在导叶和叶片组合关系处于具有最优性能的运行工况，或水斗式、斜击式水轮机在投入运行的喷嘴数量与喷针行程具有最优性能的运行工况
6009	协联关系	combined relationship	在一定水头下转桨式水轮机的轮叶开度与导叶开度，或水斗式、斜击式水轮机在投入运行的喷嘴数量与喷针行程所遵循的对应关系
6010	协联装置	on - cam device；combination device	在双调节调速器中，能使轮叶（喷针）与导叶（折向器）间保持协联关系的装置
6011	胁迫因子	stress factor	河湖生态系统在长期演变过程中受到自然界和人类活动的双重干扰，这种干扰称为胁迫，引起干扰的因子称为胁迫因子
6012	斜层平推碾压法	inclined cncrete - spreading method	混凝土铺筑层面与浇筑块顶面和底面呈一定角度的碾压混凝土施工方法
6013	斜缝	inclined joint	混凝土坝分块浇筑时大致沿主应力轨迹线方向设置的施工缝
6014	斜击式水轮机	inclined - jet turbine；turgo turbine	转轮由若干呈单勺形结构的水斗构成，喷嘴轴线倾斜于水斗平面的冲击式水轮机
6015	斜架车	beaching wedged chassis	斜面升船机中用以运载船舶的设备，由楔形车架和承船厢（架）组成
6016	斜接柱	meeting post	人字闸门两扇门叶相互闭合支承处的边柱
6017	斜流式水轮机	deriaz turbine	水流倾斜于轴向进入转轮的反击式水轮机
6018	斜面升船机	inclined track ship lift	沿铺设在斜坡上的轨道，将装在斜架车上或船厢内的船只运送过坝的升船机
6019	斜坡式进水口	inclined intake	在水库的人工开挖山坡（或坝坡）上修建的、形似滑道且在轨道上设置闸门以控制水流的取水建筑物

续表

序号	术语名称	英文对应词	定义
6020	斜温层/温跃层	thermocline	在热分层水体中温度梯度（变化）最大的水层
6021	斜向谷	insequent valley	与岩层走向斜交发育的河谷
6022	斜轴水轮机	inclined shaft turbine	主轴与水平面夹角大于0°且小于90°布置的水轮机
6023	谐波电流制动比率差动保护	harmonic - current - restraint percentage - differential protection	利用变压器励磁涌流中的特征谐波（2次）及随外部短路电流大小成比例变化的关系作制动量，变压器内部故障时的总短路电流作动作量不带人为延时而跳闸的继电防御措施
6024	谐波分量	harmonic components	一个周期量的傅里叶级数中序数大于1的分量
6025	谐波励磁系统	harmonic excitation system	利用发电机定子槽内的附加谐波绕组产生3次谐波电势，经整流后供给电机转子绕组励磁电流的励磁系统
6026	谐振	resonance	振荡系统中所呈现出的自由振荡和强迫振荡的频率相同的一种现象
6027	谐振过电压	resonant over - voltage	因系统的电感、电容参数配合关系不当，在系统中某些部分（或元件中）所出现的持续时间长的过电压
6028	泄洪雾化参数	atomization parameter caused by flood release	表征由于泄水建筑物在泄洪过程中伴随产生的一种降水和雾化物理现象影响的参数，例如降雨强度、影响范围等
6029	泄洪闸门	flood gate; sluice gate	主要用于宣泄洪水而设置的闸门
6030	泄流渠	flood discharge channel	人工形成、具有较规则稳定断面的过流建筑物
6031	泄漏电流	leakage current	电气设备带电部件无绝缘损坏故障时流入大地的电流
6032	泄水工程进水口	intake of discharge project	以泄水为主要用途的进水口，包括泄洪孔（洞）进水口、排沙孔（洞）进水口、排漂孔（道）进水口、放空孔（洞）进水口和导流孔（洞）进水口等。此类进水口兼有排沙、排污、排冰等综合运用要求
6033	泄水建筑物	water release structure	宣泄多余水量或排放泥沙、冰凌等的水工建筑物
6034	泻溜	debris slide	陡坡上的土石体风化形成的碎屑在自重或其他外力作用下沿坡面滚动下移的现象
6035	卸荷变形	unloading deformation	地表岩土体由于天然地质作用或人类工程活动减载卸荷，内部应力调整而引起的变形

续表

序号	术 语 名 称	英文对应词	定 义
6036	卸荷模量	load - off modulus	在土的单向固结试验卸荷和再加荷的循环阶段中，相应于一定的荷载变幅内的应力变化与单位体积土体积变化之比值
6037	心墙	core wall	位于土石坝内中心部位，以防渗土料或其他低透水性材料建成的防渗体
6038	心滩	bela	中水时被淹没并与河床分离的浅滩
6039	新奥地利隧洞施工法	new Austrian tunneling method	由奥地利人首先采用的在爆破掘进中充分保护和发挥围岩的自承能力，借助现场量测围岩变形的反馈信息，适时用锚杆、喷混凝土或其他组合形式对围岩进行柔性支护，以实现围岩和支护的同步变形及共同承载的隧洞工程设计和施工的新技术。简称新奥法
6040	新构造运动	neotectonic movement	新第三纪以来所发生的地质构造运动
6041	薪炭林	fuel wood forest	以生产燃料为主要目的而培育和经营的人工林和天然林
6042	信号	signal	可用其一种或多种特征量的变化来表示信息的物理现象。信号的含义特指水文仪器中传感器与显示、记录或数传设备之间以及水文仪器与其他自动化系统设备之间相互传递的信息
6043	信号小母线	signal bus - bar	供给运行设备事故及故障信号回路电源的汇流线
6044	信息	information	岩土工程仪器测量或监测所得到的土工、大坝和岩石等岩土工程数据以及运行过程中的各种指令
6045	信息编码	information encoding	将事物或概念（编码对象）赋予有一定规律的、易于计算机和人识别与处理的符号
6046	信息管理站		安装大坝安全监测信息管理系统的场所，必要时可与监测中心站设置在一起
6047	星载遥感	satellite - borne sensing	在航天飞行器上利用各种遥感传感器对地球和太阳系其他天体进行探测的技术
6048	形象进度	graphic progress	用文字或图表反映各施工时段内工程完成的程度、部位或面貌，借以表明该工程的施工进度的一种指标形式
6049	形心主轴	principal axis of centroid	通过截面形心的惯性主轴
6050	行波保护	travelling - wave protection	比较被保护线路两侧故障电流、电压的第一个行波（不是反射波）波头正负极性或比较被保护线路两侧故障行波电流的方向而作用于跳闸的继电防御措施
6051	行程	The extent of hoisting space	启闭机在启、闭闸门和起吊、安放拦污栅时，启闭机吊点运动的距离。 注：对钢丝绳卷扬的启闭机行程，习惯上称为“扬程”。中高扬程是指启闭机扬程大于 30m

续表

序号	术语名称	英文对应词	定义
6052	行程限制器	extent limiter	启闭机达到设定行程时，能自动保护的安全装置
6053	行洪区	flood way district	平时不过水，当达到某一洪水位时可以泄洪的过水区
6054	行近河槽	approach channel	水流呈缓流状况，或弗汝德数小于 0.5，有足够顺直段长，适宜于测量要求的邻近测流建筑物或水工建筑物上游的一段河槽
6055	行喷	moving sprinkler irrigation	喷头位置边移动边喷洒的喷灌形式
6056	行政验收	governmental inspection and acceptance	由水土保持方案审批部门在水土保持设施建成后主持开展的水土保持设施验收是主体工程验收（含阶段验收）前的专项验收
6057	行走荷载	moving load	移动式启闭机移动时携带的自重以外的垂直荷载
6058	行走速度	moving velocity	移动式启闭机携带走行荷载移动时的速度
6059	行走支承	walk support	将闸门上的水压力传给闸墩，保证闸门运行的装置。支承型式根据工作条件、荷载和跨度可分为滚轮式、滑道式和链轮式等
6060	形状系数	shape factor	根据条形基础承载力的基本公式来确定复杂形状基底下的地基极限荷载值时，所需乘以的相应修正系数
6061	型式试验	model test	判定仪器（传感器）是否满足标准规定的全部要求所进行的试验
6062	型式数	dimensionless quantity	由下式定义的无因次量： $$K=\frac{2\pi n\ (Q')^{1/2}}{60\ (gH')^{3/4}}$$ 式中 K——型式数； Q'——进入每一吸入口的泵流量，m^3/s； H'——泵的单级扬程，m； n——泵的转速，r/min
6063	型式选择	type selection	按设计技术要求、选择原则、环境污染、气候条件和装设地点等选择电气设备的型式
6064	兴利库容	beneficial reservoir capacity	正常蓄水位至死水位之间的水库容积
6065	兴利水位	beneficial water level	水库在正常运用的情况下，为满足设计的兴利要求在供水期开始时应蓄到的最高水位
6066	杏仁状构造	amygdaloidal structure	岩浆岩中的气孔由次生矿物充填成像杏仁形状的构造
6067	胸墙	breast wall	设于闸孔或溢流孔的上方、支承于闸墩的用来挡水的墙式结构物

续表

序号	术语名称	英文对应词	定　义
6068	熊阱闸门	bear - trap gate	利用水力自控启闭，两扇平面门叶各自绕其底部水平铰轴旋转，挡水时两门叶呈双坡屋顶式的闸门
6069	休止角	angle of repose	无黏性土被堆填成堆，或沿斜坡抛撒达到静止状态时，其坡面与水平面间的最大夹角
6070	修复率	repairable rate	可修复元件在起始时刻直至时刻 t 故障的条件下，在时刻 t 以后单位时间内被修复的概率密度称为 t 时刻的修复率，记为 $\mu(t)$。当元件修复时间的分布为指数分布时，修复率为一常数，即可修复元件在单位时间内完成修复的次数，记为 μ
6071	修理	repair	当水工建筑物、地下洞室、边坡和设施等发生损坏、性能下降以致失效时，为使其恢复到原设计标准或使用功能所采取的各种修补、处理、加固等措施。修理可分为及时性维修、岁修、大修和抢修
6072	修坡	slope finishing	按工程技术要求修整开挖的或填筑的坡面的工作
6073	修整	finishing	当新浇混凝土表面的泌水被吸收或蒸发后所进行的抹平工作
6074	袖珍贯入仪	pocket penetrometer	由测头、测力装置、读数装置等部分组成，估测土的承载力，快速评价土层承载力的袖珍试验仪器
6075	虚流量	virtual discharge	用浮标法或其他简测法测得的流速与过水断面面积乘积求得的未加改正的流量
6076	虚土层	loose earth layer	土料填筑中铺土后未经碾压的土层
6077	需水量	water demandt	根据未来的发展水平、用水与节水水平，分析预测的，满足各用水户合理用水要求的水量
6078	需水模数	modulus of water requirement	作物各生育阶段的需水量与全生育期总需水量的比值
6079	需水预测	water demand forecast	对某个需水对象在规划水平年的水量需求的预先测定
6080	徐变	creep	在恒定的有效应力作用下，岩土变形（或应变）随时间缓慢变化的过程和现象
6081	徐变速率	creep rate	在恒定的有效应力作用下，岩土变形随时间变化的快慢程度
6082	絮凝	flocculation	水中的细颗粒泥沙在一定条件下结合成集合体的现象
6083	蓄电池	storage battery	将电能转换成化学能而储存起来的直流电源设备
6084	蓄电池充电	recharge of storage battery	蓄电池放电后，用直流电按与放电电流相反方向通向蓄电池，使其恢复工作能力的操作

续表

序号	术语名称	英文对应词	定　义
6085	蓄洪垦殖	flood storage and reclamation	利用沿湖泊或洼地修筑围堤及分洪闸形成的圩垸，大洪水时暂时蓄洪，洪水退后及小水年进行农业生产的一项水利措施
6086	蓄满产流	saturation excess runoffyield	降水补足土壤包气带缺水后所形成的径流
6087	蓄热法	method of heat accumulation	采用保温措施，利用原材料加热和水泥水化热的热量，以保证混凝土强度正常增长的施工方法
6088	蓄水保土效益	water detention and soil conservation benefits	实施水土保持措施后，在保水、保土、保肥以及改良土壤方面所获得的实际效果
6089	蓄水池	conservation pool	拦蓄地表径流及山泉溪水的小型蓄水设施，蓄水容量一般在 1000m^3 以下
6090	蓄水灌溉	water storage irrigation	用水库、塘堰等蓄水水源进行的灌溉
6091	蓄引水验收	acceptance before reservoir impoundment diversion	导流建筑物下闸封堵、水库等工程蓄引水前进行的工程验收
6092	蓄引提结合灌溉	combined irrigation by storage; diversion and pumping	联合运用蓄水、引水和提水工程进行的灌溉
6093	蓄引提结合灌溉系统	irrigation system composed of water storage; water conveyance and water lifting components	蓄水、引水及提水设施相结合起来的灌溉系统，俗称长藤结瓜式灌溉系统
6094	蓄滞（行）洪区	flood detention (diversion) area	为防御异常洪水，利用沿河湖泊、洼地或特别划定的地区，修筑围堤及附属建筑物蓄滞洪水的区域。行洪区是指天然河道及其两侧或两岸大堤之间不设工程控制，在洪水位超过设计分洪水位高程时，自然进水用以宣泄洪水的区域
6095	蓄滞洪区	flood detention area	包括分洪口在内的河堤背水面以外临时贮存洪水的低洼地区及湖泊等
6096	悬臂梁	cantilever beam	一端固定而另一端自由的梁
6097	悬臂模板	cantilever formwork	不需要设置内部或外部的撑杆，依靠在先浇混凝土中的预埋件和模板上的螺杆紧固来支承的模板
6098	悬臂式挡土墙	cantilever retaining wall	由底板及固定在底板上的悬臂式直墙构成的、主要依靠底板上的填土重量维持自身稳定的挡土墙

续表

序号	术语名称	英文对应词	定义
6099	悬冰	suspended ice cover	悬于水面以上的封冻冰盖
6100	悬浮物	suspened sediment	河流中通过水的紊动作用而保持悬浮状态，且不与河流底部接触的粒径在 0.45～63μm 范围内的颗粒状物质
6101	悬杆缆道	suspended rod cableway	用刚性悬杆悬吊测量仪器设备的水文缆道
6102	悬挂作业平台	suspending operation platform	可以吊运和搁支于构件外的、用于接送人员和物料等的悬挂型式的操作平台，通常采用构件制作
6103	悬河	elevated river	河床高出两岸地面的河流
6104	悬空高度	floor clearance	水泵或其进水管喇叭口下缘至进水池底的高度
6105	悬式发电机	suspended - type generator	推力轴承位于发电机转子上方的立轴发电机
6106	悬挑式操作平台	suspended operation platform	可以吊运和搁支楼层或脚手架外的、用于接送物料和转运模板等的悬挑型式的操作平台，通常采用构件制作
6107	悬挑式钢平台	suspended steel platform	布置于闸门井或孔口侧墙的、方便施工人员作业的悬挑型式的操作平台，通常采用型钢制作
6108	悬液	suspension	土粒与水的混合液
6109	悬移质	suspended load	受水流的紊动作用悬浮于水中并随水流移动的泥沙
6110	悬移质采样器	suspended load sampler	为测定悬移质含沙量及颗粒级配，采集河渠悬移质水样的仪器
6111	悬移质输沙率	suspended load discharge	单位时间内通过河渠某一断面的悬移质质量
6112	旋杯式流速仪	cup - type current meter	以旋杯作为转子的流速仪，其旋杯绕着竖轴转动，转速与周围水流的流速成单值对应关系
6113	旋桨式流速仪	propeller - type current meter	以旋桨作为转子的流速仪，其旋桨绕着水平轴转动，转速与周围水流的流速成单值对应关系
6114	旋流水砂分离器	centrifugal separator	利用旋流使水和砂粒分离的设备，也称离心过滤器
6115	旋喷桩	rotary churning pile；jet grouting pile	将带有喷嘴的注浆管下入钻孔内旋转，并以高压喷射水泥浆，使之与周围土颗粒混合凝结硬化而成的桩
6116	旋转方向	direction of rotation	从发电机端向水轮机端看，转轮的旋转方向
6117	旋转式锁定装置	rotating dog device	有可旋转撑爪的门叶锁定装置
6118	旋转试验	spin test	对转子式流速仪灵敏度的一种试验。试验时，用手或用气流吹动，使转子以最快的速度转动，然后观测转子是否均匀逐渐停下，以及停下过程的历时
6119	选线测量	selective electric measurement	对不需经常监视的电气量（如线路和定子电流、电压、转子电压等）或非电气量采取选择性测量以减少屏台上仪表数量的测量方式

续表

序号	术语名称	英文对应词	定　　义
6120	选线控制	selection control	控制开关与操作对象按照非“一对一”的选择步骤才完成的控制方式
6121	选择性	selectivity	系统或元件发生故障时，继电保护装置只将故障部分切除，保证非故障部分继续运行的性能
6122	削减断面	reduce section	工业废水或生活污水在水体内流经一定距离而达到最大程度混合，其污染状况明显减缓的断面
6123	削坡	slope cutting	按工程技术要求进行边坡开挖或切削坡面的工作
6124	雪量器	snow gauge	测量雪水当量的仪器，可以直接称雪的质量，也可以将雪融化后测量
6125	雪水当量	water equivalent of snow	雪融化后的水量，以深度计
6126	巡测	tour gauging	水文专业人员以巡回流动的方式定期或不定期地对一个地区或流域内各观测点的流量等水文要素所进行的观测作业
6127	巡测基地	tour gauging base	进行水文巡测、应急监测、水文信息接收、分析及处理等生产办公场所的总称
6128	巡回检测	cyclic checking - measuring; cyclic detection	利用电子计算机将被测对象的指定模拟量或数字量（电气量或非电气量），依次自动定时循环检查测量并打印记录实测数据，以及实现数据处理和越限（超过给定的上限和下限值）报警的过程
6129	巡视监理	patrol supervision	监理人员到现场对设备制造过程进行定期或不定期的监督活动
6130	巡视检验	inspection and examination	监理机构对所监理的工程项目进行定期或不定期的检查、监督和管理
6131	询标	bid inquiry	发包人先征询承包单位就发包项目的报价，当认为合理时再发出正式邀请招标通知书或进行合同谈判的一种招标方式
6132	循环索	loop cable	水文缆道系统中由岸上绞车控制，将仪器与行车沿断面水平和铅直方向移动及定位的活动钢索
6133	循环周期	cycle time	波涌灌一个完整循环过程的时间，为供水时间与间隔时间之和
6134	汛	seasonal flood	江河等水域的季节性或周期性的涨水现象
6135	汛期	flood season	江河、湖泊中每年出现洪水的时期
6136	汛期分期设计洪水	stage design flood in flood season	按不同洪水成因和洪水统计特性将汛期划分的不同时段相应的设计洪水
6137	汛期限制水位	limited level during flood season	水库在汛期允许兴利蓄水的上限水位，也是水库在汛期防洪运用时的起调水位

续表

序号	术语名称	英文对应词	定　义
6138	逊径	undersize	骨料筛分中，筛下某级骨料中夹带的小于该级骨料规定粒径范围下限的粒径
6139	殉爆距	flash - over tendency	炸药爆炸时能引起邻近的不相联系的炸药起爆的最大距离
y部			
6140	压差式施肥（药）罐	differential pressure tank	利用水的压差使肥料（药）与灌溉水混合，并将肥料（药）溶液注入灌水管道中的设备
6141	压差式施肥罐	pressure - differential chemical tank	利用压差原理将密封于肥料容器中的肥料（药）液体注入灌溉系统的装置
6142	压降		过滤器进出口之间的压力水头降低值
6143	压力表	pressure gauge；manometer；piezometer	测量容器或管道中流体压强的表计
6144	压力补偿灌水器	pressure compensating emitter	在一定压力范围内保持出水流量基本不变的灌水器
6145	压力传导系数	coefficient of pressure conductivity	承压含水层水头变化传递速度的参数
6146	压力分散型锚杆	pressured multiple - head anchor	锚固段沿锚杆体分散设置的预压力锚杆
6147	压力分散型锚索	pressured multiple - head tendon	在同一根锚索的锚固段中，采用若干组承载体将锚固段注浆体的压力分散的预应力锚索
6148	压力钢管	steel penstock	用于水电站、输水工程的钢制管道
6149	压力管道	penstock	从水库、前池或调压室引水至水轮机的承压输水管道
6150	压力罐式调速器	governor with pressure tank	由压力罐向水轮机控制系统供油的调速器
6151	压力滤油机	press filter	由滤床（包括滤板、滤框、滤纸和油盘）、齿轮油泵和安全阀等主要部件组成，用于透平油或绝缘油过滤处理，以清除其机械杂质和吸收少量水分的净油机械
6152	压力脉动	pressure beat	在选定时间间隔内液体压力相对于平均值的往复变化
6153	压力脉动峰—峰值	peak - peak value of pressure fluctuation	流道中某特定测点时域压力脉动最大值与最小值的代数差。量的符号：ΔH，单位为帕斯卡（Pa）
6154	压力脉动相对值	relative value of pressure fluctuation	流道中某特定测点时域压力脉动的峰-峰值与该测量水头之比。量的符号：$\Delta H/H$，%
6155	压力前池	fore bay；head tank	连接引水渠道与水轮机压力管道的贮水池及挡水、配水、泄水等建筑物
6156	压力—时间法	pressure - time method	在水轮机的导水机构均匀迅速关闭时，测量压力水管内水锤压力变化过程，从而求出导叶关闭前的水轮机流量的方法。可采用示波器或吉普逊仪记录水锤压力变化过程线

续表

序号	术语名称	英文对应词	定　义
6157	压力式地下水位计	pressure - type groundwater gauge	用于地下水位测量的压力式水位计
6158	压力式水位计	pressure - type stage recorder	利用敷设于最低水位以下的压力传感器，通过静水压力变化来测量水位的仪器
6159	压力水头	pressure head	以水柱高度表示的系统中任意点的压强
6160	压力调节器	pressure regulator	在上级管道压力上升时，能保持下级管道压力恒定的装置
6161	压力信号器	pressure annunciator	用来监测流体的压力并当压力到达规定值时发出信号的检测器件
6162	压力型锚杆	pressured anchor	对锚杆施加预应力时，锚固段注浆体处于受压状态的锚杆
6163	压力型锚索	pressured grout tendon	锚索受力时，锚固段注浆体处于受压状态的预应力锚索
6164	压力油罐	pressure oil tank	油压装置中充满一定压力的油与空气的容器
6165	压屈强度	compressive strength	排水带（板）的芯带在外力作用下抵抗压裂、倾倒破坏的能力
6166	压渗土料	soil for landside seepage berm	堤内坡脚一定宽度内，为防止渗透变形而修筑平台所用的土料
6167	压实	compacting	利用机具的挤压或振动、冲击作用，使土石料颗粒间的孔隙减小，以提高其密实度的施工作业
6168	压实度	degree of compaction	填土压实控制的干密度相应于试验室标准击实试验所得最大干密度的百分率
6169	压实方	compacted measure	填筑的土石料经压实后的量测体积
6170	压水试验	packer permeability test; hydraulic pressure test	将水压入钻孔，根据岩层的吸水量来确定岩体裂隙发育情况和透水性的一种试验工作
6171	压缩模量	compression modulus; oedometric modulus	由土样单向固结试验所求得的体积压缩系数之倒数
6172	压缩区	crushing zone	在无限介质中爆破时，在高温高压作用下，介质结构完全被破坏的区域
6173	压缩圈	crushing zone	在无限介质中爆破时，在高温高压作用下，介质结构完全被破坏的区域
6174	压缩系数	coefficient of compressibility	在 K_0 固结试验中，土试样的孔隙比减小量与有效压力增加量的比值，即 $e \sim p$ 压缩曲线上某压力段的割线斜率，以绝对值表示

续表

序号	术语名称	英文对应词	定义
6175	压缩指数	compression index	压缩试验所得土孔隙比与有效压力对数值关系曲线上直线段的斜率
6176	压咸补淡	preventing saline water intrusion and storing fresh water	对流域骨干水库的蓄水量进行统一调度，既要保障下游供水安全，又要充分考虑工程安全和电网安全，以解决滨海地区河口枯水期的供水安全并改善水生态环境而采取的措施
6177	压咸用水	water use for salinity control	入海河流有咸潮倒灌，为缩短咸潮入侵距离和降低咸度而加大河流下泄流量所增加的水量
6178	压盐用水	water use for salinization control	在土壤盐碱化程度较严重的农田，利用淡水灌溉使土壤冲洗脱盐所需要的水量
6179	压榨沙棘籽油	ressed seabuckthorn seed oil	以沙棘籽为原料，用压榨法加工制取的油
6180	垭口	col	山岭或山脊中相对低凹似马鞍状的部分
6181	淹灌	basin irrigation	灌溉水在格田中形成比较均匀的水层，以重力作用渗入土壤的灌水方法
6182	淹没比	submergence ratio	以堰顶为基准面计算的下游水头与上游水头之比
6183	淹没处理	compensation for reservoir inundation	对兴建工程产生的淹没影响和损失，采取合理的经济补偿与妥善安排。包括移民搬迁、城（集）镇迁建、工业企业迁建补偿、专业项目恢复改建等
6184	淹没度	submergence level	堰（或槽）下游实测水头与上游实测水头（或上游总水头）之比
6185	淹没界限	submergence critical limitation	开始淹没时所相应的下游实测水头与上游总水头之比值，即为自由堰流与淹没堰流的界限，亦称淹没临界值、初始淹没点、临界淹没点
6186	淹没流	submerged flow	受测流建筑物下游水位影响的水流
6187	淹没系数	submergence coefficient	淹没流流量与上游水头相同的自由流流量的比值
6188	淹水深度	submergence	水泵的水平进、出水管口上缘淹没于水面以下的深度
6189	延缓时间	cushioning time	接力器由规定位置开始以延缓速度至全关闭位置所经历的时间
6190	延期雷管	delay blasting cap	引爆后延缓一定时间起爆的雷管
6191	延伸率	percentage elongation	用拉力试验中试样被拉断后其标距所增加的长度和原标距的比率来衡量材料塑性的一种指标
6192	延时闭合的常开接点	normally - open contact with time delay on closure	继电器有预定激励时，带一定延时闭合，无激励时瞬时断开的触点组件

续表

序号	术语名称	英文对应词	定　　义
6193	延时闭合的动合触点	make contact with time delay on closure	继电器有预定激励时，带一定延时闭合，无激励时瞬时断开的触点组件
6194	延时型漏电保护器	time - delay leakage current protector	带分断延时功能的漏电保护器
6195	延长药包	prolongate explosive	长度与直径比大于 4 呈长柱体的炸药包
6196	严寒地区	extremely cold region	最冷月平均气温低于-10℃的地区
6197	严密平差	rigorous adjustment	对一个或多个未知量在多次观测的条件下，按最小二乘法原理处理观测成果的平差方法
6198	岩爆	rock burst	岩体中应变能集中释放，造成洞壁或基坑突发性岩片爆裂的现象
6199	岩层产状	attitude of rocks	岩层在地壳中的空间方位
6200	岩浆岩	magmatic rock，igneous rock	岩浆侵入地壳或喷出地表经冷却、凝固、结晶等过程而形成的岩石，又称火成岩
6201	岩脉	dike	呈脉状分布的侵入岩体
6202	岩溶	karst	可溶性岩石受水和二氧化碳溶蚀、侵蚀形成的各种地质现象和地貌形态的总称，又称喀斯特
6203	岩溶表层带	epikarst zone	碳酸盐岩基岩与上覆土层交界面以下一定厚度（5～30m）内的岩溶及裂隙强烈发育带
6204	岩溶表层泉	epikarst spring	受岩溶表层带补给的泉水
6205	岩溶处理	karst treatment	为提高岩溶发育的岩基的整体性和防止沿岩溶通道的渗漏，对岩溶形成的各种地质缺陷采取的工程处理措施
6206	岩溶水	karst water	储存和运动于可溶岩溶隙、溶穴中的地下水
6207	岩塞爆破	rock - plug blasting	在水库或天然湖泊水位以下修建隧洞进水口时，将隧洞进水口处预留的岩体一次炸除形成进水口的爆破技术
6208	岩石变形测试仪	rock deformation test apparatus	由加荷设备和量测设备组成，测定岩石（岩样）变形性能的专用设备
6209	岩石单轴抗拉强度	uniaxial tensile strength of rock	岩石试件在单向拉伸条件下达到破坏时单位面积上所承受的荷载
6210	岩石单轴抗压强度	uniaxial compression strength of rock	岩石试件在单轴压力作用下达到破坏时单位面积上所承受的荷载
6211	岩石弹性模量	elastic modulus of rock	岩石试件在轴向应力作用下，轴向应力与相对应的轴向弹性应变的比值
6212	岩石的变形模量	deformation modulus of rock	岩石试样在无侧限条件下轴向压应力与全应变之比值（包括弹性变形和塑性变形）

续表

序号	术语名称	英文对应词	定义
6213	岩石的脆性指数	brittleness index of rock	岩石的抗压强度与岩石的抗拉强度之比值
6214	岩石的抗冻性系数	coefficient of frost - resisting property	岩石经冻融试验后其抗压强度的下降值与冻融前抗压强度的比值
6215	岩石风化程度系数	weathering index of rock	风化岩石单轴干抗压强度与新鲜岩石单轴干抗压强度之比值
6216	岩石工程	rock engineering	以岩体为工程建筑物地基或环境，并对其进行开挖或加固的工程，主要包括岩石地下工程、岩石边坡工程和岩石地基工程
6217	岩石可钻性	rock drillability	岩石被碎岩工具钻碎的难易程度
6218	岩石孔隙率	porosity of rock	岩石试件内各种裂隙、孔隙体积与总体积之比的百分率
6219	岩石声发射	acoustic emission of rock	岩石破裂时以脉冲波形式释放应变能的现象
6220	岩石完整性系数	integrity index of rock	岩体的弹性纵波速度和组成该岩体的完整岩块的弹性纵波速度比值的平方
6221	岩石原位直剪试验	in - situ direct test of rock	在试坑中切出四面和顶面临空、底面处于原位的岩体，在垂直方向加压，水平方向逐级增大剪切力使其破坏，以测定岩体或其沿某软弱面的抗剪强度的原位试验
6222	岩石直剪仪	rock direct shear test apparatus	由法向和剪切向加荷系统组成，测定岩石（岩样）抗剪强度的专用设备
6223	岩石质量指标	rock quality designation	用直径为75mm的金刚石钻头和双层岩芯管在岩石中钻进，连续取芯，回次钻进所取岩芯中，长度大于10cm的岩芯段长度之和与该回次进尺的比值，是表征岩体的节理、裂隙等发育程度的指标，以百分数表示
6224	岩体	rock mass	赋存于一定地质环境，含不连续结构面且具有一定工程地质特征的岩石综合体
6225	岩体初始应力	initial stress of rock mass	岩体在天然状态下所具有的内应力
6226	岩体风化	weathering of rock mass	地表岩体在太阳辐射、温度变化、水（冰）、气体、生物等因素的综合作用下，组织结构、矿物化学成分和物理性状等发生变化的过程和现象
6227	岩体工程地质分类	engineering geological classification of rock mass	按照岩体的物理力学性质和结构特征划分岩体工程地质条件的标准
6228	岩体基本质量	basic quality of rock mass	岩体所固有的，由岩石坚硬程度和岩石完整程度所决定的影响工程岩体稳定性的最基本属性

续表

序号	术语名称	英文对应词	定　　义
6229	岩体体积节理数	volumetric joint count of rock mass	每立方米岩体体积内的结构面数目
6230	岩体完整性指数	intactness index of rock mass	岩体弹性纵波速度与岩石弹性纵波速度之比的平方
6231	岩体应力重分布	stress redistribution	岩体开挖后受开挖影响一定范围内岩体初始应力状态发生变化的现象
6232	岩体中的静压力假设	hydrostatic pressure hypothesis	假定岩体深部的应力状态符合于静水压力的学说
6233	岩土比重	specific gravity	岩土在 100～105℃温度下烘干至恒重时的重量与 4℃时同体积蒸馏水的重量之比值
6234	岩土体的电阻率	electric resistivity of rock of soil	截面为 $1m^2$、长度为 1m 的岩土体所具有的电阻
6235	岩芯采取率	core recovery	钻探中每个回次取得的岩芯长度与该回次钻探进尺的比值，以百分数表示。岩芯长度包括比较完整的岩芯和破碎的碎块、碎屑
6236	岩芯钻进	core drilling	以采取圆柱状岩（矿）芯为目的的钻进过程
6237	沿程冲刷	frictional erosion; progressive erosion	因上游来水来沙与本河段不适应使本河段挟沙水流处于次饱和（超饱和）状态所产生的从上游往下游发展的冲刷（淤积）
6238	沿程水头损失	frictional head loss	单位重量的水体流动时由于边壁表面阻力在流程中所引起的水头损失
6239	沿程淤积	progressive deposition	因上游来水来沙与本河段不适应使本河段挟沙水流处于次饱和（超饱和）状态所产生的从上游往下游发展的冲刷（淤积）
6240	盐度	salinity	水中溶解性盐类物质的含量程度
6241	盐碱地	saline - alkali land	土壤中含有较多可溶性盐分，不利于作物正常生长的土地
6242	盐碱地冲洗改良	amelioration of saline and alkali land by leaching	通过田面灌水将土壤中的盐分淋洗后排走或随灌溉水下渗将盐分带至土壤深层的盐碱地改良措施
6243	盐碱化	soil salinization	土壤中可溶性盐分不断向土壤表层积聚形成盐碱土的过程
6244	盐碱化草地	salinized meadow	草地地下水位过高，使盐碱成分逐步在草地表层积累，演化为以耐盐植物为主，间或有盐碱斑的草地
6245	盐水浓度法	salt solution method; salt dilution method	将一定浓度的含盐溶液等速注入水流，经充分混合后，测量其稀释倍数来确定水流流量的方法

续表

序号	术语名称	英文对应词	定义
6246	盐水速度法	salt velocity method	在管道的上游断面注入一定浓度的盐水，通过安装在下游断面的电极测量盐水通过该两断面的时间，从而求出水流流量的方法
6247	盐水楔	saline wedge	海水侵入河口，形成交界面清晰、形态稳定的盐水楔形体
6248	盐渍土	saline soil	土中易溶盐含量较高，并具有溶陷、盐胀、腐蚀等工程特性的土
6249	衍射峰	diffraction peak	在满足布拉格定律的角度上探测仪器接收到的衍射强度极大值，形象地称作衍射峰
6250	衍射晶面	diffraction crystallographic plane	满足布拉格定律产生衍射峰的晶面
6251	衍射晶面方位角	angle between normal line of test piece and normal line of crystallographic plane	衍射晶面法线与试样表面法线的夹角
6252	验收	acceptance	根据相关法律法规、技术标准、设计和合同约定，对项目开发（建设）的全部或部分内容及开发（建设）过程是否达到要求的检验和认定
6253	堰顶高度	height of weir	上游河床至堰顶的高度，简称堰高
6254	堰顶水头	head of weir crest	堰顶溢流时，堰上游水面未发生降落处的水位与堰体上缘最低点高程之差
6255	堰塞湖	imprisoned lake	河流被外来物质堵塞而形成的湖泊。常由山崩、地震、滑坡、泥石流、火山喷发的熔岩流和流动沙丘等造成
6256	堰塞体	landslide dam	具备一定挡水能力的堵塞河道的堆积体
6257	扬压力	uplift pressure	地基中渗透水流作用于基底或计算截面上向上的等于浮托力和渗流压力之和的水压力
6258	羊单位	sheep unit	以满足一只成年羊一年的饲草料需要量来表示草地载畜能力的一种量度单位，也称“绵羊单位”
6259	养护	maintenance	为了保证水工建筑物、地下洞室、边坡和设施等正常使用而进行的保养和防护措施。养护分为经常性养护、定期养护和专门性养护
6260	样本	sample	从总体中随机抽取一组观测值，这组观测值就是这个总体中一个样本
6261	腰荷	median load	日负荷图中介于最小负荷水平线与平均负荷水平线之间的负荷

续表

序号	术语名称	英文对应词	定义
6262	摇摆镜头	variomat	能在不影响摄影底片上图形大小的情况下，使线条或符合按比例改变粗细的一种光学投影工具
6263	遥测	telemetry	以有线或无线等通信方式将现场的水文要素自动观测值传送至一定距离以外的数据接收中心（设备）的作业
6264	遥测水位计	telemetering stage recorder	远距离测量水位变化并进行自动记录的水位计
6265	遥测雨量计	telemetering rainfall recorder	能自动测量遥测记录远处降水量的仪器
6266	遥测站	telemetry station	能实施远方数据采集和发送的水文测站
6267	遥测站网	telemetric network	系统中遥测站、中继站、集合转发站、中心站的组合
6268	遥测终端机	telemetryterminal meter	能自动完成水文数据的采集、暂存、编码及传输控制，并通过传输信道，自动完成数据传输的仪器
6269	遥测装置	telemetry unit	对水文要素进行远距离测量，以实现预定功能的设备
6270	遥感	remote sensing	不接触物体本身，用传感器接收来自物体辐射或反射的电磁波信息，经数据处理及分析后，揭示被识别物体的性质、形状、几何尺寸和相互关系及其变化规律等方面信息的探测技术
6271	遥感平台	remote sensing platform	能装载各种遥感仪器并从一定的高度或距离对地面进行探测的装置
6272	遥感器	remote sensor	接收电磁波辐射或反射信息和获取图像的仪器
6273	遥感台	remote sensing platform	能装载各种遥感仪器并从一定的高度或距离对地面进行探测的装置
6274	遥感图像	remote sensing image	以图像方式记录的遥感信息
6275	遥感信息	remote sensing information	用遥感技术所获取的被测体的辐射或反射的电磁波的资料
6276	遥感影像	remote sensing image	以图像方式记录的遥感信息
6277	遥感装置	remote sensor	接收电磁波辐射或反射信息和获取图像的仪器
6278	遥控	telecontrol；remote control	对远程目标（控制对象）通过远动装置进行操作的方法
6279	遥调	tel - eadjustment；remote regulation	对远程对象进行调节和整定的措施
6280	遥信	telesignalisation	将远程目标的工况和信息传递给调度端的措施

续表

序号	术语名称	英文对应词	定义
6281	药包	charge; cartridge; explosive	按爆破要求包装，为装入炮孔或洞室里准备爆破的炸药的统称
6282	药包临界直径	critical diameter of cartridge	保证药包不产生不稳定爆炸的药包最小直径
6283	业务过程图	business process graph	行为单元进行的业务活动步骤之间的组成关系图
6284	业务行为图	business behavior graph	给定业务活动步骤中业务操作的条件、顺序及其与相关资源和信息间的关系图
6285	业务数据主管部门	department of affair data management	各级水行政主管部门或其所属单位中承担某类水利数据采集、传输、处理和管理等职能的机构
6286	业务应用与服务系统	profession applications and service system	用于满足各类水文业务应用与服务的信息系统
6287	业务组成图	business composition graph	单位业务在不同处理层级的相互关系图
6288	业务组件	business component	全部或部分实现一项水利业务功能的软件单元
6289	叶轮	impeller	叶片泵中实现旋转件机械能转换为水体机械能的转动部件
6290	叶轮式喷头	turbine sprinkler	依靠喷嘴出口水压力冲击叶轮高速旋转，并通过连杆和变速装置带动喷体旋转的喷头
6291	叶面积指数	leaf area index	农田一定面积上作物绿色叶片一侧面积之和与该农田面积的比值，又称叶面积系数
6292	叶片泵	pump	传给流体能量并用以输送流体的具有叶片的旋转式水力机械
6293	叶型空化	profile cavitation	水流绕经转轮叶片时，由于局部压力降低而发生的空化
6294	夜间施工增加费	additional cost for night work	根据设计和施工的技术要求，必须在夜间施工时所需增加的照明设施等施工费用
6295	液化势	liquefaction potential	土体发生液化的潜在可能性
6296	液介式超声波水位计	liquid medium ultrasonic stage gauge	以液体为声波传播介质的超声波水位计
6297	液体静力水准仪	hydraulic overflow static level	通过测量连通容器内液体的液面高度，来测定测点之间的相对高程变化的仪器
6298	液位信号器	liquid level annunciator	用来监测液体表面位置（如轴承油位、集水井水位等），并当液位到达规定值时发出信号的检测器件
6299	液限	liquid limit	土由流塑状态转变为可塑状态时的界限含水量

续表

序号	术语名称	英文对应词	定　　义
6300	液限仪	liquid limit test apparatus	测定黏性土的液限的仪器
6301	液性指数	liquidity index	天然含水率和塑限之差与塑性指数的比值（去除百分号）
6302	液压泵	hydraulic pump	为液压缸提供液压能的装置
6303	液压缸	hydraulic cylinder	输出力和活塞有效面积及其两边的压差成正比的直线运动式执行元件
6304	液压活塞式混凝土泵	hydraulic driven piston concrete pump	以液压传动作为动力的传动方式，依靠活塞式混凝土缸完成连续水平和垂直输送混凝土的施工设备。型式有固定机座上的固定式混凝土泵和安装在可以拖行的底盘上的拖式混凝土泵两种
6305	液压启闭机	hydraulic hoist	通过油压系统中油的压力来启闭闸门的机械
6306	液压式沉降仪	hydraulic settlement gauge	通过测头内压力传感器测得的液体压力变化计算测点沉降量的沉降仪
6307	液压自动挂脱梁	automatic hydraulic hang - off beam	利用电动机—油泵将压力油压向销轴，将销轴推入轴孔或推出轴孔的自动挂脱梁
6308	一般项目	general item	除主控项目以外的检验项目
6309	一次电流	primary current; main current	一次回路中的电流
6310	一次电压	primary voltage; main voltage	一次回路中的电压
6311	一次回路	primary circuit; main circuit	由电源到用户的电力回路
6312	一类焊缝	classification I weld	在动载荷或静载荷下承受拉力，按等强度设计的对接焊缝、组合焊缝或角焊缝；破坏后会危及人身安全或导致产品功能失效造成重大经济损失的焊缝为一类缝
6313	一批苗木	a set of seedlings	在同一苗圃，用同一批繁殖材料，采用相同的育苗技术培育的同龄苗木，称为一批苗木（简称苗批）
6314	一期冷却	first satge coling	在浇筑混凝土数小时后开始并持续约 10～15d，用冷却水管等措施对混凝土进行冷却的措施
6315	一首制取水	single - head water intake	干渠仅设一个引水口的无坝取水方式及工程设施
6316	一台半断路器接线	one and half circuit - breaker connection	三台断路器串联跨接在两组母线之间，且两个回路分别接到中间断路器的两端的接线
6317	一字闸门	single panel side opening gate	单扇门叶绕其端部竖轴转动，呈一字形布置在闸室的上、下闸首的船闸闸门

续表

序号	术语名称	英文对应词	定　义
6318	仪器常数	instrument constant	与转子式流速仪的转子结构和旋转摩阻力有关的检定公式常数
6319	仪器监测	instrumentation	通过布置仪器，对控制大坝安全性态的参量进行的测量
6320	仪器设备误差	instrument and equipment error	观测时所使用的测量仪器、测具或其他设备，因制造精度所限而引起的误差
6321	夷平面	planation surface	准平原经抬升剥蚀后，由许多海拔大体相近的山顶所组成的平面
6322	宜治理面积	area suitable to erosion control	在现有技术经济条件下，需要并可能实施治理的水土流失面积
6323	移动管道式喷灌系统	sprinkler system with portable pipe	全部管道可移动的喷灌系统
6324	移动式拦污栅	portable trash rack; movable trash rack	设置在栅槽内可以向上提升以便清理污物和维修的拦污栅
6325	移动式启闭机	movable hoist	能沿轨道水平移动、可操纵多个闸门升降启闭的机械装置
6326	移动式潜水泵站	moveable pumping station equipped with submersible pump	安装可移动潜水泵，且潜水泵与配套的水工建筑物无固定安装关系或无配套的水工建筑物的泵站
6327	移民安置方式	resettlement mode	包括生产安置方式和生活安置方式。生产安置方式一般有大农业（种植业）安置，第二、第三产业安置，自谋职业安置，养老保险安置等；生活安置方式有集中安置、分散后靠安置、分散插队安置等
6328	移民安置规划设计基准年	base year of resettlement program	在编制移民安置规划时，以该年的人口数量和土地资源、人均收入等数据作为基础数据，一般指工程建设征地实物调查年份
6329	移民安置规划设计水平年	design average year of resettlement program	根据工程进度，预计到该年移民搬迁和生产安置应当完成的年份。枢纽工程水库区以水库下闸蓄水的当年为规划设计水平年，分期蓄水水库以分期蓄水年分别作为规划设计水平年。枢纽工程坝区和其他水利工程建设区，规划设计水平年根据工程建设进度合理确定。作为选择工程规模及其特征值而依据的有关国民经济部门计划达到某个发展水平的年份
6330	移民环境容量	environmental capacity for resettlement	一定区域一定时期内，在保证自然生态向良性循环演变，并保持一定生活水平和环境质量的条件下，按照拟定的规划目标和安置标准，通过对该区域自然资源的综合开发利用后，该区域经济所能供养和吸收的移民人口数量

续表

序号	术语名称	英文对应词	定义
6331	移民水土保持	soil and water conservation for land requisition and resettlement	对水库淹没和工程征占地所导致的移民安置工程有关水土流失防治工作的统称，包括集中安置区（点）、专项设施复（改）建工程、库区防护工程以及新开垦土地等区的水土保持
6332	移民选址工程地质勘察	engineering geological investigation for resettlement sites	为水利水电工程建设移民安置选址所进行的工程地质勘察工作
6333	移置模板	shifting formwork	当混凝土达到拆模强度后拆除，然后整体或承载骨架移动到下一个浇筑位置的模板，如各种模板台车、滑框倒模、爬升（顶升）模板等
6334	已失稳边坡	failed slope	已经发生了滑动、溃屈、倾倒、崩塌、坍塌、拉裂或流动的边坡
6335	已正开发量	exploited and exploiting capacity	已经和正在开发利用的水能资源的量值
6336	异步电动机	asynchronous motor	作为电动机运行的异步电机
6337	异步电机	asynchronous machine	负载时转子转速与定子所接电网的额定频率之比不为恒定值的一种交流电机
6338	异地会商	remote consultation	通过会议电视系统、宽带通信传输电路和计算机技术实现的不同地点实时视频、音频和数据信息的交互
6339	异重流	density current	两种因温度、含盐量或含沙量等因素而导致密度不同的流体在其交界面处不发生显著掺混而分层运动的水流
6340	溢洪道	spillway	从水库向下游泄放洪水，保证工程安全泄水的一种建筑物
6341	溢流阀	relief valve	当回路的压力达到这种阀设定值时，流体的一部分或全部经此阀流回油箱，使回路压力保持在该阀的设定值的压力阀
6342	溢流拱坝	overflow arch dam	坝顶设置泄洪表孔的拱坝
6343	溢流土石坝	overflow earth - rock dam	坝顶及下游坝坡设耐冲刷的护面、允许经坝顶及下游坝面过水的土石坝
6344	翼墙	wing wall	建在闸、坝等水工建筑物上下游的两侧，用以引导水流并兼有挡土及侧向防渗作用的建筑物
6345	翼缘板	flange plate	构件截面两侧的翼板
6346	因瓦基线尺	invar tape	丈量基线或高精度边长的工具
6347	阴极保护	cathodic protection	通过阴极极化控制金属电化学腐蚀的技术。阴极保护包括牺牲阳极法和强制电流法

续表

序号	术语名称	英文对应词	定义
6348	阴极极化	cathodic polarization	由于在电解质与电极之间的电流流动引起电极电位向负电性方向变化
6349	阴影法	shadowgraph method	用深浅不同的色调表示地面起伏状态的一种制图方法
6350	引出端子	lead out terminal	用来与外部电路进行电连接的器具
6351	引导阀	pilot distributing valve	控制辅助接力器或中间接力器动作的配压阀
6352	引航道	approach channel	在通航建筑物的上游和下游引导船舶安全出入及供船舶等候过闸的一段过渡性航道
6353	引洪灌溉	flood diversion irrigation	以引用河流洪水为水源的灌溉
6354	引洪漫地	flood diversion for silt deposition	应用导流设施把高含沙洪水漫淤在耕地或低洼地、河滩地上，以保持水土、改良土壤、提高地力和发展农业生产的生产活动
6355	引流槽	spillway	人工形成具有一定初始过流能力，随着水位升高或持续冲刷，过流断面和过流能力将加大的过流建筑物
6356	引渠式取水	intake with approach channel	在进水闸前设置断面较大的引水渠沉沙以减少入渠泥沙的取水方式及工程设施
6357	引伸计	extensometer	又称变形测量系统，由变形传感器和变形测量显示单元组成，统称为引伸计
6358	引水工程进水口	intake of diversion project	以引水为主要用途的进水口，包括水电站进水口、抽水蓄能电站进水口、供水工程进水口和灌溉工程进水口等。此类进水口有防沙、防污和防冰的要求；其中抽水蓄能电站进水口具有进水和出水两种功能，当电站处于发电工况时为进水口，处于抽水工况时为出水口，多按有压式进水口设计
6359	引水灌溉	water diversion irrigation	以自流引用河川、湖泊等地表水进行灌溉
6360	引水角	angle of off - take	河流中心线与引水渠道中心线之间的夹角
6361	引水拉沙造田	water diversion for flushing sand dune	在风沙地区，利用水流能量冲蚀沙丘形成高含沙水流，输送泥沙淤填洼地，将起伏不平的沙地改造成平整农田，降低风蚀危害，改良土壤，开发利用沙丘土地的工程措施
6362	引水渠	headrace channel	将下泄水流从水库引向溢洪道控制段的明渠
6363	引水式开发	diversion conduit type development	修建引水建筑物集中河段落差的水能开发方式
6364	引水式水电站	diversion - type hydropower station	用引水道来集中河段落差形成发电水头的水电站

续表

序号	术语名称	英文对应词	定义
6365	引张线法	method of tension wire alignment	在坝体或廊道内，利用一根拉紧的不锈钢丝作为基准线，以测定水工建筑物上标点水平位移的方法
6366	引张线仪	wire alignment transducer	与安装在直线型坝上的引张线装置配合使用，测量垂直于引张线方向的水平位移的装置
6367	饮用水安全	safely of drinking water	居民生活饮用水供应及时、充足，且水质符合生活饮用水卫生标准的通称
6368	饮用水源区	drinking water source zone	按照水功能区划所划定的为城镇生活集中供水的水域
6369	隐蔽工程	concealed works	在施工过程中将被后续工序所掩盖的或施工后不便检查的工程项目
6370	隐患	hidden trouble	可能导致事故发生的物品危险状态、人的不安全行为及管理上的缺陷
6371	印刷原图	printingo fo riginal map	制印地图的原始图版
6372	迎山角	prop - setting angle	支护立柱中心线与斜井顶底板垂线之间的夹角
6373	影响半径	influence radius	从抽水井中心至降落漏斗周边的平均距离
6374	影响评价	impact evaluation	对项目在自然环境和社会环境方面产生的有形和无形的效果和影响做出评价
6375	影像	imagery	物体反射或辐射电磁波能量强度的二维空间记录和显示
6376	影像单元	pixel	在数字化的图像中，每个数字值所代表的地面面积，它是组成图像的最小单位
6377	影像地图	photomap	以正射摄影像片制成的可以加绘或不绘等高线的地图
6378	影子价格	shadow price	某种资源和产品增加最后一个单位数量时相应增加的收益数额，亦即反映某种资源耗用量最少而经济效果最优的一种重拟价格
6379	应变	strain	物体在应力作用下原有单位几何量度的改变量
6380	应变计	strain gauge	测量建（构）筑物测点应变的传感器
6381	应变计弹性模量	elastic modulus of strain	应变计在轴向受力情况下，作用在其横断面上的应力与应变之比，单位为兆帕（MPa）
6382	应变计的弹性模数	elastic modulus	在轴向受力情况下应变计横断面上的应力与应变之比，单位为兆帕（MPa）
6383	应变控制式三轴仪	strain controlled triaxial test apparatus	以施加恒应变速率作为加荷方式的三轴仪

续表

序号	术语名称	英文对应词	定义
6384	应变控制式无侧限压缩仪	strain controlled unconfined compression test apparatus	以施加恒应变速率作为加荷方式的无侧限压缩仪
6385	应变控制式直剪仪	strain controlled direct shear test apparatus	控制试样产生一定剪切位移，测定其相应的剪应力的直剪仪
6386	应变软化	strain - softening	在一定的剪应变量时，岩土的剪应力达到峰值后，剪应力随着剪应变的增加而逐渐下降并趋于稳定的较低值的过程
6387	应变硬化	strain - hardening	当岩土在荷载作用下产生屈服后，剪应力随着剪应变的增加而增加直至破坏的过程
6388	应急保障	emergency guarantee	在某个特定时间段内，基于现有网络条件，针对制定任务所采取的网络保障服务措施，以确保局部网络运行质量为目标的网络保障服务
6389	应急处置	emergency disposal	采用工程和非工程应急措施，降低堰塞湖风险、减少灾害性损失的活动
6390	应急响应	emergency response	当发布台风或暴雨警报、发生水库失事、堤防决口等重大险情或发生重大洪水灾害时，依据防汛应急预案的规定，按情况紧急的程度采取的相应措施和行动
6391	应急预案	contingency plan	为有效预防控制突发公共事件的发生，或者在突发公共事件发生后能够采取有效应对处理措施，防止事态和不良影响扩大，最大限度减少人民生命财产损失，而预先制定的事前预防和事后处置的工作方案
6392	应力	stress	受力物体内单位面积上的内力
6393	应力比值	stress ratio	岩体中任一点的水平应力与垂直应力之比值
6394	应力恢复法	stress recovery method	在测点先安装电阻片等测量元件，然后在岩体表面挖槽，放入扁千斤顶，加压使测量元件读数回到挖槽前的初值，所加压力即为岩体的内应力的测试洞壁表面应力的方法
6395	应力集中	stress concentration	岩土体中应力分布所出现的局部升高现象
6396	应力集中系数	stress concentration factor	岩体中任一点的二次应力与初始应力之比值
6397	应力解除法	stress relied method	在测点处挖槽使与周围岩体分离，则岩体因应力释放而产生弹性变形，借安设在槽内的仪器，测出变形，用弹性力学原理计算该点原来的应力状态的方法

续表

序号	术语名称	英文对应词	定义
6398	应力路径	stress path	土体受荷过程中，一点应力状态变化过程在应力空间内形成的轨迹
6399	应力水平	stress level	作用在岩土体上的相对剪应力的大小或岩土体中一点实际所受剪应力与该点抗剪强度的比值
6400	应力松弛	stress relaxation	黏弹性材料在恒定应变下，应力随时间衰减的现象
6401	应力主轴	principal axis of stress	过弹性体内任一点的一组相互垂直的 3 个平面、其上的剪应力均为零时、垂直于此 3 个平面的坐标轴
6402	硬反馈装置	rigid feedback device	把接力器的动作即时地反馈给测速元件或放大元件，并按接力器位移大小成比例地转换为与调节信号符号相反的信号，以减弱调节作用的机构
6403	硬性结构面	rigid structural plane	岩块间呈刚性接触的无任何充填的结构面
6404	硬岩	hard rock	饱和无侧限抗压强度不小于 30MPa 的岩石
6405	硬质合金钻进	tungsten - carbide drilling	利用硬质合金钻头破岩的钻进方法
6406	永久安置	permanent relocation	蓄滞洪区内居民从地势较低处搬迁到防洪安全的自然高地、安全区、安全台等场所定居的安置方式
6407	永久边坡	permanent slope	长期处于临空状态的边坡，一般年限超过 2 年
6408	永久缝	permanent joint	在混凝土建筑物中，人为设置的不进行灌浆的缝。根据其功能可分为温度、沉降、收缩、变形等
6409	永久荷载	permanent load	在合理使用年限内量值不随时间变化，或其变化与平均值相比可以忽略不计的荷载
6410	永久界桩	monumented boundary pag	在库区淹没界线的重要控制地区埋设的能长期保存的标志
6411	永久性建筑物	permanent structure	工程运用期间长期使用的建筑物
6412	永久性预应力锚索	permanent prestressed tendon	在永久性建筑物中布置的长期使用的预应力锚索
6413	永久支护	permanent support	用于永久性建筑物的支护
6414	永久桩	monumented pag	在库区淹没界线的重要控制地区埋设的能长期保存的标志
6415	永态转差系数	permanent speed drop	在调速系统静态特性曲线图上，某一规定运行点处的斜率的负数
6416	永态转差系数图	speed drop graph	当调速系统处于平衡状态和指令信号恒定时，转速相对值与接力器行程相对值的关系曲线图
6417	涌泉灌	bubbler irrigation	利用稳流器稳流和小管分散水流，实施灌溉的灌水方法

续表

序号	术语名称	英文对应词	定　义
6418	涌水与突泥	water and mud bursting	地下工程施工中，在一定水压力作用下，沿透水岩体（带）以及无（水）泥沙充填的洞穴，突然发生大量出水的现象称为涌水；在一定水压力作用下，沿松散（软）岩带或充填性溶洞，突然大量涌出水、泥、沙等混杂物的现象称为突泥
6419	用电负荷	electricity use load	电力系统所有用电设备消耗的功率总和
6420	用户终端	user terminal	经过水利视频监视系统注册和授权，对系统数据和设备进行操作的客户端设备
6421	用水定额	wateruse quota	一定生产生活水平下，单位时间内单位产品、单位灌溉面积、单位人口等的用水量
6422	用水耗损量		在输水、用水过程中，通过蒸腾蒸发、土壤吸收、产品带走、居民和牲畜饮用等多种途径消耗掉而不能回归到地表水体或地下含水层的水量，包括从水源地到用户之间引水、制水和输水整个过程损失的水量，用户在用水过程中消耗的水量，以及用户排放集中至污水处理厂及处理过程中耗损的水量
6423	用水量	amount of water use	人类社会中各类用水户取用水量的总称。 注：按照计量点的不同可分为毛用水量和净用水量。在取水口计量包括输水损失在内的为毛用水量，在输水系统末端计量分配到用水户的为净用水量
6424	用水审计	audit of water use	审计单位依据有关规定，按照一定程序，对区域、供水部门、用水户用水活动的合规性、经济性及生态环境影响等情况进行监督、鉴证与评价，对供水、用水、节水、耗水、退（排）水，维护良好的生态环境，实施全过程进行评价，促进水资源可持续利用
6425	用水调查	water use investigation	收集用水户的用水及相关资料，并对欠缺资料的用水户的用水情况进行调查、测试、估算
6426	用水消耗量	water consumption	毛用水量在输水、用水过程中，通过蒸腾蒸发、土壤吸收、产品带走、居民和牲畜饮用等多种途径消耗掉而不能回归到地表水体或地下含水层的水量
6427	用水效率	water use efficiency	水的耗用量与取用量的比值，也称水的有效利用率
6428	用水指标	water use index	衡量区域用水水平的参数体系，反映区域对水资源的利用状况、利用效率与效益，考核区域用水状况的指标体系
6429	用于辅助设备的功率	power for auxiliary devices	电站辅助设备系统耗用的功率（单位：W）
6430	优化调度	optimization and scheduling	以一定的目标，按照泵站最小能耗或最小运行成本等指标对泵站运行方式实施的规划与调节的运行手段

续表

序号	术语名称	英文对应词	定义
6431	优良品率	final percentage of superior works	用以综合说明工程质量的好坏程度，以整体建筑工程为检查对象，评为优良工程的数量与全部竣工验收工程数量的比值
6432	优质钢	fine steel	硫、磷元素含量均不超过0.04%的钢材
6433	油浸式变压器	oil - immersed transformer	铁芯和绕组都浸入任何绝缘液体中的变压器
6434	油石比	bitumen aggregate ratio	沥青质量与矿料总质量的比值，以百分数（%）表示
6435	油箱	tank	储存液压油的容器
6436	油压装置	oil pressure unit	为控制水轮机运行向调速系统、进水阀、调压阀和液压操作阀等供给压力油的装置。一般由压力油罐、回油箱、压油泵及其他附件所组成
6437	游荡型河段	wandering reach	河槽宽浅多变、沙洲众多、水流散乱、主流经常摆动的河段
6438	游荡型河流	wandering river	中水河槽宽、浅滩多、水流分散、主流线经常摆动的河道
6439	有坝取水	barrage intake	修建拦河建筑物控制河道水流以保证取水的方式及工程设施
6440	有差调节	deviating regulation	水轮机组在调速器自动调节下，其转速与负荷的静特性具有转速随负荷的增大或减小而减小或增大的调节特性（永态差值系数 $b_p>0$）
6441	有纺土工织物	woven geotextile	由纤维纱或长丝按一定方向排列机织的土工织物
6442	有轨运输	rail transportation	车辆在轨道上运行的运输方式
6443	有机土	organo - soil	有机质含量 O_m 较高（$O_m \geqslant 10\%$），有特殊气味，压缩性高的黏土或粉土
6444	有机质含量	organic content	在100～105℃温度下，单位重量烘干土中有机质总重量的百分率
6445	有机质土	organic soil	有机质含量大于或等于5%、小于或等于10%的土
6446	有螺高程线	altitude lines with the snails of oncomelania hupensis	有钉螺孳生的最低和最高高程线
6447	有黏结预应力锚杆	prestressed rock anchors with bond	注浆后杆体不能自由滑动的预应力锚杆
6448	有限空间	limited space	仅留有1～2个人孔，进出口受到限制的密闭、狭窄、通风不良的分隔间，或深度大于1.2m的封闭或敞口的只允许单人进出的通风不良空间

续表

序号	术 语 名 称	英文对应词	定 义
6449	有限空间(涂装作业)	confined spaces	仅有1～2个人孔，进出口受到限制的密闭、狭窄、通风不良的分隔间，或深度大于1.2m的封闭或敞口的只允许单人进出的通风不良空间
6450	有限元等效应力	equivalent stress of finite element method	对有限元法分析所得的坝体有关应力分量，沿坝体厚度方向进行积分，求出截面相应内力，再用材料力学方法求出的坝体应力为有限元等效应力
6451	有限元法	finite element method	用有限多个、有限大小、在有限多个连接点处相连接的单元组合而成的离散化模型去逼近由无限多个微小单元组成的连续介质，建立平衡方程式，基于计算机的一种数值分析方法
6452	有线远传距离	remote transmission distance of wire communication	由传感器至显示记录器或遥测终端机之间的信号有线传输距离
6453	有效波(或1/3大波)	significant wave	波列或全部观测记录中，按波高大小顺序，就相应于总数的1/3的大波进行平均而得到的波浪，称为有效波，并以$H/3$或H_s表示
6454	有效潮差	significant tidal range	落憩至高潮位或涨潮至低潮位的水位之差
6455	有效灌溉面积	effective irrigation area	灌区现有工程、水源等条件下能正常灌溉的面积
6456	有效降雨	effective rainfall	降雨量减去地表径流量及作物无法利用的深层渗漏水量
6457	有效降雨量	effective precipitation	一次降雨中扣除损失，形成径流的那部分降雨量
6458	有效库容	effective reservoir capacity	正常蓄水位至死水位之间的水库容积
6459	有效粒径	effective diameter	粒径分布曲线上土粒累计质量百分数为10%的粒径，用d_{10}表示
6460	有效容积	effective volume	周期式搅拌机的有效搅拌空间，单位为L
6461	有效容量	effective capability	在给定的强迫停运率和失负荷概率指标下，机组的有效载荷能力
6462	有效水深	effective depth	在冰期，冰底或冰花底至床面的垂直距离
6463	有效通风	effective ventilation	为保证涂装作业场所空气中有害物质浓度低于国家卫生标准规定的最高容许浓度的通风措施
6464	有效应力	effective stress	土体内固体骨架承受的平均法向应力
6465	有效应力路径	effective shress path	在土体的加压过程中，体内某平面上有效应力变化的轨迹

续表

序号	术语名称	英文对应词	定义
6466	有效应力强度参数	effective stress strength parameters	土样通过抗剪强度试验，根据其有效正应力与剪应力极限值关系所确定的凝聚力和内摩擦角
6467	有效载荷容量	effective load - carrying capability	在给定的强迫停运率和失负荷概率指标下，机组的有效载荷能力
6468	有压式进水口	pressure inlet	流道均淹没于水中，并始终保持满流状态，具有一定的压力水头的进水口
6469	有压隧洞	pressure tunnel	洞内充满水流，洞壁周边均承受水压力作用的水工隧洞
6470	有用层	effective layer	质量技术指标能满足水利水电工程建筑材料要求的岩土层
6471	有源遥感	active remote sensing	从遥感平台上的人工辐射源向被测物体发射一定波长的电磁波，再由传感器接收和记录其反射波的遥感方法
6472	有载分接开关	on load tap - changer	一种适合在变压器历次或负载下进行操作的用来改变变压器绕组的分接连接位置的一种装置
6473	有载调压变压器	transformer fitted with on - load tap - changing	装有有载分接开关能在负载下进行调压的变压器
6474	有粘结预应力锚索	bonded prestressin tendon	锚索锁定灌浆后，自由段钢绞线与被锚固介质之间不能产生相对滑动的预应力锚索
6475	淤地坝	check dam for farmland forming	在多泥沙沟道修建的以控制沟道侵蚀、拦泥淤地、减少洪水和泥沙灾害为主要目的的沟道治理工程设施
6476	淤堵	colmatage；clogging；siltation	在渗流作用下，上游土体内细小颗粒通过粗大颗粒骨架的孔隙移动，引起下游土体内孔隙淤堵的现象
6477	淤灌	warping irrigation	引用较高含沙河水淤填，以改造盐碱地等进行的灌溉
6478	淤沙压力	silt pressure	淤积泥沙对建筑物产生的作用力
6479	淤滩工程	mud flat project	利用水体泥沙，采取抽引浑水排出清水，实现边滩淤高的工程
6480	余震	aftershock	一个地震序列中发生在主震以后的地震
6481	鱼产力	fish productivity	在不投饵和不施肥条件下，单位时间内单位水库面积中饵料基础转化为鱼产品的能力
6482	鱼道	fish way	供鱼类溯河通过闸坝的斜槽式建筑物
6483	鱼鳞坑	fish - scale pit	在坡面上，修筑呈品字形排列的半圆形坑穴的造林整地方式
6484	鱼梯	fish ladder	供鱼类溯河通过闸坝或河中障碍物的，由多级水池构成的建筑物

续表

序号	术语名称	英文对应词	定　义
6485	鱼闸	fish lock	用控制水位升降的方法使鱼类通过水利枢纽的闸式建筑物
6486	渔业用水区	fishery water use zone	按照水功能区划所划定的具有鱼、虾、蟹、贝类产卵场、索饵场、越冬场、洄游通道以及养殖鱼、虾、蟹、贝、藻类等水生动植物功能的水域
6487	渔业资源	fisheries resources	天然水域中具有渔业开发利用价值的生物资源
6488	雨量	rainfall	在一定时段内，从大气降落到地面的液态降水量
6489	雨量计	rainfall recorder	能自动连续测记液态降水量及其过程的自记仪器，常用的有虹吸式和翻斗式两种
6490	雨量量筒	precipitation gauge	雨量器的组件之一，其口径和刻度与雨量器的承雨口口径成一定的比例关系，使每一刻度相当于水深 0.1mm 的降水量
6491	雨量器	rain gauge	以收集储存降水的方式，人工观测时段降水量的仪器
6492	雨量站	rainfall station	观测降水量的水文测站
6493	雨水集蓄利用工程	rainwater collection, storage and utilization	采取工程措施，对雨水进行收集、存贮和综合利用的微型水利工程
6494	雨水净化	purification of harvesting water	减少或消除汇集雨水径流杂质的措施
6495	雨水利用	rainwater utilization	采用人工措施直接对天然降水进行收集、存储并加以利用
6496	雨水利用率	utilization rate of - precipitation	被拦蓄作为水资源利用的水量（包括贮存在水田格田和旱作计划湿润土层、回补地下水、地面沟塘，以及人工水窖等集雨工程集蓄的水量）与雨水总量之比
6497	雨雪量计	rain and snow recorder	能加热融雪或加防冻剂将雪融化为液态进行降水量自动测量的仪器
6498	郁闭度	crown density	树冠投影面积与林地面积的比值，一般用小数表示
6499	育苗档案	record of nursering	记录培育沙棘苗木的编号、种源号、地点、时间、材料和方法
6500	预拌混凝土	ready - mixed concrete	由骨料（砂、石）、胶凝材料（水泥、粉煤灰）、水及根据需要掺入的外加剂和掺合料等组分按一定比例，经计量、拌制后，采用运输设备在规定的时间内运至使用地点的混凝土拌和物
6501	预处理	pre - treatment	初步去除原水中的污染物，减轻后续常规处理负荷的一种处理方法。预处理方法有生物氧化法、化学氧化法和吸附法等

续表

序号	术 语 名 称	英文对应词	定　　义
6502	预防措施	preventive action	为防止潜在的不合格、缺陷或其他不希望的情况发生，消除其原因所采取的措施。 注：预防措施可以包括诸如程序和体系的更改，以实现质量环中任一阶段的质量改进
6503	预告信号	signal in advance	设备发生故障或出现异常运行情况时能自动发出音响（电铃响），并点亮相应显示故障性质的光字牌的现象
6504	预见期	forecast lead time	从发布预报起至预报事件发生的时间间隔
6505	预警反馈	pre - warning and feedback	在蓄滞洪区应用通信技术，实现警报信号下行发送和现场信息上行传递
6506	预警水位	alert level	危险在短时间内可能发生，应警示应急处置人员与设备转移、下游影响范围人员撤离的堰塞湖水位
6507	预冷混凝土	precooling concrete	根据工程的需要和浇筑现场的环境温度，通过预先降低某些组分的温度（水可以片冰的形式加入），并采取可靠的保温措施，使搅拌后出机口温度达到预定要求的预拌混凝土。通常采取的措施有：风冷骨料、用冷水搅拌和加片冰搅拌
6508	预冷混凝土片冰库	flake ice storage for concrete cooling	预冷混凝土工程中用于储存片冰的储存库
6509	预裂爆破	presplit blasting	沿开挖轮廓线按设计孔距钻孔，不耦合装药，在主炮孔起爆前一次起爆，形成一定宽度的贯穿裂缝的爆破技术
6510	预留金（或称“暂定金额”）		招标人为暂定项目和可能发生的合同变更而预留的金额
6511	预热	preheat	焊接开始前，对焊件的全部（或局部）进行加热的工艺措施
6512	预热混凝土	preheating concrete	根据工程的需要和浇筑现场的环境温度，通过预先加热某些组分，并采取可靠的保温措施，使搅拌后出机口温度达到预定要求的预拌混凝土
6513	预算定额	budget quot	用来确定建设工程项目中每一分部分项工程的每一计量单位所消耗的物化劳动数量的标准，是确定每一计量单位的分部分项工程内容所消耗的人工和材料数量以及所需要的机械台班数量的标准
6514	预填骨料压浆混凝土	prepacked concrete	用压浆把水泥砂浆压进预先填好的粗骨料空隙里所形成的混凝土
6515	预压加固	preloading consolidation	建筑物施工前对地基施加预压荷载以减少后期地基沉陷量的软基处理方法
6516	预应力背拉杆	prestress back pull rod	通过背拉杆上的螺栓施加预紧力，使背拉杆在启闭过程中始终呈拉力

续表

序号	术语名称	英文对应词	定义
6517	预应力钢材强度利用系数	utilization factor of the strength of prestressed anchors	当预应力锚索的张拉力达到设计值时，锚索材料的平均应力值与锚索材料抗拉强度标准值的比值
6518	预应力钢筋	prestressing tendon	用于混凝土结构构件中施加预应力的钢筋、钢丝和钢绞线等的总称
6519	预应力钢筋混凝土管	prestressed reinforced concrete pipe	制管过程中对钢筋施加拉力，从而使管身混凝土获得预压应力的钢筋混凝土管材
6520	预应力钢筒混凝土管	prestressed concrete cylinder pipe	带有钢筒的高强度混凝土管芯缠绕预应力钢丝后，喷水泥砂浆保护层，并采用钢制承插口的复合刚性管材。可分为内衬式预应力钢筒混凝土管和埋置式预应力钢筒混凝土管
6521	预应力混凝土	prestressed concrete	施加预应力且强度等级不低于C_{30}的混凝土
6522	预应力混凝土结构	prestressed concrete structure	由配置受力的预应力钢筋通过张拉或其他方法建立预加应力的混凝土制成的结构
6523	预应力锚杆	prestressed anchor	对锚杆杆体的自由段施加张拉力，使之弹性伸长而预先受到应力的锚杆
6524	预应力锚固	prestressed anchorage	利用高强度钢丝束或锚杆对岩石和建筑物进行预应力加固的技术措施
6525	预应力锚索	prestressed tendon	施加预应力后的锚索
6526	预应力重力坝	pre-stressed gravity dam	采取工程措施预加应力以增加坝体抗滑稳定及改善坝体应力分布的重力坝
6527	预应力-自应力钢丝网水泥输水管	prestressed and selfstressing ferrocement pipe for water	取纵向筋增多的自应力网管为管芯，外绕环向预应力钢丝并辊射普通水泥砂浆外保护层的能承受更高的内水压力的输水管，简称预应力—自应力网管，代号WYZ
6528	预张拉	pretension	预应力锚索张拉作业前，为使锚索中各股钢丝或钢绞线受力均匀，所进行的初期张拉作业
6529	预制混凝土	precast concrete	按设计要求，在预制构件厂或它处预先制作成型，再安装至工程的建筑部位的混凝土构件
6530	预制混凝土模板	precast concrete form	用混凝土或加筋混凝土预制的并可构成建筑物一部分的模板
6531	预制桩	precast pile	在工厂或施工现场制作的桩，包括混凝土预制桩、预应力混凝土空心桩（预应力管桩）、钢桩、钢管桩等。根据施工工艺可分为打入桩、压入桩等
6532	域	domain	按一定规则划分的业务管理区域，具有明确的边界和职能
6533	元数据	metadata	关于数据的数据

续表

序号	术语名称	英文对应词	定 义
6534	元数据实体	metadata entity	一组说明数据相同特性的元数据元素。 注：元数据实体可以包含一个或一个以上元数据实体
6535	元数据项	metadata item	元数据子集、元数据实体和元数据元素的统称
6536	元数据元素	metadata element	元数据的基本单元。 注：元数据元素在元数据实体中是唯一的
6537	元数据子集	metadata section	元数据的子集合，由相关的元数据实体和元素组成
6538	园区网	campus area network	在水利信息网中，与同城异地直属单位或所属部门互连的城域网络
6539	原水	raw water	未经过过滤、沉淀、萃取、分离等方法处理过的水
6540	原图	base map	编制专题地图的底图
6541	原图编绘	map compilation	根据编绘原图的理论和方法，利用已有的各种资料编绘原图的作业
6542	原位不排水强度	in - situ intension without drainage	土在原位不排水条件下受剪时可产生的最大剪阻力
6543	原位试验	in - situ test	在岩土体原来所处的位置，基本保持岩土体的结构、含水率和原位应力状态，直接或间接地测定岩土的工程特性
6544	原型动力试验	prototype dynamic test	在原型水工建筑物上进行的动力试验
6545	原型结构	prototype structure	按施工图建成的直接投入使用的工程结构
6546	原型水轮机(真机)	prototype turbine	装于现场作为生产目的使用的水轮机
6547	原子质量单位	atomic mass unit	定义为 12C 原子质量的 1/12 为原子质量单位，以 u 表示
6548	圆辊闸门	roller gate	外形呈圆筒状而水平放置的闸门
6549	圆球顶破强力	ball bursting strength	球径 25mm 的球面顶杆垂直顶压试样过程中的最大顶压力
6550	圆筒阀	cylindrical valve	活门呈圆筒形，位于水轮机固定导叶和活动导叶之间，可沿水轮机轴线方向上下移动的水轮机进水阀
6551	圆筒闸门	cylinder gate	具有竖直圆筒外形，从圆筒底部四周孔口过水的闸门
6552	圆柱顶破强力	scolumn burt strength	直径 50mm 的平头圆柱顶杆垂直顶压试样过程中的最大顶压力
6553	圆锥式液限仪	conic liquid limit test apparatus	根据具有规定锥角和质量的圆锥在土样中的自重下沉度来测量黏性土的液限的仪器
6554	远动	teleautomatics	遥控、遥测、遥信、遥调四个内容或其中几个内容的总称

续表

序号	术语名称	英文对应词	定义
6555	远方控制	distance control; remote control	被操作对象与操作者之间相距一定距离，通过控制回路使被操作对象完成某一动作的行为
6556	远方终端	remote - terminal unit	与信息网络一端相接的能发出数据或接收数据的远方设备
6557	远后备	remote back - up	用相邻元件的保护作为被保护对象的后备保护的保护方式
6558	约定真值	conventional true value	对于给定目的具有适当不确定度的、赋予特定量的值，有时该值是约定采用的
6559	月牙肋岔管	crescent - rib reinforced branch pipe	分岔处用月牙形肋板加强的岔管
6560	越级跳闸	exceeding limit tripping off	远离故障点的保护装置较靠近故障点的保护装置先动作的无选择性的行为
6561	越浪量	overtopping wave discharge	波浪越过堤顶的单宽流量
6562	越钻深度	over drill depth	为提高爆破效果，钻孔深度超过设计开挖界限的部分长度
6563	晕渲法	hill shading method	用深浅不同的色调表示地面起伏状态的一种制图方法
6564	匀质混凝土	homogeneous concrete	混凝土中砂浆密度的相对误差不大于0.8%、单位体积混凝土中粗骨料质量的相对误差不大于5%的混凝土
6565	允许变形	allowable deformation	为使上部结构不受损坏并保持良好工作状态，对地基的沉降、水平位移和其他变位量所提出的限制量
6566	允许不冲流速	permissible unscouring velocity in canal	不使渠床冲刷的允许最大水流速度
6567	允许过滤管进水流速	maximum allowable entrance - velocity through well screens	地下水进入过滤管的最大允许进水速度
6568	允许井壁进水流速	maximum allowable entrance - velocity through well - wall	地下水从含水层进入井内的最大允许进水速度
6569	允许偏差	erection tolerance	水工金属结构（制造与安装）在设计文件和规范规定范围之内的制造与安装的尺寸偏差
6570	允许式距离保护	permissive distance protection	当收到联系信号时，允许本侧跳闸以切除故障的继电防御措施
6571	允许误差	permissible error	测量值按一定规定概率误差的允许范围
6572	允许吸出高度	permissible suction height	满足反击式水轮机空化要求所需的最大吸出高度。量的符号：H_p，单位为米（m）

续表

序号	术语名称	英文对应词	定义
6573	允许越浪量	permissive overtopping wave discharge	在设计条件下，允许越过堤顶的单宽流量
6574	允许最大压降		滤网已有污物部分堵塞，但过滤器尚能工作的最大压降值，届时必须清洗滤网
6575	运行工况	operating condition	由转速、水头、流量或功率所确定的运行状况
6576	运行管理单位	run management unit	承担项目建设的水利信息系统运行维护管理任务的单位
6577	运行机构	travel mechanism	驱动启闭机（起重机）的大、小车运行的机构。由电动机、制动器、传动装置、车轮和行走支承装置等组成
6578	运行控制水位	control level for specific purpose	为满足库区或下游特定任务要求设置的坝前控制运行上限水位。如排沙运行控制水位、库区防洪运行控制水位、库区防凌运行控制水位等
6579	运行期	operation period	初蓄期后的时期。若水库长期达不到正常蓄水位，则首次蓄水三年后为运行期
6580	运行速度	crane traveling speed	稳定运动状态下，起重机带额定载荷时在水平轨道上的运行速度
6581	运行载荷	load of operation	移动式启闭机在大车、小车移位运行时，吊具上悬挂的载荷。一般为闸门或拦污栅的重量
6582	运河	canal	人工开挖以航运为主的沟通地区或水域间的河流
6583	运输能力	transport capacity	在一定时期内和一定运输设备条件下，通过一条交通线路所能完成的最大运输量
6584	运输强度	transport intensity	单位时间内通过一条交通线路的货运量
6585	运转特性曲线	performance curve	绘在以输出功率和水头为坐标系内，以输出功率限制线表示在某一转轮直径和额定转速下给出的原型水轮机效率、吸出高度、压力脉动、导叶开度和转轮叶片转角等的一组等值曲线
z 部			
6586	灾情评估系统	disaster - loss evaluation system	对灾情进行实时监测及评估，对灾害及其损失的发展趋势进行分析预测，促成快速有效地采取抢险救灾措施的信息系统。这类系统还可以实现灾后灾情统计和评价
6587	裁弯取直	cutoff	水流冲开蜿蜒河道河湾处的狭颈，形成平直流路的新河槽的现象
6588	载波保护	carrier - current protection	在被保护线路两侧利用高压输电线载波进行信号联系，并根据线路两侧功率、电流、线路阻抗、零序电流特征所构成不带人为延时而跳闸的继电防御措施
6589	载波电话终端机	terminal of carrier telephone	将各路电话信号调制成不同频率的载波，送到同一线路上去传送的设备

续表

序号	术 语 名 称	英文对应词	定　义
6590	载波通道工作频率	operating frequency of carrier channel	通过相—地耦合或相—相耦合接通收、发两端的载波电路上使用的传输信号的频率。载波通道所使用的工作频率40～500kHz
6591	载荷限制器	load limiter	启闭机超过规定载荷能力时能自动保护的安全装置
6592	载气	carrier gas	通过炬管中心管的气体，用于将溶液雾化成气溶胶并将气溶胶载入等离子体
6593	载重小车（跑车）	carrying car	安装在承载索上，在牵引索及起升索的作用下，沿承载索往返运行和起吊物品的装置
6594	再生水	reclaimed water	污水经过适当处理后，达到一定的水质指标，满足某种使用要求，可以再次利用的水
6595	再生水厂	water reclamation plant	直接或间接以污水为水源，出厂水质符合 SL 368—0106 规定，能够满足不同用户水质需求的处理厂
6596	再调节	re - regulation	下游水库对上游水库下泄流量的重新调节
6597	在线保持	online conservation	在使用 GPRS、CDMA 时，以一定时间间隔点时发送数据包，使优先级别不被降低，保持在线状态
6598	在线潮流	on - line load flow	根据实时检测数据和网络结构信息进行网络电压分布、功率分布的计算值
6599	在线存储	on - line store	支持随时存取的数据及存储设施，时刻保持“在线”状态
6600	暂时过电压	temporaryover voltage	在给定安装点上持续时间较长的、不衰减或弱衰减的（以工频或其一定的倍数、分数）振荡的过电压
6601	暂态反馈装置	temporary feedback device	以接力器位移为输入信号，其输出信号与输入信号变化率有关的且与转速偏差信号进行比较的反馈校正装置
6602	暂态稳定	transient stability	电力系统受到大干扰后，各同步电机保持同步运行并过渡到新的或恢复到原来稳态运行方式的能力。通常指保持第一或第二个振荡周期不失步
6603	暂态转差系数	temporary speed drop	缓冲装置不起衰减作用和永态转差系数为零时，在稳态下的转差系数，它反映了软反馈最大值的大小
6604	凿毛	surface roughening	用人工、高压水、风砂枪或其他机械等将已初步硬化或已硬化的混凝土表面处理成毛面的工序
6605	早强混凝土	high - early strength concrete	能在早期取得比常规混凝土较高强度的混凝土
6606	早强剂	early strength agent	一种能加快混凝土拌和物（砂浆）的硬化过程的外加剂
6607	造床流量	dominant formative discharge	对形成天然河道河床特性及河槽基本尺寸起支配作用的，根据河道最大流量、平均流量、水流历时以及洪水频率等因素所确定的一个特征流量

续表

序号	术语名称	英文对应词	定义
6608	造床质	bed material load	参与河床组成的颗粒较粗的泥沙
6609	造价审计	cost audit	水利审计部门或受委托的社会审计机构对建设项目合同履行相关的工程价款结算进行审核的行为
6610	造林保存率	survival rate of afforestation	符合规定的树木成活标准和密度标准的造林面积占累计造林面积的百分比
6611	造林密度	density of plantation	单位面积上栽植树木的株数，以株/hm^2表示
6612	造林整地	land preparation for afforestation	为防止造林及幼林生长期间的水土流失，合理利用坡面径流，改善林木生长条件，对造林地采取的各种蓄水保土的整地措施，包括水平阶、反坡梯田、鱼鳞坑、撩壕、穴状整地等
6613	造泥沟	forming mud ditch	土场内用水冲土，拌成泥浆的沟渠
6614	增量费用	incremental cost	在工程项目已定规模的基础上扩充建设规模所需增加的那部分费用
6615	增容改造	renovation for increasing installed capacity	对机组设备全部或局部进行技术改造，增加机组容量，改善性能、提高效率和安全可靠性的活动。扩装机组也是增容改造的方式之一
6616	增塑剂	plastifier	一种亲水性的表面活性剂，可以减少混凝土拌和物（砂浆）的用水量，提高和易性和降低泌水性，延长凝结时间，降低硬化初期发热量的外加剂
6617	闸底板	base slab of sluice	建于闸室底部用以承受荷载和保护地基的板式基础
6618	闸墩	pier	闸室中用于连接两岸或分隔闸孔，支承闸门、胸墙、工作桥、检修桥及交通桥等的墩式结构物，分中墩和边墩
6619	闸阀	sluice valve; gate valve	活门呈平板形或楔形，垂直于水流方向动作，用以截断水流的阀门
6620	闸阀式闸门	sluice-valve-type gate	采用密闭式整体钢门槽的平面闸门
6621	闸槛	ground sill	闸门关闭时闸底板与闸门底缘接触的部位
6622	闸门	gate	设置在水工建筑物的过流孔口并可操作移动的挡水结构物
6623	闸门侧向支承距	lateral bearing span of gate	闸门两侧侧向支承面之间的距离
6624	闸门反向支承距	reversed bearing span of gate	闸门两侧反向支承垂直中心线之间的距离
6625	闸门监控自动化系统设备	automation system equipment for gate monitoring and control	具有对闸门启闭实施闭环调节控制、信号传输及自动监控等功能的系统设备

续表

序号	术语名称	英文对应词	定义
6626	闸门开度	gate opening	对于平板门和弧形门，其闸位为以闸底为基准，闸门上提后其门底离闸底的垂直距离。对于人字形闸门，其闸位为闸门开启后两门之间的最小水平距离
6627	闸门主支承距	main bearing span of gate	闸门两侧主支承垂直中心线之间的距离
6628	闸桥结合翻转式闸门	tumbler gate	闸门和启闭机固定工桥的上、下游侧，闸门下翻挡水
6629	闸室	sluice chamber; gate bay	由闸底板、闸门、闸墩、工作桥、检修桥等结构物组成的水闸主体部分
6630	闸首	lock head	将闸室与上、下游引航道或将相邻两级闸室隔开，具有挡水、过船功能的结构物
6631	闸位	gate opening	对于平板门和弧形门，其闸位为以闸底为基准，闸门上提后其门底离闸底的垂直距离。对于人字形闸门，其闸位为闸门开启后两门之间的最小水平距离
6632	闸位传感器	gate opening sensor	能将闸位转换为电信号输出的装置
6633	闸位计	gate opening meter	直接测量、显示闸位的仪器
6634	栅格数据	gridded data	栅格数据是由正方形或者矩形栅格点组成，每个栅格点或者像素的位置由栅格所在的行列号来定义，所对应的数值为栅格所要表达的内容的属性值
6635	栅条	screen rack; trash rack bar	安装在拦污栅支承结构上的长条状金属杆件
6636	炸药卷	stick dynamite	长度与直径比大于4呈长柱体的炸药包
6637	窄缝式挑坎	slit - type bucket	急流出口处的泄槽急剧收缩形成窄缝的挑坎
6638	窄轨铁路	narrow gage railway	钢轨间距小于1435mm的铁路
6639	黏土心墙土石坝	clay core earth - rock fill dam	在坝体中部用渗透系数小的黏性土料作为防渗体的土石坝
6640	展点仪	coodinatograph	能在图纸上精确展绘直角网线和点位的仪器
6641	展示图	reveal detailed map	将坑槽、竖井、平洞的各个面（底面或顶面及两壁）按平面连续展开，将揭露的各种地质现象编绘成的图件
6642	栈桥	trestle	专供施工现场交通、机械布置及架空作业用的临时桥式结构
6643	站网规划	hydrometric station network planning	根据国家社会经济发展要求和水文业务技术需要，按照科学、经济、合理的原则，对国家、区域或流域各类水文站网中的水文测站进行的总体布局工作
6644	站用电	pumping station auxiliary power system	与泵站运行有关的辅助负荷用电

续表

序号	术语名称	英文对应词	定义
6645	张拉锚杆	atensile anchors	施加拉力后的锚杆
6646	掌子	working face	进行土石方开挖作业时挖掘进展方向的工作面
6647	掌子面	heading face	进行土石方开挖作业时挖掘进展方向的工作面
6648	胀破强度	burst strength	在试样迎液体面衬以高弹性不透水薄膜后对试样施加液压扩张直至破坏过程中试样所能承受的最大液压
6649	招标	invitation for bid	发包人运用竞争机制选择工程建设承包单位的一项技术经济活动。分为公开招标和邀请招标两种
6650	招标设计	bid design	针对招标项目在初步设计基础上进一步设计细化，以供招标评审和定标参考
6651	招标文件	bid documen	由发包人编制提供投标人准备投标文件及投标的依据，是双方签订工程承包合同应遵循的文件
6652	招标业务费	bidding business cost; tender invitation cost	建设单位组织招标业务所发生的费用。包括建设单位委托招标代理，组织工程设计招标、施工招标、设备采购招标及其他招标，组织招标设计评审等业务及相关环节的费用
6653	沼泽化	swampiness	地下水位接近地表，土壤长期被水分所饱和，在湿性植物作用和嫌气条件下，进行有机质的生物积累与矿质元素的还原过程
6654	沼泽化草地	marshy meadow	由于地形低洼、无排水出路，或不合理的灌溉及客水侵入，导致地表积水或过湿（常伴有泥炭积累），逐步演化为以湿生植物或沼生植物群落为主的草地
6655	照明供电网络	lighting supply net-work	供给工作照明和事故照明用电的低电压交流与直流网络
6656	照明配电箱	lighting distributing box	分配和开断照明线的箱式电气装置
6657	照准轴	collimation axis	由望远镜物镜和调焦透镜组成的等效物镜的光心与十字丝交点的连线
6658	折冲水流	deflected curren	泄水建筑物下游主流不稳定，在平面上形成周期性摆动的流态
6659	折减模量	reduced modulus	压杆在弹塑性阶段屈曲时，由弹性模量 E、功线模量 E_t 以及它们在横截面上所占的比例而综合所得的用来代替欧拉临界应力公式中的单一弹性模量的综合模量
6660	折射式喷头	refraction sprinkler	由喷头射出的压力水束冲击水板，并向四周折射喷洒的喷头
6661	折算因子	compounding and d-iscounting factors	资金现值计算中所采用的各种型式折算率的统称，包括一次支付复本利和因子、一次支付现值因子、多次等额支付复本利和因子、偿还基金因子、投资回收因子和多次等额现值因子等

续表

序号	术语名称	英文对应词	定义
6662	折现率	discount rate	反映经济计算期内不同时期资金时间价值的折算系数，在单位计算周期内，预期的资金增值与原有资金之比，通常用百分比表示
6663	折线卷筒	pulley line coiling block	卷筒表面的一个节距内包括直线绳槽和螺旋绳槽，并交替布置
6664	折向器	deflector	装在喷嘴出口处，能迅速将射流全部或部分偏转使之不作用于转轮水斗的装置
6665	褶皱	folds	岩层受构造应力作用形成的连续弯曲现象
6666	针阀	needle valve	活门呈针状，沿水流方向动作，改变过流断面积，用以截断或调节流量的阀门
6667	针形水位测针	Point gauge	其基本构件是一根针形测针，测量时将它降低直到接触水面，读数确定水位的装置
6668	针状颗粒	elongated particle	长度大于该颗粒所属粒级上、下限粒径平均值的2.4倍者的砾石（碎石）颗粒
6669	真空表	vacuum gauge; v-acuometer	测量容器或管道中流体负压（真空）的表计
6670	真空断路器	vacuum circuit - b-reaker	触头在高真空的泡内分合的断路器
6671	真空管道激光准直系统	laser alignment sys-tem with airless pipe	将波带板激光准直系统装入真空管道内观测建筑物变形的精密准直装置
6672	真空井	vacuum well; vac-uum - pumped well	把井管口与水泵吸水管口连接密封成整体的机井
6673	真空净油机	vacuum separator	根据降压蒸发原理，由真空罐、喷雾嘴、加热器、压力油泵和真空泵组成，用于分离油中所含水分和气体的净油装置
6674	真空模板	vacuum form	具有密封与反滤性能，能借助真空设备吸取混凝土表层一定深度内部分多余水分的模板
6675	真空压力表	vacuum manometer	既可测量流体正压也可测量流体负压（真空）的表计
6676	真误差	error	测量中某量的观测值与其真值之差
6677	真值	true value	某量所具有的准确值
6678	枕垫座	pillow	设置于闸墙上与人字闸门支垫座对应，并承受支垫座传来的压力的部件
6679	阵流	intermittent flow	河水含沙量高达一定程度后，因河底泥沙停滞层随时间的消长变化而使河道水位出现起伏变化或水流出现间歇流动的现象
6680	振冲桩	vibroflotation pile	用振动加水冲的方法在软弱地基中打孔并填压砂或碎石料所形成的群桩

续表

序号	术 语 名 称	英文对应词	定 义
6681	振荡闭锁	power swing blocking; power oscillation blocking	当系统发生振荡时，能可靠闭锁保护装置不让其动作的功能
6682	振荡中心	center of oscillation; center of swing	系统振荡时在某瞬间电压值为最低的点
6683	振捣	vibrating	用振捣机具将已平仓的混凝土拌和物按技术要求振动捣实，使之达到密实的工序
6684	振动	vibration	机械系统相对于平衡位置随时间的往复变化
6685	振动时效	vibration stress relief	夹持在工件上的激振器，在其产生周期性激振力的作用下，使构件达至共振状态，松弛工件的残余应力，保持工件尺寸稳定的方法
6686	振动式测沙仪	vibrational sediment concentration meter	应用振动原理和电子技术测定含沙量的仪器
6687	振动试验	vibration test; fluctuation test	测定因水力的、机械的、电气的或综合的因素引起的机组振动频率和振幅特性的试验
6688	振弦式测缝计	vibrating wire joint meter	量测变形的传感器为振弦式位移传感器的测缝计
6689	振弦式传感器	vibrating wire transducer	利用振弦的固有频率变化测量相关参数的传感器
6690	振弦式钢筋计	vibrating wire reinforced concrete meter	采用振弦式传感器作为主要传感部件的钢筋计
6691	振弦式孔隙水压力计	vibrating wire piezometer	用振弦式传感器作为传感部件的孔隙水压力计
6692	振弦式土压力计	vibrating wiresoil pressure cell	用振弦式传感器作为传感部件的土压力计
6693	振弦式应变计	vibrating wire strain gauge	利用振弦的固有频率变化来感测应变量的应变计
6694	震动区	elastic zone	爆破作用力小于介质的极限强度，介质只产生振动和弹性变形的区域
6695	震动圈	elastic zone	爆破作用力小于介质的极限强度，介质只产生振动和弹性变形的区域
6696	震陷	earthquake subsidence	由于地震引起高压缩性土软化或饱水粉土、粉细砂层液化而产生土层压密、塑性区扩大或强度降低，导致地面下沉或地基沉陷的现象
6697	震源	seismic focus	地壳内部发生地震的位置
6698	震源机制	focusmechanism	震源区岩石介质的破裂、错动等运动方式和特征及其与地震波的关系

续表

序号	术语名称	英文对应词	定　义
6699	震源深度	focus depth	震源到地面的垂直距离
6700	震中	epicentre	震源在地面上的垂直投影点
6701	镇墩	anchor block	固定压力管道位置，主要承受压力管道纵轴向荷载并靠自身重量维持稳定的块体状结构物
6702	征收土地	land acquisition	位于水库淹没区及影响区、枢纽工程建设区或其他水利工程建设区内，因淹没或布置有建筑物、构筑物或工程管理需要等原因，需永久占用的土地
6703	征用土地	requisitioned land	料场、渣场、施工作业场（含辅助企业）、临时道路和施工营地等在建设征地影响范围以外，工程施工期间需临时使用的土地。征用的土地不涉及土地权属变更
6704	蒸发	evaporation	液态或固态物质转变为气态的过程。气象学上主要指液态水转变成为水汽
6705	蒸发池	evaporation tank	为研究近似天然水体条件的水面蒸发而设置的具有较大面积和适当深度的标准型盛水池
6706	蒸发冷却式水轮发电机	evaporative - cooling - type hydro - generator	利用高绝缘性能和低沸点液体的沸腾吸收汽化潜热对定子或转子进行内部冷却并将其大部分热损耗带走的水轮发电机
6707	蒸发量	evaporation	在一定时段内，液态水和固态水变成气态水逸入大气的量，常用蒸发掉的水层深度表示
6708	蒸发能力	evaporation capability	在一定的气象和下垫面条件下，有充分供水时，单位时段内蒸发的水量
6709	蒸散器	evapotranspiration meter	用以测定蒸散发量的标准器具
6710	蒸渗仪	lysimeter	为研究水文循环中的下渗、径流和蒸散发等而设置的带有地面、地下排水和土壤水测定装置的容器
6711	蒸腾	transpiration	植物体内的水分转变成水汽散发到体外的过程，又称植株蒸腾
6712	蒸腾效率	transpiration efficiency	植物蒸腾耗水 1000g 所形成的干物质克数
6713	整定	setting	对继电器或自动装置动作值的调整
6714	整定值	setting value; setting	按预定要求所计算出的保护装置、继电器、自动装置等的动作值
6715	整合	conformity	新老岩层互相平行，没有明显的沉积间断，在时代上是连续的接触关系
6716	整流器	rectifier	一种将交流电能转换成直流电能的电气设备

续表

序号	术语名称	英文对应词	定义
6717	整平胶结层	levelling and binder layer	垫层上铺设的孔隙率较大的沥青混凝土层，用于基础整平，改善沥青混凝土与垫层之间的连接。整平胶结层的孔隙率一般为10%～15%
6718	整体布置进水口	intake integrated with project	与枢纽工程主体建筑物组成整体结构的进水口，包括坝式进水口、河床式水电站进水口和拦河闸式进水口等
6719	整体斗轮	integer bucket wheel	斗轮挖泥装置为一个完整的斗轮
6720	整体剪切破坏	general shear failure	地基土发生连续贯通到地面的滑动面的破坏形式
6721	整体模型	general layout model; overall model	研究河段或水利枢纽工程总体布置的模型。若水工建筑物及水流结构左右两边对称，只模拟一边来代替模拟整体的模型称为半整体模型
6722	整体热处理	bulk heat treatment	对金属材料或工件进行加热的热处理工艺
6723	整体组装处错位	dislocation of whole assembly	构件整体组装时，相邻构件的不重合度
6724	整治线	training alignment	河道整治后，在设计流量下的平面轮廓
6725	正、反行程实际平均特性	up - travel and down - travel actual average characteristics	传感器各校准点的正、反行程算术平均值的平均值点的连接曲线
6726	正常高水位	normal high water level	水库在正常运用的情况下，为满足设计的兴利要求在供水期开始时应蓄到的最高水位
6727	正常工作状态	normal operation state	电力系统按规定的参数完成规定功能的工作状态
6728	正常固结土	normally - consolidated soil	现有的土层有效压力等于其先期固结压力的土
6729	正常流量	normal discharge of canal	按照灌溉设计标准，渠道需要通过的最大流量
6730	正常使用极限状态	serviceability limit states	结构或构件达到使用功能上允许的某一规定限值的极限状态
6731	正常蓄水位	normal pool water level	水库在正常运用的情况下，为满足设计的兴利要求在供水期开始时应蓄到的最高水位
6732	正常涌水量	normal water yield	隧洞或其他工程涌水达到基本稳定时的涌水量
6733	正常运行方式	normal operation mode	安排的发电出力、电压水平和网络结构（包括变压器中性点的接地点）等满足正常负荷需求的系统运行方式
6734	正锤法	plumb method	在坝体竖井中，用铅垂线作为基准线，以测定不同高程处与铅垂线最低点之间的相对位移用以算出坝体挠曲的测量工作

续表

序号	术语名称	英文对应词	定义
6735	正锤线观测	plumb line observation	在坝体竖井中，用铅垂线作为基准线，以测定不同高程处与铅垂线最低点之间的相对位移用以算出坝体挠曲的测量工作
6736	正断层	normal fault	上盘沿断层面相对下降、下盘相对上升的断层
6737	正方形分幅	rectangular map subdivision	以矩形（或正方形）按纵、横坐标线整齐排列的统一分幅方法。在水利水电工程测量中，图幅排列不整齐的矩形分幅，也称为自由分辐
6738	正行程实际平均特性	up - travel actual average characteristics	传感器正行程各校准点上一组测量值的算术平均值点的连接曲线
6739	正态河工模型	undistorted river model	平面比尺与垂直比尺相等的模型
6740	正态河流模型	undistorted river model	平面比尺与垂直比尺相等的模型
6741	正态模型	normal model	水平长度比尺与垂直长度比尺相等的模型
6742	正序电抗	positive - sequence reactance	电机在额定转速下运行时，由额定频率正序初级电流所引起的正序初级电压无功基波分量与该电流之比
6743	正序分量	positive - sequence components	组成三相（或 n 相）系统的正序坐标的一个量。正序坐标的各分量是对称的
6744	正应变	normal strain	物体在正应力作用下沿正应力方向原有单位长度的改变量
6745	正应力	normal stress	方向与作用平面相垂直的应力
6746	支臂	radialarm	一端与支铰连接，支承弧门门叶的传力结构部件
6747	支承滑道	supportslipway	用高分子自润滑、油尼龙、铸钢、铸铁块等材料制成的滑道
6748	支承环	support ring	在钢管支承处与管外壁连成整体的环形支承部件
6749	支承环式支墩	anchored ring girder support	由刚性支承环、支柱和混凝土墩座等构成的用于支承压力钢管的支墩
6750	支垫座	bearing base	安装在人字闸门主梁端部传递轴压力的部件
6751	支墩	pier	主要承受管道自重、管内水重以及纵轴方向摩擦力的压力管道支承结构物，可分为鞍形支墩、支承环式支墩、滑动支墩、滚动支座和摆柱支座等
6752	支墩坝	buttress dam	由直接承受水压力的挡水结构物和一组支墩保持稳定的坝
6753	支管	manifold	直接向毛管配水的管道

续表

序号	术语名称	英文对应词	定义
6754	支铰	trunnion	弧形闸门转动启闭时承受门叶传来的荷载的铰支承
6755	支流	tributary	流入干流或湖泊的河流
6756	支毛沟	branch gully	小流域中汇水面积小于 $1km^2$ 的分支沟
6757	支索器（承马）	rope carrier（slack carrier）	支承在承载索上，用于承托起升索、牵引索及辅助索，防止它们在空载时垂度过大或发生绞乱现象的装置
6758	执行端	executive end	执行调度端指令的一方
6759	执行机构	execution body	使锥形阀外套筒做直线运动的驱动装置
6760	执行元件	execute element	保护装置或自动装置发出执行指令的元件
6761	直壁式量水槽	flume with straight wall	修建于U形渠道中一底弧直壁式收窄段，使之发生临界流的量水设施
6762	直读仪器	direct - reading instrument	能直接读出被测量值示数的仪器
6763	直击雷过电压	direct lightning stroke over - voltage	落雷时，被直接击中的导线或电气设备上所形成的过电压
6764	直剪试验	direct shear test	一般取3～4个相同的试样，在直剪仪中施加不同竖向压力，再分别对它们施加剪切力直至破坏，以直接测定剪切面上土的抗剪强度的方法，分为快剪、固结快剪和慢剪三种试验
6765	直剪仪	direct shear test apparatus	对土试样的固定剪切面施加剪切力，测定土试样在垂直静负荷条件下的抗剪强度的仪器
6766	直角坐标网	rectangular grid	平行于直角坐标系的坐标轴，并按一定间隔描绘的注有公里数的正方形格网
6767	直角坐标仪	coodinatograph	能在图纸上精确展绘直角网线和点位的仪器
6768	直接法	direct method	根据设计流域流量资料推求设计洪水的方法
6769	直接法水质测量仪	water quality meter	通过测量探头直接接触水体，感应测量得到水体中水质参数值的仪器。直接法水质测量仪一般可分为便携式和在线式两种形式，通过一台测量仪表连接多种测量传感器实现对水质参数的直接快速测量
6770	直接工程费	direct cost	建筑安装工程施工过程中直接消耗在工程项目上的活劳动和物化劳动。包括人工费、材料费、施工机械使用费和措施费
6771	直接观测平差	adjustment of direct observation	对同一个量多次直接观测的结果用最小二乘法原理求得其最或然值的平差方法
6772	直接影响区	probable impact area	在项目建设过程中可能对项目建设区以外造成水土流失危害的地域

续表

序号	术语名称	英文对应词	定义
6773	直流 1mA 参考电压	direct-current 1 mA reference voltage	对整只避雷器（或避雷器元件）测量直流 1mA 参考电流下的直流参考电压值，即 U_{1mA}
6774	直流操作电源	DC operative power source	供给控制、信号、自动装置、继电保护、开关电器跳、合闸线圈、事故照明的独立能源
6775	直流冲击负荷	DC surge load	蓄电池所承受的瞬时突增电流值
6776	直流电动机	direct current motor	依靠直流电源运行的电动机
6777	直流电机	direct current machine; DC machine	产生或应用直流电的电机
6778	直流电抗器保护	DC reactor protection	反应直流电抗器内部故障的继电防御措施
6779	直流发电机	direct current generator	产生直流电压及直流电流的发电机
6780	直流经常负荷	DC constant load	正常运行方式下，由直流母线不间断地供电的电流值
6781	直流事故负荷	DC emergency load	失去交流电源，全厂（所、站）停电状态下，必须由直流母线供电的电流值
6782	直流线路断线保护	broken wire protection for direct - current lines	利用整流侧电压升高至空载电压，逆变侧电压为负值的特征，作为反应直流输电线路断线而动作的继电防御措施
6783	直伸三角网	straight triangulation network	由一系列互相重叠的直伸三角形所组成的变形观测控制网
6784	直轴超瞬态电抗	direct - axis sub - transient reactance	电机在额定转速下运行时，由直轴初级绕组总磁链产生的初级电压中交流基波电压在突变时的初始值，与同时变化的直轴初级交流基波电流之比
6785	直轴超瞬态短路时间常数	direct - axis sub - transient short - circuit time constant	电机在额定转速下运行，当运行条件突变后，直轴短路初级电流在开始几周内出现的迅变分量衰减到其初始值的 $1/e$（即 0.368 倍）时所需的时间
6786	直轴瞬态电抗	direct - axis transient reactance	电机在额定转速下运行时，由直轴初级绕组总磁链产生的初级电压中交流基波电压在突变时的初始值（不考虑开始几周内的快速衰减部分），与同时变化的直轴初级交流基波电流之比
6787	直轴瞬态短路时间常数	direct - axis transient short - circuit time constant	电机在额定转速下运行，当运行条件突变后，直轴短路初级电流的渐变分量衰减到其初始值的 $1/e$（即 0.368 倍）时所需的时间
6788	直轴同步电抗	direct - axis synchronous reactance	电机在额定转速下运行时，由直轴初级电流产生的直轴初级绕组总磁链所感应的持续交流基波电压与交流基波电流之比

续表

序号	术 语 名 称	英文对应词	定　　义
6789	直锥形尾水管	conical draft tube	圆锥台形的尾水管
6790	值域	value domain	字段可以定义的取值范围
6791	职能	function	活动主体所担负的一种责任或具有的一种功能，通常代表了业务活动应该达到的业务目标
6792	职业病	occupational disease	企业员工在职业活动中，因接触粉尘、放射性物质和其他有毒、有害物质等因素而引起的疾病。在立法意义上的职业病是指政府主管部门明文规定的法定职业病
6793	职业卫生	labor protection and welfare	以员工的健康在施工生产过程中免受有害因素侵害为目的的工作领域及法律、技术、设备、组织制度和教育等方面所采取的措施
6794	植被覆盖度	vegetstion coverage degree	单位面积内植被（包括叶、茎、枝）的垂直投影面积所占百分比
6795	植被覆盖度季节变化曲线	the seasonal curve of vegetation coverage	一年内植被覆盖度随时间的变化关系曲线。即在固定时间间隔（通常为旬）通过观测不同植被类型的覆盖度，再通过年度汇总计算获得
6796	植被覆盖率	vegetation cover rate	在某一区域内，符合一定标准的乔木林、灌木林和草本植物的土地面积占该区域土地总面积的百分比
6797	植物截留水量	water intercepted by plant	喷洒水滴被植物枝叶截留而未进入土壤的水量
6798	止回阀	check valve	只允许流体向一个方向流动的阀门
6799	止水	water stop	在水工建筑物各相邻部分或各分段的接缝之间防止沿缝面产生渗漏一种片状的构造设施
6800	止水塞	filler block	设在收缩缝或沉陷缝前端起第一道止水作用的混凝土塞（截面一般为梯形，上游面与坝面齐平，两侧及下游面包以沥青油毛毡），也称阻水塞
6801	止水填料	packing material	钢管伸缩节内外管壁之间的止水充填物
6802	止水装置	water seal	闸门关闭后阻止门叶周边与门槽间隙漏水的装置
6803	止推环	thrust collar	钢管外壁设置的阻止钢管轴向移动的环状结构
6804	指标差	index error	当望远镜的视准轴水平，垂直度盘指标水准器的气泡居中时，垂直度盘指标的读数与规定常数的差值
6805	指定状态	given state	在合同或技术规格中指定的转速、水头以及吸出高度下的运行状态
6806	指令信号	command signal	从调速系统外部输入调速器的给定值。例如变速机构的变更频率或功率给定等
6807	指令信号比例系数	command signal proportional factor	接力器在某一稳定位置下，转速与指令信号关系曲线的斜率

续表

序号	术 语 名 称	英文对应词	定 义
6808	指令信号偏差	command signal deviation	实际指令与一基准值之差
6809	指示剂法	tracer method	利用指示剂测定地下水流向、流速的方法
6810	指示仪表	indicating instrument	用刻度和指针指示物理量的表计
6811	指数法	index method	测量蜗壳或弯道中适当断面的两点间的差压来求出相对流量的方法
6812	指数流量(相对流量)	index discharge (Q_i)	采用蜗壳差压法测得的相对流量（单位：m^3/s）
6813	指针式仪表	pointer - type meter	按指针与标度尺之间的关系指示被测量值的仪表
6814	趾板	plinth (toe plate)	连接地基防渗体与面板的混凝土板
6815	趾板基准线（“X”线）	plinth line (“X” line)	面板底面延长面与趾板设计建基面的交线
6816	趾板基准线（“Y”线）	plinth line (“Y” line)	面板底面与趾板下游面的交线
6817	趾墙	toe wall	布置在趾板线上和面板连接的混凝土挡墙
6818	制版照相机	process camera	摄制原图以获得底片的一种特制照相机
6819	制动梁	retarding girder	承受吊车横向水平制动力的梁
6820	制动喷嘴	braking jet	在工作喷嘴关闭后，为缩短停机过程而向转轮供给反向射流的喷嘴
6821	制动器	brake	使启闭机停止或防止其运动的装置
6822	制冷厂	refrierting plnt	为满足混凝土工程施工中温度控制的需要所设置的制冰和制冷水的工厂
6823	制图综合	cartographic generalization	编制地图时，选取和简化地图内容的编绘作业
6824	制造单位	manufacturing unit	与建设单位签订设备制造合同，承担设备制造业务的单位
6825	质点振动速度	particle vibration velocity	由爆破地震波激起介质中具体质点振动的速度，常用它作为衡量爆破对建筑物影响程度的指标
6826	质荷比	mass to charge ratio	离子质量与其电荷数之比，以 m/z 表示
6827	质检机构	quality test institute	从事检测和/或校准活动的技术机构。 注：1. 本准则中的质检机构是指具有单独场所或多场所（网点），开展检测和/或校准工作的技术机构。 2. 如果质检机构只是某组织的一部分，该组织除了进行检测工作以外，还进行其他活动，则“质检机构”仅指该组织内进行检测和/或校准工作的那部分

续表

序号	术 语 名 称	英文对应词	定　　义
6828	质控停点（*H* 点）	Hold Point	设备加工重要工序节点、关键的检验试验点或不可重复检验试验点，经设备制造监理人员现场检查并签认后，才能转入下道工序
6829	质量保证	quality assurance	生产企业为使用户确信产品质量、性能、寿命、可靠性、安全性、经济性或服务质量等所进行的有计划有系统的全部活动
6830	质量动态分析	quality dynamic analysis	在产品生产过程中，根据质量波动情况运用数理统计理论分析质量波动原因的方法
6831	质量管理	quality management	通过实施质量策划、质量控制、质量保证和质量改进等全部管理职能的活动
6832	质量管理体系	quality management system	为实施质量管理建立的组织机构、程序过程和资源等要素所构成的整体
6833	质量检验	quality inspection	通过检查、量测、试验等方法，对工程质量特性进行的符合性评价
6834	质量评定	quality assessment	将质量检验结果与国家标准和行业标准以及合同约定的质量标准所进行的比较活动
6835	质量缺陷	defect of construction quality	对工程质量有影响，但小于质量事故的质量问题
6836	质量事故	accident due to poor quality	在水利水电工程建设过程中，由于建设管理、监理、勘测、设计、咨询、施工、材料、设备等原因造成工程质量不符合国家和行业相关标准以及合同约定的质量标准，影响工程使用寿命和对工程安全运行造成隐患和危害的事件
6837	质量数	mass number	一个基本单元（原子、离子、分子等）中质子数与中子数之和，称为该基本单元的质量数
6838	质量体系	quality system	为实施质量管理所需的组织结构、职责、程序、过程和资源
6839	治导线	regulation line	河道整治后，在设计流量下的平面轮廓
6840	治沟骨干工程	key project for gully erosion control	为提高小流域坝系的抗洪能力，减少水毁灾害，在沟道中修建的库容为 50 万～500 万 m^3 的控制性缓洪拦泥淤地工程
6841	治河工程	river training works	为稳定河槽或控制主槽游荡范围，改善河流边界条件及水流流态的工程
6842	秩亏平差	rank deficiency adjustment	控制网中不设固定起始数据而以点的高程或坐标作为平差的未知参数，按最小二乘法原理利用矩阵进行平差的方法

续表

序号	术语名称	英文对应词	定义
6843	秩亏网	network with rank deficiency	平面控制网和高程控制网中，无固定起始数据的测量控制网
6844	秩亏自由网	free network with rank deficiency	平面控制网和高程控制网中，无固定起始数据的测量控制网
6845	秩亏自由网平差	rank defect free net adjustment	控制网中不设固定起始数据而以点的高程或坐标作为平差的未知参数，按最小二乘法原理利用矩阵进行平差的方法
6846	滞洪区	flood retarding basin	利用低洼圩垸或在湖泊、洼地修筑围堤分蓄河道超额洪水的区域
6847	滞后	hysteresis	反映传感器在输入量增加（进程）和输入量减少（回程）过程中，在同一输入量时输出值的差别，一般以满量程输出的百分比表示
6848	滞后弹性变形	delayed deformation	岩石试件尚未破裂前进行卸载，卸载后不能立即恢复的变形
6849	滞流点	null point	从下泄流占优势转为上溯流占优势的转折部位
6850	中标	winning bid；bid award	投标人在经过评标后被选定为承包单位的结果
6851	中层取水防螺建筑物	water intake structures via the water pipe from the middle layer of water body without the snails of oncomelania hupensis	避开表层和底层有螺水体，从中层无螺水体取水的建筑物
6852	中泓垂线	vertical line at middle deep	在采样断面水深最深的中间位置设置的采样垂线
6853	中泓线	midstream of channel	河道各横断面表面最大流速点的连线
6854	中级漏电保护器	middle protector	安装在总保和户保之间的支（干）线路上的漏电保护器，简称“中保”
6855	中继机	relay meter	能通过无线或有线信道，自动完成遥测数据信号或指令的接收及转发的仪器
6856	中继线	relay line	两个电话系统间为减少分散线对，完成多个用户通路，在两交换机或自动交换机中两级不同机键的公用连接线
6857	中继站	relay station	为解决因路径损耗太大、信号微弱或地形影响，在遥测站与中心站之间设立用于转发中心站指令和遥测站数据信号的接力站。主要用于超短波通信

续表

序号	术语名称	英文对应词	定义
6858	中继站地址	relay station address	系统中用于中转数据和监控命令的中继站的地址编码
6859	中间产品	intermediate product	工程施工中使用的砂石骨料、石料、混凝土拌和物、砂浆拌和物、混凝土预制构件等土建类工程的成品及半成品
6860	中期导流	late - stage diversion	导流泄水建筑物尚未封堵，可依靠坝体挡水的导流阶段
6861	中数粒径（或称中值粒径）	median diameter	小于某粒径的沙重百分数为50%的粒径，单位为毫米(mm)
6862	中碎	secndary crushing	将石料破碎到其粒径在20～70mm范围内的作业
6863	中误差	mean square error	在相同的观测条件下，当观测次数趋于无穷大时，各个独立观测值真误差平方之算术平均数极限的平方根值
6864	中线测量	center line survey	将设计线路中心线在实地进行测设的工作
6865	中心站	center station	在水文自动测报系统中，负责实时数据采集、处理和发布水文预报的总控制中心
6866	中心支轴式喷灌机	center - pivot sprinkler	装有喷头的管道支承在可自动行走的支架上，围绕备有供水系统的中心点边旋转边喷灌的大型喷灌机械，亦称时针式喷灌机或圆形喷灌机
6867	中型布置	medium - type layout	屋外配电装置中的电气设备都放在2.5m以上支架上的布置方式
6868	中型灌区	middle - sized irrigation scheme	设计灌溉面积为667～20000hm^{2}的灌区
6869	中性点不接地系统	ungrounded neutral system	中性点不接地或经高阻抗接地或谐振接地的系统。通常本系统的零序电抗与正序电抗的比值大于3，零序电阻与正序电阻的比值大于1
6870	中性点非有效接地系统	system with non - effectively earthed neutral point; isolated neutral point system	中性点不接地或经高阻抗接地或谐振接地的系统。通常本系统的零序电抗与正序电抗的比值大于3，零序电阻与正序电阻的比值大于1
6871	中性点接地电抗器	neutral - earthing reactor	一种限流电抗器，接在系统中性点与地之间，用以限制系统故障时的接地电流
6872	中性点有效接地系统	system with effectively earthed neutral point	中性点直接接地或经低值阻抗接地的系统。通常本系统零序电抗与正序电抗的比值不大于3，零序电阻与正序电阻的比值不大于1
6873	中性点直接接地系统	neutral point solidly earthed system	中性点直接接地或经低值阻抗接地的系统。通常本系统零序电抗与正序电抗的比值不大于3，零序电阻与正序电阻的比值不大于1

续表

序号	术 语 名 称	英文对应词	定　　义
6874	中性面	neutral plane	梁受弯曲时，其内部纤维长度不发生变化的那一层面
6875	中性线	neutral connection	低压系统电源中性点引出用来传输电能的金属导体
6876	中性线接地保护	neutral earthing fault protection	反应直流输电三线制系统中中性线与大地接触而动作的继电防御措施
6877	中性轴	neutral axis	梁受弯曲时，其中性面与其横截面的交线
6878	中央控制室	central control room	布设对全厂各种机械、电气设备进行集中监视及控制用的仪器、仪表设备的房间
6879	中央控制装置		对分布式数据采集系统进行集中管理的设备
6880	中央音响信号	central alarm signal	将各设备的事故和故障信号集中显示和报警的系统。包括可或不重复动作的故障与事故音响信号、闪光信号、事故自动停钟等
6881	中央子午线	central meridian	投影于高斯-克吕格平面后为一直线且其长度不变的子午线
6882	中值粒径	median diameter	沙样中相应于颗粒级配曲线上级配为50%时的粒径
6883	中子法	neutron method	根据放射性中子源快中子进入土壤介质中，主要与氢原子相碰撞减速，使快中子损失能量而慢化，并且慢中子云球的密度与中子源作用范围内的介质中的水分含量存在函数关系的原理，通过测量慢中子云的通量密度来确定土壤含水量的方法
6884	终冰日期	end－ice date	春季解冻后，河流上冰情现象最后消失的日期
6885	终端地址	terminal address	系统中终端设备的地址编码
6886	终井	well completion	钻井施工达到了设计目的，满足了井深、井径和采集岩土样要求，终止钻进
6887	终凝	final set	水泥浆（包括混凝土与砂浆）的塑性完全丧失，自身形状开始固定时的状态
6888	终凝时间	final setting time	从水泥加水拌和到水泥浆（包括混凝土与砂浆）的塑性完全丧失，自身形状开始固定时的整个时段
6889	终止井径	bottom－of－well diameter	井身底端横断面的直径
6890	种批	the same batch of seeds	在相似的立地条件下，同一地点采集、采集时间（季节）大致相同、果实的处理方法及贮存方法相同的沙棘种子，称作种批
6891	种子采集地（种子园）档案	a record of seed garden	记录沙棘种子采集地（或种子园）的登记号、时间、地点、树龄以及隔离状况等
6892	种子分级	seed grade	根据种子品质指标，对沙棘种子质量所作的分级

续表

序号	术语名称	英文对应词	定义
6893	种子生活力	seed viability	在适宜的条件下，种子潜在的发芽能力
6894	重大件运输	transport of heavy-outsized piece	超过一定重量或一定外形尺寸的单个物件的运输
6895	重点监督区	key supervision region	资源开发和基本建设活动较为集中、频繁，可能或已经导致产生或加剧水土流失，且危害后果较为严重的地域
6896	重点预防保护区	key protection region	水土流失较轻，林草覆盖度较大，存在潜在水土流失危险，应采取重点预防保护措施，防止水土流失发生和发展的地域
6897	重点治理区	key rehabilitation region	水土流失严重、对当地和下游造成严重水土流失危害，需要开展大规模和集中治理的地域
6898	重度	unit weight	单位体积土的重量，又称重力密度或容重
6899	重力坝	gravity dam	主要依靠自身重量抵抗水的作用力等荷载以维持稳定的坝
6900	重力坝基本剖面	theoretical section of gravity dam	重力坝坝体在自重、齐顶的上游水压力和扬压力三项主要荷载作用下满足应力与稳定要求的最小三角形剖面
6901	重力坝实用剖面	practical section of gravity dam	在基本剖面的基础上考虑运用和施工要求修改而成的重力坝剖面
6902	重力墩	gravity pier	通过重力作用承受拱端推力的重力式结构物
6903	重力拱坝	gravity arch dam	厚高比大于0.35、兼有拱和重力两种作用的拱坝
6904	重力加速度	acceleration due to gravity	试验地点的 g 值（单位：m/s^2）。试验地点的 g 值与纬度和海拔有关
6905	重力勘探	gravity prospecting	利用岩石密度差异所引起的重力变化而进行地质勘探的方法
6906	重力侵蚀	gravitational erosion	土壤及其母质或基岩主要在重力作用下，发生位移和堆积的过程。主要包括崩塌、泻溜、滑坡和泥石流等形式
6907	重力式挡土墙	gravity retaining wall	主要依靠自身重量维持稳定的挡土墙
6908	重力式加油箱	gravity oil tank	装设在主厂房上部依靠重力向用油设备加油的箱形容器
6909	重力水	gravity water	当土壤水含量超过土壤颗粒的吸引力和毛管力所能保持范围，在重力作用下，由上往下运移的多余的水
6910	重要单位工程	main subunit project	对周边可能产生水土流失重大影响或投资较大的单位工程，包括征占地不小于 $5hm^2$ 或土石方量不小于 $5\times10^4m^3$ 的大中型弃土（渣）场或取土场的防护设施；工程投资不小于1万元的穿（跨）越工程及临河建筑物，周边有居民点或学校且征占地不小于 $1hm^2$ 或不小于 $5\times10^4m^3$ 的小型弃渣场的防护设施，占地 $1hm^2$ 及以上的园林绿化工程等

续表

序号	术语名称	英文对应词	定　义
6911	重要隐蔽单元工程	separated item project of crucial concealment	主要建筑物的地基开挖、地下洞室开挖、地基防渗、加固处理和排水等隐蔽工程中，对工程安全或功能有严重影响的单元工程
6912	重要隐蔽工程	important concealed work	大型水土保持工程中对工程建设和安全运行有较大影响的基础开挖、地下涵管、隧洞、坝基防渗、加固处理和地下排水工程等
6913	重质混凝土	heavy weight concrete	一般用水、水泥、砂和重质粗骨料制成的单位体积干重量大于2500kg/m^{3}的混凝土
6914	周边缝	perimetric joint	面板与趾板或趾墙间的接缝
6915	周边孔	peripheralhole；contour hole	为控制开挖轮廓，沿着设计开挖边界线设置的钻孔
6916	周边应力	circumferential stress	洞室围岩表面的应力
6917	周期分量	periodic component	由自变量分解出的，随时间周期性地交互变化，在相距某一间隔处完全重复的分量
6918	周期检查	cyclic inspection	为判断在规定周期内（按时间规定，也可按制造单位数量规定）生产过程的稳定性是否符合规定要求，从逐批检查合格的某个批或若干批中抽取样本的检查
6919	周期检定	periodic verification	按时间间隔和规定程序，对计量器具定期进行的一种后续检定
6920	周期式混凝土搅拌楼（站）	concrete batching plant	由供料、储料、配料、搅拌、出料、控制等系统及结构部件组成，用于周期式生产预拌混凝土的成套设备
6921	周期式搅拌机	batch concrete mixer	以进料、搅拌、出料三道工序为一个周期，按顺序循环拌制混凝土的搅拌机。三道工序是按一定的时间间隔周期进行的，即按份拌制
6922	周期误差	cyclic error	由于电磁波测距仪内部信号的窜扰、测相电路的失调等原因对测距成果的影响，依一定的距离为周期重复出现的系统误差
6923	周围压力	ambient pressure	施加在试样周围的流体压力
6924	轴的摆度	shaft runout	实际轴绕基准中心线旋转一周（无轴向移动）时，由固定在直径方向的指示器测得的最大与最小读数之差
6925	轴电流保护	shaft－currcnt protection	反应由于绝缘损坏造成定子磁路不对称等原因在大轴产生较大电流导致损坏轴瓦而动作的继电防御措施
6926	轴流泵	propeller pump；axial flow pump	叶轮无前后盖，液流沿轴向通过叶轮的叶片泵
6927	轴流定桨式水轮机	propeller turbine	导叶可调，转轮叶片安放角在运行中不能调节的轴流式水轮机

续表

序号	术语名称	英文对应词	定　义
6928	轴流式、斜流式和贯流式水轮机转轮公称直径	axial, deriaz and tubular turbine runner diameter	与转轮叶片轴线相交处的转轮室内径。量的符号 D_1，单位为米（m）
6929	轴流式水轮机	axial flow turbine	轴面水流沿轴向流入转轮的反击式水轮机
6930	轴流转桨式水轮机	Kaplan turbine	导叶和转轮叶片安放角在运行中都可以调节的轴流式水轮机
6931	轴伸贯流式水轮机	Shaft - extension - type tubular turbine	具有S形流道的贯流式水轮机。水轮机可以直接或通过变速装置驱动外置发电机
6932	轴向负荷	axial load	施加在试样轴线方向上的负荷
6933	轴向水推力	hydraulic thrust; water thrust	水流沿主轴方向作用于水轮机转轮上的力
6934	轴心受压柱	axially loaded column	柱在失稳之前只有纵向压缩变形、压力处处通过柱截面的形心轴的柱
6935	竹节壕	contour trench	在山坡上沿等高线每隔一定距离修建的截流、蓄水沟（槽），沟（槽）内间隔一定距离设置一个土挡以间断水流
6936	主保护	main protection	保护范围内发生故障时，能以最短的时限有选择地优先将被保护对象切除，保证其他非故障部分继续运行，或制止并结束异常工况的继电保护
6937	主变压器	main transformer	发电厂或变电所中输送电力的主要变压器
6938	主厂房	main power house	装设水轮发电机组及其辅助设备、供发电运行及安装检修作业用的建筑物，包括主机间和安装间等
6939	主导功能	leading function	在某一水域多种功能并存的情况下，按水资源的自然属性、开发利用现状及经济社会需求，考虑各功能对水量水质的要求，经功能重要性排序，确定的首位功能即为该水域的主导功能
6940	主动土压力	active earth pressure	挡土结构物背离土体方向转动或移动时，土体达到极限平衡状态时作用在结构物上的土压力
6941	主动遥感	active remote sensing	从遥感平台上的人工辐射源向被测物体发射一定波长的电磁波，再由传感器接收和记录其反射波的遥感方法
6942	主断面迁移号	main cross - section migration number	同一水文站各时期主断面的编号。按其迁移时间先后，依次排序
6943	主堆石区	main rockfill zone	面板堆石坝坝体上游部分的堆石体，为承受水荷载的主要支撑体
6944	主固结	primary consolidation	饱和土受压力后，随孔隙水的排出孔隙水压力逐渐消散至零，有效应力相应增加，体积逐渐减小的过程

续表

序号	术语名称	英文对应词	定　　义
6945	主轨	main track	门槽中承受闸门滑块或主轮等传来的力，并将其传递给坝体或闸墩的轨道
6946	主桁架	main truss	桥梁中用于支承桥道梁的桁架
6947	主接力器	main servomotor	水轮机控制系统中响应主配压阀的动作，供给导叶（喷针）操作力的接力器
6948	主控级	main control level	水电厂中央控制一级
6949	主控项目	dominant item	对单元工程的功能起决定作用或对安全、卫生、环境保护有重大影响的检验项目
6950	主框架	the main frame	弧形闸门的主梁与支臂相连，构成刚性承重结构，来承受面板传来的水压力
6951	主梁	girder	承受面板的水压力和次梁的集中荷载的梁
6952	主梁上拱度	camber	主梁制造时预先做成上拱的形状，上拱量即主梁的上拱度
6953	主流	main current；main flow	沿河道纵向流动的、流速相对较大的水流主体部分
6954	主轮	main wheel	闸门上用于向主轨传递水压力的轮式支承
6955	主配电屏	main distribution b-oard	与厂（站）用电变压器低压侧直接连接的且有接受厂（站）用电变压器供电并将其分配给各负荷点的功能的一组低压配电屏
6956	主配压阀	main distributing v-alve	控制导叶（喷针）或转叶（折向器/偏流器）接力器动作的配压阀
6957	主频	dominant frequency	在对被接收的声波进行频率分析时，有效声波信号频率域最大振幅所对应的频率值，单位为 Hz
6958	主平面	principal plane	垂直于应力主轴的平面
6959	主索	main cable	水文缆道系统中承载负荷，仪器与行车都沿此索移动的钢索
6960	主塔（车）	machine tower（h-ead tower）	设有起升机构、牵引机构、机房及操作室等一侧的塔架（台车）
6961	主题地图	thematic map	着重表示自然现象或社会现象中的某一种或几种要素的地图
6962	主体工程	main works	实现建设项目任务的主要永久工程设施
6963	主要建筑物	main structure	在工程中起主要作用、失事后将造成严重灾害或严重影响工程效益的建筑物
6964	主要建筑物及主要单位工程	main structure&ma-in unit porject	失事后将造成下游灾害或严重影响工程效益的建筑物，如堤坝、泄洪建筑物、输水建筑物、电站厂房及泵站等。属于主要建筑物的单位工程称为主要单位工程

续表

序号	术语名称	英文对应词	定义
6965	主震	main shock	一个地震序列中能量最大的一次地震
6966	主轴密封	main shaft seal	用以减少主轴与固定部件之间漏水的装置
6967	主轴找正	alignment of shaft	检查与调整旋转部件轴线的方向和位置使之符合技术要求的工艺过程
6968	助曲线	supplementary contour	按 1/4 基本等高距描绘的等高线
6969	贮水度	free porosity	单位面积含水层中潜水位每上升单位高度时所吸收的水量
6970	贮油罐	oil accumulator	存放透平油或绝缘油的容器。按其用途分为净油罐、运行油罐、污油罐或废油罐
6971	注解符号	remark symbol	反映数据的实体形态、变化趋势、完整性、一致性、可靠性等定性信息的符号
6972	注解码	remark code	各种注解符号的组合体。注解码中的注解符号按照观测物符号、流向符号、涨落符号、岸别符号、闸阀开度符号、可靠性符号排序
6973	注入流量	injection rate	文丘里施肥装置和比例式施肥泵运行时吸肥（药）管吸入的流量
6974	注水灌(含坐水种)	partial irrigation with injection	利用专门设备将一定量的水注入土中，改善土壤墒情，满足种子发芽和保苗需水的一种局部灌水方法
6975	注水试验	injection test	将一定压力的水通过钻孔和试坑连续注入岩土体内，根据一定时间内注入的水量与相对稳定水位的关系来测定岩土体透水性的试验
6976	驻测	stationary gauging	水文专业人员驻站进行水文测报的作业
6977	柱的屈曲	buckling of column	在压力作用下使柱丧失原来直线平衡状态而发生鼓曲并且鼓曲迅速增加而失稳的现象
6978	柱的稳定性	stability of column	柱抵抗屈曲的能力
6979	柱状浇筑法	columnar placement method	浇筑大坝混凝土时，用纵横方向的伸缩缝和临时施工缝分割成一些坝段和浇筑块，逐段逐块交替上升的方法
6980	铸钢	cast steel	在凝固过程中不经历共晶转变的用于生产铸件的铁基合金的总称。分为铸造碳钢和铸造合金钢两大类
6981	铸铁	cast iron	经历共晶转变，用于生产铸件的铁基合金的总称
6982	铸造合金钢	alloy cast steel	为改善性能而添加的合金元素含量超过铸造碳钢范围的铸钢。按合金元素含量分为微量合金化铸钢、低合金铸钢、中合金铸钢和高合金铸钢
6983	铸造碳钢	carbon cast steel	以碳为主要合金元素并含有少量其他元素的铸钢。根据含碳量高低可分为铸造低碳钢、铸造中碳钢和铸造高碳钢

续表

序号	术语名称	英文对应词	定义
6984	抓斗式清污机	grab type screen cleaning device	利用闭合抓斗抓取污物的清污机
6985	抓梁	pick - up beam	一种能自动连接闸门和启闭机的梁式起重部件
6986	专门地图	thematic map	着重表示自然现象或社会现象中的某一种或几种要素的地图
6987	专门性养护	special maintenance	为了保证水工建筑物、地下洞室、边坡和设施等某个组成部分所具备的特定功能正常发挥而进行的针对性养护
6988	专题地图	thematic map	着重表示自然现象或社会现象中的某一种或几种要素的地图
6989	专业项目恢复改建	rehabilitation (or reconstruction) of infrastructure (or other physical as - sets) at relocated location	对建设征地范围内的交通设施、输变电设施、电信设施、广播电视设施、水利水电设施、管道、矿产资源、文物古迹、水文站和其他专业项目，根据淹没或征地影响程度不同，按照原规模、原标准或恢复原功能的原则，分别进行相应的恢复改建设计
6990	专用标准	profile	在本标准不能满足实际需求时，用户根据本标准规定的原则编制的、适用于水利某一特定范围（或领域）的元数据标准。它既包括本标准的内容，还包括在本标准基础上对元数据进行删减、扩展和修改的内容
6991	专用测站	special station	为观测、收集专门资料（如渠道的输水损失、糙率、含沙量、渠道水利用系数等）而设的测站
6992	专用地下水监测井	special well for groundwater monitoring	专门用于地下水监测的水井
6993	专用数据元	special data element	某一特定学科、行业或领域使用的数据元
6994	专用元数据	special metadata	为水利某一特定范围（或领域）应用而编制的元数据
6995	转动惯量	moment of inertia	旋转体的质量微元与微元到转轴的半径平方的乘积的总和
6996	转动泥门	turning hopper door	分体斗轮Y型吸泥口中可左右转动启闭的阀门
6997	转动弯管	turning gland; stern turning gland	在船上排泥管末端出口处，与水上排泥管连接，能做平面转动的直角弯管
6998	转铰止水	turn hinge water seal	孤门顶部设置的止水装置，通过铰轴实现止水橡皮的定位、承力
6999	转轮	runner	水轮机中实现水能转换为旋转件机械能的转动部件
7000	转轮公称直径	reference runner diameter	水轮机转轮规定部位的直径
7001	转轮室	discharge ring; runner chamber	轴流式或斜流式水轮机中构成水力通道并与转轮（叶轮）叶片形成适当间隙的结构部件

续表

序号	术语名称	英文对应词	定义
7002	转轮体	runner hub	用以支承转轮叶片，并经相连的主轴传递机械能的轴流式、斜流式和贯流式水轮机转轮中的中心旋转体部分
7003	转轮叶片	runner blade	过流表面呈曲面形状的转轮部件，是转轮实现能量转换的主要部件
7004	转速	rotary speed	单位时间内破岩工具绕轴线回转的转数
7005	转速偏差	speed deviation	在所取瞬间，实际转速与基准转速之差
7006	转速死区	speed dead band	指令信号恒定时，不起调节作用的两个相对转速值间的最大区间
7007	转速调整特性	speed regulation characteristics	电动机在规定条件下的转速与负载之间的关系
7008	转速信号器	speed annunciator	用来监测机组转速并当转速到达规定值时发出信号的检测器件
7009	转向吊杆	steering hanger	启闭机吊头与闸门吊耳间配合转向用的吊杆
7010	转移电位	diverting potential	当短路电流流入接地装置时，一端与接地装置连接的金属导体向外传递的接地装置的电位
7011	转运站	intermediate depot	为工程施工专设的担负货物装卸、保管和中转的站场
7012	转子	rotor	发电机的转动部分
7013	转子磁轭	rotor yoke	用于固定磁极的凸极转子磁路的一部分
7014	转子式流速仪	rotating - element current meter	具有一个转子的流速仪，其转子绕着竖轴或水平轴转动，转速与周围水流的流速成单值对应关系。由于应用广泛，常被直接称为“流速仪”
7015	转子一点接地保护	protection for single point earthing fault in excitation circuit	反应发电机励磁回路发生一点接地而动作的继电防御措施
7016	转子支架	spider	由轮毂、轮辐等组成的支承磁轭和磁极的转子构件
7017	桩工	pile engineering	各种桩的施工技术和使用机具施工的方法、工艺等的总称
7018	桩基础	pile foundation	由设置于岩土中的桩和连接于桩顶端的承台组成的基础
7019	装机排出高度	static discharge height	立轴冲击式水轮机的装机排出高度为转轮节圆平面到最高尾水位的高度；卧轴冲击式水轮机的装 机排出高度为转轮节圆直径最低点到最高尾水位的高度。量的符号：H_{sd}，单位为米（m）
7020	装机容量年利用小时数	annual operation hours of installed capacity	以水电站多年平均年发电量与装机容量的比值表示电站装机容量利用程度的指标
7021	装机吸出高度	static suction height	水轮机规定的空化基准面至设计尾水位的高度。量的符号 H_s，单位为米（m）

续表

序号	术语名称	英文对应词	定义
7022	装配式冰库	assembled ice storage	组成冰库的各部件均在工厂预先制造，现场组装形成的冰库
7023	装药	charging; loading explosives	按照设计的药包位置、密度、重量与分段等向炮孔或药室装填炸药的作业
7024	装置模型	installation model	水泵模型和进出水流道的模型
7025	状态估计	state estimation	在给定网络结线、支路参数和量测系统条件下，由量测值求其给定瞬间的最优状态的数值（电流和电压）
7026	状态检修	condition based maintenance	在设备状态分析评价的基础上，安排检修时间和项目，并实施主动的检修方式
7027	状态指示信号	state - indicating signal	示主要设备（发电机、断路器、隔离开关、进水闸门及自动装置等）所处运行状态的显示
7028	锥探	cone probing	用人力或机械操作，将圆形或管状铁杆锥插进堤身，凭借操作人的感觉或灌沙检验，检查堤身内部有无裂隙、孔洞、兽穴、蚁巢等隐患的方法
7029	锥探法	method of cone probing	以人工或机械的方式，沿布设断面或测点，通过探杆探测根石深度的方法
7030	锥体淤积	cone deposit; tapered deposit	坝前淤积厚度大、愈往上游愈薄、纵剖面呈锥体状的泥沙淤积体
7031	锥形阀	fixed cone valve; Howell - Bunger valve	安装在压力管道出口的锥形体出流段由滑动套管控制启闭的阀门
7032	缀板	batten plate	每隔一定间距平行放置的连接格构柱分肢的板件
7033	缀条	lacing bar	按照一定倾斜角度放置的连接格构柱分肢的杆条
7034	准轨铁路	standard gage railway	采用国家规定的有关标准，钢轨间距为1435mm的铁路
7035	准平原	peneplain	隆起地面经长期侵蚀而成的地面起伏平缓的平原
7036	准确度	correctness	测量结果与被测量的真值之间的一致程度
7037	资格后审	postqualification of bidder	在开标后，招标人对投标人进行资格审查，提出资格审查报告，经参审人员签字并由招标人存档备查，同时交评标委员会参考
7038	资格预审	prequalification of bidder	在投标前对潜在投标人进行的资格审查
7039	资金的时间价值	time value of money	资金在经济活动中因时间变化而产生的价值变化
7040	资金流程图	cash flow diagram	按时间顺序表示的资金收支过程的图形
7041	资金折算现值	present worth; present value	经济计算期内各年发生的各项资金按一定的折现率折算到基准年（经济计算期第一年）的数值

续表

序号	术 语 名 称	英文对应词	定　　义
7042	子埝	sub - cofferdam	为提高围堰短期挡水能力，在堰顶临时加修的矮小挡水设施
7043	子午面	meridian plane	通过地面一点和地球南北极的平面
7044	子午线	meridian	通过地面某点并包含地球南北极点的平面与地球表面的交线，又称子午圈
7045	子午线收敛角	grid convergence	通过投影平面上某点的纵坐标线与该点所在投影带中央子午线间的夹角
7046	子系统	subsystem	系统中有独立设计文件和建成后可独立运行的系统组成部分
7047	子系统验收	subsystem acceptance	根据项目合同中与子系统相关的内容，对子系统是否已按要求完成的检验和认定
7048	自报式	automatic reporting mode	被测要素值发生变化或定时等事件触发，遥测站主动发送数据的工作制式
7049	自报式系统	self - reporting system	在遥测站设备控制下，当被测水文要素发生额定的增减量时，或按预定时间和时间间隔，自动向中心站发送数据的遥测系统
7050	自查初验	self - inspection and acceptance	建设单位或其委托监理单位在水土保持设施建设过程中组织开展的水土保持设施验收主要包括分部工程的自查初验和单位工程的自查初验是行政验收的基础
7051	自动安平水准仪	automatic level	利用自动安平补偿器代替水准器，自动获得水平视线的水准仪
7052	自动采样	automatic sampling	采样过程中不需人干预，通过仪器设备按预先编定的程序进行连续或不连续的采样
7053	自动冲洗阀	auto flush valve	安装在管线末端或最低处用于冲洗管道淤积的保护装置
7054	自动冲洗时间	automatic flushing time	自动冲洗时，将杂质从过滤器中清除达到规定要求所需的时间
7055	自动电话	automatic switching telephone system	水利通信网中按照统一的拨号和编码规则自动接续的电话系统
7056	自动电压控制	automatic voltage control	在保持系统频率稳定、全系统网损最小，并使网络电压维持在给定值的条件下对无功功率的调节控制
7057	自动电压调节器	automatic voltage regulator	按照给定条件自动调整发电机励磁电流以达到调整同步发电机输出变量的自动调节装置
7058	自动电压调整	automatic voltage adjustment	在保持系统频率稳定、全系统网损最小，并使网络电压维持在给定值的条件下对无功功率的调节控制
7059	自动电子速测仪	automatic electronic tacheometer	在野外测量角度、距离后能自动计算、显示、打印坐标及高差的多功能仪器

续表

序号	术 语 名 称	英文对应词	定 义
7060	自动发电控制和经济调度	automat generation control and economic dispatch control	对电网频率进行调整，并在满足用户电量需要条件下达到全系统发电费用为最低的一种管理方式
7061	自动复归	automatic reset	由自动将继电器、触发器等的工作状态恢复到动作状态前的操作
7062	自动挂脱起吊梁	automatic hooking and hoisting beam	一种能自动连接闸门和启闭机的梁式起重部件
7063	自动焊	automatic welding	一种自动引弧、堆积散粒焊药、送下焊丝并在埋弧状态下自动进行焊接的工艺方法
7064	自动集线箱	automatic terminal box	用于通过接收控制装置命令自动实现传感器信号通道切换的装置
7065	自动控制	automatic control	无人参与并按照预定目的进行的行为
7066	自动励磁调节	automatic excitation control	当同步发电机的端电压、无功功率发生变化时，根据相应的反馈信号自动地控制励磁机或其他励磁供电装置的输出电流，以达到自动调节发电机机端电压或无功功率至预定值的过程
7067	自动励磁调节器	automatic excitation controller	按照给定条件自动调整发电机励磁电流以达到调整同步发电机输出变量的自动调节装置
7068	自动埋弧焊	automatic arc welding	一种自动引弧、堆积散粒焊药、送下焊丝并在埋弧状态下自动进行焊接的工艺方法
7069	自动灭磁	automatic de - excitation; automatic field - suppression; automatic field - dischauge	将转子绕组磁能迅速减弱到最小的过程
7070	自动频率控制	automatic frequency control	根据系统频率和互联系统间交换有功功率总额变化，按某一或综合目标（如水利资源最佳利用、燃料成本最低、环境污染最小）对发电机有功功率的调节控制
7071	自动锁定装置	auto - locking device	利用驱动设备自动操作的锁定装置
7072	自动调度控制系统	automatic dispatch control system	建立电力系统的最优运行方式，使发电和输配电的费用为最小，保证电力系统并联运行的稳定性，安全优质的自动生产管理系统
7073	自动调节渠道	self - regulating canal	当水电站切除部分或全部负荷时，渠道内的水位能自动升高至与水库水位齐平而不发生弃水的引水渠道
7074	自动调频	automatic frequency control	根据系统频率和互联系统间交换有功功率总额变化，按某一或综合目标（如水利资源最佳利用、燃料成本最低、环境污染最小）对发电机有功功率的调节控制

续表

序号	术语名称	英文对应词	定　　义
7075	自动重合闸	auto - reclosing	在非人工操作下，当断路器跳闸后，带一定延时或不带延时自动将断路器再投入（合闸）的操作
7076	自动准同期	automatic precise synchronization	在使同步电机与另一同步电机或电源并列运行时，由自动装置调节电压、频率和相位角，使该同步电机的电状态尽可能与对方一致的操作方法
7077	自动自同期重合闸	automatic self - synchronization reclosing	水轮发电机采用的先投断路器后加励磁的并入系统的方式
7078	自浮泥管	dredger's self - floating pipeline	自浮于水面的排泥管
7079	自复励	self - compound excitation	由发电机本身的电流和电压作电源共同提供励磁电流的励磁方式
7080	自记水位计	stage recorder	能自动连续测记水位变化过程的仪器
7081	自记仪器	automatic - recording instrument	能将被测量值自动记录下来的设备装置
7082	自溃坝	fuse - plug spillway	在预定水位可按计划自行溃决、作为非常溢洪道的土石坝
7083	自流供水	water supply by gravity flow	由水电站（泵站）自然水头（扬程）来保证供水系统水压的供水方式
7084	自流减压供水	water supply by gravity with pressure reducing device	当水头超过用水的规定水压值时，在供水系统中装设减压装置的自流供水方式
7085	自流排水	gravity drainage	汇入排水沟内的地下水或地面水，在水重力作用下自流排入下一级排水沟或排水容泄区的排水方式
7086	自落式搅拌机	tilting type concrete mixer	由旋转的筒体和固定在筒体内的叶片将搅拌物料带至高处，靠自重下落进行搅拌的搅拌机
7087	自耦变压器	auto - transformer	原边绕组和副边绕组具有公共部分，两者既有磁的联系又有电的直接联系的变压器
7088	自启动能力	self - starting ability	在没有外来电源供给的情况下，机组在规定时间内（2h内）从停机状态启动并具备向系统送电的能力
7089	自起动负荷	self start - up load	同时参加自起动的电动机的总负荷
7090	自起动容量	self start - up capacity	在满足厂用母线的允许最小自起动电压的要求下，厂用变压器允许的最大自起动电动机容量
7091	自清洗过滤器	self - cleaning　filter	具备自动自清洗功能的过滤器
7092	自然边坡	natural slope	天然存在的，由自然营力形成的边坡

续表

序号	术语名称	英文对应词	定义
7093	自然电场法	self - potential method	通过观测地下介质的电化学作用、地下水中微粒子的过滤作用、岩体水中盐的扩散和吸附作用等产生的自然电场规律和特点，了解水文工程地质问题的一种电法勘探方法
7094	自然电位	natural potential	无外部电流影响时金属在介质中的腐蚀电位
7095	自然方	bank measure	天然状态下土石料的量测体积
7096	自然功率	natural power	远距离输电线路末端所接的负荷阻抗恰等于输电线路的特性阻抗时负荷阻抗所消耗的功率，其数值等于额定电压的平方除以波阻抗
7097	自然接地体	natural earthing	建筑物的钢筋、引水管道和金属门槽等原有的可利用的接地体
7098	自然侵蚀	natural erosion	在不受人为影响的自然环境中发生的土壤侵蚀
7099	自然通风	natural ventilation	在室内外空气温差、密度差和风压作用下实现室内换气的通风方式
7100	自润滑铜合金材料	self - lubricating copper alloy material	在铜合金基体上，采用固体润滑剂作为分散项，通过一定工艺制成的复合材料。可用于制作轴承、滑道、滑块等的材料
7101	自身排水量	self displacement	雨量计实际排出的经过雨量计计量的水量
7102	自适应控制系统	adaptive control system	能连续测量多输入信号和系统特性变化，自动识别、判断、修改反馈控制信号等控制参数以适应环境变化，保持最优工作状态的系统
7103	自卸容积	dump volume	骨料堆场中能借重力从廊道闸门自动卸出的骨料堆体积
7104	自压喷灌系统	gravity pressure sprinkler system	利用自然水头获得喷头工作压力的喷灌系统
7105	自应力钢丝网水泥输水管	self - stressing ferrocement pipe for water	以多层钢丝网辅以钢筋为骨架，采用自应力水泥砂浆生产的压力水管，简称自应力网管，代号 WZ
7106	自由场地	free field	不受周围环境建筑和结构振动影响的空旷场地
7107	自由段	anchor free length	对预应力锚索施加张拉力时，可以自由伸长的区段
7108	自由分幅	rectangular map subdivision	以矩形（或正方形）按纵、横坐标线整齐排列的统一分幅方法。在水利水电工程测量中，图幅排列不整齐的矩形分幅，也称为自由分辐
7109	自由面	free surface	爆破时介质裸于大气中的界面
7110	自由膨胀率	free swelling ratio	用人工制备的烘干土，在纯水中膨胀后增加的体积与原体积之比值，以百分率表示
7111	自由式拍门	free flap valve	无控制设备的拍门，即机组启动时，靠水流冲开；停机时，借自重和倒流水压力关闭

续表

序号	术语名称	英文对应词	定　义
7112	自由状态电阻比	free state resistance ratio	应变计在与电阻比变化量相对应的输入量为零时的电阻比测值
7113	自由状态电阻比	free state resistance ratio	差动电阻式传感器在输入量为零时的电阻比测值
7114	自整定系统	selfadjusting system	根据被控对象、系统内部状态及外部条件的变化，自动改变控制装置的系数（放大倍数、时间常数等），以保证系统所需求品质的自适应系统
7115	自重湿陷系数	coefficient of collapsibility due to overburden pressure	黄土试样在土的饱和自重压力作用下湿陷的下沉量与试样高度的比值
7116	自重应力	geostatic stress，self－weight stress，gravity stress	由岩土体本身有效重量产生的应力
7117	自钻式锚杆	self－drilling grouted rock anchor	具有造孔功能，将造孔、注浆和锚固结合为一体的砂浆锚杆
7118	字段	field	层次数据模型中数据的最小单位，描述实体的属性
7119	字组	data frame	单一要素、单个数据及其属性信息的集合体，是自描述的水文数据的基本单位，包含位置、时间、值、注解、数据获取方法、备注、附注等项
7120	渍	subsurface waterlogging	由于地下水位过高或上层滞水，导致耕作层土壤过湿，影响作物正常生长发育，造成作物减产的现象
7121	渍害	subsurface waterlogging	耕作层土壤过湿，影响作物正常生长发育，造成作物减产。注：主要原因是由于地下水位过高或上层滞水
7122	综合参数	comprehensive parameter	水位、流量（水量），水压和水质等参数的总称
7123	综合测船	integrated surveying boat	配备有相应的专用测验（量）仪器和设备，集合水文测验、水下地形测量、水环境监测功能的测船
7124	综合测井	comprehensive logging	采用两种或两种以上的地球物理测井技术，以测量钻孔中介质的物理特性的综合探测方法
7125	综合测量仪表	comprehensive measuring meter	由测量单元和数据处理单元等组成，能测量电流、电压、频率、功率因数、有功（无功）功率、有功（无功）电能等，并能显示和输出各测量数据的测量仪表
7126	综合单位线	synthetic unit hydrograph	根据流域特征与单位线要素或参数之间的经验关系，由流域特征推出的单位线
7127	综合地层柱状图	general stratigraphic column	综合反映测区内地层年代、层序、接触关系、厚度、岩性特征的柱状剖面图

续表

序号	术语名称	英文对应词	定义
7128	综合法测图	photo - planimetric method mapping	航空摄影测量与普通测量相结合的测图方法
7129	综合灌溉定额	synthetical irrigation water duty; synthetical irrigation water quota	灌区内同一时期各种作物灌溉定额以作物种植面积为权重的平均值
7130	综合利用水库调度	multi - purpose reservoir operation	负担两种或两种以上重要规划任务的水库的调度
7131	综合评价	comprehensive evaluation	对项目过程评价、经济评价、影响评价、目标和可持续性评价的结果进行综合分析后得出结论，总结被评价项目的主要经验和存在问题，提出建议和改进措施
7132	综合评判法	integrated appraisal method	基于多个土壤侵蚀因子的综合叠加，完成土壤侵蚀强度等级评价的方法
7133	综合实施方案	comprehensive implementation plan	在统一的设计大纲指导下，将同一行政区域内多个小型供水工程的实施方案汇总形成的实施方案
7134	综合水文地质图	synthetic hydrogeological map	根据水文地质勘察资料编制的能够综合反映工作区水文地质条件的图样
7135	综合水样	synthetical water sample	从不同采样点同时采得的瞬时水样混合在一起的样品
7136	综合特性曲线	combinedcharacteristiccurve	绘在以单位流量和单位转速为坐标系内，给出的几何相似模型水轮机的效率、空化系数、导叶开度、转轮叶片转角和压力脉动等的一组等值曲线，以及输出功率限制线
7137	综合误差	comprehensive error	传感器进程平均校准曲线和回程平均校准曲线中与工作特性曲线的最大偏差，一般以最大偏差值与满量程输出的百分比表示
7138	综合蓄热法	comprehensive method of heat accumulation	掺加早强或抗冻外加剂并利用外部热源对模板周边、周围空气及仓面中间部位加热升温，浇筑过程中始终保持外部热源输送，将热量传递给混凝土，保证混凝土在正温条件下正常硬化的“蓄热法”施工方法
7139	综合质量管理	comprehensive quality control	由企业全体人员参加，将经营管理专业技术、数理统计方法和思想教育紧密结合，实行对施工全过程中影响产品质量的各种因素的控制，形成严密的保证和提高产品质量的科学管理方法
7140	综合治理区	comprehensive control zone	小流域内人类活动较为频繁、水土流失较为严重，分布在村庄及周边、农林牧集中的集水区中部地带，需采用工程、植物和耕作等综合措施，方可实现水土流失基本治理的区域

续表

序号	术语名称	英文对应词	定义
7141	综合重合闸	synthetic reclosing	具有单相重合闸和三相重合闸功能的自动装置
7142	总包合同	general contrac	企业承包一个工程项目的全部建设任务，并直接对业主负责的承包方式
7143	总不确定度	synthetic uncertainty	随机不确定度与系统不确定度的综合
7144	总的放大率	total maganifcation	物镜放大率 β 和目镜放大率 Γ_1 的乘积：$\Gamma=\beta\Gamma_1$
7145	总价合同	lump - sum contract	发包人按核定的建设项目投资额发包给承包人的建设合同
7146	总监理工程师	general supervision engineer	取得《全国水利工程建设总监理工程师岗位证书》，由监理单位法定代表人书面授权，全面负责设备制造监理合同的履行，主持监理机构工作的总负责人
7147	总监理工程师代表	representative of the chief supervision engineer	由总监理工程师书面授权，代表总监理工程师行使其部分职责和权力的项目监理机构中的监理工程师
7148	总库容	total reservoir capacity	校核洪水位以下的水库容积
7149	总漏电保护器	main protector	安装在低压电网电源端的保护器，简称"总保"
7150	总水量(累积水量)	water quantity	某一时段内，流过明渠或管道测流断面的水量，以水的体积计量
7151	总水量(累积水量)	water quantity	某一时段内，流过明渠或管道测流断面的水量，以水的体积计量
7152	总水头	total head	以水柱高度表示的单位重量水体在指定过水断面上的位置水头、压强水头和流速水头之和
7153	总水压力	hydraulic pressure	作用在闸门上的静水压力
7154	总体初步设计报告	general preliminary design report	在统一的设计大纲指导下，开展多个小流域（片区）或单项（专项）工程初步设计，并汇总形成的设计报告
7155	总扬程	total head	泵站几何扬程和相应的管路损失水头及其出口流速水头的总和
7156	总应力强度参数	total stress strength parameters	土样通过抗剪强度试验，根据其有效正应力和孔隙水压力之和与剪应力极限值关系所确定的凝聚力和内摩擦角
7157	总用水弹性系数	total elastic coefficient of water use	总用水量年增长率与国内生产总值（GDP）年增长率的比值
7158	纵缝	longitudinal joint	混凝土建筑物进行分块浇筑时在平行于坝轴线方向浇筑块之间设置的施工缝
7159	纵梁	vertical secondary beam	沿闸门铅垂方向上布置的槽钢、角钢、工字钢和组合梁等

续表

序号	术语名称	英文对应词	定义
7160	纵尾	longitudinal tail	铅鱼在水下迎合水流方向的稳定舵
7161	纵向变形	longitudinal deformation	由于纵向输沙不平衡使河床沿水流流向发生的冲淤变化
7162	纵向谷	longitudinal valley	与岩层走向近于平行发育的河谷
7163	纵向围堰	longitudinal cofferdam	在分期导流施工中顺水流方向的围堰
7164	走向	strike	地质体的界面与水平面交线延伸的方向
7165	阻波器	preventing reactor	阻止通信信号波进入电气设备的电感线圈
7166	阻抗保护	impedance protection	通常利用配置在变压器高压侧的全阻抗继电器作为大型发电机—变压器组的相间短路后备保护的技术措施
7167	阻燃电缆	flame retardant electric cables	在规定试验条件下，电缆被燃烧，在撤去试验火源后，火焰的蔓延仅在限定范围内，残焰或残灼在限定时间内能自行熄灭的电缆
7168	阻水环	cut - off collar	钢管（或钢衬）始端起截水作用的环状结构
7169	组合电器	open - air type assembled switchgear	两种或两种以上的高压电器，按电力系统主接线要求组合成一个有机的整体，而各电器仍保持原规定功能的装置
7170	组合焊缝	combination of butt weld and fillet weld	由对接焊缝及角焊缝组合形成的焊缝，是对接接头和T形接头中的一种焊缝形式
7171	组合梁	built - up beam	其截面由钢板或型钢连接组合而成的梁
7172	组合式互感器	combined transformer	由电流电压互感器组成并装置在同一外壳内的电磁感应式变换器
7173	组合式漏电保护器	assemble type leakage current protector	检测互感器、漏电电流继电器、开关电器或声光报警装置等独立组件分别安装、通过电气连接组合成的保护器
7174	组件容器	component container	支持业务组件运行、存储并对其进行管理的软件系统，是一种特殊的组件
7175	组织组成图	organization composition graph	行为单元中进行业务活动的部门、岗位之间的组成关系图
7176	钻进	drilling	钻头钻入地层或其他介质形成钻孔的过程
7177	钻孔抽水试验	pumpingtest in borehole	从钻孔中抽水并根据其出水量与降深的关系，确定含水层渗透性及了解相关水文地质条件的一种原位试验方法
7178	钻孔电视	borehole television	利用下入钻孔内的电视摄像机，将视频信号传至地表显像，借以观察孔内地质情况的一种物探方法
7179	钻孔顶角	drift angle of borohole	钻孔轴线上某点沿轴线延伸方向的切线与垂线之间的夹角

续表

序号	术 语 名 称	英文对应词	定　　义
7180	钻孔倾角	dip angle of drilling borohole	钻孔轴线上某点沿轴线延伸方向的切线与其水平投影之间的夹角
7181	钻孔位置测量	bore－hole position survey	按地质设计要求测设钻孔位置的工作
7182	钻孔压水试验	water pressure in boreholl；packer permeability test	用栓塞将钻孔隔离出一定长度的孔段，并向该孔段压水，根据压力与流量的关系确定岩体渗透特性的一种原位渗透试验
7183	钻孔注水试验	water injection test in borehole	通过钻孔向试段注水，以确定岩土层渗透系数的原位试验方法。可分为钻孔常水头注水试验和钻孔降水头注水试验
7184	钻孔柱状图	borehole log	按一定比例尺，用图例和文字记录表示通过钻孔获得的各种地下地质资料的图件
7185	钻探	probe drilling	为探明地下资源及地质情况的钻进
7186	钻压	weight on bit；bit-press	沿钻孔轴线方向对破岩工具施加的压力
7187	最大(最小）流量	maximum（minimum）discharge	在一定历时内通过某一过水断面的瞬时最大（最小）流量
7188	最大保护电位	maximum protection potential	阴极保护条件下，所允许的绝对值最大的负电位值
7189	最大冰块面积	ice run area	在河流流冰时，观测到最大的冰块面积
7190	最大测点流速	maximum point velocity	一次测流中各实测测点流速中的最大值
7191	最大初损	maximal initial losses	土壤包气带含水量趋于零时的初损
7192	最大飞逸转速	maximum runaway speed	在规定的扬程下，电动机脱开时所产生的水轮机方向旋转的最大转速
7193	最大干密度	maximum dry density	在一定功能的压实（击实、夯实）作用下，填土所能达到的干密度最大值
7194	最大工作压力	maximum working pressure	水力驱动施肥装置发挥正常功能的驱动水入口最高工作压力
7195	最大行程的永态转差系数	maximum stroke permanent speed drop	在规定的指令信号下，从调速系统静态特性曲线图上得出的接力器在全关和全开位置的相对转速之差
7196	最大接触电位差	maximum touch voltage	当短路电流流入接地网时，在整个接地网中，各网孔中心地面对相应网孔接地体的电位差的最大值

续表

序号	术语名称	英文对应词	定义
7197	最大孔隙比	maximum void ratio	相对密度试验中无黏性土在最松状态时的孔隙比
7198	最大跨步电位差	maximum step voltage	当短路电流流入接地网时，在出入口接地网边缘地面水平距离为0.8m与接地体间的最大电位差
7199	最大流量	maximum discharge	对应于最大水头时的调压阀排泄流量，单位为立方米每秒（m^3/s）
7200	最大起重力矩	maximum load moment	起吊最大额定起重量时，所起吊物品的重力（N）与其在设计确定的各种组合臂长中所能达到的最大工作幅度（m）的乘积
7201	最大水头	maximum head	水电站正常工作期间，水库（对坝式及混合式）或前池（对引水式）的正常蓄水位和相应的下游最低水位之差
7202	最大挖掘半径	maximum reach	动臂、斗杆及铲斗组合运动使工作装置最大外伸时，斗齿尖所达到的最远点至回转中心线之间的距离
7203	最大挖掘深度	maximum digging depth	铲斗处于最大挖掘深度位置时，铲斗斗齿尖挖掘轨迹的最低点到理论水线面的距离
7204	最大误差	maximum error	测量工作中判定观测结果能否满足要求和是否存在粗差的误差界限。通常以中误差的2倍或3倍作为各种误差所能容许的范围
7205	最大卸载高度	maximum dumping height	铲斗处在最大挖掘高度位置时，铲斗斗齿尖摆动轨迹的最低点到理论水线面的距离
7206	最大涌水量	maximum water yield	隧洞或其他工程某段在含水体中掘进时的峰值涌水量
7207	最大允许压差	maximum pressure drop	过滤器进口和出口之间的最大允许压差
7208	最大运行方式	maximum operation mode	安排的发电出力、电压水平和网络结构（包括变压器中性点的接地点）等满足最大负荷需求的系统运行方式。在继电保护整定计算中，指在上述条件下系统等效阻抗为最小，流过继电保护装置的短路电流为最大的运行方式
7209	最大转矩	pull-out torque	电动机在额定频率、额定电压下所能产生的最大转矩
7210	最低工作电压	minimum working voltage	保证电气设备正常工作的最低电压
7211	最低尾水位	minimum tail water level	水电站通过最小发电流量时相应的尾水位
7212	最低蓄水位	the lowest storage level	为满足水产、养殖和航运等要求的湖泊、河网和排水沟的最低水位
7213	最低涌浪	lowest surge level	调压室内水位波动下降到的最低水位

续表

序号	术语名称	英文对应词	定 义
7214	最高(最低)水位	maximum (minimum) stage	在一定历时内，某一观测地点出现的瞬时最高（最低）水位
7215	最高工作电压	maximum working voltage	按电气设备绝缘和与电压有关的其他性能所确定的保证电气设备正常工作的最高电压
7216	最高日供水量	daily maximum water consumption	一年中最大的一日供水量
7217	最高通航水位	maximum stage of waterway	保证标准载重船舶正常航行所允许的航道的最高水位
7218	最高尾水位	maximum tailwater level	在尾水管出口断面处出现的最高水位。量的符号：$Z_{TL,max}$单位为米（m）
7219	最高涌浪	highest surge level	调压室内水位波动上升到的最高水位
7220	最或然值	most probable value	最接近真值的近似值
7221	最或是值	most probable value	最接近真值的近似值。在对某量进行多次等精度观测时，若观测值中不含有系统误差，则其算术平均值是最或然值；不同精度观测时，则其权中数是最或然值
7222	最可靠值	most probable value	最接近真值的近似值。在对某量进行多次等精度观测时，若观测值中不含有系统误差，则其算术平均值是最或然值；不同精度观测时，则其权中数是最或然值
7223	最小不动作时间	minimum non - operating time	延时型保护器的最小分断延时时间
7224	最小常数	minimum reading	应变计在全量程内相应于输出电阻比变化 0.01%时的被测量的值
7225	最小抵抗线	burden line of l-east resistance	由药包中心到介质自由面的最短距离
7226	最小读数	minimum reading	钢筋计在全量程内相应于输出电阻比变化 0.01%时的被测量的值
7227	最小费用法	minimum cost method	效益或者效果相同时，根据工程费用最小的原则选择经济上最优的工程方案的方法
7228	最小工作压力	minimum working pressure	水力驱动施肥装置发挥正常功能的驱动水入口最低工作压力
7229	最小环境流量	minimum environmental discharge	维系和保护水体最基本的环境功能不受破坏必须保留的最小水流量
7230	最小精确工作电流	minimum accurate operating current; minimum operating current	阻抗继电器中，当继电器的启动阻抗等于 0.9 倍整定阻抗时，流入继电器的最小工作电流值

续表

序号	术语名称	英文对应词	定　义
7231	最小局部厚度	minimum and partial thickness	在单个工件上所测得各局部厚度中的最小值
7232	最小孔隙比	minimum void ratio	相对密度试验中无黏性土在最密状态时的孔隙比
7233	最小水头	minimum head	水电站正常工作期间，上游最低水位与相应的下游最高水位之差
7234	最小运行方式	minimum operation mode	安排的发电出力、电压水平和网络结构（包括变压器中性点的接地点）等满足最小负荷需求的系统运行方式。在继电保护整定计算中，则指系统长时间出现最小负荷、系统等效阻抗为最大的条件下，流过继电保护装置的短路电流为最小的运行方式
7235	最小自起动电压	minimum self start-up voltage	异步电机不失去稳定运行的最低起动电压值
7236	最优比转速	optimum specific speed	水轮机按最优工况计算得出的比转速。量的符号：$n_{s,opt}$，单位为米千瓦（m·kW）
7237	最优工况	optimum operating condition	水轮机最优效率点的运行工况
7238	最优工况功率	optimum operating condition power	水轮机在最优工况运行时输出的功率。量的符号：P_{opt}，单位为千瓦（kW）
7239	最优含水率	optimum water content；optimum moisture content	在一定功能的压实（击实、夯实）作用下，填土达到最大干密度时相应的含水量
7240	最优控制	optimized control；optimal control	以给定的目标函数达到极值的品质指标的控制，能使生产过程自动处在所需要的最佳工作状态的动态过程
7241	最优效率	optimum efficiency	水轮机在运行范围内，效率的最高值。量的符号η_{max}，%
7242	最终沉降量	ultimate settlement	在荷载作用下，建筑物基底面上某点从基础浇筑开始起到地基完全压缩稳定时止的总沉降量
7243	最终筛分	finish screening	粗骨料进入拌和楼或配料间以前，再经过一次筛分以筛出逊径部分的作业
7244	作物根系活动层	crop root zone	作物赖以吸收土壤中的水分和养分的主要根系分布的土层
7245	作物冠层温度	crop canopy temperature	所测得的作物冠层平均温度
7246	作物灌溉用水综合定额	comprehensive quota of irrigation used water	某区域内某种作物在各种实际灌溉条件（工程类型、取水方式、灌区规模、附加用水等）下的灌溉用水定额按灌溉面积的加权平均值

续表

序号	术语名称	英文对应词	定　义
7247	作物耗水	crop water consumption	作物生长过程中对水分的消耗，包括植株蒸腾、棵间蒸发以及组成植株体的水分
7248	作物耐旱能力	crop drought tolerance	不致造成作物明显减产的承受干旱能力的最大限度
7249	作物耐淹时间	duration of submergence tolerance of crop	农作物在生长期能够耐受涝水淹没的允许时间
7250	作物耐淹水深	water depth of submergence tolerance of crop	农作物在生长期能够耐受涝水淹没的平均水深
7251	作物缺水率	irrigation water deficiency ratio	某一时段内农作物实际需水量与可用或实际提供的灌溉水量之差占同期农作物实际需水量的比值，以百分率表示
7252	作物缺水敏感指标	sensitivity index for crop water stress	反映作物产量对不同生育阶段水分亏缺敏感程度的指数或系数
7253	作物生理需水	physiological water requirement of crop	作物进行正常生理活动所需要的水分
7254	作物生理需水和生态需水	physiological and ecological water requirement of crop	作物正常生理活动的需水和维持、改善作物正常生长发育环境条件的需水
7255	作物生态需水	ecological water requirement of crop	调节和改善作物生长发育的环境条件所需要的水分
7256	作物生育期	crop development stage	根据作物生长发育的特征而划分的不同生长阶段
7257	作物适宜土壤含水量	crop fitness soil moisture content	作物在某一土壤含水量的范围内处于最佳的土壤水分状态，在这种土壤含水量范围内，作物的生长发育处于最佳状态。一般以土壤含水量的相对湿度为指标，且不同作物不同的生长期有不同的适宜含水量
7258	作物水肥生产函数	relationship of crop yield vs. water and fertilizer used	反映作物产量与水量和肥料投入间的数学关系，包括不同生育阶段、不同程度缺水、不同缺水历时以及不同肥料供应量和施入方式对作物产量影响的定量关系
7259	作物水分亏缺	crop water deficit	当蒸腾失水超过根系吸水时，植物体内的含水量减少或叶片水势降低，开始影响其正常生理活动的现象
7260	作物水分生产函数	crop water production function	作物产量与消耗水量之间的数学关系，包括不同阶段、不同程度缺水以及缺水历时对作物产量影响的定量关系
7261	作物水分生产率	crop water use efficiency	作物产量与全生育期耗水量的比值

续表

序号	术语名称	英文对应词	定　义
7262	作物水分生理	water physiological properties of crop	作物在生理上对水分的要求和反应以及作物吸收、输导和蒸腾水分的过程及其机理
7263	作物水分生理指标	crop water physiologic index	用以表征作物水分状况的生理指标，主要包括叶水势、细胞液浓度、叶片气孔阻力和蒸腾速率等
7264	作物水分胁迫指标	crop water stress index	反映作物缺水状况的指标，用1减去实际蒸发蒸腾量与潜在蒸发蒸腾量的比值表示
7265	作物水势	crop water potential	作物各器官所含水分的势能，有根水势、茎水势和叶水势
7266	作物水盐生产函数	relationship of crop yield vs. water and salt	反映作物产量与水量、土壤含盐量及灌溉水含盐量之间的函数关系
7267	作物系数	crop coefficient	充分供水条件下实际作物蒸发蒸腾量与参考作物蒸发蒸腾量的比值
7268	作物需水关键期	critical period of vrop water requirement	缺水对作物生长和产量影响最大的作物生育阶段
7269	作物需水规律	regular pattern of crop water requirement	作物生长、发育过程中对水分的需求及其变化规律
7270	作物需水量	crop water requirement	作物正常生长时的蒸发蒸腾量与构成植株体的水量之和。由于后者与前者相比甚小，实际应用中常以正常生长的作物蒸发蒸腾量代替作物需水量
7271	作物需水临界期	critical period of crop water requirement	作物全生育期中因需水得不到满足时最易影响生长发育并导致最大减产的时期
7272	作物需水系数	crop evapotranspiration coefficient	作物全生育期内的蒸发蒸腾水量与收获的干物质量或产量之比
7273	作物蒸发蒸腾量	crop evapotranspiration	作物棵间蒸发量与植株蒸腾量之和
7274	作业场所(施工生产现场)	operational field	员工从事施工生产活动的地点、场地和空间
7275	作业道	working passage	喷头车作业时的通道
7276	作业计划	operation schedule	根据年度计划制定出的按月、旬、日组织施工活动的具体执行计划
7277	作业锚	dredge anchor	挖泥船用以进行作业运动的锚
7278	坐标	coordinate	表示一个点在某一坐标系中的平面位置或空间位置的一组数

续表

序号	术语名称	英文对应词	定　义
7279	坐标方位角	coordinate azimuth	从地面某点的子午线北端开始顺时针方向量至某一直线间的水平角
7280	坐标格网尺	coordinate grid scale	绘制坐标格网的一种金属直尺
7281	坐标展点仪	coodinatograph	能在图纸上精确展绘直角网线和点位的仪器
7282	坐标制示字信号	lighting panel of coordinate system	将相同性质的设备用一组显示事故和故障性质的光字牌，用对象指示灯显示事故或故障对象，以两者的显示来判断事故或故障的性质及对象的显示方式
7283	坐水种	irrigation during seeding	在播种时，利用专门设备或人工将一定量的水注入种子坑中，改善土壤墒情，满足种子发芽和苗期生长的一种局部灌水方法
7284	座环	stay ring	在水轮机流道中由两块环形部件与若干固定导叶共同组成的结构部件，其作用为提供支撑、保证结构连续和将水流引导至导水机构的部件
7285	0℃电阻值	0℃ resistance value	差动电阻式测缝针在0℃时的实测电阻值
7286	0℃计算电阻值	0℃ calculated resistance value	对应变计0℃以上部分的电阻值与温度之间的校准曲线。用独立线性度方法拟合的直线在电阻值轴上的截距，以 R'_0 来表示，单位为欧姆（Ω）
7287	0℃以上的温度常数	temperature constant above 0℃	对应变计0℃以上部分的电阻与温度之间的校准曲线。用独立线性度方法拟合的直线的斜率，以 K' 表示，单位为摄氏度每欧姆（℃/Ω）
7288	0℃以下的温度常数	temperature constant under 0℃	用于计算应变计0℃以下温度用的温度常数，单位为摄氏度每欧姆（℃/Ω）
7289	1/4等高线	supplementary contour	按1/4基本等高距描绘的等高线
7290	10%误差曲线	error current multiple curve	电流互感器变比误差为10%，角度误差小于7°时，允许一次电流倍数和允许二次负载的关系曲线
7291	1954年北京坐标系	Beijing coordinate system 1954	中国天文大地网建立初期，经过与苏联天文大地网联测，于1954年确定的临时过渡性的坐标系统
7292	1980年国家大地坐标系	national geodetic coordinate system 1980	中国天文大地网整体平差后于1980年建立的国家大地坐标系，其原点在陕西省泾阳县永乐镇
7293	3/2断路器接线	3/2 circuit - breaker connection	三台断路器串联跨接在两组母线之间，且两个回路分别接到中间断路器的两端的接线
7294	4/3断路器接线	4/3 breakers scheme	四台断路器串联跨接在两组母线之间，且每两个断路器之间连接一个回路的接线

附录 B.2 中国水利学会团体标准中的术语

序号	术语名称	英文对应词	定　义
a 部			
1	安全抑制带	safety restraintb b-and	用于防止闸门向上游河道倒伏的，并限制闸门不超过设计挡水高度的部件
b 部			
2	标准人数	standard number of college or university	高校各类人员按照不同用水行为特征折算成的标准类型用水人数
3	表面振动法	surface ribration m-ethod	在试样表面通过振动压实装置密实粗粒土的方法
4	波束俯仰角	pitch angle of beam	电波流速仪的天线波束轴与水平面的夹角
5	波束水平角	horizontal angle of beam	电波流速仪的天线波束轴在水平面的投影与水流方向的夹角
c 部			
6	侧止封	abutment seal	用于闸门与闸墩板之间密封的橡胶件
7	掺合料	mineral admixture	掺加在人工防汛石材拌和料中，改善其性能的天然或人工矿物质粉状材料
8	除磷剂	phosphorus removing agent	能有效吸附降低水体中磷含量的功能材料
9	传输重复因子	transmission repetition factor	在高速数据传输中，作为同一个数据包进行传输所对应数据的测量次数
10	次级用水单位	sub - organization of water use	用水单位下属的用水核算单位
11	粗粒土	coarse - grained soil	粒径小于 0.075mm 土的质量不大于总质量 12% 的粗粒组和巨粒组土的总称
d 部			
12	大口井	large opening well	井径大于 2m 的水井
13	单跨长度	single span length	组合式金属防洪挡板两个相邻立柱的距离
14	挡板	stop log	组合式金属防洪挡板的主要构件之一，挡水的主要结构
15	电气及自动控制系统	electrical and automatic control system	用于对气动盾形闸门系统进行自动监控及保护的系统，包含 PLC、传感器、电缆等部件
f 部			
16	辐射井	radial well	设有辐射管（孔）以增加出水量的水井

续表

序号	术语名称	英文对应词	定　　义
g 部			
17	高锰酸盐指数	permanganate index	反映水体中有机及无机可氧化物质污染的常用指标。在一定条件下，用高锰酸钾氧化样品中的某些有机物及无机还原性物质，由消耗的高锰酸钾量计算相当的氧量，也称耗氧量
18	工装	stowing racks	组合式金属防洪挡板各主要部件的贮存设备或工架
19	公共机构	public institution	全部或者部分使用财政性资金的国家机关、事业单位、团体组织，包括机关、学校、医院、文化体育场馆等
20	供水保证率	guarantee probability of water supply	农村居民取得充足安全饮用水的可靠程度
21	管井	tube well	井较深、井径 200～800mm，由井口、井壁管、过滤器及沉淀管组成的水井，岩石井可无井壁管、过滤管及沉淀管
22	管网漏损率	leaking rate of pipe network	用水管网漏损水量（一级表与次级表的水量差）与用水总量（一级表的水量）的比值
h 部			
23	合同节水管理	contracted water - saving management	节水服务企业与用水单位以契约形式，通过集成先进节水技术，为用水单位提供节水改造和管理等服务，获取收益的节水服务机制
24	合同节水项目	contracted water - saving project	以合同节水管理机制实施的项目
25	回灌井	injection well	用于把符合要求的水灌入（或压入）目标含水层中，以达到某种目的的水井
26	回填处理	filled sealing	利用水井周围土、原状土、黏土、砂、级配砂石、水泥浆或其他合适的材料对水井进行回填
j 部			
27	基础不平整度	foundation unevenness	基础面与水平面之间的偏离角度
28	激发剂	activator	掺加在人工防汛石材拌和料中，用于与拌和物中活性物质发生反应或促进反应的材料
29	集中供水率	rate of central water supply	某区域农村集中式供水工程与城市供水管网延伸工程供水人口占该区域农村供水总人口的比例。供水人口指某区域农村户籍人口或常住人口，取高值
30	加盖处理	capped sealing	在井孔上部加盖对水井进行封堵
31	夹具	calmp	用于固定气袋、铰链盖板的金属构件
32	间止封	inter panel seal	用于连接闸门单元且起密封作用的橡胶件

续表

序号	术语名称	英文对应词	定义
33	监测井	monitoring well	用于监测地下水水位、水质、水温、水量等动态要素的水井
34	简化通信协议	simplified communication protocol	用于仪器调试、系统测试、故障检测等特殊情况下，以便快速获取数据的一种数据交互通信约定
35	降水井	dewatering well	用于降低、控制地下水水位，防止地下水危害坑基稳定和施工的水井
36	胶结材料	cemented material	通过自身的物理化学作用，将散粒或块状原材料胶结成为整体的材料
37	铰链盖板	hinge flap	用于连接闸门根部起密封作用的橡胶部件
38	节水服务企业	water - saving service enterprises	供用水诊断、节水项目设计、投资、建设、运行管理等服务的专业化机构
39	节水基准	water - saving baseline	由用水单位和节水服务企业共同确认的，用水单位或用水系统设备、用水环节在实施合同节水管理项目前某一时间段内的用水量、用水效率及使用方式等用水状况
40	节水技术集成	water conservation technology integration	按照一定的技术原理或功能目的，将两个或两个以上的单项节水技术通过重组或耦合而获得提升节水效能技术方案的方法
41	节水效果保证模式	mode of assured water - saving effect	节水服务企业与用水单位签订节水效果保证合同，达到约定节水目标的，用水单位支付节水改造费用；未达到预定节水目标的，由节水服务企业承担合同确定的责任模式
42	节水效益	water - saving benifit	包括经济效益、社会效益、环境效益等，本标准节水效益仅指合同节水管理项目节水量产生的经济效益
43	节水效益分享模式	mode of water - saving benefit sharing	节水服务企业和用水单位按照合同约定的节水目标和分成比例收回投资成本、分享节水效益的模式
44	节水型高效	water - saving college or university	采用先进适用或有效的节水管理、节水技术和宣传教育等措施，取得节水效果，经评估，达到本标准要求的普通高等学校
45	节水型器具安装率	installation rate of water - saving appliance	节水型器具的安装数量占用水器具总数的百分比
k部			
46	勘探开采井	exploration and production well	水文地质勘察中，既能达到勘察目的，取得所需水文地质资料，同时又作为长期取水的水井

续表

序号	术语名称	英文对应词	定　义
l 部			
47	立柱	post	组合式金属防洪挡板的主要构件之一，连接及固定防洪挡板
m 部			
48	埋管法	buried pipe method	现场将多孔钢管埋入粗粒土中测定粗粒土填筑体的综合渗透系数的一种试验方法
49	埋件	embedded parts	用于支撑和固定夹具、安全抑制带的预埋锚栓及构件
50	锚锭结构	anchor structure	承受拉杆拉力的结构
51	帽梁	cap beam	设在前墙或锚碇结构顶部的连系梁
52	密度桶法	density bucket method	通过振动碾压设备现场测定全级配粗粒土最大、最小干密度的试验方法
53	模型试验	model experiment	使用将天然河道、水工建筑物等原型事物按一定比例缩小制成的模型，在一定来水来沙条件下开展水流泥沙运动规律研究的科学试验
n 部			
54	泥沙	sediment	湖泊、库区、河道、以及沙漠等区域的岩石沉积物
55	农村饮水安全工程	rural drinking water supply project	向县（市）以下（不含县域城区）的乡镇、村庄、学校、农场、林场等居民区及分散住户供水的工程，主要满足农村居民日常生活用水需要，又称农村供水工程或村镇供水工程，包括集中式供水工程和分散式供水工程两类
56	浓水	concentrated water	家用和类似用途纯净水处理装置对原水处理后，所得的纯净水之外的水
q 部			
57	气袋	air bladder	可充气并用于支撑、启闭闸门的高分子橡胶袋
58	气动盾形闸门系统	pneumatic shield gate system	由金属结构、橡胶件、基础与埋件、气动系统、电气及自动控制系统等组成，以压缩空气为动力，通过对气袋的充气、放气，实现闸门的起升和倒伏
59	气动系统	air power system	用于驱动闸门升降的动力系统，包括空气压缩机、干燥装置、过滤器、储气罐、阀件、管路、接头等部件
60	气相分子吸收光谱法	gas phase molecular absorption spectrometry	在规定的分析条件下，将待测成分转变成气体分子载入测量系统，测定其对特征光谱吸收的方法
r 部			
61	人工防汛石材	artificial dimension stone for flood protection	以泥沙为主要原料，通过胶结或激发等方法制备的块体防汛材料，分为水泥基人工防汛石材和非水泥基人工防汛石材

续表

序号	术 语 名 称	英文对应词	定 义
s 部			
62	三因素相关图	three - factors correlation diagram	干密度、砾石含量、相对密度的相关关系图
63	设计防水高度	design waterproof height	组合式金属防洪挡板可防御的水位高度
64	渗水系数	water permeability coefficient	单位面积组合式金属防洪挡板在单位时间渗漏出水的体积大小
65	施工管理	construction management	工程建设过程中的组织管理和技术管理工作，包括组织、指挥、协调、控制和评价等内容
66	数据交互	data transmission	测量仪器与上位机之间进行测量数据交换的过程
67	水封	water seal	组合式金属防洪挡板的主要构件之一，提供止水功能
68	水计量率	matering ratio of water use	在一定计量时间内，用水单位、次级用水单位、用水设备（用水系统）的水计量器具计量的水量与占其对应级别全部水量的百分比
69	水质达标率	qualified rate of water quality	分为水样水质达标率与水样覆盖人口水质达标率两种。水样水质达标率是指水样的所有检测水质指标符合 GB 5749 要求的样本数占总样本数的比例。水样覆盖人口水质达标率是指水样的所有检测水质指标符合 GB 5749 要求的样本对应工程供水人口数占总样本对应工程供水总人口数的比例
70	锁定装置	compacted parts	组合式金属防洪挡板的主要构件之一，提供组合式金属防洪挡板的锁定及密封加压功能
t 部			
71	天线波速轴	antenna beam axis	由天线发出波束，其最大辐射强度所形成的轴线，亦称波束中心轴
72	筒井	shaft well	井径 1～2m、井深不超过 20m 的水井
x 部			
73	项目边界	project boundary	项目所涉及的用水单位、系统、设备的地理范围或管理范围界限
74	斜撑	diagonal support	组合式金属防洪挡板防水高度超过 3m 时，对挡板进行支撑的结构部件
75	许用应力	allowable stress	机械设计或工程结构设计中允许零件或构件承受的最大应力值
76	选铜尾矿	copper mill - tailings sand	铜矿石经破碎、精选后所剩下的细粉沙粒

续表

序号	术语名称	英文对应词	定义
y 部			
77	用水费用托管模式	mode of committed water cost	用水单位委托节水服务企业进行供用水系统的运行管理和节水改造，并按照合同约定支付用水托管费用的模式
78	用水总量	total amount of water use	教学楼、办公楼、实验楼、图书馆、运动场地、学生教工宿舍、食堂、浴室、开水房以及绿化等高校用水量的总和
79	有效最大粒径	effective maximum particle diameter	对应于平均级配曲线上累计质量占总质量 95%的颗粒粒径，用 $d95$ 表示
80	预埋件	embedded parts	组合式金属防洪挡板的主要构件之一，用于固定立柱，在基础施工时预埋在混凝土里，作为固定立柱的连接件
81	预支混凝土板桩式挡土墙	precast concrete sheet pile retaining wall	利用预制混凝土板桩挡土，依靠自身锚固力或设置帽梁、拉杆及固定在可靠地基上的锚碇结构维持稳定的挡土构筑物
82	预制混凝土板桩	precast concrete sheet pile	采用预制成型，并打（振）入地基内以抵抗水平方向的土压力及水压力的混凝土桩
83	运营管理	operation management	对节水项目运营过程的计划、组织、实施和控制，是和节水服务密切相关的各项管理工作的总称
z 部			
84	杂排水	gray water	建筑中除粪便污水外的各种排水，如冷却水排水、游泳池排水、沐浴排水、盥洗排水、洗衣排水、厨房排水等，也称为生活废水
85	闸墩板	abutment plate	设置在闸墩侧面的止水板
86	闸门单元	gate unit	可由多组门板组成，用于组成闸门门叶起挡水作用的机构部件
87	闸门门叶	gate door leaf	用于起升挡水的金属构件
88	植桩法	method of planting pile	采用钻机在桩位出钻孔或搅拌、旋喷成桩后，将板桩植入其中的施工方法
89	自来水普及率	popularization rate of tap water	某区域农村集中式供水工程和城市供水管网延伸工程供水到户（含小区或院子，下同）的农村人口占农村供水总人口的比例
90	组合式金属防洪挡板	combined metallic flood control baffle	由基础、立柱、挡板、预埋件、锁定装置及水封等构件组成，能快速高效安装的挡水防洪设施
91	作用域	scope	模型试验中，所有参与数据交互的数字式传感器、仪器所共同构成的集合

参 考 文 献

[1] GB/T 20000.1—2014 标准化工作指南 第1部分：标准化和相关活动的通用术语[S].

[2] 徐静，等．我国团体标准的发展历程及应用现状综述[J]. 中国标准化，2018（9）：223-224.

[3] 曾杰．团体标准的发展与创新分析[J]. 标准科学，2018（9）：48-51.

[4] 逄征虎．团体标准大有可为[J]. 中国环保产业，2016（12）：24-27.

[5] GB/T 20004.1—2016 团体标准化 第1部分：良好行为指南[S].

[6] 中华人民共和国住房和城乡建设部．工程建设标准编写规定．2008年10月7日．

[7] GB/T 1.1—2020 标准化工作导则 第1部分：标准化文件的结构和起草规则[S].

[8] SL 1—2014 水利技术标准编写规定[S].